工程材料及成形技术

艾云龙　刘长虹　罗军明　等编著

机 械 工 业 出 版 社

本书立足于材料的工程应用，以材料的化学成分、组织结构、工艺方法、性能特点及其相互关系为主线，较为系统地论述了常用工程材料及成形技术的基本理论和知识。全书共 14 章，每章后均附有复习思考题。主要内容包括：工程材料及成形技术在制造业中的地位、作用与发展；工程材料的力学性能与工艺性能；材料科学基础知识（包括晶体结构与结晶、相图，塑性变形与再结晶）；热处理原理及工艺方法；常用工程材料的分类及编号，特点及用途；机械零件的失效分析与选材；工程材料的成形（包括铸造成形、压力加工成形和焊接成形）等。书中所有涉及国家（行业）标准的力学性能符号及测试方法、材料分类和牌号、名词术语、计量单位，均与现行标准一致。

本书知识面广、综合性强、实例丰富，且适用范围广，可作为材料类、机械类、飞行器类、测控类等本科专业教材，其适用教学学时数为 64~80 学时，也可作为其他层次和相关工程技术人员的参考用书。

本书配套授课电子课件，需要的教师可登录 www. cmpedu. com 免费注册、审核通过后下载，或联系编辑索取（QQ：308596956，电话：010-88379753）。

图书在版编目(CIP)数据

工程材料及成形技术/艾云龙等编著.—北京:机械工业出版社,2016.2 (2025.1 重印)

ISBN 978-7-111-52755-8

Ⅰ.①工… Ⅱ.①艾… Ⅲ.①工程材料-成型 Ⅳ.①TB3

中国版本图书馆 CIP 数据核字(2016)第 012549 号

机械工业出版社(北京市百万庄大街 22 号 邮政编码 100037)

策划编辑:汤 枫 责任编辑:汤 枫 程足芬

责任校对:张艳霞 责任印制:郜 敏

北京富资园科技发展有限公司印刷

2025 年 1 月第 1 版·第 12 次印刷

184mm×260mm·19.5 印张·477 千字

标准书号:ISBN 978-7-111-52755-8

定价:46.00 元

凡购本书,如有缺页、倒页、脱页,由本社发行部调换

电话服务

服务咨询热线:(010)88379833

读者购书热线:(010)88379649

网络服务

机 工 官 网:www. cmpbook. com

机 工 官 博:weibo. com/cmp1952

教育服务网:www. cmpedu. com

金 书 网:www. golden-book. com

前　言

工程材料及成形技术是研究工程构件及机械零件常用材料和成形加工方法的一门专业基础课。本书从机械工程材料的应用角度出发，系统阐述了常用工程材料及成形加工的基本知识，为读者从事材料成形、加工和机械设计及制造等工作奠定必要的基础。本书可以拓宽读者的专业面，同时也可以帮助高校培养复合型人才。

在结构体系上，本书强调厚基础、宽口径、重技能，在教学内容基础性和实践性的原则下，以培养学生的创新能力和解决实际问题的能力为主线，同时融合传统的“金属学”“金属材料及热处理”“金属工艺学”等知识，拓展了非金属材料的知识。

在编写过程中，本书注重在内容上的更新，并保持其先进性、科学性和实用性。主要体现在：①所有涉及国家（行业）标准的力学性能符号及测试方法、材料分类和牌号、名词术语、计量单位，均与现行标准一致；②介绍了热处理技术、材料成形技术的发展现状和趋势；③提供了两个实用的附录，即常用力学性能指标的新旧标准对照和国内外常用钢号对照表，以方便教学和工程研究人员查找对照。

本书知识面广、综合性强、实例丰富，且适用范围广，可作为金属材料工程、材料成形及控制、机械设计及自动化、飞行器制造工程、测控技术与仪器等本科专业教材，也可供其他层次和相关工程技术人员参考。其适用教学学时数为 64 ~ 80 学时，使用时可结合各专业的具体情况进行调整，有些内容可供学生自学。

本书共 14 章，参加本书编写的作者为南昌航空大学金属材料工程专业的老师，他们分别是：艾云龙（第一、三、四章、第六章第九节、第七、十二章）、刘长虹（第二、五、六、八、十三章）、张剑平（第九章）、郑海忠（第十章）、邓莉萍（第十一章）和罗军明（第十四章）。

本书由艾云龙、刘长虹共同统稿，张建云主审了全书。

由于编者水平有限，书中难免存在不当之处，敬请广大读者和师生批评指正。

编　者

目　录

第一章 绪 论

第一节 材料科学和材料成形技术的发展

一、材料科学的发展

材料是所有科技进步的核心，是人类生产和社会发展的重要物质基础，而且与人类文明的关系非常密切。人类最早使用的材料是石头、泥土、树枝、兽皮等天然材料。由于火的使用，人类发明了陶器、瓷器，其后又发明了青铜器、铁器。因此，在人类文明史上曾以材料作为划分时代的标志，如石器时代、青铜器时代、铁器时代等。而在20世纪60年代，人们把材料、能源、信息并列称为现代技术和现代文明的三大支柱，80年代又把新型材料、信息技术和生物技术列为新技术革命的主要标志。现代社会，材料已成为国民经济建设、国防建设和人民生活的重要组成部分。

材料科学主要研究材料的化学组成、微观组织、加工制造工艺与性能之间的关系。材料科学是多学科交叉与结合的结晶，是一门与工程技术密不可分的应用科学。1863年第一台金相光学显微镜面世，促进了金相学的研究，使人们步入材料的微观世界。1912年发现了X射线，开始了晶体微观结构的研究。1932年发明的电子显微镜以及后来出现的各种先进分析工具，把人们带到了微观世界的更深层次。X射线技术、电子显微镜技术、同位素技术等在材料科学中的成功应用，使材料科学进入了新的时代，推出了像“位错”“断裂物理”等一系列新的金属理论。同时，一些与材料有关的基础学科（如固体物理、量子力学、化学等）的发展，又更有力地推动了材料研究的深化。

材料研究和材料科学理论的发展促使金属材料得到飞速发展和大量应用。随着金属材料的发展，一些非金属材料、复合材料也迅速发展起来，弥补了金属材料性能的某些不足。复合材料具备的优异性能使得其广泛应用于卫星壳体、飞机机身、螺旋桨、发动机叶轮和汽车车身等。例如飞机机体材料中复合材料用量在不断增加，甚至出现了全塑料飞机。F22战斗机钛合金用量为40%，树脂基复合材料用量为24%。20世纪90年代出现了世界上第一架全塑料飞机“鹰”。2011年首航的第一款塑料民航机——波音787，包括机身和机翼在内的过半基本框架均由碳纤维增强塑料等新型复合材料制成。美国将火箭发动机金属壳体改用石墨纤维复合材料后其质量减轻了38000 kg。碳－碳复合材料由于具有比强度高、抗热震性好、耐烧蚀性强、性能可设计等一系列优点，大量用于超音速飞机的制动片，以及洲际导弹弹头的鼻锥帽、固体火箭喷管和航天飞机的机翼前缘。陶瓷材料的发展同样引人注目，它除了作为重要的功能材料（例如可作光导纤维、激光晶体）以外，其脆性和热震性正在逐步改善，在提高飞机发动机的推重比和降低燃料消耗方面具有重要的作用，是最有前途的高温结构材料。目前世界范围内的新材料已有数万种，并以每年5%的速率递增，其发展趋势是高功能化、超高性能化、复合轻量和智能化。今后人工合成材料将得到很大的发展，并进入金属、高分子、陶瓷及复合材料共存的时代。

除结构材料外，功能材料也在迅速发展，如高温超导材料、激光材料、磁性材料、电子材料、形状记忆材料等。材料科学技术的发展和应用也促进了机械制造业的发展。现代设计与制造的机械已不是原来意义上的单纯机械了，已经发展到机电一体化的阶段，将来也可能把某些功能材料纳入机械工程材料之列。

二、材料成形技术的发展

传统的材料成形过程包括铸造、锻造和焊接，材料成形技术曾被称为材料热加工工艺，这是一门研究如何用热加工方法将材料加工成零构件，并研究如何保证、评估、提高其安全可靠度和寿命的科学。随着现代科技的飞速发展，材料成形技术的内容已远远超出了传统的热加工范围，例如常温下的冷冲压、超声波焊接，以及近年来发展的激光快速成形技术。因此现代材料成形技术可定义为“一切用物理、化学、冶金原理制造零构件，或改进其化学成分、微观组织及性能的方法”。其任务不仅是要研究如何获得必要的几何尺寸，同时还要研究如何控制获得一定的化学成分、组织结构和性能。

材料成形加工技术未来的发展方向是轻量化、精确化和高效化。主要表现在：

1）成形精度向精密净成形的方向发展。主要方法有多种形式的精铸、精锻、精冲、冷温挤压、精密焊接与切割等。如用定向凝固熔模铸造生产的高温合金单晶体燃气轮机叶片，这是精密铸造技术在航空航天工业中应用的杰出体现。

2）成形质量向近无缺陷方向发展。采用先进工艺净化熔融金属，增大合金组织的致密度，为得到健全的铸件、锻件奠定基础；采用模拟技术，优化工序设计，实现一次成形及试模成功，保证质量。

3）成形过程向快速化的方向发展。快速原型（RP）技术是一种将零件的电子模型（CAD模）应用“堆积”的原理直接制成产品原型的新技术。由于工艺过程简单，制造速度比传统制造方法快得多。

4）成形方法向复合方向发展。如超塑性成形/扩散连接、形变热处理技术以及电弧与激光复合热源焊接等。

5）材料成形加工过程向建模与仿真的方向发展。如锻件和铸件缺陷形成及预测的数值模拟，焊接热效应的数值模拟，金属材料热处理相变过程的模拟仿真以及组织、变形、性能预测等。多尺度模拟，特别是微观组织模拟（从毫米、微米至纳米尺度）是近年来研究的新课题，已经在汽车及航空航天工业中应用。

第二节　工程材料及其分类

工程材料是应用十分广泛的一大类材料，主要指用于机械、车辆、船舶、建筑、化工、能源、仪器仪表、航空航天等工程领域中的材料，用来制造工程构件、机械装备、机械零件、工具、模具和具有特殊性能（如耐蚀、耐高温等）的材料。它通常用强度、硬度、韧性、塑性等力学性能指标来衡量其使用性能。

工程材料种类很多，用途广泛，有许多不同的分类方法，通常按其组成进行分类，如下所示：

- 金属材料
  - 黑色金属
    - 钢：碳钢、合金钢
    - 铸铁：白口铸铁、灰铸铁、球墨铸铁、可锻铸铁、特殊性能铸铁
  - 有色金属：轻金属、重金属、贵金属、稀有金属、稀土金属、放射性金属
- 无机非金属材料
  - 水泥
  - 玻璃
  - 耐火材料
  - 陶瓷：普通陶瓷、特种陶瓷、金属陶瓷
- 高分子材料
  - 纤维：天然纤维、合成纤维
  - 橡胶：通用橡胶、特种橡胶
  - 塑料：通用塑料、工程塑料、特种塑料、胶粘剂
- 复合材料
  - 树脂基
  - 金属基
  - 陶瓷基

1. 金属材料

金属材料是最重要的工程材料，包括钢铁、有色金属及其合金。由于金属材料具有良好的力学性能、物理性能、化学性能及工艺性能，能采用比较简便和经济的工艺方法制成零件，因此金属材料是目前应用最广泛的材料。

2. 无机非金属材料

无机非金属材料主要是陶瓷材料、水泥、玻璃、耐火材料。它具有不可燃性、高耐热性、高化学稳定性、不老化性以及较高的硬度和良好的耐压性，且原料丰富，受到材料工作者和特殊行业的广泛关注。

陶瓷可作为各种无机非金属材料的通称。陶瓷是人类应用最早的材料，它坚硬、稳定，可以制造工具、用具，也可作为结构材料。陶瓷是一种或多种金属元素与一种非金属元素的化合物（主要为金属氧化物和金属非氧化物），其硬度很高，但脆性大。按照成分和用途，工业陶瓷材料可分为：

（1）普通陶瓷（或传统陶瓷）　主要为硅、铝氧化物的硅酸盐材料。

（2）特种陶瓷（或新型陶瓷）　主要为高熔点的氧化物、碳化物、氮化物、硅化物等的烧结材料。

（3）金属陶瓷　主要指用陶瓷生产方法制取的金属与碳化物或其他化合物的粉末制品。

3. 高分子材料

高分子材料包括塑料、橡胶和纤维等。因其具有原料丰富、成本低、加工方便等优点，发展极其迅速，目前已在工业上得到了广泛的应用，并将越来越多地被采用。

工程上通常根据高分子材料的力学性能和使用状态将其分为三大类：

（1）塑料　主要指强度、韧性和耐磨性较好的、可制造某些机器零件或构件的工程塑料，分热塑性塑料和热固性塑料两种。

（2）橡胶　通常指经硫化处理的、弹性特别优良的聚合物，有通用橡胶和特种橡胶两种。

（3）合成纤维　指由单体聚合而成的、强度很高的聚合物，通过机械处理所获得的纤维材料。

4. 复合材料

复合材料是两种或两种以上不同材料的组合材料，它的结合键非常复杂，其性能是它的组成材料所不具备的。复合材料通常是由基体材料（树脂、金属、陶瓷）和增强剂（颗粒、纤维、晶须）复合而成的。它既保持所组成材料的各自特性，又具有组成后的新特性，它在强度、刚度和耐蚀性方面比单纯的金属、陶瓷和聚合物都优越，且其力学性能和功能可以根据使用需要进行设计、制造。所以自1940年玻璃钢问世以来，复合材料的应用领域迅速扩大，其品种、数量和质量有了飞速发展，具有广阔的发展前景。

第三节　原子间的结合键

当原子相互靠近时，它们之间的相互作用将以键合方式进行。由于组成不同，材料的原子（或分子）结构各不相同，原子间的结合键性质和状态存在很大差别。

一、离子键

当正电性金属原子与负电性非金属原子接触时，前者失去最外层电子变成正离子，后者获得电子变成负离子，正、负离子由于静电引力而相互结合成化合物，这种相互作用就称为离子键。

图1–1a所示为离子键结合的示意图。离子键有较强的结合力，因此离子化合物的熔点、沸点、硬度很高，热膨胀系数很小。离子键中很难产生可以自由运动的电子，所以离子晶体是良好的绝缘

体，但在熔融状态下可借助离子迁移呈离子导电性。大部分盐类、碱类和金属化合物多以离子键方式结合，部分陶瓷材料（MgO、Al_2O_3、ZrO_2等）及钢中的一些非金属夹杂物也以此方式结合。

二、共价键

当两个相同的原子或性质相差不大的原子相互接近时，原子间不会有电子转移。此时原子间借助共用电子对所产生的力而结合，这种结合方式称共价键。图 1-1b 所示为共价键结合的示意图。共价键结合极为牢固，所以共价晶体（如金刚石）具有高的熔点、硬度和强度。由于全部外层电子束缚于共价键，所以它们不是导体（金刚石是绝缘体，硅、锗是半导体）。碳、硅、锗、锡、铅等亚金属主要以共价键方式结合，一些陶瓷（如碳化硅、氧化硅）和一些聚合物也是通过共价键使它们的原子结合在一起的。

三、金属键

金属原子结构中具有较少的外层电子，且易电离，当原子相互接近时，原子中的外层电子从各个原子中脱离出来为整个金属所共用，它们在金属内可自由运动而形成“电子气”。金属正离子和自由电子间的静电作用，使原子结合成金属整体，这种结合方式称为金属键，如图 1-1c 所示。由于在金属晶体中，价电子弥漫在整个体积内，所有的金属离子皆处于相同的环境之中，全部离子（或原子）均可被看成是具有一定体积的圆球，所以金属键无所谓饱和性和方向性。

金属由金属键结合，因此金属具有下列特性：

1）良好的导电性和导热性。金属中的自由电子在一定的电位差条件下做定向运动，形成电流，从而显示出良好的导电性；自由电子的运动以及金属正离子的振动使金属具有良好的导热性。

2）正的电阻温度系数（即随温度升高电阻增大）。绝大多数金属具有超导性，即在温度接近绝对零度时电阻突然下降，趋近于零。加热时，金属正离子振动加剧，阻碍电子通过，电阻升高，因而金属具有正的电阻温度系数。

3）自由电子能吸收可见光的能量使金属具有不透明性，而吸收了能量被激发的电子回到基态时产生辐射，使金属具有光泽。

4）金属键没有方向性，原子间也没有选择性，所以在受外力作用造成原子面做相对移动时，正离子与自由电子之间的结合键仍旧保持着，使金属显示出良好的塑性。

一般除铋、锑、锗、镓等亚金属为共价键结合外，绝大多数金属均以金属键方式结合。

四、分子键

He、Ne、Ar 等原子态惰性气体和 H_2、N_2、O_2等气体分子在低温时都能结合成液体和固体，这类原子或分子间相互作用并没有价电子的得失、共有或公有化。它们的结合是依靠分子（或原子）偶极间的作用力（色散力、诱导力、取向力）来完成的。这种存在于中性的原子或分子间的结合力称为分子键，也称范德华力。图 1-1d 所示为分子键示意图。

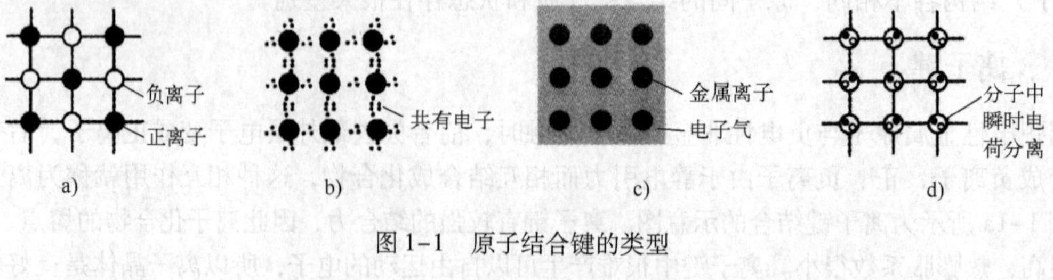

图 1-1　原子结合键的类型

由于分子键很弱，故结合成的晶体具有低熔点、低沸点、低硬度、易压缩等性质。例如，石墨的各原子层之间为分子键结合，从而易于分层剥离，强度、塑性和韧性极低，接近于零，是良好的润滑剂。塑料、橡胶等高分子材料中的链与链间的结合力为范德华力，故它们的硬度比金属低，耐热性差，不具有导电能力。

五、氢键

氢键是一种特殊的分子间作用力。当两种负电性大且原子半径较小的原子与氢原子结合时，氢原子与一种原子间形成共价键，与另一原子间形成氢键。氢键的本质是静电吸引力，具有饱和性和方向性。氢键比一般范德华力强得多，但比离子键、共价键等要小。

氢键的形成对化合物的物理性能和化学性质有各种影响。例如水的物理性质，如密度、比热容、熔点、沸点等都较同类化合物高。

以上讨论的几种结合键的强度，以离子键和共价键最强，金属键次之，分子键最弱。

实际上，只有一种结合键的材料并不多见，大多数材料往往是几种键的混合结合，而以一种结合键为主。表 1–1 列出了常用工程材料的原子间结合键及其性能特点。

表 1–1　常用工程材料的原子间结合键及其性能特点

种类	结合键	熔点	弹性模量	强度硬度	塑性韧性	导电性导热性	耐热性	耐蚀性	其他性能
金属材料	金属键为主	较高	较高	较高	良好（铸铁等脆性材料除外）	良好	较高	一般	密度大，不透明，有金属光泽
高分子材料	分子内共价键，分子间分子键	较低	低	较低	变化大	绝缘，导热不良	较低	高	密度小，热膨胀系数大，抗蠕变性能低，易老化，减摩性好
陶瓷材料	离子键或共价键为主	高	高	抗压强度与硬度高，抗拉强度低	差	绝缘，导热不良	高	高	耐磨性好，热硬性高，抗热振性差
复合材料	取决于组成物的结合键	能克服单一材料的某些弱点，充分发挥材料的综合性能							

复习思考题

1. 四大工程材料各有何特点？

2. 试比较金属材料、陶瓷材料、高分子材料和复合材料在结合键上的差别。

3. 石墨和金刚石都是纯碳，但前者是电的良好导体而后者是电的不良导体。试根据金属键和共价键的特性解释这一现象。

第二章　材料的性能

工程材料的性能包括使用性能和工艺性能。使用性能是指材料在使用条件下表现出来的性能，如力学性能、物理性能和化学性能。其中力学性能主要指强度、硬度、塑性和韧性等；物理性能主要有密度、熔点、磁性、导电导热性、热膨胀性等；化学性能是指材料在室温或高温下抵抗各种化学作用的性能。工艺性能是指材料在加工过程中反映出的性能，如切削加工性能、铸造性能、压力加工性能、焊接性能和热处理性能等。

材料用于结构零件时，其力学性能是工程设计的重要依据。当材料以其他性能（如物理、化学）为主要使用要求时，其力学性能同样是设计的主要参考依据。本章主要介绍材料的力学性能。

第一节　静态力学性能

材料在静载荷的作用下所表现出的各种性能称为静态力学性能。静载荷是指大小不变或变化过程缓慢的载荷。材料的静态力学性能可以通过静载试验确定，该试验可以确定材料在静载荷作用下的变形（弹性变形、塑性变形）和断裂行为，其数据广泛应用于结构载荷机件的强度和刚度设计中，也是材料加工工艺有关材料变形行为的重要资料。这些资料对于科学工作者研究和改善材料的组织与性能十分必要。在金属材料的生产过程中，静载试验是检验材料质量的基本手段之一。

一、拉伸试验

拉伸试验是工业上应用最广泛的金属力学性能试验方法之一。该试验方法的特点是温度、应力状态和加载速率是确定的，并且常用标准光滑圆柱试样进行试验。通过拉伸试验可以揭示材料在静载荷作用下常见的三种失效形式，即过量弹性变形、塑性变形和断裂。还可以标定出材料最基本的力学性能指标，如强度、塑性和硬度等。这些指标是机械设计、制造、选材、工艺评定以及贸易订货的主要依据。

1. 拉伸试验曲线

将被测材料按照 GB/T 228.1—2010 的要求制成标准拉伸试样（图 2-1 中 1 试样），试样的原始标距为 L_0，原始横截面积为 S_0。在拉伸试验机上夹紧试样两端，缓慢地对试样施加轴向拉伸力，使试样被逐渐拉长，最后被拉断。拉伸试验机的记录器在试验过程中直接描画出拉伸力 F 与试样标距伸长量 ΔL 之间关系曲线，称为拉伸曲线（$F-\Delta L$）。

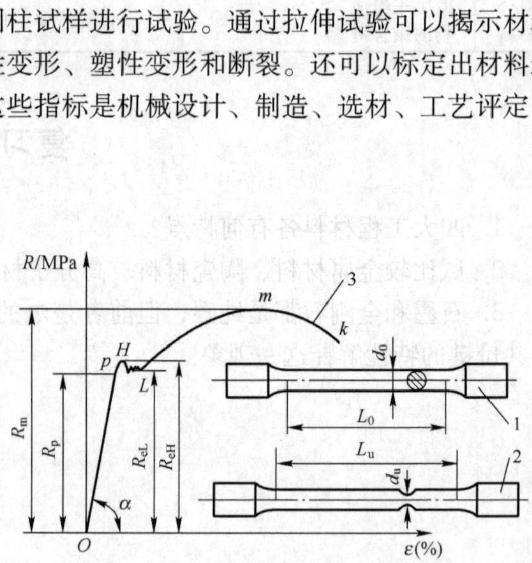

图 2-1　低碳钢的工程应力－应变曲线

1—拉伸原始试样　2—拉断后试样　3—应力－应变曲线

为消除试样几何形状对试验结果的影响，将拉伸力转化为试样单位面积上所受的力，称为拉伸应力（R），即

$$R = F/S_0 \tag{2-1}$$

将试样伸长量转化为试样单位长度上的伸长量，称为拉伸应变(ε)，即

$$\varepsilon = \Delta L/L_0 \tag{2-2}$$

以 $R-\varepsilon$ 为坐标作图得到的曲线就是工程应力 - 应变曲线（$R-\varepsilon$ 曲线)，例如图 2-1 中曲线 3，其形状与 $F-\Delta L$ 曲线相似，仅在尺寸比例上有一些差异。

2. 弹性和刚性

材料的弹性指标主要是指弹性极限，刚性指标主要是指材料的弹性模量。

(1) 弹性极限(R_p)　当外加应力 R 小于 R_p（图2-1）时，试样的变形能在卸载后($R=0$)立即消失，即试样恢复原状，这种不产生永久变形的性能称为弹性。R_p是指在产生完全弹性变形时材料所能承受的最大应力，称为弹性极限。工程上，对于服役条件下不允许产生微量塑性变形的弹性元件（如汽车板簧、仪表弹簧）均是按弹性极限来进行设计选材的。

(2) 弹性模量(E)　在弹性范围内，应力与应变成正比，即 $R=E\varepsilon$，或 $E=R/\varepsilon$。比例常数 E 称为弹性模量，它是衡量材料抵抗弹性变形能力的指标，在工程上称为材料的刚度。刚度大，不易产生弹性变形。在机械工程上的一些零件或构件，除了满足强度要求外，还应严格控制弹性变形量，如锻模、镗床的镗杆，若没有足够的刚度，所加工的零件尺寸就不精确。

金属材料的弹性模量 E 主要取决于基体金属的性质，是一个对组织不敏感的参数，与合金化、热处理、冷热加工等关系不大。而陶瓷材料、高分子材料、复合材料的弹性模量对其成分和组织结构是敏感的，可以通过不同方法使之改变。

3. 强度

强度是指在外力作用下材料抵抗变形和断裂的能力，是材料最重要、最基本的力学性能指标之一。

(1) 屈服强度（R_{eH}和 R_{eL}）　屈服强度是指当材料呈现屈服现象时，在试验期间达到塑性变形发生而力不增加的应力点，分为上屈服强度和下屈服强度。上屈服强度(R_{eH})是试样发生屈服而力首次下降前的最高应力；下屈服强度(R_{eL})是指在屈服期间，不计初始瞬时效应时的最低应力。

工业上使用的某些金属材料（如高碳钢和一些经热处理后的钢等)，在拉伸试验中没有明显的屈服现象发生，故无法确定其屈服强度。此时以规定塑性延伸强度，如规定塑性延伸率为 0.2% 时的应力 $R_{p0.2}$替代，即所谓的“条件屈服强度”。

通常，机械零件不仅是在破断时形成失效，更多时候是在发生少量塑性变形后，因为零件精度降低而形成了失效。所以，屈服强度是零件设计时的主要依据，同时也是评定金属材料强度的重要指标之一。

(2) 抗拉强度(R_m)　抗拉强度(R_m)是材料在破断前所承受的最大应力值，标志其在承受拉伸载荷时的实际承载能力。对于塑性较好的材料，R_m表示材料对最大均匀塑性变形的抗力；而对塑性较差的材料，塑性变形量很少，一旦达到最大载荷，材料迅即发生断裂，故常用 R_m作为脆性材料的力学设计指标。

4. 塑性

塑性是指材料在静载荷作用下，产生塑性变形而不破坏的能力。常用的塑性指标有断后伸长率和断面收缩率。

(1) 断后伸长率(A)　断后伸长率是指试样拉断后标距伸长量与原始标距之比的百分率，即

$$A = \frac{L_u - L_0}{L_0} \times 100\% \tag{2-3}$$

式中　L_u——试样断裂后的标距（mm）；

L_0——试样的原始标距（mm）。

（2）断面收缩率(Z)　断面收缩率是指试样拉断处横截面积的缩减量与原始横截面积之比的百分率，即

$$Z = \frac{S_0 - S_u}{S_0} \times 100\% \tag{2-4}$$

式中　S_u——试样断裂处的最小横截面积（mm^2）；

S_0——试样的原始横截面积（mm^2）。

虽然塑性指标通常不直接用于工程设计计算，但任何零件都要求材料具有一定的塑性。因为零件使用过程中，偶然过载时，由于能产生一定的塑性变形而不至于突然脆断。同时，塑性变形还有缓和应力集中、削减应力峰的作用，在一定程度上保证了零件的工作安全。此外，各种成形加工都要求材料具有一定的塑性。

二、硬度

硬度是衡量材料软硬程度的指标。目前工程上，测定硬度最常用的方法是压入法，该方法所表示的硬度是指材料表面抵抗硬物压入的能力。

硬度试验设备简单，操作迅速方便，又可以直接在零件或工具上进行试验而不破坏工件，并且还可以根据硬度值估计材料的近似抗拉强度和耐磨性。此外，硬度与材料的冷成形性、切削加工性、焊接性等工艺性能间也存在着一定的联系，可作为选择加工工艺时的参考。由于以上原因，所以硬度试验在实际生产中作为产品质量检查、制订合理加工工艺的最常用的重要试验方法。在产品设计图样的技术条件中，硬度也是一项主要技术指标。

测定硬度的方法很多，生产中应用较多的有布氏硬度、洛氏硬度和维氏硬度等试验方法。

1. 布氏硬度

布氏硬度试验通常是以一定的压力 F，将直径为 D 的硬质合金球压入被测材料的表层，经过规定的保持载荷时间后，卸除载荷，即得到一直径为 d 的压痕，如图 2-2 所示。载荷除以压痕表面积所得的值即为布氏硬度，以 HBW 表示，单位为 MPa，但习惯上不标出。

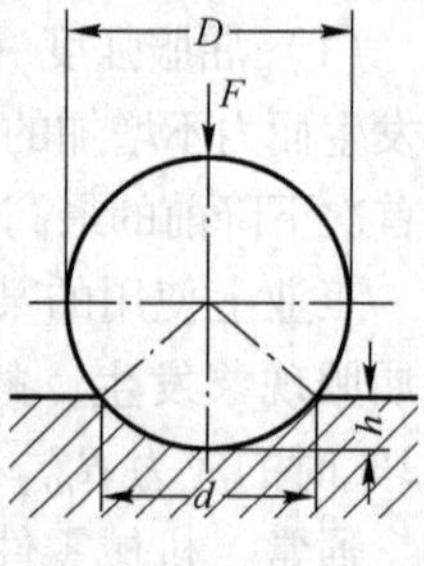

图 2-2　布氏硬度试验原理图

布氏硬度值的表示方法为：硬度值 + HBW + 球直径（单位为 mm）+ 试验力对应的 kgf 值 + 与规定时间（10 ~ 15 s）不同的试验力保持时间。例如，500HBW1/30/20 表示用直径为 1mm 的硬质合金球在 30 kgf（即 294.2 N）试验力下保持 20 s 测定的布氏硬度值为 500HBW。实际测定时可根据测得的 d 值按已知的 F、D 值查表求得硬度值。布氏硬度的上限为 650HBW。

布氏硬度试验的优点是测定结果较准确，有代表性和重复性。不足之处是压痕大，不适合成品检验。

2. 洛氏硬度

洛氏硬度试验是以一定的压力将一特定形态的压头压入被测材料的表面，根据压痕的深度 h 来计算并表示其硬度值（用 HR 表示），如图 2-3 所示。压痕越深，硬度越低，反之硬度越高。

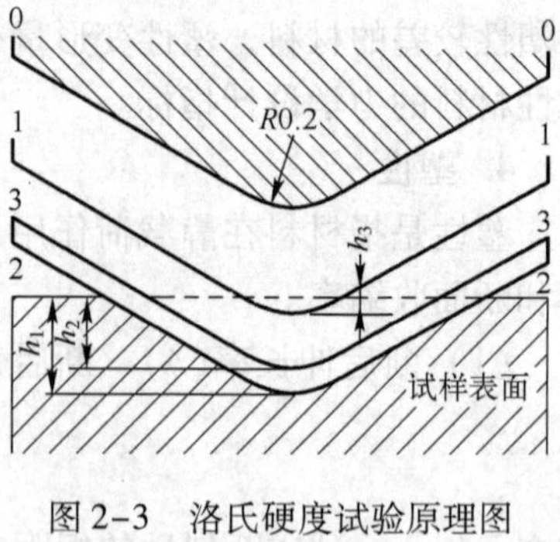

图 2-3　洛氏硬度试验原理图

按压头和载荷不同，洛氏硬度有不同标尺，常用的为 HRA、HRB 和 HRC 三种类型，见表 2-1。实际检测时，HR 值可从硬度计的刻度盘上直接读出，标记时硬度值置于 HR 之前，如 60HRC、80HRA 等。三种洛氏硬度中，以 HRC 应用最多。

表 2-1　常用洛氏硬度标尺的试验条件和应用

硬度符号	压头类型	总载荷/kg	测量范围	应用举例
HRA	120°金刚石圆锥	60	70HRA 以上	硬质合金、表面淬火钢
HRB	ϕ1.588 mm 淬火钢球	100	25～100HRB	退火钢、铸铁、有色金属
HRC	120°金刚石圆锥	150	20～67HRC	淬火、回火钢件

洛氏硬度试验的优点是：测量简单易行，效率高；压痕小，既可以测量成品和零件的硬度，也可以检测较薄工件或表面较薄硬化层的硬度。其缺点是：因压痕面积小代表性差，测量结果重复性差、分散度大；用不同标尺测得的硬度值既不能直接进行比较，又不能彼此互换。

3. 维氏硬度

维氏硬度的测定原理与布氏硬度基本相同，不同之处在于压头采用锥面夹角为136°的金刚石正四棱锥体，压痕为正四方锥形，如图 2-4 所示。维氏硬度用 HV 表示，单位为 MPa。

维氏硬度值的表示方法为：硬度值 + HV + 试验力对应的 kgf 值 + 与规定时间（10～15 s）不同的试验力保持时间。例如，640HV30/20 表示在 30 kgf（即 294.2 N）试验力下保持 20 s 测定的维氏硬度值为 640HV。

由于维氏硬度所用载荷小，压痕浅，故特别适用于测量零件表面的薄硬化层、镀层及薄片材料的硬度。此外，载荷可调范围大，对软硬材料均适用。其缺点是硬度的测定较麻烦，工作效率不如测定洛氏硬度高。

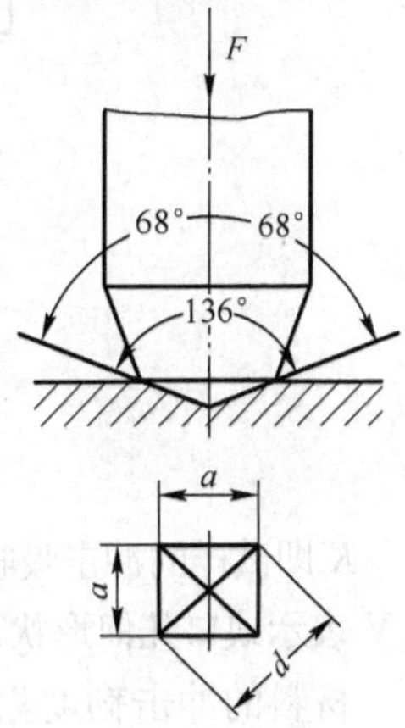

图 2-4　维氏硬度试验原理图

第二节　动态力学性能

材料在动载荷的作用下所表现出的各种性能称为动态力学性能。动载荷主要是指加载速度较快，材料的塑性变形速度也较快的冲击载荷和作用力大小与方向做周期性变化的交变载荷。在这类载荷作用下，材料强度和塑性都表现出下降的现象，而且难以像静载荷那样测出外力与变形的关系曲线。所以，其力学性能指标必须从另一角度来定义。材料的动态力学性能指标主要有冲击韧性、疲劳强度和耐磨性等三种。

一、冲击韧性

冲击载荷是以很大速度作用于工件上的载荷。许多零件和工具在工作过程中，往往受到冲击载荷的作用，如压力机的冲头、锻锤的锤杆、内燃机的活塞销与连杆、风动工具等。由于冲击载荷的加载速度高，作用时间短，使金属在受冲击时，应力分布与变形很不均匀。故对承受冲击载荷的零件来说，仅具有足够的静载荷强度是不够的，必须还具有抵抗冲击载荷的能力，即足够的韧性。

韧性是指零件在工作状态承受载荷的作用下，对所引起的塑性变形和断裂的抵抗程度，它是材料强度和塑性的综合表现。评定材料韧性的指标主要有冲击韧度和多冲抗力。

1. 冲击韧度

冲击韧度通常按 GB/T 229—2007《金属材料　夏比摆锤冲击试验方法》进行。其原理如图 2-5所示，将带有 U 型或 V 型缺口的标准试样放在冲击试验机支座上，将具有一定质量 G 的摆锤从高度 H_1 位置自由下落，摆锤经过试样上缺口处时将其冲断，沿着运动路线上升至 H_2，略去摆锤运动时消耗的摩擦功，则摆锤作用在试样上的冲击吸收能量为

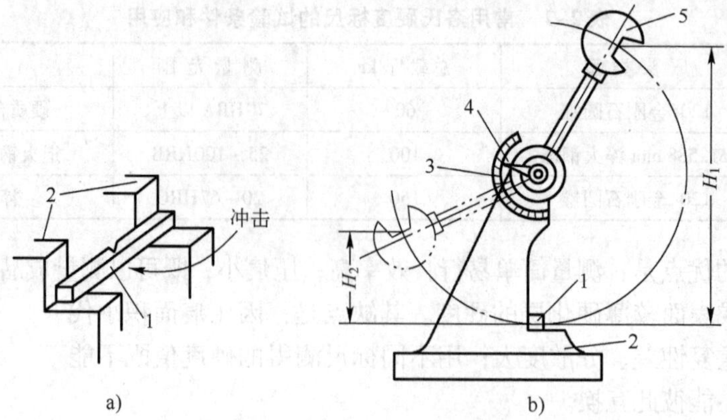

图 2-5　摆锤式冲击试验示意图

a）试样安放　b）冲击试验过程

1—试样　2—支座　3—分度盘　4—指针　5—摆锤

$$K = GH_1 - GH_2 \tag{2-5}$$

K 即试样的冲击吸收能量（单位为 J），可从试验机上直接读取。完整的吸收能量符号还有字母 U 或 V 表示缺口几何形状，用下标 2 或 8（单位为 mm）表示摆锤刀刃半径，即 KV_2、KV_8、KU_2、KU_8。

材料的冲击韧度除了取决于材料本身之外，还与环境温度及缺口的状况密切相关。所以，冲击韧度除了用来表征材料的韧性大小外，还用来测量金属材料随环境温度下降由塑性状态转变为脆性状态的韧脆转变温度，也用来考察材料对缺口的敏感性。

目前多直接用冲击吸收能量 K 作为材料抵抗冲击载荷作用的力学性能指标，用来评定材料的韧脆程度。需注意的是，由于长期的使用习惯，仍有很多场合用冲击吸收能量与试样缺口处的截面积之比 a_K（单位为 $J \cdot cm^{-2}$）作为冲击韧度指标。

2. 多冲抗力

在生产中，冲击载荷下工作的零件，往往是经受千万次小能量冲击而破坏的，很少是受大能量一次性冲击破坏的，因此应进行多次冲击试验以确定其多次冲击抗力。用多冲抗力作为材料抵抗冲击载荷作用的力学性能指标更为切合实际。

多次冲击试验在落锤式多次冲击试验机上进行，冲击频率为 450 次/min 和 600 次/min，冲击吸收能量通过冲程调节（0.1 ~ 1.5 J），可做多冲弯曲、拉伸和压缩试验。记录试验过程中冲击吸收能量（K）与冲断次数（N）的关系曲线，如图 2-6所示。在一定的冲击能量下，将试样断裂前的冲击次数作为多冲抗力指标。

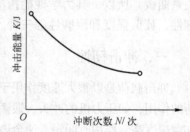

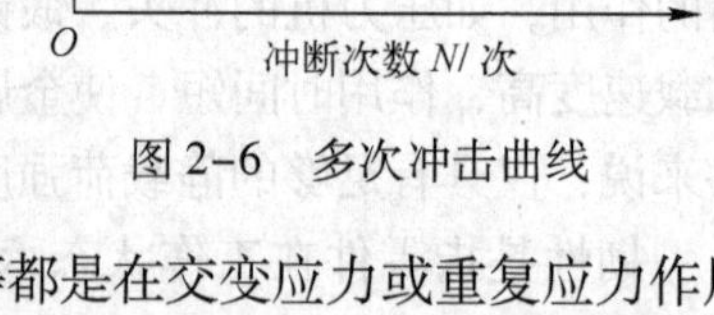

图 2-6　多次冲击曲线

二、疲劳强度

工程中有许多零件，如发动机曲轴、齿轮、弹簧及滚动轴承等都是在交变应力或重复应力作用下工作的。在这种情况下，零件往往在工作应力低于其屈服强度的条件下发生断裂，这种现象称为疲劳断裂。疲劳断裂都是突然发生的，事先均无明显的塑性变形预兆，很难事先觉察到，也属于低应力脆断，故具有很大的危险性。据统计，在机械零件的断裂失效中，80% 以上属于疲劳断裂。

1. 疲劳强度

疲劳强度是用来表示材料抵抗交变应力的能力。常用材料经受无限多次循环而不断裂的最大应力 S_r 表示（单位 MPa），其下标 r 为应力比。它是交变循环应力中的最小应力值与最大应力值的比值。

2. 疲劳强度的测量

材料的疲劳强度是在疲劳试验机上测定的。对于金属材料，通常测定在对称应力循环条件($r=-1$)下材料的疲劳强度(S_{-1})。试验时用多组试样，在不同的交变应力(S)下测定试样发生断裂的周次(N)，绘制 $S-N$ 曲线，如图2-7所示。对于钢铁材料和有机玻璃等，当应力降到某值后，$S-N$ 曲线趋于水平直线，此直线对应的应力即为疲劳极限。大多数有色金属和许多聚合物，其疲劳曲线上没有水平直线部分，工程上常规定 $N=10^7$ 次或 10^8 次时对应的应力作为条件疲劳极限。

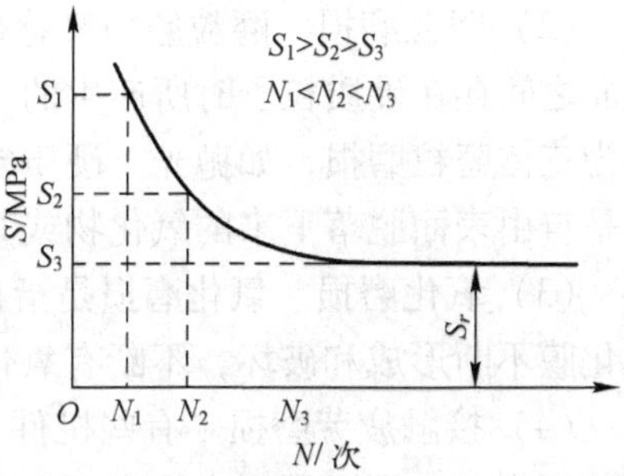

图2-7　疲劳曲线

金属材料的疲劳强度通常都小于屈服强度，这说明材料抵抗交变应力比抵抗静应力的能力低。材料的疲劳强度值虽然取决于材料本身的组织结构状态，但也随试样表面粗糙度和拉应力的增加而下降。疲劳强度对缺口也很敏感。为提高零件的疲劳强度，除改善内部组织和外部结构形状避免应力集中外，还可以通过降低零件表面粗糙度和采取表面强化方法（如表面淬火、喷丸处理、表面滚压等）来提高疲劳强度。

3. 高周疲劳和低周疲劳

（1）高周疲劳　当机件在较低的交变应力作用下，经受的循环周次较高($N>10^5$)的疲劳断裂称为高周疲劳，亦称应力疲劳。以上提到的疲劳现象都属于高周疲劳。

当机件在高周疲劳下服役时，应主要考虑材料的强度，即选用高强度的材料。

（2）低周疲劳　当机件在较高的交变应力（接近或超过材料的屈服强度）作用下，经受的循环周次较低($N=10^2\sim10^5$)的疲劳断裂称为低周疲劳，亦称应变疲劳。工程上，许多机件是由于低周疲劳而破坏的，例如，风暴席卷海船的壳体、常年尘风吹刮的桥梁、飞机在起飞和降落时的起落架、经常充气的高压容器等，往往都是因承受循环塑性应变作用而发生低周疲劳断裂。

应当指出，低周疲劳的寿命与材料的强度及各种表面强化处理关系不大，它主要取决于材料的塑性。因此，当机件在低周疲劳下服役时，应在满足强度要求的前提下，选用塑性较高的材料。

三、耐磨性

运转中的机器，各机件如轴与轴承、活塞与气缸套、齿轮与齿轮之间总要发生相对运动。当两个相互接触的机件表面做相对运动时就会产生摩擦，有摩擦就必有磨损。磨损是降低机器和工具效率、精确度甚至是其报废的重要原因，也是机械零件失效的主要形式之一。因此，研究磨损规律，提高机件耐磨性，对节约能源，减少材料消耗，延长机件寿命具有重要意义。

1. 耐磨性定义

耐磨性是材料抵抗磨损的性能，这是一个系统性质。迄今为止，还没有一个统一的明确的耐磨性指标。通常用磨损量来表示材料的耐磨性，磨损量越小，耐磨性越高。磨损量既可以用试样摩擦表面法线方向的尺寸减小来表示，也可以用试样体积或质量损失来表示。前者称为线磨损，后者称为体积磨损或质量磨损。

2. 磨损的种类

磨损是多种因素相互影响的复杂过程，根据摩擦面损伤和破坏的形式，磨损主要分为黏着磨损、磨粒磨损、氧化磨损和接触疲劳磨损等类型。

（1）黏着磨损　黏着磨损又称咬合磨损，是在滑动摩擦条件下，当摩擦副相对滑动速度较小（钢小于1 m/s）时发生的。它是因缺乏润滑油，摩擦副表面无氧化膜，并且单位法向载荷很大，以至接触应力超过实际接触点处屈服强度而产生的一种磨损。

（2）磨粒磨损　磨粒磨损又称研磨磨损。是当摩擦副一方表面存在坚硬的凸起，或者在接触面之间存在硬质粒子时所产生的一种磨损。前者又称为两体磨粒磨损，如锉削过程；后者又可称为三体磨粒磨损，如抛光。硬质粒子可以是磨损产生而脱落在摩擦副表面间的金属磨屑，也可以是自由表面脱落下来的氧化物或其他沙、灰尘等。

（3）氧化磨损　氧化磨损是指在滑动或滚动摩擦过程中，摩擦件表面伴随塑性变形的同时，氧化膜不断形成和破坏，不断有氧化物自表面剥落的现象。

（4）接触疲劳磨损　有些机件，因受特殊长期反复疲劳应力作用，在机件表面产生麻点状剥落而损坏，可以见到光滑表面上有深浅不一细小凹坑。比如齿轮齿面的节圆附近和滚动轴承的表面上，都可能产生接触疲劳磨损。

第三节　断裂韧度

在工程实际中，许多机械零件的断裂发生在其工作应力低于零件的许用应力的状态下，甚至有些发生在远低于屈服强度的时候，如高压容器的爆炸和桥梁、船舶、大型轧辊、发电机转子的突然折断等事故，往往都是属于低应力脆断。

断口分析表明，断裂是由裂纹的形成与扩展引起的。而裂纹源往往是材料中的夹杂物、气孔、缩孔、微裂纹等。它们可能是在材料冶金过程中产生的，也可能是在加工和使用过程中形成的，所以实际使用的材料中不可避免地存在着裂纹。而裂纹是否易于扩展，就成为材料是否易于断裂的一项重要指标。在断裂力学基础上发展起来的材料抵抗裂纹扩展的性能，称为断裂韧度。断裂韧度可以对零件允许的工作应力和裂纹尺寸进行定量计算，故在安全设计中具有重大意义。

一、裂纹扩展的基本形式

当外力作用于含有裂纹的材料时，根据应力与裂纹扩展面的取向不同，裂纹扩展可分为张开型（Ⅰ型）、滑开型（Ⅱ型）和撕开型（Ⅲ型）三种基本形式，如图 2-8 所示。在三种形式中，张开型（Ⅰ型）最危险，因此本节对断裂韧性的讨论，主要以这种形式作为对象。

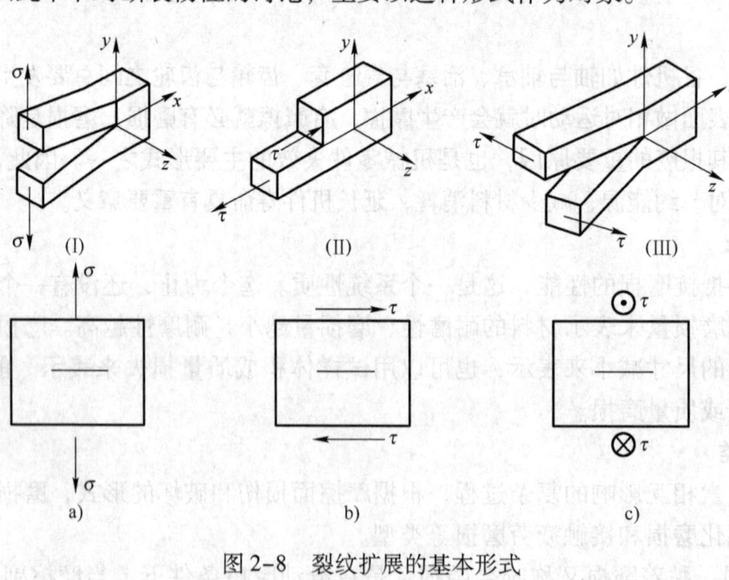

图 2-8　裂纹扩展的基本形式

a）张开型（Ⅰ）　b）滑开型（Ⅱ）　c）撕开型（Ⅲ）

二、应力强度因子 K_I

当材料中存在裂纹时，在裂纹尖端必然存在应力集中，从而形成应力场（图2-9）。根据断裂力学理论，只要裂纹很尖锐，裂纹尖端前沿各点的应力就按一定的形状分布，亦即外加应力增大时，各点的应力按相应的比例增大，这个比例系数称为应力强度因子 K_I（单位为 $MPa \cdot m^{1/2}$），表示为

$$K_I = Y\sigma a^{1/2} \tag{2-6}$$

式中 Y——与裂纹形状、加载方式及试样几何尺寸有关的量，无量纲量；

σ——工作应力（MPa）；

a——裂纹半长（m）。

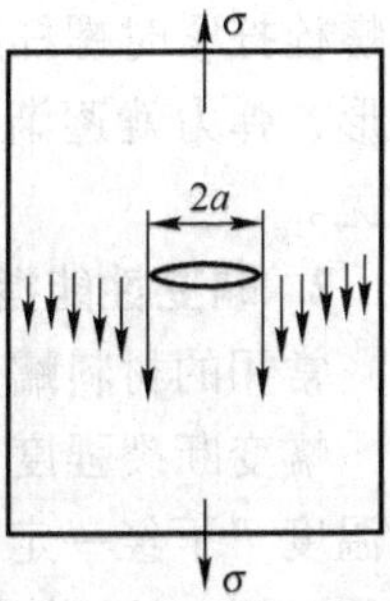

图2-9 张开型裂纹尖端应力场示意图

三、断裂韧度 K_{IC}及其应用

由式（2-6）可知，K_I是一个取决于 σ 和 a 的复合参量，并随之增大而增大。当 K_I 增大到某一临界值时，裂纹尖端附近的内应力便达到材料的断裂强度，从而导致裂纹扩展，最终使材料断裂。这种裂纹扩展时的临界状态所对应的应力强度因子，称为材料的断裂韧度（K_{IC}），它反映了材料抵抗裂纹失稳扩展的能力。

也就是说，当 $K_I < K_{IC}$时，零件在设计寿命内安全可靠；而当 $K_I \geqslant K_{IC}$时，裂纹会失稳扩展而断裂。这是工程安全设计中防止低应力脆断的重要依据，它将材料的断裂韧度 K_{IC}与零件的工作应力 σ 及裂纹尺寸 a 的关系定量地联系起来，应用这个关系可以解决以下三方面问题：

1）在已知材料的断裂韧度，并探伤测出零件中的裂纹尺寸后，可以确定零件的最大承载能力，为载荷设计提供依据。

2）已知材料的断裂韧度及零件的工作应力，可以确定其允许的最大裂纹尺寸，为制定裂纹探伤标准提供依据。

3）根据零件中工作应力及裂纹尺寸，确定材料应有的断裂韧度，为正确选材提供依据。

K_{IC}可以通过试验测定，它是材料本身的特性，与材料成分、热处理及加工工艺等有关。在常用工程材料中，金属材料的 K_{IC}值最高，复合材料次之，高分子材料和陶瓷材料最低。

第四节 高低温力学性能

一、高温力学性能

高压蒸汽锅炉、汽轮机、内燃机、航空航天发动机、炼油设备等机器设备中的一些构件是长期在较高温度下运行的。对这类构件仅考虑常温下的力学性能是不够的。一方面是因为温度对材料的力学性能指标影响较大。随着温度升高，强度、刚度、硬度下降，塑性增加。另一方面是在较高温度下，载荷的持续时间对力学性能也有影响，会产生明显的蠕变。故分析材料的高温力学性能十分重要。

1. 蠕变的定义

材料的蠕变是指在长时间的高温下，外加应力低于屈服强度时，随时间的延长发生缓慢塑性变形的现象。温度越高，蠕变就越快。由于这种变形而最终导致材料的断裂称为蠕变断裂。金属材料、陶瓷材料在较高温度［$(0.3 \sim 0.5)T_m$，T_m为材料熔点］时会发生蠕变，高分子材料在室温下就可能发生蠕变。

蠕变的另一种表现形式是应力松弛，即承受弹性变形的零件，在工作中总变形量应保持不变，但随时间的延长而发生蠕变，从而导致工作应力自行逐渐衰减的现象。例如紧固螺栓，它是靠螺栓拧紧时螺杆产生的弹性应变而生成的弹力紧固的。高温下螺栓产生蠕变，代替了部分弹性变形，弹力就逐渐降低，最后因紧固力不足使机器失效或导致螺母完全松开，这当然应尽量避免。

2. 蠕变性能指标

常用的材料蠕变性能指标为蠕变断裂强度（持久强度）和规定塑性应变强度。

蠕变断裂强度（持久强度）表征材料在高温载荷长期作用下抵抗断裂的能力，指在规定试验温度 T 下经一定试验时间（蠕变断裂时间 t_u）所引起断裂的应力，用符号 R_u 表示。并以蠕变断裂时间 t_u(h)作为第二角标，试验温度 T(℃)为第三角标的符号来表示。例如 $R_{u\,100\,000/550}$ 表示材料在550℃下，经100 000h 所引起断裂的应力。

规定塑性应变强度是指在规定试验温度 T 下经过一定的试验时间（达到规定塑性应变的时间，t_{px}）所能产生预计塑性应变的应力，用符号 R_p 表示。并以最大塑性应变量 x(%)作为第二角标，达到应变量的时间为第三角标，试验温度 T(℃)为第四角标的符号。例如 $R_{p\,0.2,1\,000/650}$，表示材料在650℃下，经1 000h 产生0.2%塑性变形量的应力。

二、低温力学性能

体心立方金属及合金或某些密排晶体金属及其合金，尤其是工程上常用的中、低强度结构钢随温度的下降会出现脆性增加，严重时甚至发生脆断，这种现象就是材料的低温脆性。低温脆性对压力容器、桥梁和船舶结构以及在低温下服役的机件是非常重要的。

材料由韧性状态转变为脆性状态的温度称为韧脆转变温度(T_k)。T_k越低，材料越不易脆断，表明其低温韧性越好。如图2-10所示，虚线钢种的 T_k 更低，表明低温韧性更好。

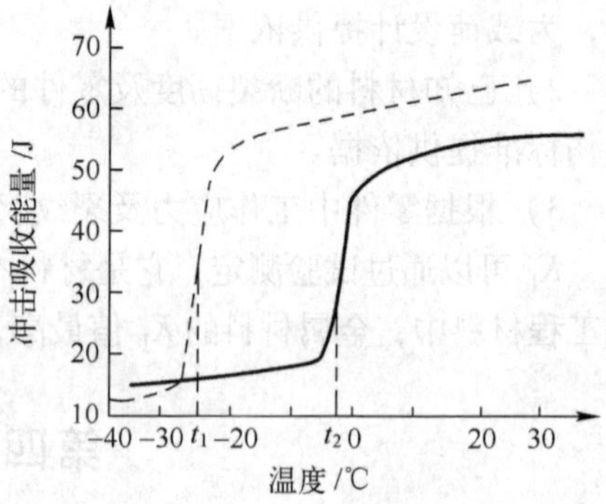

图2-10　两种钢的冲击吸收能量-温度曲线

韧脆转变温度是材料的韧性指标，因为它反映了温度对韧脆性的影响。T_k是从韧性角度选材的重要依据之一，可用于抗脆断设计，保证机件服役安全，但不能直接用来设计和计算机件的承载能力或截面尺寸。对于低温下服役的机件，依据材料的 T_k 值，可以直接或间接地估计它们的最低使用温度。

第五节　材料的工艺性能

工程上，材料除了必须具备一定的使用性能外，还必须具有一定的工艺性，即材料对加工方法的适应性。它主要有以下几个方面：

(1) 铸造性能　指材料适应铸造工艺的能力，主要包括流动性、收缩性，以及偏析、吸气性等。

(2) 压力加工性能　指工件在一定的外力作用下发生塑性变形的难易程度，主要包括可锻性、抗氧化性、冷镦性等。

(3) 焊接性能　主要指工件在一定的焊接工艺条件下，获得优质的焊接接头的难易程度。包括形成冷裂或热裂的倾向、形成气孔的倾向等。

（4）热处理性能　主要指工件热处理的难易程度和产生热处理缺陷的倾向。包括淬透性、变形开裂倾向、过热敏感性、回火脆性倾向、氧化脱碳倾向、淬硬性等。

（5）切削加工性　主要指工件材料进行切削加工的难易程度。

复习思考题

1. 说明下列力学性能指标的含义和单位：

（1）R_m；（2）R_{eH}和R_{eL}；（3）$R_{p0.2}$；（4）A；（5）Z；（6）HRC；（7）HBW；（8）KV_2；(9) S_{-1}；(10) K_{IC}；(11) T_k。

2. 拉伸试样的原标距为50 mm，直径为10 mm，拉伸试验后，将已断裂的试样对接起来测量，若断后的标距为79 mm，缩颈区的最小直径为4.9 mm，求该材料的断后伸长率和断面收缩率的值。

3. 用45钢制成直径为30 mm的主轴，在使用过程中，发现该轴的弹性弯曲变形量过大，问是否可改用合金钢40Cr或通过热处理来减小变形量？为什么？

4. 下列各种工件应该采用何种硬度试验方法来测定其硬度？

（1）锉刀；（2）黄铜轴套；（3）硬质合金刀片；（4）供应状态的各种碳钢钢材；（5）耐磨工件的表面硬化层。

5. 工程实际中，为什么零件设计图或工艺卡上一般是提出硬度技术要求而不是强度、塑性值或其他力学性能指标？

6. 当某一材料的断裂韧度$K_{IC} = 62\ MPa \cdot m^{1/2}$，材料中裂纹的长度$2a = 5.7mm$时，要使裂纹失稳扩展而导致断裂，需要多大的应力？（设$Y = \sqrt{\pi}$）

7. 为什么疲劳裂纹对机械零件存在着很大的潜在危险？

8. 某高温下使用的紧固螺栓在工作时发现紧固力下降，试分析材料的何种力学性能指标没有达到要求？并提出主要的解决措施。

第三章　金属的结构与结晶

第一节　金属的晶体结构

金属在固态下通常都是晶体，在晶体中原子排列的规律不同，其性能也不同，因而有必要研究金属的晶体结构。

一、晶体的概念

晶体是指原子（离子、分子或原子团）在三维空间做有规则的周期性重复排列的物质。在自然界中，除了少数物质（如玻璃、松香及木材等）以外，包括金属在内的绝大多数固体都是晶体。晶体之所以具有这种规则的原子排列，主要是原子之间的相互吸引力与排斥力平衡的结果。

为了便于研究晶体中的原子排列规律（图 3-1a），把晶体中的原子（离子、分子或原子团）抽象成几何结点，并用直线将其连接起来而构成的空间格子称为“晶格”（或点阵），如图 3-1b 所示。考虑到晶体中原子重复排列的规律性，可从晶格中选取一个能够代表其晶格特征的最小几何单元，称之为“晶胞”（图 3-1c）。晶胞的大小和形状，常以晶胞的棱边长度 a、b、c 和棱边夹角 α、β、γ 六个参数来表示。其中 a、b、c 称为“晶格常数”，其长度单位为 Å（埃）（$1Å = 10^{-10}$ m）。如图 3-1c 所示的简单立方晶胞，其晶格常数 $a=b=c$，而 $\alpha=\beta=\gamma=90°$。具有简单立方晶胞的晶格称为简单立方晶格。

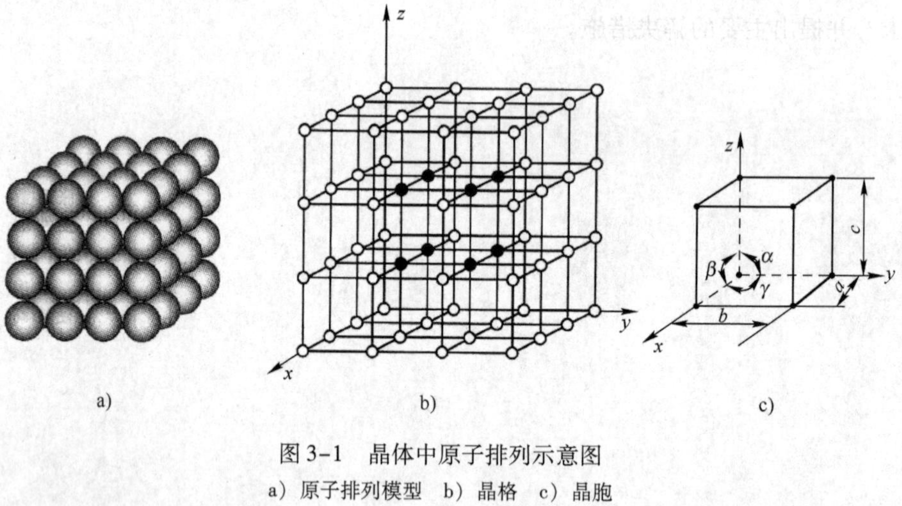

图 3-1　晶体中原子排列示意图

a）原子排列模型　b）晶格　c）晶胞

根据晶胞的几何形状或自身的对称性，可把晶体结构分为七大晶系十四种空间点阵。各种晶体由于其晶格类型和晶格常数不同，表现出不同的物理、化学和力学性能。

二、三种常见的金属晶格

由于金属晶体是通过较强的金属键结合，故原子趋于紧密排列，只构成少数几种高对称性的简单晶体结构。约有90%以上的金属晶体都属于如下三种典型晶格形式：

1. 体心立方晶格

如图3-2所示，体心立方晶格的晶胞是由八个原子构成的立方体，体心处还有一个原子。晶胞在其立方体对角线方向上的原子是彼此紧密相接触排列的，故可计算出其原子半径 $r=\frac{\sqrt{3}}{4}a$。因每个顶点上的原子为周围八个晶胞所共有，故每个体心立方晶胞实际包含原子数为$\frac{1}{8}\times8+1=2$个。

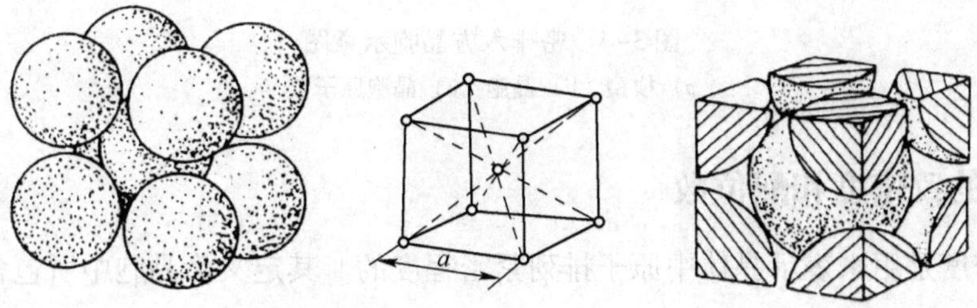

a）　b）　c）

图3-2　体心立方晶胞示意图

a）模型　b）晶胞　c）晶胞原子数

2. 面心立方晶格

如图3-3所示，面心立方晶格的晶胞也是由八个原子构成的立方体，但在立方体的每个面中心还各有一个原子。每个面对角线上各个原子彼此相互接触，因而其原子半径 $r=\frac{\sqrt{2}}{4}a$。又因每一面心位置上的原子为两个晶胞所共有，故每个面心立方晶胞中包含原子数为$\frac{1}{8}\times8+\frac{1}{2}\times6=4$个。

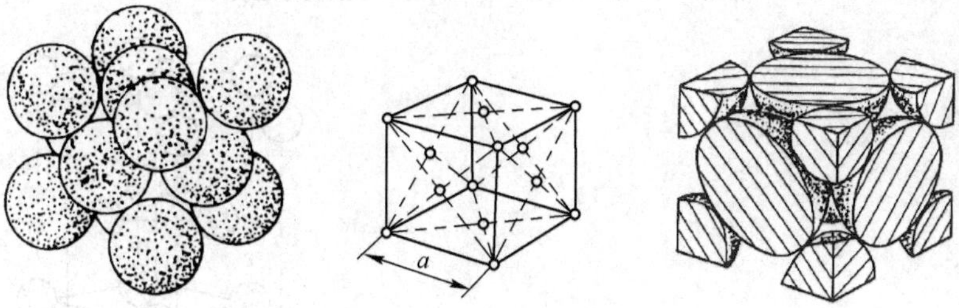

a）　b）　c）

图3-3　面心立方晶胞示意图

a）模型　b）晶胞　c）晶胞原子数

3. 密排六方晶格

密排六方晶格属于六方晶系。如图3-4所示，在六棱柱晶胞十二个角上和两个端面中心各有一个原子，在两个六边形面之间还有三个原子。晶格常数为六方底面边长 a 和上下底面间距 c，在上述紧密排列情况下 $c/a\approx1.633$。最近邻原子间距为 a，故原子半径 $r=\frac{1}{2}a$。每个密排六方晶胞中包含原子数为$\frac{1}{6}\times12+\frac{1}{2}\times2+3=6$个。

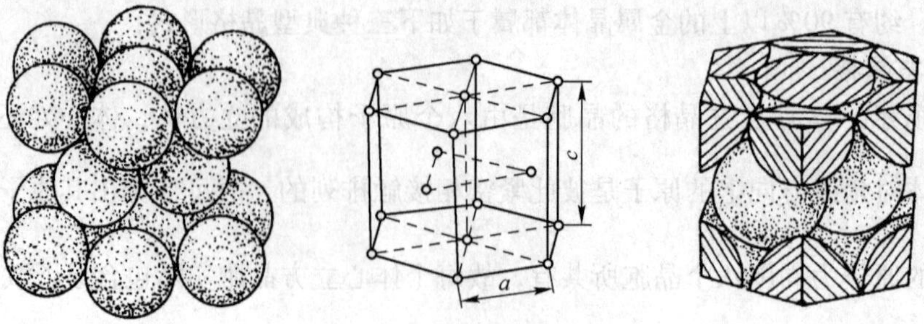

a)　　b)　　c)

图 3-4　密排六方晶胞示意图

a）模型　b）晶胞　c）晶胞原子数

三、晶格的致密度和配位数

晶格的致密度是用来表示晶体中原子排列紧密程度的。其定义为晶胞中所包含的原子所占体积与该晶胞体积之比。例如，体心立方晶格每个晶胞含有两个原子，原子半径$\frac{\sqrt{3}}{4}a$，晶胞体积为a^3，故体心立方晶格的致密度为$2\times\frac{4}{3}\pi r^3/a^3=2\times\frac{4}{3}\pi\times\left(\frac{\sqrt{3}}{4}a\right)^3/a^3=0.68$，即晶格中有68%的体积被原子所占据，其余为空隙。同样可求出面心立方及密排六方晶格的致密度均为0.74，而简单立方晶格的致密度则仅为0.52。

此外，还用“配位数”来定性评定晶体中原子排列的紧密程度。所谓配位数即指晶格中任一原子周围最近邻且等距离的原子数。显然，配位数越大，原子排列也就越紧密。体心立方晶格中，以立方体中心的原子来看，与其最近邻、等距离的原子数有8个，所以体心立方晶格的配位数为8。同样，可求出面心立方晶格与密排六方晶格的配位数均为12，如图3-5所示。不论从致密度，还是配位数来看，面心立方晶格和密排六方晶格的原子排列都是最紧密的。

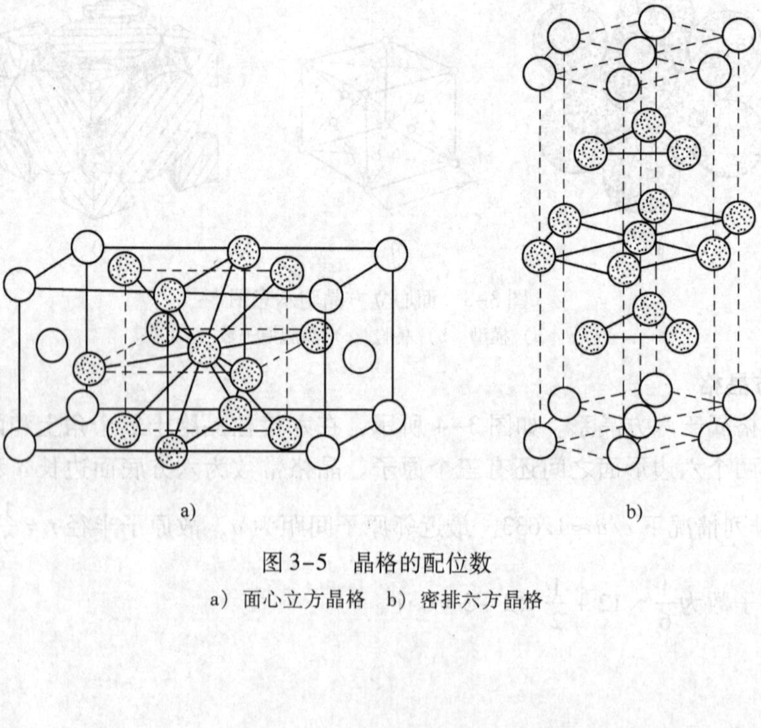

a)　　b)

图 3-5　晶格的配位数

a）面心立方晶格　b）密排六方晶格

三种典型金属晶格的各种数据总结及代表金属见表3-1。

表3-1　三种典型金属晶格的各种数据总结及代表金属

晶格类型	晶格参数	晶胞中的原子数	原子半径	配位数	致密度	代表金属
体心立方	$\alpha=\beta=\gamma=90°$ $a=b=c$	2	$\frac{\sqrt{3}}{4}a$	8	0.68	Cr, Mo, W, V, α-Fe, β-Ti
面心立方	$\alpha=\beta=\gamma=90°$ $a=b=c$	4	$\frac{\sqrt{2}}{4}a$	12	0.74	γ-Fe, Al, Cu, Ni, Pb, Ag, Au
密排六方	$\alpha=\beta=90°$，$\gamma=120°$ $a=b\neq c$	6	$\frac{1}{2}a$	12	0.74	Mg, Zn, Be, α-Ti, Cd

四、晶面和晶向分析

在晶格中，由一系列结点所组成的平面都代表晶体的某一原子平面，称为晶面；任意两个结点的连线，都代表晶体中某一原子列的位向，称为晶向。为便于研究和表述不同晶面和晶向的原子排列情况及其在空间的位向，需要给各种晶面和晶向定出一定的符号，即“晶面指数”和“晶向指数”。

1. 晶面指数

晶面指数的确定方法（如图3-6中带影线的晶面）：

1）以晶胞的三个棱边为坐标轴（X轴、Y轴、Z轴），坐标原点选在结点上，但不便选在待标定的晶面上。

2）以棱边长度（即晶格常数）a、b、c为相应坐标轴的度量单位，求出待定晶面在各轴上的截距（图3-6）。

3）取各截距的倒数，按比例化为最小整数，并依次写在圆括号内，数之间不用标点隔开，负号改写到数的顶部。即所求晶面指数，其一般形式为（hkl）。

立方晶格中，最具有意义的是图3-7所示的三种晶面，即（100）、（110）与（111）三种晶面。

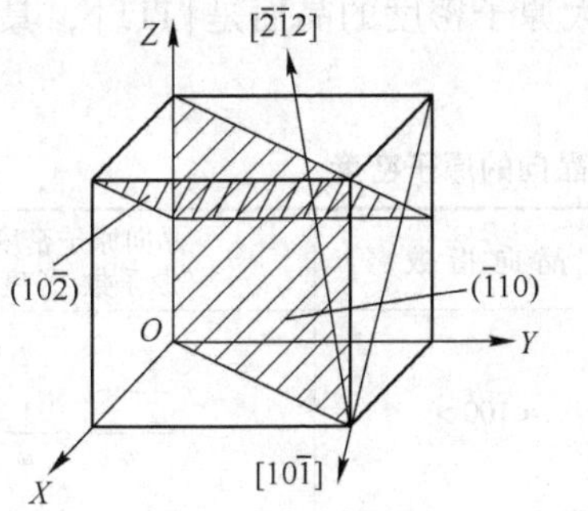

图3-6　晶面指数和晶向指数的确定

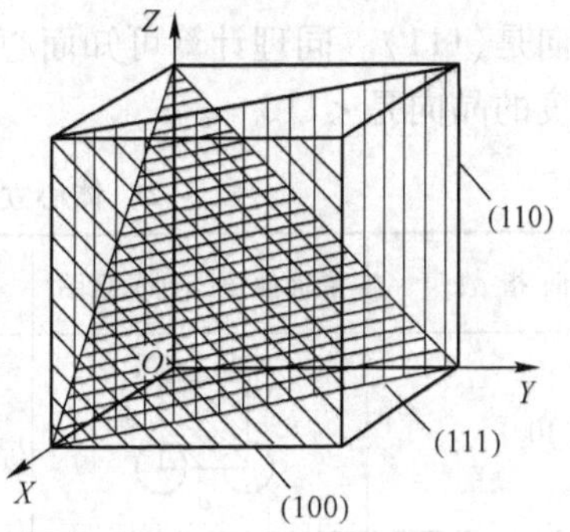

图3-7　立方晶格中的三种重要晶面

需要注意的是，晶面指数并非仅指晶格中的某一个晶面，而是代表着与之平行的所有晶面，它们的指数相同，或数字相同而正、负相反。

2. 晶向指数

晶向指数的确定方法（如图3-6中带箭头的晶向）：

1）以晶胞的三个棱边为坐标轴（X轴、Y轴、Z轴），原点选在待定晶向的直线上。

2）以棱边长度（即晶格常数）a、b、c为相应坐标轴的度量单位，求出待定晶向上任意一点的三维坐标值。

3）将三个坐标值按比例化为最小整数，并依次写在方括号内，数之间不用标点隔开，负号改写到数的顶部。即所求晶向指数，其一般形式为[$u\ v\ w$]。

图 3-8 中所示的[100]、[110]及[111]晶向为立方晶格中最具有意义的三种晶向。将图 3-8 与图 3-7 对比可以看出，在立方晶格中，指数相同的晶面与晶向是相互垂直的。

晶向指数代表的也是所有平行晶向。相互平行方向相反的晶向，其指数相同但符号相反，如[123]与[$\bar{1}\bar{2}\bar{3}$]。

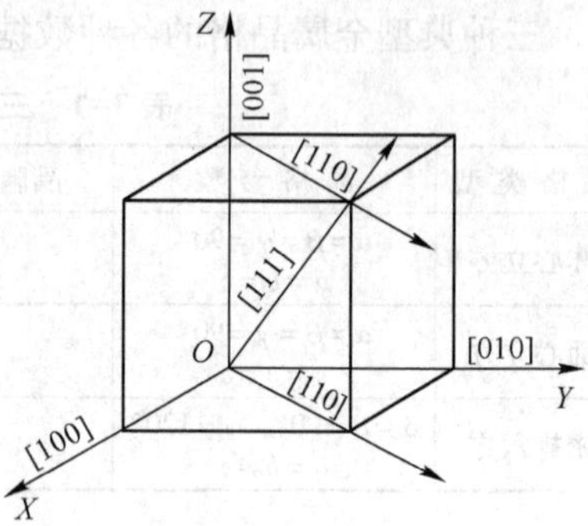

图 3-8　立方晶格中的三个重要晶向

3. 晶面族和晶向族

凡是晶面指数中各数字相同但符号不同或排列顺序不同的所有晶面上的原子排列规律都是相同的，具有相同的原子密度和性质，只是位向不同。这些晶面被称为一个晶面族，其指数记为{*h k l*}。例如在立方晶系中，(100)、(010)、(001)3 个独立的晶面就组成了 {100} 晶面族。{110}晶面族包括了(110)、(101)、(011)、($\bar{1}$10)、($\bar{1}$01)、(0$\bar{1}$1)6 个晶面。

同理，原子排列规律相同但空间位向不同的所有晶向组成一个晶向族，其指数记为 <*hkl*>。例如在立方晶系中，[100]、[010]、[001]以及与之相反的[$\bar{1}$00]、[0$\bar{1}$0]、[00$\bar{1}$]共 6 个晶向组成 <100> 晶向族。<110> 晶向族包括[110]、[101]、[011]、[$\bar{1}$10]、[$\bar{1}$01]、[0$\bar{1}$1]及与之相反的[$\bar{1}\bar{1}$0]、[$\bar{1}$0$\bar{1}$]、[0$\bar{1}\bar{1}$]、[1$\bar{1}$0]、[10$\bar{1}$]、[01$\bar{1}$]共 12 个晶向。

4. 晶面和晶向的原子密度

所谓晶面的原子密度即指其单位面积中的原子数，而晶向原子密度则指其单位长度上的原子数。在各种晶格中，不同晶面和晶向上的原子密度都是不同的。例如，在体心立方晶格中的各主要晶面和晶向的原子密度见表 3-2。

从表 3-2 中可见，在体心立方晶格中，具有最大原子密度的晶面是{110}，具有最大原子密度的晶向是⟨111⟩。同理计算可知面心立方晶格中具有最大原子密度的晶面是{111}，具有最大原子密度的晶向是 <110>。

表 3-2　体心立方晶格中各主要晶面和晶向的原子密度

晶面指数	晶面原子排列示意图	晶面原子密度（原子数/面积）	晶向指数	晶向原子密度（原子数/长度）
{100}	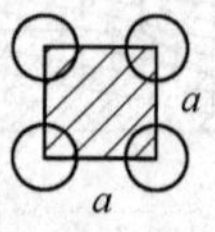	$\dfrac{\frac{1}{4}\times 4}{a^2}=\dfrac{1}{a^2}$	<100>	$\dfrac{\frac{1}{2}\times 2}{a}=\dfrac{1}{a}$
{110}	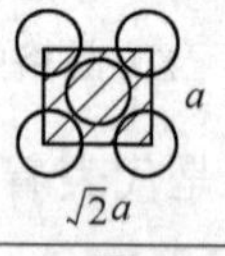	$\dfrac{\frac{1}{4}\times 4+1}{\sqrt{2}a^2}=\dfrac{1.4}{a^2}$	<110>	$\dfrac{\frac{1}{2}\times 2}{\sqrt{2}a}=\dfrac{0.7}{a}$
{111}	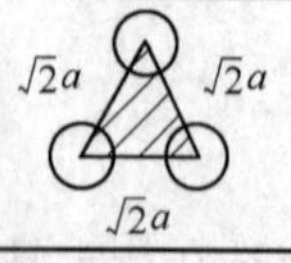	$\dfrac{\frac{1}{6}\times 3}{\frac{\sqrt{3}}{2}a^2}=\dfrac{0.58}{a^2}$	<111>	$\dfrac{\frac{1}{2}\times 2+1}{\sqrt{3}a}=\dfrac{1.16}{a}$

五、晶体的各向异性

由于晶体中不同晶面和晶向上原子排列的方式和密度不同，使原子间的相互作用力也不相同，因此在同一单晶体内不同晶面和晶向上的物理、化学和力学性能也会不同。晶体的这种

“各向异性”特点是它区别于非晶体的重要标志之一。例如，体心立方的 α－Fe 单晶体，在原子排列最密的 <111> 方向上弹性模量为 2.9×10^5 MPa，而在原子排列较稀的 <100> 方向仅为 1.35×10^5 MPa。许多晶体物质如石膏、云母、方解石等常沿一定的晶面易于破裂，具有一定的解理面，也是这个道理。

但在工业用金属材料中，通常见不到这种各向异性特征。如上述 α－Fe 的弹性模量，不论从何种部位取样，所测数据均在 2.1×10^5 MPa 左右。这是因为实际金属多为多晶体，呈现各向同性。

第二节　金属的实际结构和晶体缺陷

一、多晶体结构

如果晶体内部的晶格位向完全一致，则称该晶体为“单晶体”（图 3-9a）。单晶体具有各向异性。目前单晶体在半导体元件、磁性材料、高温合金等方面已得到开发和应用。单晶体金属材料是今后金属材料的发展方向之一。

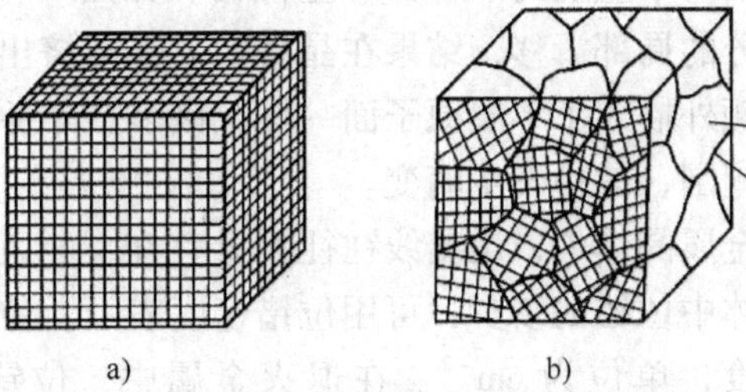

图 3-9　单晶体和多晶体示意图
a）单晶体　b）多晶体

但在工业生产中，单晶体金属材料一般是需要专门制备的。实际的金属结构都包含着许多小晶体，每个小晶体的内部晶格位向均匀一致，而各小晶体之间彼此位向都不相同（图 3-9b）。由于每个小晶体的外形多为不规则的颗粒状，故称为“晶粒”。晶粒与晶粒之间的界面称为“晶界”。这种由多晶粒组成的晶体结构称为“多晶体”。由于多晶体金属各晶粒的位向不同，结果宏观上只表现出它们的平均性能，即呈现各向同性。

通常晶粒尺寸很小，如钢铁材料一般为 10^{-1} ~ 10^{-3} mm，必须在显微镜下才能看见。有色金属的晶粒尺寸一般都比钢铁的大些，有时可用眼睛直接看见，如镀锌钢板表面的锌晶粒，其尺寸通常达数毫米至十几毫米。实际金属晶粒大小除取决于金属种类外，还取决于结晶条件和热加工工艺。

在每个晶粒内部，不同区域的晶格位向也并非完全一致，而是存在微小差别，一般小于 2°。这些在晶格位向上彼此有微小差别的晶内小区域叫作“亚晶粒”，如图 3-10 所示。亚晶粒间的过渡区称为亚晶界，也称小角度晶界。

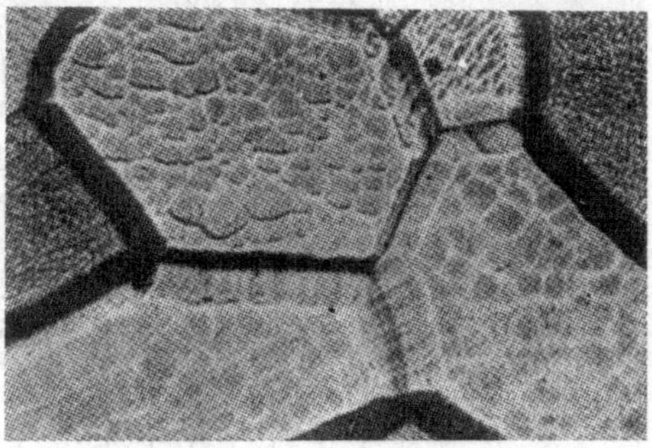
图 3-10　金属中的亚晶组织

二、晶体缺陷

晶体中凡是原子排列不规则的区域都是晶体缺陷。实际金属中存在大量的晶体缺陷，它们对金属宏观性能影响很大，特别对金属的塑性变形、固态相变以及扩散等过程都起着重要作用。

晶体缺陷按其几何特征可分为如下三类：

1. 点缺陷

点缺陷是指三维尺度都很小，不超过几个原子直径的缺陷。常见的点缺陷有三种，即晶格空位、间隙原子和置换原子。空位是指未被原子所占的晶格结点；间隙原子是处在晶格间隙中的多余原子；置换原子是指占据晶格结点上的异类原子，如图 3-11 所示。点缺陷的存在，使周围原子间的作用失去平衡，原子需要重新调整位置，造成晶格畸变，从而使材料的强度和硬度提高，塑性和韧性略有降低，金属的电阻率增加，密度也发生变化。此外，点缺陷的存在会加速金属中的扩散过程。冷变形加工，高能粒子轰击、辐射，高温淬火以及氧化等均可产生点缺陷。

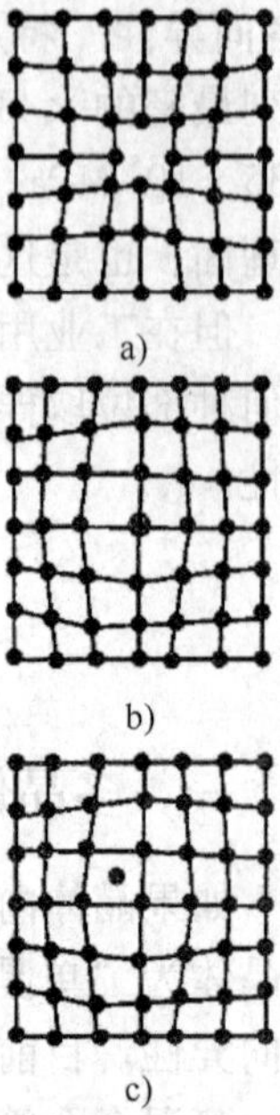

图 3-11 点缺陷示意图

a）空位

b）置换原子

c）间隙原子

2. 线缺陷

线缺陷是指二维尺度很小而第三维尺度较大的缺陷，即晶格中的位错。所谓位错是指晶体中某处一列或若干列原子发生了有规律的错排现象，错排区是细长的管状畸变区域，长度可达几百至几万个原子间距，宽度仅几个原子间距。

由于晶体位移的方式不同，可形成两种基本类型的位错：刃型位错和螺型位错。最简单直观的一种为刃型位错。如图 3-12 所示，由于右上部分相对于右下部分的局部滑移，结果在晶格的上半部挤出了一层多余的原子面，好像在晶格中额外插入了半层原子面一样，该多余半原子面的边缘便为位错线。在位错线的周围，晶格发生畸变。

在金属晶体中，位错线往往大量存在，相互连接呈图 3-13 所示的网状分布。晶体中位错的多少，可用位错密度表示。位错密度是指单位体积内位错线的总长度，单位为 cm^{-2}。在退火金属中，位错密度很低，一般为 $10^5 \sim 10^8$ cm^{-2}。在大量冷变形或淬火的金属中，位错密度大幅增加，可达 10^{12} cm^{-2}。随着位错密度的增加，材料的强度将会显著增加，所以提高位错密度是金属强化的重要途径之一。

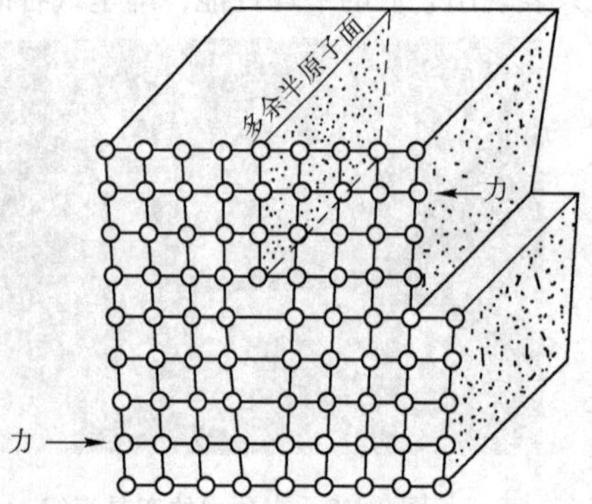

图 3-12 刃型位错示意图

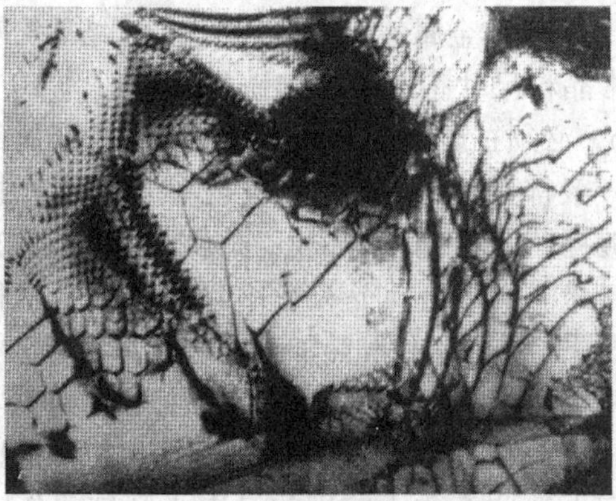

图 3-13 实际晶体中的位错网

位错是一类极为重要的晶体结构，它对于材料的塑性变形、强度、断裂等起着决定性的作用，对扩散、相变等过程也有较大影响。

3. 面缺陷

面缺陷是指二维尺度很大而第三维尺度很小的缺陷。晶体的面缺陷包括两类：一是晶体的外表面；二是晶体的内表面。其中内界面又包括晶界、亚晶界、孪晶界、相界、堆垛层错等。这里仅就重要的晶界和亚晶界这两种面缺陷加以介绍。

晶界和亚晶界（图 3-14）都是因晶体中不同区域之间的晶格位向过渡所造成的。但在小角度位相差（$\theta < 10°$）的亚晶界情况下（图 3-14b），则可把它看成是一种位错线的堆积或称“位错壁”。

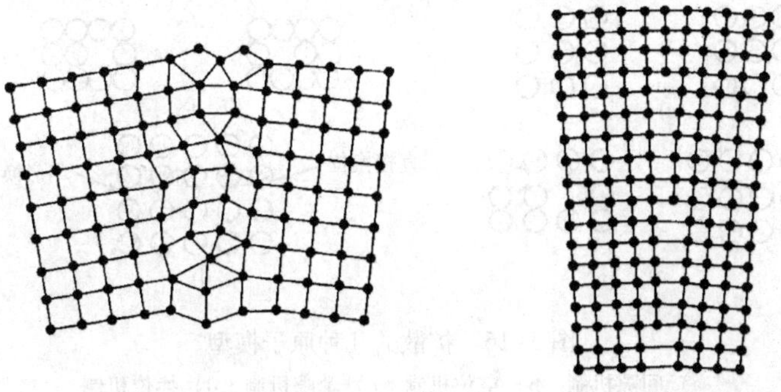

图 3-14　面缺陷示意图

a）晶界　b）亚晶界

晶界处原子排列不规则，晶格畸变较大，故晶界处能量较高，具有与晶粒内部不同的特性。如晶界强度和硬度较高、熔点较低、耐蚀性较差、扩散系数较大、电阻率较高、相变时优先形核等。

三、金属中的扩散

扩散是金属的一个基本问题，金属中发生的许多过程（例如结晶、相变、再结晶、烧结、合金化）都具有明显的扩散性质。因此在讨论金属中的各种现象之前，必须对扩散有一个最基本的概念。

1. 扩散的概念和机制

由于热运动而导致原子（或分子）在介质中迁移的现象称为扩散。

固体金属的原子在晶格结点上做高频（10^{13} Hz）热振动，其所处的晶格间位能的变化如图 3-15 所示。由图可见，原子要离开原来的结点，必须被激活，获得足以克服周围原子约束的能量，越过一个能峰（或势垒），才能迁移到别的地方去。所以金属晶体中的扩散是一个热的活化过程。

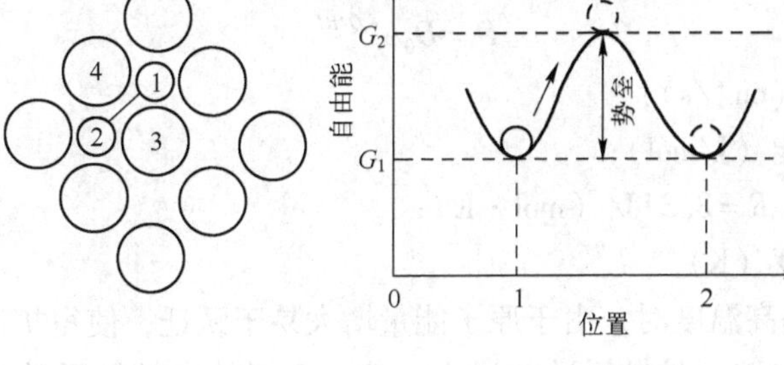

图 3-15　原子迁移需越过的能垒

a）面心立方晶体中的（100）晶面　b）原子的自由能与其位置的关系

原子的迁移不引起浓度变化的扩散叫作自扩散，例如纯金属中的扩散。自扩散产生于晶体中原子的无规则随机运动。原子的迁移伴随有浓度变化的扩散叫作异扩散，或简称扩散，例如杂质含量较高的金属中的扩散。

金属中原子的扩散存在以下四种可能的机制（图 3-16）：

（1）间隙扩散机制　当晶体中存在小的间隙原子时（例如钢中的碳和氮等），这些间隙原子一般通过晶格间隙之间的跃迁实现扩散。

（2）空位扩散机制　金属中存在一定浓度的空位，空位为原子的迁移提供了最方便的途径。空位旁边的原子很容易移居到空位上去，而使空位在新的结点上出现。依靠空位的这种大量的移

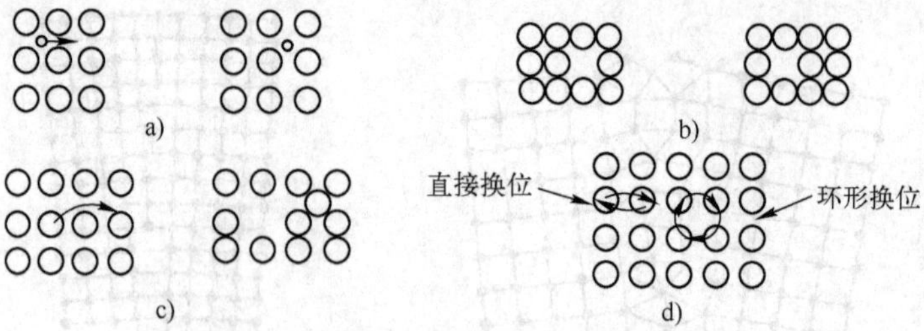

图 3-16　扩散的几种原子模型

a）间隙机制　b）空位机制　c）填隙机制　d）换位机制

动，原子很快地完成长距离的迁移（由表面移入内部）。

（3）填隙扩散机制　金属中本应处于晶格结点位置的原子有时会出现在间隙位置。它们会将邻近点阵原子挤到间隙中，并取而代之。由于形成这种间隙原子所需能量较高，一般情况下这类缺陷浓度十分低，因此对扩散贡献并不大，但辐照可大大增加此类缺陷。

（4）换位扩散机制

1）直接换位机制。相邻两原子直接交换位置。依靠大量的不断的直接换位，实现原子的迁移。这种机制会引起晶格很大的瞬时畸变，激活能要求很高，所以这种方式的扩散是很困难的。

2）环形换位机制。同一平面上的数个原子瞬时轴旋转换位，结果使原子位置改变。依靠大量的、不断的环形旋转运动，进行原子的扩散。晶体原子环形换位要求的激活能小得多，且参加旋转的原子越多，所需克服的能垒越小。该机制可以解释体心立方金属的扩散系数较大的问题。

间隙机制和空位机制是最重要的两种扩散机制。参与扩散的可以是电中性的原子，也可以是离子。

2. 影响扩散的主要因素

（1）温度　温度是影响扩散系数的主要因素。在一定条件下，可以从理论上推导并由实验证实存在以下关系：

$$D = D_0 e^{-Q/RT} \tag{3-1}$$

式中　D_0——扩散常数（cm^2/s）；

Q——扩散激活能（J/mol）；

R——气体常数，$R = 8.31 J/(mol \cdot K)$；

T——热力学温度（K）。

式（3-1）表明，提高温度时，由于原子能量增大易于跃迁，使得扩散系数急剧增大。金属从室温起，每升高 10～15℃，扩散系数约增大一倍。金属的自扩散系数的平均值，在熔点以下 200～500℃时的数量级为$1\times10^{-13}\ cm^2/s$，而在熔点固态时的数量级为 $1\times10^{-8}\ cm^2/s$。碳在铁中的扩散，当温度从 920℃提高到 1000℃时，扩散系数可增大到 7 倍以上。D_0和 Q 与温度无关，取决于金属的成分和结构，可由实验测出。

（2）晶体结构　晶体中的扩散是扩散原子或离子在阵点或间隙之间的迁移，因此同一物质的扩散系数与晶体结构有关。一般非密堆结构的晶体比密堆结构的晶体具有更高的扩散系数。例如，体心立方结构的 α－Fe 自扩散系数，大约为面心立方结构的 γ－Fe 的 240 倍。同样地，碳、氮等元素在 α－Fe 的扩散系数，也远比在 γ－Fe 的大。

（3）表面及晶体缺陷　金属的外表面和内表面（晶界及亚晶界等），由于存在大量缺陷，晶格畸变较大，原子处于较高的能量状态，因而扩散激活能较小，容易实现跃迁。晶界扩散的激活能一般只有体扩散的 0.6～0.7，所以金属内外表面上的扩散较晶内的扩散快得多，可达 100～1000 倍。

第三节 金属的结晶与铸锭

一般金属材料的获得都要经过对矿产原料的熔炼、除渣、浇注等作业后，凝固成铸锭或细粉，再通过各种加工获取成材或制件。掌握结晶过程和规律可以有效地控制金属的凝固条件，从而获得性能优良的金属材料。

一、结晶的概念

一切物质从液态到固态的转变过程统称为“凝固”，如果通过凝固能形成晶体结构，则称为“结晶”。凡纯元素（金属或非金属）的结晶都具有一个严格的“平衡结晶温度”，高于此温度便发生熔化，低于此温度才能进行结晶；在平衡结晶温度，液体与晶体同时共存，达到可逆平衡。而一切非晶体物质则无此明显的平衡结晶温度，凝固总是在某一温度范围逐渐完成。

自然界的一切自发转变过程，总是由较高能量状态趋向较低能量的状态，就像水总是自动流向低处，降低自己的势能一样。物质中能够自动向外界释放出其多余的或能够对外做功的这一部分能量叫作“自由能(G)”。同一物质的液体与晶体，由于其结构不同，在不同温度下的自由能变化是不同的，如图3-17所示。可见，两条曲线的交点即液、固态的能量平衡点，对应的温度T_m即理论结晶温度或熔点。低于T_m时，由于液相的自由能高于固相，液体向晶体的转变伴随着能量降低，因而有可能发生结晶。换句话说，要使液体进行结晶，就必须使其温度低于理论结晶温度，造成液体与晶体间的自由能差$\Delta G = G_S - G_L < 0$，即具有一定的结晶驱动力才行。实际结晶温度(T_n)与理论结晶温度（T_m）之差称为“过冷度”（$\Delta T = T_m - T_n$）。金属液的冷却速度越大，过冷度便越大，液、固态自由能差也越大，即所具结晶驱动力越大，结晶倾向越大。

在液态物质的冷却过程中，可以用热分析法来测定其温度的变化规律，即冷却曲线，如图3-18所示。冷却曲线上水平台阶的温度即为实际结晶温度T_n。平台的出现是因为结晶时的潜热析出补偿了金属向环境散热引起的温度下降。冷速越慢，测得的实际结晶温度便越接近于理论结晶温度。必须指出，在平台出现之前，还经常会出现一个较大的过冷现象，为结晶的发生提供足够的推动力，而一旦结晶开始，放出潜热，便会使其温度回升到水平台阶的温度。

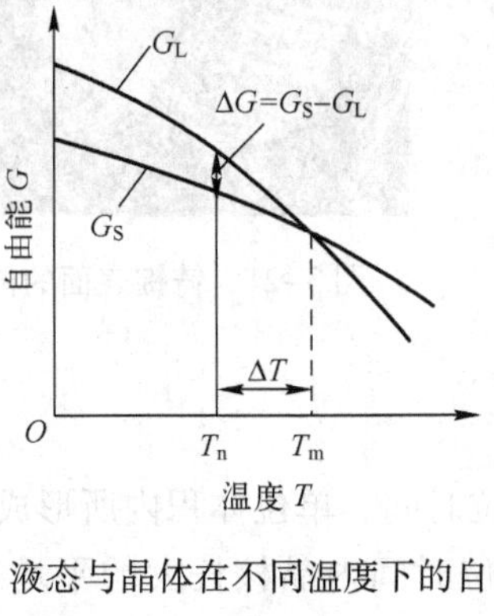

图3-17 液态与晶体在不同温度下的自由能变化

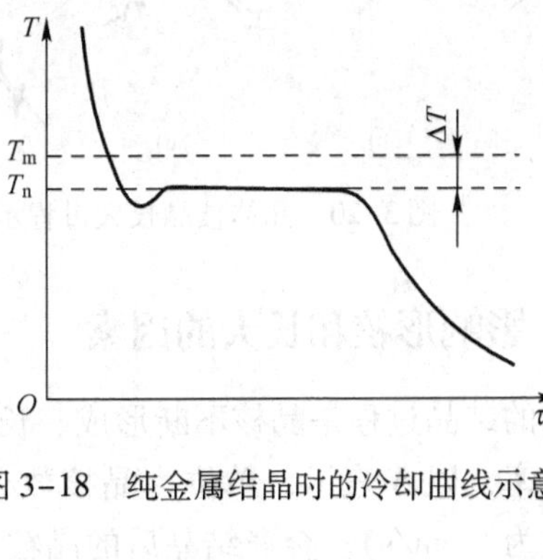

图3-18 纯金属结晶时的冷却曲线示意图

二、金属的结晶过程

金属的结晶规律与非金属的一样，其结晶都是一个晶核的形成和长大的过程。在液态金属从高温冷却到结晶温度的过程中，会产生大量尺寸不同、短程有序的原子集团（晶胚），它们极不稳定，时聚时散。当过冷至结晶温度以下时，某些尺寸较大的晶胚开始变得稳定，成为晶核。形成的晶核按各自方向吸附周围原子自由长大，在长大的同时又有新晶核出现、长大。当相邻晶体彼此接触时，被迫停止长大，而只能向尚未凝固的液体部分伸展，直至结晶完毕。因此在一般情况下，金属是由许多外形不规则、位向不同、大小不同的晶粒组成的多晶体。金属的结晶过程可用图 3-19 表现。

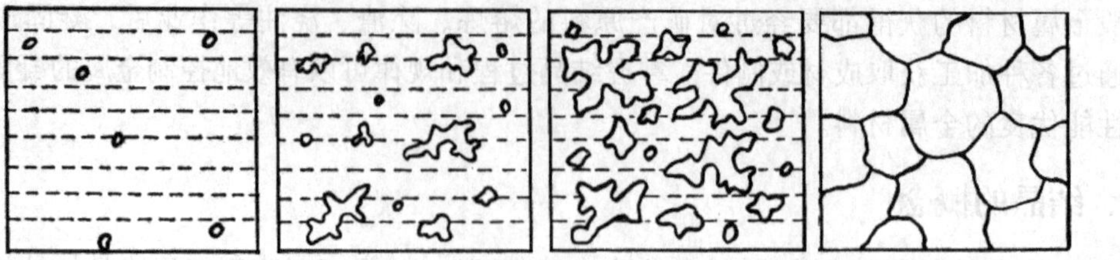

图 3-19　金属结晶过程示意图

在金属结晶过程中，晶核的形成有两种方式：一种是自发形核（均质形核），即晶核是从液体结构内部自发长出来的；另一种是非自发形核（异质形核），晶核是依附于外来未熔杂质而生成的。随着过冷度的增加，液相中自发形核所需的晶胚尺寸越小，即过冷度越大越易自发形核。非自发形核所需的过冷度比自发形核小得多，一般条件下，液态金属结晶主要靠非自发形核来完成。需要注意的是，通常自发形核与非自发形核是同时存在的，而非自发形核在实际生产中比自发形核更为重要。

晶核的长大方式通常是树枝状长大，即“枝晶长大”，如图 3-20 所示。在晶核长大初期，因其内部原子规则排列的特点，其外形保持规则的几何外形。随着晶核的长大，晶体棱角形成，由于棱角处的散热条件优于其他部位，因而便得到优先成长，如树枝一样先长出树干（又称一次晶轴），再不断生长出分枝（二次晶轴、三次晶轴等），最后形成枝晶。冷却速度越快，过冷度越大，枝晶成长的特点便越明显。图 3-21 为金属铸锭表面因枝间未被填满而呈现的枝晶形态。在枝晶长大过程中，由于液体的流动，枝轴本身的重力作用和彼此间的碰撞，以及杂质元素的影响等种种原因，会使某些枝轴发生偏斜或折断，以至造成晶粒中的镶嵌块、亚晶界以及位错等各种缺陷。

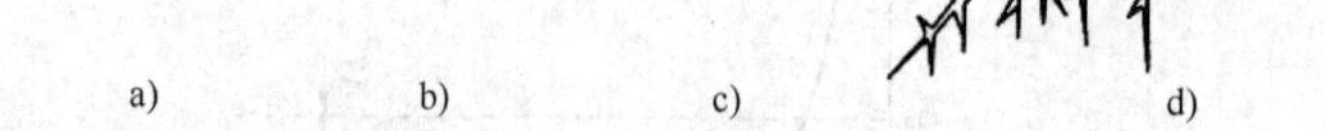

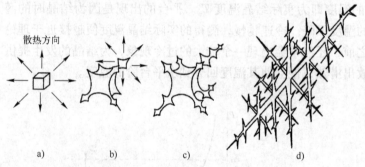

图 3-20　晶体枝晶长大过程示意图

图 3-21　铸锭表面的树枝状晶体

三、影响形核和长大的因素

金属的结晶过程是晶核不断形成、长大的过程。在单位时间、单位体积内所形成的晶核数目称为形成率，以 N 表示，单位为晶核数/(s · cm^3)。而单位时间内晶核长大的平均速度以 G 表示，单位为（cm/s）。金属结晶后的晶粒大小与形核率和长大速度有关，而影响晶核形核率和长大速度的重要因素是结晶时的过冷度（或冷却速度）和液体中的难熔杂质。

1. 过冷度的影响

金属结晶时的过冷度 ΔT 与形核率和长大速度的关系如图 3-22 所示。从图中可看出，形核率和长大速度随过冷度的增加而增大，并在一定过冷度时各自达到最大值。随后当过冷度进一步增大时，它们却逐渐减小。其主要原因是结晶过程中有两个因素同时在起作用。一个是晶体与液体的自由能差(ΔG)，它是晶核形成和长大的驱动力；另一个是液体中原子迁移能力或扩散系数(D)，它是晶核形成和长大的必要条件。在过冷度较小时，虽然原子的扩散系数较大，但因作为结晶驱动力的自由能差较小，使得晶核的形成率和长大速度都较小；在过冷度较大时，虽然自由能差很大，但由于原子的扩散在此情况下相当困难，也难使晶核形成和长大。由于这两种随过冷度不同而作相反变化的因素的综合作用，使晶核的形成率和长大速度与ΔT的关系出现了一个极大值。

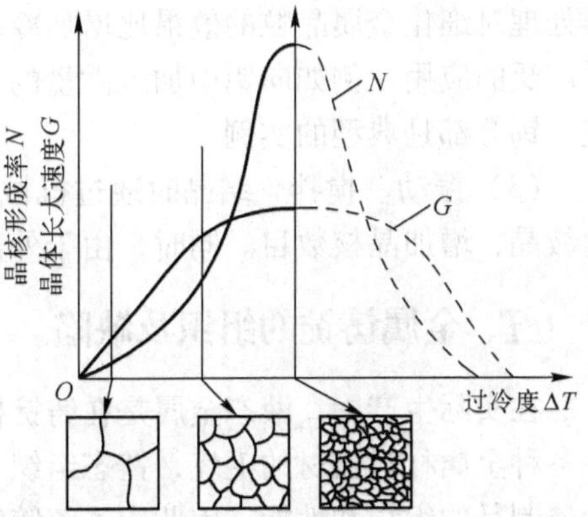

图 3-22　晶核的形成率(N)和长大速度(G)与过冷度的关系

在一般工业条件下（图 3-22 中曲线的前半部实线部分），结晶时的冷却速度越大或过冷度越大时，金属的晶粒便越细。如铸造生产中用金属型代替砂型、局部加冷铁、增大金属型的厚度等。至于曲线的后半部分，因为在工业实际中的结晶一般达不到这样的过冷度，故用虚线表示。但通过对金属液滴施以每秒上万度的高速冷却发现，在高度过冷的情况下，其晶核的形成率和长大速度确能再度减小为零，此时金属将不再通过结晶的方式发生凝固而形成非晶态金属。

2. 难熔杂质的影响

金属结晶过程中，非自发形核的作用往往是主要的。某些高熔点杂质，特别是当其晶体结构与金属相近时，将显著促进非自发形核，大大提高形核率，使金属晶粒细化。

四、晶粒大小及控制

1. 晶粒度

晶粒度是表示晶粒大小的尺度，可用 1 mm^2 试样截面面积数目或晶粒的平均线长度（或直径）表示。由于测量晶粒尺寸很不方便，一般用金相显微镜将金属试样组织放大 100 倍后与标准晶粒度图对照来进行评级。标准晶粒度共分 8 级，1 级最粗，平均直径为 0.25 mm；8 级最细，平均直径为 0.02 mm。比 1 级更粗或比 8 级更细的晶粒也可用晶粒度等级来表示，如 0 级、10 级、−1 级等。如果知道晶粒度等级 N，可以计算出每 1 mm^2 中的晶粒数 m，$m=2^{N+2}$。

晶粒大小对金属的力学性能有很大的影响。一般常温下的金属材料，晶粒越细小，金属的强度就越高，塑性和韧性也越好。因此，在工业生产中，常通过细化晶粒的途径来改善金属的力学性能。但高温下工作的材料晶粒过大或过小都不好，一般细晶粒在高温下易蠕变、易腐蚀，粗晶粒正好相反。在有些情况下希望晶粒越大越好，例如制造电动机和变压器的硅钢片。

2. 晶粒大小的控制

细化晶粒是提高金属性能的重要途径之一，控制晶粒大小主要从控制形核率 N 和长大速度 G 着手。

（1）增大过冷度　金属结晶时的形核率 N 和长大速度 G 均随着过冷度 ΔT 的增加而增大，且 N 的增长率大于 G 的增长率，如图 3-22 所示。所以，增加过冷度 ΔT 就会提高 N/G 的比值，从而使晶粒细化。实际生产中增加过冷度的工艺措施主要有高温熔化低温浇注、选择吸热能力和导热性较大的铸模材料。

（2）变质处理　变质处理又称作孕育处理，是一种有意向液态金属中加入非自发形核物质从而细化晶粒的方法。所加入的物质称为变质剂。金属不同，所使用的变质剂也不相同。由于变质处理对细化金属晶粒的效果比增加冷却速度或过冷度的效果更好，因而目前在工业生产上得到了广泛的应用。例如向铝中加入微量的钛，向铝硅合金中加入少量的钠或钠盐，向铸铁中加入硅、钙等都是典型的实例。

（3）振动、搅拌　结晶时通过机械振动、电磁搅拌及超声波等方法，可以打碎正在生长的树枝晶，增加晶核数目。同时，由于外部输入了能量，又能够促进形核，从而细化晶粒。

五、金属铸锭的组织及缺陷

在实际生产中，液态金属是在铸锭模或铸型中凝固的，前者得到铸锭，后者得到铸件。铸锭是各种金属材料成材的毛坯，铸态组织不但影响到其压力加工性能，而且还影响到压力加工后的金属制品的组织和性能。因此应了解铸锭的组织及其形成规律，并设法改善铸锭组织。

1. 铸锭的组织

由于凝固时表面和心部的结晶条件不同，铸锭的宏观组织是不均匀的。典型的金属铸锭组织由图 3-23 所示的三层不同外形的晶粒组成。

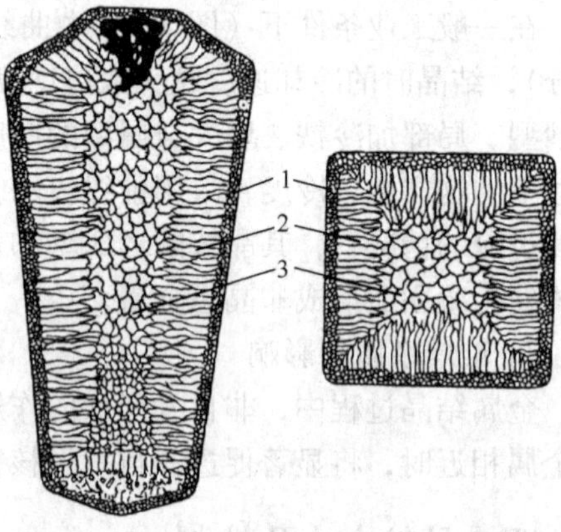

图 3-23　钢锭组织的示意图

1—表面细晶粒层　2—柱状晶粒层

3—中心等轴晶粒区

（1）表面细晶粒层　当高温的液体金属被浇注到铸型中时，液体金属首先与铸型的模壁接触，一般来说，铸型的温度较低，产生很大的过冷度，形成大量晶核。再加上模壁的非均匀形核作用，在铸锭表层形成一层厚度较薄、晶粒很细的等轴晶区。此层组织致密，力学性能很好，但因很薄对整个铸锭性能影响不大。

（2）柱状晶粒层　表层细晶区形成后，由于液态金属的加热及凝固时结晶潜热的放出，使模壁的温度逐渐升高，冷却速度下降，结晶前沿过冷度减小，难于形成新的结晶核心，结晶只能通过已有晶体的继续生长来进行。由于散热方向垂直于模壁，因而晶体沿着与散热相反的方向择优生长而形成柱状晶区。

柱状晶区组织较致密，有明显的各向异性。钢锭一般不希望得到柱状晶组织，因为进行塑性变形时柱状晶区易出现晶间开裂。尤其在柱状晶层的前沿及柱状晶彼此相遇处，当存在低熔点杂质而形成一个明显的脆弱界面时，更容易发生开裂。但对于某些铸件（如涡轮叶片），则常采用定向凝固的方法有意使整个叶片由同一方向、平行排列的柱状晶所构成。因为这种结构沿一定方向能承受较大的负荷而使涡轮叶片具有良好的使用性能。此外，对塑性良好的有色金属（如铜、铝等）也希望得到柱状晶组织。因为这种组织较致密，对力学性能有利，而在压力加工时，由于这些金属本身具有良好的塑性，并不容易发生开裂。

（3）中心等轴晶粒区　当柱状晶长大到一定程度，由于冷却速度进一步下降及结晶潜热的不断放出，使结晶前沿的温度梯度消失，导致柱状晶的长大停止。当心部液体全部冷至实际结晶温度以下时，以杂质和被冲下的枝晶碎块为结晶核心均匀长大，形成等轴晶区。由于此区最后凝固，因此一些低熔点的杂质或合金元素可能多些，以及液体补充不足而出现中心偏析和疏松。

改变凝固条件可以改变各晶区的相对大小和晶粒的粗细，甚至获得只有两层或单独一个晶区所组成的铸锭。如提高浇注温度、加快冷却速度或采用定向冷却散热方法，并减少液体中产生非自发晶核等条件有利于柱状晶区的形成和扩展。相反则有利于等轴晶区的形成和扩展。

2. 铸锭的缺陷

铸锭的缺陷主要包括缩孔、疏松、气孔和偏析等。

（1）缩孔和疏松　大多数金属凝固时体积要收缩，如果没有足够的液体补充，便会形成孔隙。如果孔隙集中在凝固的最后部位，则称为缩孔。缩孔可以通过合理设计浇注工艺，预留出补缩的液体（如加冒口）等方法控制，一旦铸锭中出现缩孔则应切除。如果孔隙分散地分布于枝晶间，则称为疏松，可以通过压力铸造的等方法予以消除。

（2）气孔　金属在液态下比在固态下溶解气体多。液态金属凝固时，如果所析出的气体来不及逸出，就会保留在铸锭内部，形成气孔。内表面未被氧化的气孔在热锻或热轧时可以焊合，如发生氧化，则必须去除。

（3）偏析　合金中各部分化学成分不均匀的现象称为偏析。铸锭在结晶时，由于各部位结晶先后顺序不同，合金中的低熔点元素偏聚于最终结晶区，或由于结晶出的固相与液相的比重相差较大，使固相上浮或下沉，从而造成铸锭宏观上的成分不均匀，称为宏观偏析。适当控制浇注温度和结晶速度可减轻宏观偏析。

复习思考题

1. 常见的晶格结构有哪几种？Fe、Ti、Al、Cu、Cr、Ni、Mo、W、Mg 等金属各具有哪种晶格结构？

2. 在立方晶系中画出(011)、$(10\bar{2})$晶面和$[211]$、$[10\bar{2}]$晶向。

3. 金属实际晶体结构中存在哪些缺陷？它们对金属性能有什么影响？

4. 金属中原子的扩散迁移主要有哪几种机制？影响扩散的主要因素有哪些？

5. 什么是理论结晶温度？在理论结晶温度点是否能完全结晶？为什么？

6. 纯金属结晶的形核率是否总是随着过冷度增大而增大？

7. 晶粒度如何进行测量？晶粒大小的控制可以从哪几方面着手？

8. 如果其他条件相同，试比较在下列浇注条件下铸件晶粒的大小：

（1）金属模浇注与砂模浇注；

（2）变质处理与不变质处理；

（3）铸成薄件与铸成厚件；

（4）浇注时采用振动与不采用振动。

9. 为什么钢锭希望尽量减少柱状晶区？

第四章　二元合金

在机械工程中，纯金属本身的力学性能很有限（如铁的抗拉强度只有 200 MPa，而铝还不到 100 MPa），满足不了实际需要。所以除了各种导电体、传热器及装饰品等要求优良导电、导热性能或美丽的金属光泽等性能外，很少直接使用纯金属作零部件。目前工业上应用的金属材料绝大多数是合金，它具有比纯金属更高的综合力学性能和某些特殊的物理化学性能。

将一种金属元素与另外一种或多种金属或非金属元素，通过熔炼、烧结等方法形成的具有金属性质的物质称为合金。例如，碳钢和铸铁就是主要由铁和碳所组成的合金，黄铜是由铜和锌所组成的合金。

组成合金的独立的、最基本的单元称为组元。一般组元就是组成合金的元素，也可以是稳定的化合物。合金中有几种组元就称为几元合金。例如碳素钢是二元合金，铅黄铜是三元合金。

合金中的各个元素相互作用，可形成一种或几种相。所谓相是指合金中晶体结构相同、成分和性能均一并以界面相互分开的组成部分。合金的性能就是由组成合金各相本身的结构和各相形态所决定的。

第一节　合金的晶体结构

根据构成合金的各组元之间相互作用的不同，合金的相结构可分为固溶体和金属间化合物两大类型。

一、固溶体

合金在固态下，组元间会相互溶解，形成在某一组元晶格中包含有其他组元的新相，这种新相称为固溶体。晶格与固溶体相同的组元为固溶体的溶剂，其他组元为溶质。可见固溶体的重要标志是与溶剂有相同晶格。

根据溶质原子在溶剂晶格所占的位置，可将固溶体区分为置换固溶体和间隙固溶体。

1. 置换固溶体

置换固溶体是指溶质原子代替部分溶剂原子而占据溶剂晶格中的某些结点位置所形成的固溶体，如图 4-1a 所示。在合金中，如锰、铬、硅、镍、钼等元素都能与铁形成置换固溶体。

形成置换固溶体时，溶质原子在溶剂晶格中的最高含量（溶解度）主要取决于两者的晶格类型、原子直径的差别和它们在周期表中的相互位置。一般来说，晶格类型相同、原子直径差别越小，在周期表中位置越靠近，则溶解度越大，甚至在任何比例下均能互溶形成无限固溶体。例如，镍和铜都是面心立方晶格，铜的原子直径为 2.55×10^{-10} m，镍的原子直径为 2.49×10^{-10} m，是处于同一周期并且是相邻的两元素，所以可以形成无限固溶体。反之，则溶质在溶剂中的溶解度是有限的，这种固溶体称为有限固溶体。如铜和锡、铅和锌都形成有限固溶体。

形成的置换固溶体由于溶质原子与溶剂原子的直径不可能完全相同，因此，会造成固溶体晶格的畸变，如图 4-2 所示。

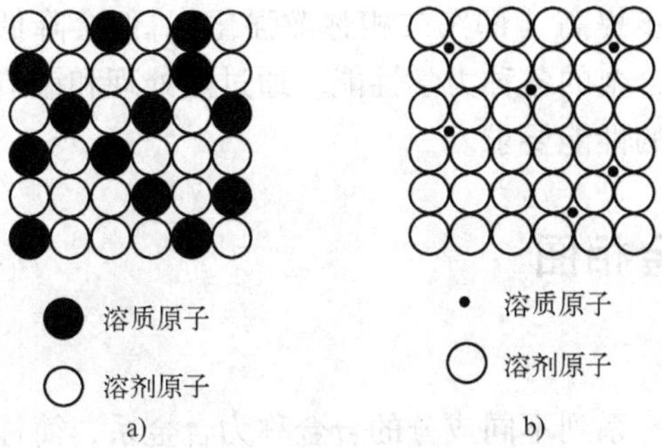

图 4-1　固溶体晶体结构示意图
a）置换固溶体　b）间隙固溶体

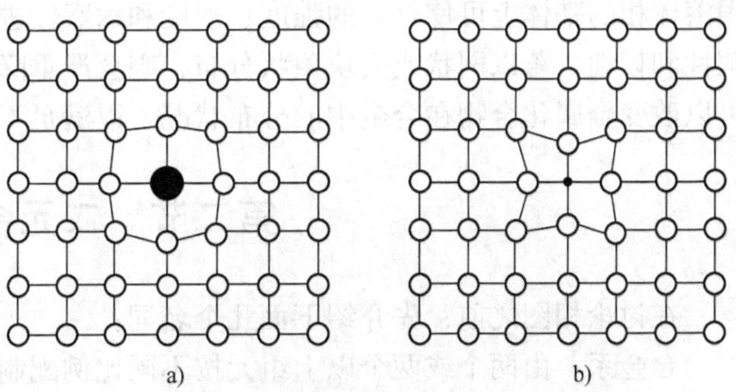

图 4-2　形成置换固溶体的晶格畸变
a）正畸变　b）负畸变

2. 间隙固溶体

若溶质原子在溶剂晶格中并不占据晶格结点位置，而是嵌入各结点的间隙中，这种固溶体称为间隙固溶体，如图 4-1b 所示。由于晶格的间隙通常很小，所以一般都是由原子半径较小的（<0.1 nm）的非金属元素（如碳、氮、氢、硼、氧等）溶入过渡族金属中，形成间隙固溶体。例如，钢中的奥氏体就是碳原子固溶到 $\gamma-Fe$ 晶格的间隙中形成的固溶体。

由于溶剂晶格的空隙有限，并且溶入的溶质原子越多，所引起的畸变越大，而使溶质原子的溶入受到阻碍，所以间隙固溶体的溶解度都有一定的限度，也就是说，间隙固溶体永远是有限固溶体。

3. 固溶体的性能

由于溶质原子的溶入，使固溶体的晶格发生畸变，变形抗力增大，使金属的强度、硬度升高的现象称为固溶强化。它是强化金属的重要途径之一。实践证明，适当控制固溶体中的溶质含量，可以在显著提高金属材料强度和硬度的同时，保持较好的塑性和韧性。例如，镍固溶于铜中所组成 Cu－Ni 合金，当其硬度从 38HBW 提高到 60～80HBW 时，断后伸长率仍可保持在 50% 左右。因此，工业上使用的金属材料，大多数是单相固溶体合金或以固溶体为基体的多相合金。

二、金属间化合物

合金中溶质含量超过固溶体的溶解度后，将出现新相。这个新相可能是以另一组元为溶剂的另一种固溶体，也可能是一种晶格类型和性能完全不同于任何一合金组元的化合物，如钢中的 Fe_3C（渗碳体）、黄铜中的 β 相（CuZn）。这种化合物除离子键和共价键外，金属键也在不同程度上参与作用，使这种化合物具有一定程度的金属性质（例如导电性），故称为金属间化合物。而 FeS、MnS 等非金属化合物主要是离子键结合，没有金属性质，它们通常会降低合金的性能，常称为非金属夹杂。

常见的金属间化合物有三类，即正常价化合物、电子化合物和间隙化合物。它们的共同特性是熔点高、硬而脆，因此在合金中通常是作为强化相来使用的。如钢中的重要强化相 Fe_3C 就是一种具有复杂晶体结构（图 4－3 所示正交晶格）的间隙化合物。

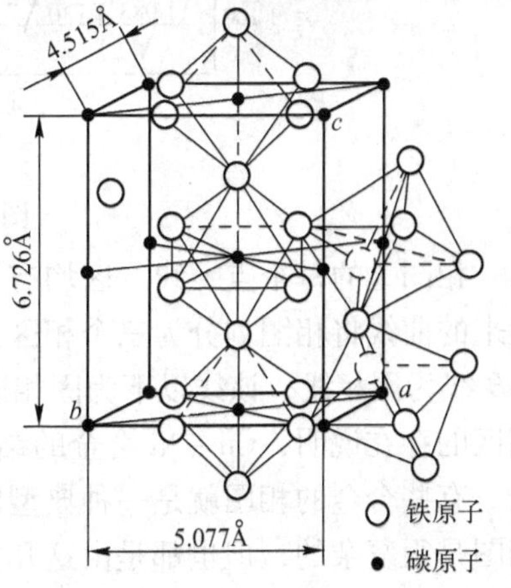

图 4-3　Fe_3C 的晶体结构

合金中金属化合物的形态、数量、大小及分布对合金性能有不同影响。金属化合物若以细小的粒状均匀分布在固溶体相的基体上可使合金的强度、硬度和耐磨性进一步提高（即第二相弥散强化），但会降低塑性和韧性。若以网状或大块条状分布，则会严重降低合金的各种力学性能。通过热处理和锻造可以改变金属化合物在合金中的分布状况，以满足不同的性能要求。

第二节　二元合金相图

在讨论相图之前，先介绍下面几个名词：

合金系：由两个或两个以上组元按不同比例配制成一系列不同成分的合金称为合金系，简称系。如 Pb－Sn 系、Fe－C－Si 系等。

平衡（相平衡）：是指在合金中参与结晶或相变过程的各相之间的相对重量和相的浓度不再改变时的状态。

相图：是表达温度、成分和相之间的关系，表明合金系中不同成分合金在不同温度下，由哪些相组成以及这些相之间平衡关系的图形。故相图又称平衡图或状态图。

组织：用金相观察方法，在金属及合金内部看到的涉及晶体或晶粒大小、方向、形状、排列状况等组成关系的构造情况。

一、二元合金相图的建立

生产合金相图几乎都是通过实验建立的。最常用的方法是热分析法。现以 Cu－Ni 合金为例，说明用热分析法建立相图的具体步骤（图 4-4）：

1）配制不同成分的 Cu－Ni 合金。

2）作出各合金的冷却曲线，并找出各个冷却曲线上的临界点。

3）画出温度－成分坐标系，在相应成分垂线上标出临界点温度。

4）将物理意义相同的点连成曲线，即得 Cu－Ni 合金相图。

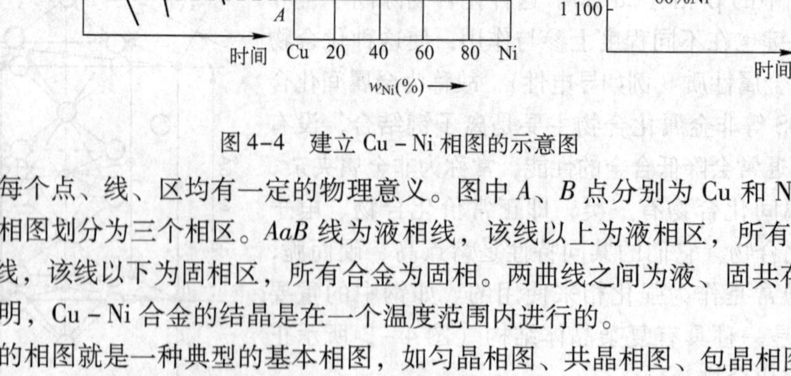

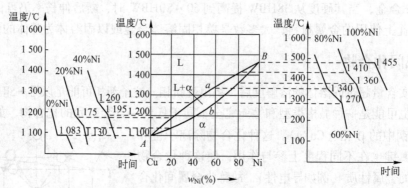

图 4-4　建立 Cu－Ni 相图的示意图

相图上的每个点、线、区均有一定的物理意义。图中 *A*、*B* 点分别为 Cu 和 Ni 的熔点。连接起来的曲线将相图划分为三个相区。*AaB* 线为液相线，该线以上为液相区，所有合金均为液态；*AbB* 线为固相线，该线以下为固相区，所有合金为固相。两曲线之间为液、固共存的两相区。两相区的存在说明，Cu－Ni 合金的结晶是在一个温度范围内进行的。

有些合金的相图就是一种典型的基本相图，如匀晶相图、共晶相图、包晶相图等。而更多的相图是很复杂的，但也都是由这几类基本相图组合而成的。

二、二元合金的基本相图

1. 匀晶相图

两组元在液态和固态均能无限互溶时所构成的相图称为匀晶相图。具有这类相图的合金系有：Cu－Ni、Cu－Au、Au－Ag、Fe－Ni 及 W－Mo 等。

（1）结晶过程　图 4-5 所示为匀晶相图的一般形式。设任一成分为 K 的合金，其成分垂线 KK' 与液相线、固相线分别交于 1、3′两点。合金处于 t_1 温度以上时，为单一的液相，成分为 K。当缓慢冷却到 t_1 时，从液态合金中开始析出 α 固溶体。随着温度继续下降，α 相不断增多，剩余液相不断减少。直至冷却到 t_3 时，合金结晶完毕，全部转变 α 相。从 t_3 至室温为 α 相的均匀冷却过程，室温下得到的组织全部为 α 固溶体。

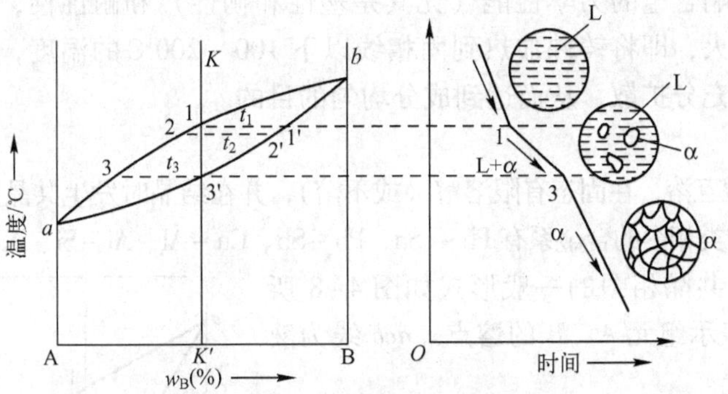

图 4-5　匀晶相图合金的结晶过程

在 $t_1 \sim t_3$ 温度区间，合金处于两相共存区，液相和固相的成分也将通过原子扩散不断变化。液相成分沿液相线变化（即 1→3），固相成分沿固相线变化（即 1′→3′）。某一温度时液相和固相成分的确定，可通过该温度点作一平行于成分坐标轴的水平线，分别与液、固相线相交，与液相线交点对应的成分为此温度下液相的成分，与固相线的交点所对应的成分则为固相成分。

（2）杠杆定律　在两相区结晶过程中，两相的成分和相对量都在不断变化。杠杆定律就是确定状态图中两相区内平衡相的成分和相对量的重要工具。

如图 4-6 所示，设成分为 K 的合金质量为 1，在某温度 t_x 时，液相的质量分数为 Q_L，固相的质量分数为 Q_α。已知液相中含 B 量为 X，固相中含 B 量为 X'，可得到下列方程：

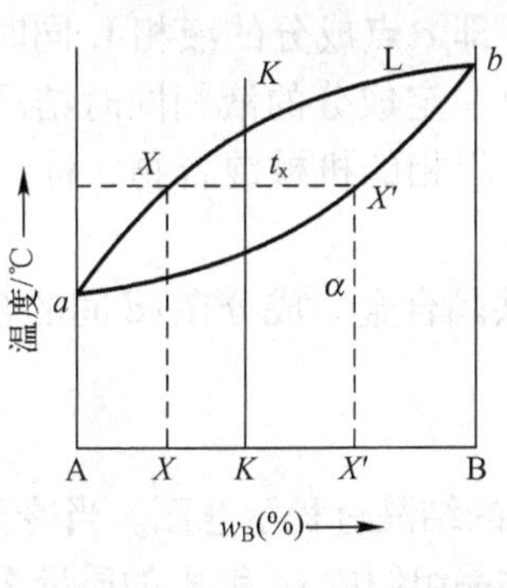

图 4-6　由杠杆定理确定两相的相对重量比

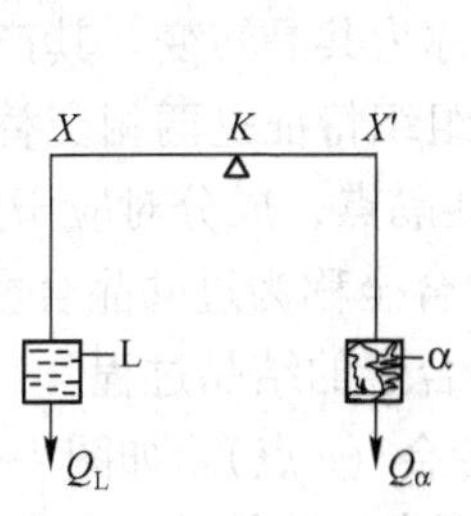

图 4-7　杠杆定律的力学比喻

$$Q_L + Q_\alpha = 1$$

$$Q_L X + Q_\alpha X' = K$$

求解方程得

$$Q_L = \frac{X' - K}{X' - X} = \frac{X'K}{X'X}; Q_\alpha = \frac{K - X}{X' - X} = \frac{KX}{X'X}; \frac{Q_\alpha}{Q_L} = \frac{KX}{X'K}$$

以上所得两相质量的关系，同力学中的杠杆原理十分的类似（图4–7），因此称为杠杆定律。

杠杆定律不仅适用于液、固两相区，也适用于其他类型的二元合金的两相区。值得注意的是，杠杆定律只适用于两相区。

（3）枝晶偏析　在平衡条件下结晶时，由于冷速缓慢，原子可充分进行扩散，能够得到成分均匀的固溶体。但在实际生产条件下，由于冷速较快（不平衡结晶），从液体中先后结晶出来的固相成分不同，使得一个晶粒内部化学成分不均匀，这种现象称为晶内偏析。由于固溶体一般都以树枝状方式结晶，先结晶的树枝晶轴含高熔点的组元较多；后结晶的枝晶间含低熔点组元较多，故把晶内偏析又称为枝晶偏析。

枝晶偏析严重影响合金的力学性能（尤其是塑性和韧性）和耐蚀性，故应设法消除。生产上通常采用均匀化退火，即将铸件加热到固相线以下100～200℃的温度，保温较长的时间，然后缓慢冷却，使原子充分扩散，从而达到成分均匀的目的。

2. 共晶相图

两组元在液态无限互溶，在固态有限溶解（或不溶），并在结晶时发生共晶反应所构成的相图称为二元共晶相图。具有这类相图的合金系有Pb－Sn、Pb－Sb、Cu－Al、Al－Si、Ag－Cu、Zn－Sn等。

（1）相图分析　共晶相图的一般形式如图4–8所示。图中 *a*、*b* 分别表示组元A、B的熔点。*acb* 线为液相线，*adceb* 为固相线。

L、α、β是该合金系的三个基本相。α相是以A组元为溶剂、B组元为溶质所形成的有限固溶体，*df* 线为B在A中的溶解度曲线；β相是以B组元为溶剂、A组元为溶质所形成的有限固溶体，*eg* 线为A在B中的溶解度曲线。

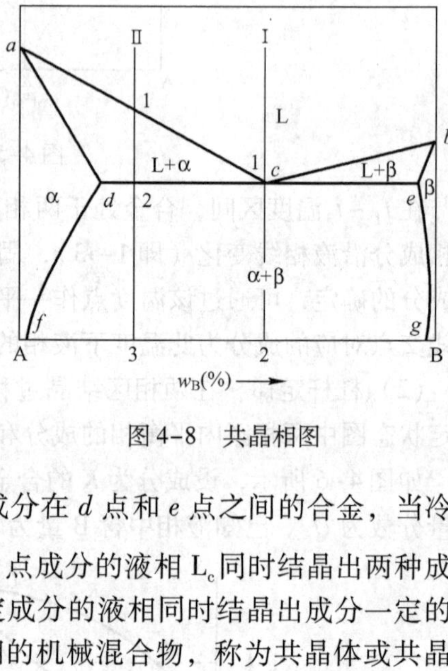

图4–8　共晶相图

相图中的三个单相区即L、α、β，三个两相区是L＋α、L＋β、α＋β。还有一个三相区（*dce* 水平线）：L＋α＋β。

dce 线为共晶线，其对应的温度称为共晶温度。所有成分在 *d* 点和 *e* 点之间的合金，当冷却到共晶温度时，将发生恒温转变：$L_c \xleftrightarrow{\text{恒温}} \alpha_d + \beta_e$。即 *c* 点成分的液相 L_c 同时结晶出两种成分和结构不同的固相 α_d 和 β_e。通常把在一定温度下，由一定成分的液相同时结晶出成分一定的两个固相的过程称为共晶转变。其产物($\alpha_d+\beta_e$)是两个固相的机械混合物，称为共晶体或共晶组织。共晶体的组织特征是两相交替分布，细小分散。

c 点称为共晶点，成分对应于共晶点的合金称为共晶合金。成分在 *cd* 间的合金称为亚共晶合金，在 *ce* 间的合金称为过共晶合金。

（2）典型合金的结晶过程

1）共晶合金（*c* 点）。如图4–9a所示为共晶合金I的结晶过程示意图。当冷至共晶温度时，液态合金在恒温下发生共晶反应生成共晶体($\alpha_d+\beta_e$)。共晶组织中 α_d 和 β_e 的质量之比为 *ce*/*dc*。共晶组织的成分是一定的，其组成相的成分和相对量也是确定的。继续冷却时，共晶体中的α相沿 *df* 线析出 β_{II}，β相沿 *eg* 线析出 α_{II}。这种由固相中析出的固相称为次生相或二次相（直接从液相中生成的固相称为初生相或一次相）。由于 α_{II} 和 β_{II} 都相应地同共晶α和β连在一起，且数量较少，故不改变共晶体的基本形态，室温组织仍可视为(α＋β)。

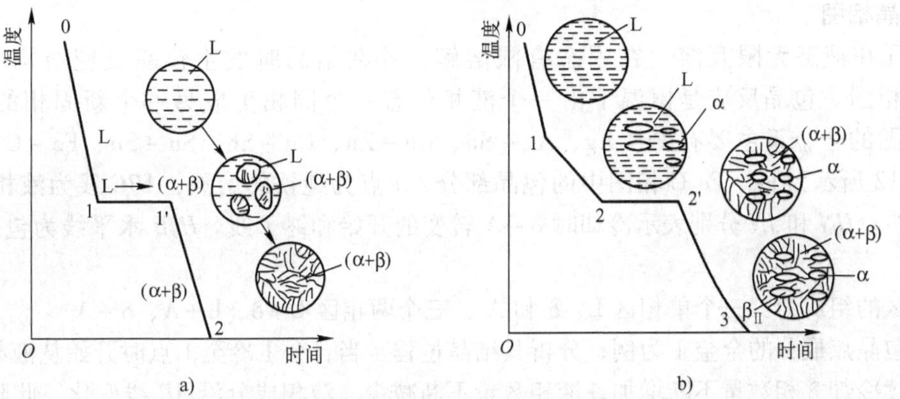

图 4-9 共晶相图中合金的结晶过程

a) 合金 I b) 合金 II

图 4-10 所示为 Pb - Sn 合金的共晶组织图。

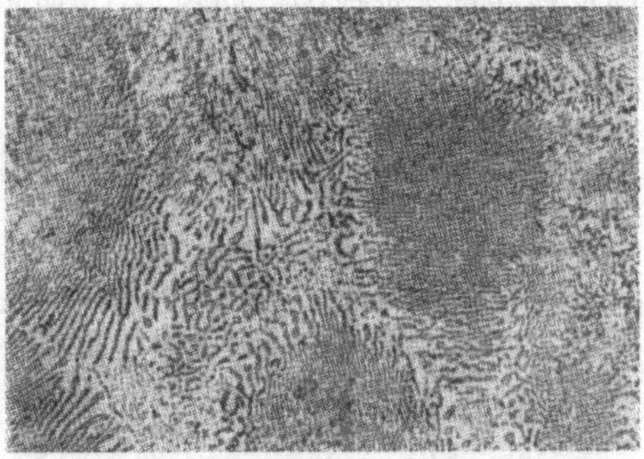

图 4-10 Pb - Sn 合金的共晶组织图

2）亚共晶($d \sim c$)和过共晶($c \sim e$)合金。以亚共晶合金II为例，其结晶过程如图 4-9b 所示。当液相冷至 1 点时，开始由液相中结晶出 α 相。随着温度的降低，液相不断结晶出 α 相，当温度降至 2 点（共晶线）时，α 相和剩余液相的成分分别达到了 d 点和 c 点。此时，剩余液相将在恒温下发生共晶转变而形成共晶体。共晶转变结束后组织为 $\alpha_d + (\alpha_d + \beta_e)$。继续冷却时由于 α 相和 β 相溶解度的下降，相应从 α 相和 β 相析出 β_{II} 和 α_{II}。所以室温下亚共晶合金的平衡组织为 $\alpha + \beta_{II} + (\alpha + \beta)$。同理过共晶合金的平衡组织为 $\beta + \alpha_{II} + (\alpha + \beta)$。

d 点以左和 e 点以右的合金称为固溶体合金，其结晶过程与匀晶系结晶规律基本相同，只是有些合金在固态下有二次相的析出。

由上述典型合金结晶过程的分析可知，不同成分范围的合金，室温时的组织组成物是不同的，如图 4-11 所示。图中 α、β、α_{II}、β_{II} 和共晶体$(\alpha + \beta)$等，均具有确定的本质和组织形态，它们就是组成各种合金的组织组成物。

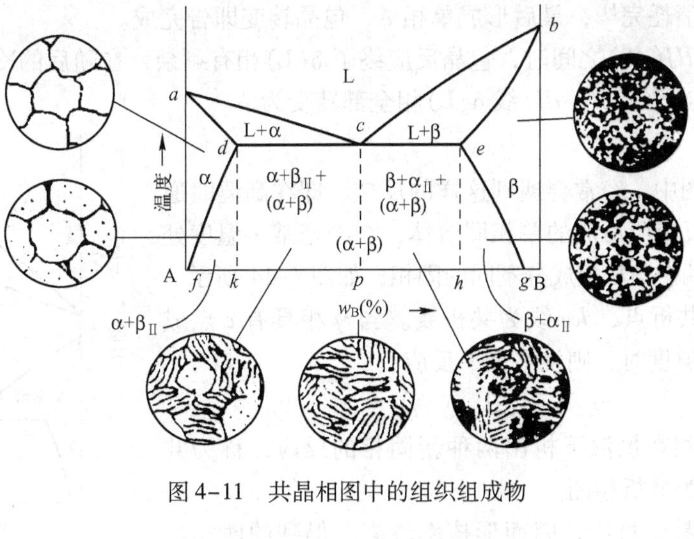

图 4-11 共晶相图中的组织组成物

3. 包晶相图

两组元在液态无限互溶，在固态有限溶解，并在结晶时发生包晶反应所构成的相图，称为包晶相图。包晶反应是恒温下由一个液相包着一个固相生成另一个新固相的过程。具有包晶相图的合金系主要有 Pt－Ag、Ag－Sn、Cu－Zn、Cu－Sn、Sn－Sb、Fe－C 等。

图 4-12 所示为 $Fe-Fe_3C$ 相图中的包晶部分。*A* 点为纯铁的熔点，*ABC* 线为液相线，*AHJE* 线为固相线。*HN* 和 *JN* 分别表示冷却时 δ→A 转变的开始和终了线。*HJB* 水平线为包晶线，*J* 是包晶点。

各相区的组成为：三个单相区 L、δ 和 A，三个两相区 L＋δ、L＋A、δ＋A。

现以包晶点成分的合金 Ⅰ 为例，分析其结晶过程。当合金 Ⅰ 冷至 1 点时开始从液相析出 δ 固溶体，继续冷却 δ 相数量不断增加，液相数量不断减少。液相成分沿 *AB* 线变化。此阶段为匀晶结晶过程。

当合金冷至 2 点时，发生包晶反应，先析出的 δ 相与剩余液相作用生成 A。A 是在原有 δ 相表面形核并长大形成的，如图 4-13 所示。其反应式为

$$L_B + \delta_H \rightarrow A_J$$

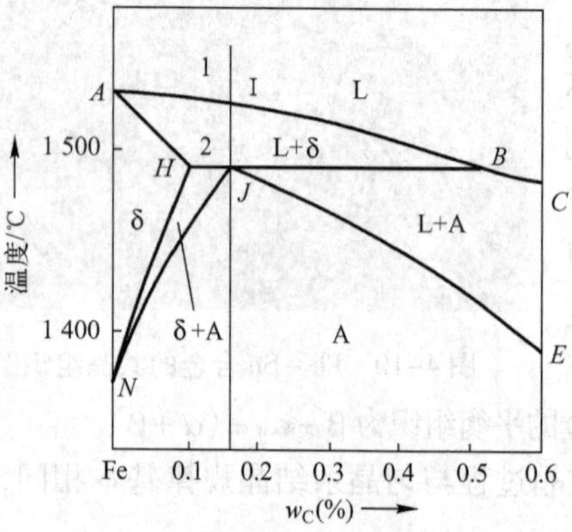

图 4-12　$Fe-Fe_3C$ 相图中的包晶部分

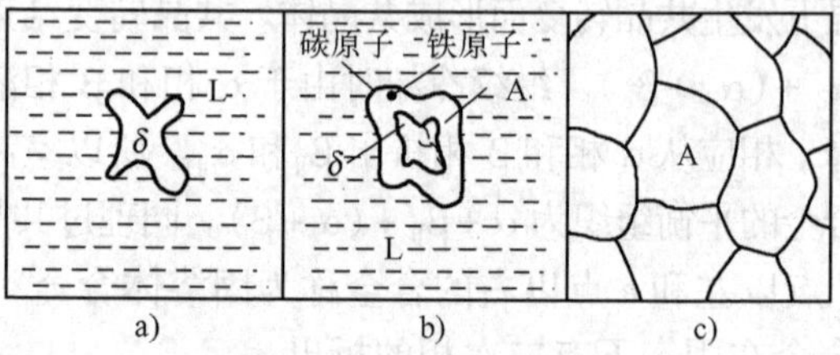

图 4-13　包晶转变示意图

由于三相的浓度各不相同，δ 相的含碳量最少，A 相较高，L 相最高。通过铁原子和碳原子的扩散，*A* 相一方面不断消耗液相向液体中长大，同时也不断吞并 δ 固溶体向内生长，直至把液体和 δ 固溶体全部消耗完毕，最后形成单相 A，包晶转变即告完成。

当合金成分在 *HJ*(*JB*)之间时，包晶反应终了 δ(L)相有剩余，在随后的冷却中，将发生 δ→A(L→A)的转变。当冷至 *JN*(*JE*)线 δ(L)相全部转变为 A。

4. 共析相图

在二元合金相图中，经常会遇到这样的反应，即在高温时通过匀晶反应、包晶反应所形成的单相固溶体，在冷至某一温度处又发生分解而形成两个与母相成分不同的固相，如图 4-14 所示。

相图中 *c* 点为共析点，*dce* 线为共析线。当 γ 相具有 *c* 点成分，且冷至共析线温度时，则发生如下反应：

$$\gamma_c \rightarrow \alpha_d + \beta_e$$

这种由一种固相在恒温下析出两种新固相的反应，称为共析反应。其相图称为共析相图。

由于共析反应易于过冷，因而形核率较高，得到的两相机

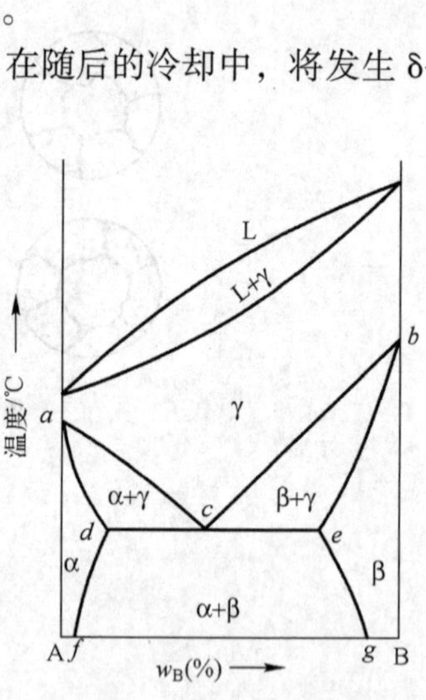

图 4-14　共析相图

械混合物（共析体）比共晶体更细小和弥散，主要存在片状和粒状两种形态。共析组织在钢中普遍存在。

许多合金系的相图是由多种基本相图组合而成的复杂相图，如后面介绍的 $Fe-Fe_3C$ 合金相图就包含了包晶、共晶、共析三种相图。

三、相图与合金性能的关系

相图不仅表明了合金成分与组织的关系，而且反映了不同合金的结晶特点。合金的使用性能取决于它们的成分和组织，而合金的某些工艺性能则取决于其结晶特点。掌握这些规律，便可利用相图大致判断合金的性能，作为配制合金，选择材料和制订工艺的参考。

1. 合金的使用性能与相图的关系

具有匀晶相图和共晶相图合金的力学性能和物理性能随成分变化的规律如图 4-15 所示。

可见，固溶体合金的性能与合金成分间呈曲线关系。固溶体合金与作为溶剂的纯金属相比，其强度、硬度升高，电导率降低，并在某一成分下（约 50%）达到最大值或最小值。虽然固溶体强度与硬度提高的幅度有限，但由于其塑性较好，故工程上常将固溶体作为合金的基体。

共晶相图中成分在两相区内的合金结晶后，形成两相混合物。两相组织合金的力学性能和物理性能与成分呈线性关系变化。在平衡状态下，其性能约等于两相性能按百分含量的加权平均值。此外，对于组织敏感的某些性能（如强度、硬度等）等，与组织的细密程度和形态有关。如共晶合金，由于形成了细密的共晶组织，其强度、硬度明显提高，如图 4-15中虚线所示。

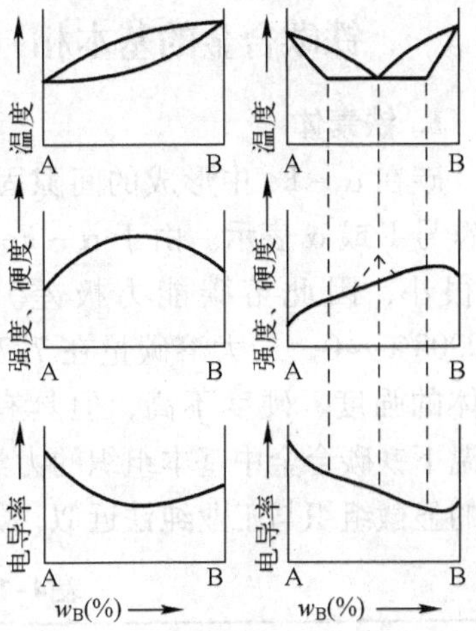

图 4-15　合金使用性能与相图的关系

2. 合金的工艺性能与相图的关系

合金的工艺性能与相图也有密切的关系。图 4-16 所示为合金的铸造性能与相图的关系。

流动性和缩孔性能，均以纯组元和共晶成分的合金为最好。相图中液相线和固相线之间距离越小，合金结晶的温度范围越窄，对浇注和铸造质量越有利。液、固线温度间隔大时，形成枝晶偏析的倾向性大，同时先结晶出的树枝晶阻碍未结晶液体的流动，从而增加疏松的形成。所以，铸造合金常选用共晶或接近共晶成分的合金。

单相固溶体合金的塑性好，变形抗力小，变形均匀，不易开裂，故压力加工性能好。当合金形成两相混合物时，变形能力较差。特别当组织中存在较多化合物时，因化合物很脆，所以不利于变形。

另外，单相固溶体切削加工性差，表现为不易断屑、工件表面粗糙度高等。当合金形成两相混合物时，切削加工性得到改善。

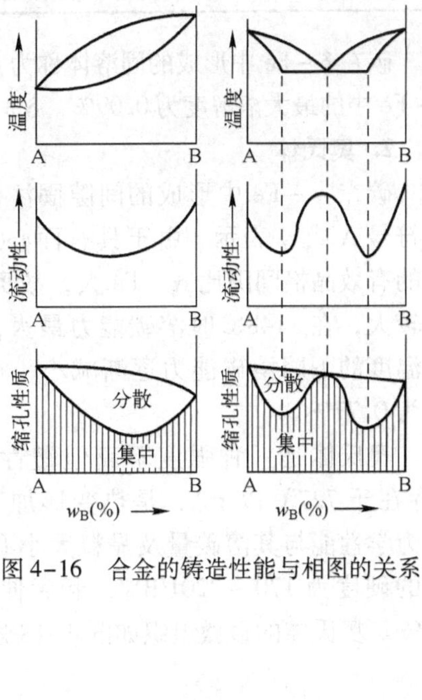

图 4-16　合金的铸造性能与相图的关系

第三节 铁碳合金

铁碳合金是现代工业中使用最广泛的金属材料，它包括碳钢和铸铁。合金钢和合金铸铁实际上是加入合金元素的铁碳合金。因此，为了认识铁碳合金的本质并了解铁碳合金的成分、组织和性能之间的关系，以便在生产中合理地使用，首先必须了解铁碳合金相图。

在铁碳合金中，铁与碳可以形成 Fe_3C、Fe_2C、FeC 等一系列化合物。而稳定的化合物可以作为一个独立的组元。由于钢和铸铁中的碳质量分数一般不超过5%，是在 Fe - Fe_3C（6.69%）的成分范围内。因此在研究铁碳合金时仅考虑 Fe - Fe_3C 部分。下面所讨论的铁碳相图，实际上就是 Fe - Fe_3C 相图。

一、铁碳合金的基本相

1. 铁素体

碳在 α - Fe 中形成的间隙固溶体称为铁素体，常用符号 F 或 α 表示。由于 α - Fe 是体心立方晶格，间隙很小，因此溶碳能力极差。室温时溶碳量仅为 0.0008% ≈0，最大溶碳量在 727℃，为 0.0218%。铁素体的强度、硬度不高，但具有良好的塑性和韧性。室温下铁碳合金中基本组织的力学性能见表 4-1。铁素体的显微组织与工业纯铁近似，如图 4-17 所示。

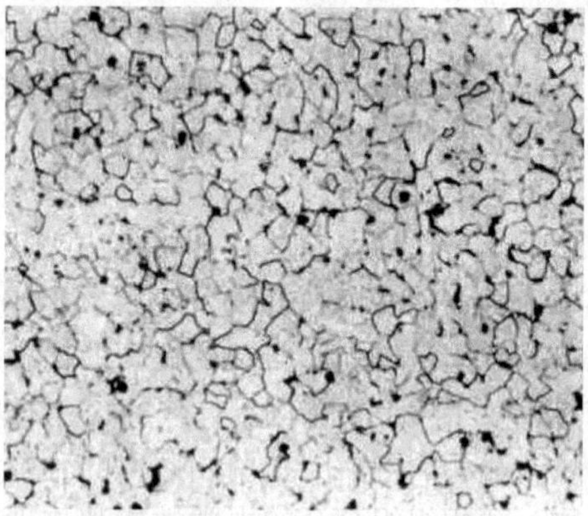

图 4-17 铁素体的显微组织

表 4-1 室温下铁碳合金中基本组织的力学性能

名 称	符 号	结 合 类 型	R_m/MPa	硬度 HV	A（%）	KU_2/J
铁素体	F 或 α	碳在 α - Fe 中的固溶体（体心立方晶格）	230	~80	50	160
渗碳体	Fe_3C	铁和碳的化合物（复杂晶格）	30	~800	≈0	≈0
珠光体	P	铁素体和渗碳体的层片状机械混合物	750	~180	20 ~25	24 ~32

碳在 δ - Fe 中形成的固溶体称为 δ 固溶体，也称为高温铁素体，以 δ 表示。在 1495℃时，碳在 δ - Fe 中的最大溶解度为 0.09%。δ 固溶体只存在于高温很小的区间，对钢铁的性能影响不大。

2. 奥氏体

碳在 γ - Fe 中形成的间隙固溶体称为奥氏体，以符号 A 或 γ 表示。由于具有面心立方晶格结构，它的有效晶格间隙比 α - Fe 大，故奥氏体的溶碳能力较大，在 1148℃时溶碳能力最大，可达 2.11%。随温度的下降溶碳能力逐渐减小，在 727℃时溶碳量为 0.77%。

奥氏体是一种强度不高但塑性很好的高温相（存在于 727℃以上），是热变形加工所需要的相。其力学性能与其溶碳量及晶粒大小有关。一般奥氏体的硬度为 170 ~220HBW，断后伸长率为 40% ~50%。奥氏体的显微组织如图 4-18 所示。

图 4-18 奥氏体的显微组织

3. 渗碳体

渗碳体是铁和碳的金属化合物(Fe_3C)，碳质量分数为6.69%，熔点约为1227℃。

渗碳体硬度很高而脆性极大，强度低（见表4-1）。渗碳体是碳钢主要的强化相，它的形状、数量与分布等对钢的性能有很大的影响。

4. 石墨

石墨是铁碳合金中游离存在的碳，符号为G。它以简单六方晶格结构存在。石墨的强度、硬度、塑性都很低。在钢中通常不允许它存在，否则会降低钢的力学性能。但是铸铁中需要一定量的石墨，以改善切削加工性，降低脆性，保证一定强韧性。

二、$Fe-Fe_3C$ 相图分析

图4-19所示为 $Fe-Fe_3C$ 相图。相图中各点温度、碳质量分数及含义见表4-2。

ABCD 线为液相线。*AHJECF* 线为固相线。

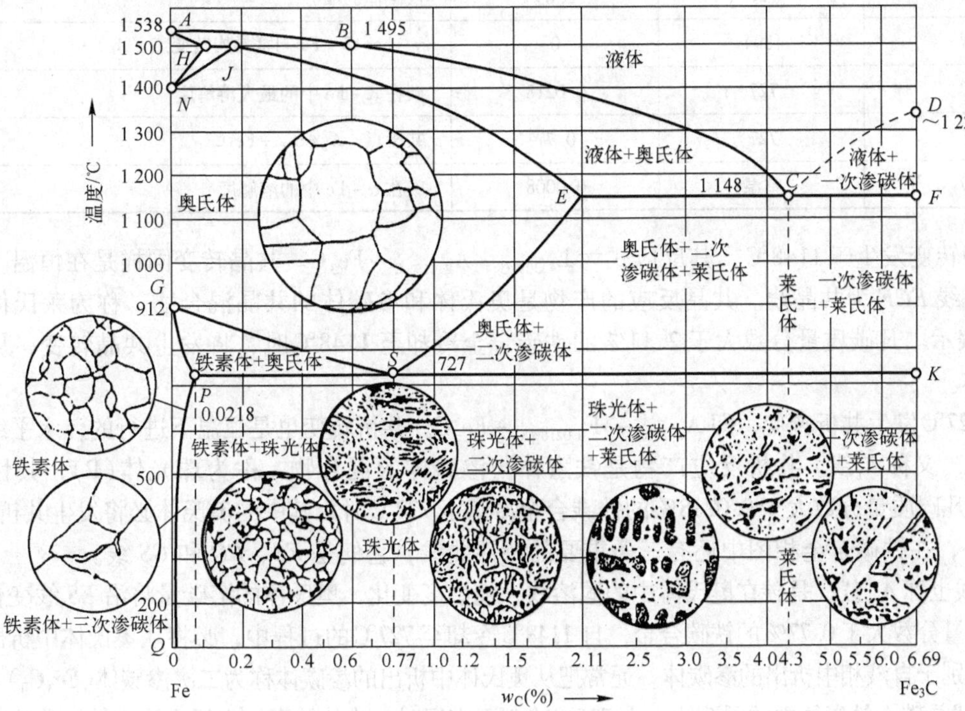

图4-19 $Fe-Fe_3C$ 相图

相图中五个基本相，相应有五个单相区，它们是液相区(L)、δ固溶体区(δ)、奥氏体区（A或γ)、铁素体区（F或α)、渗碳体区(Fe_3C)。其中渗碳体相区因有固定的化学成分(w_C = 6.69%)，所以是一条垂直线 *DFK*。

相图中还有七个两相区，分别位于两相邻的两单相区之间。这些两相区是L+δ、L+A、L+Fe_3C、δ+A、F+A、A+Fe_3C 及 F+Fe_3C。

铁碳合金相图主要由包晶、共晶和共析三个基本转变所组成，现分别说明如下：

包晶转变发生于1495℃，其反应式为 $L_{0.53\%C} + \delta_{0.09\%C} \rightarrow A_{0.17\%C}$。包晶转变是在恒温下进行的，其产物是奥氏体。水平线 *HJB* 为包晶线，凡含碳0.09%～0.53%的铁碳合金结晶时均将发生包晶转变。

表 4-2　$Fe-Fe_3C$ 相图中的特性点

符　号	温度/℃	碳质量分数（%）	说　明
A	1538	0	纯铁熔点
B	1495	0.53	包晶转变时液态合金的成分
C	1148	4.30	共晶点，$L_C \leftrightarrow A_E + Fe_3C$
D	1227	6.69	渗碳体熔点（计算值）
E	1148	2.11	碳在 $\gamma-Fe$ 中的最大溶解度
F	1148	6.69	渗碳体的成分
G	912	0	$\alpha-Fe \leftrightarrow \gamma-Fe$ 同素异构转变点（A_3）
H	1495	0.09	碳在 $\delta-Fe$ 中的最大溶解度
J	1495	0.17	包晶点，$L_B + \delta_H \leftrightarrow A_J$
K	727	6.69	渗碳体的成分
N	1394	0	$\gamma-Fe \leftrightarrow \delta-Fe$ 同素异构转变点（A_4）
P	727	0.0218	碳在 $\alpha-Fe$ 中的最大溶解度
S	727	0.77	共析点，$A_S \leftrightarrow F_P + Fe_3C$
Q	室温	0.0008	碳在 $\alpha-Fe$ 中的溶解度

共晶转变发生于1148℃，其反应式为 $L_{4.30\%C} \rightarrow A_{2.11\%C} + Fe_3C$。共晶转变同样是在恒温下进行的，水平线 *ECF* 为共晶线。共晶反应的产物是奥氏体和渗碳体的共晶混合物，称为莱氏体，用字母 L_d 表示。凡碳质量分数大于2.11%的铁碳合金冷却至1148℃时，将发生共晶转变，从而形成莱氏体。

在727℃发生共析转变，即 $A_{0.77\%C} \rightarrow F_{0.0218\%C} + Fe_3C$。共析转变也是恒温下进行的，水平线 *PSK* 为共析线，又称 A_1 线。共析反应产物是铁素体与渗碳体的混合物，称为珠光体(P)，其性能见表4-1。凡碳质量分数大于0.0218%的铁碳合金冷却至727℃时，其中的奥氏体必将发生共析转变。

此外，在铁碳合金相图中还有三条重要的特性曲线，它们是 *ES*、*PQ* 和 *GS* 线。

ES 线也称 A_{cm} 线，是碳在奥氏体中的固溶线，随温度变化，奥氏体的溶碳量将沿 *ES* 线变化。因此，碳质量分数大于0.77%的铁碳合金，自1148℃冷却至727℃的过程中，必将从奥氏体中析出渗碳体。为区别于自液相中析出的渗碳体，通常把从奥氏体中析出的渗碳体称为二次渗碳体(Fe_3C_{II})。

PQ 线是碳在铁素体中的固溶线。由727℃冷却至室温时，将从铁素体中析出渗碳体，称为三次渗碳体(Fe_3C_{III})。对于工业纯铁及低碳钢，由于三次渗碳体沿晶界析出，使其塑性、韧性下降，因而要重视三次渗碳体的存在与分布。在含碳量较高的铁碳合金中，三次渗碳体可忽略不计。

GS 线称为 A_3 线。它是冷却过程中，由奥氏体中析出铁素体的开始线，或者说是在加热时，铁素体完全溶入奥氏体的终了线。而 *GP* 线则是奥氏体向铁素体转变的终了线，或是铁素体向奥氏体转变的开始线。

需要指出的是，一次渗碳体、二次渗碳体、三次渗碳体，以及珠光体和莱氏体中的渗碳体，它们本身并无本质区别，都具有相同的化学成分、晶体结构和性质。只是出处不同，并由此造成其形态、大小以及在合金中的分布等情况有所不同。因此，对合金的性能也有不同的影响。通过热处理或锻造等方法可以改变渗碳体的形态、大小和分布，从而改变其对铁碳合金性能的影响。

三、典型铁碳合金的结晶过程分析

铁碳合金相图上的各种合金按其含碳量及组织不同，常分为三类，见表4-3。

表4-3　铁碳合金的分类

种　类	工业纯铁	碳素钢			白口铸铁		
		亚共析钢	共析钢	过共析钢	亚共晶白口铸铁	共晶白口铸铁	过共晶白口铸铁
碳质量分数（%）	<0.0218	0.0218～0.77	0.77	0.77～2.11	2.11～4.3	4.3	4.3～6.69
平衡组织	F	F+P	P	P+ Fe_3C_{II}	P+ Fe_3C_{II} +Ld′	Ld′	Ld′+ Fe_3C_I

现以上述几种典型合金为例，分析其结晶过程和在室温下的显微组织。

1. 碳质量分数为0.01%的工业纯铁

该合金在相图上的位置如图4-20中的（1）。液态合金在1～2点温度之间，按匀晶转变结晶出单相δ固溶体。δ冷却到3点时，δ开始向γ转变。这一转变于4点结束，合金全部变为单相奥氏体。奥氏体冷却到5点时，开始形成铁素体。冷却到6点时，合金成为单相的铁素体。铁素体冷却到7点时，碳在铁素体中的溶解量呈饱和状态。因而自7点继续降温时，将自铁素体中析出 Fe_3C_{III}，它一般沿铁素体晶界呈片状分布。

工业纯铁缓冷到室温后的显微组织如图4-17所示。

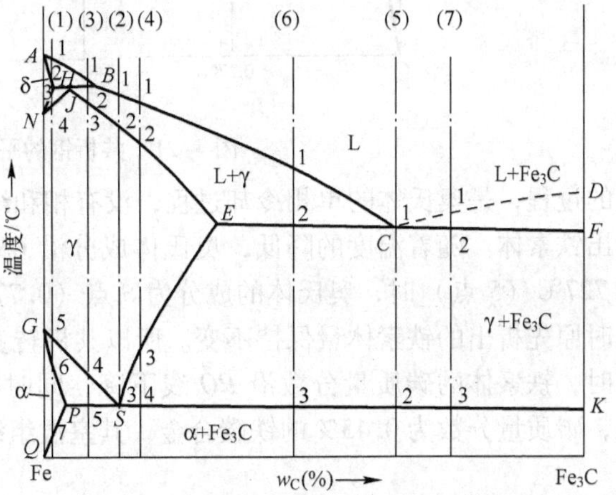

图4-20　典型铁碳合金在Fe－Fe_3C相图中的位置

2. 共析钢

该合金为图4-20中的（2）。共析钢在温度1～2之间按匀晶转变结晶出奥氏体。奥氏体冷却至727℃（3点）时，将发生共析转变形成珠光体，即 $\gamma \rightarrow P(\alpha_P + Fe_3C)$。珠光体中的渗碳体称为共析渗碳体。当温度由727℃继续下降时，铁素体沿固溶线 *PQ* 改变成分，析出 Fe_3C_{III}。Fe_3C_{III} 常与共析渗碳体连在一起，不易分辨，且数量极少，可忽略不计。

图4-21所示为共析钢的平衡结晶过程示意图。图4-22所示为共析钢的显微组织（珠光体）。

珠光体中铁素体与渗碳体的相对量可用杠杆定律求出：

$$Q_\alpha = \frac{SK}{PK} = \frac{6.69-0.77}{6.69-0.0218} \times 100\% = 88.7\%$$

$$Q_{Fe_3C} = \frac{PS}{PK} = \frac{0.77-0.0218}{6.69-0.0218} \times 100\% = 11.3\%$$

3. 亚共析钢

以碳质量分数为0.45%的合金为例来进行分析，如图4-20中合金成分（3）所示。它的结晶过程如图4-23所示。在1点以上合金为液体。温度降至1点后，开始从液体中析出δ固溶体，1～2点之间为L+δ。冷却到2点（1495℃）时发生包晶转变，形成奥氏体，即 $L_B + \delta_H \rightarrow \gamma_J$。包晶转变结束后，除奥氏体外还有过剩的液体。温度继续下降时，2～3点之间从液体中继续结晶出奥氏体，奥氏体的浓度沿 *JE* 线变化。到3点合金全部凝固成单相奥氏体。温度由3点降至4

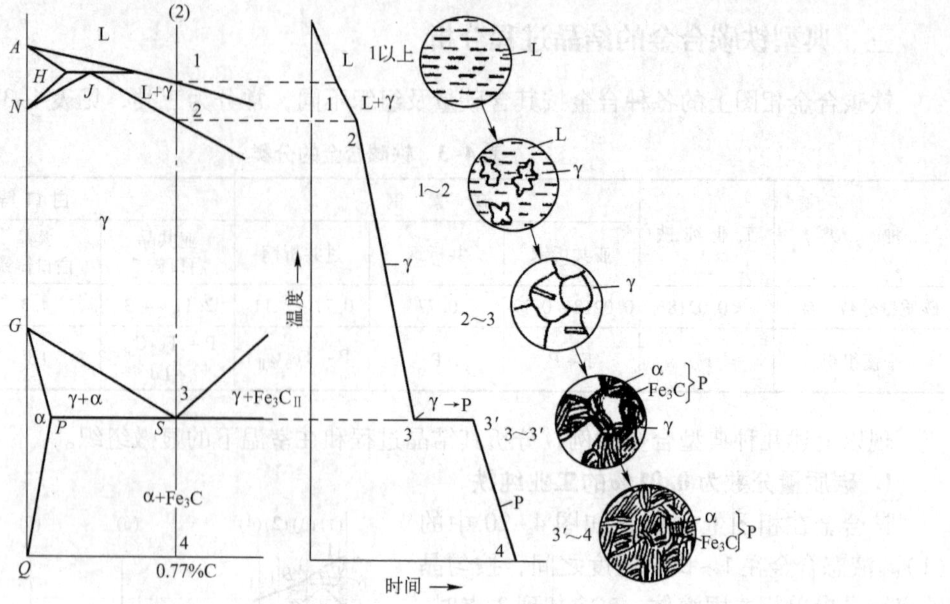

图 4-21　共析钢的平衡结晶过程示意图

点的过程，是奥氏体的单相冷却过程，没有相和组织的变化。继续冷却至 4 点时，由奥氏体开始析出铁素体。随着温度的降低，奥氏体成分沿 *GS* 线变化，铁素体成分沿 *GP* 线变化。当温度降到 727℃（5 点）时，奥氏体的成分为 *S* 点（0.77%），组织中剩余 γ 发生共析转变形成珠光体。此时原先析出的铁素体量保持不变。所以共析转变后，合金的组织为铁素体和珠光体。当继续冷却时，铁素体的碳质量分数沿 *PQ* 线下降，同时析出 Fe_3C_{III}，其量极少，同样可忽略不计，因此，碳质量分数为 0.45% 的铁碳合金，其室温组织由铁素体和珠光体组成，如图 4-24 所示。

图 4-22　共析钢的显微组织

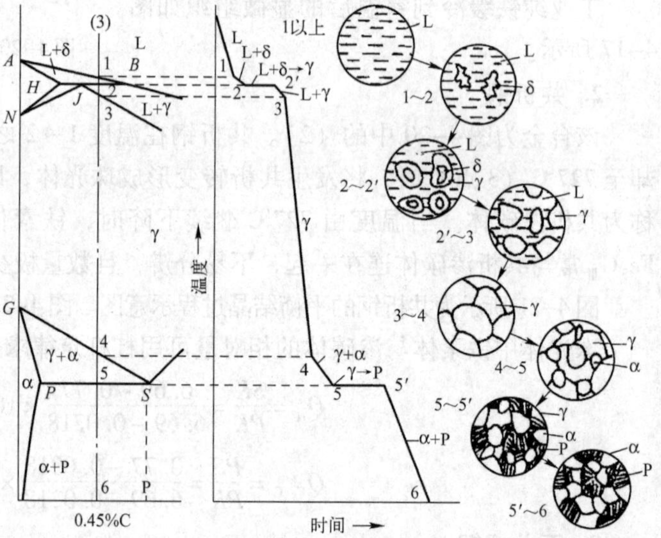

图 4-23　亚共析钢结晶过程示意图

所有亚共析钢的室温组织都是由铁素体和珠光体组成的。其差别仅在于珠光体与铁素体的相对量不同。含碳量越高，则珠光体越多，铁素体越少，相对量可用杠杆定律来计算。若考虑铁素体中的含碳量很少而忽略不计，则亚共析钢的含碳量可以通过显微组织中铁素体和珠光体的相对面积估计得到。例如，退火亚共析钢经观察显微组织中珠光体和铁素体的面积各占 50%，则其

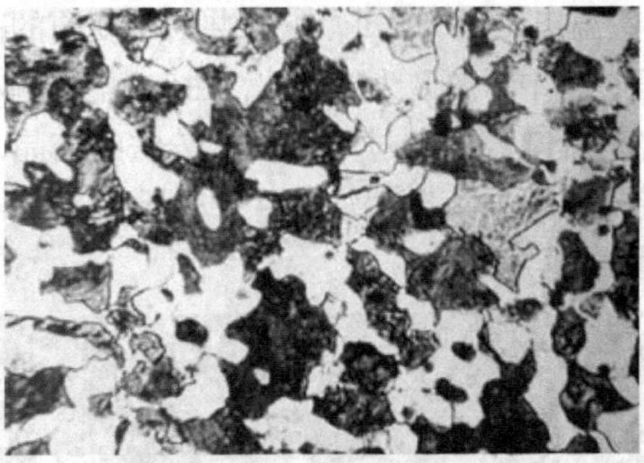

图4-24　碳质量分数为0.45%的亚共析钢显微组织图

碳质量分数大致为

$$w_C = 50\% \times 0.77\% = 0.385\%$$

4. 过共析钢

以碳质量分数为1.2%的合金为例，该合金在相图上的位置如图4-20中的（4）所示。结晶过程如图4-25所示。合金在1～2点之间按匀晶转变为单相奥氏体组织。在2～3点之间为单相奥氏体的冷却过程。自3点开始由于奥氏体的溶碳能力降低，从奥氏体中析出Fe_3C_{II}，并沿奥氏体晶界呈网状分布。温度在3～4点之间，随着温度的降低，析出的Fe_3C_{II}量不断增多。与此同时，奥氏体的含碳量也逐渐沿*ES*线降低。当冷却到727℃（4点）时，奥氏体的成分达到*S*点，于是发生共析转变形成珠光体。4点以下直到室温，合金组织变化不大。因此常温下过共析钢的显微组织由珠光体和网状二次渗碳体所组成，如图4-26所示。

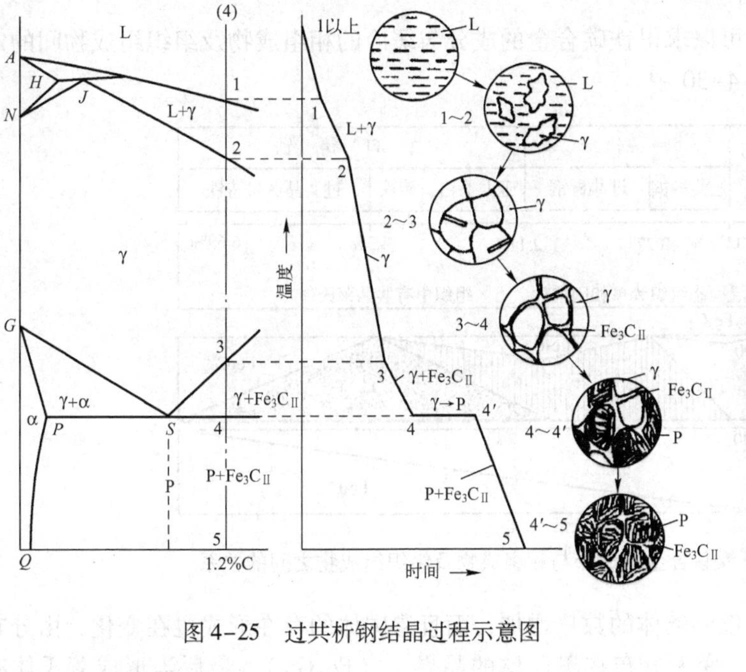

图4-25　过共析钢结晶过程示意图

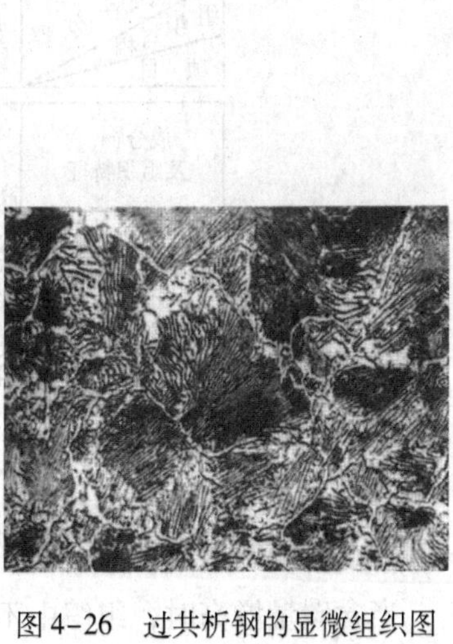

图4-26　过共析钢的显微组织图

5. 共晶白口铸铁

如图4-20中的合金（5）所示，在1点（1148℃）发生共晶反应，由液态转变为高温莱氏体，即$L_{4.3\%C} \rightarrow Ld(\gamma_{2.11\%} + Fe_3C)$。其中的渗碳体称为共晶渗碳体。1～2之间从奥氏体中不断析出Fe_3C_{II}。Fe_3C_{II}通常依附在共晶渗碳体上，在显微镜下无法分别。至2点温度（727℃）时奥氏体的碳质量分数降为0.77%，此时发生共析反应转变为珠光体，高温莱氏体转变为低温莱氏体$Ld'(P + Fe_3C)$。忽略2～室温之间$Fe_3C_{Ⅲ}$的析出，室温组织仍为Ld′，它与共析转变前的高温莱氏体形貌相同。图4-27所示为共晶白口铸铁的显微组织，其中黑斑区为珠光体，白色为渗碳体基体。

可用同样的方法分析亚共晶白口铸铁和过共晶白口铸铁的结晶过程。亚共晶白口铸铁的常温组织分别为珠光体、二次渗碳体和低温莱氏体如图4-28所示；过共晶白口铸铁的常温组织为一次渗碳体和低温莱氏体，如图4-29所示。

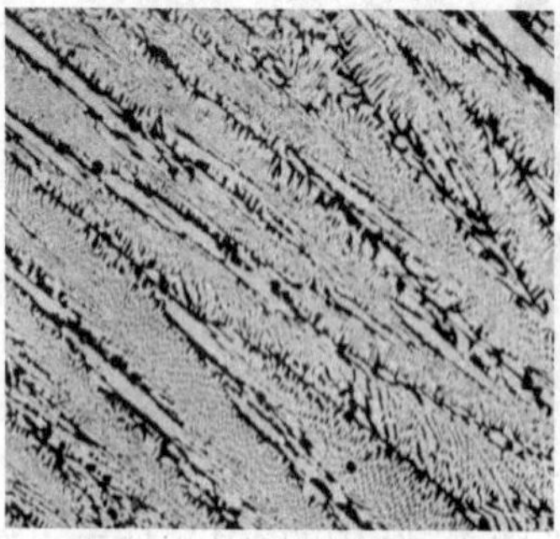

图4-27　共晶白口铸铁的显微组织

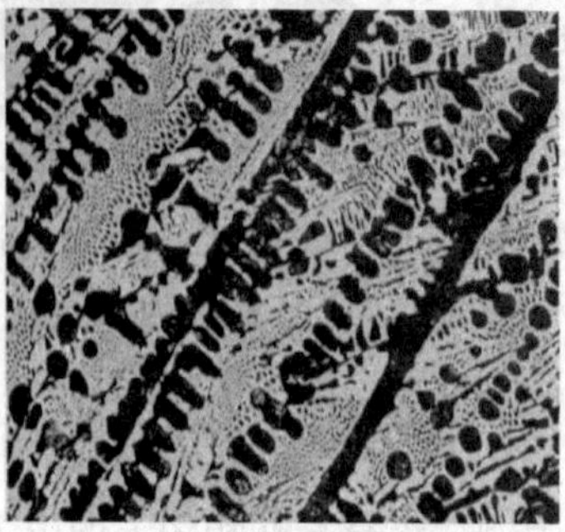

图4-28　亚共晶白口铸铁的显微组织

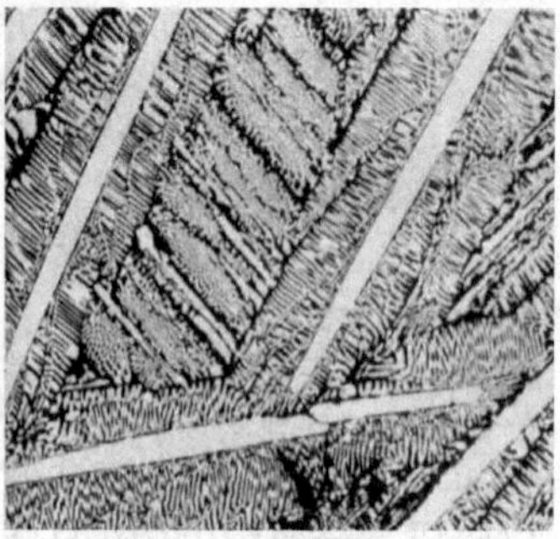

图4-29　过共晶白口铸铁的显微组织

白口铸铁的特点是液态结晶时都有共晶转变，因而有较好的铸造性能。它们的断口有白亮的光泽，故称为白口铸铁。

四、含碳量对铁碳合金组织和性能的影响

1. 含碳量对平衡组织的影响

根据杠杆定律计算的结果，可以求得铁碳合金的成分与缓冷的相组成物及组织组成物间的定量关系。其关系可归纳总结于图4-30中。

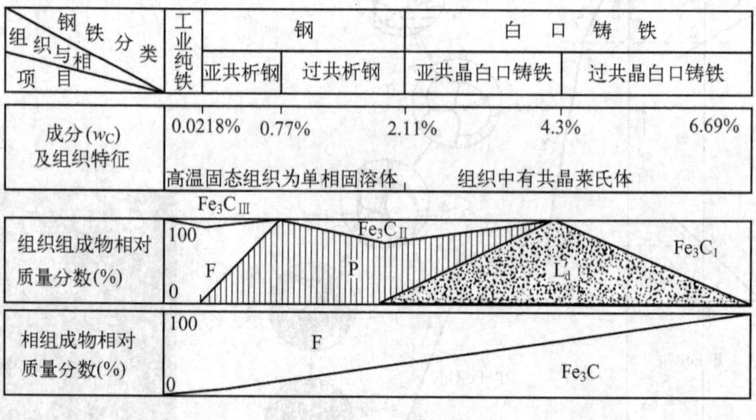

图4-30　室温下铁碳合金的成分与相组成物及组织组成物之间的关系

当含碳量增高时，组织中不仅渗碳体的数量增加，而且渗碳体的存在形式也在变化，由分布在铁素体的基体内（如珠光体），变为分布在奥氏体的晶界上（$Fe_3C_{Ⅱ}$）。最后当形成莱氏体时渗碳体又作为基体出现。不同含量的铁碳合金具有不同的组织，因而具有不同的性能。

2. 含碳量对力学性能的影响

在铁碳合金中，渗碳体是强化相。如果合金的基体是铁素体，则渗碳体数量的越多，分布越均匀，则材料的强度、硬度就越高，而塑性和韧性则有所下降。但是，当这种又硬又脆的渗碳体相分布在晶界，特别是作为基体时，材料的塑性和韧性就大大下降。这也正是高碳钢和白口铸铁

脆性高的主要原因。含碳量对碳钢力学性能的影响如图4-31所示。

含碳量很低的纯铁，可认为是由单相铁素体构成的。故其塑性、韧性很好，强度和硬度很低，不能制作受力零件。但它具有优良的铁磁性，可作铁磁材料。

亚共析钢，组织是由不同数量的铁素体和珠光体组成的。随着含碳量的增加，组织中珠光体量增多，强度、硬度直线上升，但塑性、韧性降低。

过共析钢，缓冷后组织由珠光体与二次渗碳体所组成。随着含碳量的增加，二次渗碳体数量也相应增加，并逐渐形成网状分布，使其脆性增加。当碳质量分数大于0.9%时，其强度开始下降。所以工业用钢中的碳质量分数一般不超过1.3%～1.4%。

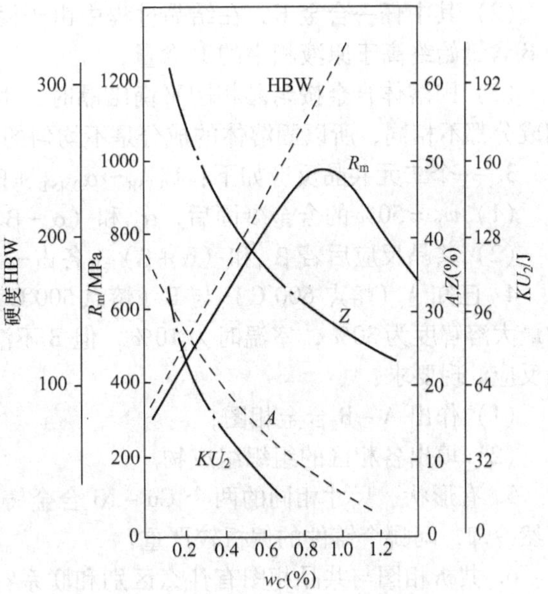

图4-31　含碳量对碳钢力学性能的影响

由于白口铸铁组织中存在大量渗碳体，在性能上显得特别脆而硬，难以切削加工，且不能锻造，故除作少数耐磨零件外，很少作为他用。

五、$Fe-Fe_3C$ 相图的应用

1. 钢铁选材的成分依据

工程设计中对服役的金属材料有不同的要求。若零件要求塑性、韧性好，应选用低碳钢（w_C=0.10%～0.25%），如冲压件、焊接件、抗冲击结构件等；若要求强度、塑性、韧性都较好，应选用中碳钢（w_C=0.25%～0.60%），如轴、齿轮等；若要求硬度高、耐磨性好，则应选用高碳钢（w_C=0.6%～1.3%），如工具和模具。白口铸铁硬而脆，不易切削加工，也不能压力加工，但其铸造性能优良，耐磨性好，可用于制造要求耐磨、不受冲击、形状复杂的铸件，如冷轧辊、犁铧、球磨机的铁球等。

2. 钢铁热加工的工艺依据

铸造工艺可根据 $Fe-Fe_3C$ 相图确定不同成分材料的熔点，确定浇注温度和工艺；根据相图液相线和固相线之间的距离估计铸件质量，距离越小，铸造性能越好。

锻造工艺可根据 $Fe-Fe_3C$ 相图确定锻造温度。钢处于奥氏体状态时强度低、塑性好，便于压力加工，所以锻造都选择在单相奥氏体区进行。始锻温度不能过高，一般在固相线以下100～200℃，以免钢材严重氧化。终锻温度不能过低，以防因塑性降低而锻裂，而过高则会使锻轧件晶粒粗大。

在热处理中，$Fe-Fe_3C$ 相图中的 A_1、A_3、A_{cm} 三条相变线是制订热处理工艺（如退火、正火、淬火等）加热温度的依据，这将在第六章详细讲述。

复习思考题

1. 比较固溶体、金属间化合物和机械混合物的晶格特征与性能特征。
2. 现有A、B两组元，其熔点B＞A，组成二元匀晶相图，试分析以下说法是否正确：
（1）A、B两组元的晶格类型可以不同，但原子大小一定要相等；

（2）其中任一合金 K，在结晶过程中由于固相成分沿固相线变化，故结晶出来的固溶体中的 B 含量始终高于原液相中的 B 含量；

（3）固溶体合金按匀晶相图平衡结晶时，由于不同温度下结晶出来的固溶体成分和剩余液相成分都不相同，所以固溶体的成分是不均匀的。

3. 一个二元共晶反应如下：$L_{0.75B} \leftrightarrow \alpha_{0.15B} + \beta_{0.95B}$，求：

（1）$w_B = 50\%$ 的合金凝固后，$\alpha_{初}$和（$\alpha + \beta$）$_{共晶}$的相对量；α 相与 β 相的相对量；

（2）共晶反应后若 $\beta_{初}$和（$\alpha + \beta$）$_{共晶}$各占一半，问该合金成分如何？

4. 已知 A（熔点 600℃）与 B（熔点 500℃）在液态下无限互溶；在固态 300℃时 A 溶于 B 的最大溶解度为 30%，室温时为 10%，但 B 不溶于 A；在 300℃时 w_B为 40% 的液态合金发生共晶反应。现要求：

（1）作出 A－B 合金相图；

（2）填出各相区的组织组成物。

5. 有形状、尺寸相同的两个 Cu－Ni 合金铸件，一个 w_{Ni}为 90%，另一个 w_{Ni}为 50%，铸后自然冷却，问哪个铸件的偏析较严重？

6. 共析相图与共晶相图有什么区别和联系？共析体和共晶体有什么区别和联系？在共析线附近反复加热和冷却，能否获得特别细密的组织。

7. 为什么铸造常选用靠近共晶成分的合金？为什么压力加工选用单相固溶体成分的合金？

8. 指出一次渗碳体、二次渗碳体、三次渗碳体、共晶渗碳体、共析渗碳体、网状渗碳体之间有何异同？

9. 碳质量分数分别为 0.20%、0.40%、0.80%、1.30% 的碳钢，自液态缓冷至室温后所得的组织有何不同？试定性地比较这四种钢的抗拉强度 R_m和硬度（HBW）。

10. 某工厂仓库积压了许多碳钢（退火态），现找出其中一根钢材，金相分析发现其组织为 80%P＋20%F，问此钢材碳质量分数约为多少？

11. 根据 $Fe - Fe_3C$ 相图，说明产生下列现象的原因：

（1）w_C为 1.0% 的钢比 w_C为 0.5% 的钢硬度高；

（2）室温下，w_C为 0.8% 的钢比 w_C为 1.2% 的钢强度高；

（3）低温莱氏体的塑性比珠光体差；

（4）在 1100℃，w_C为 0.4% 的钢能锻造，而 w_C为 4.0% 的生铁不能锻造。

12. 根据 $Fe - Fe_3C$ 相图，计算：

（1）w_C为 0.45% 的钢在室温时相组成物和组织组成物各是什么？其相对质量分数各是多少？

（2）w_C为 1.2% 的钢在室温时相组成物和组织组成物各是什么？各占多大比例？

（3）铁碳合金中，二次渗碳体和三次渗碳体的最大百分含量。

第五章　金属的塑性变形与再结晶

金属材料经压力加工后产生的塑性变形，不仅使其形状和尺寸改变，更为重要的是其内部组织和性能会发生很大变化。金属塑性变形理论为塑性变形加工方法的应用奠定了基础。为了能正确选用塑性加工方法、合理设计塑性加工成形零件，必须掌握塑性变形的机理、规律及其影响因素，以利用压力加工改善金属的某些性能（如强度），消除不利影响。

第一节　金属的塑性变形

在第二章介绍拉伸试验时，已经提到拉伸试样在外力作用下，随着应力的增加，可先后发生弹性变形、塑性变形，直至断裂。弹性形变的实质是在外力作用下，金属内部的晶格发生了有限的伸长或弯曲，但未超过原子之间的结合力，故外力去除后，其变形便可完全恢复。

当应力大于弹性极限时，钢不但发生弹性变形，还会发生塑性变形，即在外力去除后，其变形不能得到完全恢复，而且有残余变形或永久变形，这种不能恢复的变形称为塑性变形。塑性变形的实质是金属内部晶粒发生了压扁或拉长的不可恢复的变形。下面对塑性变形的微观机制作较详细的讨论。

一、单晶体的塑性变形

为了便于了解实际金属多晶体的塑性变形过程，首先分析金属单晶体是怎样发生变形的。单晶体塑性变形的方式主要有滑移和孪生两种。

1. 滑移

滑移是金属塑性变形最常见的方式。如图 5-1 所示，在切应力的作用下，晶体的一部分相对于另一部分沿着一定的晶面（称滑移面）和晶向（称滑移方向）移动了原子间距的整数倍，称为滑移。抛光后的金属试样经拉伸变形后，在金相显微镜下可观察到表面有许多相互平行的细线，称为滑移带，如图 5-2 所示。高倍电子显微镜观察发现，每条滑移带又由许多平行而密集的滑移线所组成，这些滑移线实际上是在塑性变形后在晶体表面产生的一个个小台阶（图5-3），其高度约为1000 个原子间距，滑移线间的距离约为 100 个原子间距。

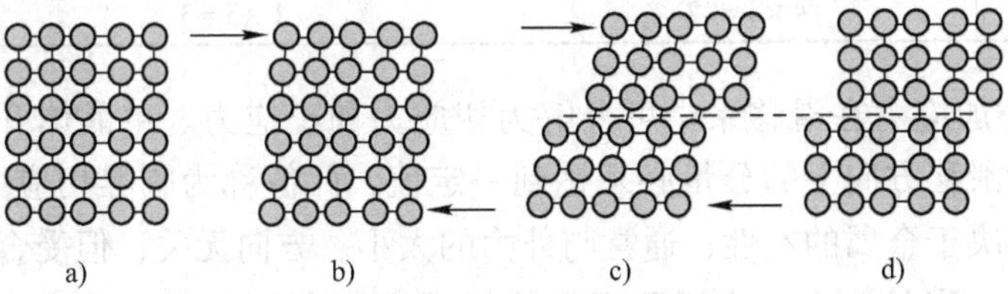

图 5-1　单晶体变形过程

a）未变形　b）弹性变形　c）弹塑性变形　d）塑性变形

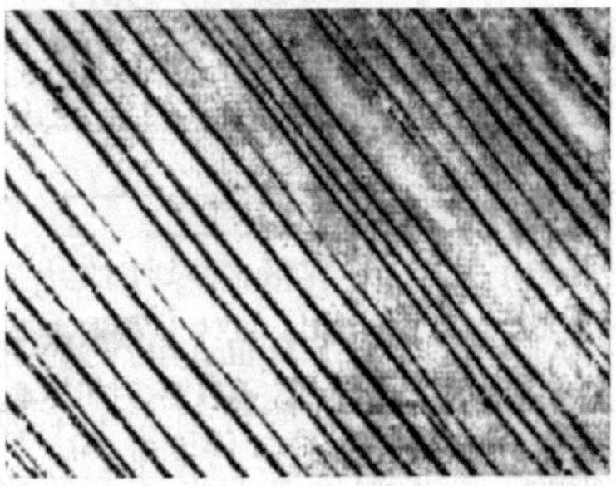

图 5-2　纯铜拉伸试样表面滑移带

（1）滑移系　一般来说，滑移并非在任意晶面和晶向上发生，而总是沿着该晶体中原子排列最紧密的晶面和晶向发生。如图 5-4所示的晶格，*AA* 晶面的原子排列最紧密，但晶面间距却最大，因而晶面之间的结合力也最弱，故 AA 面最易成为滑移面。反之，原子密度小的 BB 面，由于晶面间距小，晶面之间的结合力强，故难以滑移。同理可以解释沿原子排列最紧密的晶向滑移阻力最小，容易成为滑移方向。

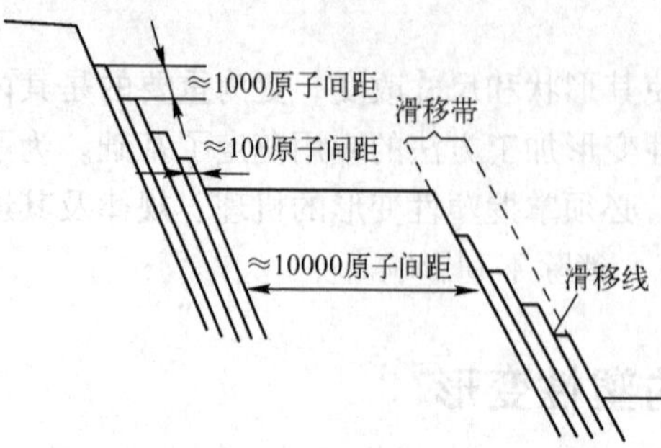

图 5-3　滑移线和滑移带示意图

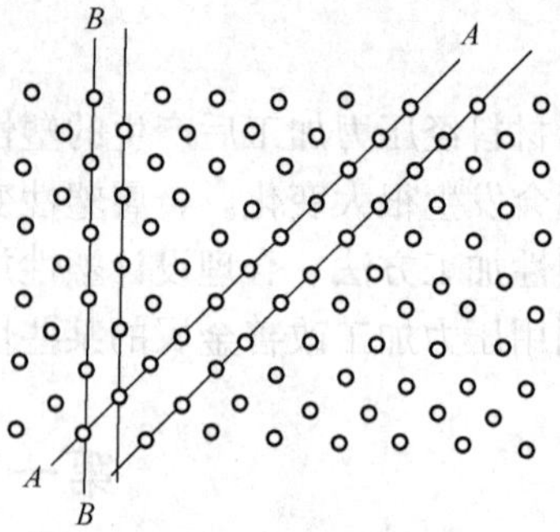

图 5-4　滑移面示意图

通常每一种晶格都可能有几个滑移面，每一个滑移面上有可能同时存在几个滑移方向。一个滑移面和其上一个滑移方向构成一个滑移系。三种常见金属晶格的主要滑移系见表 5-1。

对金属的塑性变形来说，金属晶体中的滑移系越多，则滑移时可能采取的空间位向越多，其塑性就越好。滑移方向对塑性变形的作用大于滑移面的作用，在滑移系相同时，滑移方向越多的金属，其塑性就越好。因此，在常见的金属中，铝、铜等面心立方金属的塑性最好，铁、钼等体心立方金属次之，而镁、锌等密排六方金属的塑性最差。所以对钢进行压力加工时，要加热到高温，其目的之一是使体心立方晶格转变为面心立方晶格，提高钢的塑性。

表 5-1　三种典型金属晶格的滑移系

晶　格	体 心 立 方	面 心 立 方	密 排 六 方
滑移面	包含两相交体对角线的晶面 ×6	包含三邻面对角线相交的晶面 ×4	六方底面 ×1
滑移方向	体对角线方向 ×2	面对角线方向 ×3	底面对角线 ×3
简图	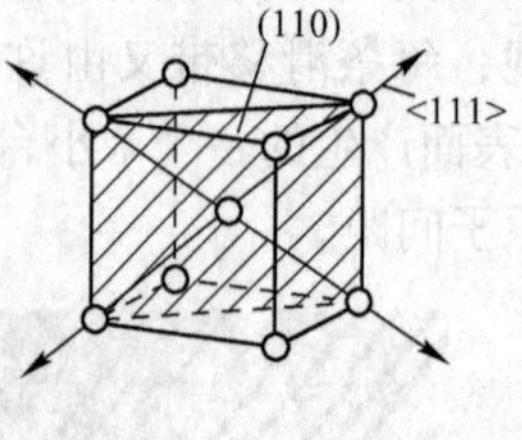	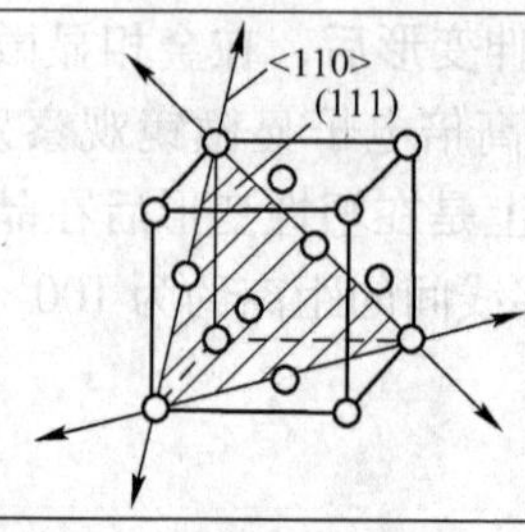	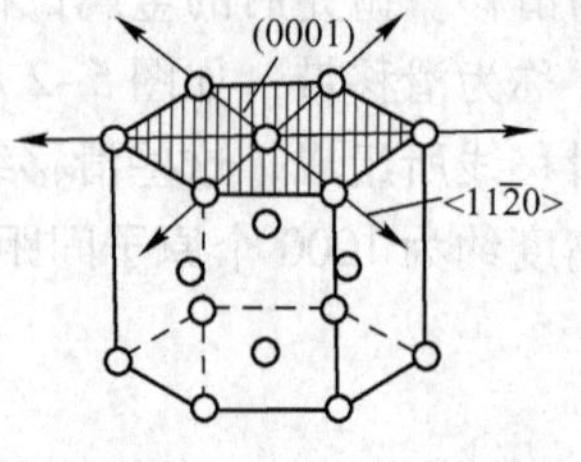
滑移系	6 × 2 = 12	4 × 3 = 12	1 × 3 = 3

（2）引起滑移的临界切应力　外加应力在滑移系中可分解为切应力和正应力。单晶体开始滑移时，外力在滑移面上的切应力沿滑移方向上的分量必须达到一定值，此值称为临界切应力，通常以 τ_k 表示。τ_k 的数值大小主要取决于金属的本性，通常与外力的大小、方向无关，但受金属的纯度、变形温度与变形速度等影响。当晶体中一个滑移系的分切应力 τ 大于 τ_k 时，晶体就在这个滑移系上开始滑移，这时所对应的外加应力就是屈服强度。

外力在滑移面上的正应力不能引起晶体滑移，但能使滑移面发生转动。拉伸时使滑移面朝与外力平行方向转动；压缩时使滑移面朝与外力垂直方向转动。

（3）滑移的实质　对于滑移的实质，最初曾设想滑移过程是晶体的一部分相对于另一部分做整体的刚性移动，即滑移面上一层原子相对于另一层原子同时移动。但由此计算出的滑移所需的临界切应力，与实际测出的结果相差很大。如铜的理论计算值 $\tau_k = 1540\ \text{MPa}$，而实际值 $\tau_k = 1.0\ \text{MPa}$，如此巨大差异证明滑移绝非晶体的整体刚性移动。经研究证明，滑移实际上是位错在切应力作用下运动的结果。图 5-5 表示了在切应力 τ 作用下，正刃型位错的运动造成滑移的情况。可见在切应力 τ 作用下，一个刃型位错一步一个原子间距的运动，最终造成一个原子间距的滑移量。多个位错运动的结果造成晶体的塑性变形。当晶体通过位错的移动而产生滑移时，并不需要整个滑移面上的全部原子同时移动，而只是位错中心附近的少数原子发生微小的移动，其移动的距离远小于一个原子间距，如图 5-6所示。所以，位错的运动只需加一个很小的切应力就可实现。这就是实际晶体比理想晶体容易滑移的原因。

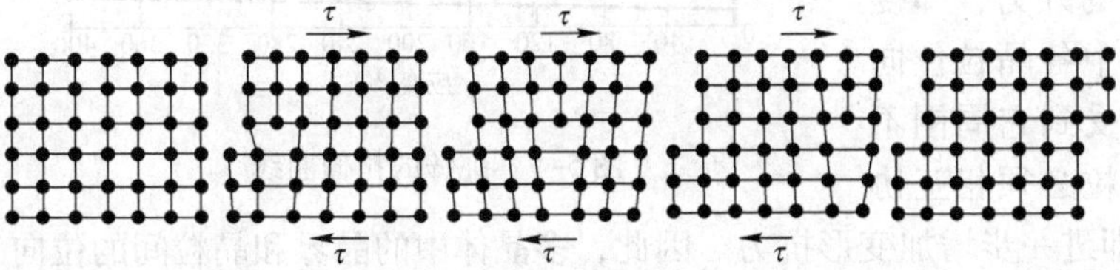

图 5-5　通过位错移动造成滑移的示意图

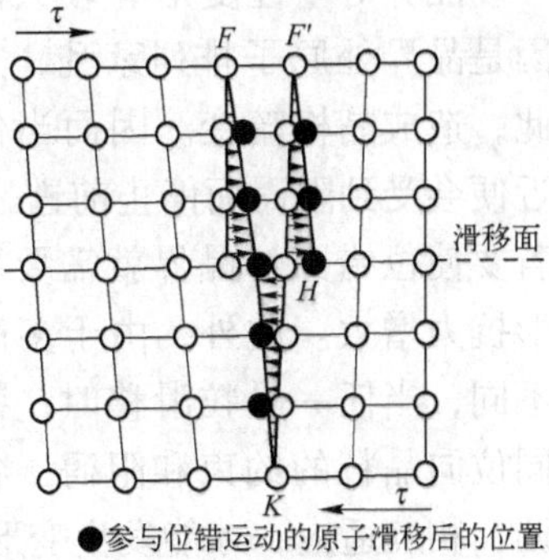

图 5-6　位错运动时的原子位移

2. 孪生

孪生是指晶体在切应力下，其一部分相对另一部分发生以某晶面为面对称的沿一定方向的共格切变，如图 5-7 所示。此面对称的晶面称为孪晶面（通常是两个孪晶面伴生），切变的方向称为孪生方向。在两个孪晶面之间的晶体部分称为孪晶带。孪生时，仅是孪晶带中的原子发生不同分数倍原子间距的位移，并使这部分的晶体位向发生一定角度的改变。但是，与未发生孪生的晶体部分保持面对称。孪晶面上的原子为两种不同位向的两部分晶体的晶格所共用（即共格）。孪生变形的试样经抛光后能在显微镜下观察到呈凸透镜状的孪晶带，如图 5-8 所示。

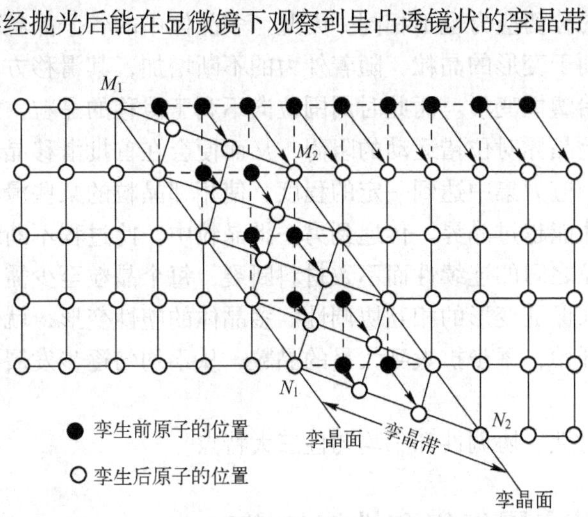

图 5-7　孪生变形示意图

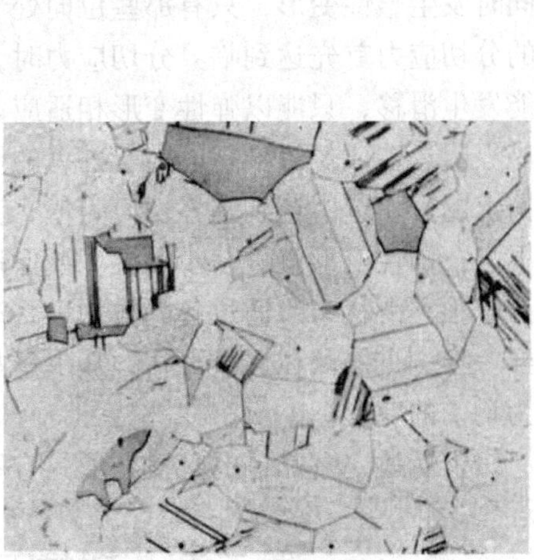

图 5-8　锌中的孪晶带

由于孪生变形较滑移变形一次移动的原子较多，故孪生变形较滑移变形所需的临界切应力大。例如镁的孪生临界切应力为 5~35 MPa，而滑移临界切应力仅为 0.5 MPa。因此，只有在滑移变形难以进行时，才产生孪生变形。具有面心立方晶格与体心立方晶格的金属很少发生孪生变形，只有在低温或冲击载荷下才发生孪生。而密排六方格晶格的金属则比较容易发生孪生变形。

二、多晶体的塑性变形

实际金属多是多晶体，其中每一个晶粒范围内的塑性变形基本上与单晶体的塑性变形相似。但由于多晶体中晶粒位向各异，并有晶界存在，使得各个晶粒的塑性变形互相受到阻碍与制约。因此，多晶体的塑性变形要比单晶体的塑性变形复杂得多。

1. 晶界和晶粒位向的影响

晶界对塑性变形有较大的阻碍作用。其原因是晶界处原子排列紊乱，并常有杂质集中在此，造成晶格畸变。因而当位错运动到晶界附近便会受到阻碍而停止前进，堆积在晶界前面。若要使位错穿过晶界就需要更大的外力，即变形抗力增大。此外，由于多晶体中各晶粒位向不同，当任一晶粒滑移时，都将受到它周围不同位向晶粒的约束和阻碍，各晶粒必须相互协调，相互适应，才能发生变形，即进一步增加变形抗力。因此，多晶体中的晶界和晶粒间的位向差都起到提高强度的作用，如图 5-9 所示。金属的晶粒越细，晶界总面积便越大，每个晶粒周围不同取向的晶粒数便越多，对塑性变形的抗力也就越大，从而金属的强度越高。

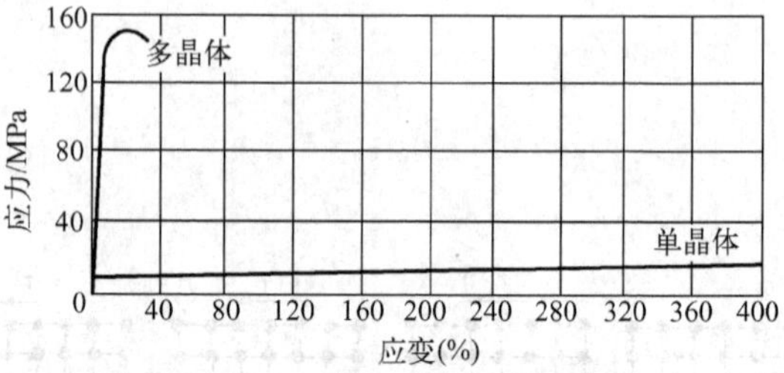

图 5-9　纯锌的拉伸曲线

此外，晶粒越细，金属的塑性与韧性也越高。因为晶粒越细，金属单位体积内的晶粒数便越多，同样的变形量便可分散在更多的晶粒中发生，就能在断裂之前承受较大的变形量。此外，晶粒越细，晶界阻碍裂纹扩展的作用也越强，表现出较好的韧性。因此，在工业生产中通常总是设法获得细小而均匀的晶粒组织，使材料具有较好的综合力学性能。

2. 多晶体的塑性变形过程和特点

在多晶体中，由于各个晶粒的位向不同，因而其滑移面和滑移方向不一致，则在外力作用下各晶粒中不同的滑移面和滑移方向上所受到的分切应力也不相同。因此，多晶体中的各个晶粒不是同时发生塑性变形，只有那些位向处于有利于变形的晶粒，随着外力的不断增加，其滑移方向上的分切应力首先达到临界分切应力时，开始塑性变形。而此时周围位向不利于滑移的晶粒，还不能发生滑移，只能以弹性变形相适应。加上晶界对位错运动的阻碍，从而便会在首批滑移晶粒的晶界附近造成位错堆积。随着外力的增大，应力集中达到一定的程度，使相邻晶粒的某些滑移方向上的分切应力达到临界切应力值，变形才能越过晶界，传递到另一批晶粒中。此过程不断继续下去，塑性变形就进一步发展。要保持晶粒之间的连续性而不致材料断裂，每个晶粒至少需要有五个独立滑移系，通过各晶粒的多系滑移来保证变形的相互协调性。多晶体的塑性变形，就是这样一批一批的晶粒逐步滑移，从少量晶粒开始，逐步扩大到大量的晶粒，从不均匀逐步发展到较为均匀的变形。

综上所述，多晶体的塑性变形具有不同时性、协调性和不均匀性三大特点。

第二节　塑性变形对金属组织和性能的影响

塑性变形会对金属内部组织结构和性能产生重要影响，综合起来主要有以下几方面：

一、晶粒拉长，产生纤维组织

在塑性变形中，随着变形量的增加，可看到金属的晶粒沿着变形方向被拉长，由等轴晶粒变为扁平形或长条形，当变形量较大时，晶粒被拉成纤维状，此时的组织称为“纤维组织”。它的出现使金属材料由原来的各向同性变成了各向异性，即沿着纤维方向的强度大于垂直纤维方向的强度。

二、晶粒碎化，位错密度增加，产生加工硬化

在未变形的晶粒内经常存在大量的位错，呈位错壁（亚晶界）和位错网等形式。随着塑性变形即位错运动的发生，位错与位错会产生复杂的交互作用，造成位错缠结现象。随着变形量的增大，原来每个晶粒中位向完全相同的结构会“碎化”成许多位向差较小（一般小于1°）、尺寸为$10^{-3}\sim10^{-6}$ cm的小晶块。在小晶块中，特别是在小晶块的交界处分布有大量位错，这种结构相对于晶粒结构称为胞状亚结构。变形量越大，晶粒的破碎程度越大，胞的数量增多，尺寸减小。如果经强烈冷轧或冷拉等变形，则在纤维组织出现的同时，其亚结构也将由大量细长状变形胞组成。

因此，金属的塑性变形导致亚结构细化，位错密度大大增加，从而使位错运动的阻力增大，变形抗力增加。即随着变形程度的增大，金属的强度、硬度上升，而塑性、韧性下降。这就是冷变形强化，也称加工硬化。图5-10表示碳质量分数为0.3%的碳钢的冷轧变形程度与强度、硬度、塑性等之间的关系。

冷变形强化是强化金属材料的重要手段之一，尤其对热处理不能强化的纯金属和某些合金来说，显得更为重要。冷变形强化还可以提高构件在使用过程中的安全性，构件万一超载，会产生塑性变形，由于变形强化，故可防止构件突然断裂。但是，冷变形强化会给金属进一步加工带来困难。例如钢板在冷轧过程中会越轧越硬，以致完全不能变形。为此，需安排中间退火工序，通过加热消除冷变形强化，恢复塑性变形能力，使轧制得以继续进行。

位错密度与金属强度的关系如图5-11所示。由图可见，当金属中不存在或存在极少的位错（如金属须）时，金属的强度也很高，这是因为此时的滑移需要克服整个滑移面上几乎所有的原子同时移动的阻力，故强度很高，接近理论强度。随着位错密度的增大，强度急剧下降，位错密度相当于图中退火状态时，强度最低，这是由于此时位错大大助长了塑性变形的进行，塑性变形抗力最低。但当位错密度继续增大时，又使强度增加。

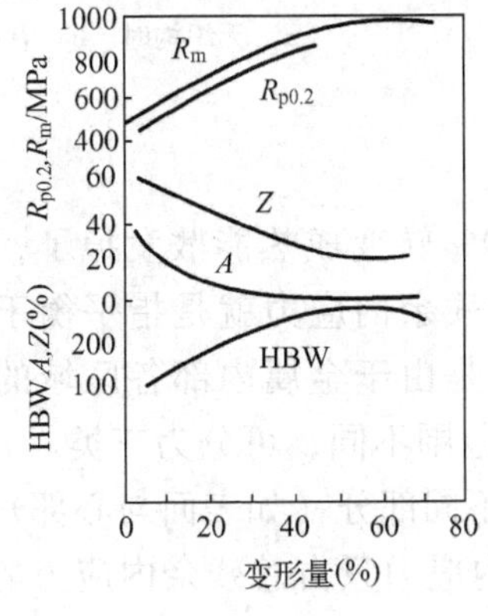

图5-10　碳质量分数为0.3%的碳钢冷轧后力学性能的变化

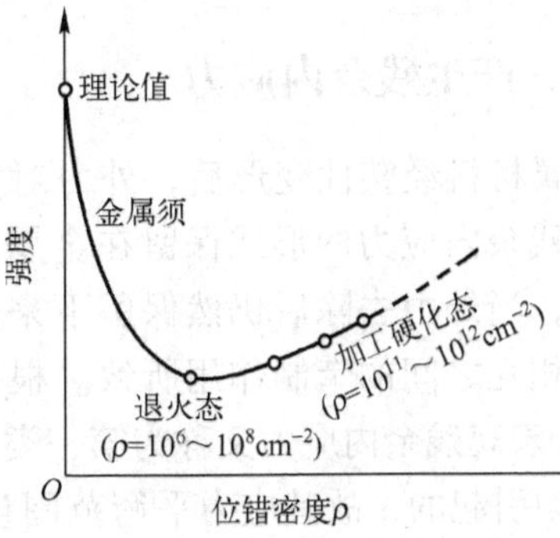

图5-11　金属的强度与位错密度之间的关系

因此，从理论上讲，提高金属材料的强度有两种途径：一是完全消除晶体内部的位错和其他晶体缺陷，使其强度达到或接近于理论值；二是通过塑性变形等措施，在金属材料中产生大量位错等晶体缺陷来提高强度。近些年来发现的非晶态金属或金属玻璃是没有金属特征的金属，可以看作是缺陷达到 100% 的极端情况，其强度也很高。

冷加工过程中除了力学性能的变化外，材料的物理性能和化学性能也有所改变。比如，由于晶格畸变、位错与空位等晶体缺陷的增加，给自由电子的运动造成一定干扰，从而使电阻率增高，电阻温度系数降低，磁滞与矫顽力略有增加而磁导率下降。此外，由于原子活动能力增大使扩散加速，耐蚀性减弱。

三、产生变形织构

由于多晶体在滑移变形的同时伴随着晶粒的转动，故在变形量达到一定程度（70% ~90% 以上）时，原来晶格位向不同的各晶粒在空间的位向达到大体一致，这种现象称为择优取向。这种由于塑性变形引起的各个晶粒的晶格位向趋于一致的晶粒结构称为变形织构，如图 5-12 所示。变形织构随加工变形方式的不同主要有两种类型：拉拔引起的织构称为丝织构；轧制引起的织构称为板织构。

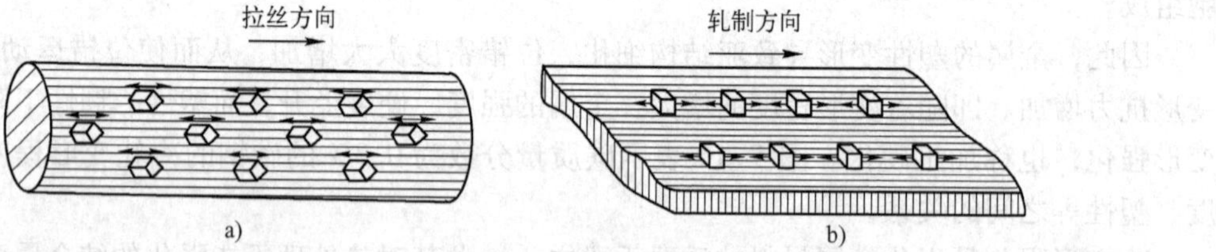

图 5-12　变形织构示意图

a）丝织构　b）板织构

织构的形成会造成多晶体金属的各向异性，甚至退火也难以消除，这在大多数情况下会使其加工成形性恶化。例如，用于深冲成形的板材，因织构的存在而造成不同方向变形能力的不均匀，使冲压件边缘出现所谓“制耳”缺陷，如图 5-13 所示。但在某些情况下，织构又可以加以利用。如制造变压器铁心的硅钢片，沿 <100> 晶向最易磁化，如果采用具有 <100> 织构的硅钢片制作，并在制作中使其 <100> 晶向平行于磁力线方向，就能使变压器铁心的磁导率显著增大，磁滞损耗减小，大大提高变压器的效率。

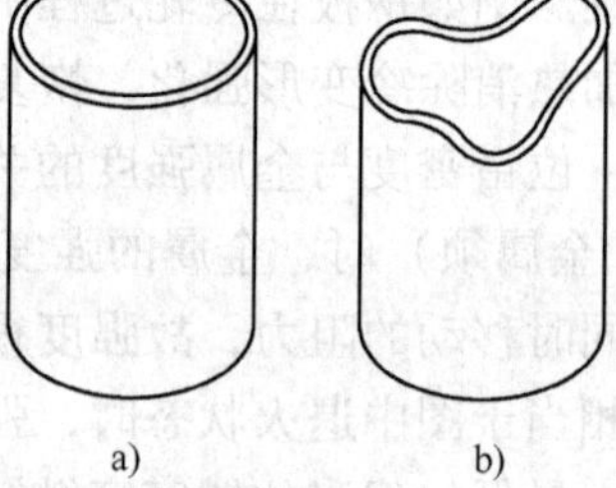

图 5-13　因变形织构造成的制耳

a）无织构时　b）有织构时

四、产生残余内应力

金属材料经塑性变形后，外力对材料所做的功约有 90% 转变成热能散发掉了，但是约有 10% 以残余内应力的形式保留在金属内部，使内能增加。残余内应力就是指平衡于金属内部的应力，当外力去除后仍然保留下来的内应力。它的产生是由于金属内部各区域的变形不均匀以及相互之间的牵制作用所致。根据残余内应力的平衡范围不同，可分为三类。

1）宏观残余内应力又称为第一类内应力，它是由工件不同部分（如表面与心部）的宏观变形不均匀引起的，故其应力平衡范围包括整个工件。这类内应力只占总残余内应力的极小部分（通常为 0.1% 左右）。它的存在可能造成工件的变形。

2）微观残余内应力又称为第二类内应力，是指平衡于晶粒或亚晶粒之间的内应力。它是由于晶粒或亚晶粒之间的变形不均匀性产生的，占总残余内应力的1% ~2%。这种内应力可能使工件在不大的外力作用下产生显微裂纹，导致工件断裂。

3）晶格畸变内应力又称为第三类内应力，它平衡于晶格畸变处的多个原子之间。它是由金属变形时产生的大量位错、空位等缺陷而产生的，即晶格畸变引起的。第三类内应力是变形中的主要内应力（占总残余内应力的90%以上），也是使金属强化的主要原因。

此外，残余内应力还会使金属的耐蚀性下降，如变形的钢丝易生锈。因此，金属在塑性变形后通常要进行退火处理，以消除或降低这些内应力。

第三节 回复与再结晶

在冷变形金属中，由于晶粒破碎拉长及位错等晶格缺陷大量增加，使其内能升高，处于不稳定的状态，存在着趋于稳定的倾向。但是在室温或低温下，原子扩散能量不足，这种不稳定状态能得以长期保存。一旦对变形金属加热，提高原子活动能力，它就会以多种方式释放多余的内能，恢复到变形前低内能的稳定状态。然而随着各种退火加热温度的不同，恢复的程度也不同。为了正确地掌握不同目的的退火工艺，有必要了解变形金属在加热时的组织和性能的变化。

一、变形金属加热时的组织和性能的变化

实践证明，冷变形金属在加热时一般经历如下三个阶段，如图5-14所示。

1. 回复

在加热温度较低时，晶格中的原子仅能做短距离扩散，空位和位错的运动使得点缺陷数量减少，位错密度有所降低，从而使晶格畸变减轻，残余应力显著下降。

由于回复并不能使金属的晶粒大小和形状发生明显的变化，故金属的强度、硬度和塑性等力学性能变化不大，而只会使内应力及电阻率降低，耐蚀性得到改善。

工业对冷变形金属进行的去应力退火即属回复处理，通常用于保留产品的加工硬化效果下，降低其内应力或改善某些理化性能的场合。如冷卷弹簧在卷制之后都要进行一次250 ~300℃的去应力退火。

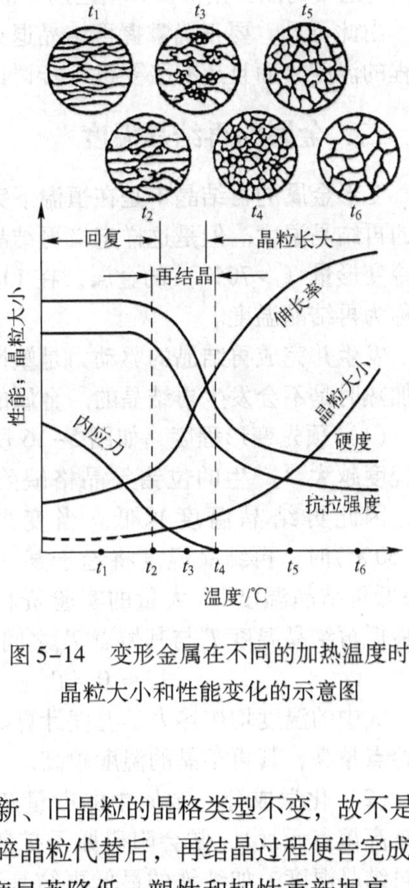

图5-14 变形金属在不同的加热温度时晶粒大小和性能变化的示意图

2. 再结晶

通过回复，整个变形金属的晶粒破碎拉长的状态仍未改变，组织仍处于不稳定状态。故当它被加热至较高温度，具有较高的原子活动能力时，其晶粒的外形便开始发生变化，从破碎拉长的晶粒变成新的等轴晶粒，即冷变形组织完全消失。这一过程称为“再结晶”。

再结晶实质上是一个新晶粒重新生核和成长的过程，但新、旧晶粒的晶格类型不变，故不是相变过程。通过新的等轴晶粒晶核的形成和成长以及把全部破碎晶粒代替后，再结晶过程便告完成。

通过再结晶，位错等晶体缺陷大大减少，故强度和硬度显著降低，塑性和韧性重新提高，加工硬化现象得以消除。再结晶退火即是完成再结晶过程的退火，主要用于金属在冷变形之后或在变形过程中，使其硬度下降、塑性升高，或便于进一步加工。

3. 晶粒长大

塑性变形的金属经再结晶后，一般都会得到细小均匀的等轴晶粒。但若继续升高温度或过分延长加热时间，晶粒便会继续长大。因为晶粒长大是一个自发过程，它可减少晶界的面积，使表面能降低，使组织处于更稳定的状态。

晶粒长大实质上是一个晶界迁移的过程，如图 5-15 所示，通过一个晶粒的边界向另一个晶粒中迁移，把另一晶粒中的晶格位向逐步改变成为与这个晶粒相同的位向，于是，另一晶粒便逐步地被这一晶粒“吞并”而合并为一个大晶粒。

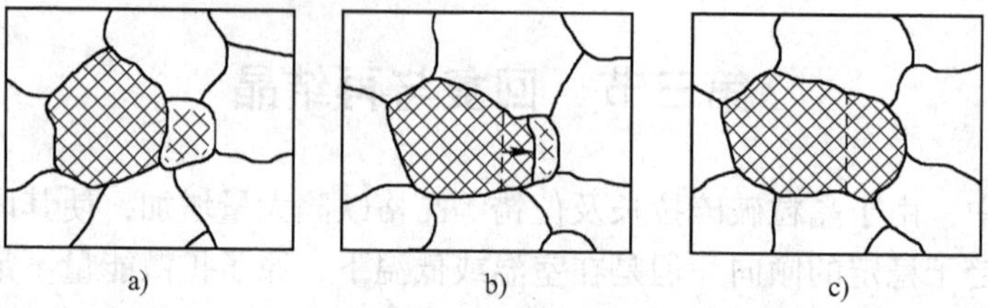

图 5-15　晶粒的长大示意图

通常再结晶后获得细而均匀的等轴晶粒，晶粒长大的速度并不很大。但如果原来的变形不均匀，经过再结晶后得到的是大小不均匀的晶粒，就会由于大小晶粒之间的能量相差悬殊，很容易发生大晶粒吞并小晶粒而越长越大的现象，从而得到异常粗大的晶粒，使金属的力学性能显著降低。为了与通常的晶粒正常长大相区别，常把晶粒的这种不均匀急剧长大现象称为“二次再结晶”。

由此可见，要正确掌握再结晶退火后的金属组织和性能，不仅需要知道各种金属发生再结晶过程的温度，而且还有必要进一步讨论金属的加工变形度与再结晶退火的晶粒度之间的关系。

二、金属的再结晶温度

变形金属的再结晶不是在恒温下完成的。金属学中通常把能够发生再结晶的最低温度称为金属的再结晶温度。但是这样定义再结晶温度不便于实际运用和测量。因此，工业上通常把经过较大冷变形量（>70%）的金属，在 1 h 内能够完成再结晶（或再结晶体积分数>95%）的最低温度称为再结晶温度。

发生并完成再结晶的驱动力是塑性变形给金属内部所增加的内能。没经过冷加工变形的金属在加热时是不会发生再结晶的。金属的再结晶温度与下列因素有关：

（1）预先变形程度　如图 5-16 所示，金属的预先变形程度越大，产生的位错等晶格缺陷越多，组织越不稳定，因此再结晶温度越低。当变形量达到一定程度（>60%）时，再结晶温度将趋于某一最低极限值，称为“最低再结晶温度”。大量的实验资料证明，各种纯金属的最低再结晶温度 T_z 与其熔点 T_m 之间大致有如下关系：

$$T_z \approx 0.4T_m$$

式中的温度均按热力学温度计算。由该式可见，金属的熔点越高，其再结晶的温度越高。

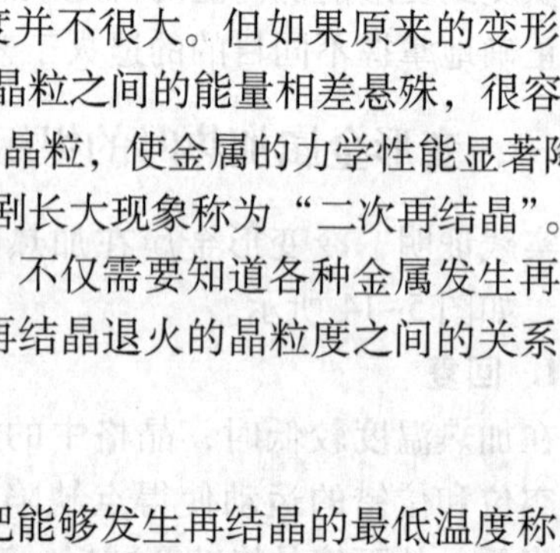

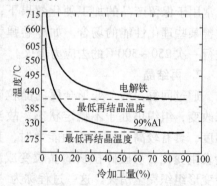

图 5-16　金属的再结晶温度与金属预先变形程度之间的关系

（2）化学成分　金属中的微量杂质或合金元素（特别是高熔点元素），常会阻碍原子扩散或晶界的迁移，提高再结晶温度。如纯铁的最低再结晶温度约为 450℃，而低碳钢提高到 500～650℃。在钢中再加入少量的 W、Mo、V 等合金元素，还会更进一步提高其再结晶温度。不过杂质或合金元素的作用在低含量时表现最为明显，当其含量增至某一值后，往往便不再继续提高再结晶温度，有时反而会降低再结晶温度。

（3）退火加热速度和保温时间　因为再结晶过程需要有一定时间才能完成，故提高加热速度会使再结晶温度提高。保温时间越长，原子的扩散移动越充分，再结晶温度便越低。

为了充分消除冷变形强化及缩短退火周期，工业生产一般把再结晶退火工艺温度取为最低再结晶温度以上 100~200℃。

三、再结晶退火后的晶粒度

晶粒大小对金属力学性能影响很大，为了正确掌握变形金属的退火质量就必须了解决定再结晶退火后晶粒度的因素有哪些。

1. 加热温度和保温时间

再结晶退火的加热温度越高，金属的晶粒便越大，如图 5-17 所示。此外，在加热温度一定时，保温时间过长，也会使晶粒长大，但其影响不如加热温度的影响大。

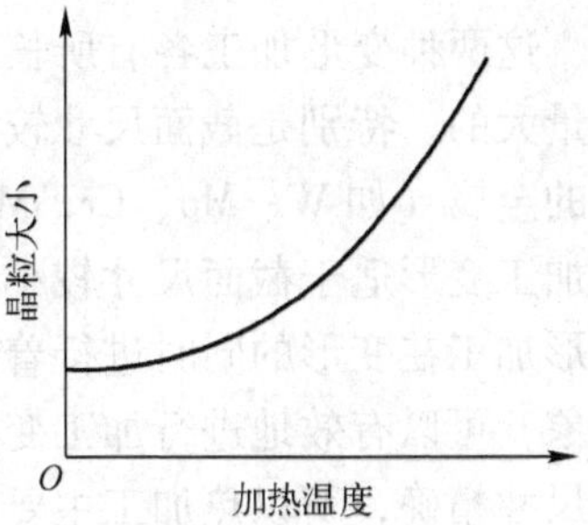

图 5-17　再结晶退火时加热温度对晶粒度的影响

2. 预先变形度

变形度的影响实际上是一个变形均匀度的问题。变形度越大，变形便越均匀，再结晶后的晶粒便越细。如图 5-18 所示，当变形度很小（<2%）时，由于晶格畸变很小，不足以引起再结晶，故晶粒大小保持原样。当变形度在 2% ~10% 时，再结晶后的晶粒度异常粗大，此变形度称为“临界变形度”。在此情况下，金属中仅有部分晶粒发生变形，变形极不均匀，因而再结晶时的形核数目很少，再结晶后的晶粒很不均匀，晶粒极易相互吞并长大。生产中应尽量避免这一范围的加工变形。当变形大于临界变形度时，随着变形度的增加，变形便越均匀，再结晶时的形核率便越大，再结晶后的晶粒便会越细越均匀。不过，如果预先变形度过大（≥90%），某些金属再结晶后又会出现晶粒异常长大的现象。一般认为这与金属中的织构形成有关，由于晶粒位向大致相同，给晶粒沿一定方向迅速长大提供了条件。

综合以上加热温度和预先变形程度两个因素对再结晶后晶粒大小的影响于一个立体坐标图中，如图 5-19 所示，叫做“再结晶全图”。各种金属的再结晶图是制订金属加工变形和退火工艺的重要参考资料。

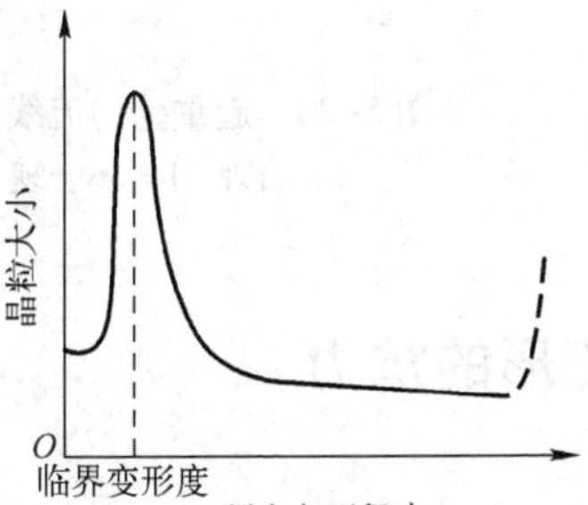

图 5-18　再结晶退火时晶粒度与预先变形程度的关系

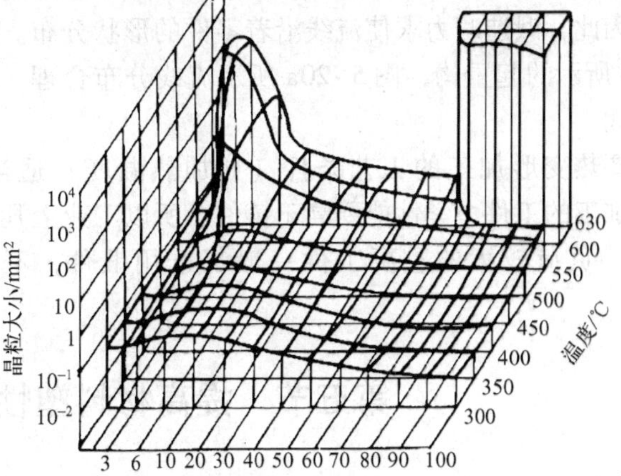

图 5-19　低碳钢的再结晶全图

第四节　金属的热变形

一、热变形与冷变形的区别

前面讨论的都是冷加工变形。金属的塑性变形主要可分为冷变形和热变形。两者以金属的再结晶温度为界限，即凡在其再结晶温度以上的变形为热变形，反之在其再结晶温度以下的变形为冷变形，而不以具体的变形温度来划分。如铁的最低再结晶温度为450℃，故即使它在400℃的加工变形仍应属于冷变形；又如铅的再结晶温度在0℃以下，故它在室温的加工变形也可说是热变形。

这两种变形加工各有所长。冷加工变形会引起金属的加工硬化，变形抗力增大，对于那些变形量大的、特别是截面尺寸较大的工件，冷加工变形便十分困难；另外，对于某些较硬的或低塑性的金属（如W、Mo、Cr、Mg、Zn等）来说，甚至不可能进行冷加工，而必须进行热加工。故冷加工变形适于截面尺寸较小、塑性较好，要求较高精度和较低的表面粗糙度的金属制品。而热变形加工在变形的同时进行着动态再结晶，金属的变形抗力小、塑性高，而且不会产生加工硬化现象，可以有效地进行加工变形。但金属在热加工时表面较易氧化，产品不如冷加工的表面光洁和尺寸精确，所以热加工主要用于截面尺寸较大、变形量较大的金属制品及半成品，以及硬脆性较大的金属的变形。

二、热变形对金属组织和性能的影响

热变形加工虽然不引起加工硬化，但也会使金属的组织和性能发生很大的变化，如：

1）热变形可使铸态金属中的气孔、显微裂纹等焊合，从而使其致密度得以提高。

2）热变形可使铸态金属中的粗大枝晶和柱状晶粒破碎，并发生再结晶使晶粒细化，从而提高力学性能。

3）热变形可使铸态金属中的枝晶偏析和非金属夹杂沿着变形的方向细碎拉长，形成所谓热加工“纤维组织”（在宏观检验时常称为“流线”）。它使金属材料具有各向异性，沿流线方向的强度、塑性和韧性显著大于垂直流线方向。因此，锻造时力求使流线沿着零件的形状分布。如图5-20所示的起重钩，图5-20a所示流线分布合理，承载能力大。

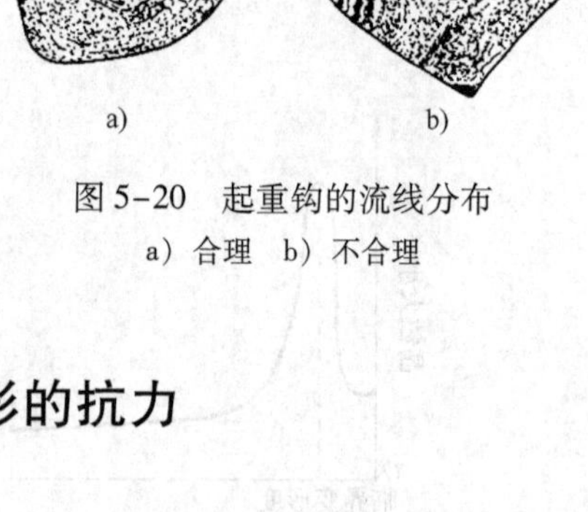

图5-20　起重钩的流线分布

a）合理　b）不合理

只要热变形加工的工艺条件（如加热温度）适当，热变形加工的工件力学性能要高于铸件。所以工业上凡受力复杂、负荷较大的重要工件一般都选用锻件，不用铸件。

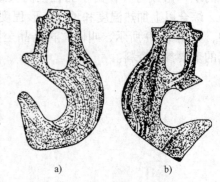

第五节　提高材料塑性变形的抗力

一、提高塑性变形抗力的意义

如前所述，塑性好的金属在成形与制造过程中，较容易被加工成预定形状与尺寸的机件。但

在工程实用中绝大多数的机件都是不允许产生塑性变形的，因为变形会使它们丧失原有功效。如精密机床的丝杠，在工作中若产生微量的塑性变形就会使精度明显下降；炮筒如果有微量塑性变形就会使炮弹偏离射击目标；至于所有的弹簧件不管其形状如何都必须在弹性范围内工作也是不难理解的。

实验表明，在给定外加载荷的条件下，机件是否发生塑性变形，这取决于它的截面大小及所用材料的屈服强度。材料的屈服强度越高，即变形抗力越大，则发生塑性变形的可能性越小。可见提高材料的变形抗力，以使机件在使用过程中不因发生过量的塑性变形而过早失效是必要的。

二、提高塑性变形抗力的途径

提高塑性变形抗力的过程称为材料的强化。金属材料的屈服强度可在很大范围内变化，它对金属的纯度、成分和热处理状态的变化非常敏感。由于金属的塑性变形主要是由位错的滑移运动造成的，各种强化方法的本质均是设法增大位错运动的阻力。

1. 细化晶粒

晶界是位错运动难以克服的障碍。晶界上原子排列紊乱，容易形成阻碍其他位错继续向晶界移动的反向应力。金属的晶粒越细，这一阻碍作用越强。因此，常温下晶粒尺寸越小，金属塑性变形抗力越高，如图 5-21 所示。

晶粒细化不仅能显著提高强度，同时能提高韧性，降低韧-脆转变温度，这是其他强化方法所不能比拟的。因此在金属材料的所有强化方法中，细化组织方法最受重视，在生产中被广泛应用。

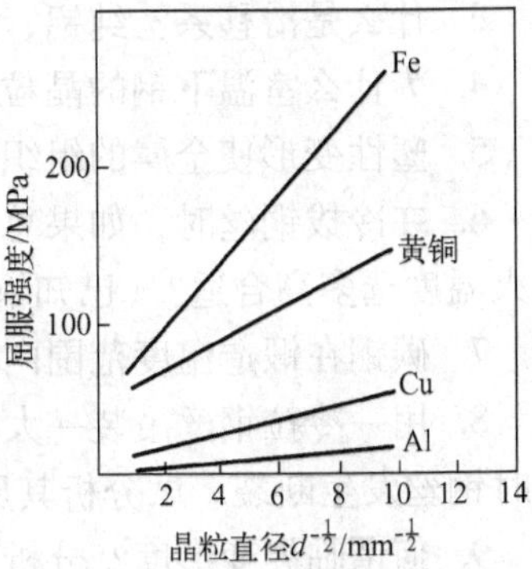

图 5-21　几种金属在室温时的屈服强度与晶粒大小的关系

2. 形成固溶体

固溶强化是强化金属的重要方法。由于溶质原子与基体金属（溶剂）原子的大小不同，形成固溶体后使基体晶格发生畸变，导致滑移面变得“粗糙”，增加了位错运动的阻力，因此提高了金属塑性变形的抗力。例如钢的淬火形成马氏体，使较多碳原子过饱和地固溶于铁素体中，因而获得显著强化。

3. 形成第二相

通常把在合金中呈连续分布且数量占多数的相称为基体相；把极细小分散粒子称为第二相。弥散分布的第二相可以是高金属塑性变形的抗力，这是因为它有效地阻碍了位错的运动。研究表明，当运动的位错在滑移面上遇到第二相粒子时必须提高外加应力，才能克服它的阻挡，使滑移继续进行，并且只有当第二相粒子的尺寸小于0.1～0.2 μm 时，这种阻挡效果才是最好的。

工程上金属材料常利用下列两种方法引入第二相粒子：

一是过饱和固溶体中析出，利用合金的溶解度随温度降低，沉淀析出细小的第二相粒子。如淬火钢回火时析出呈细小弥散分布的合金碳化物微粒。许多有色金属合金（铝合金、铜合金）是这一方法的典型实例。该方法又称为析出强化或沉淀强化。

二是粉末冶金方法，把互不相溶的弥散颗粒（例如氧化物）和金属粉末均匀混合后压实，再在高温下烧结，可得到强化的两相合金。如 Al 基体上分布 Al_2O_3 细小颗粒，Ni 基体上分布 Y_2O_3 颗粒。这类两相合金不仅具有高的屈服强度，且在高温下有好的稳定性。该方法又称弥散强化。

4. 采用冷加工变形

金属在发生塑性变形的过程中，欲使变形继续进行下去，必须不断增加外力。只要反复弯一根钢丝，马上就可感觉到越来越费劲。这说明金属中产生了阻止继续塑变的抗力。而这种抗力就是由于变形过程中位错密度不断增加，位错运动受阻所引起的（即加工硬化）。

采用冷加工变形对于提高金属板材和线材的强度有着很大的实用价值。例如，经冷拉拔的琴弦，具有很高的强度。此外，对于那些在热处理过程中不发生相变的金属，加工硬化则更是极为重要的强化手段。

金属材料除了可以整体冷变形外，工程上，例如航空工业广泛应用的滚压、喷丸就是表面冷变形强化工艺，不仅能强化金属表层，而且使工件表层产生很高的残余压应力（达 500 ~ 1000 MPa），有效地提高了工件的疲劳强度。

复习思考题

1. 金属塑性变形的主要方式是什么？解释其含义。
2. 为什么原子密度较大的晶面比原子密度较小的晶面更容易滑移？
3. 什么是滑移系？纯铝、铁、纯锌三种金属哪种最易产生塑性变形？
4. 为什么室温下钢的晶粒越细，强度、硬度越高，塑性、韧性也越好？
5. 塑性变形使金属的组织与性能发生哪些变化？
6. 在冷拔铜丝时，如果总变形量很大，则中间需要穿插数次退火工序，这是为什么？中间退火温度选多高合适？（已知铜的熔点为 1083℃）
7. 碳钢在锻造温度范围内变形时，是否会有加工硬化现象产生？为什么？
8. 用一冷拉钢丝吊装一大型工件入炉，并随工件一起加热到 1000℃，加热完毕，当吊出工件时钢丝发生断裂。试分析其原因。
9. 何谓临界变形度？分析造成临界变形度的原因。
10. 提高材料的塑性变形抗力有哪些方法？

第六章　钢的热处理

热处理是机器零件及工具制造过程中的重要工序，零件热处理质量的高低对产品的质量往往具有决定性的影响。因此，热处理得到了广泛的应用，汽车、拖拉机制造中70%～80%的零件需要热处理，各种工夹量具和轴承则100%进行热处理。

热处理主要用于金属材料，但有时也用于部分陶瓷及塑料。热处理的传统定义已不能完全概括各种金属热处理工艺的基本过程。对于通常的金属热处理工艺，一般均由不同的加热、保温和冷却三个阶段组成，从而改变整体或表面组织（但形状不变），获得所需的性能。热处理原理研究热处理过程中组织转变的规律；而热处理工艺是根据原理确定的温度、时间、介质等参数。

根据获得组织或渗入元素的不同，金属热处理工艺可分为三大类：整体热处理、表面热处理和化学热处理。具体分类见本章第八节中表6-5。

根据热处理在零件加工中的工序位置又可分为预备热处理和最终热处理。预备热处理是为了改善零件的加工工艺性能，如退火和正火。而最终热处理是为了提高零件的使用性能，充分发挥金属材料的性能潜力，如获得良好综合力学性能的淬火加高温回火。

第一节　钢在加热时的转变

$Fe-Fe_3C$平衡相图中的A_1、A_3、A_{cm}三条相变线分别代表着共析钢、亚共析钢和过共析钢完全转变为奥氏体的临界温度。但在实际热处理加热和冷却条件下，相变是在不平衡条件下进行的，因此加热时的临界温度比理论值高一个过热度，通常标为Ac_1、Ac_3、Ac_{cm}，如图6-1所示。而冷却时的临界温度又比理论值低一个过冷度，通常标为Ar_1、Ar_3、Ar_{cm}。上述实际的临界温度并不是固定的，它们受含碳量、合金元素含量、奥氏体化温度、加热和冷却速率等因素的影响而变化，手册中给出的数据是在一定条件下得到的，仅供参考。

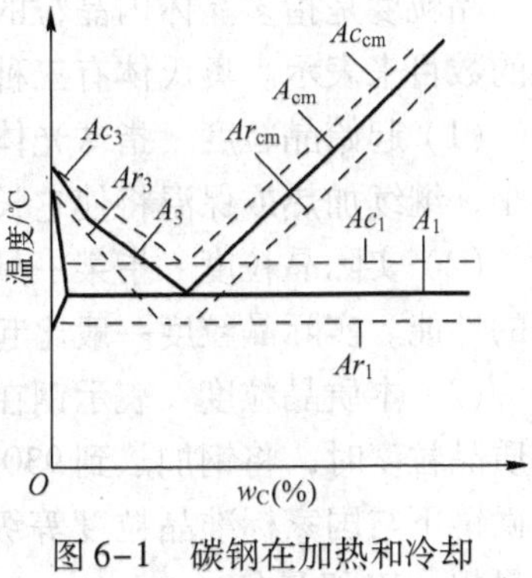

图6-1　碳钢在加热和冷却时的临界点

一、奥氏体的形成

奥氏体的形成过程（也称“奥氏体化”）也是通过形核和长大的机制来完成的。该过程是依靠铁、碳原子的扩散来实现的，属于扩散型相变。

以共析钢为例，当加热到Ac_1以上时，奥氏体的自由能低于珠光体，必将发生珠光体向奥氏体的转变。此时珠光体很不稳定，铁素体和渗碳体的界面在成分和结构上处于有利于转变的条件，首先在这里形成奥氏体晶核。随即建立奥氏体与铁素体以及奥氏体与渗碳体之间的平衡，依靠铁、碳原子的扩散，使邻近的铁素体晶格改组为面心立方晶格的奥氏体。同时，邻近的渗碳体不断溶入奥氏体，一直进行到铁素体全部转变为奥氏体，这样各个奥氏体的晶核均得到了长大，直到各个位向不同的奥氏体晶粒接触为止。

由于渗碳体的晶体结构和含碳量都与奥氏体的差别很大，故铁素体向奥氏体的转变速度要比渗碳体向奥氏体的溶解快得多，当铁素体转变成奥氏体后还有残余的渗碳体。残余渗碳体完全溶解后，奥氏体中碳浓度的分布是不均匀的，在原渗碳体处碳浓度较高，原铁素体处碳浓度较低，必须继续保温，通过碳的扩散获得成分均匀的奥氏体。

上述过程可以看成由奥氏体形核、晶核的长大、残余渗碳体的溶解和奥氏体均匀化四个阶段组成，如图 6-2 所示。

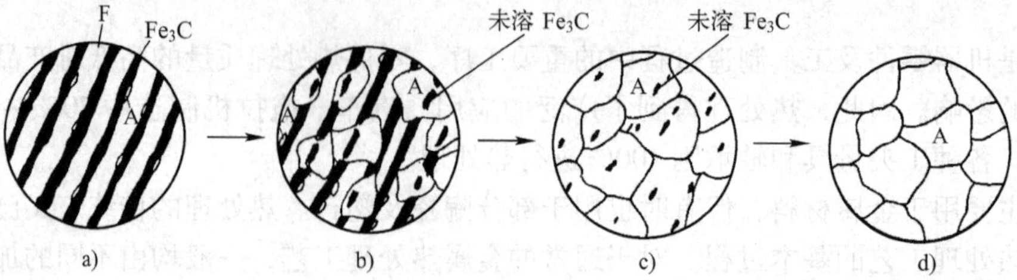

图 6-2　共析钢的奥氏体化过程示意图

a）A 形核　b）A 长大　c）残余 Fe_3C 溶解　d）A 均匀化

亚共析钢和过共析钢的奥氏体形成过程和共析钢基本相同，当加热到 Ac_1 以上时还存在先共析铁素体或二次渗碳体，必须继续加热到 Ac_3 或 Ac_{cm} 以上时才能得到单一的奥氏体。

二、奥氏体晶粒的长大及影响因素

奥氏体的晶粒越细，冷却后的组织也越细，其强度、塑性和韧性越好。因此，在用材和热处理工艺上，如何获得细的奥氏体晶粒，对工件最后的性能和质量具有重要的意义。

1. 奥氏体晶粒度

晶粒度是指多晶体内晶粒的大小，可以用晶粒号、晶粒平均直径、单位面积或单位体积内晶粒的数目来表示。奥氏体有三种不同概念的晶粒度：

（1）起始晶粒度　指珠光体刚刚转变为奥氏体时的晶粒度。一般情况下奥氏体的起始晶粒度较小，继续加热或保温将使它长大。

（2）实际晶粒度　指某一具体热处理或加热条件下所获得的奥氏体晶粒大小，它直接影响了钢的性能。实际晶粒度一般比起始晶粒度大。

（3）本质晶粒度　表示钢在规定条件下奥氏体长大倾向性的高低。按标准规定，在评定钢的本质晶粒度时，将钢加热到 930 ± 10℃，保温 3 ~ 8 h 冷却后制成金相样品，在放大 100 倍的金相显微镜下与国家标准晶粒度等级图进行对比。一般结构钢的奥氏体晶粒度按标准分为 10 级，1 级最粗，10 级最细。

对于碳素钢，奥氏体晶粒随加热温度升高会迅速长大，这类钢称为本质粗晶粒钢；而对大多数合金钢，奥氏体晶粒则不容易长大，这类钢称为本质细晶粒钢，如图 6-3 所示。但不能认为本质细晶粒钢在任何加热条件下晶粒都不会粗化，如果温度超过 950 ~ 1000℃，阻止晶粒长大的因素消失，其晶粒比本质粗晶粒钢长得还要大。本质细晶粒钢在 930 ~ 950℃ 以下加热时晶粒长大的倾向小，适宜进行热处理。

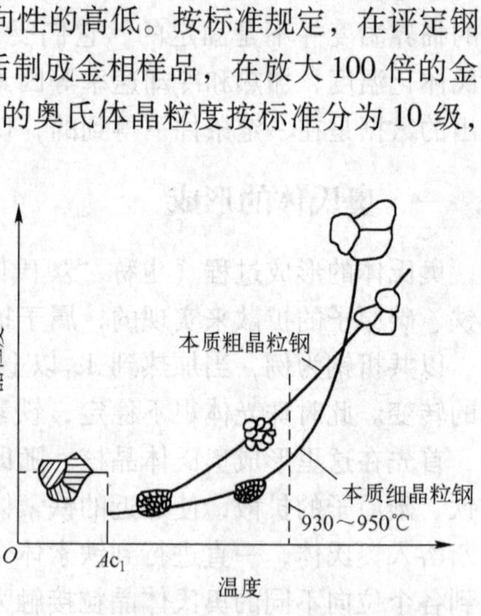

图 6-3　加热温度与奥氏体晶粒长大的关系

不同冶炼工艺的钢，奥氏体长大倾向性是不同的。通常是经锰硅脱氧的钢为本质粗晶粒钢，而经铝脱氧的钢为本质细晶粒钢。沸腾钢为本质粗晶粒钢，镇静钢为本质细晶粒钢。需要热处理的工件，一般采用本质细晶粒钢制造。

2. 影响奥氏体晶粒度的因素

高温下奥氏体晶粒长大是一个自发过程。一切影响原子迁移扩散的因素都能影响奥氏体晶粒的长大。

（1）加热温度和保温时间　奥氏体化温度越高，晶粒长大越明显。在一定温度下，保温时间越长越有利于晶界总面积减少而导致晶粒粗化。

（2）加热速度的影响　实际生产中有时采用高温快速加热、短时保温的方法，可以获得细小的晶粒。因为加热速度越大，奥氏体转变时的过热度越大，奥氏体的实际形成温度越高，则奥氏体的形核率越高，起始晶粒越细。由于高温下保温时间短，奥氏体晶粒来不及长大，因此可以获得细晶粒组织。但是，如果在高温下长时间保温，晶粒则很容易长大。

（3）钢的成分　对于亚共析钢随奥氏体中含碳量增加，奥氏体晶粒的长大倾向也增大，因为碳是一个促使奥氏体晶粒长大的元素。但对于过共析钢，部分碳以未溶碳化物的形式分布于奥氏体晶界，它有阻碍晶粒长大的作用。

除了 Mn 和 P 为促进奥氏体晶粒长大的元素外，大部分合金元素（如 Ti、V、Nb、Al 等）加入钢中后能形成稳定的碳化物、氧化物和氮化物弥散分布在晶界上，从而阻碍奥氏体晶粒长大。

第二节　钢在冷却时的转变

钢在高温时所形成的奥氏体，过冷至 Ar_1 以下就成为处于热力学不稳状态的过冷奥氏体（$A_{冷}$）。在不同过冷度下，过冷奥氏体可能转变为贝氏体、马氏体等亚稳定组织。现以共析碳钢为例，讨论过冷奥氏体转变产物——珠光体、贝氏体、马氏体的组织形态与性能。

一、珠光体类型转变

1. 珠光体的组织形态和性能

珠光体是过冷奥氏体在 A_1 以下的转变产物，是铁素体和渗碳体两相组成的机械混合物。根据渗碳体形态不同，珠光体分为片状珠光体和粒状珠光体。

（1）片状珠光体　由均匀过冷奥氏体分解得到的珠光体类型组织，其渗碳体呈片状，即片状珠光体。由于转变温度不同，原子扩散能力不同，形成的片层厚度也不同。根据片层的厚薄即组织粗细程度，这类组织又可细分为：

1）珠光体（P）。形成温度 A_1 ~650℃，片层厚度 >0.4 μm，在 500 倍金相显微镜下即可分辨片层，硬度为 160 ~250HBW。

2）索氏体（S）。形成温度 650 ~600℃，片层厚度 0.2 ~0.4 μm，在 800 ~1000 倍金相显微镜下才能鉴别，硬度为 25 ~35HRC。

3）托氏体（T）。形成温度 600 ~550℃，片层厚度 <0.2 μm。组织极细，只有在高倍电子显微镜下才能分辨清，否则呈黑色团状组织，硬度为 35 ~48HRC。

可见，珠光体的转变温度越低即过冷度越大，组织越细，则强度、硬度越高。因为片层间距越小，相界面越多，位错受阻越大，塑性变形抗力就越大。同时由于渗碳体片变薄，越易变形，不易脆断，使得塑性和韧性有所改善。

（2）粒状珠光体　粒状珠光体是渗碳体呈颗粒状均匀地分布在铁素体基体上的组织。它的形成有三种途径：一是球化退火，由非均匀的过冷奥氏体直接得到；二是片状珠光体球化，在低于并接近 A_1 长时间保温使片状渗碳体球化；三是淬火组织回火，淬火后在 650℃ ~A_1 间回火得到，又称为回火珠光体。

对于相同成分的钢，粒状珠光体比片状珠光体具有较少的相界面，因而其硬度、强度较低；但由于铁素体基体连续分布，故塑性、韧性较高。粒状珠光体常常是高碳钢切削加工前要求获得的组织状态。

2. 珠光体的转变过程

奥氏体向珠光体的转变是一种扩散型相变，它通过铁、碳原子的扩散和晶格重构两个物理过程来实现，也是一个形核和长大的过程。

如图6-4所示，当过冷奥氏体在 Ar_1 ~ 550℃范围发生珠光体转变时，首先在奥氏体晶界上产生渗碳体小片晶核（图6-4a）。这种小片状渗碳体晶核向纵、横向长大时，吸收了两侧奥氏体中的碳原子，使其两侧的奥氏体含碳量显著降低，从而出现了铁素体片（图6-4b）。新生成的铁素体片，除了伴随渗碳体片沿纵向长大外，也沿横向长大。铁素体横向长大时，必然要向侧面的奥氏体中排出多余的碳，因而显著增高了侧面奥氏体的碳浓度，这就促进了另一片渗碳体的形成，而出现新的渗碳体片。如此反复进行，最后形成一个珠光体团。同时，在长大的珠光体与奥氏体相界上，也有可能产生新的具有另一长大方向的渗碳体晶核，成长为新的珠光体集团（图6-4c）。一直长大到各个珠光体集团相碰，奥氏体全部转变为珠光体时，珠光体形成即告结束。随着转变温度的下降，渗碳体形核和长大加快，因此形成的珠光体变得越来越细。

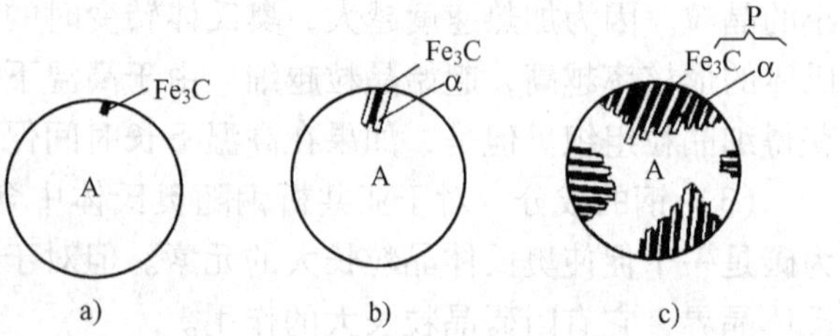

图6-4 片状珠光体转变过程示意图

二、贝氏体类型转变

1. 贝氏体组织形态和性能

过冷奥氏体在550℃ ~ *Ms* 温度范围将转变为贝氏体类型组织，贝氏体用符号“B”表示。贝氏体组织随转变温度不同主要有上贝氏体（$B_{上}$）和下贝氏体（$B_{下}$）两种，它们都是碳化物分布在过饱和铁素体基体上所形成的亚稳组织。

（1）上贝氏体组织形态　上贝氏体在550 ~ 350℃温度范围内形成，在低碳钢中形成温度要高些。在光学显微镜下呈羽毛状，即成束的自晶界向晶粒内生长的铁素体条，如图6-5a所示。在电子显微镜下，可以看到铁素体和渗碳体两个相，渗碳体（亮白色）以不连续的、短杆状形状分布于许多平行而密集的过饱和铁素体条（暗黑色）之间，如图6-6a所示。在铁素体条内分布有位错亚结构，位错密度随形成温度的降低而增大。

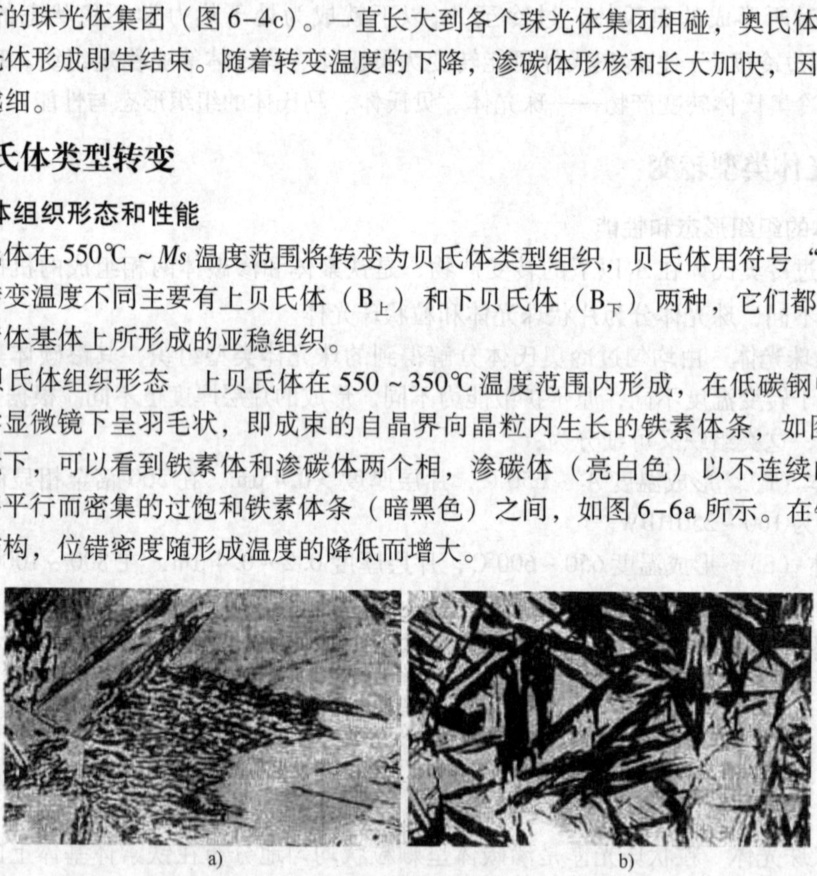

图6-5 上贝氏体与下贝氏体的光学金相照片

a）上贝氏体 b）下贝氏体

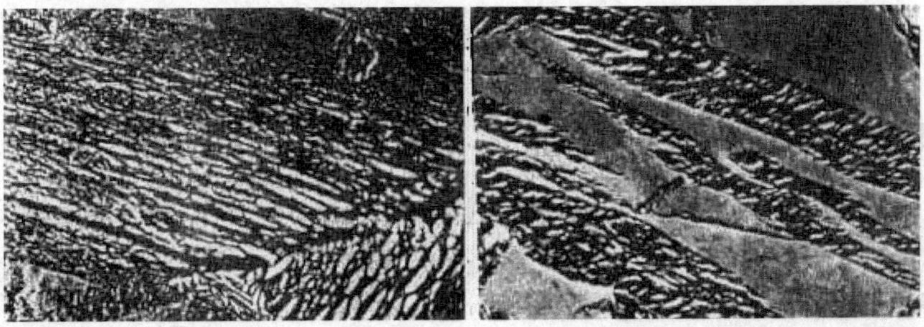

a)　　　　b)

图 6-6　上贝氏体与下贝氏体的电子显微镜照片

a）上贝氏体　b）下贝氏体

（2）下贝氏体组织形态　下贝氏体在350℃～*Ms* 较低温度范围内形成，这时其铁素体的碳过饱和度较上贝氏体更大。在光学显微镜下呈黑针状，如图 6-5b 所示。在电子显微镜下方可看清是由针片状过饱和铁素体和与其共格的 ε 碳化物（$Fe_{2.4}C$）组成。ε 碳化物呈短条状，沿着与铁素体片的长轴相夹 55°～65°角的方向分列成排，如图 6-6b 所示。下贝氏体的亚结构与上贝氏体一样，也是位错，但其密度较高些。

（3）贝氏体的力学性能　贝氏体的力学性能主要取决于其组织形态。上贝氏体的铁素体条较宽，塑变抗力较低。同时渗碳体分布在铁素体条之间，易引起脆断，因此，上贝氏体的强度和韧性均较差，在工业中基本不使用。下贝氏体组织中铁素体针细小，碳的过饱和度大、位错密度高，而且碳化物沉淀在铁素体内弥散分布。因此强度、硬度、韧性和塑性均高于上贝氏体，具有优良的综合力学性能。生产上中、高碳钢常利用等温淬火获得以下贝氏体为主的组织，使钢件具有较高的强韧性，同时由于下贝氏体比体积比马氏体小，可减少变形开裂。

2. 贝氏体转变过程

奥氏体向贝氏体的转变属于半扩散型相变，铁原子基本不扩散，而碳原子有一定扩散能力。发生贝氏体转变时，首先在过冷奥氏体的贫碳区孕育出铁素体晶核（仍是过饱和状态），然后随碳原子的扩散逐渐长大。

当温度较高（550～350℃）时，条状过饱和铁素体从奥氏体晶界向晶内平行生长，随着密排的铁素体条伸长变宽，碳原子不断向条间的奥氏体富集，最终在条间沿条的长轴方向析出杆状碳化物，形成典型的上贝氏体组织，如图 6-7 所示。

当温度较低（350℃～*Ms*）时，过饱和铁素体在奥氏体的晶界或晶内某些晶面呈针状分布，因温度较低，碳原子扩散能力很小，碳原子的迁移不能逾越铁素体片的范围，只能在铁素体内沿一定晶面偏聚进而沿与片的长轴成 55°～65°夹角的方向上沉淀出 ε 碳化物粒子，形成了典型的下贝氏体组织，如图 6-8 所示。

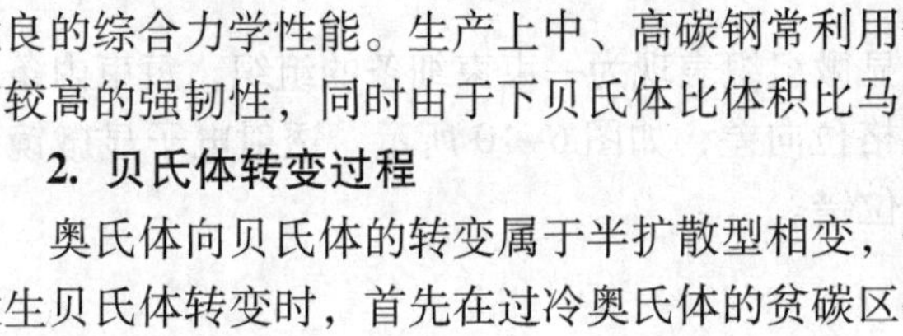

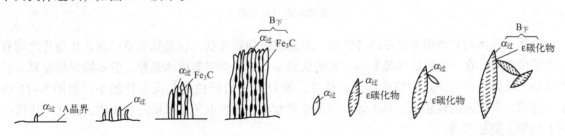

图 6-7　上贝氏体的形成过程

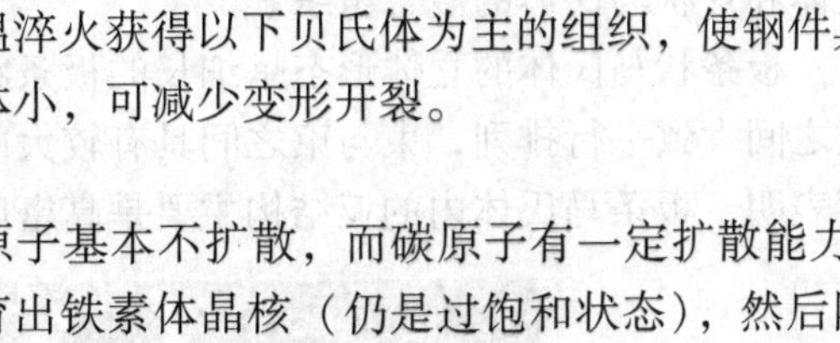

图 6-8　下贝氏体的形成过程

贝氏体的形成速度主要受碳原子的扩散速度所控制。转变温度越低，碳原子的扩散越困难，贝氏体的形成速度也就越慢。

三、马氏体类型转变

当高温奥氏体获得极大过冷时（共析碳钢过冷却至230℃以下），将转变为马氏体类型组织。这是钢件强韧化的重要基础。

1. 马氏体组织形态和性能

马氏体是碳在 α－Fe 中的过饱和固溶体，用符号“M”表示。如图6-9所示，过饱和碳原子使 α－Fe 的晶格由体心立方被歪曲成为体心正方（$a=b\neq c$）。c/a 称为马氏体的正方度，马氏体的碳含量越高，其正方度越大，晶格畸变也越严重。一般认为含碳量高于0.25%的钢其马氏体晶格都具有正方度（$c/a>1$），称为正方马氏体。

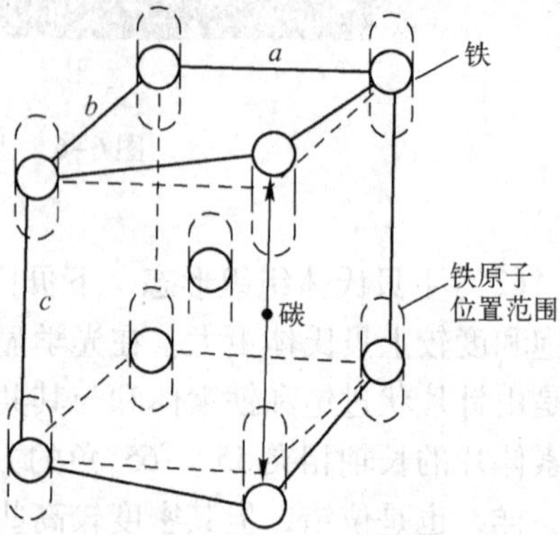

图6-9　马氏体中固溶体引起的晶格畸变

（1）马氏体的组织形态　钢中马氏体组织形态主要有两种基本类型：一种是板条状马氏体，也称低碳马氏体；另一种是片状马氏体，也称高碳马氏体。马氏体的形态主要取决于碳含量。当奥氏体碳质量分数小于0.2%时，淬火组织中马氏体几乎完全是板条状的。当奥氏体中碳质量分数大于1.0%的钢淬火后，则几乎完全是片状的。碳质量分数介于0.2%～1%之间时是板条马氏体和片状马氏体的混合组织。

板条状马氏体的立体形态呈细长的板条状。显微组织表现为一束束细条的组织，每束内条与条之间大致平行排列，束与束之间具有较大的晶格位向差，如图6-10所示。透射电子显微镜观察表明，板条马氏体内的亚结构主要是高密度的位错。

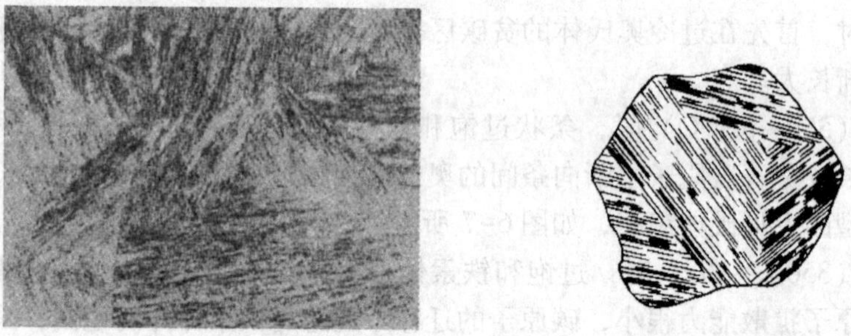

a)　　　b)

图6-10　板条马氏体的显微组织及示意图

a）显微组织　b）示意图

片状马氏体的立体形态呈双凸透镜状，显微组织为针片状，仅是其截面形态。片与片之间有较大的位向差。在一个奥氏体晶粒内，先形成的马氏体片横贯奥氏体晶粒，但不能穿越晶界，后形成的马氏体片不能穿过先形成的马氏体片，所以越往后形成的马氏体片越小，如图6-11所示。显然，奥氏体晶粒越细，马氏体片的尺寸就越小。透射电子显微镜观察表明，片状马氏体内的亚结构主要是孪晶。

实际淬火操作中，由于正常加热温度较低，马氏体组织非常细小，在光学显微镜下难以看清，称为隐晶马氏体。

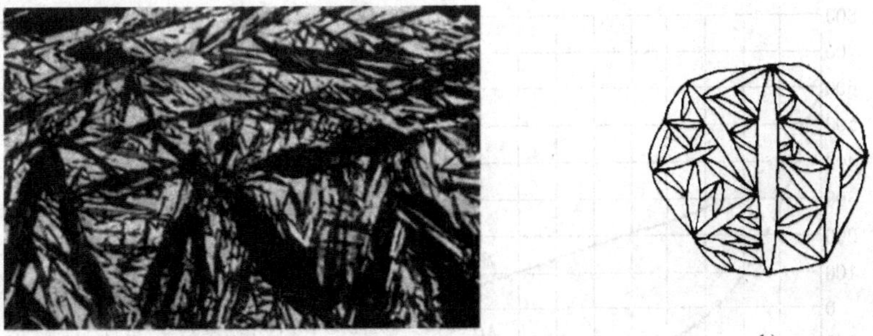

a)　　　　　　　　　　b)

图 6-11　片状马氏体的显微组织及示意图

a）显微组织　b）示意图

（2）马氏体的性能　马氏体的硬度主要取决于马氏体的含碳量。如图 6-12 所示，随着马氏体含碳量的增加，其硬度也随之增大，尤其在含碳量较低的情况下，硬度增大比较明显，但当碳质量分数超过 0.6% 以后硬度变化趋于平缓。合金元素基本上不影响马氏体的硬度，但可提高强度。

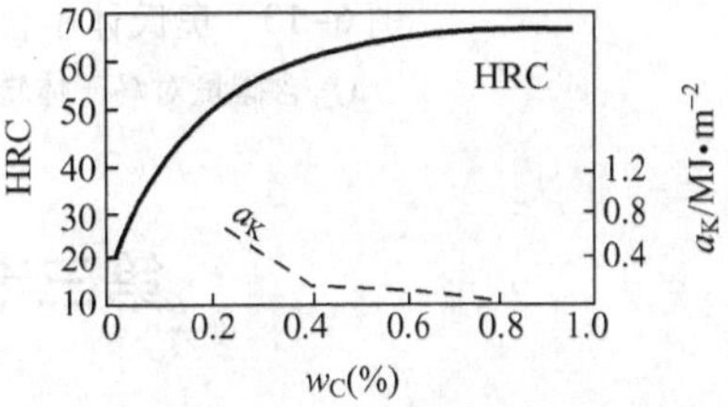

图 6-12　含碳量对马氏体硬度和韧性的影响

马氏体强化的主要原因是过饱和碳原子引起的晶格畸变，即固溶强化。此外还有马氏体转变过程中产生的大量位错或孪晶等亚结构引起的强化，以及马氏体的时效强化（碳以弥散碳化物形式析出）。

马氏体的塑性和韧性主要取决于碳的过饱和度和亚结构。低碳板条状马氏体的韧性和塑性相当好，其主要原因是：碳在马氏体中过饱和程度小，其正方比 $c/a \approx 1$，晶格畸变轻微，残余应力小；板条状马氏体内的亚结构主要是位错。高碳片状马氏体的韧性和塑性均很差，其主要原因是：碳在马氏体中过饱和程度大，其正方比 $c/a \gg 1$，晶格畸变严重，残余应力大；片状马氏体内的亚结构主要是孪晶，破坏滑移系。

2. 马氏体转变的特点

马氏体转变是在较低的温度下进行的，其特点主要有：

（1）无扩散性　这是由于相变温度很低，转变速度极快，铁、碳原子都不能扩散。因而转变过程中没有成分变化，马氏体的含碳量与原来奥氏体的相同。

（2）高速长大　马氏体生成速度极快，片间相撞易在马氏体片内产生显微裂纹。例如高碳钢中针片状马氏体长大速度为$(1 \sim 1.5) \times 10^6$ mm/s，在 10^{-7} s 内就可形成一片马氏体。低碳板条马氏体长大速度约为 100 mm/s。

（3）变温形成　奥氏体向马氏体的转变是在 *Ms* ~ *Mf* 温度范围内不断降温的条件下进行的。冷却中断，转变也就停止。*Ms*、*Mf* 点分别表示马氏体转变的开始温度和终了温度。*Ms* 和 *Mf* 点主要由奥氏体的成分来决定，基本上不受冷却速度及其他因素的影响。增加含碳量会使 *Ms* 及 *Mf* 点降低，如图 6-13a 所示，当奥氏体中碳质量分数增加至 0.5% 以上时，*Mf* 点便下降至室温以下。

（4）转变不完全　奥氏体向马氏体的相变是不完全的，即使冷却至 *Mf* 点温度，也不能获得 100% 的马氏体。总有部分奥氏体未能转变而被保留下来，称为残留奥氏体（$A_{残}$或 A′）。*Ms* 点越高，马氏体量越多，残留奥氏体量就越少。由图 6-13 可知，共析碳钢的 *Mf* 点约为 -50℃，当淬火至室温以下，其组织中会有 3% ~6% 的残留奥氏体。

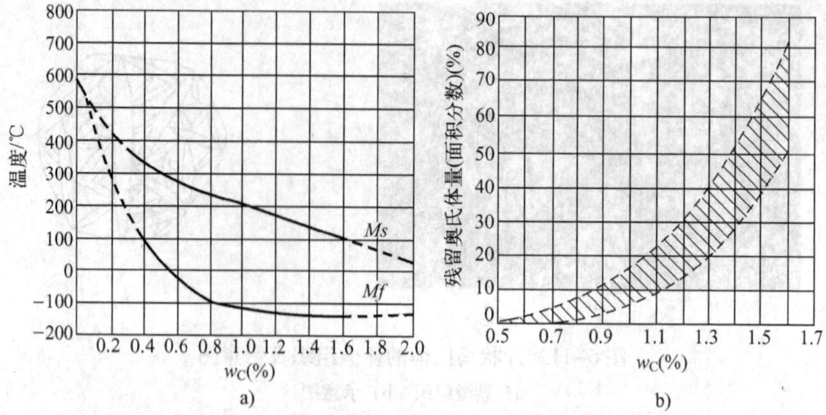

图 6-13　奥氏体中含碳量对马氏体转变温度及残留奥氏体量的影响

a）含碳量对马氏体转变温度的影响　b）含碳量对残留奥氏体量的影响

第三节　过冷奥氏体转变图

热处理生产中，钢在奥氏体化后的冷却方式通常有连续冷却和等温处理两种，如图 6-14 所示。连续冷却是将奥氏体化后的钢连续冷却到室温；等温处理是将奥氏体化后的钢迅速冷却到临界温度（A_1）以下的某一温度保温，让奥氏体在等温条件下进行转变，待组织转变结束后再以某一速度冷却到室温。

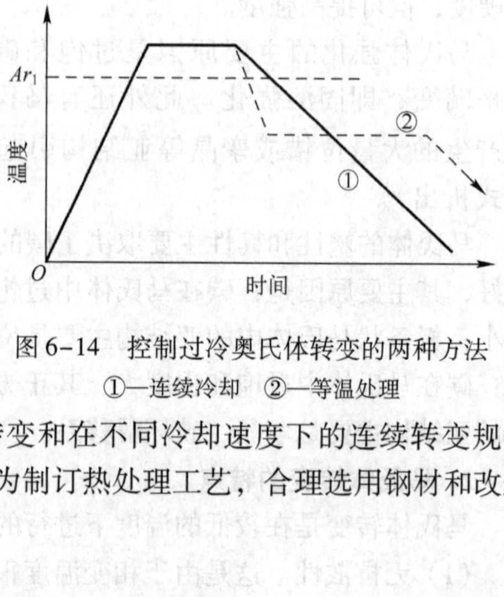

图 6-14　控制过冷奥氏体转变的两种方法

①—连续冷却　②—等温处理

由于转变温度不同，过冷奥氏体将按不同机理转变成不同的组织（珠光体、贝氏体、马氏体）。为了说明过冷奥氏体的冷却条件和组织转变之间的相互关系，通常将过冷奥氏体在低于 A_1点的各种温度下等温转变和在不同冷却速度下的连续转变规律分别用过冷奥氏体等温和连续冷却转变图来表示，它们为制订热处理工艺，合理选用钢材和改进材料性能提供了依据。

一、过冷奥氏体等温转变图

过冷奥氏体等温转变图，综合反映了过冷奥氏体在不同过冷度下等温转变过程：转变开始和终了时，转变产物和转变量与温度和时间的关系。

1. 等温转变图的建立

将一批奥氏体化的共析钢试样急冷至 A_1 以下某一温度，并在该温度下保温不同时间，然后测定转变量与时间的关系，得到不同过冷度下奥氏体等温转变动力学曲线，如图 6-15a 所示。图中转变温度 $t_1 > t_2 > t_3 > t_4 > t_5 > t_6$。由曲线可以看出，开始时转变速度随着转变温度的降低而逐渐增大，但当转变温度低于 t_4以后，转变速度又逐渐减小。若将曲线的转变开始时间（图中的各 a 点）和终了时间（图中的各 b 点）标记到一个以转变温度 - 时间为坐标的图上，并连接各转变开始点（a 点）及终了点（b 点），标出转变产物，便可得到图 6-15b 所示的曲线。

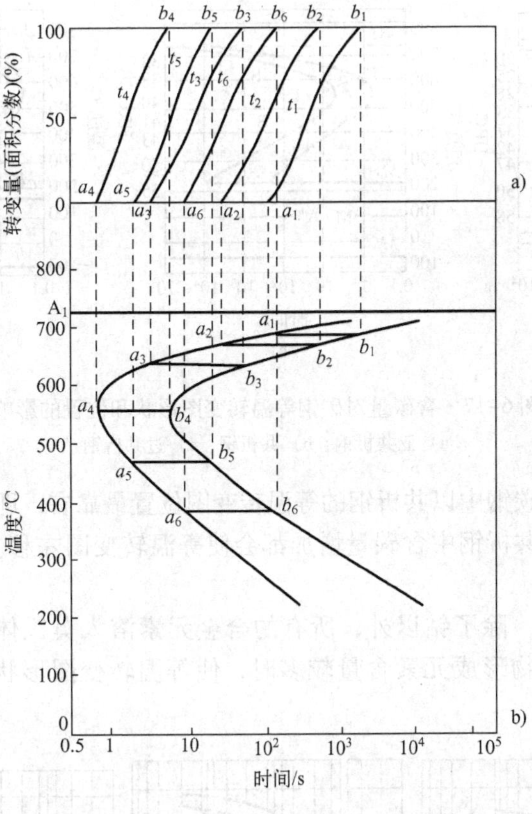

图 6-15　共析碳钢在不同过冷度下奥氏体等温转变动力学曲线及等温转变图的建立

a）等温转变动力学曲线　b）等温转变图的建立

2. 等温转变图的分析

图 6-16 所示为共析碳钢的过冷奥氏体等温转变图。由图可见，过冷奥氏体在不同温度等温分解时都有一个孕育期（转变开始线与纵坐标轴之间的距离），且孕育期的长短与等温温度有关。在“鼻尖”处（共析钢为550℃）孕育期最短，此时过冷奥氏体最不稳定。而越靠近 A_1 点和 *Ms* 点，孕育期越长，过冷奥氏体越稳定。这是因为在“鼻尖”以上，转变温度越高则过冷度越小，相变驱动力小，孕育期也长。而在“鼻尖”以下，转变温度越低，原子扩散困难，成核慢，孕育期也长。

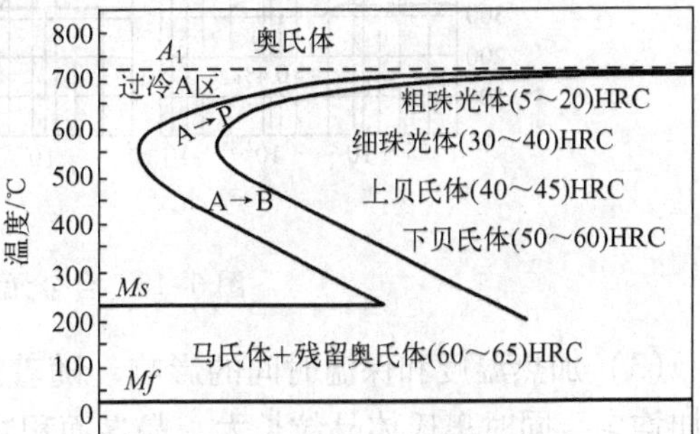

图 6-16　共析碳钢过冷奥氏体等温转变图

在转变开始线左方是过冷奥氏体区，转变结束线右方是转变结束区（P 或 B），在两条线之间是转变过渡区（$A_{冷}$ + P 或 $A_{冷}$ + B）。水平线 *Ms* ~ *Mf* 之间为马氏体转变区。

3. 影响等温转变图的因素

钢的化学成分和奥氏体化过程会影响等温转变图的形状和位置。

（1）碳的影响　亚共析钢或过共析钢的等温转变图形状大体与共析钢的等温转变图相似，只是在等温转变图上部多了一个“先共析转变线”，如图 6-17 所示，即在过冷奥氏体转变为珠光体之前会首先析出铁素体或二次渗碳体。

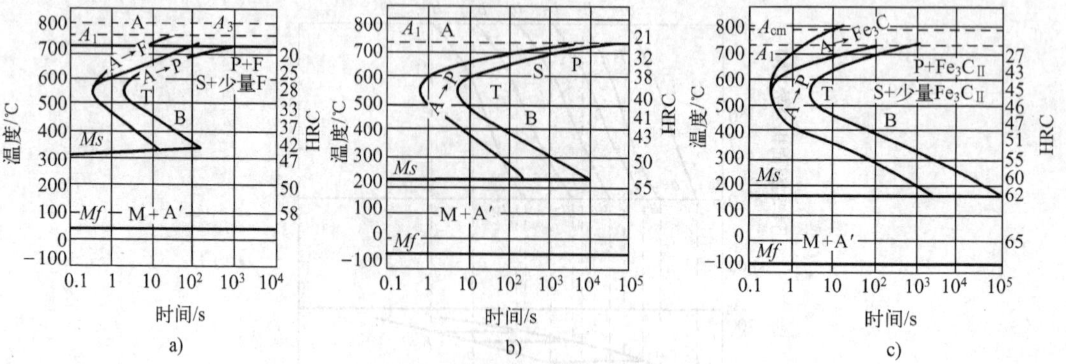

图 6-17　含碳量对碳钢等温转变图形状和位置的影响

a）亚共析钢　b）共析钢　c）过共析钢

在正常加热条件下，碳钢中以共析钢的等温转变图位置最靠右，即过冷奥氏体为最稳定。亚共析钢中含碳量降低或过共析钢中含碳量增加都会使等温转变图左移。但是 B 转变区随含碳量升高一直右移。

（2）合金元素的影响　除了钴以外，所有的合金元素溶入奥氏体后，都能增大其稳定性，使等温转变图右移。碳化物形成元素含量较多时，使等温转变图形状也发生变化，如图 6-18 所示。

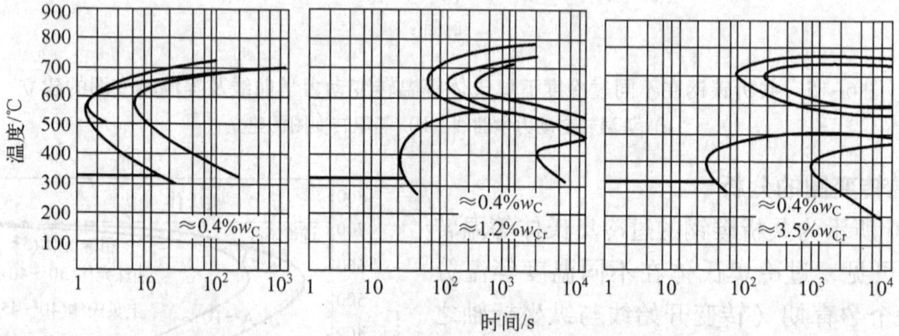

图 6-18　合金元素铬对等温转变图的影响

（3）加热温度和保温时间的影响　随着加热温度的提高和保温时间的延长，奥氏体的成分更加均匀，同时奥氏体晶粒长大，晶界面积减少，作为奥氏体转变的晶核数量减少，这些都能提高过冷奥氏体的稳定性，使等温转变图右移。

二、过冷奥氏体连续冷却转变图

在生产实践中，奥氏体大多是在连续冷却中转变的，这就需要测定和利用过冷奥氏体连续冷却转变图。

1. 连续冷却转变图的建立

将一组试样经奥氏体化后以不同冷却速度连续冷却，测出转变开始及转变终了的温度和时间，并记录下最终所得组织及硬度，将相同性质的转变开始点与转变终了点连成曲线，便得到过冷奥氏体连续冷却转变图。

2. 连续冷却转变图的分析

图 6-19 所示实线代表共析钢的连续冷却转变图。图中 *Ps* 和 *Pf* 分别表示 A→P 转变开始线和

终了线；K 线表示 A→P 转变中止线。凡冷却曲线碰到 K 线，过冷奥氏体就不再继续发生珠光体转变，而一直保持到 Ms 点以下才转变为马氏体。

v_k 是保证过冷奥氏体在连续冷却过程中不发生分解而全部转变为马氏体组织的最小冷却速度，称为淬火临界冷却速度。v_k 值越小，钢在淬火时越容易获得马氏体组织。

按不同冷却速度连续冷却时，过冷奥氏体的转变产物是不同的。随炉冷却时得到珠光体；当以5.5℃/s 冷却速度（空冷）连续冷却时得到索氏体；冷却速度为33℃/s 时（油冷），得到托氏体和少量马氏体；冷却速度大于138℃/s（水冷）时，得到马氏体和残留奥氏体。

3. 连续冷却转变图与等温转变图比较

1）连续冷却转变图位于等温转变图的右下方，说明连续冷却转变温度要低，孕育期要长。此外，$v'_k > v_k$（v'_k为等温转变的临界冷却速度），说明在连续冷却时用 v'_k作为临界冷却速度去研究钢接受淬火能力大小是不合适的。

2）共析钢和过共析钢连续冷却时，由于贝氏体转变孕育期大大增长，因而有珠光体转变区而无贝氏体转变区。亚共析钢连续冷却时除了多出一条先共析铁素体析出线外，一般还会发生贝氏体转变，因此亚共析钢连续冷却时往往得到许多产物组成的混合组织。如图6-20 所示的45 钢连续冷却转变图，当采用油冷淬火时可得到 F + T + B + M 组织。而对于合金钢，均存在贝氏体转变区，因为大多数合金元素均使过冷奥氏体稳定化，推迟珠光体转变，即使在连续冷却条件下，贝氏体有可能形核并长大。

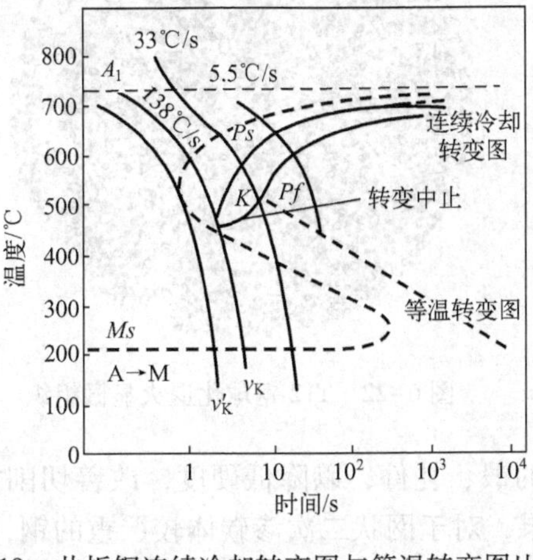

图 6-19　共析钢连续冷却转变图与等温转变图比较图

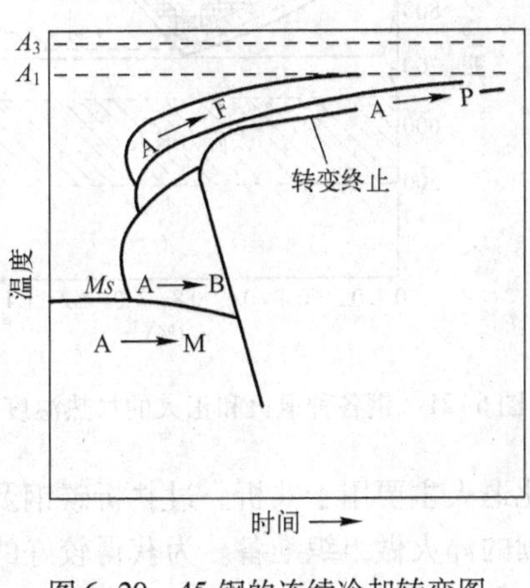

图 6-20　45 钢的连续冷却转变图

3）连续冷却时组织转变在一定温度区域内发生的，得到的组织不均匀，有时得到几种组织的混合物。

第四节　钢的退火和正火

在机械零件或工具的加工制造过程中，退火和正火常作为预备热处理，安排在铸造和锻造之后，切削（粗）加工之前，用以消除前一工序所带来的某些缺陷，为后续工序做组织准备。但对一些不重要或受力不大的工件，也可作为最终热处理。

一、退火

将工件加热到适当温度，保持一定时间，然后缓慢冷却的热处理工艺称为退火。根据处理的目的和要求不同，工业上常用的退火工艺有完全退火、球化退火、等温退火、均匀化退火和去应力退火等，各种退火加热温度范围如图 6-21 所示。

1. 完全退火（重结晶退火、普通退火）

完全退火是将钢加热至 Ac_3 以上 30～50℃，完全奥氏体化后缓冷（随炉或埋入石灰中冷却），以获得接近平衡组织的热处理工艺。完全退火周期较长，主要用于亚共析成分的铸、锻件和热轧型材，有时也用于焊接件。其目的是降低硬度、细化组织，便于切削加工。退火后组织为 F＋P。

2. 球化退火

过共析钢的组织一般为细片状珠光体和网状二次渗碳体，不仅硬度高，难以切削加工，而且增大了钢的脆性，淬火时容易产生变形或开裂。因此，锻后必须进行球化退火，即加热到 Ac_1 以上 20～30℃保温（一般 2～4 h），然后随炉缓冷，或在 Ar_1 以下 20℃左右进行长时间的等温处理，使共析转变时渗碳体以球状析出。

球化退火后获得粒状珠光体组织，即在铁素体基体上弥散分布着颗粒状渗碳体，也称为“球化体”，如图 6-22 所示。

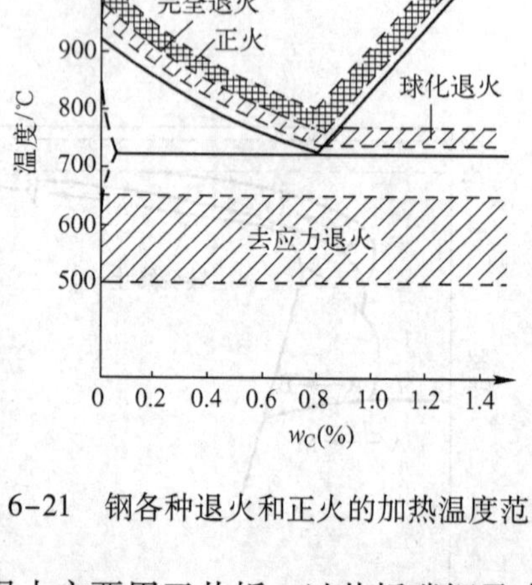

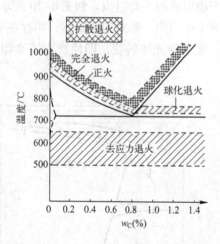

图 6-21　钢各种退火和正火的加热温度范围

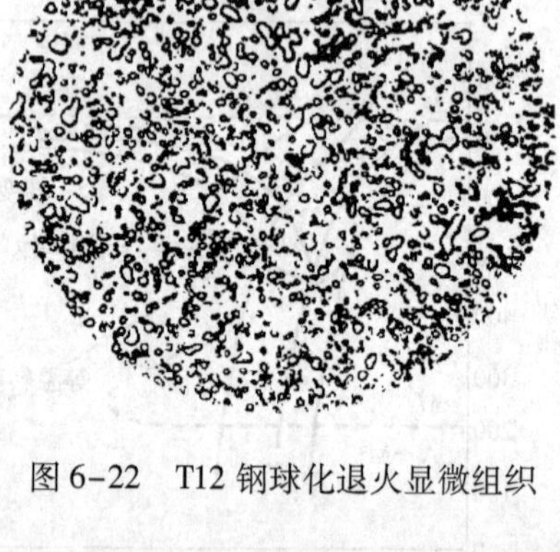

图 6-22　T12 钢球化退火显微组织

球化退火主要用于共析、过共析碳钢及合金钢的锻、轧件，以降低硬度，改善切削加工性，并为后续的淬火做组织准备。为获得较好的球化效果，对于网状二次渗碳体较严重的钢，应在球化退火之前先进行一次正火，将组织中的网状渗碳体破碎，保证球化退火后组织中所有渗碳体球状化。

3. 等温退火

等温退火是将工件加热到高于 Ac_3（亚共析钢）或 Ac_1（共析钢和过共析钢）温度，保持一定的时间后，较快地冷却到珠光体转变区间的某一温度，并保持等温使奥氏体转变为珠光体组织，然后空冷的退火工艺。等温退火的目的同完全退火或球化退火，但生产周期大大缩短，且转变产物较易控制，组织转变均匀，因此特别适用于大件及合金钢件的退火。图 6-23 所示为高速钢的等温退

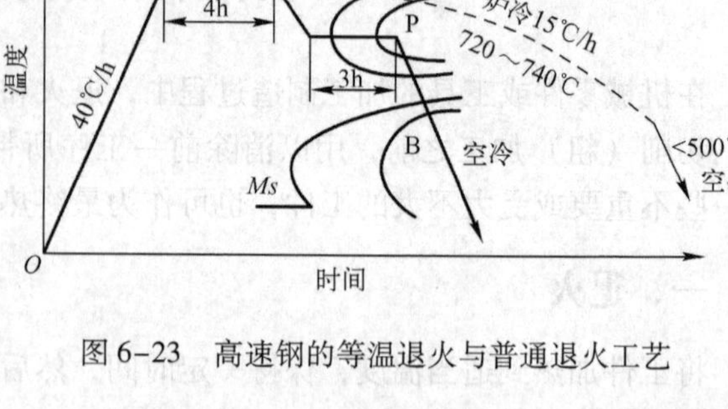

图 6-23　高速钢的等温退火与普通退火工艺

火与普通退火工艺。

4. 均匀化退火

均匀化退火是将工件加热到 Ac_3 以上 150 ~ 200℃（1050 ~ 1150℃），长时间（10 ~ 15 h）保温后缓冷的热处理工艺。它适用于合金钢铸锭、铸件或锻坯，目的是消除成分偏析和组织不均匀性。均匀化退火后钢的晶粒粗大，一般还要进行完全退火或正火。

5. 去应力退火

去应力退火是将工件加热至 Ac_1 以下（一般 500 ~ 650℃），保温后空冷或炉冷至 200℃ 以下出炉空冷。它是一种无相变的退火，退火后组织无明显变化。主要用于消除铸、锻、焊、冷压件及机加工件中的残余应力，提高尺寸稳定性，防止变形开裂。例如汽轮机的隔板是由隔板体和静叶片焊接而成，焊接后若不进行去应力退火，则可能在运转过程中产生变形而打坏转子叶片，发生严重事故。

二、正火

将钢加热到 Ac_3 或 Ac_{cm} 以上 30 ~ 50℃，保温后在空气中均匀冷却的热处理工艺称为正火，如图 6-22 所示。正火后的组织，亚共析钢为 F + S，共析钢为 S，过共析钢为 $S + Fe_3C_{II}$。

正火的目的是：

1）对普通碳素钢、低合金钢和力学性能要求不高的结构件，可作为最终热处理。

2）用于低碳钢或低合金钢的预备热处理，以调整硬度，避免切削加工中"粘刀"现象，改善切削加工性能。碳质量分数在 0.5% 以下的低中碳钢都可用正火代替完全退火。

3）对于共析钢、过共析钢用来消除网状二次渗碳体，为球化退火做好组织上的准备。

正火比退火冷却速度快，得到的索氏体组织比退火的珠光体组织细、铁素体晶粒也较细小，因此强度和硬度较高，而且生产周期短、操作简单。

第五节 钢的淬火

淬火是将钢件加热到 Ac_3 或 Ac_1 点以上某一温度，保温后迅速冷却，以获得马氏体和（或）下贝氏体组织的热处理工艺。目的是提高钢的硬度和耐磨性。例如过共析钢退火后硬度为 25HRC，而淬火后硬度可达 62 ~ 65HRC。淬火是强化钢件最重要的热处理方法。

一、钢的淬火工艺

1. 加热温度的确定

碳钢的淬火温度可利用 $Fe - Fe_3C$ 相图来选择。一般情况在临界点以上，见图 6-24 中阴影区域。

对于亚共析钢，淬火温度为 Ac_3 以上 30 ~ 50℃，可获得均匀细小的马氏体组织。如果淬火温度过高，将导致淬火马氏体组织粗大，工件易产生变形甚至开裂。如果淬火温度低于 Ac_3，则淬火后的组织中将会保留自由铁素体，造成钢的硬度不足、强度不高，并产生软点。

对于共析钢和过共析钢，淬火温度为 Ac_1 以上 30 ~ 50℃（即部分奥氏体化）。由于其经过球化退火处理，因而淬火后的组织为细马氏体基体上分布颗粒渗碳体和

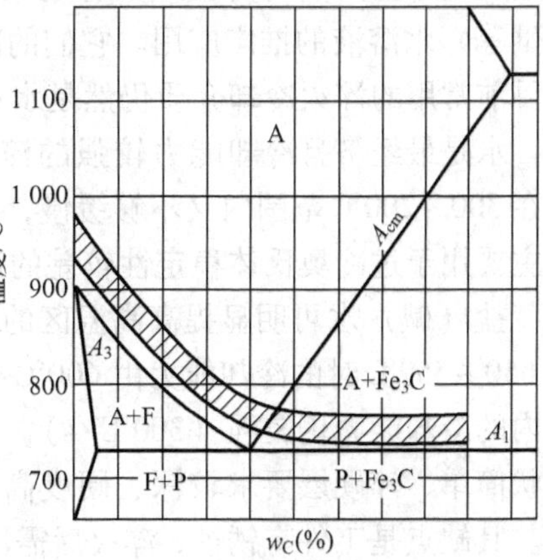

图 6-24 钢的淬火温度范围

少量残留奥氏体，有利于提高钢的硬度和耐磨性。如果淬火温度过高，奥氏体晶粒粗大，淬火后的马氏体也粗大，且残留奥氏体量提高，这不仅降低了硬度、耐磨性和韧性，而且会增大变形和开裂倾向。

对于低合金钢，淬火加热温度也应根据临界点来确定，考虑合金元素的作用，为了加速奥氏体化，淬火温度可偏高些，一般为 Ac_1 或 Ac_3 以上 50～100℃。高合金工具钢中含有较多的强碳化物形成元素，奥氏体晶粒粗化温度高，则可采用更高的加热温度。对于含碳、锰量较高的本质粗晶粒钢，为了防止奥氏体晶粒粗化，则应采用较低的淬火温度。

2. 加热时间的确定

加热时间包括升温和保温两个阶段。影响加热时间的因素很多，如加热介质、钢的成分、炉温、工件的形状及尺寸、装炉方式及装炉量。目前生产中多采用如下经验公式确定加热时间：

$$\tau = \alpha KD$$

式中 τ——加热时间（min）；

α——加热系数（min/mm）；

K——装炉修正系数；

D——工件有效厚度（mm）。

加热系数 α 表示工件单位有效厚度所需的加热时间，若在箱式炉中加热，碳钢可取 1～1.3，合金钢取 1.5～2；若在盐浴炉中加热，碳钢可取 0.4～0.5，合金钢取 0.5～1。装炉修正系数 K 根据装炉量的多少确定，装炉量大时，K 值取得较大，一般由经验确定。

3. 淬火冷却介质

淬火的冷却速度必须大于淬火临界冷速。根据等温转变图，要获得马氏体组织，并不需要整个冷却过程中都进行快速冷却。关键是在等温转变图的鼻尖温度区，即在 650～400℃温度范围内必须快冷。在此温度区以上或以下，特别在 300～200℃以下并不希望快冷，以免热应力和组织应力过大，而导致工件变形和开裂。理想的淬火冷却速度如图 6-25 所示。但到目前为止，尚找不到这种理想的淬火冷却介质。

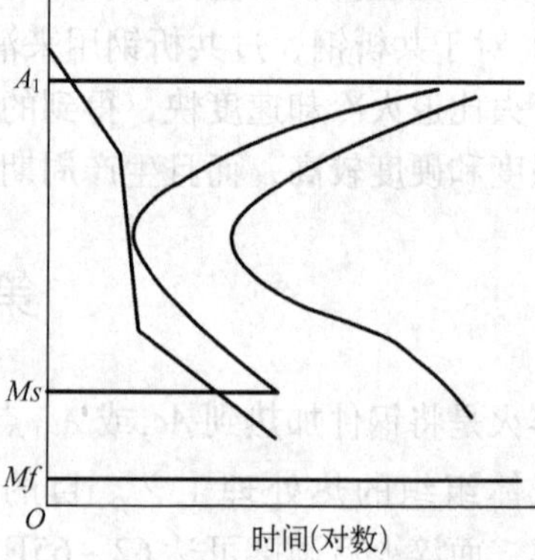

图 6-25　钢的理想淬火冷却速度

随着对淬火冷却介质广泛深入的研究，多年来国内外研制了种类繁多的淬火冷却介质以适应不同材料、不同热处理工艺要求的需要，如有机聚合物（聚乙烯醇、聚醚等）水溶液的推广应用。它们的冷却能力可根据体积、质量进行调整，性能比较稳定可靠。但目前常用的淬火冷却介质仍然是水和油。

水是最经济且冷却能力较强的淬火冷却介质。纯水在 650～600℃范围内冷却能力不够强，而在 300～200℃范围内又不够缓慢，易造成零件变形和开裂，而提高水温又会降低其冷却能力。它主要用于过冷奥氏体稳定性较差的尺寸不大、形状简单的碳素钢工件淬火。

盐（碱）水可明显提高高温区的冷却能力。例如 10% 的 NaCl 和 NaOH 水溶液，可使 18℃水在 650～550℃时的冷却能力由 600℃/s 分别提高到 1100℃/s 和 1200℃/s。但它在 300～200℃范围内的冷却能力仍较强（300℃/s），极易造成工件变形和开裂。因此这类淬火冷却介质适用于形状简单、淬硬层要求较深、硬度高而均匀、表面要求光洁、变形要求不严格的大型碳素钢工件。其缺点是工件有锈蚀，淬火后需清洗。

淬火用的油主要是矿物油，用得较广泛的是 L-AN15 全损耗系统用油。使用温度通常在 40

~100℃。各种矿物油作为淬火冷却介质的优点是在 300 ~ 200℃范围冷却能力低（约 30℃/s），有利于减少工件的变形。缺点是在 650 ~ 550℃范围内冷却能力较低（约 150℃/s），不利于钢的淬硬。所以油一般用于临界冷却速度较小的合金钢或小型碳素钢工件。

为了减少零件淬火时的变形，工业上常用硝盐浴和碱浴（即熔融状态的盐或碱）作为淬火冷却介质。其特点是熔点高，冷却能力介于水和油之间，使用温度多为 150 ~ 500℃。常用于处理形状复杂、尺寸较小、变形要求严格的工件，作为分级淬火或等温淬火的淬火冷却介质。

需要注意的是，各种淬火冷却介质的冷却能力与其使用温度和搅拌程度有关。

二、淬火方法

改变淬火方法可以弥补淬火冷却介质的不足。工业上常用的淬火方法有单介质淬火、双介质淬火、马氏体分级淬火和贝氏体等温淬火等，如图 6-26 所示。

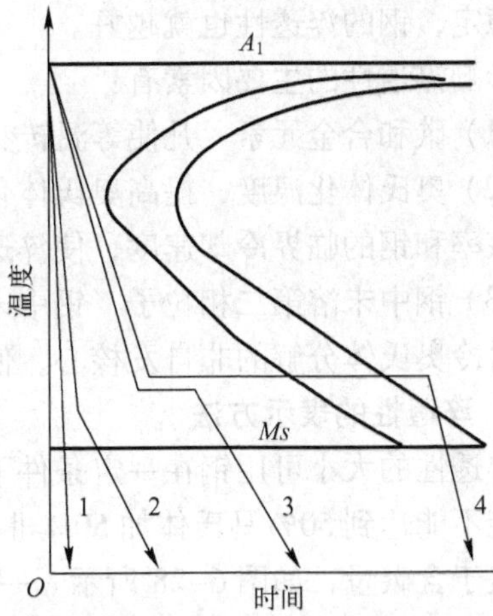

图 6-26　不同淬火方法示意图

1—单介质淬火法　2—双介质淬火法

3—马氏体分级淬火法　4—贝氏体等温淬火法

1. 单介质淬火

单介质淬火是钢件奥氏体化后放入一种介质中连续冷却至室温的方法，如碳钢水冷、合金钢油冷、大型碳钢件盐水冷却等。这种淬火方法操作简单，易于实现机械化，适用于形状简单的工件。缺点是水淬变形开裂倾向大，而油淬则常造成硬度不足等缺陷。

2. 双介质淬火

双介质淬火是钢件奥氏体化后先浸入一种冷却能力强的介质，在钢件到达 *Ms* 温度前取出立即浸入另一种冷却能力弱的介质中冷却的方法。工业上常采用先水后油、先油后空等双介质淬火法。这种方法马氏体转变时冷却较慢，因而应力小，减少了变形开裂的可能性，但难于操作。主要用于形状复杂的碳钢件及大型合金钢件。

3. 马氏体分级淬火

马氏体分级淬火是钢件奥氏体化后，迅速浸入温度稍高于或稍低于 *Ms* 点的液体介质（盐浴或碱浴）中，保持适当时间，待其内外层达到介质温度后出炉空冷，以获得马氏体组织的淬火工艺。这种方法能有效地减小热应力和组织应力，降低工件变形和开裂倾向，而且硬度也较均匀，所以特别适用于形状复杂的工件。但由于盐（碱）浴的冷却能力较小，故此法只适用于截面尺寸较小的工件。一般常用于直径小于 10 ~ 12 mm 的碳钢刀具或直径小于 20 ~ 30 mm 的合金钢刀具。

4. 贝氏体等温淬火

贝氏体等温淬火是钢件奥氏体化后浸入温度在贝氏体转变区间（260 ~ 400℃）的盐（碱）浴中，保温足够长时间，使过冷奥氏体转变为下贝氏体，然后空冷的淬火工艺。等温淬火应力小，一般不用回火。适用于处理形状复杂，要求较高硬度、强度和韧性的小型工件，如弹簧、螺栓、小型齿轮、轴和工模具等。低碳钢因板条马氏体韧性较好一般不采用等温淬火。同分级淬火一样，等温淬火也只能适用于尺寸较小的工件。

另外，为了尽量减少钢中残留奥氏体量以获得最大数量的马氏体，常用到冷处理。冷处理是把淬冷至室温的钢继续冷却（如干冰 + 酒精可冷却至 -78℃；液氮可冷却至 -183℃），保持一定时间，使残留奥氏体在继续冷却过程中转变为马氏体，以提高硬度和耐磨性，并稳定零件尺寸。重要的精密刀具、精密轴承和量具等都应在淬火后进行冷处理，并进行低温回火或时效处理，以消除应力，避免开裂。

三、钢的淬透性

1. 淬透性概念

如图 6–27 所示，钢件淬火时由于从表至里冷却速度减小，使得冷却速度大于 v_k 的表层获得马氏体，形成淬硬层，从表面到心部马氏体量越来越少，硬度逐渐降低。淬透性是指奥氏体化后的钢在淬火时获得马氏体的能力。它是钢的主要热处理性能。

淬透性是钢材的固有属性，它主要取决于淬火临界冷却速度。临界冷却速度越小，过冷奥氏体越稳定，钢的淬透性也就越好。

影响淬透性的主要因素有：

（1）碳和合金元素　凡使等温转变图右移的元素将降低淬火临界冷却速度，从而提高淬透性。

（2）奥氏体化温度　提高奥氏体化温度，将使奥氏体晶粒长大、成分均匀，从而降低珠光体的形核率和钢的临界冷却速度，使淬透性增加。

（3）钢中未溶第二相粒子　钢中未溶入奥氏体的碳化物、氮化物及其他非金属夹杂物，可以成为过冷奥氏体分解的非自发核心，使临界冷却速度增大，降低淬透性。

2. 淬透性的表示方法

淬透性的大小可用钢在一定条件下淬火所获得的淬硬层深度来表示。通常评定是否淬透是以心部能不能达到 50% 马氏体加 50% 非马氏体组织应具有的硬度为标准。半马氏体组织的硬度主要取决于含碳量，如图 6–28 所示。一般认为，如果工件的中心在淬火后获得了 50% 以上的马氏体，则它可被认为已淬透。

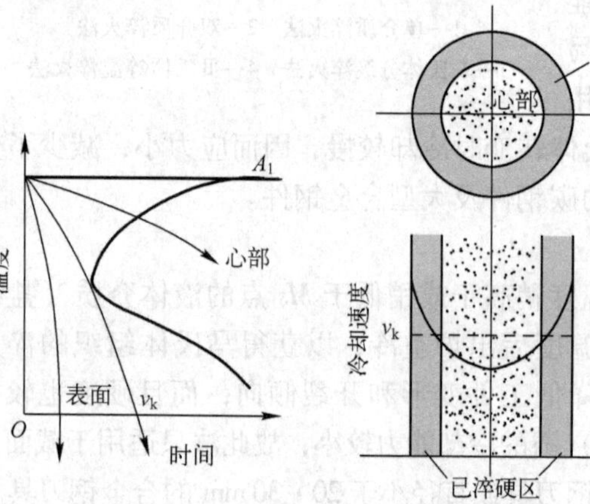

图 6–27　工件截面的不同冷却速度

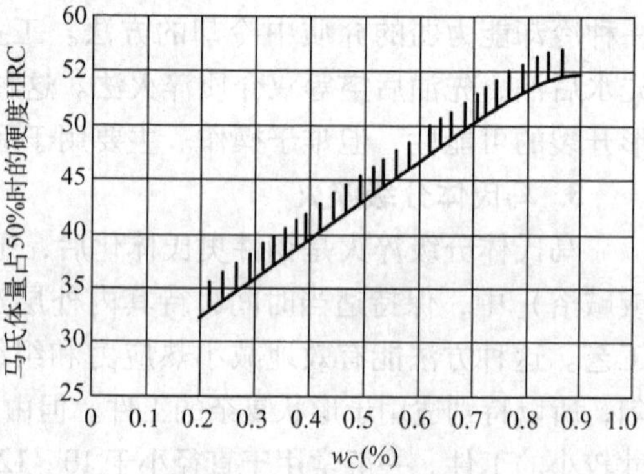

图 6–28　半马氏体硬度与钢中含碳量的关系

（实线表示碳素钢；阴影线范围表示中、低合金钢）

实际生产中还常用临界直径（D_c）表示淬透性，它是指钢在淬火冷却介质中淬火后，心部能淬透（得到全部或半马氏体组织）的最大直径。显然 D_c 值越大，表明淬透性越好。临界直径可由经验确定，表 6–1 为部分常用钢材的临界淬透直径。

表 6–1　部分常用钢材的临界淬透直径

钢　号	$D_{c水}$/mm	$D_{c油}$/mm	心部组织
45	10～18	6～8	50% M
60	20～25	9～15	50% M

（续）

钢　号	$D_{c水}$/mm	$D_{c油}$/mm	心部组织
40Cr	20～36	12～24	50% M
20CrMnTi	32～50	12～20	50% M
T8～T12	15～18	5～7	95% M
GCr15	—	30～35	95% M
9SiCr	—	40～50	95% M
Cr12	—	200	95% M

3. 淬透性与淬硬性、淬硬层深度的关系

淬硬性是指钢在正常淬火条件下，所能达到的最高硬度。淬硬性主要与钢中碳的质量分数有关。更确切地说它取决于淬火加热时固溶于奥氏体中的碳的质量分数。奥氏体中固溶的碳越多，淬火后马氏体的硬度也越高。由此可见，淬硬性与淬透性的含义是不同的，两者无必然联系。淬硬性高的钢，其淬透性不一定高，而淬硬性低的钢，其淬透性也不一定低。例如高碳工具钢的淬硬性高，淬透性小，而低碳合金钢的淬硬性不高，但淬透性大。

钢的淬硬层深度，也称淬透层深度，通常指工件表面到半马氏体区的距离。在其他条件均相同的情况下，钢的淬透性越高，淬硬层深度就越大，因此可根据淬硬层深度大小来判定钢的淬透性高低。但是钢的淬硬层深度除了与淬透性有关外，还与具体工件及淬火冷却介质有关。例如有两个材质相同而尺寸不同的工件，同样加热后，小工件得到的淬硬层深度要比大工件的大。这种随工件尺寸增大而热处理强化效果逐渐减弱的现象称为“尺寸效应”，在设计中必须予以注意。

4. 淬透性的实际意义

淬透性是设计工件、合理选材和制订热处理工艺的重要依据之一。淬透性好的钢淬火后在整个截面上力学性能较均匀（尤其是屈服极限和冲击韧性），因而综合力学性能高。因此，对淬透性好的钢可采用冷却速度缓慢的淬火冷却介质，这对减少形状复杂或尺寸精度要求高的工件的变形十分有利。

选材时应考虑钢材的淬透性。许多大截面零件和动载荷下工作的重要零件，以及承受拉力和压力的螺栓、拉杆、锻模、弹簧等重要工件，常常要求截面的力学性能均匀，应选用淬透性好的钢。而承受扭转或弯曲载荷的齿轮、轴类等零件，外层受力较大，心部受力较小，不要求淬透，可选用淬透性稍低的钢种。有些工件不可选用淬透性高的钢，如焊接件，若选用淬透性高的钢，就容易在焊缝的热影响区内出现淬火组织，造成焊接变形和裂纹。

第六节　钢 的 回 火

将淬火后钢件再加热至 Ac_1 以下某一温度，保温一定时间，然后冷却到室温的热处理工艺称为回火。

淬火钢一般不宜直接使用，必须进行回火，其主要目的是：降低脆性，消除或减少内应力，防止变形和开裂；获得工件所要求的力学性能。通过不同回火方法调整硬度、强度，获得所需要的韧性和塑性；稳定组织，稳定尺寸和形状，保证零件使用精度和性能。

一、回火组织转变及性能变化

淬火后钢的组织主要由马氏体和残留奥氏体所组成，它们都是不稳定的，有自发转变为铁素体和渗碳体平衡组织的倾向。淬火钢的回火促使这种转变易于进行。淬火钢的回火实质是淬火马氏体分解以及碳化物析出、聚集长大的过程，是由非平衡态组织趋向平衡态组织的转变。回火转变是扩散型转变。

淬火钢在100℃以下回火时，内部组织的变化并不明显，只发生马氏体中碳原子的偏聚。钢的体积无明显变化，硬度基本也不下降。随着回火温度的升高，淬火钢的组织发生以下四个阶段的变化：

（1）回火第一阶段（100～200℃） 马氏体分解为回火马氏体（$M_{回}$），它由过饱和 α 固溶体和与其共格的弥散细小的 ε 碳化物（$Fe_{2.4}C$）组成。此时过饱和度减小，晶格畸变降低，淬火应力减小。仍保持高硬度（共析钢、过共析钢由于弥散硬化硬度甚至略有上升），但脆性大大降低。

（2）回火第二阶段（200～300℃） 残留奥氏体分解为下贝氏体，马氏体继续分解（一直持续到350℃）。组织仍以回火马氏体为主。此时硬度有所下降，淬火应力进一步减小。

（3）回火第三阶段（250～400℃） 此时因碳原子的扩散能力增加，碳原子从 α 固溶体内继续析出，过饱和 α 固溶体很快转变为铁素体。同时亚稳定的 ε 碳化物转变为 Fe_3C，并与母相失去共格关系。组织是由尚未再结晶、保持马氏体形态的铁素体和弥散细粒状渗碳体组成的混合物，称为回火托氏体（$T_{回}$）。此时内应力大部分消除，硬度、强度继续下降，塑性升高，弹性极限达到最大值（400℃）。

（4）回火第四阶段（>400℃） 渗碳体逐渐聚集长大，针状或条状铁素体发生回复与再结晶。这种由多边形的等轴铁素体和粒状渗碳体组成的混合物，称为回火索氏体（$S_{回}$）。此时所产生的固溶强化作用已完全消失，钢的硬度和强度显著降低，而韧性、塑性提高。回火温度越高，渗碳体质点越大，弥散度越小，则钢的硬度和强度越低，而韧性却大有提高。在650～A_1间的回火产物称为回火珠光体，组织中渗碳体已粗化，与球化退火后的组织相似。

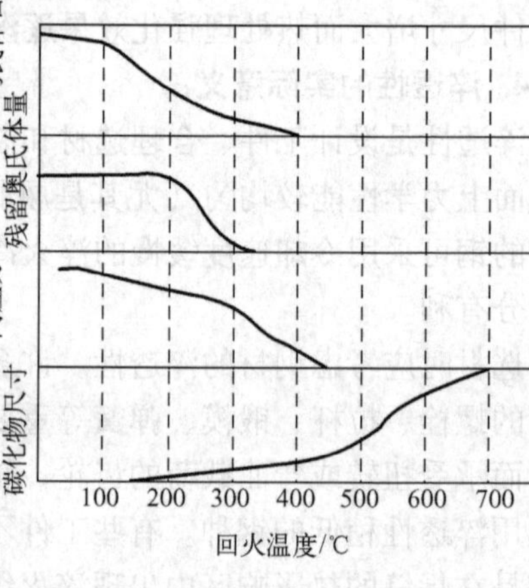

图6-29 淬火钢回火时的变化过程

综上所述，淬火碳素钢在回火过程中大致包括马氏体分解、残留奥氏体转变、碳化物聚集长大和 α 固溶体回复与再结晶四个阶段。从低温到高温的回火过程中，钢中马氏体的含碳量、残留奥氏体量、内应力和碳化物尺寸大小的变化情况如图6-29所示。淬火钢回火时性能变化的一般规律是：随回火温度的升高，强度、硬度下降，塑性、韧性升高，如图6-30所示。

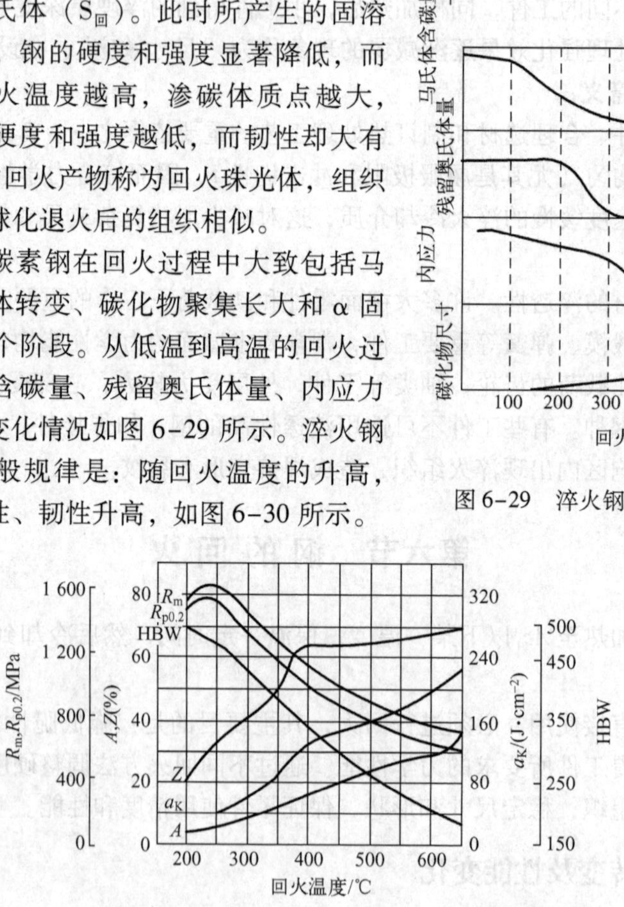

图6-30 40钢回火后的力学性能与回火温度的关系

回火组织具有较优的性能，如硬度相同时，回火托氏体和回火索氏体与托氏体（油冷）和索氏体（正火）相比具有较高的强度、塑性和韧性。其主要原因是回火转变的渗碳体为弥散颗粒状，而过冷奥氏体分解出来的渗碳体是片状，粒状渗碳体对阻止断裂过程的发展比片状渗碳体有利。

二、回火的分类与应用

根据回火温度和钢件所要求的力学性能，一般工业上回火分三类，见表6-2。该回火规范主要用于碳钢和低合金钢，而对中、高合金钢则应适当提高回火温度。

表6-2　回火的种类与应用

种类	加热温度/℃	组织	性　能	应　用
低温回火	150～250	$M_{回}$（+碳化物）	高硬度和高耐磨性，但脆性和残余应力降低，硬度为58～64HRC	各种高碳工具钢、模具、滚动轴承，渗碳件和表面淬火件
中温回火	350～500	$T_{回}$	高的弹性极限、屈服强度和一定的韧性，硬度为35～45HRC	各种弹性元件及热锻模
高温回火（调质处理）	500～650	$S_{回}$	较高的强度、塑性和韧性，即良好的综合力学性能，硬度为25～35HRC	各种重要结构零件，如轴、齿轮、连杆、高强度螺栓等

某些量具等精密零件，为保持淬火后的高硬度和尺寸稳定性，有时需在100～150℃长时间加热（10～50 h），这种低温长时间回火称为尺寸稳定处理或时效处理。

第七节　钢的表面热处理和化学热处理

前面第四～六节所述均为整体热处理，即对工件进行穿透性加热，以改善整体的组织和性能的热处理工艺。对于承受弯曲、扭转、冲击或摩擦磨损的零件，如齿轮、凸轮轴等，一般要求表面具有高的强度、硬度、耐磨性及疲劳强度，心部则要求有足够的塑性和韧性。这时不仅需要整体热处理，还需要进行表面热处理或化学热处理。这些热处理的主要目的是实现表面强化，有些可获得良好的耐蚀性或耐热性等特殊物理化学性能。本节主要介绍其中一些常用的热处理工艺。

一、钢的表面淬火

钢的表面淬火是将零件表层迅速加热至相变温度以上，而心部未被加热，然后迅速冷却，使零件表层获得马氏体而心部仍为原始组织的“外硬内韧”状态。表面淬火不会改变工件表层化学成分，只是通过改变表层组织来达到强化目的。

表面淬火用钢以碳质量分数为0.4%～0.5%为宜，如45、40Cr、40MnB等。含碳量过高会增加表面淬硬层脆性，易开裂，心部塑性、韧性也较差；而含碳量过低则表层硬度和耐磨性不足，强化效果不显著。表面淬火也可用于铸铁件，以球墨铸铁工艺性最好。

为了保证心部良好的力学性能，一般在表面淬火前先进行正火或调质处理。表面淬火后需进行低温回火（通常180～200℃）处理，减少淬火应力和降低脆性。

目前工业上常用的表面淬火方法有感应淬火、火焰淬火等。

1. 感应淬火

图 6-31 所示为感应淬火示意图。当工件放入感应器中，感应线圈通以交流电时，由于电磁感应，工件内部产生同频率的感应电流。由于感应电流的趋肤效应（即在工件表面的电流密度极大，而中心几乎为零），集中在表层的高密度电流使具有较大电阻的钢件表层迅速被加热至淬火温度，而心部温度仍停留在室温。这时经喷水冷却，使工件表层淬硬。

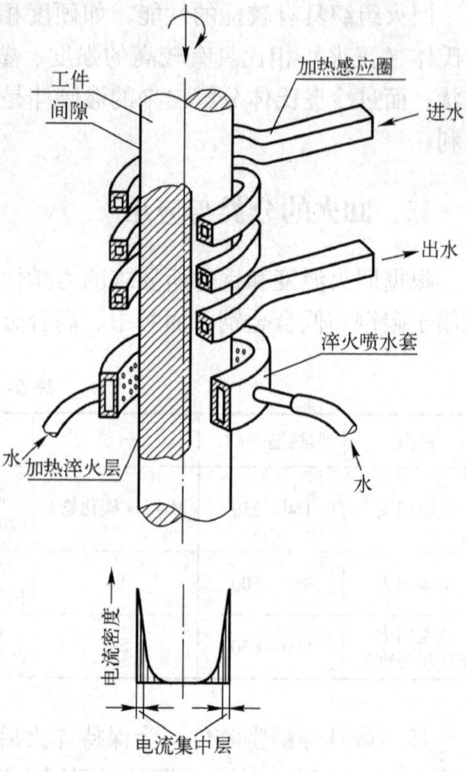

图 6-31　感应淬火示意图

感应淬火的淬硬层深度 δ(mm) 与电流频率 f(Hz) 有关。电流频率越高，加热深度越浅，淬火后工件淬硬层越薄。目前工业上感应淬火分为三种：

（1）高频感应淬火　电流频率在 100 ~ 500 kHz，国内常用电源设备为电子管式高频发生装置，其频率为 200 ~ 300 kHz。主要用于要求淬硬层较浅的中小型轴类零件、齿轮、花键等，其淬硬层深度为 0.5 ~ 2 mm。

（2）中频感应淬火　电流频率在 500 ~ 10000 Hz，常用电源设备有中频发电机和可控硅中频发生器，其频率为 2500 ~ 8000 Hz，适用于大模数齿轮和尺寸较大的凸轮轴、曲轴等，其淬硬层深度为 2 ~ 10 mm。

（3）工频感应淬火　电流频率为 50 Hz，电源设备可利用三相或单相电源变压器，常用于大尺寸零件，如 ϕ300 mm 以上的轧辊和大型工模具等，其淬硬层深度为 10 ~ 15 mm。

感应淬火的优点是加热速度极快（一般只需几秒或几十秒），淬火后能获得细隐针马氏体，表面硬度比一般淬火高 2 ~ 3HRC，耐磨性高，而且脆性低、不易氧化脱碳、变形小。由于表层存在较大残余压应力，疲劳强度高，一般工件可提高 20% ~ 30%。淬硬层深度易于控制，生产率高，操作简单易实现机械化自动生产；其缺点是设备较贵，安装、调试、维修比较困难，形状复杂的零件感应圈不易制造，不适于单件生产。

2. 火焰淬火

火焰淬火是应用氧 - 乙炔（或其他可燃气）火焰，对零件表面进行加热，然后淬火冷却的工艺。其淬硬层深度一般为 2 ~ 8 mm。这种方法和其他表面淬火法比较，优点是设备简单、成本低；缺点是生产率低，质量较难控制，因此只适用于单件、小批量生产或大型零件，例如大型齿轮、轴、轧辊，车床床身导轨等的表面淬火。

二、钢的化学热处理

化学热处理是将金属或合金工件置于一定温度的活性介质中保温，使一种或几种元素渗入表层，以改变其化学成分、组织和性能的热处理工艺。与表面淬火相比，化学热处理不仅改变表层的组织，而且还改变表层化学成分。

化学热处理过程可分为三个相互衔接而又同时进行的阶段：

① 分解：在一定温度下，活性介质分解出能渗入工件的活性原子。

② 吸收：工件表面吸收活性原子，并溶入工件材料晶格的间隙或与其中元素形成化合物。

③ 扩散：被吸收的原子由表面逐渐向心部扩散，从而形成具有一定深度的渗层。

根据化学热处理时钢的状态不同，可分为钢的奥氏体状态和铁素体状态两种。

1. 钢在奥氏体状态的化学热处理

（1）渗碳　渗碳是将钢件在渗碳介质中加热并保温使碳原子渗入表层以增加表层含碳量的化学热处理工艺。渗碳用钢为低碳钢和低合金钢（w_C 为 0.10% ~ 0.25%），如 20、20Cr、20CrMnTi 等。渗碳的目的是提高表面的硬度、耐磨性及疲劳强度，而心部仍保持足够的韧性和塑性。因此主要用于同时受磨损和较大冲击载荷的零件，例如变速齿轮、活塞销、套筒及要求很高的喷油泵构件等。

1）渗碳方法。工业生产上常用气体渗碳和固体渗碳。为提高渗碳效率和质量，真空渗碳、离子渗碳等新技术正在推广应用。

① 气体渗碳。它是工件在气体渗碳剂中进行渗碳的工艺。将工件放入渗碳炉内，密封后通入渗碳气体，如煤气、天然气等，或是滴入易分解的有机液体，如煤油、甲醇、丙酮等，这些渗碳介质在高温下分解，通过下列反应生成活性碳原子：

$$C_nH_{2n} \rightarrow nH_2 + n[C]$$

$$2CO \rightarrow CO_2 + [C]$$

$$CO + H_2 \rightarrow H_2O + [C]$$

活性碳原子溶入高温奥氏体，被工件表面吸收，向内部扩散，形成一定深度的渗碳层。

气体渗碳时间短，生产效率高，质量好，渗碳过程容易控制，是应用最普遍的渗碳方法。后来发展的滴注式可控气氛渗碳，通过改变两种液体的滴入比例，利用露点仪或红外分析仪控制碳势，使零件表面的碳含量控制在要求的范围内。

② 固体渗碳。将工件放在填充粒状渗碳剂的密封箱中进行渗碳的工艺。固体渗碳剂通常由供碳剂（木炭、焦炭）和催渗剂（一般为碳酸盐，如 $BaCO_3$ 或 Na_2CO_3）混合而成，催渗剂用量为渗碳剂总量的 15% ~20%。渗碳过程中的反应如下：

$$BaCO_3 \rightarrow BaO + CO_2$$

$$CO_2 + C(\text{炭粒}) \rightarrow 2CO$$

在渗碳温度下 CO 不稳定，CO 被钢的表面吸附、催化，产生反应 $2CO \rightarrow [C] + CO_2$，活性碳原子渗入钢件，$CO_2$ 通过扩散离开钢件表面。

固体渗碳的优点是设备简单，操作容易，但渗碳速度慢、生产率低、劳动条件差且质量不易控制，目前除了零星或小批量渗碳外已不常用。

2）渗碳工艺参数。渗碳的主要工艺参数是加热温度和保温时间。渗碳温度一般在 900 ~ 950℃，温度高渗碳速度快，但过高会使晶粒粗大。同一渗碳温度下，渗层厚度随保温时间延长而增加。

渗碳后表面碳质量分数以 0.85% ~1.05% 为宜。含碳量过低，表面耐磨性差；含碳量过高，渗层变脆，易剥落。

低碳钢渗碳后缓冷后得到的组织，表层为珠光体和网状二次渗碳体的过共析组织，心部为珠光体和铁素体的亚共析组织，中间是过渡区。

3）渗碳后的热处理及组织。渗碳后的淬火方法有三种：

① 直接淬火，即渗碳后的工件随炉或在空气中预冷到 800 ~860℃ 直接淬火。这种方法操作简单、成本低、效率高，但由于淬火温度高，晶粒易粗化。一般只用于本质细晶粒的合金渗碳钢（如 20CrMnTi、20MnVB）或耐磨性、承载能力要求较低的工件。

② 一次淬火法，即工件渗碳后空冷至室温，然后再重新加热淬火。淬火温度的选择要兼顾表面和心部的要求。对于合金渗碳钢，淬火温度稍高于心部 Ac_3（820 ~860℃），对于碳素渗碳

钢，淬火温度则在Ac_1 ~ Ac_3之间（780 ~ 810℃），对于心部强度要求不高的工件，则根据表面硬度要求选择在稍高于Ac_1以上（760 ~ 780℃）。一次淬火法适用于对组织性能要求较高的零件，应用广泛。

③ 二次淬火法，即工件先空冷至室温，然后分别对心部（Ac_3 + 40℃）和表层（Ac_1 + 50℃）进行淬火强化。该法工艺复杂、成本高，除受力较大、表面磨损严重、性能要求高的零件外，一般较少应用。

渗碳件淬火后，须在150 ~ 200℃进行低温回火，以降低淬火应力和脆性。回火后表层组织为回火马氏体 + 颗粒状碳化物 + 少量残留奥氏体，硬度可达58 ~ 64HRC，具有很高的耐磨性。

（2）碳氮共渗　碳氮共渗是在一定温度下同时将碳、氮渗入工件表层奥氏体中并以渗碳为主的化学热处理工艺。生产上曾用的液体介质的主要成分是氰盐（NaCN），故液体碳氮共渗亦称为氰化。因为氰盐的毒性很大，现在生产上很少使用。

目前工业上广泛采用气体碳氮共渗，其工艺和气体渗碳相似，将工件放入密封炉内，加热到共渗温度820 ~ 880℃，同时向炉内滴入煤油并通入氨气（或其他共渗介质）。碳氮共渗层厚度一般为0.2 ~ 1.0 mm。碳氮共渗后经淬火 + 低温回火后，表层组织为细片状含氮回火马氏体 + 颗粒状碳氮化合物 + 少量残留奥氏体。

与渗碳相比，碳氮共渗加热温度低、时间短、零件变形小，耐磨性、疲劳强度和耐蚀性也较好。生产上碳氮共渗常代替渗碳，多用于处理汽车、机床上的齿轮、凸轮、蜗杆、蜗轮和活塞销等零件。

（3）渗硼　渗硼是在高温下使硼原子渗入工件表层形成硬化层的化学热处理工艺。渗硼温度多在800 ~ 1000℃，保温1 ~ 6 h。渗硼层厚度为0.1 ~ 0.3 mm。渗硼层一般由Fe_2B和FeB组成，但也可获得只有单一Fe_2B的渗层。单相的Fe_2B渗层脆性较小而仍保持高硬度，是比较理想的渗硼层。

固体法是目前国内应用最多的渗硼方法。固体渗硼剂常以硼铁粉或B_4C作供硼剂，加入5% ~ 10% KBF_4作催化剂，再加入20% ~ 30%的木炭或SiC作填充剂。渗硼后应缓慢冷却，一般不需再进行淬火。对心部强度要求较高的，渗硼后可预冷淬火并及时回火。

渗硼使零件表面具有很高的硬度（1200 ~ 2300HV）和耐磨性，良好的耐热性、耐蚀性。不足之处是渗硼层较脆，易剥落，研磨加工困难。目前已有用结构钢渗硼代替工具钢制造刃、模具。例如，45钢渗硼冷拔模，外模寿命比碳氮共渗处理提高4倍多。还可用一般碳钢渗硼代替高合金耐热钢、不锈钢制造受热、受蚀零件。

2. 钢在铁素体状态下的化学热处理

（1）渗氮（氮化）　渗氮是在Ac_1温度下，使活性氮原子渗入钢件表层的化学热处理工艺。

渗氮用钢通常是含Cr、Mo、Al、V等合金元素的钢，因为这些合金元素易与氮形成高度弥散、硬度高而稳定的氮化物，如CrN、MoN、AlN等。38CrMoAl是广泛应用的渗氮钢，各种类型钢，如42CrMo、18Cr2Ni4WA等都可进行渗氮。

工件渗氮前一般均经过调质处理，以保证心部的力学性能，而渗氮后无需再热处理。

通常采用的渗氮工艺有气体渗氮和离子渗氮两种。离子渗氮在第九节介绍。气体渗氮常在专用井式渗氮炉中进行，利用氨气受热分解来提供活性氮原子，反应式为

$$2NH_3 \rightarrow 3H_2 + 2[N]$$

活性氮原子被工件表面吸收，溶解于铁素体中，并不断向内部扩散。当铁素体中氮含量超过溶解度后，便形成氮化物。

渗氮温度低（通常为500 ~ 570℃）、变形小。渗氮时间长，渗氮层较浅（一般不超过0.6 mm），

如渗氮20~50 h才能得到0.3~0.5 mm的渗氮层。由于表面形成坚硬稳定的氮化物，硬度高（可达1000~1100HV，相当于70HRC左右），而且耐磨性、热硬性和耐蚀性也很好。渗氮件在工件表面体积膨胀所造成的残余压应力，使疲劳强度提高。

但是渗氮的生产率低，成本高，并需要专门的渗氮钢，因此只用于处理要求高硬度、高耐磨性和高精密度的零件，如镗床镗杆、精密传动齿轮及分配式液压泵转子等零件。

（2）气体氮碳共渗（软氮化） 工件表层渗入氮和碳，并以渗氮为主的化学热处理工艺称为氮碳共渗。

氮碳共渗通常在500~570℃温度下进行，时间为1~5 h，氮碳共渗层深度为0.01~0.02 mm，硬度较低，一般为500~900HV。常以尿素为共渗介质，它在低温加热分解的氮原子比碳原子多，氮原子在铁素体中的溶解度比碳原子大，故以渗氮为主。

氮碳共渗不受钢种限制，碳钢、合金钢、铸铁和粉末冶金制品均可应用。氮碳共渗处理后，零件变形很小，处理前后零件精度变化不大，但能提高材料的耐磨、耐疲劳、抗咬合和抗擦伤性能，且渗层不易剥落。例如，Cr12MoV钢制作的拉深模，经570℃×1.5h气体碳氮共渗后，寿命从原来的1000~2000件提高到30000件，废品率由1%~2%降低至0.2%以下。

此外，钢铁工件表面通过渗硫处理，形成FeS薄膜，可达到降低摩擦系数，提高抗咬合性能的目的。渗金属（如Al、Cr、Ti、Zn、Co等）可使工件具有特殊的物理、化学性能或强化表面。例如，渗锌使工件耐大气腐蚀，渗铝可提高工件高温抗氧化能力等，渗铬使表面具有较好的耐蚀性和优良的抗氧化性，硬度和耐磨性也相当好。

钢的各种表面强化处理方法比较见表6-3。

表6-3 钢的各种表面强化处理方法比较

方法	表面淬火	渗碳	渗氮	碳氮共渗	高能束处理
工艺	淬火+低温回火	渗碳+淬火+低温回火	渗氮	共渗+淬火+低温回火	激光淬火 电子束淬火
处理时间	几秒~几分	3~9 h	30~50 h	1~2 h	10^4℃/s
处理层深度/mm	0.5~7	0.5~2	0.3~0.5	0.2~0.5	0.3~0.5
硬度 HRC	58~63	58~63	65~70	58~63	63
耐磨性	较好	好	很好	好	非常好
抗疲劳性	好	较好	很好	好	非常好
耐蚀性	可	可	好	较好	好
热处理变形	较小	较大	小	较小	非常小
适用场合	耐磨性和硬度要求不高，形状简单，变形要求小	耐磨性要求高，重载荷或冲击载荷	耐磨性好，精度高	耐磨性要求高，形状复杂，变形要求小	形状复杂，体积小，精度高

注：高能束处理见本章第九节。

三、气相沉积技术

气相沉积是利用气相中发生的物理、化学过程，在工件表面形成具有特殊性能的金属或化合物涂层。按照过程的本质可将气相沉积分为化学气相沉积和物理气相沉积两大类。

1. 化学气相沉积（CVD）

化学气相沉积是利用高温下气态物质在固态工件表面进行化学反应，生成固态沉积物的过程。碳素工具钢、渗碳钢、轴承钢、高速钢、铸铁及硬质合金等都可以进行气相沉积。

目前在工业上常用作为CVD沉积覆层的材料有TiC、TiN、TiCN、Cr－C、Al_2O_3等。尤其是前三种，它们具有很高的硬度（2000～4000HV）、较低的摩擦系数、优异的耐磨性和良好的粘着抗力。CVD法覆层厚度较为均匀，膜厚一般为3～18 μm，具有相当优越的耐蚀性。可以处理小孔和深槽，设备比较简单，此外沉积覆层的切削性能极好，可进行高速切削。化学气相沉积的缺点是反应温度高，需通入大量氢气，且排出的气体有毒，必须注意通风及防止污染处理。

2. 物理气相沉积（PVD）

物理气相沉积是通过蒸发、电离或溅射等过程，产生金属离子沉积在工件表面，形成金属涂层或与反应气反应形成化合物涂层。它具有沉积温度低、沉积速度快、渗层成分和结构可控制、无公害等特点。PVD法不仅可对钢铁材料进行表面处理，还可对纸张、塑料、玻璃、陶瓷等非金属进行表面镀膜。

PVD方法较多，应用较多的如真空溅射、磁控溅射、真空蒸镀、离子镀等。溅射法可以沉积各种导电材料，包括纯金属、合金或化合物。高频溅射还可以处理非导体材料。把反应气体引入溅射室内可进行反应性溅射。例如引入氮气或氧气，可分别用金属钛和铝产生TiN和Al_2O_3沉积层。

离子镀是发展最快的PVD技术，它是将蒸发源的粒子离子化，或虽未离子化但已被激发，在气体离子和沉积材料离子轰击作用的同时，于基体材料表面沉积而形成镀膜。离子镀把辉光放电、等离子体技术与真空蒸镀技术结合在一起，其沉积速度快、绕射性好、附着力强，可以沉积难熔金属及合金、化合物等，以获得良好的耐磨镀层、耐蚀镀层、装饰镀层以及各种特殊功能镀层。表6-4为部分工具经离子镀TiN镀层处理后得使用寿命增加情况。

表6-4 离子镀TiN对工具性能的改善

加工方法	工具	材料	使用寿命
压力加工	弯曲模和轧辊	合金工具钢	10倍
模锻	冲头和凹模	合金工具钢或高速钢	2～5倍
铸模	铝铸模 锌铸模	合金工具钢	10倍
塑料成形	模具	合金工具钢	5倍

第八节 热处理技术条件及工序位置

一、常见的热处理缺陷及防止

1. 氧化和脱碳

零件加热时，如果周围介质中存在氧化性气氛（如空气中的O_2、CO_2、H_2O等），或氧化性物质，则表面的铁和碳在高温下就会氧化。

钢被氧化的结果，不仅是材料被烧损，表面粗糙，而且氧化皮还会影响零件的力学性能、耐蚀性能和切削性能。脱碳是指工件表层的碳被氧化烧损而使工件表层碳含量下降的现象。脱碳降低了工件的表面硬度和耐磨性。

在实际生产中，零件的氧化和脱碳经常是同时出现的。对于表面质量要求较高的精密零件或特殊金属材料制造的零件，在热处理过程中应采取真空或保护气氛加热来避免氧化。

2. 过热和过烧

由于加热温度过高或保温时间过长引起晶粒粗化的现象称为过热。一般采用正火来消除过热缺陷。过烧是指由于加热温度过高，致使分布在晶界上的低熔点共晶体或化合物被熔化或氧化的现象。过烧一旦产生是无法挽救的，是不允许存在的缺陷。

3. 变形和开裂

（1）产生原因　工件淬火后出现形变现象是必然的结果，因为在淬火冷却过程中，必将产生内应力。此内应力又可分为热应力和相变应力两部分。

工件在加热和（或）冷却时，由于部位不同存在着温度差而导致热胀和（或）冷缩不一致所引起的应力称为热应力。钢中奥氏体比体积最小，奥氏体转变为其他各种组织时比体积都会增大，使钢的体积膨胀，其中尤以发生马氏体转变时产生的体积效应更为明显。热处理过程中各部位冷速的差异使工件各部位相转变的不同时性所引起的应力称为相变应力（组织应力）。

淬火冷却时，工件中的内应力可能导致形状和尺寸发生变化，局部产生塑性变形，如果残余应力超过了工件的断裂强度，则工件发生开裂。

（2）减小变形和开裂的措施

1）合理选择钢材与正确设计零件。对于形状复杂、各部位截面尺寸相差较大而又要求变形极小的工件，应选用淬透性较好的合金钢，以便能在缓和的淬火冷却介质中冷却。零件设计时应尽量减小截面尺寸的差异，避免薄片和尖角。必要的截面变化应平滑过渡，形状尽可能对称，有时可适当增加工艺孔。

2）正确锻造和进行预备热处理。对高合金工具钢，锻造工艺十分重要，锻造时必须尽可能改善碳化物分布，使之达到规定的级别。高碳钢球化退火有助于减小淬火变形，采用消除内应力退火，去除机械加工造成的内应力，也可减小淬火变形。

3）采用合理的热处理工艺。为了减小淬火变形，可适当降低淬火温度。对于形状复杂或用高合金钢制造的工件，应采用一次或多次预热。预冷淬火、分级淬火和等温淬火都可以减小工件的变形。

二、热处理技术条件的标注

设计图样上的热处理技术标注有热处理工艺名称、硬化层深度、硬度等。在标注硬度时允许有一个波动范围，一般布氏硬度波动范围在 30～40 个单位；洛氏硬度波动范围为 5 个单位左右。对于重要零件有时也标注抗拉强度、断后伸长率、金相组织等。表面淬火、化学热处理工件要标明处理部位、层深及组织等要求。

根据 GB/T 12603—2005，金属热处理工艺代号由数字及英文字母表示，标记规定如下：

5 × × － □

前三位数字表示基础分类工艺代号，第一位数字“5”代表热处理工艺总称，第二位数字代表工艺类型，第三位数字代表工艺名称，具体见表 6-5。“－”后为附加分类工艺代号，当对基础工艺中的某些具体实施条件有明确要求时使用。其中加热方式采用两位数字，见表 6-6，退火工艺和淬火冷却介质和冷却方法则采用英文字头，见表 6-7 和表 6-8。附加分类工艺代号按表 6-6～表 6-8 顺序标注，当工艺中某个层次不需分类时，该层次用“0”代替。化学热处理中，没有表明渗入元素的各种工艺，如多元共渗、渗金属、渗其他非金属，可以在其代号后用括号表示出渗入元素的化学符号。

表 6-5　热处理工艺分类及代号

工艺总称	代号	工艺类型	代号	工艺名称	代号
热处理	5	整体热处理	1	退火	1
				正火	2
				淬火	3
				淬火和回火	4
				调质	5
				稳定化处理	6
				固溶处理，水韧处理	7
				固溶处理＋时效	8
		表面热处理	2	表面淬火和回火	1
				物理气相沉积	2
				化学气相沉积	3
				等离子体增强化学气相沉积	4
				离子注入	5
		化学热处理	3	渗碳	1
				碳氮共渗	2
				渗氮	3
				氮碳共渗	4
				渗其他非金属	5
				渗金属	6
				多元共渗	7

表 6-6　加热方式及代号

加热方式	可控气氛（气体）	真空	盐浴（液体）	感应	火焰	激光	电子束	等离子体	固体装箱	液态床	电接触
代号	01	02	03	04	05	06	07	08	09	10	11

表 6-7　退火工艺及代号

退火工艺	去应力退火	均匀化退火	再结晶退火	石墨化退火	脱氢处理	球化退火	等温退火	完全退火	不完全退火
代号	St	H	R	G	D	Sp	I	F	P

表 6-8　淬火冷却介质和冷却方法及代号

淬火冷却介质和方法	空气	油	水	盐水	有机聚合物水溶液	热浴	加压淬火	双介质淬火	分级淬火	等温淬火	形变淬火	气冷淬火	冷处理
代号	A	O	W	B	Po	H	Pr	I	M	At	Af	G	C

整体热处理的技术条件一般标注在图样标题栏上方，写出热处理工艺名称或代号及硬度值等，如图 6-32 所示。局部热处理的技术条件标注可以先在零件图上用细实线标定局部热处理部位，并在引线上直接标出工艺名称及技术条件，如图 6-33 所示，也可在标定局部热处理部位后，在标题栏上方标出热处理技术条件。

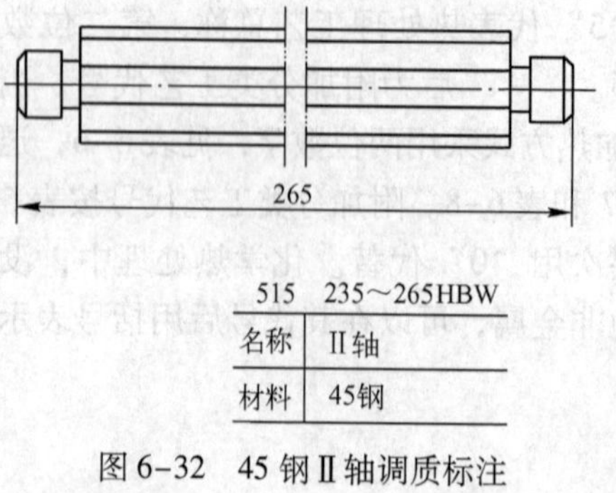

图 6-32　45 钢Ⅱ轴调质标注

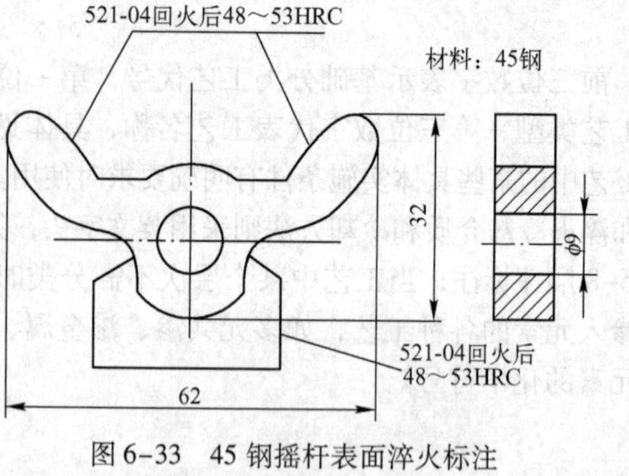

图 6-33　45 钢摇杆表面淬火标注

三、热处理工序位置的安排

零件加工都是按一定工艺路线进行的。合理安排热处理工序的位置，对于保证零件质量和改善切削加工性，具有重要的意义。根据热处理目的和工序位置的不同，热处理可以分为预备热处理和最终热处理两大类，其工序位置安排规律一般如下：

1. 预备热处理

预备热处理包括退火、正火、调质等。这类热处理的作用是为消除前一道工序所造成的某些缺陷（如内应力、晶粒粗大、组织不均匀等），并为后续工序做准备。预备热处理一般安排在毛坯生产之后、切削加工之前，或粗加工之后、精加工之前。

（1）退火、正火的工序位置　一般安排在毛坯生产之后、切削加工之前进行，即

毛坯生产（铸造、锻压、焊接等）→正火（或退火）→切削加工

（2）调质的工序位置　调质主要是为了提高零件的综合力学性能，或为以后表面淬火做好组织准备（有时调质也直接作为最终热处理使用）。调质工序一般在粗加工之后，半精加工之前。若在粗加工前调质，则粗加工时零件表面调质层的优良组织有可能大部或全部被加工掉，特别是对淬透性差、尺寸较大的碳钢零件其可能性更大。工序安排为

下料→锻造→正火（退火）→粗加工（留余量）→调质→半精加工

在实际生产中，普通铸铁件、铸钢件和某些无特殊要求的锻钢件，经退火、正火或调质后，其性能已能满足要求，可不再进行最终热处理。这时便不存在预备热处理和最终热处理之分了。

2. 最终热处理

最终热处理包括各种淬火、回火、表面淬火和化学热处理等，它决定工件的组织状态、使用性能与寿命。零件经这类热处理后硬度较高，除磨削加工外，不能用其他加工方法加工，故其工序位置一般安排在半精加工之后、磨削之前进行。

（1）整体淬火的工序位置

下料→锻造→退火（正火）→粗、半精加工（留余量）→淬火＋回火（低、中温）→磨削

（2）表面淬火零件的工序位置

下料→锻造→正火或退火→粗加工→调质→半精加工（留余量）→表面淬火＋低温回火→磨削

（3）渗碳淬火的工序位置　渗碳分整体渗碳和局部渗碳。整体渗碳零件的加工路线一般为

下料→锻造→正火→粗、半精加工→渗碳→淬火＋低温回火→磨削

对于局部渗碳，一般在不要求渗碳的部位增大原加工余量（增大的量称防渗余量），待渗碳后淬火前将余量切掉。因此，对于局部渗碳零件，需增加切去防渗碳余量的工序，其余与整体渗碳零件相同。另外，也可在粗、半精加工之后，对局部不渗碳部位镀铜或涂防渗剂，然后再渗碳，其后加工工艺路线与整体渗碳相同。

（4）渗氮的工序位置　渗氮温度低，变形小，渗氮层硬而薄，因此工序位置应尽量靠后，一般渗氮后不再磨削加工，个别质量要求较高的零件可进行精磨或超精磨。为防止因切削加工而产生的内应力使渗氮件产生变形，常在渗氮前安排去应力退火工序。渗氮零件的加工路线一般为

下料→锻造→退火→粗加工→调质→半精、精加工→去应力退火→粗磨→渗氮→精磨或超精磨

例题：一车床主轴由中碳结构钢制造（如45钢），为传递力的重要零件，它承受一般载荷，轴颈处要求耐磨。热处理技术条件为：整体调质，硬度为220～250HBW；轴颈处表面淬火，硬度为50～52HRC。请确定加工工艺路线并指出其中热处理各工序的作用。

解：（1）该轴的制造工艺路线为

下料→锻造→正火→机加工(粗)→调质→机加工(半精加工)→轴颈处高频表面淬火+低温回火→磨削

（2）各热处理工序的作用

正火：作为预备热处理，目的是消除锻件内应力，细化晶粒，改善切削加工性。

调质：获得回火索氏体，使该主轴整体具有较好的综合力学性能，为表面淬火做好组织准备。

轴颈处高频感应淬火+低温回火：作为最终热处理。高频感应淬火是为使表面得到高的硬度、耐磨性和疲劳强度；低温回火是为了降低应力，防止磨削时产生裂纹，并保持高硬度和耐磨性。

第九节　热处理技术发展概述

当代热处理技术的发展，主要体现在清洁热处理、精密热处理、节能热处理和少无氧化热处理等方面。先进的热处理技术可大幅度提高产品质量和延长使用寿命，故热处理新技术、新工艺的研究和开发备受关注。

一、真空热处理

真空热处理是真空技术与热处理技术相结合的综合技术，是指在低于大气压力（通常10^{-3}~10^{-1} Pa）的环境中进行的热处理工艺。真空热处理几乎可实现全部热处理工艺，如淬火、退火、回火、渗碳、渗氮，在淬火工艺中可实现气淬、油淬、硝盐淬火、水淬等。真空热处理炉热效率高，可实现快速升温和降温，可实现无氧化、无脱碳，可去掉工件表面的磷屑，并有脱脂除气等作用，从而达到表面光亮净化的效果。一般来说，被处理的工件在炉内加热缓慢，内外温差较小，热应力小，因而变形小，产品合格率高；可显著提高工件的力学性能和使用寿命；自动化程度高，工作环境好，操作安全，没有污染和公害。

1. 真空高压气冷淬火技术

真空高压气冷淬火技术发展较快，相继出现了负压（$<1\times10^5$ Pa）高流率气冷、加压（1×10^5~4×10^5 Pa）气冷、高压（5×10^5~10×10^5 Pa）气冷、超高压（10×10^5~20×10^5 Pa）气冷等技术，不但大幅度提高了真空气冷淬火能力，且淬火后工件表面光亮度好，变形小，还有高效、节能、无污染等优点。真空高压气淬工艺具有加热和冷却速度自由控制的优点，可以编制不同的工艺参数，得到预想的金相组织和性能。

真空高压气冷淬火的用途是材料的淬火和回火，不锈钢和特殊合金的固溶、时效，离子渗碳和碳氮共渗，以及真空烧结，钎焊后的冷却和淬火。

2. 真空渗氮技术

真空渗氮是利用真空炉对钢铁零件进行整体加热、充入少量气体，在低压状态下产生活性氮原子渗入并向钢中扩散而实现硬化的。有人称之为真空排气式氮碳共渗，其特点是通过真空技术，使金属表面活性化和清净化。在加热、保温、冷却的整个热处理过程中，不纯的微量气体被排出，纯净氨气或复合气体（$NH_3+C_XH_Y+N_2O$）被送入，并对各种气体的送入量进行精确控制，炉压控制在0.667Pa（5Torr）。低压状态能加快工件表面的气体交换，保温3~5 h后，用炉内惰性气体进行快速冷却。不同的材质，经此处理后可得到渗层深为20~80 μm、硬度为600~1500HV的硬化层。

二、可控气氛热处理

可控气氛热处理是在成分可控制的炉气中进行的热处理。在无氧化热处理技术的发展趋势中，首推可控气氛热处理。其目的是为了有效地进行渗碳、碳氮共渗等化学热处理，或防止工件加热时的氧化、脱碳。还可用于低碳钢的光亮退火及中、高碳钢的光亮淬火。通过建立气体渗碳数学模型、计算机碳势优化控制及碳势动态控制，可实现渗碳层浓度分布的优化控制、层深的精确控制。成套可控气氛热处理设备可实现计算机管理，具有简单的菜单设计，友好的人机界面，自动化程度高，大大提高生产率。目前已经广泛用于汽车、拖拉机零件和轴承的热处理。

1. 氮基气氛保护热处理

氮基气氛是一种很有发展前途的可控气氛，用于保护热处理和化学热处理。氮基气氛用于保护处理可以达到少无氧化脱碳和光亮热处理，氮基气氛化学热处理可以减少内氧化等缺陷，提高化学热处理质量。氮基气氛还具有气源丰富、节约能源、成本低廉、安全性好、适应性强、污染少、不会产生氢脆，还可等温淬火等优点。

氮基气氛保护热处理可以采用箱式多用途炉、底装料立式多用途炉，也可采用井式多用途炉。氮基气氛保护热处理可以满足脱碳层≤0.075 mm 的要求。

氮基气氛保护热处理气氛炉气中主要是氮气，含氢在6%左右。由于氮基气氛保护淬火时炉气中氢含量较低，对钢件不会产生增氢。淬火试样氢含量比原材料有所下降，但仍有氢脆危险，只要及时回火即可避免氢脆危险，不必增加专门除氢处理工艺。另外氮基气氛热处理使用温度应控制在1050℃以下。

2. 高温渗碳技术

高温渗碳是渗碳技术发展趋势之一。一方面高温渗碳可以缩短渗碳时间，提高生产效率，另一方面高温渗碳可以解决不锈钢渗碳要求。普通渗碳炉最高使用温度为950℃，不锈钢渗碳要求在1000℃左右，为此要求使用高温渗碳炉，国内外已出现高温井式渗碳炉、高温箱式渗碳炉、高温底装立式多用炉等，采用耐高温氧探头进行碳势控制。低压渗碳技术的开发和完善为实现高温渗碳（1040℃）创造了条件。随着航空工业的发展，很多零件要求具有耐蚀耐温性能，又要求耐磨，必须采用不锈钢渗碳，可以使用真空渗碳工艺，也可使用气体高温渗碳工艺。

三、形变热处理

形变热处理是将塑性变形与热处理有机结合的复合工艺。它能同时发挥形变强化和相变强化的作用，提高材料的强韧性，而且还简化工序，降低成本，减少能耗和材料烧损。形变热处理一般可按照塑性变形温度分为两大类型：高温形变热处理和低温形变热处理，高温与低温区别是以奥氏体的再结晶温度为界限。

1. 高温形变热处理

将钢加热到奥氏体区内后进行塑性变形，然后立即淬火、回火的热处理工艺，又称高温形变淬火。例如热轧淬火、锻热淬火等。与普通热处理比较，此工艺能提高强度10%～30%，提高塑性40%～50%，韧性成倍提高。它适用于形状简单的零件或工具的热处理，如连杆、曲轴、模具和刀具。

2. 低温形变热处理

将钢加热到奥氏体区后急冷至 Ar_1 以下，进行大量塑性变形，随即淬火、回火的工艺，又称亚稳奥氏体的形变淬火。此工艺与普通热处理比较，在保持塑性、韧性不降低的情况下，大幅度提高钢的强度和耐磨性。这种工艺适用于具有较高淬透性、较长孕育期的合金钢。

低温形变热处理主要用于增强合金强度，但在改变合金塑性方面，效果不如高温形变热处理显著。其对象主要是变形度在70%～90%范围的中、高合金钢，低温形变热处理优点在于，与高温形变热处理相比，可获得高的强度和高的持久强度极限。由于在再结晶温度以下进行处理，故不存在因再结晶而降低强度的危险。因此，用很低的速率变形就可以得到最佳性能组织。

形变热处理主要受设备和工艺条件限制，应用还不十分普遍，对形状比较复杂的工件进行形变热处理尚有困难，形变热处理后对工件的切削加工和焊接也有一定影响。

四、贝氏体热处理

贝氏体等温淬火是近年来国内轴承行业研究的热点。贝氏体组织的突出特点是冲击韧性、断裂韧性、耐磨性、尺寸稳定性好，表面残余应力为压应力。

在铁路、轧机轴承生产中，由于套圈尺寸大、重量重，油淬火时马氏体组织脆性大，为使淬火后获得高硬度常采取强冷却措施，结果导致淬火微裂纹。而贝氏体淬火时，由于贝氏体组织比马氏体组织韧性好得多，同时表面形成高达400～500 MPa的压应力，极大地减小了淬火裂纹倾向；在磨加工时表面压应力抵消了部分磨削应力，使整体应力水平下降，大大减少了磨削裂纹。

GCr15钢贝氏体淬火研究发现，全贝氏体组织比常规淬火低温回火的马氏体组织冲击韧性提高3倍左右；比相同温度回火的马氏体组织冲击韧性提高30%～50%，断裂韧性提高20%；耐磨性低于淬火低温回火的马氏体组织，接近或略高于相同温度回火的马氏体组织。

贝氏体等温淬火加热设备基本采用了保护气氛或可控气氛，可以保证不脱碳，或根据需要进行复碳或渗碳，从而可以大大压缩热处理后的加工余量。

五、超细化热处理

在加热过程中使奥氏体的晶粒度细化到10级以上，然后再淬火，可以有效地提高钢的强度、韧性和降低韧脆转化温度。这种使工件得到超细化晶粒的工艺方法称为超细化热处理。

奥氏体细化过程是首先将工件奥氏体化后淬火，形成马氏体组织后又以较快的速度重新加热到奥氏体化温度，经短时间保温后迅速冷却。这样反复加热、冷却循环数次，每加热一次，奥氏体晶粒就被细化一次，使下一次奥氏体化的形核率增加。而且快速加热时未溶的细小碳化物不但阻碍奥氏体晶粒长大，还成为形成奥氏体的非自发核心。用这种方法可获得晶粒度为13～14级的超细晶粒，并且在奥氏体晶粒内还均匀分布着高密度的位错，从而提高材料的力学性能。例如将合金结构钢晶粒度从9级提高到15级后，其屈服强度从1150 MPa提高到1420 MPa，韧脆转变温度从-50℃降低到-150℃（调质状态）。

如采用加热速度在1000℃/s以上的高频脉冲感应加热、激光加热和电子束加热，能使金属表层获得很细的淬火组织，以至在30万倍电子显微镜下也难分辩。T8钢经加热速度1000℃/s，加热温度780℃的淬火处理，可得到15级超细晶粒，硬度在65HRC以上。

六、高能束表面改性热处理

高能束热处理是利用激光、电子束、等离子弧等高功率高能量密度能源加热工件的热处理工艺总称。

1. 激光热处理

激光热处理是利用激光器发射的高能激光束扫描工件表面，使表面迅速加热到高温，以达到局部改变表层组织和性能的热处理工艺。目前工业用激光器大多是二氧化碳激光器，因为它具有功率大（10～15 kW以上）、转换效率较高、能长时间连续工作等优点。

激光热处理可实现表面淬火、局部表面硬化和表面合金化，见表6-9。其优点是：

表6-9　几种主要激光表面改性方法的特点

工艺方法	功率密度 /$W\cdot cm^{-2}$	冷却速度 /$℃\cdot s^{-1}$	处理深度 /mm	特　　点
激光表面淬火	$10^3\sim10^5$	$10^4\sim10^5$	0.2～0.5	相变硬化，提高表面硬度和耐磨性
激光表面熔凝	$10^5\sim10^7$	$10^5\sim10^7$	0.2～1.0	在高功率密度激光束作用下，材料表面迅速熔化并激冷，获得极细晶粒组织，显著提高硬度和耐磨性
激光表面合金化	$10^4\sim10^6$	$10^4\sim10^6$	0.2～2	利用多种方法，将添加元素置于基材表面（或吹入合金化气体），在保护气氛下，激光将二者同时加热熔化，获得与基材冶金结合的特殊合金层

1）功率密度高，加热、冷却速度极快，无氧化脱碳，可实现自激冷淬火。

2）应力和变形小，表面光亮，不需再进行表面精加工。

3）可以在零件选定表面局部加热，解决拐角、沟槽、不通孔底部、深孔内壁等一般热处理工艺难以解决的强化问题。

4）生产效率高，易实现自动化，无需淬火冷却介质，对环境无污染。

激光表面淬火是激光表面强化领域中最成熟的技术，已得到广泛应用。例如汽车转向器壳体采用激光表面淬火，获得宽度为1.52～2.54 mm，深度为0.25～0.35 mm，表面硬度为64HRC的四条淬火带。处理后使用寿命提高10倍，费用仅为高频感应淬火和渗氮处理的1/3。

2. 电子束热处理

电子束热处理是利用电子枪发射的电子束轰击金属表面，将能量转换为热能进行热处理的方法。电子束在极短时间内以密集能量（可达$10^6\sim10^8$ $W\cdot cm^{-2}$）轰击工件表面而使表面温度迅速升高，利用自激冷作用进行冲击淬火或进行表面熔铸合金。例如42CrMo钢电子束表面淬火，当电子功率为1.8 kW时，其淬硬层深度达1.55 mm，表面硬度为606HV。

电子束加热工件时，表面温度和淬硬深度取决于电子束的能量大小和轰击时间。实验表明，功率密度越大，淬硬深度越深，但轰击时间过长会影响自激冷作用。

电子束热处理的应用与激光热处理相似，其加热效率比激光高，但电子束热处理需要在真空下进行，可控制性也差，而且要注意X射线的防护。

3. 离子热处理

离子热处理是利用低真空中稀薄气体的辉光放电产生的等离子体轰击工件表面，使工件表面成分、组织和性能改变的热处理工艺。

（1）离子渗氮　离子渗氮是在低于一个大气压的渗氮气氛中利用工件（阴极）和阳极之间产生的辉光放电进行渗氮的工艺。常在真空炉内进行，通入氨气或氮、氢混合气体，炉压在133～1066 Pa。接通电源，在阴极（工件）和阳极（真空器）间施加400～700 V直流电压，使炉内气体放电，在工件周围产生辉光放电现象，并使电离后的氮正离子高速冲击工件表面，获得电子还原成氮原子而渗入工件表面，并向内部扩散形成渗氮层。

例如，38CrMoAl钢采用温度520～550℃、时间8～15 h、炉压266～532 Pa的工艺进行离子渗氮后，表面硬度达888～1164HV，渗氮层深度为0.35～0.45 mm。

离子渗氮的优点是速度快，在同样渗层厚度的情况下仅为气体渗氮所需时间的1/3～1/4。渗氮层质量好、节能，而且无公害、操作条件良好，目前已得到广泛应用。例如30Cr3WA钢制造的球面垫圈、蜗杆等零件，经过离子渗氮处理效果良好。缺点是零件复杂或截面悬殊时很难同时达到同样的硬度和深度。

（2）离子渗碳　离子渗碳是将工件装入温度在900℃以上的真空炉内，在通入碳化氢的减压气氛中加热，同时在工件（阴极）和阳极之间施加高压直流电，产生辉光放电使活化的碳被离子化，在工件附近加速而轰击工件表面进行渗碳。

离子渗碳的硬度、疲劳强度和耐磨性等力学性能比传统渗碳方法高，渗速快，渗层厚度及碳浓度容易控制，不易氧化，表面洁净。

根据同样离子轰击热处理还可以进行离子碳氮共渗、离子渗金属等，具有很大的发展前途。

（3）离子注入　离子注入是在高能量离子轰击下强行注入金属表面，以形成极薄具有特殊功能渗层的技术。在离子源形成的离子经过聚焦加速，形成离子束，并由质量分离器分离出所需离子，然后经过偏转、扫描等过程，对注入室内的工件（基极）进行轰击，形成合金渗层。整个过程在1.3×10^{-3} Pa的真空度下进行。试样的离子注入量可通过离子束电流和照射时间来测定。

离子注入技术在提高工程材料的表面硬度、耐磨性、疲劳抗力及耐蚀性等方面都有应用。例如，将N、C、B等元素注入到钢铁、有色金属及各种合金中，当离子注入量大于$10^{17}/cm^2$时，可提高硬度10%～100%，甚至更高。钢中注入$2.8\times10^{16}/cm^2$的Sn^+时，摩擦系数从0.3降到0.1左右。38CrMoAlA渗氮钢注入N、C、B后磨损率减少达90%。当钢离子注入Ce、Hf、Zr、Nb或其他能稳定氧化物的活性元素后，能大大提高耐蚀性。

七、Q&P控制组织技术

2003年美国科罗拉多矿业大学的John. G. Speer团队开发了一种新工艺。不同于传统的淬火与回火，这种新的热处理方法是：将处于两相区或完全奥氏体化的钢在$Ms\sim Mf$之间淬火，然后在该温度或高于此温度等温，使过饱和马氏体中的碳分配到残留奥氏体中，在随后的冷却过程中增加奥氏体的稳定性，即淬火与分配工艺（Quenching and Partitioning），简记为Q&P。

在Q&P中，添加适当的合金元素，抑制碳化物的析出，在足够的时间下，使碳从马氏体束或板条中扩散到未转变的奥氏体中，增加碳浓度，提高稳定性。这种工艺可以获得强韧性高的马氏体和数量多的稳定残留奥氏体，从而使材料强韧性和强塑性显著提高。

在Si－Cr－V系、Cr－V系和Cr－Mo－V系弹簧钢的Q&P改进工艺、强韧化机理以及实际应用方面进行了较为系统的研究工作表明，通过淬火－等温回火后的材料具有优异的强韧性和强塑性配合。

复习思考题

1. 过冷奥氏体的转变产物有哪几种类型？比较这几种转变类型的异同点。
2. 亚共析钢热处理时，快速加热可显著提高屈服强度和冲击韧性，为什么？
3. 共析钢加热到奥氏体后，以各种速度连续冷却，能否得到贝氏体组织，采取什么方法可获得贝氏体组织？
4. 共析钢的等温转变图和冷却曲线如图6-34所示，指出各点处的组织。
5. 正火与退火的主要区别是什么，如何选用？
6. 淬透性和淬硬性、淬透层深度有何区别？
7. 用T10钢制造形状简单的车刀，其工艺路线为

锻造→热处理①→机械加工→热处理②→磨加工

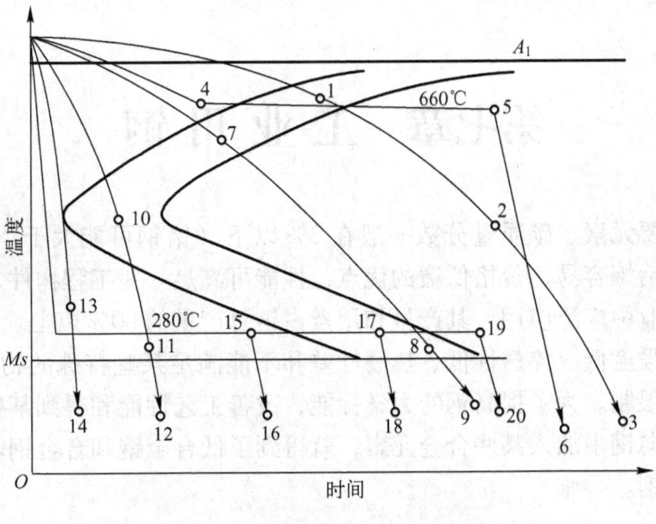

图 6-34 共析钢的等温转变图和冷却曲线

(1) 写出①②热处理工序的名称并指出各热处理工序的作用；

(2) 指出最终热处理后的显微组织及大致硬度。

8. 确定下列钢件的退火方法，并指出退火目的及退火后的组织：

(1) 经冷轧后的 15 钢钢板，要求降低硬度；

(2) ZG270－500 的铸造齿轮；

(3) 锻造过热的 60 钢锻坯；

(4) 具有片状渗碳体的 T12 钢坯。

9. 某型号柴油机的凸轮轴，要求凸轮表面有高的硬度（>50HRC），而心部具有良好的韧性（KU_2>40J），原采用 45 钢调质处理再在凸轮表面进行高频淬火，最后低温回火，现因工厂库存的 45 钢已用完，只剩 15 钢，拟用 15 钢代替。试说明：

(1) 原 45 钢各热处理工序的作用；

(2) 改用 15 钢后，仍按原热处理工序进行能否满足性能要求？为什么？

(3) 改用 15 钢后，为达到所要求的性能，在心部强度足够的前提下应采用何种热处理工艺？

10. 有两个碳质量分数为 1.2% 的碳钢薄试样，分别加热到 780℃和 860℃并保温相同时间，使之达到平衡状态，然后以大于 v_k 的冷却速度冷至室温。试问：

(1) 哪个温度加热淬火后马氏体晶粒较粗大？

(2) 哪个温度加热淬火后马氏体碳含量较多？

(3) 哪个温度加热淬火后残留奥氏体量较多？

(4) 哪个温度加热淬火后未溶碳化物较少？

(5) 你认为哪个温度淬火合适？

11. 指出下列工件的淬火及回火方法，并说明其回火后获得的组织和大致的硬度：

(1) 45 钢小轴（要求综合力学性能）；

(2) 60 钢弹簧；

(3) T12 钢锉刀。

12. 甲、乙两厂生产同一零件，均选用 45 钢，硬度要求 220～250HBW，甲厂采用正火，乙厂采用调质处理，均能达到硬度要求，试分析甲、乙两厂产品的组织和性能差别。

第七章　工业用钢

钢是指以铁为主要元素、碳质量分数一般在2%以下（铬钢可能大于2%），并含有其他元素的材料。碳钢具有冶炼容易、价格低廉的优点，性能可满足一般工程构件、普通机械零件和工具的使用要求，在工业中广泛应用，其产量和用量占钢总产量的80%以上。

但是碳钢存在着强度低、淬透性低、热硬性差和不能满足某些特殊的物理化学性能等缺点，因而其应用受到一定限制。为了提高钢的力学性能，改善工艺性能和得到某些特殊的物理化学性能，炼钢时有目的地向钢中加入某些合金元素，就得到了低合金钢和合金钢。习惯上把低合金钢和合金钢统称为合金钢。

第一节　钢的分类和牌号

一、钢的分类

按照国家标准 GB/T 13304.1—2008《钢分类　第1部分按化学成分分类》，钢按化学成分分为非合金钢、低合金钢和合金钢三大类，其中的合金元素含量需符合规定界限值。GB/T 13304.2—2008 规定了三大类钢按主要质量等级和主要性能或使用特性分类的基本原则和要求。

非合金钢是铁碳合金，其中含有少量有害杂质元素（硫、磷等）和在脱氧过程中引入的一些元素（硅、锰等）。这类钢习惯上称为碳钢。根据钢的碳含量，碳钢可分为低碳钢（$w_C \leq 0.25\%$）、中碳钢（w_C为0.25%～0.6%）和高碳钢（$w_C \geq 0.6\%$）。

低合金钢是在非合金钢的基础上加入少量合金元素（一般质量分数<3.5%），用以提高钢的性能。

合金钢是为了改善钢的某些性能而特意加入一定量合金元素的钢。按合金元素质量分数可分为低合金钢（<5%）、中合金钢（5%～10%）和高合金钢（>10%）。按合金元素种类又可分为铬钢、锰钢、铬镍钢、铬钼钢、铬锰钢、硅锰钢、硅锰钼钒钢和铬镍钼钢等。

另外，还有几种分类方法：

1）按照质量等级，钢可分为普通质量钢（S、P质量分数最高值≥0.040%）、优质钢和特殊质量钢（S、P质量分数最高值≤0.025%）三类。需注意的是合金钢无普通质量级，只有后两类。

2）按照用途，钢可分为结构钢、工具钢和特殊性能钢三大类。结构钢又分为工程构件用钢和机器零件用钢。工具钢分为刃具钢、模具钢和量具钢。特殊性能钢主要是不锈钢和耐热钢，用于各种特殊要求的场合，如化工用的不锈耐酸钢、核电站用的耐热钢等。

3）按正火后的金相组织，钢可分为珠光体钢、贝氏体钢、马氏体钢、铁素体钢、奥氏体钢和莱氏体钢（最典型的是高速工具钢）。

4）按冶炼时脱氧程度，可将钢分为沸腾钢（脱氧不完全）、半镇静钢（脱氧较完全）、镇静钢（脱氧完全）和特殊镇静钢（进行特殊脱氧）四类，分别在牌号尾部以F、b、Z、TZ表示，但镇静钢、特殊镇静钢表示符号通常可以省略。

二、钢的牌号

根据 GB/T 221—2008《钢铁产品牌号表示方法》，我国钢铁产品牌号通常采用大写汉语拼音字母、化学元素符号和阿拉伯数字相结合的方法表示。采用汉语拼音字母表示产品的名称、用途、特性和工艺方法时，一般从产品名称中选取有代表性的汉字的汉语拼音的首位字母，加在牌号首部或尾部。注意产品牌号中的元素含量是用质量分数表示的。

常用钢产品的牌号表示方法见表 7-1。

表 7-1 常用钢产品的牌号表示方法

产品		牌号举例	表示方法说明
结构钢	碳素结构钢 低合金结构钢	Q235AF Q390E	Q 代表屈服强度，其后数字表示最低屈服强度值，必要时数字后面标出质量等级（A、B、C、D、E）和脱氧程度符号（F、b）
	优质碳素结构钢	08F 45 50MnE	前两位数字表示平均碳含量的万分数；锰含量较高（0.70%～1.20%）的钢在数字后标出“Mn”，脱氧方法也在数字后标出。若为高级优质钢或特级优质钢，则在钢号后标“A”或“E”
	合金结构钢	20Cr 40CrNiMoA 60Si2Mn	前两位数字表示平均碳含量的万分数；其后为主要合金元素符号及其平均含量的百分数，若含量＜1.5%则不标，若含量≥1.5%，≥2.5%…则相应以 2，3…标出。若为高级优质钢或特级优质钢，则在钢号后标“A”或“E”
	高碳铬轴承钢	GCr15 GCr15SiMn	G 代表滚动轴承钢，碳含量不标出，Cr 含量以千分数标出；其他合金元素及含量表示同合金结构钢
	铸钢	ZG270-500 ZGD410-620	ZG 代表碳素铸钢，ZGD 代表低合金铸钢；其后第一组数字表示最低屈服强度值，第二组数字表示最低抗拉强度值
	高锰耐磨钢	ZG120Mn13Cr2	ZG 代表铸钢，其后数字表示平均碳含量的万分数，最后为主要合金元素符号及其平均含量的百分数
	易切削结构钢	Y12，Y45Mn Y15Pb Y45Ca	Y 代表易切削钢，其后数字表示平均碳含量的万分数。含易切削元素铅、钙、锡的钢在牌号尾部加符号 Pb、Ca、Sn；硫系易切削钢通常不加符号 S，但 Mn 含量较高者在最后加符号 Mn
工具钢	碳素工具钢	T12，T8Mn，T8A	T 代表碳素工具钢，其后数字表示平均碳含量的千分数，锰含量较高者在数字后标出“Mn”，高级优质钢标出“A”
	合金工具钢	9SiCr CrWMn 5Cr06NiMo	当平均碳含量≥1.0%时不标，＜1.0%时以千分数标出。合金元素表示方法基本与合金结构钢相同。低 Cr（平均 Cr 含量＜1%）的合金工具钢在 Cr 含量（千分数）前加数字“0”
	高速工具钢	W18Cr4V CW6Mo5Cr4V3	一般不标碳含量，只标合金元素及含量，方法同合金结构钢。为区别牌号可在牌号头部加“C”表示高碳高速工具钢
不锈钢和耐热钢		06Cr19Ni10N 12Cr18Ni9 20Cr13 022Cr18Ti	前两位或三位数字分别表示碳含量的万分之几或十万分之几。只规定碳含量上限者，当碳含量上限≤0.10%时，以其上限的 3/4 表示碳含量；当碳含量上限＞0.10%时，以其上限的 4/5 表示碳含量；规定上、下限者，以平均碳含量×100 表示。对超低碳不锈钢（碳含量≤0.030%），用三位数字表示碳量最佳控制值（以十万分之几计）。合金元素及含量表示方法基本同合金结构钢（注意钢中有意加入的 Nb、Ti、Zr、N 等合金元素，虽然含量很低，也应标出）

需要指出的是，结构钢也有按其使用行业分类的，称为专用结构钢，如汽车用钢、桥梁用钢、钢筋钢和焊接用钢等。这类钢为表示钢的用途、特性等在牌号头或尾部附以字母，部分表示符号见表 7-2。

表 7-2　部分专用结构用钢的表示符号及牌号示例

名　称	符号	位置	牌号示例	名　称	符号	位置	牌号示例
焊接用钢	H	头	H08A	高碳铬不锈轴承钢	G	头	G95Cr18
钢轨钢	U	头	U70MnSi	耐候钢	NH	尾	Q235NH
冷镦钢（铆螺钢）	ML	头	ML30CrMo	锅炉和压力容器用钢	R	尾	Q345R、15CrMoR
预应力混凝土用螺纹钢筋	PSB	头	PSB830	低温压力容器用钢	DR	尾	16MnDR
焊接气瓶用钢	HP	头	HP345	桥梁用钢	Q	尾	Q420q
车辆车轴用钢	LZ	头	LZ45	汽车大梁用钢	L	尾	440L
机车车辆用钢	JZ	头	JZ45	矿用钢	K	尾	20MnK
非调质机械结构钢	F	头	F35VS				

第二节　合金元素在钢中的作用

合金元素对钢的相变、组织和性能的影响取决于它们与钢中的铁或碳的相互作用。

一、合金元素对钢中基本相的影响

铁素体和渗碳体是碳钢中的两个基本相，合金元素加入钢中时，可以溶于铁素体内，也可以溶于渗碳体内。非碳化物形成元素如镍、硅、铝、钴等及与碳亲和力较弱的碳化物形成元素如锰，主要溶于铁素体中，形成合金铁素体。碳化物形成元素如锆、铌、钛、钒、钨、钼、铬等，可以溶于渗碳体形成合金渗碳体，也可以直接和碳结合形成特殊合金碳化物。

1. 形成合金铁素体

合金元素溶于铁素体中，由于与铁的晶格类型和原子半径不同而造成晶格畸变，从而提高塑性变形抗力，产生固溶强化效果。图 7-1 和图 7-2 所示为几种合金元素对铁素体的硬度和冲击韧度的影响。由图可见，硅、锰能显著提高铁素体的硬度，当 $w_{Si}<0.6\%$、$w_{Mn}<1.5\%$ 时，对冲击韧度的影响不大。铬、镍在适当的含量范围内（$w_{Cr}<2\%$、$w_{Ni}<5\%$），不但能提高铁素体的硬度，而且能提高其冲击韧度。为此，在合金结构钢中，为了获得良好的强化效果，对铬、镍、硅、锰等合金元素要控制在一定的含量范围内。

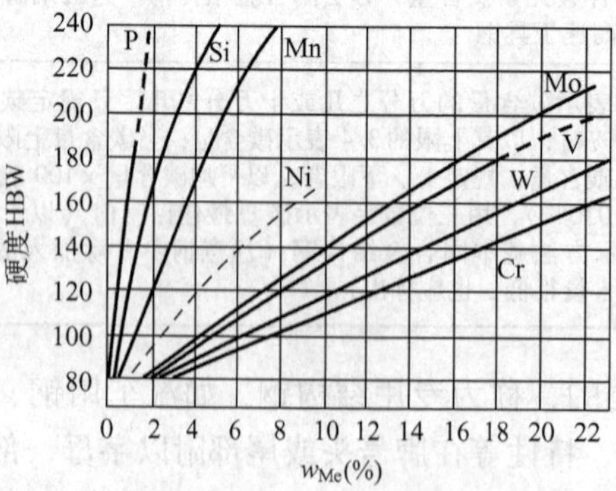

图 7-1　合金元素对铁素体硬度的影响

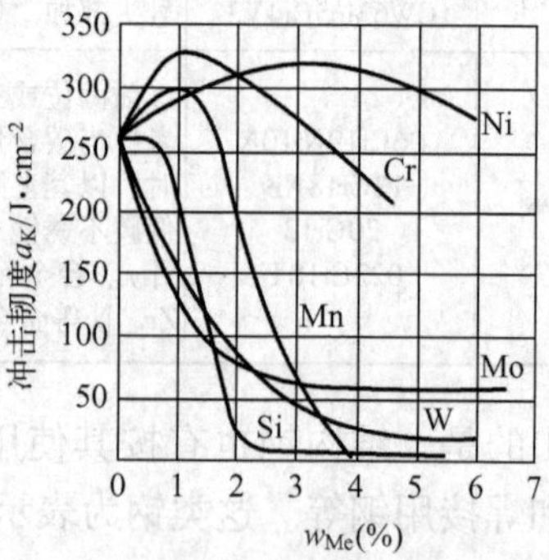

图 7-2　合金元素对铁素体冲击韧度的影响

2. 形成碳化物

作为碳化物形成元素，在元素周期表中都是位于铁以左的过渡族金属，越靠左，则d层电子数越少，形成碳化物的倾向越强。按形成碳化物的稳定程度，可将合金元素按由强至弱的顺序排列成钛、锆、铌、钒、钨、钼、铬、锰、铁。

锰是弱碳化物形成元素，与碳的亲和力比铁强，能溶于渗碳体中形成合金渗碳体（Fe, Mn)$_3$C，这种碳化物的熔点较低、硬度较低、稳定性较差。

铬、钼、钨属于中强碳化物形成元素，既能形成合金渗碳体，如（Fe，Cr)$_3$C 等，又能形成各自的特殊碳化物，如 Cr_7C_3、$Cr_{23}C_6$、MoC、WC 等，这些碳化物的熔点、硬度、耐磨性以及稳定性都比渗碳体高。

铌、钒、钛是强碳化物形成元素，它们在钢中优先形成特殊碳化物，如 NbC、VC、TiC 等。它们的稳定性最高，熔点、硬度和耐磨性也最高。

二、合金元素对铁碳合金相图的影响

合金元素的加入对铁碳合金相图的相区、相变温度和共析点等都有影响。

合金元素会使奥氏体相区扩大或缩小。镍、锰、碳、氮等元素的加入都会使奥氏体相区扩大，是奥氏体形成元素，特别以镍、锰的影响更大。图 7-3a 所示为 Mn 对铁碳合金相图的影响。铬、钼、硅、钨等元素使奥氏体相区缩小，是铁素体形成元素。图 7-3b 所示为 Cr 对相图的影响。

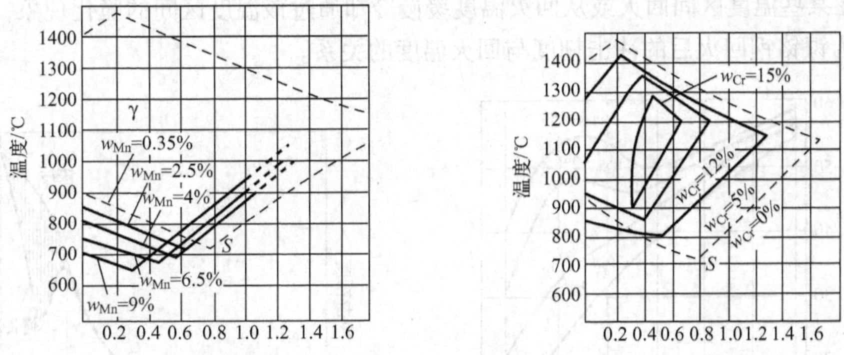

图 7-3　Mn、Cr 对铁碳合金相图的影响

由图 7-3 可见，随着 Mn 含量的增加，共析转变温度和共析成分向低温、低碳方向移动。因此，当 Mn 含量相当高时，由于扩大奥氏体区的结果，有可能在室温下形成单相奥氏体钢；而随着 Cr 含量的增加，其共析温度和共析成分向高温、低碳方向移动，因此，当 Cr 含量相当高时，由于缩小奥氏体区的结果，有可能在室温下形成单相铁素体钢。此外，由于合金元素使铁碳合金相图的 *S* 点和 *E* 点的含碳量降低，从而使钢中的组织与含碳量之间的关系发生变化。

三、合金元素对钢热处理的影响

如第六章所述，合金元素对钢在加热时奥氏体化及过冷奥氏体分解过程都有着重要的影响。此外，合金元素对回火转变也会产生一定的影响。

将淬火后的合金钢进行回火时，其回火过程的组织转变与碳钢相似，但由于合金元素的加入，使其在回火转变时具有如下特点：

1. 提高钢的耐回火性

淬火钢件在回火时，组织分解和转变快慢的程度称为耐回火性。不同的钢在相同温度回火后，强度、硬度下降少的其耐回火性较高。

由于合金元素阻碍了马氏体分解和碳化物聚集长大过程，使回火的硬度降低过程变缓，从而提高了钢的耐回火性。由于合金钢的耐回火性比碳钢高，若要求得到同样的回火硬度时，则合金钢的回火温度就比同样含碳量的碳钢高，回火的时间也长，内应力消除得好，钢的塑性和韧性指标就高。而当回火温度相同时，合金钢的强度、硬度都比碳钢高。图 7-4 所示为 w_C 为 0.35% 的钢中加入不同含量的钼，经淬火后回火时的硬度变化情况。

2. 产生二次硬化

当含钨、钼、钒、钛量较高的淬火钢，在 500～600℃ 温度范围回火时，其硬度并不降低，反而升高，这种在回火时硬度升高的现象称为二次硬化。图 7-4 表明 w_{Mo} 大于 2% 的钢产生二次硬化的情况。这是因为含上述合金元素较多的合金钢，在该温度范围内回火时，将析出细小、弥散的特殊碳化物，如 Mo_2C、W_2C、VC、TiC 等，这类碳化物硬度很高，在高温下也非常稳定，难以聚集长大，能有效地阻碍位错运动，具有高温强度。如具有高热硬性的高速钢就是靠这种特性来实现的。

另外，将淬火合金钢加热至 500～600℃ 回火，在冷却过程中由部分残留奥氏体转变为马氏体，从而增加钢的硬度，这种现象称为“二次淬火”（或也称二次硬化）。

3. 产生回火脆性

淬火钢在某些温度区间回火或从回火温度缓慢冷却通过该温度区间的脆化现象，称为回火脆性。图 7-5 为镍铬钢回火后的冲击韧度与回火温度的关系。

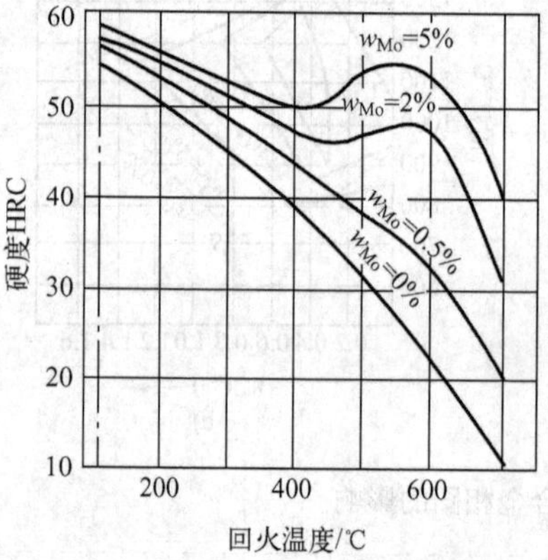

图 7-4 w_C 为 0.35% 的钢中加入不同含量的 Mo 对回火硬度的影响

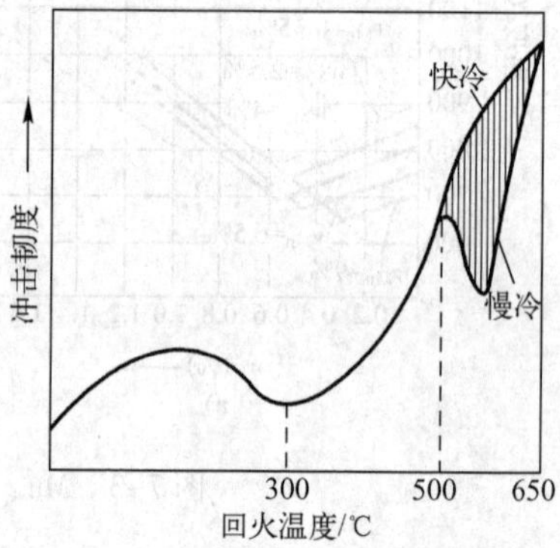

图 7-5 合金钢回火脆性示意图

钢淬火后在 300℃ 左右回火时产生的回火脆性称为第一类回火脆性。无论碳钢或合金钢，都可能发生这种脆性，并且它与回火后的冷却方式无关。这种回火脆性产生后无法消除。为了避免第一类回火脆性的发生，一般不在 250～350℃ 温度范围内回火。

含有铬、锰、铬－镍等元素的合金钢淬火后，在脆化温度区（400～550℃）回火，或经更高温度回火后缓慢冷却通过脆化温度区所产生的脆性，称为第二类回火脆性。它与某些杂质元素在原奥氏体晶界上偏聚有关。这种偏聚容易发生在回火后缓慢冷却的过程中，最容易发生在含铬、锰、镍等合金元素的合金钢中。如果回火后快冷，杂质元素便来不及在晶界上偏聚，就不易发生这类回火脆性。当出现第二类回火脆性时，可将其加热至 500～600℃ 经保温后快冷，即可消除回火脆性。对于不能快冷的大型结构件或不允许快冷的精密零件，应选用含有适量钼和钨的合金钢，能有效防止第二类回火脆性的发生。

第三节　钢中常存杂质元素的影响

实际使用的钢或多或少包含一些杂质元素，这是因原料带入或冶炼生产过程中产生但又不可能完全除尽而造成的。钢中常存的杂质元素有硅、锰、硫和磷四种。

一、锰的影响

锰是炼钢时用锰铁脱氧后而残留在钢中的。锰的脱氧能力较好，能清除钢中的FeO，降低钢的脆性。锰还能与硫化合成MnS，减轻硫的有害作用，改善钢的热加工性能。锰在钢中是一种有益的元素，作为杂质元素时其质量分数通常<0.8%。在室温下锰大部分溶于铁素体中，形成置换固溶体，并使铁素体强化从而提高钢的强度。

二、硅的影响

硅主要来源于原料生铁和硅铁脱氧剂。硅的脱氧能力比锰强，可以有效消除FeO，改善钢的品质。硅在钢中也是一种有益的元素，在碳钢中硅质量分数通常<0.4%。硅与锰一样，大部分溶于铁素体中，能提高钢的强度、硬度，但会降低塑性、韧性。有一部分硅则存在于硅酸盐夹杂中。当含硅量不多时，对钢的性能影响不显著。

三、硫的影响

杂质硫主要来源于矿石和燃料。硫在钢中是有害元素。固态下硫不溶于铁，而以FeS的形式存在。FeS会与Fe形成低熔点共晶体，并分布于奥氏体晶界上。当钢材在1000~1200℃压力加工时，由于FeS-Fe共晶体（熔点只有989℃）已经熔化，并使晶粒脱开，钢材将变得极脆，这种现象称为“热脆”。为此，钢中含硫量必须严格控制。

在钢中增加含锰量，可消除硫的有害作用。Mn能与S形成熔点为1620℃的MnS，而且MnS在高温时具有塑性，因此可以避免热脆现象。

四、磷的影响

磷主要是由矿石带到钢中的。磷也是一种有害杂质。一般磷在钢中能全部溶于铁素体中，提高铁素体的强度、硬度。但由于与铁形成极脆的化合物Fe_3P，使室温下钢的塑性、韧性急剧降低，并使韧脆转变温度有所提高，这种现象称为“冷脆”。磷的存在还使钢的焊接性变坏。因此钢中含磷量要严格控制。

第四节　结　构　钢

用来制造工程构件和机器零件的钢称为结构钢。它是工业用钢中用途最广、用量最大的一类钢。工程构件用钢包括建筑工程用钢、桥梁工程用钢、船舶工程用钢和车辆工程用钢等，它们主要是低碳的碳素结构钢和低合金高强度钢。机器零件用钢包括调质钢、弹簧钢、滚动轴承钢、渗碳和渗氮钢等。对结构钢的性能要求为：使用性能以强韧性为主，工艺性能以焊接性、淬透性为主。

一、碳素结构钢和低合金结构钢

这两类钢主要是用来制造工程结构件。低合金结构钢又称低合金高强度结构钢，它是在碳素结构钢的基础上加入少量合金元素发展起来的具有较高强度的工程结构钢。在某些场合用低合金高强度结构钢代替碳素结构钢可减轻构件重量20%以上，保证使用可靠、耐久。

1. 用途

主要用于工程构件，如建筑、桥梁和船舶等，低合金高强度钢还广泛用于压力容器、锅炉和大型钢结构等。少量碳素结构钢用于螺钉、螺母、键和销等普通零件。它们通常以热轧钢板、钢带、钢管、型钢和棒钢等供应，可供焊接、铆接等构件使用。

2. 性能特点

具有良好的塑性、韧性和一定的强度，同时有良好的加工工艺性能、焊接性能和冷变形成形性能。低合金高强度结构钢不仅强度显著高于相同碳含量的碳素结构钢，还具有更好的耐蚀性和更低的韧脆转变温度，这对在北方高寒地区使用的构件及运输工具（例如车辆、容器、桥梁）具有十分重要的意义。

3. 化学成分特点

（1）低碳　碳质量分数一般<0.25%，以保证其韧性、焊接性能及冷成形性能。

（2）低合金　低合金高强度结构钢中合金元素质量分数一般<3%。主加元素Mn能固溶强化铁素体。辅加元素Ti、V、Nb等形成微细碳化物，起细化晶粒和弥散强化的作用，进一步提高钢的强韧性。另外加Cu、P可提高耐蚀性；微量RE可提高韧性、疲劳极限，降低韧脆转变温度。

4. 常用钢种

碳素结构钢共分四个强度等级，其牌号、化学成分、力学性能及用途见表7-3。从这类钢的牌号中，可以直接知道钢的屈服强度、质量等级和脱氧程度，用起来很方便。例如，Q235AF钢为 R_{eH}≥235 MPa、质量等级A（S、P杂质较多）、脱氧不充分的沸腾钢。

表7-3　碳素结构钢的牌号、化学成分、力学性能及用途（摘自GB/T 700—2006）

牌号	等级	化学成分 w(%)(≤)			脱氧方法	力学性能			用途举例
		C	S	P		R_{eH}/MPa (≥)	R_m/MPa	A(%) (≥)	
Q195	—	0.12	0.040	0.035	F、Z	195	315~430	33	塑性好、强度低，用于承受载荷不大的构件，如螺钉、螺母、垫圈、钢窗、地脚螺钉、冲压件及焊接件
Q215	A	0.15	0.050	0.045	F、Z	215	335~450	31	
	B		0.045						
Q235	A	0.22	0.050	0.045	F、Z	235	370~500	26	钢板、钢筋、型钢、螺栓、螺母、轴、吊钩和自行车架等，C、D可用作重要焊接件
	B	0.20	0.045						
	C	0.17	0.040	0.040	Z				
	D		0.035	0.035	TZ				
Q275	A	0.24	0.050	0.050	F、Z	275	410~540	22	强度更高，用于制造承受中等载荷的零件，如键、销、转轴、拉杆、链轮和链环片
	B	0.21	0.045	0.045	Z				
	C	0.20	0.040	0.040	Z				
	D		0.035	0.035	TZ				

注：试样厚度（或直径）≤16 mm，若试样厚度增加，则 R_{eH} 和 A 会相应降低。

低合金高强度结构钢的屈服强度值大于300MPa，其常用牌号、力学性能及用途见表7-4。

这类钢的质量等级有 A ~ E 五级，E 级钢质量最好。同质量等级符号的低合金高强度结构钢杂质含量比碳素结构钢更低。另外，低合金高强度结构钢都是镇静钢或特殊镇静钢，其牌号中没有表示脱氧方法的符号，如 Q345C。

表 7-4 常用低合金高强度结构钢的牌号、性能及用途（摘自 GB/T 1591 - 2008）

牌号（等级）	厚度或直径 /mm	力学性能				用途
		R_{eL}/MPa (≥)	R_m /MPa	A (%)	KV_2/J (≥)	
Q345（A ~ E）	<16 16 ~ 40 40 ~ 63 63 ~ 80 80 ~ 100	345 335 325 315 305	470 ~ 630	21 ~ 22	34	桥梁、船舶、铁路车辆、管道锅炉、中低压力容器、石油储罐、起重机械、矿山机械、电站设备、厂房钢架等
Q390（A ~ E）	<16 16 ~ 40 40 ~ 63 63 ~ 80 80 ~ 00	390 370 350 330 330	490 ~ 650	19 ~ 20	34	中高压石油化工容器、大型船舶、桥梁、起重机械、各种大中型焊接结构件等
Q420（A ~ E）	<16 16 ~ 40 40 ~ 63 63 ~ 80 80 ~ 100	420 400 380 360 360	520 ~ 680	18 ~ 19	34	大型船舶、桥梁、电站设备、起重机械、机车车辆、中高压锅炉及容器、大型焊接结构件等
Q460（C、D、E）	<16 16 ~ 40 40 ~ 63 63 ~ 80 80 ~ 100	460 440 420 400 400	580 ~ 720	17	34	中温高压容器（<120℃）、锅炉、化工、石油高压厚壁容器（<100℃）、可淬火加回火后用于大型挖掘机、起重运输机械、钻井平台等

注：1. 质量等级 A、B（w_S、$w_P \leq 0.035\%$），C（w_S、$w_P \leq 0.030\%$），D（$w_S \leq 0.025\%$、$w_P \leq 0.030\%$），E（$w_S \leq 0.020\%$、$w_P \leq 0.025\%$）。

2. Q460 级钢和各牌号 D、E 级钢一般不供应型钢、钢棒。

Q345（16Mn）是应用最早的低合金高强度结构钢。后来发展了强度更高的低碳贝氏体钢，即加入能显著推迟珠光体转变而对贝氏体转变影响很小的元素，如 Mo、微量 B 等，保证空冷（正火）时得到大量下贝氏体组织。如 Q460（14MnMoVBRE），可用于锅炉和石化中温高压容器等。

5. 热处理特点

常在热轧空冷态下直接使用，组织为铁素体加细珠光体。焊接后一般不再热处理。对较为重要、性能要求较高的零构件可进行正火、正火 + 高温回火或淬火加回火处理。

二、优质碳素结构钢

这类钢必须同时保证钢的化学成分和力学性能。其所含 S、P 杂质含量低，夹杂物也少，化学成分控制较严格，质量很好。因此常用于制造重要零件，一般通过热处理调整零件的力学性能。出厂状态可以是热轧后空冷，也可以是退火、正火等状态，随用户需要而定。

现行国标中优质碳素结构钢总共有 31 个钢号，含有低碳钢、中碳钢和高碳钢，其牌号、力学性能及用途见表 7-5。这类钢中有三个钢号是沸腾钢，如 08F。另外，这类钢中有些为提高性能，锰的含量超出一般规定的锰杂质含量，其钢号尾部标有元素符号 Mn，如 65Mn。这类钢仍属于优质碳素结构钢，不要误认为是合金钢。

表 7-5　优质碳素结构钢的牌号、力学性能及用途（摘自 GB/T 699—1999）

牌号	化学成分 w(%)			力学性能（≥）					性能特点和用途
	C	Si	Mn	R_m /MPa	$R_{p0.2}$ /MPa	A (%)	Z (%)	KU_2 /J	
08F	0.05～0.11	≤0.03	0.25～0.50	295	175	35	60	—	强度、硬度低，塑性、韧性高，冷加工性和焊接性优良，切削加工性欠佳，热处理强化效果不显著。碳含量较低的如08F常轧制成钢板，用于深冲压和深拉延制品，如汽车外壳、搪瓷制品。碳含量较高的可用来制造各种标准件、轴套、容器等，也可用作渗碳钢制造表硬心韧的中小尺寸的耐磨零件，如齿轮、凸轮、销轴、摩擦片、水泥钉等
10F	0.07～0.13	≤0.07	0.25～0.50	315	185	33	55	—	
15F	0.12～0.18	≤0.07	0.25～0.50	355	205	29	55	—	
08	0.05～0.11	0.17～0.37	0.35～0.65	325	195	33	60	—	
10	0.07～0.13	0.17～0.37	0.35～0.65	335	205	31	55	—	
15	0.12～0.18	0.17～0.37	0.35～0.65	375	225	27	55	—	
20	0.17～0.23	0.17～0.37	0.35～0.65	410	245	25	55	—	
25	0.22～0.29	0.17～0.37	0.50～0.80	450	275	23	50	71	
30	0.27～0.34	0.17～0.37	0.50～0.80	490	295	21	50	63	综合力学性能好，热塑性加工性和切削加工性较差，冷变形能力和焊接性中等。多在调质或正火状态下使用，还可用于表面硬化处理以提高疲劳性能和表面耐磨性。如传动轴、发动机连杆、机床齿轮等。以45应用最广
35	0.32～0.39	0.17～0.37	0.50～0.80	530	315	20	45	55	
40	0.37～0.44	0.17～0.37	0.50～0.80	570	335	19	45	47	
45	0.42～0.50	0.17～0.37	0.50～0.80	600	355	16	40	39	
50	0.47～0.55	0.17～0.37	0.50～0.80	630	375	14	40	31	
55	0.52～0.60	0.17～0.37	0.50～0.80	645	380	13	35	—	
60	0.57～0.65	0.17～0.37	0.50～0.80	675	400	12	35	—	具有较高的强度、硬度、耐磨性和良好的弹性，切削性能中等，焊接性能不佳，淬火开裂倾向较大。主要用于制造弹簧、重钢轨、轧辊、凸轮、铁锹、钢丝绳等，其中65钢是常用的弹簧钢
65	0.62～070	0.17～0.37	0.50～0.80	695	410	10	30	—	
70	0.67～0.75	0.17～0.37	0.50～0.80	715	420	9	30	—	
75	0.72～0.80	0.17～0.37	0.50～0.80	1080	880	7	30	—	
80	0.77～0.85	0.17～0.37	0.50～0.80	1080	930	6	30	—	
85	0.82～0.90	0.17～0.37	0.50～0.80	1130	980	6	30	—	
15Mn	0.12～0.18	0.17～0.37	0.70～1.00	410	245	26	55	—	应用范围基本同于相对应的普通含锰钢，但因淬透性和强度较高，可用于制造截面尺寸较大或强度要求较高的零件，其中以65Mn最常用
20Mn	0.17～0.23	0.17～0.37	0.70～1.00	450	275	24	50	—	
25Mn	0.22～0.29	0.17～0.37	0.70～1.00	490	295	22	50	71	
30Mn	0.27～0.34	0.17～0.37	0.70～1.00	540	315	20	45	63	
35Mn	0.32～0.39	0.17～0.37	0.70～1.00	560	335	18	45	55	
40Mn	0.37～0.44	0.17～0.37	0.70～1.00	590	355	17	45	47	
45Mn	0.42～0.50	0.17～0.37	0.70～1.00	620	375	15	40	39	
50Mn	0.48～0.56	0.17～0.37	0.70～1.00	645	390	13	40	31	
60Mn	0.57～0.65	0.17～0.37	0.70～1.00	695	410	11	35	—	
65Mn	0.62～070	0.17～0.37	0.90～1.20	735	430	9	30	—	
70Mn	0.67～0.75	0.17～0.37	0.90～1.20	785	450	8	30	—	

注：1. 力学性能测试试样毛坯尺寸为25mm。
2. 表中除75、80和85三种钢是“820℃淬火、480℃回火”外，其他牌号的钢均为正火状态。
3. 表中所列全部是优质钢（w_S、w_P≤0.035%），不标质量等级符号。如果是高级优质钢（w_S、w_P≤0.030%），在牌号后加“A”；如果是特级优质钢（w_S≤0.020%、w_P≤0.025%），在牌号后加“E”。

三、合金结构钢

当优质碳素结构钢不能满足性能要求时，便采用合金结构钢来制造各类机械零件。除了因为它们有较高的强度或较好的韧性外，另一重要原因还在于合金元素的加入增大了钢的淬透性，有可能使零件在整个截面上得到均匀一致的良好的综合力学性能，即具有高强度的同时又有足够的韧性，从而保证零件的长期安全使用。

按照含碳量和使用范围不同，合金结构钢可分为合金渗碳钢、合金调质钢和合金弹簧钢。

1. 合金渗碳钢

用于制造渗碳零件的钢叫作渗碳钢。

（1）用途　主要用于制造变速齿轮、内燃机上凸轮轴、活塞销等工作条件较复杂的机械零件，它们一方面承受强烈的摩擦磨损和交变应力的作用，另一方面又经常承受较强烈的冲击载荷。

（2）性能特点　钢件经渗碳、淬火和低温回火后，表面具有较高的硬度和耐磨性，心部具有足够的强度和韧性。

（3）化学成分特点

1）低碳。碳质量分数一般为0.1%～0.25%，保证渗碳零件心部具有足够的韧性和塑性。

2）合金元素。主加元素Cr、Mn、Ni、B的作用是提高钢的淬透性、强化铁素体，辅加元素Mo、W、V、Ti的作用是为了细化晶粒、抑制钢件在渗碳时发生过热，并提高耐磨性。

（4）常用钢种　合金渗碳钢根据淬透性高低分为以下三类：

1）低淬透性合金渗碳钢。典型钢种有20Cr、20MnV等。这类钢合金元素的总质量分数≤2%，在水中的淬透层深度一般小于20～35 mm，经渗碳、淬火及低温回火后心部强度相对较低，强度和韧性配合较差，通常用于制造受力较小，截面尺寸不大的耐磨零件，如柴油机的凸轮轴、活塞销、滑块、小齿轮等。这类钢渗碳时心部晶粒易于长大，特别是锰钢。如性能要求较高时，这类钢在渗碳后经常采用两次淬火法。

2）中淬透性合金渗碳钢。典型钢种有20CrMnTi、20MnVB等。这类钢合金元素总质量分数为2%～5%，淬透性较好，在油中的最大淬透层深度为25～60 mm。可用作受中等动载荷的耐磨零件，如汽车变速齿轮、齿轮轴，花键轴套、气门座等。由于含有Ti、V、Mo，渗碳时奥氏体长大倾向较小，自渗碳温度预冷到870℃左右直接淬火，并经低温回火后具有较好的力学性能。

3）高淬透性合金渗碳钢。典型钢种有20Cr2Ni4、18Cr2Ni4WA等。这类钢含有较多的Cr、Ni等合金元素，合金元素总质量分数>5%。在这些合金元素的复合作用下，钢的淬透性很高，油中最大淬透直径大于100 mm。主要用于制造承受重载和强烈磨损的重要大型零件，如内燃机车的主动牵引齿轮、柴油机曲轴、连杆；涡轮发动机的涡轮轴、压气机前轴与后轴等。这类钢由于合金元素含量较高，其等温转变图大大向右移，因而在空气中冷却也能得到马氏体组织；另外，其马氏体转变温度大为下降，渗碳表面在淬火后将保留大量的残留奥氏体。为了减少淬火后的残留奥氏体，可在淬火前先高温回火（650℃以上），使碳化物球化或在淬火后采用冷处理（-70～-80℃）。

（5）热处理特点　合金渗碳钢碳含量低，生产中常将渗碳钢的锻件进行正火，以改善切削加工性能。渗碳钢常用热处理方式有：①渗碳后直接淬火+低温回火；②渗碳后重新加热一次淬火+低温回火；③渗碳后重新加热两次（先高温后低温）+低温回火等。具体淬火工艺根据钢种而定：碳素钢或低合金渗碳钢一般采用①或②，高合金渗碳钢则采用③。

渗碳后表层的碳质量分数要求达到0.80%～1.05%，经淬火和低温回火后，表层获得高硬度和高耐磨性的回火马氏体+碳化物+少量残留奥氏体，硬度为58～62HRC。而心部组织分两种情况，在淬透时为低碳回火马氏体，硬度为40～48HRC；多数情况下是托氏体、少量回火马氏体及少量铁素体的混合组织，硬度为25～40HRC。

常用合金渗碳钢的牌号、化学成分、热处理、力学性能及用途见表7-6。

表7-6　常用合金渗碳钢的牌号、化学成分、热处理、力学性能及用途（摘自 GB/T 3077—1999）

类别	牌号	化学成分 w(%)					热处理			力学性能（≥）				用途举例
		C	Si	Mn	Cr	其他	第一次淬火温度/℃	第二次淬火温度/℃	回火温度/℃	$R_{p0.2}$/MPa	R_m/MPa	A(%)	KU_2/J	
低淬透性	15Cr	0.12～0.18	0.17～0.37	0.40～0.70	0.70～1.00		880 水，油	780～820 水，油	200 水，空	490	735	11	55	截面不大、心部要求较高强度和韧性、表面承受磨损的零件，如齿轮、凸轮、活塞、活塞环、联轴器、轴等
低淬透性	20Cr	0.18～0.24	0.17～0.37	0.50～0.80	0.70～1.00		880 水，油	780～820 水，油	200 水，空	540	835	10	47	截面在30 mm以下形状复杂、心部要求较高强度、工作表面承受磨损的零件，如机床变速箱齿轮、凸轮、蜗杆、活塞销、爪形离合器等
低淬透性	20MnV	0.17～0.24	0.17～0.37	1.30～1.60		V0.07～0.12	880 水，油		200 水，空	590	785	10	55	锅炉、高压容器、大型高压管道等较高载荷的焊接结构件，使用温度上限450～475℃，也可用于冷压、冷冲压零件，如活塞销、齿轮等
低淬透性	20Mn2	0.17～0.24	0.17～0.37	1.40～1.80			850 水，油		200 水，空	590	785	10	47	代替20Cr钢制作渗碳小齿轮、小轴，低要求的活塞销、气门顶杆、变速箱操纵杆等
中淬透性	20CrMnTi	0.17～0.23	0.17～0.37	0.80～1.10	1.00～1.30	Ti0.04～0.10	880 油	870 油	200 水，空	850	1080	10	55	在汽车、拖拉机工业中用于截面在30 mm以下，承受高速、中或重载荷以及受冲击、摩擦的重要渗碳件，如齿轮、轴、齿轮轴、爪形离合器、蜗杆等
中淬透性	20CrNi3	0.17～0.24	0.17～0.37	0.30～0.60	0.60～0.90	Ni2.75～3.15	830 水，油		480 水，油	735	930	11	78	在高载荷条件下工作的齿轮、蜗轮、轴、螺杆、双头螺杆、销钉等
中淬透性	20CrMnMo	0.17～0.23	0.17～0.37	0.90～1.20	1.10～1.40	Mo0.20～0.30	850 油		200 水，空	885	1180	10	55	代替镍含量较高的渗碳钢制作大型拖拉机齿轮、活塞销等
中淬透性	20MnVB	0.17～0.23	0.17～0.37	1.20～1.60		V0.07～0.12 B0.0005～0.0035	860 油		200 水，空	885	1080	10	55	模数较大、载荷较重的中小渗碳件，如重型机床上的齿轮、轴，汽车后桥主动、从动齿轮等淬透性件
高淬透性	20Cr2Ni4	0.17～0.23	0.17～0.37	0.30～0.60	1.25～1.65	Ni3.25～3.65	880 油	780 油	200 水，空	1080	1180	10	63	大截面渗碳件，如大型齿轮、轴等
高淬透性	18Cr2Ni4WA	0.13～0.19	0.17～0.37	0.30～0.60	1.35～1.65	Ni4.00～4.50 W0.80～1.20	950 空	850 空	200 水，空	835	1180	10	78	大截面、高强度、良好韧性以及缺口敏感性低的重要渗碳件，如大截面的齿轮、传动轴、曲轴、花键轴、活塞销、精密机床上控制进刀的蜗轮等

注：力学性能试验使用的试样毛坯直径除20CrNi3和20MnVB为25 mm外，其余均为15 mm。

（6）举例　以 20CrMnTi 合金渗碳钢制造的汽车变速齿轮为例，说明其生产工艺路线和热处理工艺方法。

20CrMnTi 钢制汽车变速齿轮生产工艺路线如下：

下料→毛坯锻造→正火→加工齿形→局部镀铜（防渗碳）→渗碳→预冷淬火、低温回火→喷丸→磨齿（精磨）

热处理技术要求：渗碳层厚度为 1.2 ~ 1.6 mm，表面碳质量分数为 1.0%；齿顶硬度为 58 ~ 60HRC，心部硬度为 30 ~ 45HRC。

根据技术要求确定其热处理工艺，如图 7-6 所示。

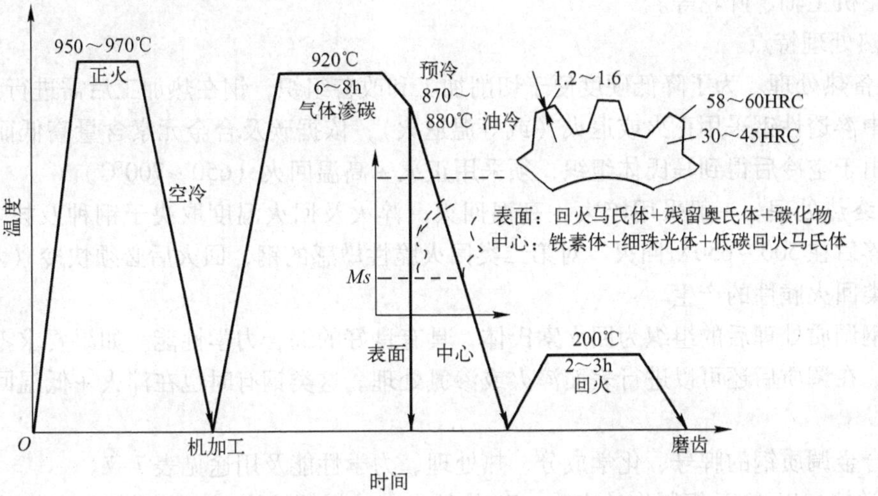

图 7-6　20CrMnTi 钢制汽车变速齿轮热处理工艺曲线

锻造的主要目的是为了齿轮毛坯内部获得正确的流线分布和提高组织致密度；正火的目的是为了改善锻造组织和调整硬度，以利于切削加工。渗碳温度定为 920℃左右，渗碳时间根据所要求的渗碳厚度 1.2 ~ 1.6 mm，查工艺手册确定为 7 h。渗碳后，自渗碳温度预冷到 870 ~ 880℃直接淬火，经 200℃低温回火 2 ~ 3 h 后，其表层具有很高的硬度（58 ~ 60HRC）和耐磨性，其心部具有高强度和足够的冲击韧性的良好配合。最后的喷丸处理不仅是为了清除氧化皮，使表面光洁，更重要的是作为一种强化手段，使零件表层压引力进一步增大，有利于提高疲劳强度。经喷丸处理后进行精磨，利于增加齿面的光洁度。

2. 合金调质钢

通常将需经淬火和高温回火（即调质处理）强化的钢种称为调质钢。

（1）用途　常用于制造飞机、汽车、拖拉机、机床及其他机械上要求具有良好综合力学性能的各种重要零件，如航空发动机压气机叶片、飞机起落架、柴油机连杆螺栓、汽车底盘上的半轴以及机床主轴等。

（2）性能特点　合金调质钢应具备较高的淬透性，调质处理后具有高强度与良好的塑性及韧性的配合，即具有良好的综合力学性能。

（3）化学成分特点

1）中碳。碳质量分数一般为 0.3% ~0.5%。碳量过低时，回火后硬度、强度不足；碳量过高，则韧性和塑性降低。

2）合金元素。合金元素总质量分数一般为 3% ~7%。主加合金元素为 Cr、Mn、Ni、Si、B 等，可提高淬透性，固溶强化铁素体；辅加元素 W、Mo、V 提高耐回火性。此外，Mo、W 还能减轻或防止第二类回火脆性，V能细化晶粒。

（4）常用钢种　合金渗碳钢根据淬透性高低分为以下三类：

1）低淬透性钢。如40Cr、40MnB等，其油淬的最大淬透直径为30～40 mm，广泛用于制造较小的零件，如连杆、螺栓、进气阀等。

2）中淬透性钢。如30CrMnSi、35CrMo、40CrNi等，其油淬的最大淬透直径为40～60 mm，用于制造截面较大的零件，如飞机起落架动作筒、重要螺栓以及汽车曲轴、连杆等。

3）高淬透性钢。多数为Ni－Cr系钢，含合金元素多，典型钢种是40CrNiMoA，其油淬直径可达60～100 mm，适于制造大截面、重负荷的零件，如航空发动机中的涡轮轴、压气机轴以及机床和气轮机主轴、叶轮等。

（5）热处理特点

1）预备热处理。为了降低硬度便于切削加工和改善组织，钢在热加工后需进行预备热处理。对于低、中淬透性钢采用正火或退火（或等温退火），依据碳及合金元素含量高低而定。对于高淬透性钢由于空冷后得到马氏体组织，须采用正火＋高温回火（650～700℃）。

2）最终热处理。一般采用淬火＋高温回火。淬火及回火温度取决于钢种及技术条件要求，通常是油淬后在500～650℃回火。对第二类回火脆性敏感的钢，回火后必须快冷（水或油），以防止第二类回火脆性的产生。

调质钢调质处理后的组织为回火索氏体，具有良好的综合力学性能。如果要求零件表面有较高耐磨性，在调质后还可以进行表面淬火或渗氮处理。这类钢有时也在淬火＋低温回火的非调质状态使用。

常用合金调质钢的牌号、化学成分、热处理、力学性能及用途见表7-7。

（6）举例　以40Cr钢制作的丰收－75拖拉机的连杆螺栓为例，说明其生产工艺路线和热处理工艺方法。

连杆螺栓的生产工艺路线如下：

下料→锻造→退火（或正火）→粗加工→调质→精加工→装配

退火（或正火）作为预备热处理，其主要目的是为了改善锻造组织，细化晶粒，有利于切削加工，并为随后调质处理做好组织准备。

图7-7所示为连杆螺栓及调质处理工艺曲线。调质处理采用840±10℃加热、油冷淬火，获得马氏体组织，然后在525±25℃回火，为防止第二类回火脆性在回火后水冷。经调质热处理后金相组织为回火索氏体，硬度为30～38HRC（263～322HBW）。

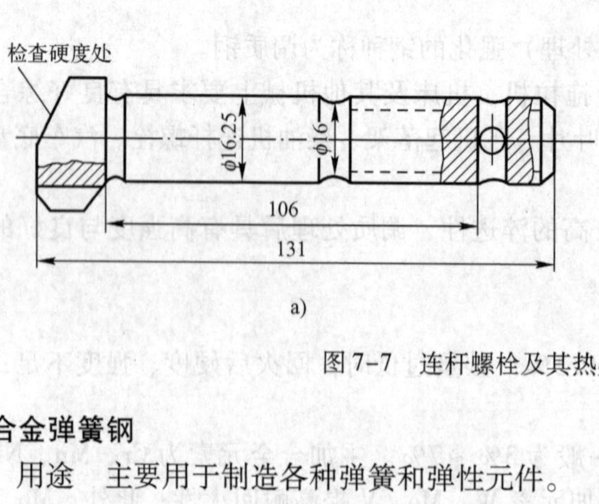

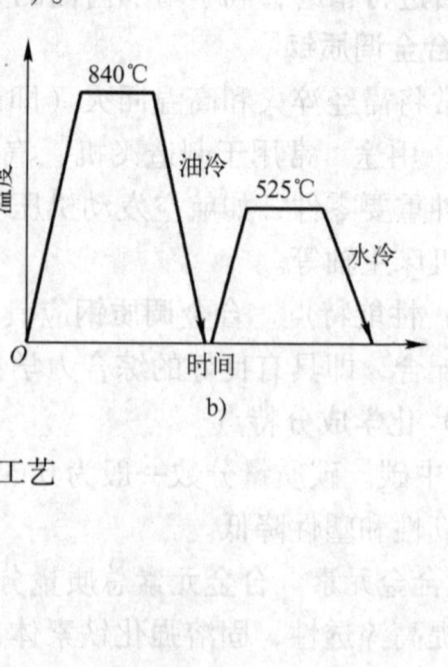

图7-7　连杆螺栓及其热处理工艺

3. 合金弹簧钢

（1）用途　主要用于制造各种弹簧和弹性元件。

表 7-7　常用合金调质钢的牌号、化学成分、热处理、力学性能及用途（摘自 GB/T 3077—1999）

种类	钢号	化学成分 w(%)					热处理		力学性能					用途举例
		C	Si	Mn	Cr	其他	淬火温度/℃	回火温度/℃	$R_{p0.2}$/MPa	R_m/MPa	A(%)	Z(%)	KU_2/J	
低淬透性	40Cr	0.37~0.44	0.17~0.37	0.50~0.80	0.80~1.10		850 油	520 水，油	785	980	9	45	47	制造承受中等载荷和中等速度工作下的零件，如汽车后半轴及机床上的齿轮、轴、花键轴、顶尖套等
低淬透性	40MnB	0.37~0.44	0.17~0.37	1.10~1.40		B0.0005~0.0035	850 油	500 水，油	785	980	10	45	47	代替 40Cr 钢制造中、小截面重要调质件，如汽车半轴、转向轴、蜗杆以及机床主轴、齿轮等
中淬透性	40CrNi	0.37~0.44	0.17~0.37	0.50~0.80	0.45~0.75	Ni1.00~1.40	820 油	500 水，油	785	980	10	45	55	制造截面较大、载荷较重的零件，如轴、连杆、齿轮轴等
中淬透性	30CrMnSi	0.27~0.34	0.90~1.20	0.80~1.10	0.80~1.10		880 油	520 水，油	885	1080	10	45	39	重要用途的调质件，如高速高载荷的砂轮轴、齿轮、轴、螺母、螺栓、轴套等
中淬透性	35CrMo	0.32~0.40	0.17~0.37	0.40~0.70	0.80~1.10	Mo0.15~0.25	850 油	550 水，油	835	980	12	45	63	通常用作调质件，也可在高、中频表面淬火或淬火，低温回火后用于高载荷下工作的重要结构件，特别是受冲击、振动、弯曲、扭转载荷的机件，如主轴，大电动机轴、曲轴、锤杆等
中淬透性	38CrMoAl	0.35~0.42	0.20~0.45	0.30~0.60	1.35~1.65	Mo0.15~0.25 Al0.70~1.10	940 水，油	640 水，油	835	980	14	50	71	高级渗氮钢，常用于制造磨床主轴、自动车床主轴、精密丝杠、精密齿轮、高压阀门、压缩机活塞杆、橡胶及塑料挤压机上的各种耐磨件
高淬透性	40CrMnMo	0.37~0.45	0.17~0.37	0.90~1.20	0.90~1.20	Mo0.20~0.30	850 油	600 水，油	785	980	10	45	63	截面较大、要求高强度和高韧性的调质件，如 8 t 货车的后桥半轴、齿轮轴、偏心轴、齿轮、连杆等
高淬透性	40CrNiMoA	0.37~0.44	0.17~0.37	0.50~0.80	0.60~0.90	Mo0.15~0.25 Ni1.25~1.65	850 油	600 水，油	835	980	12	55	78	要求韧性好、强度高及大尺寸的重要调质件，如航空发动机轴，直径大于 250 mm 的汽轮机轴、叶片、曲轴等
高淬透性	25Cr2Ni4WA	0.21~0.28	0.17~0.37	0.30~0.60	1.35~1.65	W0.80~1.20 Ni4.00~4.50	850 油	550 水，油	930	1080	11	45	71	200 mm 以下要求淬透性的零件，也可作高级渗碳钢

注：力学性能试验使用的试样毛坯直径除 38CrMoAlA 为 30 mm 以外，其余直径均为 25 mm。

（2）性能特点　具有高的弹性极限和屈强比，以避免在高负荷下产生永久变形；具有高的疲劳极限，以防止产生疲劳破坏；具有一定塑性和韧性，以防止在冲击载荷下发生突然破坏。

（3）化学成分特点

1）中高碳。碳质量分数一般为0.5%～0.7%（碳素弹簧钢为0.6%～0.9%），保证高的弹性极限及疲劳极限。

2）合金元素。加入Si、Mn，主要作用是提高淬透性、强化铁素体，提高弹性极限，Si可使屈强比提高；加入Cr、V、W，主要作用是提高耐回火性、细化晶粒，提高钢的高温强度。

（4）常用钢种　常用合金弹簧钢的牌号、化学成分、热处理、力学性能及用途见表7-8。大致可分为两类：①含Si、Mn的弹簧钢，如60Si2Mn，其淬透性高于碳素弹簧钢（如65、65Mn），弹性极限高达1200 MPa，广泛应用于汽车、拖拉机和铁路车辆上的螺旋弹簧和板弹簧；②含Cr、V、W等的弹簧钢，如50CrVA，晶粒细小，有较高的热强性，适于工作温度在350～400℃下的重载大型弹簧。

表7-8　常用合金弹簧钢的牌号、化学成分、热处理、力学性能及用途（摘自GB/T 1222—2007）

牌号	化学成分 w(%)					热处理/℃		力学性能（≥）				用途举例
	C	Si	Mn	Cr	V（W）	淬火	回火	R_m /MPa	R_{eL} /MPa	A（%）	Z（%）	
55SiCrA	0.51～0.59	1.20～1.60	0.50～0.80	0.50～0.80		860油	450	1450～1750	1300（$R_{p0.2}$）	6	25	工作低于250℃，直径为20～30 mm的汽车、拖拉机、机车上的减振板簧和螺旋弹簧，气缸安全阀簧，电力机车用升弓钩弹簧，止回弹簧
60Si2Mn	0.56～0.64	1.50～2.00	0.70～1.00	≤0.35		870油	480	1275	1180	5（$A_{11.3}$）	25	
50CrVA	0.46～0.54	0.17～0.37	0.50～0.80	0.80～1.10	0.10～0.20	850油	500	1275	1130	10	40	用作较大截面（直径30～50 mm）的高载荷重要弹簧及工作温度小于400℃的阀门弹簧、活塞弹簧、安全阀弹簧等
60Si2CrA	0.56～0.64	1.40～1.80	0.40～0.70	0.70～1.00		870油	420	1765	1570	6	20	用于直径小于50 mm，工作温度低于250℃的重载板簧与螺旋弹簧
30W4Cr2VA	0.26～0.34	0.17～0.37	≤0.40	2.00～2.50	V0.50～0.80（W 4.00～4.50）	1050～1100油	600	1470	1325	7	40	用于500℃以下工作的耐热弹簧，如锅炉安全阀弹簧、汽轮机汽封弹簧

注：1. 表列力学性能适用于直径或边长≤80 mm的棒材、厚度≤40 mm的扁钢。
2. 高级优质钢（w_S、w_P≤0.025%）在牌号后加“A”。

（5）热处理特点

1）热成形弹簧。对丝径或板厚≥8 mm的大型弹簧钢丝或钢板常用热成形，即加热到比正常淬火温度高出50～80℃进行热成形，然后利用余热立即淬火并中温回火，获得回火托氏体组织，硬度为40～48HRC，有高的屈服强度，尤其是弹性极限高，同时又有一定的塑性、韧性。

2）冷成形弹簧。对丝径或板厚<8 mm的小型弹簧，常用冷拔钢丝冷卷成形。成形后不需进行淬火处理，只进行去应力退火（一般200～300℃）即可，因为这类弹簧钢丝（片）在成形前

已有很高的强度和足够的韧性。但对于用退火钢丝（片）绕制的弹簧，则要进行淬火、回火处理，工艺与热成形弹簧相同。

（6）举例　60Si2Mn 采取加热成形制造汽车板簧工艺路线大致如下：

扁钢剪断→加热压弯成形→淬火→中温回火→喷丸→装配

弹簧钢的淬火温度一般为 830 ~ 880℃，温度过高易发生晶粒粗大和脱碳现象。弹簧钢最忌脱碳，它会使其疲劳强度大为降低。因此在淬火加热时，炉气要严格控制，并尽量缩短弹簧在炉中的停留时间，也可在脱氧较好的盐浴炉中加热。淬火加热后在 50 ~ 80℃油中冷却，冷至 100 ~ 150℃时即可取出进行中温回火。回火温度根据对弹簧的使用性能要求加以选择，一般是在 440 ~ 520℃范围内回火。

弹簧的表面质量对使用寿命影响很大，因为微小的表面缺陷（例如脱碳、裂纹、夹杂、斑痕等）即可造成应力集中，使钢的疲劳强度降低。因此，弹簧在热处理后还要用喷丸处理来进行表面强化，使弹簧表面层产生残余应力，以提高其疲劳强度。试验表明，采用 60Si2Mn 钢制作的汽车板簧经喷丸处理后，使用寿命可提高 5 ~ 6 倍。

在弹簧钢热处理方面应用的等温淬火、形变热处理等工艺，对其性能的进一步提高，起到了一定的作用。

四、高碳铬轴承钢

1. 用途

主要用于制造各种滚动轴承的零件，如滚珠、滚柱、轴承内外套圈等。此外，它的化学成分类似于低合金工具钢，因而也可以制造某些刃具、量具、模具及精密构件。

2. 性能特点

具有高而均匀的硬度（61 ~ 65HRC）和耐磨性；高的接触疲劳强度，轴承元件工作时受很大的交变接触应力（3000 ~ 3500 MPa），往往发生接触疲劳破坏，易产生麻点或剥落；一定的韧性、淬透性及耐蚀性（对大气或润滑剂）。

3. 化学成分特点

1）高碳。碳质量分数为 0.95% ~ 1.05%，高含碳量以保证轴承钢高的硬度及耐磨性。

2）合金元素。主加合金元素 Cr（0.40% ~ 1.80%），可提高淬透性，形成合金渗体，提高耐磨性。辅加元素 Si、Mn，可进一步提高淬透性和强度，用于大型轴承。

3）杂质含量。一般规定硫质量分数应小于 0.025%，磷质量分数应小于 0.027%；非金属夹杂物（氧化物、硫化物、硅酸盐等）的含量必须很低，而且在钢中的分布状况要在一定的级别范围之内。

4. 常用钢种

最常用铬轴承钢有 GCr15 和 GCr15SiMn。其中用量最大的是 GCr15，主要用于制造中、小轴承和精密量具、冷冲模、机床丝杠等。制造大型和特大型轴承常用 GCr15SiMn 钢。

5. 热处理特点

（1）预备热处理　采用（正火 +）球化退火。球化退火后得到粒状珠光体，这样可降低硬度（170 ~ 210HBW），便于切削加工，且为淬火做组织准备。如果热加工后的组织中存在较严重的网状碳化物，则需在球化退火之前先进行正火处理。

（2）最终热处理　采用淬火 + 低温回火。显微组织为回火马氏体 + 均匀细小的碳化物 + 少量残留奥氏体，硬度 > 61HRC。

对于精密轴承，其稳定尺寸，可在淬火后应立即进行冷处理（ -60 ~ -80℃），以尽量减少残留奥氏体，避免在以后使用中由于残留奥氏体的分解而造成尺寸变化。冷处理后进行低温回火和粗磨，然后进行人工时效处理（120～130℃，10～20h），以进一步消除内应力，提高尺寸稳定性，最后进行精磨。

综上所述，铬轴承钢制造轴承的生产工艺路线一般如下：

轧制、锻造→球化退火→机械加工→淬火＋低温回火→磨加工→成品

常用高碳铬滚动轴承钢的牌号、化学成分、热处理及用途见表7-9。

表7-9　常用高碳铬轴承钢的牌号、化学成分、热处理及用途（摘自GB/T 18254—2002）

牌号	化学成分 w(%)							热处理			用途举例
	C	Si	Mn	Cr	Mo	P ≤	S ≤	淬火温度/℃	回火温度/℃	回火硬度HRC	
GCr4	0.95～1.05	0.15～0.30	0.15～0.30	0.35～0.50	≤0.08	0.025	0.020	850～870 表面淬火	150 自回火	表面 60～66 心部 35～45	用于制造承受高冲击载荷条件下工作的铁路轴承内套、轧机轴承等
GCr15	0.95～1.05	0.15～0.35	0.25～0.45	1.40～1.65	≤0.10	0.025	0.025	820～840	150～170	62～66	汽车、拖拉机、内燃机、机床等一般工作条件下的滚动体和内外套圈
GCr15SiMn	0.95～1.05	0.45～0.75	0.95～1.25	1.40～1.65	≤0.10	0.025	0.025	820～840	150～180	≥62	制造高转速、高载荷大型机械用轴承的钢球、套圈
GCr15SiMo	0.95～1.05	0.65～0.85	0.20～0.40	1.40～1.70	0.30～0.40	0.027	0.020	850～860	170～190	≥62	大型轴承或特大型轴承（外径＞440 mm）的滚动体和内外套圈
GCr18Mo	0.95～1.05	0.20～0.40	0.25～0.40	1.65～1.95	0.15～0.25	0.025	0.020	850～865	160～200	≥63	用于制造尺寸较大如高速列车轴承、轧钢轴承的套圈、滚动体

五、一般工程用铸钢

在工业生产中会遇到一些形状复杂的大型零件，不便于用锻压制成毛坯，而铸铁又保证不了塑性的要求，这时可采用铸钢件。考虑到对铸造性能、焊接性能和切削加工性能的要求，铸钢的碳质量分数一般为0.15%～0.60%。为提高其性能，也可进行热处理，主要是退火、正火，小型铸钢件还可进行淬火、回火。常用的铸钢有碳素铸钢和低合金铸钢两大类。

碳素铸钢有五个钢号，其成分、力学性能和用途见表7-10。例如，ZG340－640表示屈服强度不小于340 MPa、抗拉强度不低于640 MPa的碳素铸钢。

低合金铸钢是在碳素铸钢基础上，适当提高Mn、Si含量，另外还可添加少量的Cr、Mo等合金元素。常用牌号有ZGD270－480、ZGD410－620、ZGD730－910等。低合金铸钢的综合力学性能明显优于碳素铸钢，大多用于承受较重载荷、冲击和摩擦的机械零件，如高强度齿轮、水压机工作缸、高速列车车钩等。通常可对其进行退火、正火、调质和各种表面热处理以提高性能。

铸钢的铸造工艺性差，易出现浇不到、缩孔严重、晶粒粗大等缺陷。

为了提高钢液的流动性，浇注温度很高，但易使铸钢件中出现过热的魏氏体组织。所谓魏氏体组织是指在原来粗大的奥氏体晶粒内随温度下降而相变产生的粗大铁素体针，使钢的塑性、韧性变坏。魏氏体组织可以通过完全退火得到消除。

表 7-10　一般工程用铸造碳钢的成分、力学性能和用途（摘自 GB/T 11352－2009）

牌号	主要化学成分 w(%)(≤)					室温力学性能（≥）					用途举例
	C	Si	Mn	P	S	$R_{eH}(R_{p0.2})$ /MPa	R_m /MPa	A (%)	Z (%)	KV_2/J	
ZG200－400	0.20	0.60	0.80	0.035	0.035	200	400	25	40	30	有良好的塑性、韧性和焊接性。用于受力不大、要求韧性好的各种机械零件，如机座、变速箱壳等
ZG230－450	0.30	0.60	0.90	0.035	0.035	230	450	22	32	25	有一定的强度和较好的塑性、韧性，焊接性良好。用于受力不大、要求韧性好的各种机械零件，如砧座、外壳、轴承盖、底板、阀体、犁柱等
ZG270－500	0.40	0.60	0.90	0.035	0.035	270	500	18	25	22	有较高强度和较好韧性，铸造性良好，焊接性尚好，切削性好。用作轧钢机机架、轴承座、连杆、箱体、曲轴、缸体等
ZG310－570	0.50	0.60	0.90	0.035	0.035	310	570	15	21	15	强度和切削性良好，塑性、韧性较低。用于载荷较高的零件，如大齿轮、缸体、制动轮、辊子等
ZG340－640	0.60	0.60	0.90	0.035	0.035	340	640	10	18	10	有高的强度、硬度和耐磨性，切削性良好，焊接性差，流动性好，裂纹敏感性较大。用作齿轮、棘轮等

注：表中所列力学性能适应于厚度为 100 mm 以下的铸件。

六、高锰耐磨钢

耐磨钢主要是指在冲击载荷下发生冲击硬化的高锰钢，也称奥氏体锰钢。由于这种钢极易加工硬化，切削加工困难，所以一般是铸造成形后直接使用或少许加工。

奥氏体锰钢的成分特点是高碳（w_C为 0.7%～1.35%）、高锰（w_{Mn}为 6%～15%）。其铸态组织中存在大量沿奥氏体晶界分布的碳化物，故性质硬而脆，耐磨性也差，实际应用时必须经“水韧处理”获得全部奥氏体组织。“水韧处理”是一种淬火处理的操作，其方法是把钢加热至临界点温度以上（约 1050～1100℃）保温一段时间，使钢中碳化物能全部溶解到奥氏体中去，然后迅速浸淬于水中冷却得到单一的奥氏体。此时其硬度并不高，为 180～220HBW。当它受到剧烈冲击或较大压力作用时，表面层奥氏体将迅速产生加工硬化，并有马氏体及 ε 碳化物沿滑移面形成，从而使表面层硬度提高到 450～550HBW，获得高的耐磨性。其心部则仍维持原来状态。当旧表面磨损后，新露出的表面又可在冲击和摩擦作用下形成新的耐磨层。高锰钢铸件水韧处理后一般不回火，因为回火加热到 300℃以上时将有碳化物析出，使性能恶化。

高锰钢制件在使用中必须伴随外来的压力和冲击作用，不然高锰钢是不耐磨的，其耐磨性并不比硬度相同的其他钢种好。

常用奥氏体锰钢的铸件的牌号、化学成分和力学性能见表 7-11。对耐磨性较高、冲击韧度较低、形状不复杂的零件，取碳含量较高、锰含量较低者；反之，取碳含量较低、锰含量较高者。

高锰钢广泛用于制造在工作中受冲击和压力并要求耐磨的零件，如挖掘机、拖拉机、坦克等的履带板、铁道道岔、挖掘机铲斗、碎石机颚板、球磨机衬板、防弹板及保险箱钢板等。由于高锰钢是非磁性的，也可用于既耐磨损又抗磁化的零件，如吸料器的电磁铁罩。

表 7-11 常用奥氏体锰钢铸件的牌号、化学成分和力学性能（摘自 GB/T 5680—2010）

钢号	化学成分 w(%)						力学性能			
	C	Si	Mn	P	S	其他	R_m /MPa	A (%)	KU_2 /J	硬度 HBW
				≤			≥			≤
ZG120Mn7Mo1	1.05~1.35	0.3~0.9	6~8	0.060	0.040	Mo0.9~1.2				
ZG100Mn13	0.9~1.05	0.3~0.9	11~14	0.060	0.040					
ZG120Mn13	1.05~1.35	0.3~0.9	11~14	0.060	0.040		685	25	118	220
ZG120Mn13Cr2	1.05~1.35	0.3~0.9	11~14	0.060	0.040	Cr1.50~2.50	735	20		
ZG120Mn13Ni3	1.05~1.35	0.3~0.9	11~14	0.060	0.040	Ni3~4				
ZG90Mn14Mo1	0.70~1.00	0.3~0.6	13~15	0.070	0.040	Mo1.0~1.8				

注：力学性能为经水韧处理（温度不低于1040℃）后试样的数值。

七、易切削结构钢

因添加较高含量的 S、Pb、Sn、Ca 及其他易切削元素而具有良好切削加工性能的结构钢称为易切削结构钢。

易切削结构钢具有切削抗力小，对刀具的磨损小，切削易碎，便于排除等特点，主要用于成批大量生产的螺栓、螺母、螺钉等标准件，也可用于轻型机械，如自行车、缝纫机、计算机零件等。另外一些切削加工性较差的钢种（如奥氏体不锈钢）也发展了易切削钢种。

常用易切削结构钢以硫系最多，如 Y12、Y30、Y40Mn、Y45MnS，还有铅系（如 Y15Pb）、锡系（如 Y08Sn、Y45Sn）和钙系（Y45Ca）。Y12Cr18Ni9 是在 12Cr18Ni9 中加入少量 S 的易切削奥氏体不锈钢。

八、耐候结构钢

耐候钢是通过添加少量合金元素如 Cu、P、Cr、Ni 等，使其在钢基体表面上形成保护层，以提高耐大气腐蚀性能、延长使用寿命的钢。耐候钢分为高耐候钢（GNH）和焊接耐候钢（NH）两类。高耐候钢具有较好的耐大气腐蚀性能，焊接耐候钢具有较好的焊接性能。

常用的耐候钢牌号有 Q295GNH、Q310GNH、Q235NH、Q295NH、Q460NH 等。其化学成分和力学性能应符合 GB/T 4171—2008 的规定。这类钢可用于车辆、桥梁、集装箱、建筑、塔架或其他结构件。

第五节 工 具 钢

用于制造刃具、模具、量具等工具的钢称为工具钢。工具钢按化学成分可分为碳素工具钢、合金工具钢和高速工具钢三大类。

一、碳素工具钢

碳素工具钢是用于制作各种小型刃具、量具、模具的碳素钢。这类钢均为高碳钢（w_C 为 0.65%~1.35%），属于特殊质量非合金钢。随着碳含量的增加，钢的硬度无明显变化，但耐磨性增加而韧性下降。

碳素工具钢的预备热处理为球化退火，最终热处理为淬火+低温回火，以获得高硬度和高耐磨性。最终的正常组织为隐晶回火马氏体+细粒状渗碳体及少量残留奥氏体。

碳素工具钢价廉易得，易于锻造成形，切削加工性也比较好。其主要缺点是淬透性差、无热硬性、耐磨性不够，因此只能用来制造一些手工工具、低速刃具（200℃以下工作），以及尺寸小、形状简单、精度要求不高的轻载冷作模具和量具。

常用碳素工具钢的牌号、化学成分、热处理和用途见表7-12。碳素工具钢锰的质量分数都严格控制在0.4%以下。个别钢为了提高其淬透性，锰的质量分数的上限扩大到0.6%，这时该钢牌号尾部要标出元素符号Mn，如T8Mn。

表7-12　常用碳素工具钢的牌号、化学成分、热处理和用途（摘自GB/T 1298—2008）

牌号	主要化学成分 w(%) C	Mn ≤	Si ≤	淬火 温度/℃	淬火 硬度HRC	回火 温度/℃	回火 硬度HRC	用途举例
T7 T7A	0.65～0.74	0.40	0.35	800～820水	≥62	180～200	≥60～62	制造承受振动与冲击载荷、要求较高韧性的工具，如凿子、打铁用模、各种锤子、木工工具、石钻（软岩石用）等
T8 T8A	0.75～0.84	0.40	0.35	780～800水	≥62	180～200	≥60～62	制造承受振动与冲击载荷、要求足够韧性和较高硬度的工具，如简单模子、冲头、剪切金属用剪刀、木工工具、煤矿用凿等
T8Mn T8MnA	0.80～0.90	0.40～0.60	0.35	780～800水	≥62	180～200	≥60～62	同上，但淬透性较大，可制造截面较大的工具
T10 T10A	0.95～1.04	0.40	0.35	760～780水	≥62	180～200	≥60～62	制造不受突然振动、在刃口上要求有少许韧性的工具，如刨刀、冲模、丝锥、板牙、手锯锯条、卡尺等
T12 T12A	1.15～1.24	0.40	0.35	760～780水	≥62	180～200	≥60～62	制造不受振动、要求极高硬度的工具，如钻头、丝锥、锉刀、刮刀等
T13 T13A	1.25～1.35	0.40	0.35	760～780水	≥62	180～200	≥60～62	制造硬金属切削工具、剃刀、刮刀、锉刀、拉丝工具、硬石加工和雕刻用工具

注：分为优质级（$w_S \leqslant 0.030\%$，$w_P \leqslant 0.035\%$）和高级优质级（$w_S \leqslant 0.020\%$，$w_P \leqslant 0.030\%$）两大类。优质级的不加质量等级符号，高级优质钢在牌号后加“A”。

二、合金工具钢

合金工具钢是在碳素工具钢的基础上加入Cr、Mn、W、Mo、V等合金元素以提高淬透性、韧性、耐磨性和耐热性的一类钢种。它主要用于制造刃具、量具、耐冲击工具和各类模具。

1. 合金刃具钢

（1）用途　用于制造车刀、铣刀、钻头、丝锥、板牙等各种切削刀具。

（2）性能特点

1）高硬度。切削加工时刀具的刃部与工件之间发生强烈摩擦，故一般要求硬度大于60HRC。

2）高耐磨性。靠高硬度和析出细小均匀硬碳化物来达到。随着含碳量的提高，碳化物量增加，耐磨性提高，但韧性下降。

3）高热硬性（又称红硬性）。热硬性是指钢在高温下仍能维持高硬度的能力。热硬性的高低与耐回火性和碳化物的弥散沉淀等有关。

4）一定的强度、韧性和塑性。以免刃具在冲击、振动载荷作用下崩刃或断裂。

（3）化学成分特点

1）高碳。碳质量分数为0.9%～1.5%。足够的碳量保证马氏体硬度和形成合金碳化物，保证硬度和耐磨性。但碳含量过高，会使碳化物偏析严重，降低钢的韧性。

2）低合金。加入少量合金元素（质量分数≤5%），如 Cr、Mn、Si 提高淬透性和耐回火性，强化铁素体；W、V 形成合金碳化物，细化晶粒，提高硬度、耐磨性。

（4）常用钢种　典型钢号为 9SiCr、Cr06 等，主要用于制造 250℃以下低速切削刃具。这类钢也常作量具钢和冷作模具钢使用。

（5）热处理特点　热处理与碳素工具钢相似。锻造后硬度较高，应进行球化退火。最终热处理采用淬火＋低温回火，热处理后的组织为回火马氏体、碳化物和少量残留奥氏体。注意的是合金刃具钢淬火冷却介质通常为油，虽然淬火后硬度与碳素工具钢接近，但淬火变形、开裂倾向小。

常用合金刃具量具用钢的牌号、化学成分、热处理及用途见表 7-13。

表 7-13　合金刃具量具用钢的牌号、化学成分、热处理及用途（摘自 GB/T 1299—2000）

牌号	化学成分 w(%)					淬火		交货状态硬度 HBW	用途举例
	C	Si	Mn	Cr	其他	温度/℃	硬度/HRC		
9SiCr	0.85 ~ 0.95	1.20 ~ 1.60	0.30 ~ 0.60	0.95 ~ 1.25		820 ~ 860 油	≥62	241 ~ 197	耐磨性高、切削不剧烈、要求变形小的刃具，如板牙、丝锥、钻头、铰刀、齿轮铣刀、冷冲模
8MnSi	0.75 ~ 0.85	0.30 ~ 0.60	0.80 ~ 1.10			800 ~ 820 油	≥60	≤229	广泛用于各种低速切削刃具，如板牙、丝锥等。还可作冲模、拉丝模、木工凿子、锯条或其他刃具等
Cr06	1.30 ~ 1.45	≤0.40	≤0.40	0.50 ~ 0.70		780 ~ 810 水	≥64	241 ~ 187	用于低载荷且刃部锋利的刃具，如外科手术刀具、剃刀、雕刻刀、锉刀、刮刀和机动刀具
Cr2	0.95 ~ 1.10	≤0.40	≤0.40	1.30 ~ 1.65		830 ~ 860 油	≥62	229 ~ 179	低速、切削量小、加工材料不很硬的刃具，样板、量规、块规、卡板等量具，冷轧辊
9Cr2	0.80 ~ 0.95	≤0.40	≤0.40	1.30 ~ 1.70		820 ~ 850 油	≥62	217 ~ 179	冷轧辊、钢印冲孔凿、尺寸较大的铰刀、木工工具
W	1.05 ~ 1.25	≤0.40	≤0.40	0.10 ~ 0.30	W0.80 ~ 1.20	800 ~ 830 水	≥62	229 ~ 187	淬透性较低，用于工作温度不高的低速刃具，如小型麻花钻头、丝锥、板牙、手用铰刀等

注：w_S、w_P≤0.030%。

（6）举例　以 9SiCr 钢圆板牙产品的生产过程为例。

圆板牙（图 7-8）是用来切削外螺纹的刃具。它要求刃具钢碳化物分布均匀，否则使用时易崩刃；板牙的螺距要求精密，要求热处理后齿形变形小，以保证加工质量，由于使用时螺纹直径和齿形部位容易磨损，因此还要求高的硬度（60～63HRC）和良好的耐磨性，以延长它的使用寿命。为了满足上述性能要求，选用 9SiCr 钢是比较合适的。

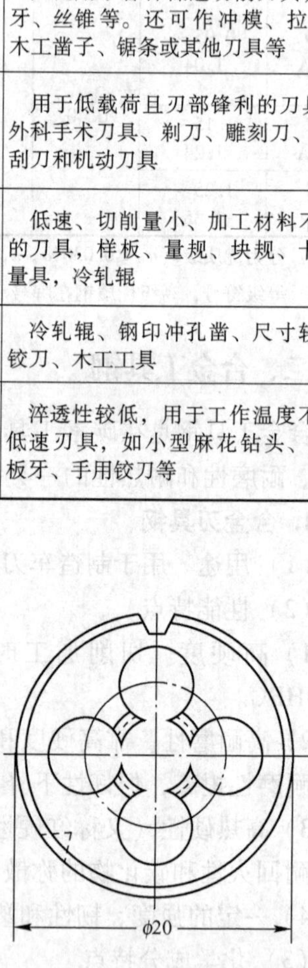

图 7-8　M6×0.75 圆板牙示意图

圆板牙生产过程的工艺路线如下：

下料→球化退火→机械加工→淬火＋低温回火→磨平面→抛槽→开口

9SiCr 钢的球化退火，一般采用如图 7-9 所示的等温退火工艺。退火后硬度在 197 ~ 241 HBW 范围内，适宜于机械加工。

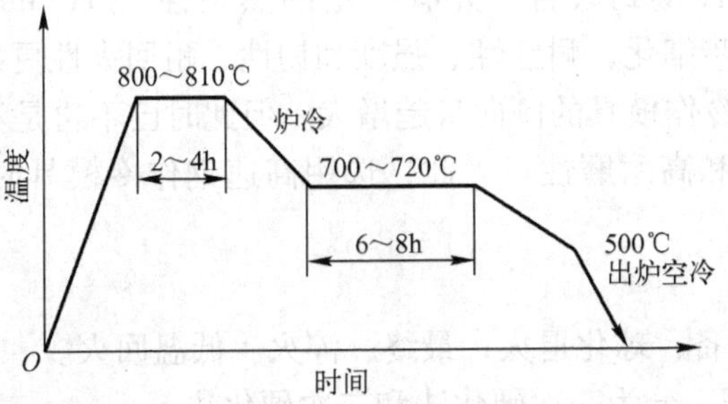

图 7-9 9SiCr 钢等温球化退火工艺

最终热处理工艺如图 7-10 所示。首先在 600 ~ 650℃ 预热，以减少高温停留时间，从而降低板牙的氧化脱碳倾向。淬火加热温度为 850 ~ 870℃，然后在 160 ~ 200℃ 的硝盐浴中进行分级淬火，以减小淬火变形。淬火后在 190 ~ 200℃ 进行低温回火，使之达到要求硬度并降低残余应力。

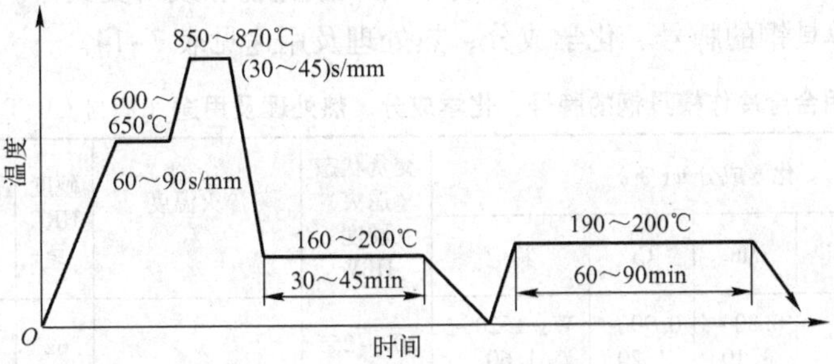

图 7-10 9SiCr 钢圆板牙淬火回火工艺

2. 合金模具钢

用于制造各种模具的钢称为模具钢。根据工作性质不同可分为冷作模具钢、热作模具钢和塑料模具钢。

（1）冷作模具钢

1）用途。冷作模具钢主要用于制造接近室温冷状态（低于 200 ~ 300℃）下对金属进行变形加工的模具，如冷冲模、冷镦模、冷挤压模以及拉丝模、滚丝模、搓丝模等。

2）性能特点。冷作模具工作时，刃口部位承受很大的压力、冲击力，模具的工作部分与坯料之间产生强烈的摩擦。因此，冷作模具钢要求有较高的硬度和良好的耐磨性，以及足够的强度和韧性。对于高精度模具要求热处理变形小，大型模具要求具有良好的淬透性。

3）化学成分特点。

① 高碳。碳质量分数为 0.9% ~ 2.3%，高含碳量以保证高硬度（58 ~ 62HRC）及耐磨性。

② 合金元素。常用 Cr、Mn、Mo、W、V 来提高淬透性、耐磨性、耐回火性和细化晶粒，Mo 还能改善钢的韧性。

4）常用钢种。尺寸较小的、轻载的模具，可采用 CrWMn、9Cr06WMn 等低合金工具钢来作为模具材料。前面的高级优质碳素工具钢（如 T10A）也是此类冷作模具用钢。

尺寸较大的、重载的或要求精度较高、热处理变形小的模具，一般都采用 Cr12 型钢，如 Cr12、Cr12MoV 和 Cr12Mo1V1。它们是高碳、高铬型莱氏体钢，Cr12 的碳质量分数高达 2.0% ~

2.3%，有优良的淬透性、耐磨性，但韧性较差，易开裂、崩刃，应用逐步减少。Cr12MoV 和 Cr12Mo1V1 碳量降低，韧性得到改善，并有一定的热硬性。Cr12Mo1V1 由于钼和钒的含量比 Cr12MoV 高，故组织进一步细化，耐磨性、强度和韧性、耐回火性更好，目前应用较广泛。

近些年来用高速钢作冷作模具的倾向日趋增大。但此时已不再是利用高速钢所特有的高热硬性，而是用它的高淬透性和高耐磨性。为此，选用高速钢作冷模具时应采用低温淬火，以提高韧性。

5）热处理特点。

① 低合金工具钢。预备：球化退火；最终：淬火＋低温回火。

② Cr12 型冷作模具钢，分为一次硬化法和二次硬化法。

a. 一次硬化法。工艺为：950～1000℃加热淬火＋150～250℃回火，硬度为 58～60HRC，这样处理的钢具有良好的耐磨性和韧性，用于重载模具。

b. 二次硬化法。工艺为：1100～1150℃淬火＋510～520℃回火三次，使之产生二次硬化后，硬度为 60～62HRC，热硬性和耐磨性较高，但韧性较低，适用于在 400～450℃温度下工作的模具。

Cr12 型钢的最终热处理组织为回火马氏体、粒状碳化物和残留奥氏体。

常用合金冷作模具钢的牌号、化学成分、热处理及用途见表 7-14。

表 7-14　常用合金冷作模具钢的牌号、化学成分、热处理及用途（摘自 GB/T 24594—2009）

牌号	化学成分 w(%)					交货状态（退火）硬度 HBW	淬火温度/℃	硬度 HRC ≥	用途举例
	C	Si	Mn	Cr	其他				
CrWMn	0.90～1.05	≤0.40	0.80～1.10	0.90～1.20	W：1.20～1.60	207～255	800～830 油	62	制作淬火要求变形很小、长而形状复杂的切削刀具，如拉刀、长丝锥及形状复杂、高精度的冷冲模
9Cr06WMn	0.85～0.95		0.90～1.20	0.50～0.80	W：0.50～0.80	197～214		62	
Cr12	2.00～2.30		≤0.40	11.50～13.00		217～269	950～1000 油	60	制作耐磨性高、不受冲击、尺寸较大的模具，如冷冲模、冲头、钻套、量规、滚丝模、拉丝模等
Cr12MoV	1.45～1.70		≤0.40	11.00～12.50	Mo：0.40～0.60 V：0.15～0.30	207～255		58	制作截面较大、形状复杂、工作条件繁重的各种冷作模具及螺纹搓丝板等
Cr12Mo1V1	1.40～1.60	≤0.60	≤0.60	11.00～13.00	Mo：0.70～1.20 V：0.50～1.10	≤255	820℃预热，1000℃（盐浴）或 1010℃（炉控气氛）加热、保温 10～20 min 空冷，200℃回火	59	制造各种高精度、长寿命的冷作模具、刃具和量具，如形状复杂的冲孔凹模、冷挤压模、滚丝模、冷剪切刀和精密量具等

注：若冶炼方法为真空脱气，w_P、w_S≤0.025%；若为电渣重熔，w_P≤0.025%，w_S≤0.010%。

6）举例。图 7-11 所示为冲孔落料模，因其工作条件繁重，对凸模（图 7-11a）和凹模（图 7-11b）均要求有高硬度（58～60HRC）和高耐磨性以及足够的强度和韧性，并要求淬火时变形小。据此，采用 Cr12MoV 钢来制造是比较合适的。

Cr12MoV 钢制冲孔落料模具生产过程的工艺路线如下：

锻造→退火→机械加工→淬火＋回火→精磨或电火花加工→成品

Cr12MoV 钢在锻造空冷后会出现淬火马氏体组织，因此锻后应缓冷，以免产生裂纹。锻后退火工艺也类似于高速钢（850～870℃加热 3～4 h，然后 720～750℃等温退火 6～8 h），退火后硬度≤225HBW。经机械加工后进行淬火、回火处理，其工艺如图 7-12 所示。淬火回火后的金相组织为回火马氏体 + 残留奥氏体 + 合金碳化物。

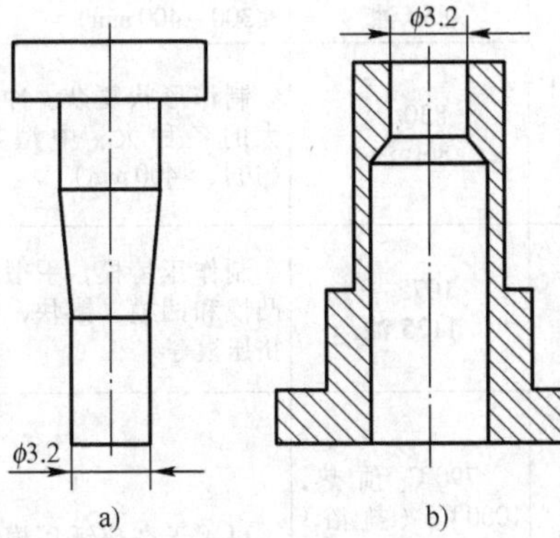

图 7-11　冲孔落料模

a）凸模　b）凹模

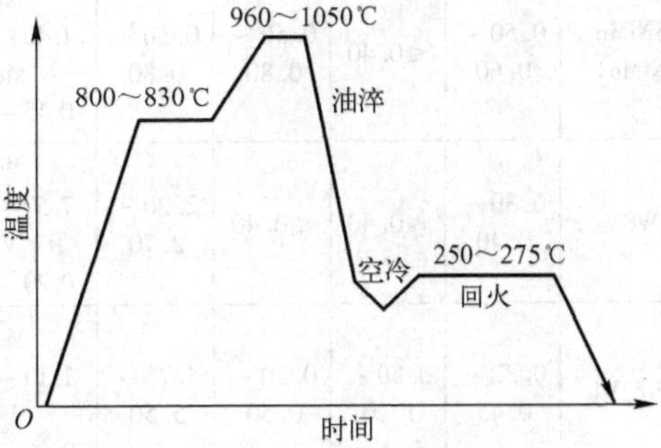

图 7-12　Cr12MoV 钢制冲孔落料模具淬火回火工艺

（2）热作模具钢

1）用途。用于制造对金属进行热变形加工的模具，如热锻模、热镦模、热挤压模、精密锻造模、高速锻模等。

2）性能特点。热作模具工作时受到较高的冲击载荷，同时型腔表面与炽热金属接触并摩擦，局部温度可达 500℃以上，并且还要反复受热与冷却，常因热疲劳而使型腔表面龟裂。故要求在高温下有足够的强度、韧性和硬度，有较高的耐磨性、良好的导热性和抗热疲劳性。对于尺寸较大的模具，还应有较高的淬透性。

3）化学成分特点。

① 中碳。碳质量分数为 0.3%～0.6%，中含碳量以保证足够的强度、韧性和硬度。

② 合金元素。常加入 Cr、Ni、Mn、Si 以提高淬透性、强化基体，Mo、W、V 可提高耐回火性、耐磨性。Mo 还可抑制第二类回火脆性，Cr、W、Si 还能提高抗热疲劳性等。

4）常用钢种。制造中小型模具（模具有效厚度 <400 mm）一般选用 5Cr08MnMo，制造大型模具（模具有效厚度 >400 mm）一般选用 5Cr06NiMo。5Cr06NiMo 的淬透性和抗热疲劳性比 5Cr08MnMo 好。

对于在静压力下使金属产生变形的挤压模和压铸模，由于变形速度小，模具与炽热金属接触时间长，需要模具具备较高的高温强度和较高的热硬性，通常采用 3Cr2W8V 或 4Cr5MoSiV1 钢制造。

5）热处理特点。热锻模坯料锻造后需进行退火，以消除锻造应力，利于切削加工；最终热处理为淬火 + 高温（或中温）回火，以获得均匀的回火索氏体（或回火托氏体）组织，硬度为 40HRC 左右。回火温度则根据性能要求和淬火温度来选择。

国家标准中列出的合金热作模具钢的牌号、化学成分、热处理和用途见表 7-15。

6）举例。以图 7-13 所示扳手热锻模为例，其高度为 250 mm，属于小型模具。热锻模钢的力学性能要求一般为：当硬度为 351～387HBW（相当于 40HRC 左右）时，R_m≥1200～1400 MPa，KU_2≥32～56 J。热锻模钢还必须具有高的淬透性、耐回火性、抗热疲劳性和导热性，以及足够的耐磨性。为了满足上述性能要求，同时根据扳手热锻模规格，选用 5Cr08MnMo 钢是比较合适的。

表 7-15　合金热作模具钢的牌号、化学成分、热处理和用途（摘自 GB/T 24594—2009）

牌号（旧牌号）	化学成分 w(%) C	Si	Mn	Cr	其他	交货状态（退火）HBW	淬火温度/℃	用途举例
5Cr08MnMo（5CrMnMo）	0.50～0.60	0.25～0.60	1.20～1.60	0.60～0.90	Mo 0.15～0.30	197～241	820～850 油	制作中小型热锻模（边长≤300～400 mm）
5Cr06NiMo（5CrNiMo）	0.50～0.60	≤0.40	0.50～0.80	0.50～0.80	Ni 1.40～1.80 Mo 0.15～0.30		830～860 油	制作形状复杂、冲击载荷大的各种大、中型热锻模（边长>400 mm）
3Cr2W8V	0.30～0.40	≤0.40	≤0.40	2.20～2.70	W 7.50～9.00 V 0.20～0.50	≤255	1075～1125 油	制作压铸模，平锻机上的凸模和凹模、镶块，铜合金挤压模等
4Cr5MoSiV1	0.32～0.45	0.80～1.20	0.20～0.50	4.75～5.50	Mo 1.10～1.75 V 0.80～1.20	≤235	790℃预热，1000℃（盐浴）或1010℃（炉控气氛）加热、保温 5～15 min 空冷，550 回火	可用于高速锤用模具与冲头，热挤压用模具及芯棒，有色金属压铸模等
4Cr5MoSiV1A	0.37～0.42	0.80～1.20	0.20～0.50	5.00～5.50	Mo 1.20～1.75 V 0.80～1..20			

注：若冶炼方法为真空脱气，则 $w_P \leqslant 0.025\%$、$w_S \leqslant 0.020\%$；若为电渣重熔，则 $w_P \leqslant 0.025\%$，$w_S \leqslant 0.010\%$。4Cr5MoSiV1A 钢的 $w_P \leqslant 0.015\%$，$w_S \leqslant 0.005\%$。

热锻模生产过程的工艺路线如下：

锻造→退火→粗加工→成形加工→淬火、带温回火→精加工（修型抛光）

锻造后的冷却应缓慢，以防止裂纹。退火工艺为：加热至 780～800℃保温 4～5 h 后炉冷。淬火、回火工艺如图 7-14 所示。一般热锻模的尺寸都比较大，为避免加热时由于内外温差产生的热应力导致模具开裂，在 500℃采取了预热措施。为防止淬火开裂，出炉一般先预冷至 750～780℃，然后置于油中冷却，冷却至接近 *Ms* 点时（约为 210℃）取出尽快回火。一般不允许冷至室温再回火，以免开裂。回火目的在于消除淬火应力，获得均匀的回火托氏体或回火索氏体，以获得所要求的性能。

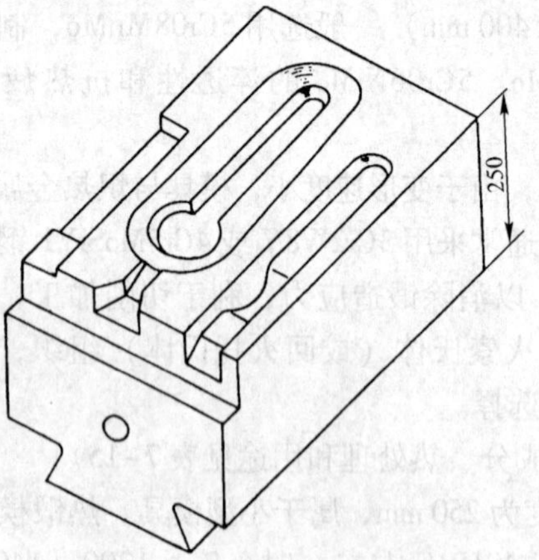

图 7-13　扳手锻模（下模）示意图

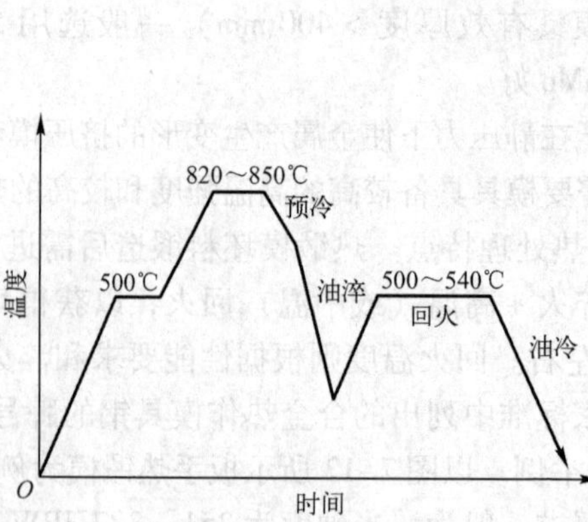

图 7-14　5Cr08MnMo 钢制热锻模淬火、回火工艺

查相关表可知，高度为 250 mm 的 5Cr08MnMo 扳手热锻模的模面硬度规定为 41～44HRC；再查表可知这个硬度可采用 500～540℃回火后获得。

（3）塑料模具钢　塑料模具钢是指制造塑料模具用的钢种。

1）性能要求。塑料模具所受的应力和磨损较小，主要失效形式为模具表面质量下降，因此应具备以下性能：

① 良好的加工性能，较高的预硬硬度（28～35HRC），便于进行切削加工或电火花加工，易于蚀刻各种图案、文字和符号。

② 良好的抛光性，模具抛光后表面达到高镜面度（一般 *Ra* 值为 0.1～0.012 μm）。

③ 较高的硬度（热处理后硬度应超过 45～55HRC），良好的耐磨性，足够的强度和韧性。

④ 热处理变形小（保证精度），良好的焊接性（便于进行模具补焊）等。

2）牌号、性能及用途。由于塑料模对力学性能要求不高，所以材料选择有较大的机动性。常用塑料模具钢的牌号、性能及用途见表 7-16。

表 7-16　常用塑料模具钢的牌号、性能及用途

种类	牌　号	性能及用途
预硬型 *	20Cr13 3Cr2MnMo 3Cr2MnNiMo	工艺性能优良，切削加工性和电火花加工性良好，镜面抛光好，表面粗糙度 *Ra* 值可达 0.025 μm，可渗碳、渗硼、渗氮和镀铬，耐蚀性和耐磨性好，具备了塑料模具钢的综合性能，是目前国内外应用最广的塑料模具钢之一，主要用于制造形状复杂、精密、大型的各种塑料模具和低熔点金属压铸型
非合金型	45、50（国产） 和 S45C～S58C（日本）	形状简单的小型塑料模具或精度要求不高、使用寿命不需要很长的塑料模具
	T7、T8、T10、T11、T12	对于形状较简单的、小型的热固性塑料模具，要求较高耐磨性的模具
整体淬硬型	CrWMn，9Cr06WMn、 Cr12、Cr12MoV、 5Cr06NiMo、5Cr08MnMo	用于压制热固性塑料、复合强化塑料产品的模具，以及生产批量很大、要求模具使用寿命很长的塑料模具
渗碳型	20、12CrMo、20Cr	较高的强度，而且心部具有较好的韧性，表面高硬度、高耐磨性、良好的抛光性能，塑性好，可以采用冷挤压成形法制造模具。缺点是模具热处理工艺复杂、变形大。用于受较大摩擦、较大动载荷、生产批量大的模具
耐腐蚀型	95Cr18、40Cr13、 14Cr17Ni2	用于在成形过程中产生腐蚀性气体的聚苯乙烯等塑料制品和含有卤族元素、福尔马林、氨等腐蚀介质的塑料制品模具

注：* 为 GB/T 24594－2009《优质合金模具钢》中列出的塑料模具钢种。

3. 合金量具钢

（1）用途　制造千分尺、卡尺、塞规、量块等测量工具。

（2）性能特点

1）高硬度（一般大于 62HRC）和高耐磨性，以保证在长期使用中不致被很快磨损，而失去其精度。

2）高的尺寸稳定性，以保证量具的尺寸和形状的稳定。

3）足够的韧性，以免因偶然的冲撞而脆断。

4）良好的耐蚀性，以防止生锈、化学腐蚀。

（3）常用钢种　量具钢没有专用钢。碳素工具钢可用于尺寸小、形状简单、精度要求较低的量具，如卡尺、样板、量规等。对于形状简单、精度不高、使用中易受冲击的量具，如样板、卡规、直尺及大型量具，可采用渗碳钢经渗碳或中碳钢经表面淬火来制造。

精度要求较高的量具，如块规、塞规，通常选用高碳低合金工具钢（表 7-13）及滚动轴承钢等来制造。由于这类钢是在高碳钢中加入 Cr、Mn、W 等合金元素，故可以提高淬透性、减少淬火变形、提高耐磨性和尺寸稳定性。

要求特别高硬度、耐磨性及尺寸稳定性的量具，可选用渗氮钢（如 38CrMoAl）或冷作模具钢（如 Cr12MoV）制造。

在腐蚀条件下工作的量具可选用不锈钢（如40Cr13、95Cr18）制造。

（4）热处理特点　量具钢的热处理基本上可依据使用钢种的热处理规范进行。对于使用较多的低合金工具钢，通过正常的淬火、低温回火可获得高硬度和耐磨性。为保证其使用过程中的尺寸稳定性，常在淬火后进行冷处理（-70～80℃），低温回火后还应进行一次稳定化处理即低温时效（110～130℃，几小时至几十小时），以进一步稳定组织和尺寸，并消除淬火应力。

三、高速工具钢

高速工具钢（简称高速钢）是以钨、钼、铬、钒，有时还有钴为主要合金元素的高碳高合金莱氏体钢，通常用作高速切削工具，俗称锋钢。

1. 用途

高速钢主要用来制造中、高速切削刀具，如车刀、铣刀、铰刀、拉刀、麻花钻等，也用于制造性能要求高的模具、轧辊、高温轴承和高温弹簧等。

2. 性能特点

与合金工具钢相比，高速钢具有更高的硬度、耐磨性和热硬性。在工具钢中高速钢的热硬性最高，达500～600℃。

3. 化学成分特点

① 高碳。碳质量分数为0.7%～1.6%，足够的碳量保证了马氏体硬度和合金碳化物量。

② 高合金。Cr（约为4%）主要作用是提高淬透性，W、Mo（质量分数>10%）是提高热硬性的主要元素，V（质量分数<3%）的作用主要是细化晶粒、提高耐磨性。有的高速钢还含有相当数量的Co（质量分数为5%～12%），它能极大地提高热硬性和硬度。

4. 常用钢种

常用高速工具钢按用途主要有两大类。一类是普通高速钢，以钨系的W18Cr4V和钨钼系的W6Mo5Cr4V2、W9Mo3Cr4V为代表。钨系高速钢发展最早，其热硬性很高，但脆性较大、易崩刃，现行国标中只有两种，应用越来越少。相对钨系高速钢，钨钼系高速钢的碳化物分布较均匀且颗粒较细小，故其耐磨性、热塑性和韧性较好，但过热和脱碳倾向稍大，适于制作要求耐磨性与韧性配合良好的薄刃细齿刃具。

另一类是高性能高速钢，包括高碳高钒型（如CW6Mo5Cr4V3）和超硬型（如高钴的W2Mo9Cr4VCo8、含铝的W6Mo5Cr4V2Al）。超硬高速钢的硬度、耐磨性、热硬性最好，适于加工难切削材料（如高温合金、钛合金和高强度钢）。

5. 热处理特点

由于合金元素含量高，高速钢的淬火温度高、回火温度高且次数多。详见举例部分。

常用高速工具钢的牌号、化学成分及热处理见表7-17。

表7-17　常用高速工具钢的牌号、化学成分及热处理（摘自GB/T 9943—2008）

类型	牌号	化学成分w(%)						热处理		
		C	Cr	V	W	Mo	其他	淬火温度/℃	回火温度/℃	淬回火硬度HRC
普通高速钢	W18Cr4V	0.73～0.83	3.80～4.50	1.00～1.20	17.20～18.70	—	—	1260～1280	550～570	≥63
	W6Mo5Cr4V2	0.80～0.90	3.80～4.40	1.75～2.20	5.50～6.75	4.50～5.50	—	1210～1230	540～560	≥64
	W9Mo3Cr4V	0.77～0.87	3.80～4.40	1.30～1.70	8.50～9.50	2.70～3.30	—	1220～1240	540～560	≥64

（续）

类型	牌号	化学成分 w(%)						热处理		
		C	Cr	V	W	Mo	其他	淬火温度/℃	回火温度/℃	淬回火硬度 HRC
高性能高速钢	CW6Mo5Cr4V3	1.25 ~ 1.32	3.75 ~ 4.50	2.70 ~ 3.20	5.90 ~ 6.70	4.70 ~ 5.20	—	1190 ~ 1210	540 ~ 560	≥64
	W6Mo5Cr4V2Al	1.05 ~ 1.15	3.80 ~ 4.40	1.75 ~ 2.20	5.50 ~ 6.75	4.50 ~ 5.50	Al0.80 ~ 1.20	1230 ~ 1240	550 ~ 570	≥65
	W12Cr4V5Co5	1.50 ~ 1.60	3.75 ~ 5.00	4.50 ~ 5.25	11.75 ~ 13.00	—	Co4.75 ~ 5.25	1230 ~ 1250	540 ~ 560	≥65
	W6Mo5Cr4V2Co5	0.87 ~ 0.95	3.80 ~ 4.50	1.70 ~ 2.10	5.90 ~ 6.70	4.70 ~ 5.20	Co4.50 ~ 5.00	1200 ~ 1220	540 ~ 560	≥64
	W2Mo9Cr4VCo8	1.05 ~ 1.15	3.50 ~ 4.25	0.95 ~ 1.35	1.15 ~ 1.85	9.00 ~ 10.00	Co7.75 ~ 8.75	1180 ~ 1200	540 ~ 560	≥66

注：① w_S、w_P ≤0.030%。

② 淬火温度为箱式炉加热温度，淬火冷却介质为油或盐浴。

6. 举例

以 W18Cr4V 钢盘形齿轮铣刀生产过程为例。

盘形齿轮铣刀（图 7-15）的主要用途是铣制齿轮，在工作过程中，齿轮铣刀往往会磨损变钝而失去切削能力，因此要求齿轮铣刀具有高硬度（刃部硬度要求为 63 ~ 65HRC）、高耐磨性及热硬性。

生产过程的工艺路线如下：

下料→锻造→退火→机械加工→淬火 + 回火→喷砂→磨加工→成品

（1）锻造　高速钢的铸态组织中有大量的莱氏体，莱氏体中的碳化物呈鱼骨骼状（图 7-16），这些碳化物粗大，且分布很不均匀，因而很脆，致使高速钢既易崩刃又易磨损变钝，导致早期失效。这些粗大的碳化物用热处理的方法很难消除，只能用锻造的方法将其击碎，使碳化物细化并均匀分布。高速钢锻造时应采用大锻造比、轻锤快锻、反复多向锻造，绝不应一次成形。

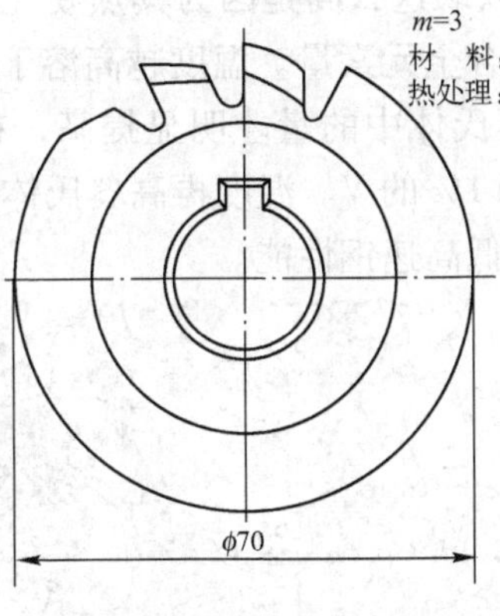

图 7-15　盘形齿轮铣刀

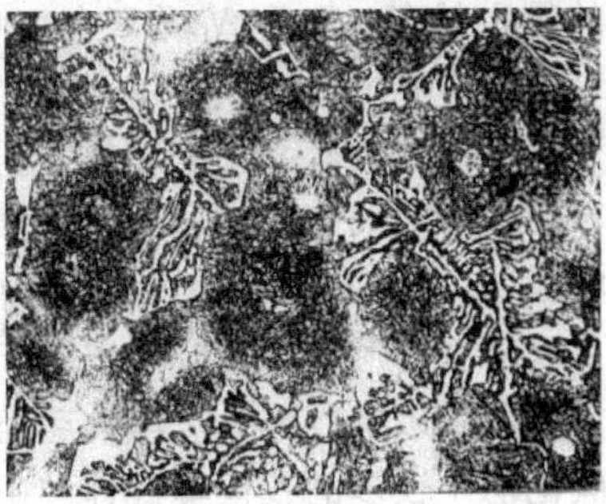

图 7-16　W18Cr4V 钢的铸态组织

由于高速钢的塑性和导热性均较差，而又有很高的淬透性，在空气中冷却即可得到马氏体淬火组织，因此高速钢坯料锻造后应缓慢冷却，通常在砂中缓冷，以免产生裂纹。

（2）退火　锻造后必须经过退火，以降低硬度（退火后硬度为 207 ~ 255HBW），消除应力，并为随后的淬火、回火热处理做好组织准备。为了缩短时间，一般采用等温退火，其工艺如图 7-17 所示，退火后的组织为索氏体 + 合金碳化物（白色块状）。

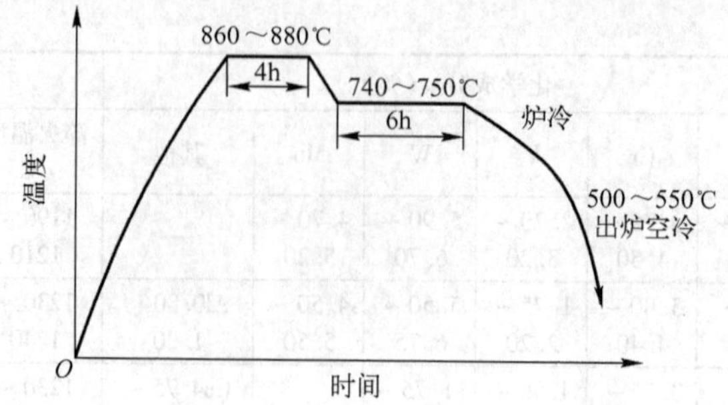

图 7-17　W18Cr4V 钢锻件等温退火工艺

（3）淬火和回火　W18Cr4V 钢盘形齿轮铣刀淬火、回火工艺如图 7-18 所示。可见在淬火之前先要进行一次预热（800～840℃）。这是由于高速钢导热性差、塑性低而淬火温度又很高，假如直接加热到淬火温度就很容易产生裂纹和变形。对于大型或形状复杂的工具，还要采用两次预热。

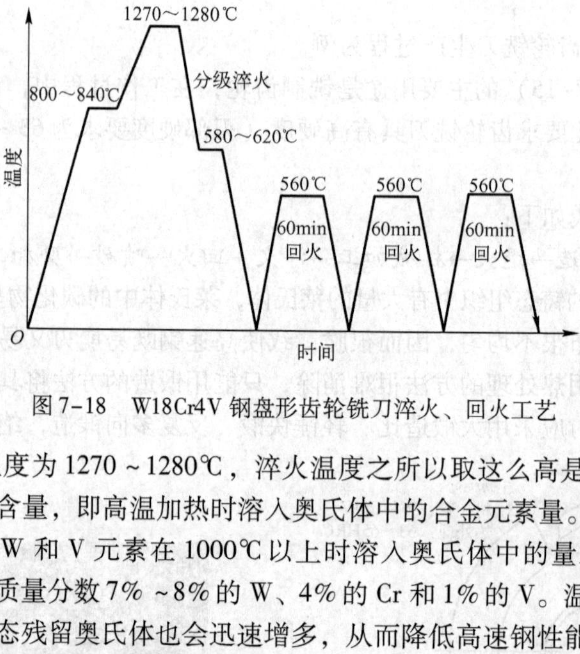

图 7-18　W18Cr4V 钢盘形齿轮铣刀淬火、回火工艺

W18Cr4V 钢淬火温度为 1270～1280℃，淬火温度之所以取这么高是因为其热硬性主要取决于马氏体中合金元素的含量，即高温加热时溶入奥氏体中的合金元素量。温度越高溶于奥氏体中合金元素的量也越多。W 和 V 元素在 1000℃以上时溶入奥氏体中的量才明显提高，在 1270～1280℃时，奥氏体中含质量分数 7%～8% 的 W、4% 的 Cr 和 1% 的 V。温度再高奥氏体晶粒就会迅速长大变粗，淬火状态残留奥氏体也会迅速增多，从而降低高速钢性能。

淬火冷却一般多采用盐浴分级淬火或油冷淬火。分级淬火是将工件淬入 580～620℃的中性盐中，使工件均温后空冷，以减少变形和开裂倾向。对于小尺寸或形状简单的刃具也可采用空冷淬火。淬火后组织为隐针马氏体 + 块状碳化物 + 较多的残留奥氏体。由于淬火后的马氏体和残留奥氏体中合金元素含量较高，组织的耐蚀能力很高，腐蚀后仅能显示出块状合金碳化物和原奥氏体晶界。淬火后的金相组织如图 7-19 所示。

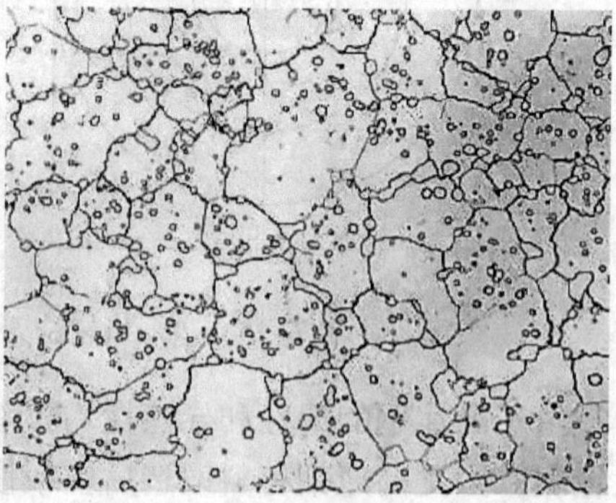
图 7-19　W18Cr4V 钢淬火后的组织

高速钢淬火后硬度为 62～63HRC。W18Cr4V 钢硬度与回火温度的关系如图 7-20 所示。由图可见在 550～570℃回火时硬度最高。其原因是：①在此温度范围内，W 及 V 的碳化物呈细小弥散状从马氏体

中沉淀析出，这些碳化物很稳定，难以聚集长大，从而提高了钢的硬度，这就是所谓的“弥散硬化”；②在此温度范围内，一部分碳及合金元素也从残留奥氏体中析出，从而降低了残留奥氏体中碳和合金元素的含量，提高了马氏体转变温度，当随后冷却时，就会有部分残留奥氏体转变成马氏体，使钢的硬度得到提高。由于以上原因，在回火时便出现了硬度回升的“二次硬化”现象。而当回火温度大于560℃后，由于碳化物聚集长大，硬度又开始降低。

进行三次回火是因为W18Cr4V钢在淬火状态约有25%左右的残留奥氏体，一次回火难以全部消除，经三次回火后即可以使残留奥氏体减至最低量（一次回火后约剩15%，二次回火后剩3%～5%，三次回火后剩1%～2%）。后一次回火还可以消除前一次回火由于奥氏体转变为马氏体而产生的内应力。W18Cr4V回火后的组织如图7-21所示。它由回火马氏体+少量残留奥氏体+碳化物所组成，硬度为63～66HRC。

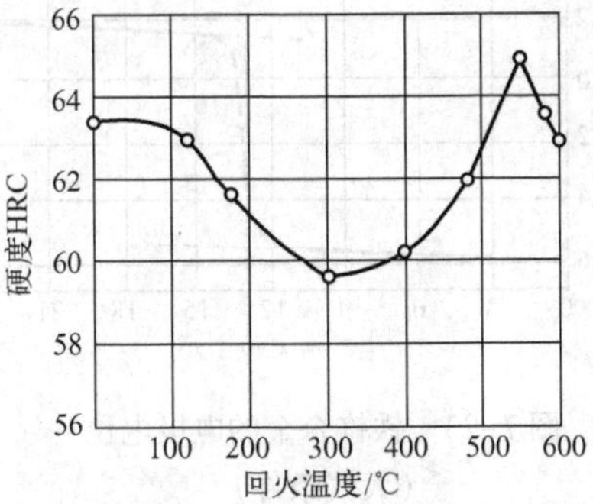

图7-20　W18Cr4V钢硬度与回火温度的关系

图7-21　W18Cr4V钢淬火、回火后的组织

第六节　不锈钢和耐热钢

一、不锈钢

在自然环境或一定工业介质中具有耐蚀性的一类钢，称为不锈钢。不锈钢应能够抵抗空气、蒸汽、酸、碱、盐等腐蚀介质的腐蚀。

1. 金属腐蚀的概念

金属表面与周围介质相互作用，使金属基体逐渐遭受破坏的现象称为腐蚀。腐蚀分为化学腐蚀和电化学腐蚀两类。金属直接与介质发生化学反应造成的腐蚀称为化学腐蚀。在化学腐蚀过程中没有电流产生，例如金属在高温下的氧化、钢的脱碳、钢在石油中的腐蚀以及氢和含氢气体对普通碳钢的强烈腐蚀（氢蚀）等。

金属在电介质溶液中因原电池作用，产生电流而引起的腐蚀现象称为电化学腐蚀。较活泼的金属，即电极电位较负的金属（腐蚀电池的阳极）被腐蚀。电化学腐蚀比化学腐蚀更为普遍，危害性也更大。例如珠光体中的两个相在电解质溶液中就会形成微电池，铁素体相的电极电位较负，成为阳极而被腐蚀，渗碳体相的电极电位较正，成为阴极而不被腐蚀。如图7-22所示，图中凸出部分为渗碳体，凹陷部分为铁素体。

电化学作用是金属腐蚀的主要原因。为此，要提高金属的耐蚀能力，主要采取以下措施：①尽量使合金在室温下呈单一均匀的组织；②减小合金中各相的电极电位差；③使金属表面腐蚀后形成致密的氧化膜保护层（钝化膜）。

2. 不锈钢的合金化特点

（1）一般低碳　从耐蚀性的角度来看，碳含量越低越好。这是因为碳易与铬形成碳化物沿晶界析出造成基体贫铬，同时铬碳化合物与基体形成更多数量的原电池。但对于制造刀具和滚动轴承的不锈钢，碳含量较高，质量分数达到0.90%～1.00%。

（2）合金元素多　Cr是不锈钢合金化的主要元素。它可提高铁素体基体的电极电位。例如在钢中加入质量分数>12%的Cr，铁素体的电极电位由-0.56V突然升高到0.2V，如图7-23所示，这样就减小了铁素体与渗碳体的电位差。另外，Cr可形成保护膜，且当含量较高时能使钢呈单一的铁素体组织。这些都提高了钢的耐蚀性。可以说几乎没有一种不锈钢不含铬。

Ni也是不锈钢中的常用元素。Ni的主要作用是扩大奥氏体区，当其含量达到一定值时可使钢在常温下呈单相奥氏体组织。

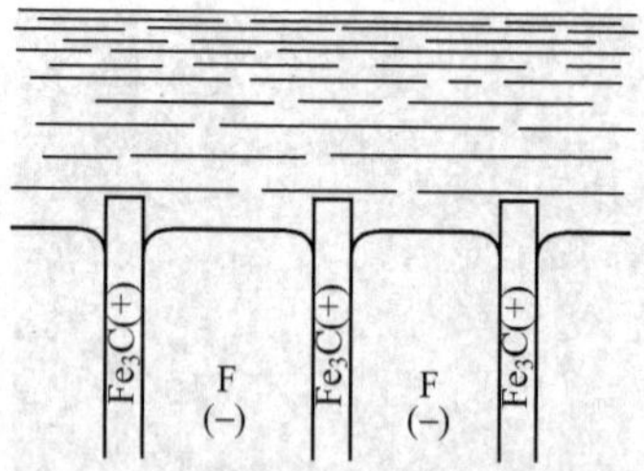

图7-22　片状珠光体电化学腐蚀结果示意图

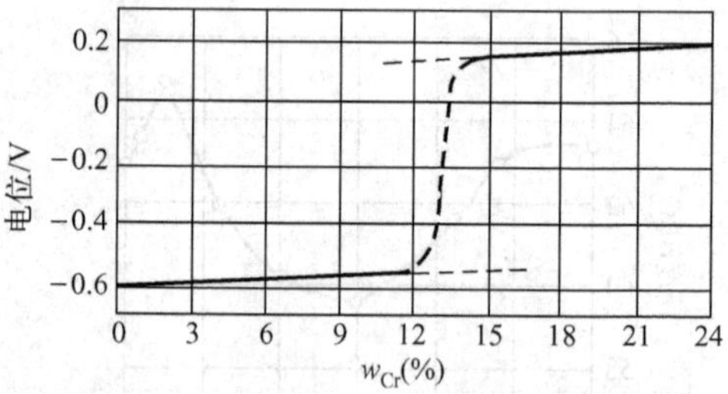

图7-23　铁铬合金的电极电位（大气条件）

Ti、Nb是强碳化物形成元素，会优先与碳结合形成TiC、NbC等碳化物，使铬保留在基体中，避免晶界贫铬，从而减轻钢的晶间腐蚀倾向。

Mo、Cu的加入可提高钢在非氧化性酸中的耐蚀性。Mo可增强钢的钝化作用，铁素体不锈钢中加入质量分数为2%～3%的Mo可提高在有机酸中的耐蚀性。Mo加入双相不锈钢可使钢在含氯离子介质中的耐孔蚀能力显著提高。Cu在沉淀硬化不锈钢中可经时效处理析出富铜强化相而使钢强化。

Mn、N也是扩大奥氏体区的元素，它们的加入是为了部分取代Ni，以降低成本。双相不锈钢有意加入N（一般w_N<0.2%）是为了提高耐蚀性，特别是含有氯离子的耐点（孔）腐蚀和耐缝隙腐蚀性。

Si也是铁素体形成元素，能提高不锈钢在氧化性介质中的耐蚀性能、耐晶间腐蚀性能和耐点蚀性能。

Al在钢中达到一定含量时可使钢钝化，提高在氧化性酸中的耐蚀性。在一些沉淀硬化不锈钢中加入Al是利用其在时效处理时能析出镍-铝金属间化合物的特点使钢强化。

3. 常用不锈钢

不锈钢按金相组织可分为马氏体不锈钢、铁素体不锈钢、奥氏体不锈钢、双相不锈钢和沉淀硬化型不锈钢五种类型。常用不锈钢的牌号、化学成分、热处理、力学性能及用途见表7-18。

（1）马氏体不锈钢　基体为马氏体组织，有磁性，通过热处理可调整其力学性能的不锈钢称为马氏体不锈钢。其碳含量范围较宽（w_C为0.1%～1.0%），铬质量分数在12%～18%之间，有的含少量Mo。

马氏体不锈钢只在氧化性介质（如大气、海水、氧化性酸）中耐腐蚀，在非氧化性介质（如盐酸、碱溶液）中由于不能建立很好的钝化状态耐蚀性很低。而且随着钢中含碳量的增大，其强度、硬度及耐磨性提高，但耐蚀性下降。实践指出，铬钢要有高的耐蚀性，其基体中铬的质

表 7-18　常用不锈钢的牌号、化学成分、热处理、力学性能及用途（摘自 GB/T 1220—2007）

类型	新牌号①（旧牌号）	主要化学成分② w(%) C	Ni	Cr	其他	热处理③/℃	力学性能（≥） $R_{p0.2}$/MPa	R_m/MPa	A(%)	Z(%)	硬度 HBW	用途
奥氏体型	12Cr18Ni9＊（1Cr18Ni9）	≤0.15	8.00~10.00	17.00~19.00	N≤0.10	固溶处理 1010~1150	205	520	40	60	≤187	适合制造建筑用装饰部件，无磁部件和低温装置部件。但有晶间腐蚀倾向，不宜作焊接结构材料
奥氏体型	Y12Cr18Ni9＊（Y1Cr18Ni9）	≤0.15	8.00~10.00	17.00~19.00	S≥0.15（Mo0.60）	固溶处理 1010~1150	205	520	40	50	≤187	12Cr18Ni9 改进切削性能钢。最适合快速切削（如自动车床）制作辊、轴、螺栓、螺母等
奥氏体型	06Cr19Ni10＊（0Cr18Ni9）	≤0.08	8.00~11.00	18.00~20.00		固溶处理 1010~1150	205	520	40	60	≤187	用量最大，使用最广。适用于深冲成形部件、输酸管道、容器、构件，或无磁、低温部件
奥氏体型	06Cr19Ni10N（0Cr19Ni9N）	≤0.08	8.00~11.00	18.00~20.00	N 0.10~0.16	固溶处理 1010~1150	275	550	35	50	≤217	在 06Cr19Ni10 基础上加 N，改善耐点蚀、晶腐性。用于有一定耐蚀要求，较高强度和减重要求的设备或部件
奥氏体型	022Cr17Ni12Mo2（00Cr17Ni14Mo2）	≤0.030	10.00~14.00	16.00~18.00	Mo2.00~3.00	固溶处理 1010~1150	175	480	40	60	≤187	超低碳钢，耐敏化态晶间腐蚀性能良好。制造化工、化肥和化纤等工业设备，如容器、管道及结构件
奥氏体-铁素体型	022Cr19Ni5Mo3Si2N（00Cr18Ni5Mo3Si2）	≤0.030	4.50~5.50	18.00~19.50	Mo2.50~3.00 Si1.30~2.00 N 0.05~0.12	固溶处理 920~1150	390	590	20	40	≤290	耐应力腐蚀破裂性能好，具有较高的强度，适于含氯离子的环境，用于炼油、化肥、造纸、石油、化工等工业热交换器和冷凝器等
奥氏体-铁素体型	022Cr22Ni5Mo3N	≤0.030	4.50~6.50	21.00~23.00	Mo2.50~3.50 N 0.08~0.20	固溶处理 950~1200	450	620	25	—	≤290	用于制作油井管、化工储罐、热交换器、冷凝冷却器等易产生点蚀和应力腐蚀的受压设备
铁素体型	06Cr13Al＊（0Cr13Al）	≤0.08	（≤0.60）	11.50~14.50	Al 0.10~0.30	退火 780~830 空冷或缓冷	175	410	20	60	≤183	用于 12Cr13 或 10Cr17 由于空气可淬硬而不适用的地方，如石油精制装置、压力容器衬里、蒸汽透平叶片等
铁素体型	10Cr17（1Cr17）	≤0.12	（≤0.60）	16.00~18.00		退火 780~850 空冷或缓冷	205	450	22	50	≤183	制造硝酸工厂设备，如吸收塔、热交换器、酸槽、输送管道等；薄板用于建筑内装饰、厨房器具等
铁素体型	008Cr30Mo2＊（00Cr30Mo2）	≤0.010	—	28.50~32.00	Mo1.50~2.50 N≤0.015	退火 900~1050 快冷	295	450	20	45	≤228	高纯铁素体不锈钢，韧脆转变温度低，耐蚀性很好。用作苛性碱设备及有机酸设备

（续）

类型	新牌号①（旧牌号）	主要化学成分② w（%） C	Ni	Cr	其他	热处理③/℃	力学性能（≥） $R_{p0.2}$/MPa	R_m/MPa	A（%）	Z（%）	硬度 HBW	用途
马氏体型	12Cr13 *（1Cr13）	0.08 ~ 0.15		11.50 ~ 13.50		950 ~ 1000 淬 700 ~ 750 回	345	540	22	55	≥159	用于耐弱腐蚀介质高且受冲击的刀具、叶片、紧固件等
	20Cr13 *（2Cr13）	0.16 ~ 0.25		12.00 ~ 14.00		920 ~ 980 淬 600 ~ 750 回	440	640	20	50	≥192	用于承受高负荷的零件，如汽轮机叶片、热油泵、叶轮等，也可用于造纸工业和医疗器械及日用刀具、餐具等
	30Cr13（3Cr13）	0.26 ~ 0.35	（≤0.60）	12.00 ~ 14.00		920 ~ 980 淬 600 ~ 750 回	540	735	12	40	≥217	主要用于高强度部件，及一定腐蚀介质下的磨损件，如300℃下工作的刀具、弹簧，400℃下工作的轴、螺栓、阀门、轴承等
	40Cr13（4Cr13）	0.36 ~ 0.45		12.00 ~ 14.00		1050 ~ 1100 淬 200 ~ 300 回	—	—	—	—	≥50HRC	用于外科医疗用具、阀门、轴承、弹簧等。焊接性差，通常不作焊接部件
	95Cr18（9Cr18）	0.90 ~ 1.00		17.00 ~ 19.00		1000 ~ 1050 淬 200 ~ 300 回	—	—	—	—	≥55HRC	主要用于耐蚀、高强度、耐磨损部件，如轴、泵、阀件、杆类、弹簧、紧固件等
	32Cr13Mo（3Cr13Mo）	0.28 ~ 0.35		12 ~ 14.00	Mo0.50 ~ 1.00	1025 ~ 1075 淬 200 ~ 300 回	—	—	—	—	≥50HRC	在30Cr13基础上加入Mo，改善了强度和硬度，并增强了二次硬化效应，且耐蚀性更优。主要用途同30Cr13
沉淀硬化型	05Cr17Ni4Cu4Nb *（0Cr17Ni4Cu4Nb）	≤0.07	3.00 ~ 5.00	15.00 ~ 17.50	Cu3.00 ~ 5.00 Nb0.15 ~ 0.45	固溶处理 1020 ~ 1060	—	—	—	—	≤363	主要用于要求耐弱酸、碱、盐腐蚀的高强度部件，如汽轮机末级动叶片以及在腐蚀环境下，工作温度低于300℃的结构件
						沉淀硬化 480 时效	1180	1310	10	40	≥375	
						沉淀硬化 550 时效	1000	1070	12	45	≥331	
	07Cr15Ni7Mo2Al（0Cr15Ni7Mo2Al）	≤0.09	6.50 ~ 7.75	14.00 ~ 16.00	Mo2.00 ~ 3.00 Al0.75 ~ 1.50	固溶处理 1000 ~ 1100	—	—	—	—	≤269	用于宇航、石油化工和能源等领域有一定耐蚀要求的高强度容器、零件及结构件
						沉淀硬化 510 时效	1210	1320	6	20	≥388	
						沉淀硬化 565 时效	1100	1210	7	25	≥375	

① 标 * 的钢也可作耐热钢使用。

② 括号内数值为允许添加的 Ni（或 Mo）的质量分数。

③ 奥氏体钢和双相钢固溶处理后快冷；马氏体钢淬火冷却介质为油，回火后快冷或空冷；沉淀硬化钢固溶处理后快冷，时效具体过程见国家标准。

量分数最少要达到11.7%。Cr12MoV钢中平均铬质量分数虽然大于11.7%，但由于其含碳量很高，所以其基体中铬的质量分数却远远低于11.7%，因而Cr12MoV钢不属于不锈钢。

12Cr13和20Cr13不锈钢具有良好的耐大气、海水、蒸气等介质腐蚀的能力，且有良好的塑性和韧性，主要用以制造耐腐蚀结构零件，如汽轮机叶片、水压机阀、结构架、螺母等零件。其最终热处理为淬火+高温回火，得到回火索氏体组织。

碳含量较高的如32Cr13Mo、40Cr13、95Cr18等不锈钢，热处理后硬度、强度较高，常用以制造弹簧、滚动轴承和各种不锈钢工具，如医用钳子、手术剪、手术刀等。用作弹簧时进行淬火+中温回火处理，用作轴承和工具时，进行淬火+低温回火处理。

（2）铁素体不锈钢　基体以铁素体为主，有磁性，一般不能通过热处理硬化，但冷加工可使其轻微强化的不锈钢称为铁素体不锈钢。这类钢的碳含量较低（$w_C<0.15\%$），铬含量较高（$w_{Cr}12\%\sim32\%$），也属于铬不锈钢。低碳高铬使得此类钢从室温加热到1000℃左右高温其组织始终是单相铁素体，因此不能热处理强化，一般在退火或正火状态下使用。铁素体不锈钢的耐蚀性（对硝酸、氨水）、塑性加工和焊接性均优于马氏体不锈钢，而强度低。

常用的铁素体不锈钢有06Cr13Al、10Cr17、008Cr30Mo2等，主要用于耐蚀性要求较高而受力不大的构件，如化工设备中的容器、管道、食品工厂的设备。这类钢在热处理或其他热加工过程中应注意避免的主要问题是晶粒粗大、脆性大（σ相脆性、475℃脆性）。

（3）奥氏体不锈钢　基体以奥氏体为主，无磁性，主要通过冷加工强化的不锈钢称为奥氏体不锈钢。它克服了马氏体不锈钢耐蚀性不足和铁素体不锈钢脆性过大的问题，是应用最广泛的不锈钢。其化学成分特点为低碳（$w_C<0.15\%$），铬、镍含量较高，有时加入钛或铌。较高的Ni含量使钢的*Ms*点降至室温以下，室温时就能得到单相奥氏体组织，进一步改善了钢的耐蚀性。

奥氏体不锈钢具有优良的耐蚀性、耐热性和低温韧性，塑性、韧性和焊接性也很好，切削加工性稍差。其主要缺点是强度、硬度较低，晶间腐蚀倾向大。一般通过冷加工变形使其强化，其形变强化能力比铁素体不锈钢要强。对于晶间腐蚀现象，可通过尽量降低碳含量，或加入钛、铌元素来防止其发生。

用量最大的奥氏体不锈钢有12Cr18Ni9、06Cr19Ni10等，广泛用于在强腐蚀介质（硝酸、磷酸及碱水溶液等）中工作的设备、管道、储槽等，还广泛用于要求无磁性的仪表元件。

奥氏体不锈钢的热处理主要有：

① 固溶处理。奥氏体不锈钢在退火状态下是奥氏体和少量的碳化物组织。碳化物的存在，对钢的耐蚀性有很大损伤。故需进行固溶处理，即将钢加热至1100℃左右，让所有碳化物全部溶于奥氏体，然后水淬快冷，以获得单相奥氏体组织。

② 稳定化处理。对于含钛或铌的不锈钢，在固溶处理后还应进行稳定化处理，使碳几乎全部稳定于TiC、NbC中，而$(Cr,Fe)_{23}C_6$不会在晶界析出，从而防止晶间腐蚀（由于晶界“贫铬”而遭受电化学腐蚀的现象）。稳定化处理工艺为：加热温度850~930℃，保温2~4h，空冷或炉冷。

③ 去应力处理。奥氏体不锈钢易发生应力腐蚀，即由应力与腐蚀介质共同作用引起的破裂。故经过冷加工或焊接的奥氏体不锈钢应进行去应力处理，其工艺如下：为消除冷加工残余应力，通常加热至300~350℃；为消除焊件残余应力，加热至850℃以上，可同时起到减轻晶间腐蚀倾向的作用。因为加热至850℃以上可使$(Cr,Fe)_{23}C_6$完全溶解，并且通过扩散使贫铬区消失。

（4）奥氏体-铁素体（双相）不锈钢　基体兼有奥氏体和铁素体两相组织（其中较少相的质量分数一般大于25%），有磁性，可通过冷加工强化的不锈钢称为双相不锈钢。这类钢是在奥氏体不锈钢的基础上，进一步降低碳含量，提高Cr含量，或加入其他铁素体形成元素而形成的。

Ni 在双相不锈钢中的主要作用是调整两相比例，从而调整其力学性能和耐蚀性能。

双相不锈钢不仅有优良的耐点腐蚀、耐应力腐蚀（特别是含 Cl^- 介质中）性能，而且耐晶间腐蚀和焊缝热裂性能也显著提高。固溶处理后与奥氏体不锈钢和铁素体不锈钢相比，其强度（特别是屈服强度）和硬度更高，塑性和韧性介于两者之间。

022Cr22Ni5Mo3N 是目前世界上应用最普遍的双相不锈钢，是在瑞典 SAF2205 钢基础上研制的。对含硫化氢、二氧化碳、氯化物的环境具有阻抗性，可进行冷、热加工及成形，焊接性良好，适用于作结构材料。

（5）沉淀硬化不锈钢　基体为奥氏体或马氏体组织，并能通过沉淀硬化（又称时效硬化）处理使其硬（强）化的不锈钢称为沉淀硬化不锈钢（PH 钢）。这类钢的碳含量很低（$w_C <$ 0.09%），且添加了不同类型、数量的强化元素（如 Cu、Nb、Al、Mo 等），通过沉淀硬化过程析出沉淀相（第二相质点），既提高钢的强度，又保持足够韧性，是一类高强度不锈钢。

沉淀硬化不锈钢具有接近于奥氏体不锈钢的耐蚀性，又具有类同于马氏体不锈钢可通过热处理调整力学性能的特征，越来越受到重视。

沉淀硬化不锈钢的热处理，一般是先经固溶处理获得较低的硬度后，再经不太高的温度时效以实现强化。所以，大量的加工可以在高温固溶处理后完成，只留很小加工余量进行时效硬化。经固溶处理可形成马氏体或奥氏体基体，半奥氏体沉淀硬化钢还需经调整处理等提高 Ms 点以获得马氏体基体。再经时效处理，便可沉淀析出第二相质点（如金属间化合物 Ni_3Al）。强化后抗拉强度可达 1300 MPa，有良好的耐蚀性和抗氧化性。

05Cr17Ni4Cu4Nb 是添加 Cu 和 Nb 的马氏体沉淀硬化不锈钢，强度可通过改变热处理工艺予以调整，耐蚀性优于一般马氏体不锈钢，焊接工艺简便。07Cr15Ni7Mo2Al 是以 2% Mo 取代 07Cr17Ni7Al 中 2% Cr 的半奥氏体沉淀硬化不锈钢，使之耐还原性介质腐蚀能力改善，综合性能优于 07Cr17Ni7Al。这类钢主要用于制造高应力耐蚀的化工设备零件、航空器结构件和高压容器等。目前航空工业中已大量使用沉淀硬化不锈钢。

二、耐热钢

耐热钢是指在高温下具有良好的化学稳定性或较高强度的钢。

一般钢铁材料加热到 570℃以上时表面容易产生氧化，这是由于空气中的氧原子与铁原子在高温下形成疏松多孔的 FeO。温度越高，氧化速度越快，长时间氧化会使钢材表面起皮和剥落。钢的抗氧化性是指钢在高温下对氧化作用的稳定性。除氧化外，钢铁在高温下由于原子间结合力减弱，其强度也大大下降。当工作温度高于金属的再结晶温度，工作应力超过金属在该温度下的弹性极限时，随着时间的延长金属会发生极其缓慢的变形，这种现象称为“蠕变”。

1. 化学成分特点

耐热钢的碳质量分数一般为 0.1%～0.5%。为了提高钢在高温下抗氧化能力，向钢中加入足够的 Cr、Si、Al 等钝化元素，使钢在高温下与氧接触时，表面能形成致密的高熔点氧化膜，以保护钢不再继续氧化。例如钢中含有质量分数为 15% 的 Cr 时，其抗氧化温度可达 900℃，若 Cr 的质量分数达 20%～25%，则抗氧化温度可达 1100℃。

为了提高钢的高温强度，可加入提高再结晶温度的合金元素如 W、Mo 等，或加入强碳化物形成元素如 Ti、Nb、V 等，利用碳化物弥散析出产生强化来提高高温强度。

2. 常用耐热钢

按照组织类型，耐热钢可分为奥氏体耐热钢、铁素体耐热钢、马氏体耐热钢和沉淀硬化耐热钢四种。常用耐热钢的牌号、热处理、力学性能及应用见表 7-19。

表 7-19　常用耐热钢的牌号、热处理、力学性能及应用（摘自 GB/T 1221—2007）

类别[3]	新牌号[1]（旧牌号）	化学成分 w(%)					热处理[3]/℃	力学性能（≥）				硬度 HBW	用途举例
		C	Ni	Cr	Mo	其他[2]		$R_{p0.2}$/MPa	R_m/MPa	A(%)	Z(%)		
奥氏体型	06Cr19Ni10 *（0Cr18Ni9）	≤0.08	8.00 ~ 11.00	18.00 ~ 20.00			固溶处理 1010 ~ 1150	205	520	40	60	≤187	通用耐氧化钢，可在 870℃以下可反复加热
奥氏体型	20Cr25Ni20（2Cr25Ni20）	≤0.25	19.00 ~ 22.00	24.00 ~ 26.00	—		固溶处理 1030 ~ 1180	205	590	40	50	≤201	1035℃以下可反复加热，用于炉用部件、喷嘴、燃烧室
奥氏体型	26Cr18Mn12Si2N（3Cr18Mn12Si2N）	0.22 ~ 0.30		17.00 ~ 19.00		N0.22 ~ 0.33	固溶处理 1100 ~ 1150	390	685	35	45	≤248	有较高的高温强度和一定的抗氧化性，并有较好的抗硫和抗增碳性。用于吊挂支架、渗碳炉构件、加热炉传送带、料盘、炉爪
奥氏体型	06Cr18Ni11Nb *（0Cr18Ni11Nb）	≤0.08	9.00 ~ 12.00	17.00 ~ 19.00	—	Nb10C ~ 1.10	固溶处理 980 ~ 1150	205	520	40	50	≤187	400 ~ 900℃腐蚀条件下使用的部件、高温用焊接结构部件
奥氏体型	45Cr14Ni14W2Mo（4Cr14Ni14W2Mo）	0.40 ~ 0.50	13.00 ~ 15.00	13.00 ~ 15.00	0.25 ~ 0.40	W 2.00 ~ 2.75	退火 820 ~ 850 快冷	315	705	20	35	≤248	700℃以下工作的内燃机、柴油机重负荷进、排气阀和紧固件，500℃以下航空发动机零件
铁素体型	06Cr13Al *（0Cr13Al）	≤0.08		11.50 ~ 14.50		Al 0.10 ~ 0.30	退火 780 ~ 830 空冷或缓冷	175	410	20	60	≤183	冷加工硬化少，主要用于燃气透平压缩机叶片、退火箱、淬火台架等
铁素体型	10Cr17 *（1Cr17）	≤0.12	—	16.00 ~ 18.00	—		退火 780 ~ 850 空冷或缓冷	205	450	22	50	≤183	900℃以下耐氧化器件，散热器、炉用部件、油喷嘴等
铁素体型	16Cr25N（2Cr25N）	≤0.20	—	23.00 ~ 27.00		（Cu≤0.30）N≤0.25	退火 780 ~ 880 快冷	275	510	20	40	≤201	常用于耐硫气氛，如燃烧室、退火箱、玻璃磨具、阀等

（续）

类别③	新牌号①（旧牌号）	化学成分 w(%)					热处理③/℃	力学性能（≥）				硬度 HBW	用途举例
		C	Ni	Cr	Mo	其他②		$R_{p0.2}$ /MPa	R_m /MPa	A (%)	Z (%)		
马氏体型	12Cr12Mo（1Cr12Mo）	0.10～0.15	0.30～0.60	11.50～13.00	0.30～0.60	Cu≤0.30	淬火 950～1000 油冷 回火 700～750 快冷	550	685	18	60	217～248	铬钼马氏体耐热钢，作汽轮机叶片
马氏体型	14Cr11MoV（1Cr11MoV）	0.11～0.18	≤0.60	10.00～11.50	0.50～0.70	V 0.25～0.40	淬火 1050～1100 空冷 回火 720～740 空冷	490	685	16	55	退火≤200	热强性较高、减振性良好，用于透平叶片及导向叶片
马氏体型	15Cr12WMoV（1Cr12WMoV）	0.12～018	0.40～0.80	11.00～13.00	0.50～0.70	W 0.70～1.10 V 0.15～0.30	淬火 1000～1050 油冷 回火 680～700 空冷	585	735	15	45	—	热强性较高、减振性和组织稳定性良好，用于透平叶片、紧固件、转子及轮盘
马氏体型	42Cr9Si2（4Cr9Si2）	0.35～0.50	≤0.60	8.00～10.00	—	Si 2.00～3.00	淬火 1020～1040 油冷 回火 700～780 油冷	590	885	19	50	退火≤269	铬硅马氏体阀门钢，750℃以下耐氧化。用于内燃机进气阀、轻负荷发动机的排气阀
沉淀硬化型	07Cr17Ni7Al *（0Cr17Ni7Al）	≤0.09	6.50～7.75	16.00～18.00	—	Al 0.75～1.50	固溶处理 1000～1100	≤380	≤1030	20	—	≤229	添加铝的半奥氏体沉淀硬化钢，作高温弹簧、膜片、固定器、波纹管
							510 时效	1030	1230	4	10	≥388	
							565 时效	960	1140	5	25	≥363	

① 标 * 的钢也可作不锈钢使用。

② 括号内数值为允许添加的 Cu 的质量分数。

③ 奥氏体钢和沉淀硬化钢固溶处理后快冷；沉淀硬化钢时效具体过程见国家标准。

（1）奥氏体耐热钢　奥氏体耐热钢与奥氏体不锈钢一样，含有大量的 Cr 和 Ni，有些钢种碳含量稍高，以保证钢的抗氧化性和高温强度，并使组织稳定。加入 Ti、W、Mo 等元素是为了进一步提高高温强度。这类钢不仅热强性很高，并有很好的冷塑性变形性能和焊接性能，塑性、韧性也较好，但切削加工性较差。通常用作在 600℃以上工作的热强材料。如加热炉管、炉内传送带、炉内支架、汽轮机叶片、轴、内燃机重负荷排气阀等。常用钢号有 06Cr19Ni10、06Cr18Ni11Nb、45Cr14Ni14W2Mo 等。这类钢一般进行固溶处理，也可通过固溶处理加时效以析出碳化物、提高强度。

（2）铁素体耐热钢　这类钢 Cr 含量较高，它是在铁素体不锈钢的基础上加入了适量 Al、Si 而发展起来的。其特点是抗氧化性强，但高温强度较低，焊接性能也较差，经退火处理后多用于受力不大、耐高温氧化的构件，如油喷嘴、炉用部件、燃烧室等。常用钢号有 16Cr25N、06Cr13Al 等。

（3）马氏体耐热钢　这类钢含有较多的 Cr，并含有 Mo、W、V 等合金元素，以提高钢的再结晶温度和形成稳定的碳化物，加入 Si 以提高抗氧化能力和强度。故这类钢的抗氧化性、热强性均较高，硬度和耐磨性良好，淬透性也很好。因此广泛用于制造工作温度在 650℃以下，承受较大载荷且要求耐磨的零件，如汽轮机叶片、汽车发动机的排气阀等。常用钢号有 12Cr12Mo、42Cr9Si2、15Cr12WMoV 等。马氏体耐热钢一般是经过调质热处理后在回火索氏体状态下使用的，以保证在使用温度下组织和性能的稳定。

（4）沉淀硬化耐热钢　这类钢的成分、强化原理与沉淀硬化不锈钢相似。如前面的 05Cr17Ni4Cu4Nb 也是马氏体沉淀硬化耐热钢，可用作燃气透平压缩机叶片及发动机周围材料。07Cr17Ni7Al 是添加 Al 的半奥氏体沉淀硬化耐热钢（不锈钢）。06Cr15Ni25Ti2MoAlVB 是一种高 Ni 型奥氏体沉淀硬化耐热钢，含有多种合金元素，主要用于 700℃以下工作环境，要求具有高强度和优良耐蚀性的部件或设备，如汽轮机转子、叶片、骨架、燃烧室部件和螺栓等。沉淀硬化耐热钢的热处理也是固溶处理后时效处理，它是耐热钢中强度最高的一类钢。

以上介绍的耐热钢仅适用于 800℃以下的工作温度。如果零件的工作温度超过 800℃，则应考虑选用镍基、钴基等高温合金；工作温度超过 900℃可考虑选用铌基、钼基合金以及陶瓷材料等。

复习思考题

1. 名词解释：耐回火性、二次硬化、热硬性、水韧处理

2. 解释下列现象：

（1）在相同碳含量情况下，碳化物形成元素的合金钢比碳钢具有较高的耐回火性；

（2）高速钢在热锻或热轧后，经空冷获得马氏体组织；

（3）合金调质钢在回火后需快冷至室温；

3. 分析下列说法是否正确：

（1）20CrMnTi 和 06Cr17Ni12Mo2Ti 中的 Ti 都是起细化晶粒作用；

（2）40Cr13 钢的耐蚀性不如 12Cr13 钢；

（3）钢中合金元素含量越高，则淬火后钢的硬度值越高；

（4）由于 Cr12MoV 钢中铬质量分数大于 11.7%，因而 Cr12MoV 钢属于不锈钢。

4. 合金钢与碳钢相比，为什么它的力学性能好？热处理变形小？而且合金工具钢的耐磨性也比碳素工具钢高？

5. 高速工具钢淬火后为什么需进行三次以上回火？在560℃回火是否是调质处理？

6. 拖拉机的变速齿轮，材料为20CrMnTi，要求齿面硬度为58～64HRC，分析说明采用什么热处理工艺才能达到这一要求？

7. 今有一种ϕ10 mm的杆类零件，受中等交变拉压载荷作用，要求零件沿截面性能均匀一致，现提供材料有：Q345、65、40Cr、T12。要求：(1) 选择合适的材料；(2) 编制简明的工艺路线；(3) 说明各热处理工序的主要作用；(4) 指出最终组织。

8. 轴承钢为什么要用铬钢？为什么对非金属夹杂限制特严格？

9. 与马氏体不锈钢比较，奥氏体型不锈钢有何特性？为提高其耐蚀性能可采取什么工艺方法？

10. ZG120Mn13钢为什么具有优良的耐磨性和良好的韧性？

11. 同样形状的两块铁碳合金，一块是15钢，一块是白口铸铁，用什么简便方法可迅速区分它们？

12. 从Q235A、15、45、65、T8中选择相应钢种来制造手锯锯条、普通螺钉、车床主轴、起重用钢丝绳。

13. 下列钢号属于何种钢，数字含义及主要用途。

Q390、Cr12MoV、5Cr08MnMo、3Cr2W8V、38CrMoAl、40Cr、20CrMnTi、18Cr2Ni4W、CrWMn、65Mn、60Si2Mn、GCr15SiMn、9SiCr、30Cr13、06Cr19Ni10、022Cr22Ni5Mo3N、10Cr17、95Cr18、T10A、ZG120Mn13Cr2、W6Mo5Cr4V2、07Cr17Ni7Al、42Cr9Si2、ZG270－500、Y45Ca

第八章 铸 铁

第一节 概 论

一、铸铁的成分、组织和性能特点

在铁碳相图中，碳质量分数大于2.11%的铁碳合金称为铸铁。与钢相比，铸铁不仅碳和硅含量较高，而且杂质元素硫、磷含量也较高。由于铸铁的含碳量、含硅量较高，使得铸铁中的碳大部分不再以化合状态（Fe_3C）存在，而以游离的石墨（G）状态存在。铸铁的组织可以看作是在钢的基体上分布着不同形态的石墨。石墨的强度、硬度、塑性几乎为零。因此，铸铁的强度、塑性和韧性较差，不能进行锻造。但它却具有一系列优良的性能，如良好的铸造性、减摩性和切削加工性等。铸铁之所以具有这些优良性能，一是因为铸铁的含碳量高，接近于共晶成分，使其熔点低、流动好；二是因为其中含有石墨，而石墨本身具有润滑作用，因而具有良好的减摩性和切削加工性。

铸铁的生产设备和工艺简单，价格低廉，因此铸铁在机械制造领域中得到了广泛的应用。按质量统计，在机床中铸铁件占60%～90%；在汽车、拖拉机中铸铁占50%～70%。高强度铸铁和特殊性能的合金铸铁还可代替部分昂贵的合金钢和有色金属材料。

二、铸铁的石墨化过程

将铸铁在高温下进行长时间加热时，其中的渗碳体便会分解为铁和石墨（$Fe_3C \rightarrow 3Fe + C$）。铸铁组织中石墨的形成叫作“石墨化”过程。可见，碳呈化合状态存在的渗碳体并不是一种稳定的相，它只不过是一种亚稳定的状态；而碳呈游离状态存在的石墨则是一种稳定的相。因此，对铁碳合金的结晶过程来说，实际上存在两种相图，如图8-1所示，其中实线部分即为前面所讨论的亚稳定的 $Fe-Fe_3C$ 相图，而虚线部分则是稳定的 Fe－G 相图。视具体合金的结晶条件不同，铁碳合金可以全部或部分地按照其中的一种或另一种相图进行结晶。

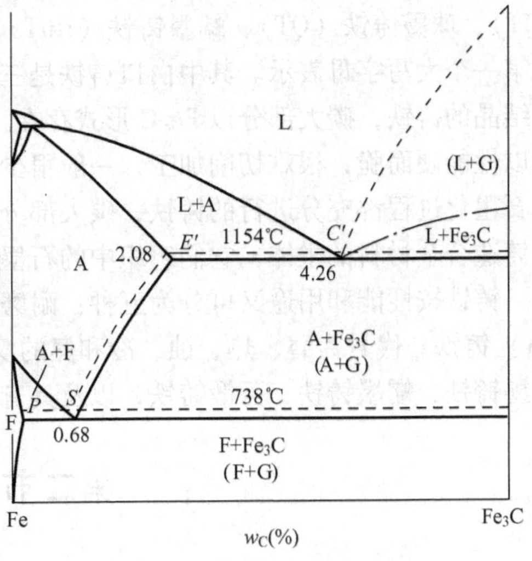

图8-1 铁碳合金的两种相图

假设铸铁结晶全部按照 Fe－G 相图进行，则铸铁的石墨化过程分为如下三个阶段：

第一阶段，称为高温石墨化阶段，它指从过共晶铸铁液体中结晶出一次石墨（G_I），以及共晶和亚共晶铸铁在1154℃时通过共晶反应而形成石墨（$L'_C \rightarrow A'_E + G_{共晶}$）。

第二阶段，称为中间石墨化阶段，即在1154～738℃范围内冷却过程中，自奥氏体中不断析出二次石墨（G_{II}）。

第三阶段，称为低温石墨化阶段，即在738℃ 时通过共析反应而形成共析石墨（$A'_S \rightarrow F'_P +$

$G_{共析}$）以及在 738℃以下从 F 中析出的三次石墨（$G_{Ⅲ}$）。

一般来说，铸铁自高温冷却的过程中，由于具有较高的原子扩散能力，故其第一和第二阶段的石墨化是较易进行的，即通常都能按照 Fe－G 相图进行结晶，凝固后得到（A＋G）的组织；而随后在较低温度下的第三阶段的石墨化，则常因铸铁的成分及冷却速度等条件的不同，而被全部或部分地抑制，从而会得到三种不同的基体组织，即 F＋G、F＋P＋G、P＋G。

三、影响铸铁石墨化的因素

影响铸铁石墨化程度的主要因素是铸铁的成分和铸件的实际冷却速度。

1. 化学成分的影响

C 和 Si 是有效促进石墨化的元素，其余是 Al、Cu、Ni、Co 等。碳、硅含量过低，易出现白口组织，力学性能和铸造性能变差。而碳、硅含量过高，会使石墨数量多且粗大，基体内铁素体量增多，降低铸件的性能。碳、硅量控制范围：w_C为 2.5%～4.0%，w_{Si}为 1.0%～3.0%。

另一类是阻止石墨化的元素，如 S、Mn、Cr、W、Mo、V。S 增加 Fe 和 C 原子的结合力，并且形成的 FeS 又阻碍 C 原子的扩散，故强烈阻止石墨化。而锰因为可以与硫形成 MnS，减弱硫的有害作用，所以虽然它也是阻止石墨化的元素，但允许其质量分数在 0.5%～1.4%之间。

2. 铸件冷却速度的影响

铸件的冷却速度越慢，越有利于扩散，按照 Fe－G 相图结晶，对石墨化越有利。

此外，铸件的造型材料、工艺和铸件壁厚不同，也直接影响石墨化的结果。

四、铸铁的分类和代号

GB/T 5612—2008《铸铁牌号表示方法》按照组织特征将铸铁分为五类并确定代号：灰铸铁（HT）、球墨铸铁（QT）、蠕墨铸铁（RuT）、可锻铸铁（KT）和白口铸铁（BT）。代号以拼音字母第一个大写字母表示。其中白口铸铁是三个阶段石墨化过程全部被抑制，完全按 $Fe-Fe_3C$ 相图结晶的铸铁，碳大部分以 Fe_3C 形式存在，其断口呈银白色。由于白口铸铁中存在莱氏体组织，所以性能硬而脆，很难切削加工，一般很少直接用来制造零件。而另外四种铸铁是第一和第二阶段石墨化过程都充分进行的铸铁，碳大部分以石墨形式存在，其断口为暗灰色。这是工程上应用的铸造合金材料的主体，它们组织中的石墨形态不同。

铸铁按性能和用途又可分为五种：耐磨（M）、耐热（R）、耐蚀（S）、冷硬（L）和奥氏体（A）铸铁。代号为磨、热、蚀、冷和奥的汉字拼音第一个大写字母。本章主要介绍普通灰铸铁、球墨铸铁、蠕墨铸铁、可锻铸铁，以及具有耐磨、耐热、耐蚀等特殊性能的合金铸铁。

第二节　灰　铸　铁

一、灰铸铁的成分和组织

灰铸铁的组织特点是具有片状石墨，其基体组织则分三种类型：铁素体、珠光体及铁素体加珠光体，如图 8-2 所示。

实际铸件是否得到灰口组织和得到何种基体组织，主要视其结晶过程的石墨化程度而定。故为了使铸件在浇注后能够得到灰口组织，且不至含有过多的和粗大的片状石墨，通常把铸铁中碳的质量分数控制在 2.5%～4.0%及硅的质量分数控制在 1%～2.5%。

灰铸铁的组织可以看作是“钢的基体”加上片状石墨的夹杂。因为石墨片的强度极低，故

a)

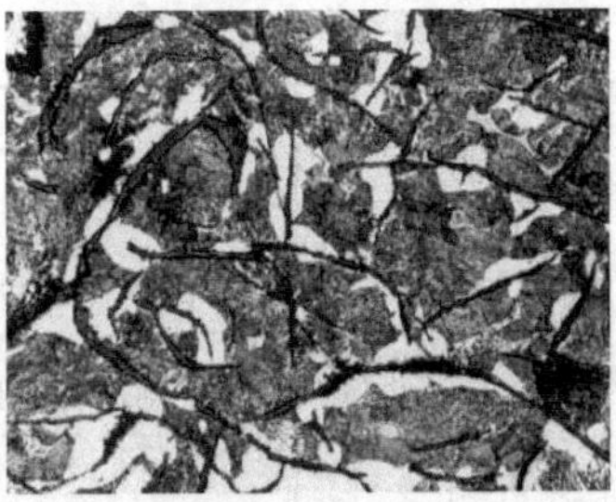

b)

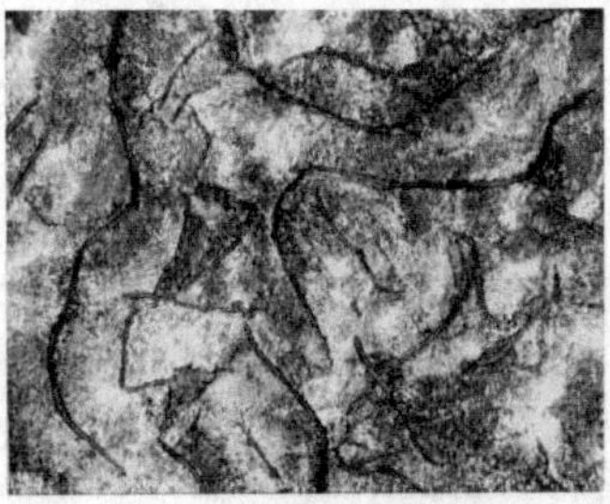

c)

图 8-2　灰铸铁的三种显微组织

a）铁素体灰铸铁　b）铁素体＋珠光体灰铸铁　c）珠光体灰铸铁

又可近似地把它看作是一些“微裂缝”，从而可把灰铸铁看作是“含有许多微裂缝的钢”。由于这些微裂缝（片状石墨）的存在，不仅割断了基体的连续性，而且在其尖端处还会引起应力集中，所以灰铸铁的抗拉强度、塑性和韧性远不及钢。石墨片的量越多，尺寸越大，其影响越大。但石墨的存在对抗压强度影响不大，因为铸铁的抗压强度和硬度主要取决于基体组织的性能。由于石墨片的这一决定性影响，即使将其基体组织从珠光体改变为铁素体，也只会降低强度，而不会增加塑性和韧性。

二、灰铸铁的性能和用途

铸铁组织中的石墨虽然降低了抗拉强度和塑性，但却给铸铁带来一系列的优越性能。如铸铁的优良的铸造性，不仅表现在它具有较高的流动性，而且还因为铸铁在凝固过程中会析出比体积较大的石墨，从而减少其收缩性。由于石墨具有割裂基体连续性的作用，从而使铸铁的切屑易脆断，具有良好的切削加工性。由于石墨本身的润滑作用，以及当它从铸件表面上掉落时所遗留的孔洞具有存油的能力，故铸铁又有优良的减摩性。此外，由于石墨的组织松软，能够吸收振动，因而又使铸铁具有良好的减震性。加之片状石墨本身就相当于许多微缺口，故铸铁尚具有低的缺口敏感性。

正由于灰铸铁具有以上一系列的优点，因而被广泛地用来制作各种承受压力和要求消振性的床身、机架，结构复杂的箱体、壳体和经受摩擦的导轨、缸体等。在铸铁总产量中，灰铸铁件占80% 以上。

表 8-1 为灰铸铁的牌号、性能及用途。牌号中的符号 HT 表示灰铸铁，后面的数字表示其最低抗拉强度值。

表 8-1　灰铸铁的牌号、性能及用途（摘自 GB/T 9439—2010）

牌　号	铸件壁厚 /mm		铸件预期抗拉强度 R_m/MPa	显微组织		用　途
	>	≤		基体	石墨	
HT100	5	40	—	F	粗片状	用于制造只承受轻载荷的简单铸件，如盖、外罩、托盘、油盘、手轮、支架、底板、把手，冶矿设备中的高炉平衡锤、炼钢炉重锤等
HT150	5 10 20 40 80	10 20 40 80 150	155 130 110 95 80	F＋P	较粗片状	用于制造承受中等弯曲应力、摩擦面间压强高于 500 KPa 的铸件，如机床的工作台、溜板、底座，汽车的齿轮箱、进排气管、泵体、阀体、阀盖等

（续）

牌　号	铸件壁厚/mm		铸件预期抗拉强度 R_m/MPa	显微组织		用　途
	>	≤		基体	石墨	
HT200	5 10 20 40 80	10 20 40 80 150	205 180 155 130 115	P	中等片状	用于制造要求保持气密性并承受较大弯曲应力的铸件，如机床床身、立柱、齿轮箱体、刀架、液压缸、活塞、带轮等
HT250	5 10 20 40 80	10 20 40 80 150	250 225 195 170 155	细 P	较细片状	适于制造炼钢用轨道板、汽缸套、泵体、阀体、齿轮箱体、齿轮、划线平板、水平仪、机床床身、立柱、油缸、内燃机的活塞环、活塞等
HT300	10 20 40 80	20 40 80 150	270 240 210 195	S 或 T	细小片状	适于制造承受高弯曲应力，要求保持较高气密性的铸件，如重型机床机身、齿轮、凸轮、大型发动机曲轴、气缸体、高压液压缸、轧钢机座等
HT350	10 20 40 80	20 40 80 150	315 280 250 225	S 或 T	细小片状	用于制造机床、压力机和其他重型机械等受力较大的机座，轧钢滑板、辊子、炼焦柱、圆筒混合机齿圈、支承轮座等

需要强调的是，表中所列的各种铸铁牌号的性能均对应有一定的铸件壁厚尺寸，也就是说，在根据零件的性能要求选择铸铁牌号时，必须同时注意到零件的壁厚尺寸。若零件的壁厚过大或过小而表中所列的数据不适合时，则根据具体情况提高或降低铸铁的牌号。

普通灰铸铁的主要缺点是石墨片比较粗大，力学性能较低。要改善灰铸铁的力学性能，首先应从改变其石墨片的含量和尺寸考虑。石墨片越少、越细、越均匀，铸铁的力学性能便越高。而铸铁中石墨片的含量，主要是与其含碳量和含硅量，尤其是含碳量有关。因此首先应将含碳量尽量降低，并同时适当降低含硅量，以降低石墨化程度，得到以珠光体为基的基体组织。但由此所带来的困难是会加大铸铁形成白口的倾向，尤其是在铸件的壁厚尺寸较小时，更难免形成白口组织。为此可在铸铁浇注之前向铁液中加入少量的变质剂（或称孕育剂，硅铁和钙铁合金，加入量一般为铁液总质量的 0.4% 左右）进行变质处理（或称孕育处理），使铸铁在凝固过程中产生大量的人工晶核，以促进石墨的形核和结晶。这样不仅可以防止白口，而且还可使石墨片的结晶显著细化，得到较高强度的所谓“变质铸铁”（或称“孕育铸铁”），如 HT300、HT350。

三、灰铸铁的热处理

由于热处理只能改变灰铸铁的基体组织，而不能改变其石墨片的存在状态，故利用热处理来提高灰铸铁的力学性能的效果并不大。通常仅应用如下少数几种热处理工艺：

1. 去应力退火

铸件在冷却的过程中，因各部位的冷却速度不同，常会产生很大的内应力，导致铸件变形或开裂。所以，凡大型、复杂的铸件或精度要求较高的铸件（如床身、机架等）在铸件开箱之后或切削加工之前，通常都要进行低温退火（也称时效处理）来消除部分应力。一般可在铸件开箱之后立即转入 100 ~ 200℃的炉中，随炉缓慢升温至 500 ~ 600℃，经长时间的保温（一般 4 ~ 8 h）后缓冷至 200℃以下出炉空冷。另外，还可以采用自然时效方法，即将铸铁件在室外放置 1 ~ 2

年。经过时效处理，常可消除内应力90%以上。

2. 改善切削加工性的退火

铸件的表层及一些薄壁处，由于冷速较快（特别是用金属模浇注时），常不免会出现白口，致使切削加工难以进行。为了降低硬度，改善切削加工性，必须进行在共析温度以上加热的“高温退火”。退火方法是将铸件加热至850～900℃，保温2～5 h，使渗碳体分解为石墨，而后随炉缓慢冷却至400～500℃，再出炉空冷。

3. 表面淬火

有些大型铸件的工作表面需要有较高的硬度和耐磨性，如机床导轨的表面及内燃机车气缸套的内壁等，常需表面淬火。表面淬火的方法有高频淬火、火焰淬火和电加热淬火等多种工艺。淬火后表面硬度可达50～55HRC。

第三节　球墨铸铁

球墨铸铁是20世纪50年代发展起来的一种高强度铸铁材料，其综合性能接近于钢。球墨铸铁的优异性能使其迅速发展为仅次于灰铸铁的应用十分广泛的铸铁材料。

一、球墨铸铁的成分和组织

球墨铸铁的一般成分范围：w_C为3.6%～3.8%，w_{Si}为2.0%～2.8%，w_{Mn}为0.6%～0.8%，$w_P \leqslant 0.1\%$，$w_S \leqslant 0.04\%$，w_{Mg}为0.03%～0.05%，w_{RE}为0.02%～0.04%（稀土元素）。球墨铸铁的成分特点是：碳当量较高（一般$w_{[C]}$为4.3%～4.6%），含硫量较低。高碳当量是为了使它得到共晶左右的成分，具有良好的流动性；而低硫则是因为硫与球化剂（Mg与RE）具有很强的亲和力，会消耗球化剂，从而造成球化不良。

生产球墨铸铁的方法是对铁液进行球化处理和孕育处理。我国工业上常用镁、稀土元素或稀土镁合金作为球化剂。由于镁和稀土元素都是阻止石墨化的元素，故在进行球化处理的同时，还必须加入硅质量分数为75%的硅铁和硅钙合金作孕育剂，以防止白口。

球墨铸铁常见的显微组织如图8-3所示。球墨铸铁的组织特点是其石墨呈球状，引起的应力集中小，基体强度利用率可达70%～90%（灰铸铁仅为30%～50%）。球墨的数量越少，越细小，分布越均匀，球墨铸铁的力学性能越高。

二、球墨铸铁的性能和用途

球墨铸铁不仅具有远远超过灰铸铁的强度、塑性和韧性等力学性能，而且同样具有灰铸铁的一系列优点，如良好的铸造性、减摩性、切削加工性及低的缺口敏感性等。甚至在某些性能方面，可与锻钢相媲美，如疲劳强度大致与中碳钢相近，耐磨性优于表面淬火钢。

因此，球墨铸铁在机械制造中得到了广泛的应用，在一定条件下，可成功取代不少铸钢、锻钢、合金钢及可锻铸铁，用来制造各种受力复杂、负荷较大和耐磨的重要铸锻件。如珠光体球墨铸铁常用来制造汽车、拖拉机或柴油机中的曲轴、连杆、凸轮轴、齿轮，机床中的主轴、蜗轮、蜗杆，轧钢机的轧辊、大齿轮，大型水压机的工作缸、缸套、活塞等；而铁素体球墨铸铁则可用来制造受压阀门、机器底座等。

当然，球墨铸铁也不是十全十美的，它较明显的缺点是凝固时的收缩率较大，易于产生白口，对原铁液的成分要求较严格，因而对熔炼和铸造工艺的要求较高；此外，它的消振能力也比不上灰铸铁。

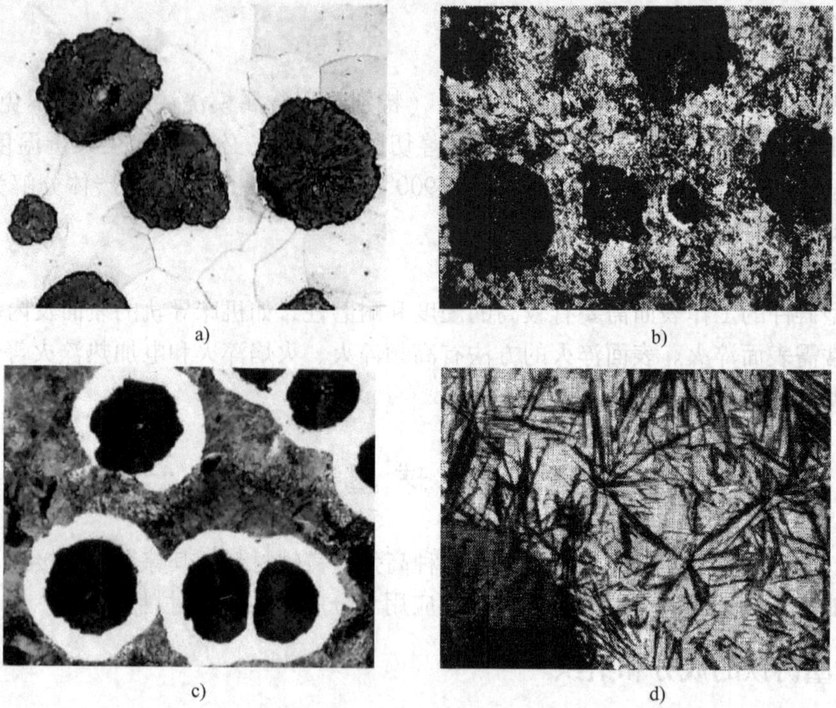

图 8-3　球墨铸铁的显微组织

a）铁素体基体　b）珠光体基体

c）铁素体 + 珠光体基体　d）下贝氏体基体

常用球墨铸铁的牌号、基体组织、力学性能及用途见表 8-2。牌号中的符号“QT”表示球墨铸铁，后面两组数字分别表示其最低抗拉强度值和断后伸长率值。

表 8-2　常用球墨铸铁的牌号、基体组织、力学性能及用途（摘自 GB/T 1348—2009）

牌　号	主要基体组织	R_m /MPa	$R_{p0.2}$ /MPa	A（%）（$L_0=5d$）	硬度 HBW	用　途
		≥				
QT400－18	铁素体	400	250	18	120～175	承受冲击、振动的零件，如汽车拖拉机轮毂、农机具零件、中低压阀门等
QT400－18L		400	240	18		
QT450－10		450	310	10	160～210	
QT500－7	铁素体 + 珠光体	500	320	7	170～230	机器座架、传动轴、飞轮、电动机架等
QT600－3	珠光体 + 铁素体	600	370	3	190～270	载荷大、受力复杂的零件，如汽车、拖拉机的曲轴、连杆、凸轮轴、气缸套、部分磨床、铣床、车床的主轴等
QT700－2	珠光体	700	420	2	225～305	
QT800－2	珠光体或索氏体	800	480	2	245～335	
QT900－2	回火马氏体或托氏体 + 索氏体	900	600	2	280～360	高强度齿轮、如汽车后桥螺旋锥齿轮、大减速器齿轮、内燃机曲轴、凸轮轴等

注：牌号中字母“L”表示该牌号有低温下（－20℃或－40℃）的冲击性能要求。

三、球墨铸铁的热处理

球墨铸铁还可像钢一样通过各种热处理改变基体组织和性能。较高的硅含量使得球墨铸铁的共析转变温度显著升高，并成为一很宽的温度范围。此外，由于球墨铸铁的等温转变图右移并形成两个鼻尖，不仅有较高的淬透性，而且容易实现等温淬火工艺。通常采用以下方法对球墨铸铁进行热处理：

（1）退火　目的是为了获得铁素体基体组织和消除铸造应力。若有自由渗碳体，应采用900～950℃的高温退火，保温2～5 h，随炉冷至600℃，出炉空冷。

（2）正火　可以细化组织，提高强度和耐磨性，分为两种：

1）高温正火（完全奥氏体化）。它是为获得高强度的珠光体球墨铸铁，方法为将铸件加热至共析温度范围以上（一般880～920℃），保温1～3 h，出炉空冷。

2）低温正火（不完全奥氏体化）。目的是为得到有适当韧性的铁素体+珠光体球墨铸铁，其强度较低。方法为加热至共析相变温度范围上限以下（一般为840～880℃），而后空冷。

（3）调质　适用于要求良好综合力学性能的球墨铸铁。工件加热到860～900℃，保温使基体变为奥氏体，油中淬火得到马氏体，经过550～600℃回火、空冷，得到回火索氏体+球状石墨。

（4）等温淬火　适用于外形复杂，热处理易变形、开裂，而综合力学性能要求又高的铸件，如齿轮、滚动轴承套圈、凸轮轴等。将零件加热至860～900℃，保温后放入250～300℃的盐浴中，30～90 min后取出空冷，得到下贝氏体+石墨组织。

第四节　蠕墨铸铁

蠕墨铸铁是20世纪60年代发展起来并逐步受到重视的一种新型铸铁材料。蠕墨铸铁中的石墨短而厚，端部较圆，形同蠕虫，故而得名，其显微组织如图8-4所示。

一、蠕墨铸铁的成分和组织

蠕墨铸铁的化学成分与球墨铸铁相似，即要求高碳（w_C为3.5%～3.9%）、高硅（w_{Si}为2.1%～3.0%）、低硫（$w_S<0.04\%$）、低磷（$w_P<0.08\%$）。对于珠光体蠕墨铸铁，要加入珠光体稳定元素（如Mn、Cr、Cu），使铸态珠光体含量提高。

要得到蠕墨铸铁，必须在上述成分的铁液中加入适量的蠕化剂（稀土镁钛合金、稀土镁钙合金等）进行蠕化处理和孕育剂进行孕育处理。

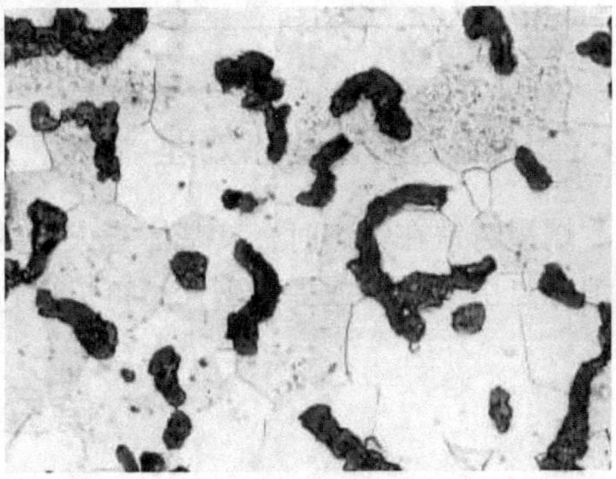

图8-4　铁素体基蠕墨铸铁的显微组织

蠕墨铸铁的基体组织为F、P或F+P三种。蠕虫状石墨介于片状和球状之间，对基体的破坏作用比片状石墨小。蠕墨铸铁的性能与蠕化率有关。“蠕化率”为在有代表性的显微视野内，蠕虫状石墨数目与全部石墨数目的百分比。通常要求蠕化率在80%以上，其余20%应是球状石墨、团状石墨，不允许出现片状石墨。蠕墨铸铁中球、团状石墨数量增加意味着蠕化率降低，会导致强度和塑性提高、热导率和收缩率下降。

二、蠕墨铸铁的性能和用途

蠕墨铸铁的力学性能介于相同基体组织的灰铸铁和球墨铸铁之间。其强度、韧性、疲劳极限、耐磨性和抗热疲劳性都比灰铸铁高，而且对断面的敏感性也较小，但蠕墨铸铁的强度、塑性和韧性都比球墨铸铁低。此外，蠕墨铸铁的铸造性、减振性、导热性和切削加工性等均优于球墨铸铁，并与灰铸铁接近，而且铸造工艺简便，成品率高。因此，蠕墨铸铁是一种综合性能良好的铸铁。

蠕墨铸铁适用于制造承受热循环载荷或是要求高耐磨性、高强度的零件，如钢锭模、玻璃模具、排气管和气缸盖，以及重型机床床身、机座、活塞环、液压件等。

蠕墨铸铁的牌号、力学性能及用途见表 8-3。牌号中“RuT”表示蠕墨铸铁，后面的数字表示最低抗拉强度。

表 8-3　蠕墨铸铁的牌号、力学性能及用途（摘自 GB/T 26655－2011）

牌　号	R_m /MPa	$R_{p0.2}$ /MPa	A (%)	硬度 HBW	主要基体组织	用　途
	≥					
RuT300	300	210	2.0	140～210	铁素体	制作受冲击和热疲劳的零件，如排气歧管、大功率内燃机缸盖、增压器壳体、纺织机、农机零件
RuT350	350	245	1.5	160～220	珠光体＋铁素体	制作要求较高强度并承受热疲劳的零件，如机床底座、托架和联轴器、大功率内燃机缸盖、钢锭模、铝锭模、焦化炉炉门、保护板，变速箱体、液压件
RuT400	400	280	1.0	180～240	珠光体＋铁素体	有综合的强度、刚度和导热性，较好的耐磨性，用于重型机床件、大型龙门铣床横梁、大型齿轮箱体、盖、座，制动鼓，起重机卷筒、飞轮，钢锭模、铝锭模、玻璃模具
RuT450	450	315	1.0	200～250	珠光体	制作要求高强度或高耐磨性的零件，如内燃机缸体、气缸套，载重货车制动盘，泵壳和液压件，玻璃模具，活塞环
RuT500	500	350	0.5	220～260	珠光体	制作要求高强度或高耐磨性的零件，如内燃机缸体、气缸套，载重货车制动盘，泵壳和液压件，玻璃模具，活塞环

三、蠕墨铸铁的热处理

蠕墨铸铁在铸态时，其基体有大量铁素体，通过正火可增加珠光体，提高强度和耐磨性。为了消除自由渗碳体或提高塑性，可以通过退火获得 85% 以上铁素体基体的蠕墨铸铁。

第五节　可锻铸铁

可锻铸铁是白口铸铁经长时间石墨化退火而获得的一种铸铁。在球墨铸铁出现以前，可锻铸铁曾是性能最好的一种铸铁材料，但目前不少可锻铸铁零件已逐渐被球墨铸铁零件所代替。

一、可锻铸铁的成分和组织

可锻铸铁的生产必须经过两个步骤，即先要浇注成为白口铸铁，再经石墨化退火而成。为保证在通常的冷却条件下得到完全的白口，可锻铸铁必须含较低的碳量和硅量，其成分通常为：$w_C=2.2\sim2.8\%$，$w_{Si}=1.2\sim2.0\%$，$w_{Mn}=0.4\sim1.2\%$，$w_P\leqslant0.1\%$，$w_S\leqslant0.2\%$。

可锻铸铁中的石墨呈团絮状，它是在退火过程中通过渗碳体的分解（$Fe_3C \rightarrow 3Fe + C$）而形成的。在退火过程中，随通过共析反应时的冷速不同，可锻铸铁的基体组织主要有铁素体和珠光体两种，如图 8-5 所示。

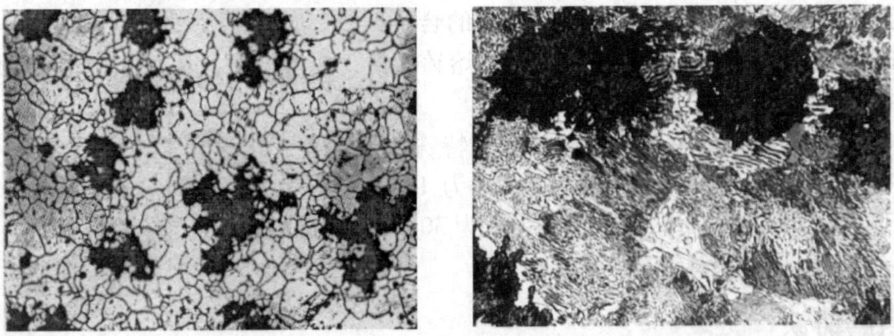

a)　　　　　　　　　　b)

图 8-5　可锻铸铁的显微组织

a）铁素体可锻铸铁　b）珠光体可锻铸铁

二、可锻铸铁的性能和用途

由于可锻铸铁中的石墨呈团絮状，大大减轻了石墨对基体的割裂作用，因而它不但比灰铸铁具有更高的强度，还具有更高的塑性和韧性。但“可锻”仅说明它比灰铸铁有更好的塑性和韧性，实际上是不能锻造的。

常用可锻铸铁的牌号、力学性能及用途见表 8-4。牌号中 KTH 为黑心可锻铸铁，也称为铁素体可锻铸铁，组织为铁素体 + 团絮状石墨；KTZ 为珠光体可锻铸铁，组织为珠光体 + 团絮状石墨。牌号中的两项数字分别表示其最低抗拉强度和断后伸长率。

表 8-4　常用可锻铸铁的牌号、力学性能及用途（摘自 **GB/T** 9440—2010）

种类	牌号	试样直径 d/mm	R_m/MPa	$R_{p0.2}$/MPa	A (%) ($L_0=3d$)	硬度 HBW	用途
			≥				
黑心可锻铸铁	KTH300 - 06	12 或 15	300	—	6	≤150	弯头、三通管件，中低压阀门等
	KTH330 - 08		330	—	8		扳手、犁刀、犁柱、车轮壳等
	KTH350 - 10		350	200	10		汽车、拖拉机前后轮壳、减速器壳、转向节壳、制动器及铁道零件等
	KTH370 - 12		370	—	12		
珠光体可锻铸铁	KTZ450 - 06		450	270	6	150 ~ 200	强度较高和耐磨损零件，如曲轴、凸轮轴、连杆、齿轮、活塞环、轴套、万向接头、棘轮、扳手、传动链条等
	KTZ550 - 04		550	340	4	180 ~ 250	
	KTZ650 - 02		650	430	2	210 ~ 260	
	KTZ700 - 02		700	530	2	240 ~ 290	

注：牌号 KTH300 - 06 适用于气密性零件。

可锻铸铁生产周期很长、工艺复杂、成本较高，主要用来制作一些形状复杂而在工作中又经受振动的薄壁（ < 25 mm）小型铸件，如扳手、弯头、汽车后桥壳、活塞环等。

第六节　合 金 铸 铁

随着工业的发展，对铸铁性能的要求越来越高，有时不但要求具有一定的力学性能，还要求具有某些特殊性能，如耐热、耐蚀和耐磨性等。为此可向铸铁（灰铸铁、球墨铸铁或白口铸铁）

中加入一定量的合金元素，获得具有特殊性能的合金铸铁，如耐磨铸铁、耐热铸铁、耐蚀铸铁。这些铸铁与在相似条件下使用的合金钢相比，熔铸简便，成本低廉，具有良好的使用性能。但它们大多脆性较大，力学性能较差。

合金铸铁的牌号用“铸铁组织特征代号 + 特殊性能代号 + 化学元素符号及含量（ - 最低抗拉强度值）”表示。如 HTSSi15Cr4R 表示 w_{Si} 为 15%、w_{Cr} 为 4% 和 w_{RE} < 1% 的耐蚀灰铸铁；QTMMn8 - 300 表示 w_{Mn} 为 8%、最低抗拉强度为 300MPa 的抗磨球墨铸铁；QTRAl4Si4 表示 w_{Al} 为 4%、w_{Si} 为 4% 的耐热球墨铸铁。

一、耐磨铸铁

耐磨铸铁按工作条件可分为减摩铸铁和抗磨铸铁两类。前者是在润滑条件下工作的，如机床导轨、气缸套、活塞环和轴承等；后者是在无润滑的干摩擦条件下工作的，如犁铧、轧辊及球磨机零件等。

抗磨铸铁应具有均匀的高硬度组织。如前述的具有高碳共晶或过共晶的白口铸铁实际上就是一种很好的抗磨铸铁。我国很早就把它用来制作犁铧等耐磨铸件，但其脆性大，常加入适量的 Cr、Mo、Cu、W、Ni 等合金元素来提高硬度和耐磨性。当加入适量 Cr、Ni 后得到以马氏体加碳化物为主的组织，称为镍铬马氏体白口铸铁（或镍硬铸铁），如 BTMNi4Cr2，其硬度和力学性能均比普通白口铸铁更优，但脆性仍较大。当加入大量的 Cr（w_{Cr} > 10%）后，可形成团块状的碳化物（Cr_7C_3），硬度和耐磨性显著提高，韧性也得到了很好的改善，称为高铬白口铸铁，如 BTMCr20。在此基础上又发展了耐磨性极高、磨损均匀的铬锰钨系抗磨铸铁（含 Mn、W 的高铬抗磨铸铁），如 BTMCr18Mn3W2，用于制造磨球等。

减摩铸铁的组织应为软基体上分布有坚硬的相，以便在磨合后使软基体有所磨损，形成沟槽，保持油膜。普通的珠光体灰铸铁基本上就符合这一要求，其中的铁素体即为软基体，渗碳体为坚硬相，而石墨片同时也起储油和润滑作用。为进一步改善珠光体灰铸铁的耐磨性，通常将 P 质量分数提高到 0.4% ~0.7%，得到高磷铸铁。其中磷形成的磷化铁（Fe_3P），可与珠光体或铁素体形成坚硬的共晶骨架，因而显著提高耐磨性。由于普通高磷铸铁的强度和韧性较差，故常加入 Cr、Mo、W、Cu、Ti 、V 等合金元素，构成合金高磷铸铁，如磷铜钛铸铁、铬钼铜铸铁等。其组织得到细化，力学性能和耐磨性进一步提高。

二、耐热铸铁

耐热铸铁就是在铸铁中加入 Al、Si、Cr 等合金元素，具有良好的耐热性，可替代耐热钢用作加热炉的炉底板、马弗炉、坩埚、废气管道、换热器及钢锭模等。所谓铸铁的耐热性是指其在高温下抗氧化、抗生长，保持较高强度、硬度及抗蠕变的能力。

耐热铸铁的种类较多，分硅系、铝系、硅铝系及铬系等。其中铝系耐热铸铁的脆性大，耐温急变性差，且不易熔制，而铬系耐热铸铁的价格比较昂贵，故在我国得到较广泛应用和发展的是硅系和硅铝系耐热铸铁。GB/T 9437—2009 中共列了 11 种耐热铸铁牌号，如 HTRCr2、HTRSi5、QTRSi4Mo1、QTRSi5、QTRAl5Si5 等。含 Al 的耐热球墨铸铁在空气炉气中耐热温度达 900 ~1100℃，耐热性很高，适用于高温轻载下工作的耐热件。灰铸铁由于石墨为片状，易造成内部氧化，故抗生长能力较差、耐热温度比球墨铸铁低。为防止 Fe_3C 石墨化，耐热铸铁多采用单相铁素体为基体。

三、耐蚀铸铁

耐蚀铸铁也是在铸铁中加入 Si、Cr、Mo、Cu、Al 等合金元素，形成一层连续致密的保护膜，或提高铁素体的电极电位。

耐蚀铸铁按成分可分为高硅耐蚀铸铁、高铝耐蚀铸铁及高铬耐蚀铸铁等。其中应用最广的是高硅耐蚀铸铁。这种铸铁的碳质量分数不超过1.2%，因含碳量过高会使石墨量增加，降低耐蚀性。含硅量应使铸铁的碳当量为共晶成分左右，以改善铸造性，同时，含硅量过低则耐蚀性不足，而过高则不但不能进一步提高耐蚀性，反而使铸铁的脆性显著增加，故一般硅质量分数为10%~15%。

列入GB/T 8491—2009中的高硅耐蚀铸铁牌号共有四个，即HTSSi15R、HTSSi11Cu2CrR、HTSSi15Cr4R和HTSSi15Cr4MoR。它们在氧化性酸、各种有机酸和一系列盐溶液介质中都有良好的耐蚀性，广泛应用于化工部门，制作管道、阀门、泵类、反应锅及盛储器等。其中HTSSi15Cr4MoR适用于强氯化物的环境，HTSSi15Cr4R具有优良的耐电化学腐蚀性能，大量用作辅助阳极铸件。

复习思考题

1. 试述铸铁的成分特点以及碳和硅在铸铁中的作用机制。
2. 什么是铸铁的石墨化？其影响因素有哪些？
3. 铸铁的石墨化过程有几个阶段？为什么铸铁中的石墨有不同的形态？
4. 铸铁的种类有哪些？各有哪些性能特点？
5. 为什么球墨铸铁的力学性能远好于灰铸铁？
6. 什么是“变质处理”，一般采用哪些物质作变质剂？
7. HT200、KTH300-06、KTZ550-04、QT400-18、QT700-2、QT900-2等铸铁牌号中数字分别表示什么性能？具有什么显微组织？这些性能是铸态性能，还是热处理后的性能？若是热处理后的性能，请指出其热处理方法。

第九章　有色金属

有色金属是指铁和铁基合金以外的金属。与铁和铁基合金相比，有色金属的冶炼比较复杂，成本高。但是，由于有色金属具有许多优良特性，因而已成为现代工业，特别是航空航天工业中不可缺少的材料。

第一节　铝及铝合金

铝及其合金在工业上的重要性仅次于钢，尤其在航空、航天、电力工业及日常生活用品中得到广泛的应用。

一、纯铝

铝质量分数不低于99.00%时为纯铝，压力加工产品的牌号用1×××表示，1表示纯铝。第二位字母若为A，表示原始纯铝；若为B～Y的其他字母，则表示原始纯铝的改型，与原始纯铝相比，其元素含量略有改变。最后两位数字表示最低铝百分含量中小数点后面的两位。如1A97表示w_{Al}为99.97%的高纯铝。按国家标准规定，铸造产品的牌号用Z+铝元素化学符号+铝的最低含量（以百分之几计）表示。

纯铝的显著特点是密度小（2.7 g/cm^3）、强度较低、塑性好（纯度为99.99%时，R_m = 45 MPa，A = 50%），导电性和导热性较好，耐大气腐蚀性能好等。纯铝具有面心立方结构，无同素异构转变，无磁性。

纯铝中的有害杂质主要为铁和硅等，杂质含量增加，其导电性、耐蚀性及塑性都降低。高纯铝（w_{Al}≥99.85%）主要用于科学试验和化学工业。纯铝主要用于配制铝合金，制作电线、电缆，以及要求具有导热和耐大气腐蚀性能而对强度要求不高的一些用品或器皿。

二、铝合金及时效强化

铝与硅、铜、镁、锌、锰等合金元素所组成的铝合金具有较高的强度，能用于制造承受载荷的机械零件。提高铝合金强度的方法有冷变形加工硬化和时效硬化。下面以Al－Cu合金为例说明铝合金的时效硬化。

将铜质量分数为4%的铝合金（Al－4% Cu）加热到α相区（图9-1）中某一温度，并保温一段时间，获得单一的α固溶体组织，在水中淬火，在室温下获得过饱和α固溶体组织，这种处理方法就是所谓的固溶处理。经固溶处理后的Al－4% Cu，其强度比处理前的提高不大，通常还要结合时效强化（或时效硬化）

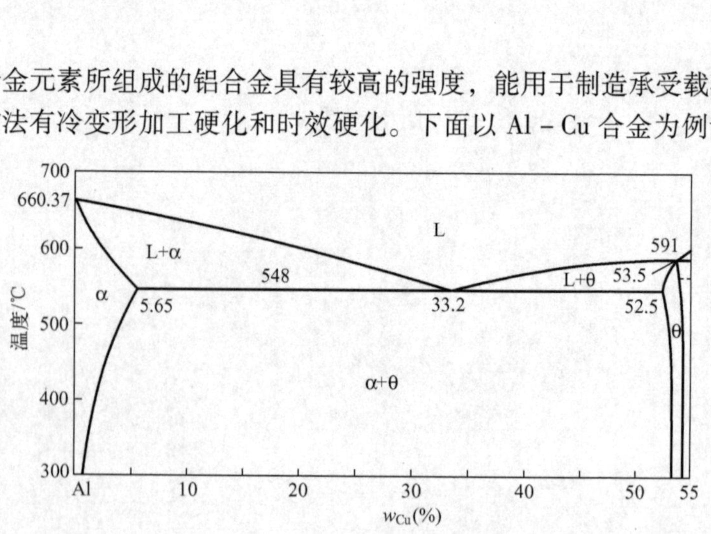

图9-1　Al－Cu合金相图

来提高其强度。时效强化是指经固溶处理后的合金在室温或加热到一定温度下，保持一段时间后，其强度、硬度显著提高，而塑性下降的现象。在室温下进行的时效称为自然时效；在加热条件下进行的时效称为人工时效。这两种时效从物理本质上并无绝对界限，只是强化相有所不同：前者以 GP 区强化为主，后者以过渡沉淀相强化为主。

图 9-2 表示 Cu 质量分数为 4% 的铝合金的自然时效曲线。从图中可以看出，时效强化需要有一段“孕育期”，“孕育期”的合金强度不大、塑性好，易于进行铆接、变形等工艺操作。度过“孕育期”后，强化速度显著提高，在 5 ~ 15 h 内强化速度最快，经 4 ~ 5 天后强度和硬度达到最高值。

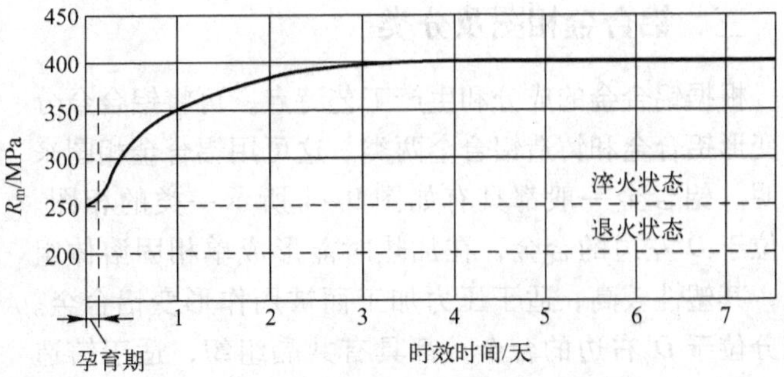

图 9-2　Al－4% Cu 合金的自然时效曲线

图 9-3 表示 Cu 质量分数为 4% 的铝合金在不同温度下的时效曲线。由图可见，人工时效比自然时效的强化效果低，而且时效温度越高，其强化效果越低，但时效速度越快。

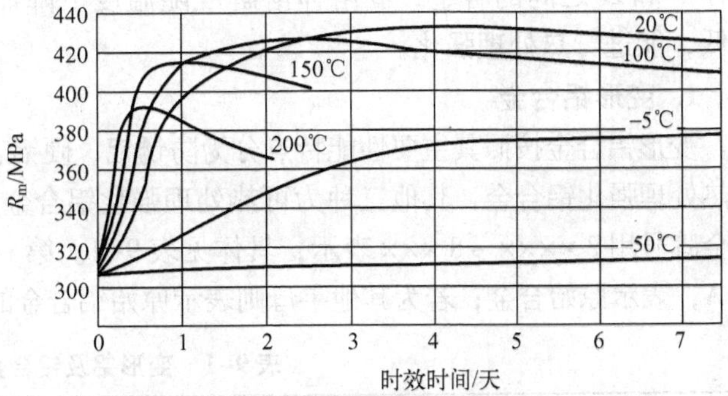

图 9-3　Al－4% Cu 合金在不同温度下的时效曲线

铝合金产生时效强化，是由于铝合金在固溶时抑制了过饱和固溶体的分解过程。这种过饱和固溶体极不稳定，必然要分解。在室温和加热条件下都可以分解。铝合金的时效过程基本上是过饱和固溶体的分解过程，分为以下四个阶段：

第一阶段，形成溶质原子（铜）的富集区，即 GP[Ⅰ]区。GP[Ⅰ]区没有独立的晶体结构，完全保持母相的晶格，并与母相共格。它的形成引起以铝为基体的 α 固溶体的畸变，使位错运动受到阻碍，从而提高合金的强度。

第二阶段，GP 区有序化，形成 GP[Ⅱ]区（或 θ″相）。随着时间的推移，溶质原子（铜）继续向 GP[Ⅰ]区扩散富集并有序化，形成 GP[Ⅱ]区。其化学成分接近 $CuAl_2$，具有正方晶格，以 θ″表示。θ″相仍与母相 α 共格相连，引起以铝为基的 α 固溶体更严重的畸变，使位错运动受到很大阻碍，合金的强度进一步提高。

第三阶段，溶质原子（铜）继续富集，形成过渡相 θ′。随着时间的延续，铜原子继续富集，使成分逐渐达到 $CuAl_2$，形成过渡相 θ′。此时 θ′与母相 α 晶格脱离，形成半共格界面，因而使 α 固溶体的晶格畸变减轻，位错阻碍减少，合金趋于软化。

第四阶段，稳定的 θ 相的形成与长大。时效过程的最后阶段是 θ′相与母相完全脱离共格联系，形成稳定的 θ 相（$CuAl_2$）。此时 α 固溶体的晶格畸变大大减轻，合金强化效果明显下降，合金软化，进入所谓“过时效”状态。

但在实际的时效过程中，该四个阶段不一定都出现，而有赖于时效温度。例如，自然时效只出现第一、二两个阶段，后两个阶段由于原子扩散能力不足而不出现；而温度较高的人工时效则主要包含第三、四个阶段，因为在较高的温度下，原子扩散能力较大，第一、二阶段很快就进行完毕或根本来不及出现就转入后两个阶段。

实际生产中进行时效强化的铝合金，大多不是二元合金，而是 Al－Cu－Mg 系、Al－Mg－Si 系和 Al－Si－Cu－Mg 系等，虽然强化相的种类有所不同，但时效强化原理基本上是相同的。

三、铝合金相图及分类

根据铝合金的成分和生产工艺特点，可将铝合金分为变形铝合金和铸造铝合金两类。这可用铝合金相图来说明。铝合金一般都具有如图 9-4 所示一类的相图。凡位于 D'左边的合金，在加热时能形成单相固溶体组织，其塑性较高，适于压力加工而被用作形变铝合金。成分位于 D'右边的合金，都具有共晶组织，适于铸造而被用作铸造铝合金。

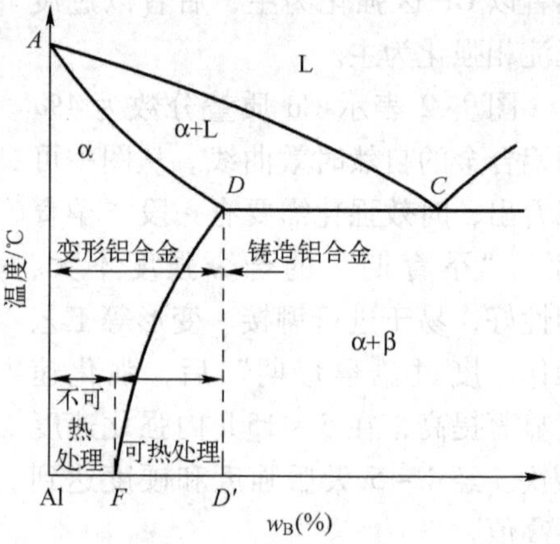

图 9-4　铝合金分类示意图

由图 9-4 还可知，成分位于 F 点左边的合金，固溶体成分不随温度而变化，不能进行热处理强化；而成分在 F 和 D'之间的合金，固溶体溶解度随温度下降而降低，能进行热处理强化。

1. 变形铝合金

变形铝合金按照其主要性能特点分为防锈铝、硬铝、超硬铝及锻铝四种，其中防锈铝合金为不可热处理强化铝合金，其他三种为可热处理强化铝合金。根据 GB/T 16474—2011 的规定，变形铝合金牌号用 2 ×××× ~8 ××× 表示，具体见表 9-1。第一位数字表示铝合金的组别。第二位字母若为 A，表示原始合金；若为其他字母则表示原始铝合金的改型合金。最后两位数字表示顺序号。

表 9-1　变形铝及铝合金的命名

合金系	牌号	合金系	牌号
纯铝（w_{Al} >99.00%）	1 ×××	铝镁硅	6 ×××
铝铜	2 ×××	铝锌	7 ×××
铝锰	3 ×××	其他	8 ×××
铝硅	4 ×××	备用	9 ×××
铝镁	5 ×××		

常用变形铝合金的牌号、化学成分、力学性能及用途见表 9-2，其中旧牌号为 GB/T 3190—1982 的牌号，它是按照汉语拼音的首字母来编号的。通常变形铝合金牌号后还附有表示合金状态的代号（详见 GB/T 16475—2008）。

表 9-2　变形铝合金的主要牌号、化学成分、力学性能及用途

（摘自 GB/T 3190—2008、GB/T 3191—2010）

类别	牌号（旧牌号）	化学成分 w（%）（余量为 Al）					产品状态①	力学性能②（≥）		用途
		Cu	Mg	Mn	Zn	其他		R_m/MPa	A（%）	
防锈铝合金	5A05（LF5）	≤0.10	4.8~5.5	0.3~0.6	≤0.20	Si 0.50	H112	265	15	焊接油箱、油管中载零件、铆钉
	3A21（LF21）	≤0.20	≤0.05	1.0~1.6	≤0.10	Si 0.60	O H112	≤165 90	20 20	管道、容器、油箱、铆钉及轻载零件及制品

（续）

类别	牌号（旧牌号）	化学成分 w（%）（余量为 Al）					产品状态①	力学性能②（≥）		用途
		Cu	Mg	Mn	Zn	其他		R_m/MPa	A（%）	
硬铝合金	2A02（LY2）	2.6 ~ 3.2	2.0 ~ 2.4	0.45 ~ 0.7	≤0.10	Si 0.30	T6	430	10	200 ~ 300℃工作的叶轮、锻件
	2A11（LY11）	3.8 ~ 4.8	0.4 ~ 0.8	0.4 ~ 0.8	≤0.30	Si 0.70 Ni 0.10	T4	370	12	中等强度构件和零件、如骨架、螺旋桨叶片、铆钉
	2A12（LY12）	3.8 ~ 4.9	1.2 ~ 1.8	0.3 ~ 0.9	≤0.30	Si 0.50 Ni 0.10		420	12	高强度的构件及150℃以下工作的零件、如飞机骨架、梁、铆钉、蒙皮
超硬铝合金	7A04（LC4）	1.4 ~ 2.0	1.8 ~ 2.8	0.2 ~ 0.6	5.0 ~ 7.0	Si 0.50 Cr0.1 ~ 0.25	T6	530	6	主要受力构件及高载荷零件、如飞机大梁、加强框、起落架
	7A09（LC9）	1.2 ~ 2.0	2.0 ~ 3.0	≤0.15	5.1 ~ 6.1	Si 0.50 Cr0.16 ~ 0.30		530	6	主要受力构件及高载荷零件、如飞机大梁、加强框、起落架
锻铝合金	2A50（LD5）	1.8 ~ 2.6	0.4 ~ 0.8	0.4 ~ 0.8	≤0.30	Ni 0.10 Si 0.7 ~ 1.2	T6	355	12	形状复杂和中等强度的锻件及模锻件
	2A70（LD7）	1.9 ~ 2.5	1.4 ~ 1..8	≤0.20	≤0.30	Ti0.02 ~ 0.1 Ni 0.9 ~ 1.5 Fe 0.9 ~ 1.5		355	8	高温下工作的复杂锻件和结构件、内燃机活塞、叶轮
	2A14（LD10）	3.9 ~ 4.8	0.4 ~ 0.8	0.4 ~ 1.0	≤0.30	Si 0.6 ~ 1.2 Ti 0.15		450	10	高载荷锻件和模锻件

① O—退火态；H112—适用于经热加工成形但不经冷加工而获得一些加工硬化的产品；T4—固溶 + 自然时效；T6—固溶 + 人工时效。

② 力学性能试验所用试样为直径小于150mm的棒材。

（1）防锈铝合金　防锈铝合金主要是 Al - Mn 系合金（3 ××× 系列）和 Al - Mg 系合金（5 ××× 系列）。这类合金锻造退火后组织为单相固溶体，耐蚀性、焊接性能好，易于变形加工。由于不能进行热处理强化，常利用加工硬化提高其强度。

该类合金在航空航天工业中应用广泛，主要用于制作要求耐腐蚀而受力不大的零部件，如管道、油箱、液体容器、铆钉、防锈蒙皮、飞机行李架等，如3A21（LF21）、5A05（LF5）。

（2）硬铝合金　硬铝是可热处理强化铝合金中应用最广泛的一种，包括 Al - Cu - Mg 系和 Al - Cu - Mn 系两类，属于 2 ××× 系列。Cu、Mg 形成强化相 θ（$CuAl_2$）和 S（$CuMgAl_2$），Mn 主要改善合金的耐蚀性，还有固溶强化，不参与时效过程。这类合金强度、硬度高，加工性能好，但焊接性和耐蚀性差。

硬铝合金常用于中等强度冲压件、模锻件和铆接件，如螺旋桨、梁、铆钉、飞机蒙皮、壁板等，如2A11（LY11）、2A12（LY12）等。

但是硬铝合金有两个特性必须注意：

1）硬铝的固溶温度范围很窄。例如2A12（LY12）是在490 ~ 503℃范围内，低于此温度范围，合金元素溶入量少，降低时效效果；超过此温度范围，则容易产生过烧现象。

2）硬铝耐蚀性差，在海水中尤甚。因为铜含量较多，这种固溶体或化合物的电极电位比晶界高，易发生晶间腐蚀。对于板材常采用包铝的办法提高其耐蚀性，且一般采用自然时效。

（3）超硬铝合金　超硬铝为 Al - Zn - Mg - Cu 系合金，属于 7 ××× 系列。其时效强化相除 θ 相、S 相外，还有强化效果大的 η 相（$MgZn_2$）和 T 相（$Al_2Mg_3Zn_3$），因此是目前室温强度最高的铝合金。超硬铝合金热态塑性好，经固溶处理和人工时效后可获得很高的力学性能，但耐热性不高，且耐蚀性很差。超硬铝的板材通常包覆 $w_{Zn}=1\%$ 的铝锌合金，零构件也要进行阳极化防腐处理。

超硬铝合金主要用于工作温度较低、受力较大的结构件，如飞机大梁、起落架、螺旋桨叶片，板材等，如 7A04（LC4）、7A09（LC9）等。

（4）锻铝合金　锻铝合金有 Al－Cu－Mg－Si 系和 Al－Cu－Mg－Fe－Ni 系两类，也属于 2×××系列。它虽然加入的合金元素种类多，但含量较少，有良好的热塑性，可通过铸锭锻造出复杂的大型锻件，并有较高的力学性能。一般在淬火＋人工时效后使用。

Al－Cu－Mg－Si 系锻铝主要用于制造要求中等强度、高塑性和耐热性零件的锻件和模锻件，如各种叶轮、导风轮、接头、框架等，如 2A50（LD5）、2A14（LD10）。

Al－Cu－Mg－Fe－Ni 系锻铝耐热性较好，主要用于在 250℃下工作的零件，如航空发动机活塞、超音速飞机蒙皮等，如 2A70（LD7）。

2. 铸造铝合金

铸造铝合金常用来制作铸件，因此铸造铝合金的成分应接近共晶点，其合金元素的含量也比变形铝合金多些。铸造铝合金的塑性差，常采用变质处理和热处理的办法提高其力学性能。

按主要合金元素不同，铸造铝合金主要有 Al－Si 系、Al－Cu 系、Al－Mg 系、Al－Zn 系四种。其代号分别用 ZL1、ZL2、ZL3、ZL4 加两位数字的顺序号表示。其牌号用 ZAl＋主要合金元素符号和平均含量（百分数）表示，若平均质量分数小于 1%，一般不标数字。常用铸造铝合金的牌号（代号）、化学成分、力学性能及用途见表 9-3。

（1）Al－Si 系铸造铝合金　Al－Si 系铸造铝合金俗称硅铝明，是应用最广泛的铸造铝合金。其中 ZL102（ZAlSi12）为 Al－Si 系二元合金，称为简单硅铝明，其余为 Al－Si 系多元合金，称为复杂（特殊）硅铝明。ZL102 中 Si 质量分数为 11%～13%，经铸造后几乎全部是由粗大针状硅晶体和 α 固溶体组成的共晶体，如图 9-5 所示。这种合金熔点低、流动性好，热裂倾向小，但粗大针状的硅晶体会严重降低合金的塑性。因此生产中常采用钠盐变质剂进行变质处理，使硅结晶细化，得到细小均匀的共晶体加初生α固溶体组织，提高强度和塑性。ZL102 经变质处理后，其力学性能由 $R_m=140\text{MPa}$，$A=3\%$ 提高到 $R_m=180\text{MPa}$，$A=8\%$。

由于硅在铝中的溶解度很小，且随温度变化很小，因而简单硅铝明不能进行时效强化，强度较低。而复杂硅铝明由于还含有 Cu、Mg 等能产生时效强化的合金元素，故可进行淬火时效以进一步提高强度。

Al－Si 系铸造铝合金的铸造性能好，具有优良的耐蚀性、耐热性和焊接性能，可用于制造飞机、仪表、电动机壳体、气缸体、风机叶片、发动机活塞等。

（2）Al－Cu 系铸造铝合金　Al－Cu 系铸造铝合金耐热性好、强度较高，但密度大、耐蚀性差，铸造性能不好。常用代号有 ZL201（ZAlCu5Mn）、ZL203（ZAlCu4）等，主要用于制造在较高温度下（200～300℃）工作的高强零件，如内燃机气缸头、汽车活塞等。

（3）Al－Mg 系铸造铝合金　Al－Mg 系铸造铝合金耐蚀性好、强度高、密度小，但铸造性能差、耐热性低。这类合金时效强化效果甚微，常在淬火状态使用。常用代号有 ZL301（ZAlMg10）、ZL303（ZAlMg5Si1）等，主要用于制造外形简单、承受冲击载荷、在腐蚀性介质下工作的零件，如舰船配件、氨用泵体等。

（4）Al－Zn 系铸造铝合金　Al－Zn 系铸造铝合金铸造性能好，强度较高，可自然时效强化，但密度大，耐蚀性较差。常用代号有 ZL401（ZAlZn11Si7）、ZL402（ZAlZn6Mg）等，主要用于制造形状复杂受力较小的汽车、飞机、仪器零件。

当前，民用飞机机体等用材仍以铝合金材料为主，其发展方向是高强高韧耐蚀铝合金、铝锂合金、高温粉末铝合金。

表 9-3　常用铸造铝合金的牌号（代号）、化学成分、力学性能及用途（摘自 GB/T 1173—2013）

组别	牌　号	合金代号	化学成分 w（%）（余量为 Al）					力学性能（不小于）					用　途
			Si	Cu	Mg	Mn	其他	铸造方法②	热处理③	R_m /MPa	A（%）	硬度 HBW	
铝硅合金	ZAlSi7Mg	ZL101	6.5～7.5		0.25～0.45		Ti 0.08～0.20	JB J、JB SB、RB、KB	T4 T5 T6	185 205 225	4 2 1	50 60 70	形状复杂的零件，如飞机、仪器零件、抽水机壳体
	ZAlSi12	ZL102	10.0～13.0					J	T2	145	3	50	形状复杂、低载荷薄壁零件，如船舶零件、仪表壳体、机器罩、盖子
	ZAlSi9Mg	ZL104	8.0～10.5		0.17～0.35	0.2～0.5		J J	T1 T6	200 240	1.5 2	65 70	形状复杂、工作温度为 200℃以下的零件，如电动机壳体、气缸体
	ZAlSi5Cu1Mg	ZL105	4.5～5.5	1.0～1.5	0.40～0.60			J S、J、R、K	T5 T7	235 175	0.5 1	70 65	形状复杂、工作温度为 250℃以下的零件，如风冷发动机的气缸头、机匣、液压泵壳体
	ZAlSi7Cu4	ZL107	6.5～7.5	3.5～4.5				SB J	T6 T6	245 275	2 2.5	90 100	强度和硬度较高的零件
	ZAlSi12Cu1Mg1Ni1	ZL109	11.0～13.0	0.5～1.5	0.8～1.3		Ni 0.8～1.5	J J	T1 T6	195 245	0.5 —	90 100	较高温度下工作的零件，如活塞
	ZAlSi5Cu6Mg	ZL110	4.0～6.0	5.0～8.0	0.2～0.5			J S	T1 T1	165 145	— —	90 80	活塞及高温下工作的其他零件
铝铜合金	ZAlCu5Mn	ZL201		4.5～5.3		0.6～1.0	Ti 0.15～0.35	S、J、R、K S、J、R、K	T4 T5	295 335	8 4	70 90	砂型铸造工作温度为 175～300℃的零件，如内燃机气缸头、活塞

（续）

组别	牌号	合金代号	化学成分 w（%）（余量为Al）					力学性能（不小于）					用途
			Si	Cu	Mg	Mn	其他	铸造方法[②]	热处理[③]	R_m /MPa	A（%）	硬度 HBW	
铝铜合金	ZAlCu5MnA	ZL201A[①]		4.8～5.3		0.6～1.0	Ti 0.15～0.35	S、J、R、K	T5	390	8	100	高温下工作的不受冲击的零件
铝铜合金	ZAlCu4	ZL203		4.0～5.0				J J	T4 T5	205 225	6 3	60 70	中等载荷、形状比较简单的零件
铝镁合金	ZAlMg10	ZL301	0.8～1.3		9.5～11.0	0.1～0.4		S、J、R	T4	280	9	60	大气或海水中工作的零件，承受冲击载荷、外形不太复杂的零件，如舰船配件、氨用泵体等
铝镁合金	ZAlMg5Si1	ZL303	0.8～1.3		4.5～5.5	0.1～0.4		S、J、R、K	F	143	1	55	
铝锌合金	ZAlZn11Si7	ZL401	6.0～8.0		0.1～0.3		Zn 9.0～13.0	J	T1	245	1.5	90	结构形状复杂的汽车、飞机、仪器零件，也可制造日用品
铝锌合金	ZAlZn6Mg	ZL402			0.5～0.65		Zn 5.0～6.5 Cr 0.4～0.6 Ti 0.15～0.25	J	T1	235	4	70	

① A 为优质合金。

② J—金属型铸造；S—砂型铸造；R—熔模铸造；K—壳型铸造；B—变质处理。

③ T1—人工时效（铸件快冷后进行，不进行淬火）；T2—退火（290±10℃）；T4—固溶+自然时效；T5—固溶+不完全人工时效（时效温度低或时间短）；T6—固溶+完全人工时效（约180℃，时间较长）；F—铸态。

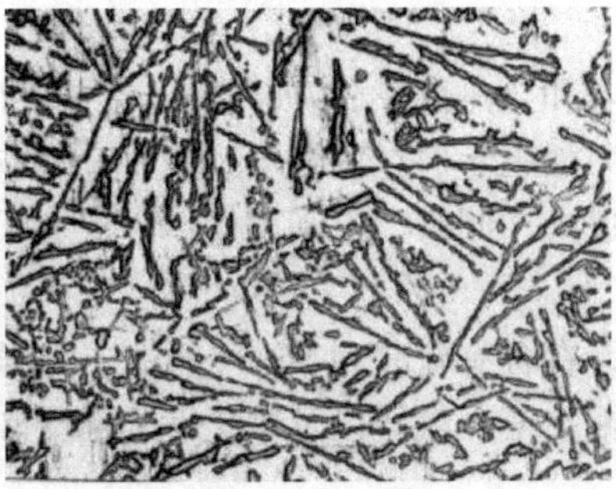

a)

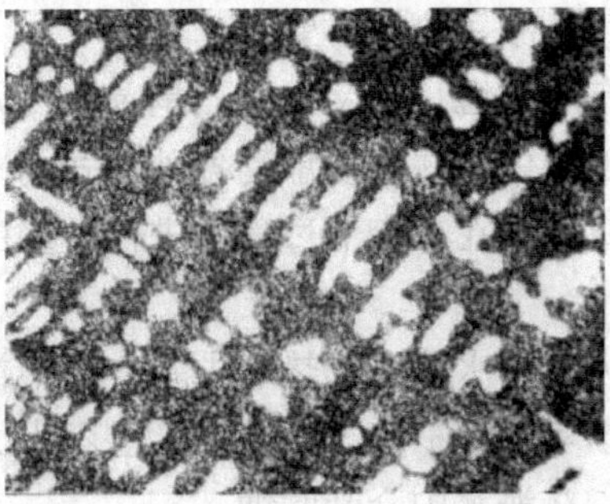

b)

图 9-5　Al-12% Si 合金（砂型铸造）变质处理前后的显微组织

a）变质前　b）变质后

四、铝合金的热处理方式及特点

铝合金的基本热处理形式是退火及固溶处理加时效，前者属于软化处理，目的是获得稳定的组织和优良的工艺塑性；后者为强化处理，借助时效硬化以提高合金的强度。这里简要介绍时效工艺。

铝合金在时效过程中的组织变化情况与 Al-4% Cu 合金的过程相似。在实际生产中，根据合金性质和使用要求，可采用不同的时效工艺，主要包括单级时效、分级时效和回归处理等。

1. 单级时效

这是一种最简单也最普及的时效工艺，即在固溶处理后只进行一次时效处理。时效可以是自然时效，也可以是人工时效，一般到最大硬化状态。有时为消除应力、稳定组织和零件尺寸或改善耐蚀性，也可采用过时效状态。

单级时效的优点是生产工艺比较简单，也能获得很高的强度，但是显微组织的均匀性较差，在拉伸性能、疲劳和断裂性能与应力腐蚀抗力之间难以得到良好的配合。

2. 分级时效

分级时效可以获得较好的综合性能。分级时效需在不同温度下进行两次或多次时效处理，按其作用可分为预时效和最终时效两个阶段。预时效处理温度一般较低，主要是在合金中形成高密度的 GP 区。通过预时效处理后，合金中组织的均匀性得到较大的提高。最终时效通过调整沉淀相的结构和弥散度以达到预期的性能要求。

3. 回归处理

将经过自然时效的铝合金在 200～250℃短时间加热，然后迅速冷却，可使合金的硬度和强度恢复到接近新固溶处理状态的水平，这种现象称为回归。经过回归处理的合金在室温下放置一段时间，硬度和强度重新上升，其水平与直接自然时效后的接近。

回归处理在实际生产中得到广泛的应用。例如，零件的修复和矫形，应用回归处理使零件得到较好的塑性，修复和矫形后再进行自然时效而获得使用要求的性能。值得注意的是，进行回归处理的零件必须快速加热到回归温度并在短时间内使零件截面温度达到均匀，随后快速冷却。否则，在回归处理过程中将同时发生人工时效。

第二节　铜及铜合金

一、纯铜

纯铜属于重有色金属。其熔点为 1083℃，密度为 8.9 g/cm^3。它具有玫瑰红色，表面形成氧化膜后呈紫色，故一般称为紫铜。

纯铜具有抗磁性，其突出优点是具有良好的导电和导热性、极好的塑性。因此纯铜的主要用途是制作电工导体，并可以承受各种形式的冷热压力加工。但在冷变形过程中，铜有明显加工硬化现象，因此必须在冷变形过程中进行适当的中间退火。同时，可利用这一现象大大提高铜制品的强度。

纯铜在大气、水蒸气、热水中基本上不被腐蚀，在含有硫酸和SO_2气体中或海洋性气体中铜能生成一层结实的保护膜，腐蚀速度也不太大。但铜在氨、氨盐以及氧化性的硝酸和浓硫酸中的耐蚀性很差，在海水中会受腐蚀。

杂质对纯铜的各种性能影响很大。纯铜中的杂质主要有铅、铋、氧、硫及磷等，这些杂质的存在均使其导电性下降。另外，铅和铋能与铜形成熔点很低的共晶体，并分布在铜的晶粒间界上，当铜进行热加工时易造成所谓的热脆现象。相反，硫、氧与铜也形成共晶体，使冷加工时易产生破裂，引起所谓的冷脆。

工业纯铜加工产品有三种，代号有 T1（$w_{Cu} \geqslant 99.95\%$）、T2（$w_{Cu} \geqslant 99.90\%$）、T3（$w_{Cu} \geqslant 99.70\%$），后面数字越大，表示杂质含量越高。

二、铜合金概述

1. 铜的合金化

纯铜的强度不高，常用合金化的方法来获得强度较高的铜合金，并作为结构材料。

合金化使铜的强度提高的方式主要有以下几种：

（1）固溶强化　在铜中加入合金元素形成固溶强化是强化铜的常用方法。最常用的固溶强化元素是锌、锡、铝、镍等。

（2）热处理强化　铍、硅等元素在铜中的溶解度随温度的降低而减小，因此，它们加入铜后可使合金具有时效强化的性能。

（3）过剩相强化　当铜中加入元素超过最大溶解度以后，便会出现过剩相。它们多为硬而脆的金属化合物，数量少时可使强度提高、塑性降低，数量多时会使强度和塑性同时大大降低。

2. 铜合金的分类及编号

按照化学成分，铜合金可分为黄铜、青铜及白铜三大类。

以锌为主加元素的铜合金称为黄铜。压力加工黄铜以 H + 铜的平均百分含量表示，如 H68 表示铜质量分数为 68% 的黄铜。若还加入另一种合金元素，则在 H 后边添上所加元素的化学符号，并在表示含铜量的数字后面画条一横线，写上所加元素的近似的百分含量。例如，HPb59 - 1 表示 Cu 质量分数为 59%、Pb 质量分数为 1% 的加工铅黄铜。若合金中还含有第三种合金元素则只在后面画一横线，写上其近似的百分含量数字，如 HFe - 59 - 1 - 1 为 Cu 质量分数为 59%、Fe 质量分数为 1% 及 Mn 质量分数为 0.7% 的加工铁锰黄铜。

除锌及镍以外的元素为主加元素的铜合金统称为青铜。压力加工青铜以 Q + 主加元素符号及平均百分含量表示，如 QSn7 表示 Sn 质量分数为 7% 的锡青铜。若合金中还含有其他添加元素，则只写添加元素的百分含量数字。如 QSn6.5 - 0.4 表示 Sn 质量分数为 6.5% 及 P 质量分数为 0.4% 的锡磷青铜。

以镍为主加元素的铜合金称为白铜，其编号方法与青铜相似，如 BAl6 - 1.5 表示 Ni 质量分数为 6% 及 Al 质量分数为 1.5% 的白铜。

铸造铜合金的表示方法为 ZCu + 主加元素符号及平均百分含量 + 其他元素符号及平均百分含

量。如 ZCuZn38 表示 $w_{Zn}=38\%$、余量为铜的铸造普通黄铜。

三、黄铜

黄铜具有良好的力学性能、加工成形性、导电性和导热性，而且色泽美丽、价格较低，是应用最广的有色金属材料之一。

黄铜分普通黄铜和特殊黄铜两大类。按生产方式分压力加工黄铜和铸造黄铜。常用黄铜的牌号、化学成分、力学性能及用途见表 9-4。

表 9-4　常用黄铜的牌号、化学成分、力学性能及用途（摘自 GB/T 5231—2012，GB/T 1176—2013）

类别		牌号	化学成分 w（%）				加工状态①或铸造方法②	力学性能			用途
			Cu	其他元素	Zn	杂质		R_m /MPa	A（%）	硬度 HBW	
压力加工黄铜	普通黄铜	H62	60.5 ~ 63.5		余量	0.5	M Y	330 600	49 3	56 164	水管、油管、垫圈、弹簧、螺钉、螺母等
		H68	67.0 ~ 70.0		余量	0.3	M Y	320 660	55 3	54 150	形状复杂的冷冲压件、散热器外壳、弹壳、导管、轴套等
		H80	78.5 ~ 81.5		余量	0.3	M Y	320 640	52 5	53 145	弹壳、薄壁管、装饰品、镀层
	特殊黄铜	HPb59 - 1	57.0 ~ 60.0	Pb 0.8 ~ 1.9	余量	1.0	M Y	420 550	45 5	75 149	销子、螺钉、垫圈、衬套、喷嘴等
		HMn58 - 2	57.0 ~ 60.0	Mn 1.0 ~ 2.0	余量	1.2	M Y	400 700	40 10	90 178	螺旋桨、钟表零件
		HSn90 - 1	88.0 ~ 91.0	Sn 0.25 ~ 0.75	余量	0.2	M Y	280 520	40 4	58 148	汽车、拖拉机弹性套管及其他耐蚀减摩零件
		HAl59 - 3 - 2	57.0 ~ 60.0	Al 2.5 ~ 3.5 Ni 2.0 ~ 3.0	余量	0.9	M Y	380 650	50 15	75 150	船舶、电动机及其他常温下工作的高强度耐蚀零件
铸造黄铜		ZCuZn38	60.0 ~ 63.0		余量		S J	295 295	30 30	60 70	法兰、阀座、螺杆、螺母、支架、日用五金等
		ZCuZn38Mn2Pb2	57.0 ~ 60.0	Pb 1.5 ~ 2.5 Mn1.5 ~ 2.5	余量		S J	245 345	10 18	70 80	船舶、仪表上外形简单的铸件，如套筒、衬套、滑块、轴瓦等
		ZCuZn31Al2	66.0 ~ 68.0	Al 2.0 ~ 3.0	余量		S、R J	295 390	12 15	80 90	电动机、仪表上压铸件及船舶、机械制造业的耐蚀零件
		ZCuZn25Al6Fe3Mn3	60.0 ~ 66.0	Al 4.5 ~ 7.0 Mn 2.0 ~ 4.0 Fe 2.0 ~ 4.0	余量		S J	725 740	10 7	160 170	高强、耐磨零件，如桥梁支承板、螺母、螺杆、耐磨板、滑块和蜗轮等

① M—退火状态；Y—变形加工冷作硬化态。

② S—砂型铸造；J—金属型铸造；R—熔模铸造。

1. 普通黄铜

普通黄铜也称二元黄铜，是 Cu - Zn 二元合金。图 9-6 所示为 Cu - Zn 二元相图。相图中的 β 相是以电子化合物 CuZn 为基的固溶体，β′相是以 CuZn 化合物为基的有序固溶体，性能硬而脆。黄铜的力学性能与锌的质量分数有极大的关系，如图 9-7 所示。当 $w_{Zn} < 32\%$ 时，强度和塑性都随锌的质量分数增加而提高。当锌的质量分数超过 32% 时因组织中 β′相的出现，塑性开始下降，但强度还在提高，在 $w_{Zn} = 45\%$ 附近达到最大值。因此，工业用黄铜锌的质量分数均在 46% 以下。其组织为 α 或 α + β′，分别称为 α 黄铜和 α + β′黄铜。

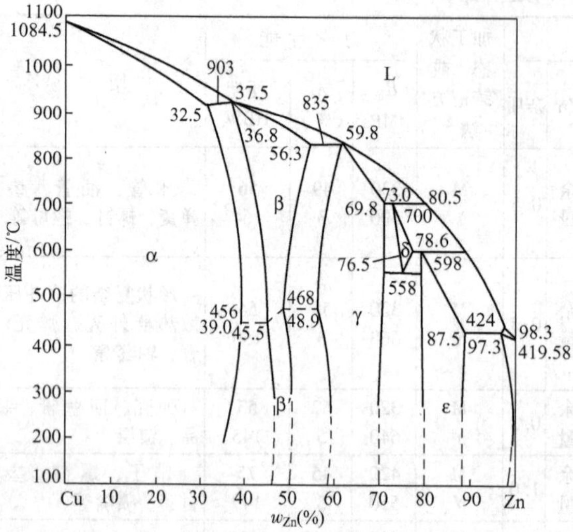

图 9-6　Cu - Zn 二元相图

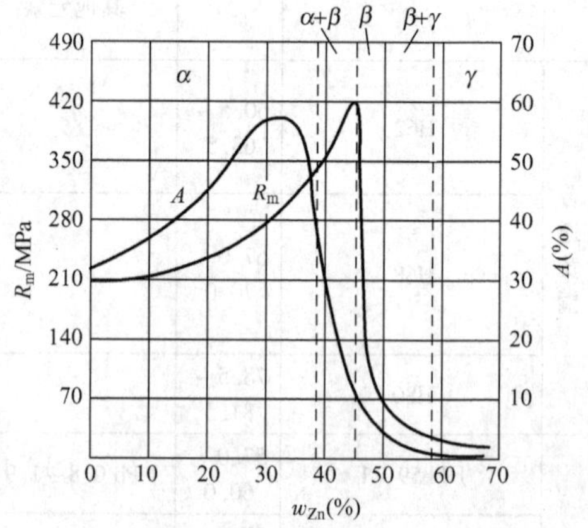

图 9-7　锌含量与铸造黄铜力学性能的关系

α 黄铜又称单相黄铜，具有较高的强度和优良的冷变形性能，适用于常温下压力加工形状复杂的零件。常用代号有 H80、H70、H68，其中 H70、H68 又称三七黄铜，由于它强度较高，塑性特别好，大量用作枪弹壳和炮弹筒，故有"弹壳黄铜"之称。

α + β′黄铜又称两相黄铜，适宜热压力加工，具有较高的强度和耐蚀性，常用代号有 H62、H59、ZCuZn38，适用于制造散热器、水管、油管、弹簧等。

2. 特殊黄铜

为了提高普通黄铜的耐蚀性、切削加工性、力学性能，在铜锌二元合金的基础上加入其他合金元素所组成的多元合金称为特殊黄铜。常加铅、铝、锰、镍、锡、硅等，分别称铅黄铜、铝黄铜等。

合金元素加入黄铜后，一般都能提高其强度。加入铝、锰、锡、硅可提高耐蚀性，加入硅还可以改善铸造性能，加入铅能改善切削加工性能。

应注意的是，虽然黄铜具有优良的耐蚀性，但在某些介质中会发生脱锌及应力腐蚀破裂，在中性盐类水溶液中极易发生电化学腐蚀。

四、青铜

除黄铜、白铜以外的铜合金均称青铜。工业上常用的青铜有锡青铜、铝青铜、铍青铜等。

青铜一般都具有高的耐蚀性、较高的导电导热性及良好的切削加工性。青铜分压力加工青铜和铸造青铜两大类。常用青铜的牌号、化学成分及力学性能见表 9-5。

表 9-5 常用青铜的牌号、化学成分及力学性能（摘自 GB/T 5231—2012，GB/T 1176—2013）

类别		牌号	化学成分 w（%）				加工状态或铸造方法	力学性能		
			主加元素	其他元素	Cu	杂质		R_m/MPa	A（%）	硬度HBW
压力加工青铜	锡青铜	QSn4-3	Sn 3.5~4.5	Zn 2.7~3.3	余量	0.2	M Y	350 550	40 4	60 160
		QSn6.5-0.4	Sn 6.0~7.0	P 0.26~0.40	余量	0.4	M Y	400 750	65 10	80 180
	铝青铜	QAl7	Al 6.0~8.5	Zn 0.20	余量	1.3	M Y	420 1000	70 4	70 154
		QAl10-4-4	Al 9.5~11.0	Ni 3.5~5.5 Fe 3.5~5.5	余量	1.0	M Y	650 1000	40 10	150 200
	铍青铜	QBe2 （现 TBe2）	Be 1.8~2.1	Ni 0.2~0.5	余量	0.5	M Y	500 1250	40 3	90 330
	硅青铜	QSi3-1	Si 2.7~3.5	Mn 1.0~1.5 Zn 0.5	余量	1.1	M Y	400 700	50 5	80 180
铸造青铜		ZCuSn10P1	Sn 9.0~11.5	P 0.8~1.1	余量		S J	220 310	3 2	80 90
		ZCuAl9Mn2	Al 8.0~10.0	Mn 1.5~2.5	余量		S J	390 440	20 20	85 95
		ZCuPb15Sn8	Pb13.0~17.0	Sn 7.0~9.0	余量		S J	170 200	5 6	60 65

1. 锡青铜

以锡为主要添加元素的铜基合金称为锡青铜。其主要特点是耐蚀、耐磨、强度高、弹性好等。锡在铜中可形成固溶体，也可以形成金属化合物。因此，根据锡的质量分数不同，锡青铜的组织和性能也不同。

锡青铜在大气、海水、碱性溶液和其他无机盐类溶液中有极高的耐蚀性。这是由于锡青铜表面生成由 Cu_2O 及 $2CuCO_3 \cdot Cu(OH)_2$ 构成的致密膜。但其在酸性溶液中耐蚀性较差。

锡青铜的铸造性能较差，但线收缩率小，热裂倾向小，故锡青铜适宜铸造形状复杂、壁厚变化较大且致密性要求不高的零件。为了改善锡青铜的铸造性能、力学性能、耐磨性能、弹性性能和切削加工性，常加入锌、磷、镍等元素形成多元锡青铜。

锡青铜常用的牌号有 QSn4-3、QSn6.5-0.4、ZCuSn10P1 等，可用于制作弹簧、齿轮、轴瓦、衬套等耐磨零件。

2. 铝青铜

以铝为主要合金元素的铜基合金称为铝青铜，一般铝的质量分数为 8.5%~10.5%。铝青铜具有良好的力学性能、耐蚀性和耐磨性，并能进行热处理强化。铝青铜还具有良好的铸造性能，在大气、海水、碳酸及大多数有机酸中具有比黄铜和锡青铜更高的耐蚀性，此外，还有冲击时不发生火花等特性。常用牌号有 QA17、QAl10-4-4、ZCuAl9Mn2 等，宜作机械、化工、造船及汽车工业中的轴套、齿轮、蜗轮、管路配件等零件。

3. 铍青铜

以铍为主要添加元素的铜基合金称为铍青铜。一般铍的质量分数为 1.7%~2.5%。铍青铜可以淬火时效处理，有很高的强度、硬度、疲劳极限和弹性极限，而且耐蚀、耐磨、无磁性、导电和导热性好。常用牌号有 QBe2、QBe1.7 等，现行国家标准已将其编入高铜（指铜质量分数在 96.0~99.3%的合金）系列，分别为 TBe2、TBe1.7。铍青铜主要用于制作高级精密的弹性元件，如弹簧、膜片、膜盘等；特殊要求的耐磨零件，如钟表的齿轮和发条、压力表游丝；高速、高温、高压下工作的轴承、衬套及矿山、炼油厂用的冲击不带火花的工具。铍青铜价格较贵。

第三节　钛及钛合金

钛及钛合金体积质量小，比强度高，在大多数腐蚀介质中，特别是在中性或氧化性介质（如硝酸、氯化物、湿氯气、有机药物等）和海水中均具有良好的耐蚀性。另外，钛及钛合金的耐热性比铝合金和镁合金高，因而已成为航空、航天、机械工程、化工、冶金工业中不可缺少的材料。但由于钛在高温时异常活泼，熔点高，熔炼、浇注工艺复杂且价格昂贵，成本较高，因此使用受到一定限制。

一、纯钛

纯钛是灰白色轻金属，密度为 4.54 g/cm^3，熔点为 1668℃，固态下有同素异构转变，在 882.5℃以下为 α－Ti（密排六方晶格，$a=0.295$ nm，$c=0.468$ nm），882.5℃以上为 β－Ti（体心立方晶格，$a=0.332$ nm）。纯钛焊接性好，低温韧性好，强度低，塑性好，易于冷压力加工。

工业纯钛的牌号为 TA1、TA2、TA3、TA4 四种。它们含有一定量的杂质（如 Fe、C、N、H、O 等），数字越大，纯度越低。少量杂质可显著提高钛的强度，故工业纯钛强度较高，接近高强铝合金的水平，主要用于制造 350℃以下工作的石油化工用热交换器、反应器、舰船零件、飞机蒙皮等。

二、钛合金概述

1. 钛中合金元素分类及作用

加入钛中的合金元素可分为三类：α 稳定元素、中性元素和 β 稳定元素。

（1）α 稳定元素　提高钛的 β 转变温度的元素称为 α 稳定元素。典型的 α 稳定元素为铝，但铝对合金的耐蚀性无益，反而降低合金的压力加工性能。

（2）中性元素　对钛的 β 转变温度影响不明显的元素称为中性元素。中性元素在 α、β 两相中均有较大的溶解度，甚至形成无限固溶体，如锆、铪。此外，锡、铈、镧、镁等也属于中性元素。中性元素主要对 α 相起固溶强化作用。

钛合金中常用的中性元素主要是锆和锡。它们在提高 α 相强度的同时也提高其热强性，但其强化效果不及铝。而铈、镧等稀土元素可细化晶粒，提高高温拉伸强度及热稳定性。

（3）β 稳定元素　降低钛的 β 转变温度的元素称为 β 稳定元素。这类元素有钒、钼、铌、锰、铬等。其中钒、钼、铌等与 β 钛合金的晶格类型相同，能与 β 钛无限互溶，而在 α 钛中有限溶解；而锰、铬、铁等元素在 α 和 β 钛中都有限溶解，但在 β 钛中的溶解度比在 α 钛中大。

β 稳定元素除具有固溶强化作用外，还使合金中形成一定量的 β 相或其他第二相而进一步强化合金。由于 β 相冷却时将发生同素异构转变或马氏体转变，因此合金能够进行强化热处理。当加入的 β 稳定元素较多时，可获得以 β 相为基的，具有高强、高韧、耐蚀、易成形性的 β 型钛合金。

2. 钛合金的分类及特点

按照钛合金退火组织不同，将钛合金分为三类：α 钛合金，β 钛合金，α＋β 钛合金。我国钛合金的牌号是以 TA、TB、TC 后面附加顺序号表示。部分工业纯钛和钛合金的牌号、化学成分及力学性能见表 9-6。

表 9-6　部分工业纯钛和钛合金的牌号、化学成分及力学性能

（摘自 GB/T 3620.1—2007，GB/T 2965—2007）

类型	牌号	名义化学成分	室温力学性能（≥）					高温力学性能（≥）		
			热处理	R_m /MPa	$R_{p0.2}$ /MPa	A (%)	Z (%)	试验温度/℃	R_m /MPa	σ_{100h} /MPa
工业纯钛	TA1	Ti（杂质微）	退火	240	140	24	30			
	TA2	Ti（杂质微）	退火	400	275	20	30			
	TA3	Ti（杂质微）	退火	500	380	18	30			
	TA4	Ti（杂质微）	退火	580	485	15	25			
α钛合金	TA5	Ti-4Al-0.005B	退火	685	585	15	40			
	TA6	Ti-5Al	退火	685	585	10	27	350	420	390
	TA7	Ti-5Al-2.5Sn	退火	785	680	10	25	350	490	440
β钛合金	TB2	Ti-5Mo-5V-8Cr-3Al	淬火	≤980	820	18	40			
			淬火+时效	1370	1100	7	10			
α+β钛合金	TC1	Ti-2Al-1.5Mn	退火	585	460	15	30	350	345	325
	TC2	Ti-4Al-1.5Mn	退火	685	560	12	30	350	420	390
	TC3	Ti-5Al-4V	退火	800	700	10	25			
	TC4	Ti-6Al-4V	退火	895	825	10	25	400	620	570
	TC10	Ti-6Al-6V-2Sn-0.5Cu-0.5Fe	退火	1030	900	12	25	400	835	785

（1）α钛合金　由于α钛合金的组织全部为α固溶体，因其组织稳定，耐蚀、易焊接、韧性及塑性好。室温强度低于β钛合金和α+β钛合金，但高温（500~600℃）强度比后两种钛合金高。α钛合金是单相合金，故不能热处理强化。

TA7是常用的α钛合金，该合金有较高的室温强度、高温强度和优良的抗氧化性及耐蚀性，并具有很好的低温性能，适宜制作使用温度不超过500℃的零件。如导弹的燃料缸、火箭、宇宙飞船的高压低温容器、飞机压片机叶片等。

（2）β钛合金　β钛合金具有较高的强度，优良的冲压性，但耐热性差，抗氧化性能低。当温度超过700℃时，合金很容易受大气中的杂质气体污染。它的生产工艺复杂，且性能不太稳定，因而限制了它的应用。β钛合金可进行热处理强化，一般可用淬火和时效强化。

TB2是应用最广的β钛合金，淬火后容易得到稳定的单相β组织，这时该合金具有良好的冷成形性。时效过程中，β相析出细小的α相，使合金强化（R_m=1370 MPa，A=7%）。该合金使用温度在350℃以下，多用于制造飞机构件和紧固件。

（3）α+β钛合金　α+β钛合金室温组织为α+β，它兼有α钛合金和β钛合金两者的优点，强度高，塑性好，耐热性高，耐蚀性和冷、热加工性及低温性能都很好，并可以通过淬火和时效进行强化，是钛合金中应用最广的合金。

TC4是用途最广的合金，退火状态具有较高的强度和良好的塑性（R_m=895MPa，A=10%），经过淬火和时效处理后其强度可提高至1190MPa。该合金还具有较高的抗蠕变性能、低温韧性及良好的耐蚀性，因此常用于制造400℃以下和低温下工作的零件。如飞机发动机压气机盘和叶片、压力容器、化工用泵部件等。

当前，钛合金的发展方向是高温钛合金、高强钛合金、阻燃钛合金。热处理特点是采用高真空度的真空热处理。

三、钛合金热处理

钛合金的热处理主要有退火、淬火和时效。

1. 退火

为了消除工业纯钛和钛合金的内应力和加工硬化，可进行去应力退火和再结晶退火。去应力退火温度通常在450～650℃，再结晶退火温度为750～800℃。

2. 淬火和时效

由于实际生产中α钛合金一般不进行淬火时效处理，故淬火时效处理主要用于β钛合金和α+β钛合金。

β钛合金和α+β钛合金在高温淬火时，由于合金成分和淬火温度的不同，高温组织中的β相有可能被过冷而保留下来，也有可能发生马氏体相变转变为α′相（六方马氏体），它是合金元素在α－Ti中的过饱和固溶体。淬火形成的过冷β、α′相在时效时发生$\beta_{过冷}\rightarrow\alpha+\beta_{稳定}$和$\alpha'\rightarrow\alpha+\beta_{稳定}$相变，从β相中析出的α相使合金强化。

淬火温度对淬火时效后合金的组织影响很大，因此需要严格控制。对β钛合金淬火温度在略高于或略低于β转变的上临界点，如TB1合金的β转变上临界点为750℃，其淬火温度为740～800℃。α+β钛合金的淬火温度在α+β两相区上部，即略低于合金β转变的上临界点。如TC4合金的β转变上临界点为995±14℃，其淬火加热温度为850～950℃。

钛合金淬火工艺一般为760～950℃，保温5～60 min，水冷；时效工艺为450～550℃，保温数小时～数十小时，空冷。

第四节　轴承合金

一、概述

这里所说的轴承指滑动轴承。滑动轴承因具有承受压力面积大、工作平稳、无噪声以及检修方便等优点，至今仍占有相当重要的地位。

在滑动轴承中，制造轴瓦及其内衬的合金，称为轴承合金。

轴承对轴起支承作用，当轴在其中转动时，在轴和轴瓦之间必然有强烈的摩擦，因轴是机器上最重要的部件，而且价格较贵，更换困难，所以在磨损不可避免的情况下应从轴瓦材料上确保轴受到最小的磨损。为了确保轴承对轴的磨损最小，并适应轴承的其他工作条件，轴瓦材料必须具有以下一些主要特性：

1）力学条件。在工作温度下具有足够的强度和硬度，并要耐磨；有足够的塑性和韧性。

2）摩擦条件。与轴之间的摩擦系数为最小；具有良好的磨合能力。

3）物理、化学条件。具有良好的耐蚀性和导热性，较小的膨胀系数。

4）经济条件。容易制造，价格便宜。

5）组织条件。轴瓦合金的组织特点应该满足在软的基体组织上分布着硬的质点（一般为化合物，其体积占15%～30%），如图9-8所示。这样，软的基体在工作时很快就被磨损凹下去，可以储存润滑油；而硬的质点比较抗磨而变得凸起来，支承

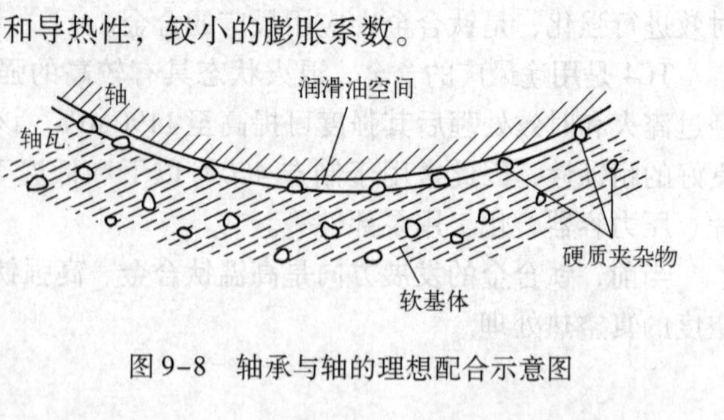

图9-8　轴承与轴的理想配合示意图

轴所施加的压力。同时软的基体还能起嵌藏外来硬质点的作用，以保证轴颈不被擦伤。此外，软基体还有抗冲击、抗振和较好的磨合能力。

同样，采用硬基体上分布着软质点的组织形式也可以达到同样的目的。同软基体硬夹杂的组织形式对比，硬基体软质点的组织形式具有较大的承载能力，但磨合能力较差。

二、锡基轴承合金

锡基轴承合金是以锡为基体，加入少量的锑和铜组成的合金。由 Sn－Sb 相图（图 9-9）可见，α 相是 Sb 在 Sn 中的固溶体，质地较软，为软基体。当合金锑的质量分数大于 7.5% 时，组织中会出现白色方块的 β′相（以 SbSn 化合物为基的有序固溶体），质地较硬。加入 Cu 是为了防止合金结晶时 β′相造成比重偏析。锡基轴承合金的显微组织如图 9-10 所示，图中白色方块是 β′相，白色星状或针状是 Cu_3Sn 或 Cu_6Sn_5 化合物，黑色基体为 α 固溶体。

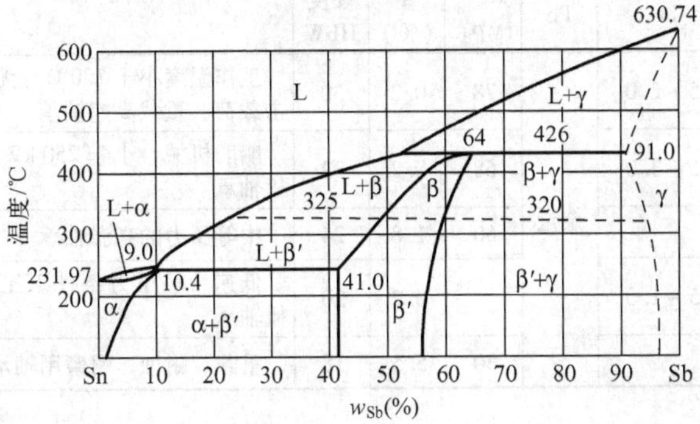

图 9-9　Sn－Sb 相图

图 9-10　锡基轴承合金（ZSnSb11Cu6）的显微组织

锡基轴承合金的主要特点是膨胀系数小、镶嵌性和减摩性较好，另外，还具有优良的韧性、导热性和耐蚀性。其缺点是疲劳强度低，工作温度低，不宜大于 150℃。锡基轴承合金的牌号、化学成分、性能及用途见表 9-7。

表 9-7　锡基轴承合金的牌号、化学成分、性能及用途（摘自 GB/T 1174—1992）

牌　号	主要成分 w（%）				力学性能（≥）			用　途
	Sb	Cu	Pb	Sn	R_m/MPa	A（%）	硬度 HBW	
ZSnSb12Pb10Cu4	11.0～13.0	2.5～5.0	9.0～11.0	余量			29	一般机械的主轴轴承，但不适于高温工作
ZSnSb11Cu6	10.0～12.0	5.5～6.5	0.35		90	6.0	27	2000 马力以上的高速蒸汽机，500 马力的涡轮压缩机用的轴承
ZSnSb8Cu4	7.0～8.0	3.0～4.0	0.35		80	10.6	24	一般大机器轴承及轴衬，重载、高速汽车发送机、薄壁双金属轴承
ZSnSb4Cu4	4.0～5.0	1.0～5.0	0.35		80	7.0	20	涡轮内燃机高速轴承及轴衬

三、铅基轴承合金

铅基轴承合金是以铅为基础加入锡、锑、铜等元素组成的合金，它也是一种软基体、硬质点类型的轴承合金。它的软基体是锑溶于铅中形成的 α 固溶体和铅溶于锑中形成的 β 固溶体所组成的共晶体，硬质点为 SnSb 和 Cu_3Sn。

铅基轴承合金的性能比锡基合金的性能低，不适于制造在激烈振动或冲击条件下工作的轴承。但其价格便宜，故在工作中仍得到广泛应用。

为了提高铅基轴承合金的疲劳强度、承压能力和使用寿命，在生产上经常采用离心浇注法将它镶铸在钢质轴瓦上，形成一层薄（<0.1 mm）且均匀的内衬。这种工艺称为“挂衬”。具有这种双金属层结构的滑动轴承称为“双金属”轴承。铅基轴承合金的牌号、化学成分、性能及用途见表 9-8。

表 9-8　铅基轴承合金的牌号、化学成分、性能及用途（摘自 GB/T 1174—1992）

牌　号	主要成分 w（%）				力学性能（≥）			用途举例
	Sb	Sn	Cu	Pb	R_m/MPa	A（%）	硬度 HBW	
ZPbSb16Sn16Cu2	15.0～17.0	15.0～17.0	1.5～2.0	余量	78	0.2	30	工作温度小于 120℃、无显著冲击载荷、重载高速轴承
ZPbSb15Sn5Cu3Cd2	14.0～16.0	5.0～6.0	2.5～3.0		68	0.2	32	船舶机械，小于 250 kW 的电动机轴承
ZPbSb15Sn10	14.0～16.0	9.0～11.0			60	1.8	24	中等压力的高温轴承
ZPbSb15Sn5	14.0～15.5	4.0～5.5	0.5～1.0			0.2	20	低速、轻压力条件下工作的机械轴承
ZPbSb10Sn6	9.0～11.0	5.0～7.0			80	5.5	18	重载、耐蚀、耐磨用轴承

四、其他轴承合金

1. 铜基轴承合金

铜基轴承合金包括锡青铜、铅青铜等铸造铜基合金。其中使用最广的是铅青铜。常用牌号有 ZCuSn10P1 和 ZCuPb30。

锡青铜 ZCuSn10P1 的显微组织为 $\alpha + \delta + Cu_3P$，α 固溶体为软基体，δ 相（$Cu_{31}Sn_8$）和化合物 Cu_3P 是硬质点，是一种软基体硬质点的轴承合金。

铅青铜 ZCuPb30 的显微组织为 Cu + Pb（颗粒），硬基体为 Cu。由于铅不溶于铜而成为软质点均匀分布在铜基体上，形成了硬基体加软质点组织。铅降低了摩擦系数，铅被磨凹后能储存润滑油，使合金有优良的耐磨性。另外，用铅青铜制作的轴承能耐疲劳，抗冲击，并能承受较高工作温度（300～320℃）。因此，铅青铜常用于制造高速、高压下工作的轴承，如航空发动机、高速柴油机及其他高速重载轴承。由于铅青铜本身强度较低，和上述铅基轴承合金一样，常将其浇注在钢管或薄钢板上，形成一层薄而均匀的内衬，内衬和钢背的粘合性很好，不易开裂和剥落，这样可有效地发挥其耐磨性。

2. 铝基轴承合金

铝基轴承合金的基本元素为铝，主加元素为铅、锡、铜、镁、石墨等元素。铝基轴承合金具有原料丰富、成本低廉、体积质量小、导热性好、疲劳强度高和耐蚀性能及化学稳定性好等一系列优点，故适用于高速、重载荷下工作的轴承，可以代替铜基合金，节约工业用铜。缺点是线胀系数大，运转时容易和轴咬合，尤其是起动时危险性更大，经常采用较大的轴承间隙来防止咬合，并采取降低轴和轴承的表面粗糙度和镀锡的办法来减小起动时发生咬合的危险性。目前使用较多的有铝锑镁轴承合金、高锡铝基轴承合金和铝石墨轴承合金。

第五节 镁及镁合金

镁及镁合金曾一度称为贵族金属，只限于航空航天等领域的运用。随着镁及其合金的生产条件的日益改进，特别是镁价格的降低，这类金属的运用已推广到广泛的民用工业生产中。

一、纯镁

镁是银白色金属，具有密排六方结构。在25℃时，$a = 0.3202$ nm，$c = 0.5133$ nm，$c/a = 1.6235$ 及配位数等于12时，原子半径为0.162 nm。

镁的主要物理性能数据见表9-9，其特点是密度小，比热容和线胀系数较大，而弹性模量在常用航空金属中则是最低的。

表9-9 镁的主要物理性能数据

密度 /(g/cm^3)	熔点 /℃	线胀系数 /(10^{-6}/℃)	热导率 /[W/(m·℃)]	比热容 /[J/(kg·℃)]	弹性模量 /GPa
1.74	651	26.1	145	101.7	44.6

镁及镁合金力学性能的另一特点是屈服强度较低，压力加工制品的性能具有比较明显的方向性。

镁在室温和低温时塑性较低，易发生脆性断裂，但高温（150～225℃）下的塑性较好（棱柱面也参与滑移），可进行各种形式的热变形加工。镁除了以滑移方式进行塑性变形外，孪晶也起重要作用。

纯镁的电极电位很低，所以耐蚀性能很差。镁在空气中形成的氧化膜很脆，不致密，防护性很差。在潮湿大气、淡水、海水及绝大多数酸、盐溶液中易受腐蚀。镁中的镍、铁、铜等杂质，特别是镍的危害性最大，会急剧降低镁的耐蚀性。

纯镁的牌号以Mg＋数字表示，Mg后面的数字表示Mg的质量分数。如Mg99.95表示Mg的质量分数≥99.95%的纯镁。

二、镁合金概述

由于纯镁的力学性能很低，不能直接用作结构材料，而必须对其进行强化。最常用，也是最基本的强化途径是合金化。利用固溶强化和时效处理所造成的强化来提高镁合金的常温和高温性能。因此，所选择的合金元素在镁基体中应有较高的固溶度，且固溶度随温度有明显的变化，并在时效过程中能形成强化效果显著的第二相。此外，也要考虑合金元素对耐蚀性和工艺性的影响。

镁合金中常用的合金元素有铝、锌、锰、锆、稀土等。绝大多数元素与镁组成在固态有限溶解并具有共晶或包晶转变的二元系。

铝、锌与镁均构成共晶系相图，是实现时效强化的主要元素。

锰有一定的固溶强化效果，同时降低合金的原子扩散能力，提高耐热性。由于锰在镁液中易与铁形成高熔点的Mn－Fe化合物而从镁液中沉淀，减少了杂质铁对耐蚀性的危害，故可提高合金耐蚀性。

锆在镁中的固溶度很小，有相当好的固溶强化效果，可改善合金的强度和塑性。锆还有很强的细化晶粒的作用。这是因为熔融镁合金在冷凝过程中，首先结晶出α－Zr，它与镁具有相同的晶体结构，能起非自发晶核作用，使合金组织明显细化。同时，锆在镁中的另一重要作用是对镁合金的净化作用。这是由于杂质铁在熔炼过程中与锆形成密度较大的 Zr_2Fe_3 及 $ZrFe_2$ 沉积在坩埚底部，从而提高合金的纯度，改善力学性能及耐蚀性。因此工业镁合金中大多数含有一定量的锆。

稀土元素（RE）在镁合金中常用的有钕（Nd）、铈（Ce）、镧（La）及混合稀土（MM）。稀土族元素与镁形成的 α 固溶体及化合物相的热稳定性较高，可提高镁合金的耐热性。Mg－RE 系共晶温度比 Mg－Al 及 Mg－Zn 系高得多。同时，Mg_9Nd 相本身的热稳定性高于 $Mg_{17}Al_{12}$ 和 Mg-Zn；Mg－RE 系在 200～300℃固溶度变化很小，时效析出比较均匀，相界面附近浓度梯度较低。这些因素都有助于高温下晶界迁移和减小扩散蠕变。目前，为改变镁合金高温性能，稀土镁合金得到了快速的发展。在稀土金属中，钕的综合作用最佳，可保证在高温及常温下同时获得强化；铈或铈混合稀土，对改善耐热性效果较好，但常温强化效果低；镧在这两方面的作用则均不如钕和铈。

三、镁合金的热处理

由于镁合金中原子扩散速度慢，淬火加热后通常在静止或流动空气中冷却即可达到固溶处理目的。另外，绝大多数镁合金对自然时效不敏感，淬火后在室温下放置仍然保持淬火状态的原有性能。但镁合金氧化倾向强烈，当氧化反应产生的热量不能及时散发时，容易引起燃烧。因此，热处理加热炉内应保持一定的中性气氛。镁合金常用的热处理类型如下：

① T1，铸造或铸锭变形加工后，不再单独进行固溶处理而是直接人工时效。这种处理工艺简单，也能获得相当的时效强化效果。对 Mg－Zn 系合金，因晶粒容易长大，重新加热淬火会造成粗晶粒组织，时效后的综合性能反而不如 T1 状态。

② T2，为了消除铸件残余应力及变形合金的冷作硬化而进行的退火处理。对某些热处理强化效果不显著的镁合金则为最终热处理状态。

③ T4，淬火处理。可以提高合金的抗拉强度和延伸率。

④ T6，淬火＋人工时效。目的是提高合金的屈服强度，但塑性相应有所降低。T6 状态主要应用于 Mg－Al－Zn 系及 Mg－RE－Zr 系合金。高锌的 Mg－Zn－Zr 系合金，为充分发挥时效强化效果，也可选用 T6 处理。

⑤ T61，热水中淬火＋人工时效。一般 T6 为空冷淬火，T61 则采用热水淬火，可提高时效强化效果，特别是对冷却速度敏感性较高的 Mg－RE－Zr 系合金。T6 处理使强度提高 40%～50%，而 T61 处理可提高 60%～70%，而延伸率仍可保持原有水平。

镁合金热处理时，在工艺上应特别注意防止零件在加热过程中发生氧化和燃烧。

热处理常见缺陷为淬火不完全、晶粒长大、表面氧化、过烧及变形等。

四、镁合金的分类、编号与应用

1. 镁合金的分类和编号

按化学成分，镁合金主要划分为 Mg－Al、Mg－Mn、Mg－Zn、Mg－RE、Mg－Zr、Mg－Li、Mg－Th 等二元系，以及 Mg－Al－Zn、Mg－Al－Mn、Mg－Zn－Zr、Mg－RE－Zr 等三元系及其他多组元系镁合金。其中，由于 Th 具有放射性，目前已很少使用。

按成形工艺，镁合金和分为铸造镁合金和变形镁合金，两者在成分和组织性能上有很大差别。表 9-10 列出了一些变形镁合金和铸造镁合金的牌号、化学成分、力学性能及应用。变形镁合金牌号以英文字母加数字再加英文字母的形式表示。前面的英文字母是其最主要的合金组成元素代号（如 A 代表铝，Z 代表锌，M 代表锰，K 代表锆，E 代表稀土），其后的数字表示其最主要的合金组成元素的大致含量。最后面的英文字母为标识代号，用以标识各具体组成元素相异或元素含量有微小差别的不同合金。铸造镁合金牌号仍以 ZMg + 主要合金元素符号及百分含量表示。

表 9-10　部分镁合金的牌号、化学成分、力学性能及应用

（摘自 GB/T 5153—2003，GB/T 5155—2003，GB/T 1177—1991）

类别	合金组别	牌号（旧牌号）	化学成分 w（%）				加工状态	棒材力学性能（≥）			应用
			Al	Zn	Mn	其他		R_m /MPa	$R_{p0.2}$ /MPa	A（%）	
变形镁合金	MgAlZn	AZ40M（MB2）	3.0～4.0	0.2～0.8	0.15～0.50		热成形	245		5	中等负荷结构件、锻件
		AZ61M（MB5）	5.5～7.0	0.5～1.5	0.15～0.50		热成形	260	170	15	大负荷结构件
		AZ80M（MB7）	7.8～9.2	0.2～0.8	0.15～0.50		热成形	330	230	11	
	MgZnRE	ME20M（MB8）	≤0.20	≤0.30	1.3～2.2	Ce 0.15～0.35	热成形	195		2	飞机部件
	MgZnZr	ZK61M（MB15）	≤0.05	5.0～6.0	≤0.1	Zr 0.3～0.9	热成形+时效	305	235	6	高载荷、高强度飞机锻件、机翼长桁
铸造镁合金	MgZnZr	ZMgZn5Zr（ZM1）		3.5～5.5		Zr 0.5～1.0	人工时效	235	140	5	飞机起落架轮子的轮毂、支架等抗冲击零件
	MgREZnZr	ZMgRE3Zn2Zr（ZM4）		2.0～3.0		Zr 0.5～1.0 RE2.5～4.0	人工时效	140	95	2	高气密零件、仪表壳体
	MgAlZn	ZMgAl8Zn（ZM5）	7.5～9.0	0.2～0.8	0.15～0.50		固溶处理+人工时效	230	100	2	中等载荷零件、飞机翼肋、机匣、导弹部件

许多镁合金既可作铸造合金，又可作变形合金。经锻造和挤压后，变形合金比相同成分的铸造合金有更高的强度，可加工成形状更复杂的零部件。此外还有新发展的快速凝固粉末冶金镁合金。

2. 镁合金的应用

由于镁及其合金具有密度和熔点低、比强度高、减振性能和抗冲击性能好、电磁屏蔽能力强等优点，在汽车、通信、电子、航空航天、国防和军事装备、交通、医疗器械、化工等工业得到广泛的应用。近十几年来，世界上电子工业发达的国家，特别是日本和欧美一些国家在镁及其合金产品的开发应用上取得了重要进展，一大批重要电子产品使用了镁及其合金，取得了理想效果。

采用镁合金制造汽车零件具有一系列的优点，如可以显著减轻车重、降低油耗、减少尾气排放量，提高汽车设计的灵活性，提高汽车的安全性和可操作性等。

由于镁及其合金的密度低，在航空、航天领域中有非常好的减重效果。早在 20 世纪 20 年代镁合金就用于制造飞机螺旋桨。随着时间的推移，开发出了适用于航空、航天的多种镁合金系列，并广泛用于制造飞机、导弹、飞行器中的许多零部件。比如航空上应用较多的高强度变形镁合金 ZK61M（MB15）和铸造镁合金 ZMgAl8Zn（ZM5）。从两大类型镁合金的发展趋势来看，铸造镁合金主要是向提高自身强度和耐蚀性方向发展；变形镁合金在挤压成形快速凝固粉末合金和镁基复合材料方面取得了进展。

第六节　粉末冶金材料

一、概述

粉末冶金法是一种不用熔炼和铸造，而用压制、烧结金属粉末来制造零件的工艺。用粉末冶金法不但可以制成具有某些特性的制品，而且能节约材料，节省加工工时和减少机械加工设备，降低成本，因此粉末冶金法在国内外都得到了很快的发展。

1. 粉末冶金简介

粉末冶金工艺过程包括粉料制备、压制成形、烧结及后处理等几个工序。

粉末的制备包括金属粉末的制取、粉料的混合等步骤。压制是将粉末颗粒压制成形。烧结可按其烧结过程中的形态不同而分为两类：烧结时不形成液相的，如合金钢、耐熔化合物、青铜－石墨材料等；烧结时部分形成液相的，如硬质合金、金属陶瓷等。压制坯件经过烧结后，孔隙度减少并发生收缩，这是由于在烧结时进行着扩散、再结晶、蠕变、表面氧化物还原等过程所致。

经过烧结，使粉末压坯件获得所需要的各种性能。一般情况下，烧结好的制件即可使用，但有时还得再进行必要的后处理。

2. 粉末冶金的应用

粉末冶金用得最多、历史最长的是用来制造各种衬套和轴套，后来又逐渐发展到用粉末冶金法制造一些其他的机械零件，如齿轮、凸轮、含油轴承等。粉末冶金含油轴承的耐磨性能良好，而且材料的空隙能储存润滑油，故可以用这种轴承来代替滚珠轴承和青铜轴瓦。

粉末冶金的另一个重要应用在于，可以制造一些具有特殊成分或具有特殊性能的制件。如硬质合金、难熔金属及其合金、金属陶瓷、无偏析高速钢、磁性材料、耐热材料、过滤器等，都可以用粉末冶金法制取。

二、硬质合金

硬质合金是将一些难熔的化合物粉末和黏结剂混合，加压成形，再经过烧结而成的一种粉末冶金材料。

硬质合金的特点：硬度高（86～93HRA），热硬性好（可达900～1000℃），耐磨性优良。硬质合金刀具的切削速度比高速钢还可提高了4～7倍，刀具寿命可提高5～80倍。有的金属材料如奥氏体耐热钢和不锈钢等用高速钢无法切削加工，若用含WC的硬质合金就可以切削加工；硬质合金还可加工硬度在50HRC左右的硬质材料。然而，硬质合金由于硬度太高、性脆，不能进行机械加工，因而硬质合金经常制成一定规格的刀片，镶焊在刀体上使用。

硬质合金种类很多，比较常用的有金属陶瓷硬质合金和钢结硬质合金。

1. 金属陶瓷硬质合金

金属陶瓷硬质合金是将一些难熔的金属碳化物粉末（如WC、TiC等）和黏结剂（Co、Ni等）混合，加压成形，再经烧结而成的一种粉末冶金材料，其工艺与陶瓷烧结相似，故而得名。

金属陶瓷硬质合金广泛应用的有三类：

（1）K类硬质合金　它是以WC（或添加少量TaC或NbC）为基体，Co为黏结剂的合金。K类硬质合金抗弯强度和韧性较好，可承受一定冲击载荷，切削刃可磨得较锋利，导热性好，主要用于短切削材料的加工，如铸铁、冷硬铸铁、短切削可锻铸铁、灰铸铁等脆性材料的加工。

（2）P 类硬质合金　它是以 TiC、WC 为基体，Co 为黏结剂的合金。P 类合金高温硬度和耐磨性好，抗月牙洼磨损的能力强，主要用于长切削材料的加工，如钢、长切削可锻铸铁的加工，但不宜切削含 Ti 元素的工件材料。

（3）M 类硬质合金　这类合金是在 P 类硬质合金中加入 TaC 或 NbC，以部分取代 TiC，这样提高了合金的抗弯强度、疲劳强度、冲击韧性、抗氧化能力、耐磨性和高温硬度，延长了使用寿命，称为万能硬质合金和通用硬质合金。用于不锈钢、铸钢、锰钢、可锻铸铁、合金钢、合金铸铁的加工。

以上硬质合金中，碳化物是合金的“骨架”，起坚硬耐磨的作用，钴则起黏结作用。它们之间的相对量将直接影响合金的性能。一般说来，含钴量越高（或含碳化物量越低），则强度、韧性越高，而硬度、耐磨性越低。因此含钴量多的牌号，一般都用于粗加工或加工表面比较粗糙的工件。

常用金属陶瓷硬质合金的牌号、成分和性能见表 9-11。

表 9-11　常用金属陶瓷硬质合金的牌号、成分与性能（摘自 GB/T 18376.1—2008）

类别	组号	化学成分 w（%）					物理力学性能				加工材料类别	旧牌号
		WC	TiC	TaC、NbC	Co	其他	密度 /(g/cm³)	热导率 /[W/(m·K)]	硬度 HRA（HRC）	抗弯强度 /GPa		
K 类	K01	97	—	—	3	—	14.9～15.3	87.92	91（78）	1.08	短切削的黑色金属	YG3
	K10	93.5	—	0.5	6	—	14.6～15.0	79.6	91（78）	1.37		YG6X YG6A
	K20	94	—	—	6	—	14.6～15.0	79.6	89.5（75）	1.42		YG6
	K30	92	—	—	8	—	14.5～14.9	75.36	89（74）	1.47		YG8
P 类	P01	66	30	—	4	—	9.3～9.7	20.93	92.5（80.5）	0.88	长切削的黑色金属	YT30
	P10	79	15	—	6	—	11～11.7	33.49	91（78）	1.13		YT15
	P20	78	14	—	8	—	11.2～12.0	33.49	90.5（77）	1.2		YT14
	P30	85	5	—	10	—	12.5～13.2	62.80	89（74）	1.37		YT5
M 类	M10	84	6	4	6	—	12.8～13.3	—	91.5（79）	1.18	长切削或短切削的黑色金属和有色金属	YW1
	M20	82	6	4	8	—	12.6～13.3	—	90.5（77）	1.32		YW2

金属陶瓷硬质合金广泛用来制造量具、模具等耐磨零件；在采矿、采煤、石油和地质钻探等工业中，还应用它制造钎头和钻头等。

2. 钢结硬质合金

钢结硬质合金是后来发展起来的工具材料，它是一种或几种碳化物（如 TiC，WC 等）为硬化相，以合金钢（如高速钢、铬钼钢等）粉末为黏结剂，经配料、混料、压制和烧结而成的粉末冶金材料。钢结硬质合金烧结坯件经退火后可进行一般的切削加工，经淬火、回火后有相当于金属陶瓷硬质合金的高硬度和良好的耐磨性，也可以进行焊接和锻造，并有耐热、耐蚀、抗氧化等特性。

三、含油轴承材料

含油轴承（多孔轴承）是将粉末压制成轴承后，再浸入润滑油中，利用粉末冶金材料的多孔性吸入大量润滑油。它一般用于中速、轻载轴承，特别适宜不能经常加油的轴承，如纺织机械、食品机械、农机、冶金矿山等。

常用的含油轴承材料有铁石墨（Fe－C系）和铜石墨（Cu－C系）两大类。铁石墨含油轴承按孔隙度和使用负荷大致分为三种：第一种，孔隙度为15%～22%，用于中等或较高负荷，高转速，有时可采用补充润滑；第二种，孔隙度为22%～28%，用于中等负荷，中等转速；第三种，孔隙度为28%～35%，用于低负荷，不需要补充润滑。

粉末冶金含油轴承与巴氏合金、铜基合金相比，具有减摩性好、寿命高、成本低、效率高等优点，特别是它具有自润滑性。由于其具有自润滑性特点，在一般情况下，轴承中储存的润滑油，足够其整个有效工作期间消耗。

思考练习题

1. 根据二元铝合金一般相图，说明铝合金是如何分类的？
2. 形变铝合金分哪几类？主要性能特点是什么？并简述铝合金强化的热处理方法。
3. 铝硅系、铝铜系、铝镁系三种铸造铝合金在性能上各有什么优缺点？
4. 铜合金分哪几类，举例说明黄铜的代号、化学成分、力学性能及用途。
5. 钛合金分哪几类？简述钛合金的性能与应用。
6. 滑动轴承合金必须具备哪些特性？常用滑动轴承合金有哪些？
7. 镁合金的特点是什么？
8. 试述稀土金属在镁合金中的作用。
9. 在工厂中经常切削铸铁件和碳素钢件，请问何种材料硬质合金刀片适合切削铸铁？

第十章　非金属材料

非金属材料是指除金属材料以外的其他材料。在机械工程中使用的非金属材料主要有高分子材料、陶瓷材料以及复合材料三大类。

第一节　高分子材料

一、高分子材料的基本概念

高分子材料是以高分子化合物为主要组分的材料。高分子化合物包括有机高分子化合物和无机高分子化合物两类。有机高分子化合物又分为天然和人工合成高分子化合物。天然高分子化合物很多，如蚕丝、羊毛、纤维素、天然橡胶以及存在于生物组织中的淀粉、蛋白质等。工程上的高分子材料主要指人工合成的各种有机高分子材料，即把低分子化合物聚合起来形成高分子化合物。最常用的聚合反应有加成聚合反应（简称加聚反应）和缩合聚合反应（简称缩聚反应）两种。

二、高聚物的基本性能及特点

1. 物理性能

（1）重量　高聚物是最轻的一类材料，比金属和陶瓷都轻。一般密度在 $1.0 \sim 2.0\ g/cm^3$ 之间，为钢的 1/8 ~ 1/4，为普通陶瓷的一半以下。最轻的塑料聚丙烯的密度仅为 $0.91\ g/cm^3$。

（2）绝缘性　高聚物分子的化学键为共价键，不能电离，没有自由电子和可移动的离子，因此是良好的绝缘体，绝缘性能与陶瓷相当。另外，高聚物的分子细长、卷曲，在受热、受声之后振动困难，所以对热、声也有良好的绝缘性能，例如，塑料的导热性就只有金属的百分之一以下。

（3）减摩、耐磨性　摩擦是接触表面之间的机械黏接和分子黏着所引起的。大多数塑料对金属和对塑料的摩擦系数值一般在 0.2 ~ 0.4 范围内，但有一些塑料的摩擦系数很低。例如，聚四氟乙烯的摩擦系数只有 0.04，几乎是所有固体中最低的。其原因是：聚四氟乙烯的分子链长而且键强高，碳原子有效地被周围的氟原子所屏蔽，使分子间的实际黏着力变得很低，因而表面上的分子能够很容易地相互滑动或滚动。

（4）耐热性　高聚物的耐热性是指它对温度升高时性能明显降低的抵抗能力。热固性塑料的耐热性比热塑性塑料高。常用热塑性塑料如聚乙烯、聚氯乙烯、尼龙等，长期使用温度一般在 100℃以下；而热固性塑料如酚醛塑料的为 130 ~ 150℃；耐高温塑料如有机硅塑料等，可在 200 ~ 300℃使用。同金属相比，高聚物的耐热性是较低的，这是高聚物的一大不足。

（5）耐腐蚀　耐蚀性是材料抵抗介质化学和电化学腐蚀的能力。高聚物都是绝缘体，不容许电子或离子通过，不发生电化学过程，所以不存在电化学腐蚀，而只可能有化学腐蚀问题。但是，高聚物分子链长、卷曲、缠结，链上的基团多被包围在内部，受介质作用时，只有少数暴露在外面的基团才可能与介质中的活性成分起反应。同时，高聚物大分子链都是强大的共价键结合，链上能发生反应的官能团较少，不容易与其他物质进行化学反应，所以高聚物的化学稳定性很高。它们耐水和无机试剂、耐酸和碱的腐蚀。尤其是被誉为“塑料王”的聚四氟乙烯，不仅耐强酸、强碱等强腐蚀剂，甚至在沸腾的王水中也很稳定。

2. 力学性能

（1）高弹性　无定形和部分晶态高聚物在玻璃化温度以上，由于有自由的链段运动，表现出很高的弹性。

（2）滞弹性　一些高聚物，例如橡胶，在低温和老化状态时，表现出强烈的时间依赖性。应变不仅取决于应力，而且取决于应力作用的速率。即应变不随作用力即时建立平衡而有所滞后，这就是滞弹性。它是高聚物的一个重要特性。滞弹性产生的原因是：链段的运动遇到困难，需要时间来调整构象以适应外力的要求。所以，应力作用的速度越快，链段越来不及做出反应，则滞弹性越显著。

（3）实际强度低　高聚物的强度比金属低得多，这是它目前作为工程结构材料使用的最大障碍之一。但由于密度小，许多高聚物的比强度还是很高的，某些工程塑料的比强度比钢铁和其他金属还高。高聚物的强度由分子链的化学键和分子链间的相互作用力构成，其理论值可由半经验式：

$$\sigma \approx 0.1E$$

来估算，即理论强度大约为弹性模量 E 的 1/10。这个值为实际强度的 100 ~ 1000 倍。实际高聚物强度低的原因有以下几点：一是由于高聚物中分子链排列不规则、不紧密；二是由于各分子链受力不均匀，破坏往往从某些薄弱的环节、局部应力集中处开始；三是由于存在着各种缺陷，如微裂缝、空洞、气孔、杂质、结构的松散性和不均匀性等，它们是应力集中的地方或薄弱点，破坏或断裂就是从这些地方开始的。

（4）开裂现象　在一些高聚物制品中（如普通聚苯乙烯塑料、透明的有机玻璃），会看到其表面和内部一些闪闪发光的细丝般的裂纹，又称银纹。这就是高聚物的开裂现象。

开裂的原因一方面与聚合物的性质及结构不均匀有关（例如高聚物中加入的填料、杂质、气泡及机械损伤等均可导致裂纹的产生），另一方面与所受的应力有关。通常当裂纹方向与拉伸应力垂直时，应力越大，裂纹产生及扩展就越严重。产生裂纹的最低应力为该聚合物的临界应力。对于大多数高聚物在去除应力或施以压应力时，裂纹可以慢慢消除，并且加热可促进这一过程的加速进行。为此，常对经加工或不均匀收缩产生了内应力的聚合物材料加热到 T_g 温度以上保温，施行“退火”，消除应力，从而达到克服开裂的目的。

（5）老化　老化是指高聚物在长期使用或存放过程中，由于受各种因素的作用，性能随时间不断恶化，逐渐丧失使用价值的过程。其主要表现：对于橡胶为变脆、龟裂或变软、发黏；对于塑料是褪色，失去光泽和开裂。这些现象是不可逆的，所以老化是高聚物的一个主要缺点。

老化的原因主要是分子链的结构发生了降解或交联。降解是大分子发生断链或裂解的过程。结果使相对分子质量降低，碎断为许多小分子，甚至分解成单体，因而使机械强度、弹性、熔点、溶解度、黏度等降低。交联是分子链之间生成化学键，形成网状结构，而使性能变硬，变脆。

改进高聚物的抗老化能力，应从其具体问题出发。主要措施有三个方面：第一，表面防护。在表面涂镀一层金属或防老化涂料，以隔离或减弱外界中的老化因素的作用；第二，改进高聚物的结构，减少高聚物各级层次结构上的弱点，提高稳定性，推迟老化过程；第三，加入防老化剂，消除在外界因素影响下高聚物中产生的游离基，或使活泼的游离基变成比较稳定的游离基，以抑制其链式反应，阻碍分子链的降解和交联，达到防止老化的目的。

三、工程高分子材料

高分子材料主要包括合成树脂、合成橡胶和合成纤维三大类。其中以合成树脂的产量最大，应用最广，而用它制成的塑料，几乎占全部三大合成材料的68%，同时它也是最主要的工程结构材料。

1. 塑料

塑料的成分相当复杂，几乎所有的塑料都是以各种各样的树脂为基础，再加入用来改善性能的各种添加剂（也称塑料助剂），如填充剂、增塑剂、稳定剂、固化剂、着色剂、润滑剂等制成的。根据塑料的应用范围，可将其分为通用塑料及工程塑料两大类。常用塑料的力学性能和主要用途见表10-1。

表10-1　常用塑料的力学性能和主要用途

塑料名称	抗拉强度/MPa	抗压强度/MPa	抗弯强度/MPa	冲击韧性/(kJ/m²)	使用温度/℃	主要用途
聚乙烯	8~36	20~25	20~45	>2	-70~100	一般机械构件，电缆包覆，耐蚀、耐磨涂层等
聚丙烯	40~49	40~60	30~50	5~10	-35~121	一般机械零件，高频绝缘，电缆、电线包覆等
聚氯乙烯	30~60	60~90	70~110	4~11	-15~55	化工耐蚀构件，一般绝缘，薄膜、电缆套管等
聚苯乙烯	≥60	—	70~80	12~16	-30~75	高频绝缘，耐蚀及装饰，也可作一般构件
ABS	21~63	18~70	25~97	6~53	-40~90	一般构件，减摩、耐磨、传动件、一般化工装置、管道、容器等
聚酰胺	45~90	70~120	50~110	4~15	<100	一般构件，减摩、耐磨、传动件、高压油润滑密封圈，金属防蚀、耐磨涂层等
聚甲醛	60~75	~125	~100	~6	-40~100	一般构件，减摩、耐磨、传动件、绝缘、耐蚀件及化工容器等
聚碳酸酯	55~70	~85	~100	65~75	-100~130	耐磨、受力、受冲击的机械和仪表零件，透明、绝缘件等
聚四氟乙烯	21~28	~7	11~14	~98	-180~260	耐蚀件、耐磨件、密封件、高温绝缘件等
聚砜	~70	~100	~105	~5	-100~150	高强度耐热件、绝缘件、高频印制电路板等
有机玻璃	42~50	80~126	75~135	1~6	-60~100	透明件、装饰件、绝缘件等
酚醛塑料	21~56	105~245	56~84	0.05~0.82	-110	一般构件，水润滑轴承、绝缘件、耐蚀衬里等；作复合材料
环氧塑料	56~70	84~140	105~126	~5	-80~155	塑料模、精密模、仪表构件、电气元件的灌注、金属涂覆、包封、修补；作复合材料

（1）通用塑料　通用塑料应用范围广，生产量大。主要有聚氯乙烯、聚苯乙烯、聚烯烃、酚醛塑料和氨基塑料等，是一般工农业生产和日常生活不可缺少的廉价材料。

（2）工程塑料　工程塑料通常是指力学性能较好，并能在较高温度下长期使用的塑料，它们主要用于制作工程构件，如ABS、聚甲醛、聚酰胺、聚碳酸酯等。

（3）塑料成形工艺简介

1）挤压成形。借助螺杆和柱塞的作用，使熔化的塑料在压力推动下，强行通过口模而成为具有恒定截面的连续型材的一种方法。其形状由口模决定。该工艺可生产各种型材、管材、电线电缆包覆物等，如图10-1a所示。此法的优点是生产效率高、用途广、适应性强。目前挤压制品占热塑制品生产的40%~50%。

2）吹塑成形。吹塑成形是将挤出或注射成形的塑料管坯（型坯），趁热于熔融状态时，置于各种形状的模具中，并及时向管坯内通入压缩空气将其吹胀，让坯料紧贴模胆而成形，冷却脱模后即得中空制品，如图10-1b所示。

3）注射成形。该法又称注塑。熔融塑料在流动状态下，用螺杆或柱塞将其通过机筒前端的喷嘴，快速注入温度较低的型模，经过短时冷却定型，即得塑料制品的一种重要成形方法，如图 10-1c 所示。该工艺生产周期短，适应性强。

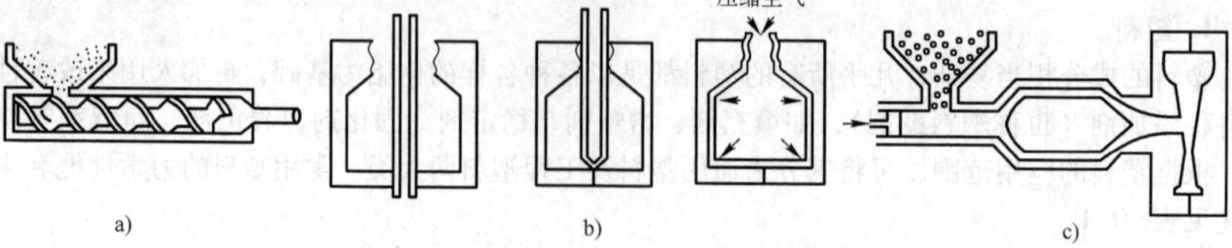

图10-1　典型的热塑性聚合物成形方法

a）挤压成形　b）吹塑成形　c）注射成形

2. 合成橡胶

橡胶在室温能保持其高弹性能，并且在相当宽的温度范围内仍处于高弹态，其特征是在较小的外力作用下，就能产生大的变形，当外力去除后又能很快恢复到近似原来的状态。同时还具有良好的伸缩性、储能能力和耐磨、隔声、绝缘等性能，因而广泛用作弹性材料、密封材料和传动材料，在促进工业、农业、交通、国防工业的发展及提高人民物质生活等方面，起着其他材料所不能替代的作用。

橡胶分为天然橡胶和合成橡胶。天然橡胶是从热带的橡树或杜仲树上流出的胶乳，呈中性乳白色液体，从外表看很像牛奶，这种胶乳经凝固、干燥、压片等工序制成各种胶片（便于运输）。其主要成分是以异戊二烯为单体的高聚物。而合成橡胶同其他高聚物一样，也是由单体在一定条件下经聚合反应而成，其单体的主要来源是石油、天然气和煤等。自石油化学工业迅猛发展以来，合成橡胶的产量随之激增，目前已成为现代橡胶工业的主要原料来源。合成橡胶的种类很多，常见的合成橡胶的种类、性能特点及应用见表 10-2。

表 10-2　常见的合成橡胶的性能特点及应用

品　种	优　点	缺　点	用途举例
天然橡胶（NR）	弹性高、抗撕裂性能优良、加工性能好，易与其他材料相混合、耐磨性良好	耐油、耐溶剂性差，易老化，不适用于 100℃以上	轮胎、通用制品
丁苯橡胶（SBR）	与天然橡胶性能相近，耐磨性突出，耐热性、耐老化性较好	生胶强度低，加工性能较天然橡胶差	轮胎、胶版、胶布、通用制品
丁腈橡胶（NBR）	耐油性好；耐水，气密	耐寒性、耐臭氧性较差，加工性不好	输油管、耐油密封垫圈及一般耐油制品
氯丁橡胶（CR）	耐酸、耐碱、耐油、耐燃、耐臭氧和大气老化	电绝缘性差，加工时易粘辊、粘膜	胶管、胶带、黏结剂、一般制品
丁基橡胶（IIR）	气密性、耐老化性和耐热性最好，耐酸耐碱性良好	弹性大，加工性差、耐光老化性差	内胎、外胎化工衬里及防振制品
乙丙橡胶（EPDM）	耐燃、耐臭氧、耐龟裂性好，电性能好	耐油性差，不易硫化	耐热、散热胶管、胶带，汽车配件及其他工业制品
硅橡胶（SR）	耐热、耐寒，绝缘性好	强度低	耐高低温制品，印膜材料
聚氨酯橡胶（UR）	耐油、耐磨耗、耐老化、耐水，强度和耐热性好	耐水、耐酸碱性差，高温性能差	胶轮、实心轮胎、齿轮带及耐磨制品

3. 合成纤维

合成纤维发展速度很快，产量直线上升，过去20年中，差不多每年以20%增长率发展，品种越来越多。凡能保持长度比本身直径大100倍的均匀条状或丝状的高分子材料均称为纤维，包括天然纤维和化学纤维。化学纤维又分人造纤维和合成纤维。人造纤维是用自然界的纤维加工制成的，如“人造丝”“人造棉”的粘胶纤维和硝化纤维、醋酸纤维等。合成纤维以石油、煤、天然气为原料制成。

合成纤维一般都具有强度高、密度小、耐磨、耐蚀等特点，除广泛用作衣料等生活用品外，在工农业、交通、国防等部门也有许多重要用途。常用合成纤维特性及其应用见表10-3。

表10-3 常用合成纤维特性及其应用

商品名称	锦　纶	涤　纶	腈　纶	维　纶	氯　纶	丙　纶	芳　纶
化学名称	聚酰胺	聚酯	聚丙烯腈	聚乙烯醇缩醛	含氯纤维	聚烯烃	聚芳香酰胺
密度/(g/cm^3)	1.14	1.38	1.17	1.30	1.39	0.91	1.45
吸湿率（%）	3.5~5	0.4~0.5	1.2~2.0	4.5~5	0	0	3.5
软化温度/℃	170	240	190~230	220~230	60~90	140~150	160
特性	耐磨、强度高、模量低	强度高、弹性好、吸水量小、耐冲击	柔软、蓬松、耐晒、强度低	价格低、比棉纤维优异	化学稳定性好，不然、耐磨	轻，坚固，吸水量小，耐磨	强度高，模量大，耐热，化学稳定性好
用途	轮胎、帘子布、渔网、缆绳	电绝缘材料、运输带、帐篷	窗布、帐篷、船帆、碳纤维的原料	包装材料、帆布、过滤布、渔网	化工滤布、工作服、安全帐篷	军用被服、水龙带、合成纸、地毯	用于复合材料、飞机驾驶员安全椅

第二节 陶瓷材料

陶瓷是人类最早使用的材料之一，在人类发展史上起着重要的作用，直到现在，陶瓷仍是人类生活和生产中不可缺少的一种材料。近年来，陶瓷材料在应用上已渗透到各个领域，在性能上也有了重大突破。

一、陶瓷材料的概述

1. 陶瓷的概念

传统意义上的陶瓷是指以黏土为主要原料与其他天然矿物原料经过粉碎→混炼→成形→煅烧等过程而制成的各种制品，主要是指陶器和瓷器，还包括玻璃、搪瓷、耐火材料、砖瓦、水泥、石灰、石膏等人造无机非金属材料制品。

近几十年来，随着科学技术的发展，出现了许多新的陶瓷品种，如氧化物陶瓷、压电陶瓷、金属陶瓷、纳米陶瓷等各种高温和功能陶瓷。它们的生产过程基本上和传统陶瓷相同，但其成分已远远超出硅酸盐的范畴，扩大到化工原料和合成矿物，组成范围也延伸到无机非金属材料的整个领域，并出现了许多新的成形工艺。因此，在广义上，可以认为陶瓷概念是用陶瓷生产方法制造的无机非金属材料和制品的通称。

2. 陶瓷的分类

陶瓷制品是多种多样的，它的范围从微细的单晶晶须、细小的磁芯和衬底基片到几吨重的耐火炉衬材料，从严格控制其组成的单相制品到多相多组分的制品，以及从无气孔而透明的各类晶体和玻璃到轻质绝缘的泡沫制品（多孔陶瓷），由于品种如此之多，以至于没有一种简单的分类方法是恰当的。一般来说，按陶瓷的性质可分为土器、陶器和瓷器等；按用途可分为日用陶瓷、工业建筑陶瓷、艺术陶瓷和精密陶瓷等；按原料（是否为硅酸盐）可分为传统陶瓷和特种陶瓷。常见的陶瓷材料分类方法如下所示：

- 陶瓷
  - 普通陶瓷
    - 日用陶瓷：日用器皿
    - 建筑卫生陶瓷：墙面材料、墙体材料
    - 电器绝缘陶瓷：高压陶瓷
    - 美术陶瓷：日用装饰、墙面装饰
    - 耐火材料：玻璃陶瓷工业、冶金工业
  - 特种陶瓷
    - 结构陶瓷
      - 耐高温材料：航天飞机、发动机
      - 耐腐蚀材料：化工阀门、过滤膜
      - 耐磨损材料：制动片、磨具磨料
      - 耐冲击材料：刀具、冶金分离环
      - 耐硬度材料：钻头、压头
    - 功能陶瓷
      - 电子功能材料：集成电路、磁记录材料、光导纤维、激光材料
      - 生物工能材料：骨材料、生物膜材料
  - 金属陶瓷
    - 氧化物基金属陶瓷：工具材料
    - 碳化物基金属陶瓷：工具材料、耐热材料

3. 陶瓷的生产

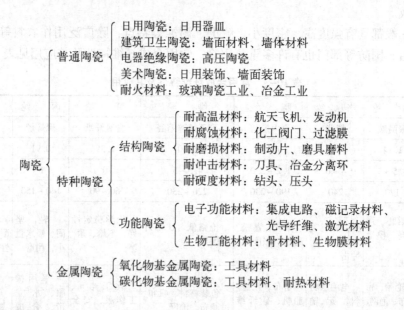

陶瓷的生产过程比较复杂，但基本的工艺是原料的制备、坯料的成形和制品的烧成或烧结三大步骤。

（1）原料的制备　原料在一定程度上决定着陶瓷的质量和工艺条件的选择。传统陶瓷的主要原料有三部分：黏土、石英和长石。

我国最初发明的传统陶瓷就是由黏土、石英和长石生产的。矿物经过拣选、破碎等工序后，进行配料，然后再经过混合、磨细等加工，得到规定要求的坯料。坯料的制备过程与原料的类型和随后成形的方法有关，传统陶瓷可塑坯料的制备过程如图 10-2 所示。

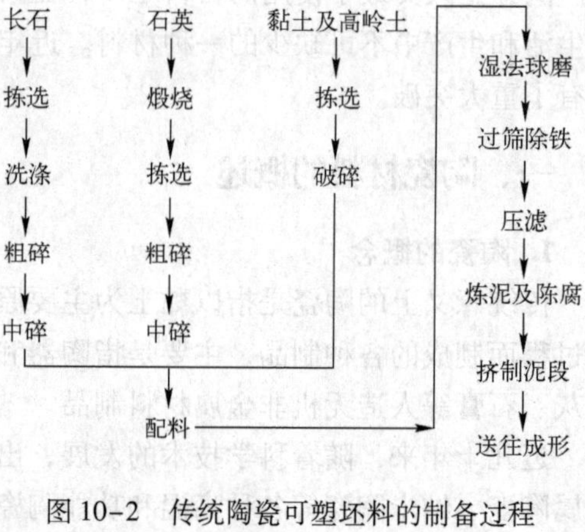

图 10-2　传统陶瓷可塑坯料的制备过程

（2）坯料的成形　按照不同的制备过程，坯料可以是可塑泥料、粉料或浆料，以适应不同的成形方法。成形是将坯料加工成一定形状和尺寸的半成品；使坯料具有必要的机械强度和一定的致密度。主要的成形方法有可塑成形、注浆成形、压制成形等。

（3）制品的烧成或烧结　干燥后的坯件加热到高温进行烧成或烧结，目的是通过一系列物理化学变化，成瓷并获得要求的性能（强度、致密度等）。使坯件瓷化的工艺称为烧成。传统陶瓷如日用陶瓷，都要进行烧成，烧成温度一般为 1250～1450℃。烧成时使开口气孔率接近于零，获得高致密程度的瓷化过程通常称为烧结。特种陶瓷特别是金属陶瓷多采用烧结。烧结温度对于

单元系一般是其绝对熔点温度的2/3~4/5。

陶瓷的质量取决于配料成分和生产工艺，具体取决于原料的纯度、细度、坯料混合的均匀性、成形密度及均匀性、烧结烧成温度、炉内气氛、升温和降温速度等。在这些方面，我国都有丰富的经验，所以生产的陶瓷有极高的质量。

二、陶瓷的性能

1. 力学性能

（1）弹性　弹性模量 E 是材料的一个重要性能指标。共价键和离子键结合的晶体结合力强，而分子键结合力弱，所以具有强大化学键的陶瓷都有很高的弹性模量，是各类材料中最高的，比金属高若干倍，比高聚物高2~4个数量级。

（2）硬度　陶瓷材料的硬度反映了材料抵抗破坏能力的大小，其取决于陶瓷材料的组成和结构。离子半径越小，离子电价越高，配位数越小，结合力就越大，其硬度就越大，所以陶瓷硬度在各类材料中是最高的。例如，各种陶瓷的硬度多为1000~5000 HV，淬火钢的硬度为500~800 HV，高聚物硬度最高不超过20 HV。

（3）脆性断裂和强度　陶瓷以离子键为主，存在着部分共价键，决定了陶瓷有着较高的强度。同时，这两种键具有明显的方向性，所以位错运动阻力很大，几乎不发生塑性变形，脆性很大。

陶瓷材料的实际断裂强度仅为理论值的1/10~1/100，甚至更低，其主要原因是组织中存在晶界，它的破坏作用比在金属中更大。第一，晶界上存在有晶粒间的局部分离或空隙（如气孔减小了负荷面积，而且是应力集中的地方）；第二，晶界上原子间键被拉长，键强度被削弱；第三，相同电荷离子的靠近产生斥力，可能造成裂缝。所以，消除晶界的不良作用，是提高陶瓷强度的基本途径。另外，气孔也有着一定的影响。首先，由于气孔的存在，减少了固相截面积，导致实际应力增大；另一方面由于不规则的气孔（相当于裂纹）引起应力集中，导致强度下降。

陶瓷的实际强度还受致密度、杂质和各种缺陷的影响。热压氮化硅陶瓷，在致密度增大、气孔率近于零时，强度可接近理论值；刚玉陶瓷纤维，因为减少了缺陷，强度提高了1~2个数量级；而微晶刚玉由于组织细化，强度比一般刚玉高许多倍。

脆性是陶瓷最大的缺点，严重阻碍了其作为结构材料的广泛应用。其冲击韧度一般在10 kJ/m^2以下，断裂韧度值也很低，大多比金属低一个数量级以上，是非常典型的脆性材料。按照Griffith微裂纹理论可知，材料的断裂强度不是取决于裂纹的数量，而是取决于裂纹的大小，即最危险的裂纹尺寸。所以在防止陶瓷脆性断裂及改变陶瓷韧性时应采取以下措施：第一，应使作用应力不超过临界应力，预防在陶瓷中特别是表面上产生缺陷；第二，在陶瓷表面造成压应力，提高其抗拉强度，如将 Al_2O_3 在1700℃下于硅油中淬冷，强度就会提高，不仅在其表面造成压应力，而且还可使晶粒细化；第三，在材料中设置吸收能量的机构也能减小裂纹的扩展。目前，在这些方面已经取得了一定的成果。例如，在氧化铝陶瓷中加入氧化锆，利用氧化锆的相变产生体积变化，在基体上形成大量微裂纹或可观的挤压内应力，从而阻止了裂纹的扩展，提高了材料的韧性。

（4）塑性　无机非金属材料在常温下几乎没有塑性。塑性变形是指一种在外力移去后不能恢复的形变，其机理是：在切应力作用下由位错运动所引起的密排原子面间的滑移变形。陶瓷材料的塑性形变远不如金属容易，这是因为金属滑移系很多，如体心立方金属（铁、铜等）滑移系统有48种之多，而陶瓷晶体的滑移系很少，位错运动所需要的切应力很大，比较接近于晶体的理论剪切强度。另外，金属键没有方向性，而共价键有明显的方向性和饱和性，离子键的同号离子接近时斥力很大，所以主要由离子晶体和共价晶体构成的陶瓷的塑性极差。因此，只有少数属于 NaCl 型结构的陶瓷在受到塑性变形时而不破坏。不过在高温慢速加载的条件下，由于滑移系的增多，原子的扩散能促进位错的运动，以及晶界原子的迁移，特别是组织中存在玻璃相时，陶瓷也能表现出一定的塑性。塑性开始的温度约为 $0.5T_m$（T_m为熔点的热力学温度，单位为 K），例如 Al_2O_3为 1237℃，TiO_2为 1038℃。由于开始塑性变形的温度很高，所以陶瓷都具有较高的高温强度。

一般认为，陶瓷材料是硬而脆的材料，即使在高温下塑性也是有限的。但近年来的研究表明，在一定条件下，如晶粒超细化到纳米级的陶瓷材料在高温下（大于 1300℃）会出现超塑性现象，这对于那些难以加工的陶瓷材料来说，具有重大的实际意义。

2. 热学性能

陶瓷的热学性能是和温度变化有直接关系的性能。在此，主要讨论陶瓷的热膨胀性、导热性和热稳定性。

（1）热膨胀　陶瓷由于键强度高、结构较紧密，所以其线胀系数[$\alpha=(7\sim300)\times10^{-7}$/℃]比高聚物[$\alpha=(5\sim15)\times10^{-5}$/℃]低，比金属[$\alpha=(15\sim150)\times10^{-5}$/℃]低得多。

（2）导热性　陶瓷的热传导主要依靠原子的晶格振动来传递热量，所以陶瓷的导热性受其组成和结构的影响，一般热导率 λ 为 $10^{-2}\sim10^{-5}$ W/(m·K)。

（3）热稳定性　陶瓷是脆性材料，其热稳定性是比较差的，大大影响了其在不同温度范围波动时的使用寿命。一般情况下，应用场合的不同，对陶瓷的热稳定性要求也不一样。例如，对一般日用瓷器，只要求能承受温度差为 200℃左右的热冲击；而火箭喷嘴则要求瞬时能承受高达 3000～4000 K 的热冲击。陶瓷的热稳定性与材料的线胀系数和导热性等有关。线胀系数大和导热性低的材料的热稳定性不高；韧性低的材料的热稳定性也不高。

3. 光学性能

陶瓷材料是一种多晶多相体系，内含杂质、气孔、晶界、微裂纹等缺陷，光通过时会遇到一系列的阻碍，所以陶瓷材料并不像晶体、玻璃体那样透光。多数陶瓷材料看上去是不透明的，这主要是由于散射引起的。

而陶瓷的颜色来源于陶瓷材料中加入的着色剂，由于着色剂对光的选择性吸收而引起选择性反射或选择性透射，从而显现颜色。其本质就是某种物质对光的选择性吸收，是吸收了连续光谱中特定波长的光量子，以激发吸收物质本身原子的电子跃迁。

随着新技术的发展，陶瓷材料的某些光学性能已得到广泛的应用，如用作荧光物质、激光器、通信用光导纤维、电光及声光材料等。

4. 电学性能

（1）导电性能　陶瓷材料的导电性主要受到晶体结构及晶格缺陷的影响。如气孔率会降低材料的导电性，所以陶瓷的导电性变化范围很广。陶瓷材料中自由电子较少，缺乏电子导电机制，所以大多数陶瓷是良好的绝缘体。但不少陶瓷既是离子导体，又有一定的电子导电性。例如，许多氧化物（ZnO、NiO、Fe_3O_4等）实际上是半导体，所以陶瓷也是重要的半导体材料。

（2）介电性能　由于陶瓷材料的绝缘性，其介电特性（主要是非导电性）得到了广泛的应用。介电陶瓷是指在电场作用下具有极化能力，且能在体内长期建立电场的功能陶瓷，主要有绝缘陶瓷、电容器陶瓷和微波陶瓷等。广义上压电体、热释电体和铁电体等也属于电介质范畴，它们在电场作用下都存在极化效应。陶瓷电介质主要用于电子电路中作为电容元件和作为电绝缘体。如钛酸钡就是一个典型的陶瓷铁电体。

5. 磁学性能

磁性陶瓷又常称为铁氧体，但严格来说，磁性陶瓷还包括不含铁的磁性瓷。陶瓷材料由于电阻率高、损耗小，其磁性远远好于金属和合金材料。陶瓷材料具有各种不同的磁学性能，因此它们在无线电电子、自动控制、电子计算机等方面都有着广泛的应用，特别是在高频范围。如MnZn 铁氧体就是高磁导率的铁氧体。

三、陶瓷材料的应用举例

陶瓷材料的种类很多，应用面广。普通陶瓷除用作生活器皿外，还用于制作建筑用瓷、化工用瓷、电气绝缘瓷等。本节简单介绍几类特种陶瓷材料在机械制造工业中的应用。

1. 氧化铝陶瓷

氧化铝陶瓷的主要成分是 Al_2O_3 和 SiO_2。Al_2O_3 的含量越高，则性能越好。一般 Al_2O_3 的含量都在 95% 以上，故又称高铝陶瓷。其主晶相是刚玉（$\alpha-Al_2O_3$）晶体，高铝陶瓷中的玻璃相与气孔都很少。氧化铝陶瓷的性能特点是硬度高，仅次于金刚石、立方氮化硼、碳化硼和碳化硅，见表 10-4；耐高温，可在 1600℃下长期使用；耐酸碱的浸蚀能力强，但韧性低、脆性大，不能承受温度的急剧变化。

表 10-4　工模具用陶瓷

材　料	性　能	应 用 举 例
金刚石	硬度高、耐磨、抗压强度高、弹性模量高、导热性好	作切削刀具，加工有色金属、陶瓷、碳纤维、塑料和复合材料 钻探工具、地质钻头、石油钻头、砂轮、修整工具，拉丝模、石材加工锯片、磨轮
立方氮化硼	硬度高、化学惰性好、热稳定性好、导热性好	切削刀具、砂轮、加工高硬度的淬火钢，铸铁、热喷涂层和黏性大的纯镍、镍基高温合金等难加工材料
氮化硅	硬度高、韧性较好、耐热性好	刀具材料、拉拔无缝钢管的心棒、拉丝模、焊接定位销
碳化硼	硬度高、耐磨、耐腐蚀、耐热	磨料、喷砂嘴
氧化铝	硬度高、耐磨、抗氧化性好、化学惰性好	刀具
氧化锆	强度高、韧性较好	拉丝模、热挤模、喷嘴、铜粉和铝粉的冷挤模

作为高速切削的刀具，在切削条件相同的情况下，氧化铝陶瓷有着比高速钢更高的软化温度。如含 Co 的高速钢刀具软化至 55HRC 时的温度大约为 600℃左右，而陶瓷刀具可达 1200℃。因此，这类陶瓷主要用于制作切削刀具，加工那些难以切削的材料；也可制作模具、熔化金属的坩埚、高温热电偶等。主要用于制作工模具的特种陶瓷材料见表 10-4。

2. 氮化硅陶瓷

氮化硅（Si_3N_4）为六方晶系的晶体，它具有极强的共价键，其强度随制造工艺不同有很大的差异。如采用热烧结的氮化硅陶瓷其气孔率接近于零，因此抗弯强度可高达 800 ~ 1000 MPa，高于其他烧结方法。

氮化硅的性能特点是：硬度高、耐磨性好、化学稳定性好；除氢氟酸外，能抵抗各种酸、碱和熔融金属的浸蚀，其抗氧化温度可达 1000℃；抗热振性好，大大高于其他陶瓷材料，是优良的高温结构陶瓷。主要用于制作高温轴承、燃气轮机叶片、燃烧室喷嘴及高温模具等。

有关其他氧化物与非氧化物高温陶瓷的应用见表 10-5。

表 10-5　高温结构陶瓷的应用

陶瓷材料	使用条件和要求	应用范围
氮化硅、氧化锆、碳化硅	1200~1400℃不冷却，高温高强度、抗热冲击、抗氧化、耐腐蚀	柴油机活塞、气缸、燃气轮机叶片、喷嘴、热交换器、燃烧器
氧化铍、氧化铝、氧化锆、碳化硅、氮化硅	>1500℃，耐高温、耐冲刷、抗冲击、耐腐蚀	火箭发动机燃烧室内壁、喷嘴、鼻锥
UO_2、UC、ThO_2、碳化硼、氧化钐、氧化铍、碳化铍	>1000℃，耐高温、耐腐蚀 >1000℃，吸收热中子截面大 >1000℃，吸收热中子截面小	原子能反应堆材料：核燃料元件、吸收热中子控制件、减速材料
氧化铍、氧化钍 六方氮化硼、氮化铝 氮化铝 碳化硅 六方氮化硼、氮化硅	>1100℃，化学稳定性好 >1200℃，化学稳定性好，高纯度抗化学侵蚀 高温高强度、抗氧化、抗热冲击、耐腐蚀 抗热冲击、耐腐蚀	冶金材料：熔炼铀坩埚，制备半导体砷化镓坩埚，第Ⅲ、Ⅴ族元素晶体生产用坩埚，高炉内衬、浇注口，连续铸锭分流环
氧化铝、六方氮化硼、氧化镁、氧化铍	3000℃，耐高温气流冲刷和腐蚀	磁流体发电电离气流通道
氧化锆、硼化锆	2000~3000℃，高温导电性好	电极材料

第三节　复合材料

一、复合材料的概念

复合材料在材料科学中是一门新学科，目前仍在不断发展。有关复合材料的理论尚不成熟，对复合材料下一个确切的定义，还缺乏必要的理论根据，目前还没有一个统一的、普遍接受的定义。最早的定义是 Javitz 给出的，他认为："理论上任何非纯粹的或含有多于一种组分的物体都可归入复合材料之列。"这一定义的明显缺点是它所定义的对象几乎是无所不包的，既包括了天然物质，如木材、贝壳等，也包括了绝大部分粉末材料和合金。国际标准化组织把复合材料定义为"由两种以上在物理和化学性质上不同的物质组合起来而得到的一种多相固体材料"。

二、复合材料性能的特点

1. 比强度和比弹性模量高

复合材料的比强度和比弹性模量在各类材料中是最高的，见表 10-6。

表 10-6　各类材料强度性能的比较

材　料	密度 $\rho/(10^3 kg/m^3)$	抗拉强度 R_m/MPa	弹性模量 E/MPa	比强度 R_m/ρ	比弹性模量 E/ρ
钢	7.8	1010	206×10^3	129	26×10^3
铝	2.8	461	74×10^3	165	26×10^3
钛	4.5	942	112×10^3	209	25×10^3
玻璃钢	2.0	1040	39×10^3	520	20×10^3
碳纤维Ⅲ/环氧树脂	1.45	1472	137×10^3	1015	95×10^3
碳纤Ⅰ/环氧树脂	1.6	1050	235×10^3	656	147×10^3
有机纤维 PRD/环氧树脂	1.4	1373	78×10^3	981	56×10^3
硼纤维/环氧树脂	2.1	1344	206×10^3	640	98×10^3
硼纤维/铝	2.65	981	196×10^3	370	74×10^3

2. 抗疲劳性能好

纤维复合材料，特别是树脂基的复合材料对缺口、应力集中敏感性小，而纤维和基体的界面可以使扩展裂纹尖端变钝或改变方向，即阻止了裂纹的迅速扩展，所以复合材料具有较好的抗疲劳性。图 10-3 所示为几种材料的疲劳曲线。

3. 减振能力强

构件的自振频率与结构有关，并且同材料弹性模量与密度之比（即比模量）的平方根成正比。复合材料的比弹性模量大，所以它的自振频率很高，在一般加载速度或频率的情况下，不容易发生共振而快速脆断。另外，复合材料是一种非均质多相体系，其中有大量（纤维与基体之间）的界面。界面对振动有反射和吸收作用；一般基体的阻尼也较大。因此在复合材料中振动的衰减都很快。

4. 高温性能好

增强剂纤维多有较高的弹性模量，因而常有较高的熔点和较高的高温强度。常用纤维的强度随温度的变化如图 10-4 所示。玻璃纤维增强树脂可以工作到 200～300℃；铝在 400～500℃以后完全丧失强度，但用连续硼纤维或氧化硅纤维增强的铝复合材料，在这样的温度下仍有较高的强度。用钨纤维增强钴、镍或它们的合金时，可把这些金属的使用温度提高到 1000℃以上。

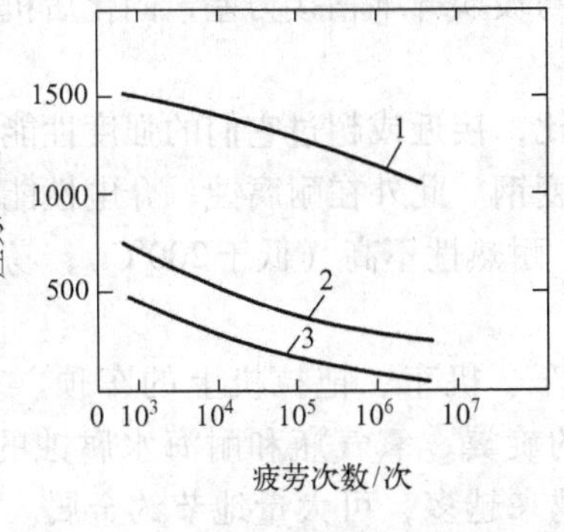

图 10-3　几种材料的疲劳曲线

1—碳纤维复合材料　2—玻璃钢　3—铝合金

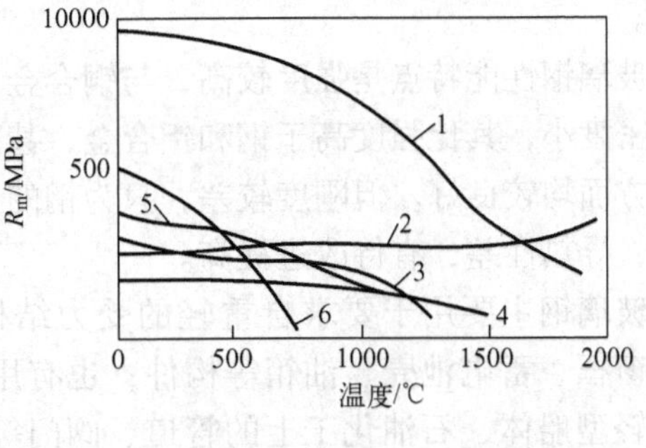

图 10-4　几种增强纤维的强度随温度的变化

1—氧化铝晶须　2—碳纤维　3—钨纤维

4—碳化硅纤维　5—硼纤维　6—钠玻璃纤维

5. 断裂安全性高

纤维增强复合材料每平方厘米截面上有成千上万根隔离的细纤维，当其受力时，将处于力学上的静不定状态。过载会使其中部分纤维断裂，但随即迅速进行应力的重新分配，而由未断纤维将载荷承担起来，不至造成构件在瞬间完全丧失承载能力而断裂，所以工作的安全性高。

除上述几种特性外，复合材料的减摩性、耐蚀性以及工艺性能也都较好，故其应用日益广泛。但是应该指出，复合材料为各向异性材料，横向拉伸强度和层间剪切强度不高；同时伸长率较低，冲击韧性有时也不是很好；尤其是成本较高。

三、常用复合材料

复合材料的种类很多，仅介绍几种常用的具有代表性的纤维增强复合材料。

1. 玻璃纤维复合材料

第二次世界大战期间出现了用玻璃纤维增强工程塑料的复合材料，即玻璃钢，使机器构件不用金属成为可能。从此，玻璃钢开始迅速发展，并以 25%～30% 的年增长率增长，现在已成为一种重要的工程结构材料。玻璃钢分热塑性和热固性两种。

(1) 热塑性玻璃钢　热塑性玻璃钢是以玻璃纤维为增强剂和以热塑性树脂为黏结剂制成的复合材料。同热塑性塑料相比，基体材料相同时，强度和疲劳性能可提高 2 ~ 3 倍以上，冲击韧性提高2 ~4 倍（脆性塑料时），蠕变抗力提高 2 ~ 5 倍，达到或超过了某些金属的强度。例如，40% 玻璃纤维增强尼龙的强度超过了铝合金而接近于镁合金的强度，因此可以用来取代这些金属。

玻璃纤维增强尼龙的刚度、强度和减摩性好，可代替有色金属制造轴承、轴承架、齿轮等精密机械零件；还可以制造电工部件和汽车上的仪表盘、前后灯等。玻璃纤维增强苯乙烯类树脂，广泛应用于汽车内装制品、收音机壳体、磁带录音机底盘、照相机壳、空气调节器叶片等部件，玻璃纤维增强聚丙烯的强度、耐热性和抗蠕变性能好，耐水性优良，可以作转矩变换器、干燥器壳体等。

(2) 热固性玻璃钢　热固性玻璃钢是以玻璃纤维为增强剂和以热固性树脂为黏结剂制成的复合材料。玻璃钢的性能随玻璃纤维和树脂种类不同而异，同时也和组成相的比例、组成相之间结合情况等因素有密切关系。如酚醛树脂耐热性较好，价格低廉，但工艺性差，需高压高温成形，收缩率大，吸水性大，固化后较脆。环氧树脂玻璃钢的机械强度高，收缩率小，尺寸稳定和耐久性好，可在常温常压下固化，但成本高，某些固化剂毒性大。有机硅树脂玻璃钢耐热性较高，有优异的憎水性，耐电弧性能好，防潮、绝缘，但与玻璃纤维粘接力差，固化后机械强度不太高。

玻璃钢性能特点是强度较高，与铜合金和铝合金相比，接近或超过它们的强度性能指标。玻璃钢密度小，其比强度高于钢和铝合金，甚至超过高强度钢。此外在耐腐蚀、介电性能和成形性能等方面均较良好。但刚度较差，只为钢的1/10 ~ 1/5，耐热性不高（低于200℃），易老化，易蠕变，导热性差，有待改进提高。

玻璃钢主要用于要求自重轻的受力结构件，如汽车、机车、拖拉机上的车顶、车身、车门、窗框、蓄电池壳、油箱等构件；也有用作直升机的旋翼、氧气瓶和耐海水腐蚀的结构件，以及轻型船体、石油化工上的管道、阀门等，其应用越来越多，可大量地节约金属。

2. 碳纤维复合材料

碳纤维复合材料是 20 世纪 60 年代迅速发展起来的。碳以石墨的形式出现，晶体为六方结构，六方体底面上的原子以强大的共价键结合，所以碳纤维比玻璃纤维具有更高的强度、更高的弹性模量；并且在达 2000℃以上的高温下强度和弹性模量基本上保持不变；在 −180℃以下的低温下也不变脆。当石墨晶体底面取向接近或平行于纤维的轴向时，碳纤维的强度和模量极高。例如，普通碳纤维的 $R_m = 500 \sim 1000$ MPa，$E = 20000 \sim 70000$ MPa；而高模量碳纤维的 $R_m >$ 1500 MPa，$E = 150000$ MPa，并且比强度和比模量是所有耐热纤维中最高的。所以，碳纤维是比较理想的增强材料，可用来增强塑料、金属和陶瓷。

(1) 碳纤维树脂复合材料　作基体的树脂，目前应用最多的是环氧树脂、酚醛树脂和聚四氟乙烯。这类材料的密度比铝小，强度比钢高，弹性模量比铝合金和钢大，疲劳强度高，冲击韧性高，同时耐水和湿气，化学稳定性高，摩擦系数小，导热性好，受 X 射线辐射时强度和模量不变化，等等。总之比玻璃钢的性能普遍优越。因此，可以用作宇宙飞行器的外层材料，人造卫星和火箭的机架、壳体、天线构架；作各种机器中的齿轮、轴承等受载磨损零件，活塞、密封圈等受摩擦件；也用作化工零件和容器等。这类材料的问题是，碳纤维与树脂的黏结力不够大，各向异性程度较高，耐高温性能差等。

(2) 碳纤维碳复合材料　这种材料或制品的制备方法是：用有机基体浸渍纤维坯块，固化后再进行热解，或纤维坯型经化学气相沉积，直接填入碳。这是一种新型的特种工程材料。除了具有石墨的各种优点外，强度和冲击韧性比石墨高 5 ~ 10 倍；刚度和耐磨性高，化学稳定性好，尺寸稳定性也好。目前已用于高温技术领域（如防热）、化工和热核反应装置中。在航天、航空中用于制造导弹鼻锥、飞船的前缘、超音速飞机的制动装置等。

（3）碳纤维金属复合材料　碳不容易被金属润湿，在高温下容易生成金属碳化物，所以这种材料的制作比较困难。现在主要用于熔点较低的金属或合金。在碳纤维表面镀金属，制成了碳纤维铝基复合材料。这种材料直到接近于金属熔点时仍有很好的强度和弹性模量。用碳纤维和铝锡合金制成的复合材料，是一种减摩性能比铝锡合金更优越，强度很高的高级轴承材料。

（4）碳纤维陶瓷复合材料　我国研制了一种碳纤维石英玻璃复合材料。同石英玻璃相比，它的抗弯强度提高了约 12 倍，冲击韧性提高了约 40 倍，热稳定性也非常好，是很有前途的新型陶瓷材料。

3. 硼纤维复合材料

（1）硼纤维树脂复合材料　基体主要为环氧树脂、聚苯并咪唑和聚酰亚胺树脂等，是 20 世纪 60 年代中期发展起来的新材料。硼纤维是由硼气相沉积在钨丝上来制取的，由于高温下硼和钨的相互扩散，所以纤维的外层为金属硼，心部为变成分的硼化钨晶体。硼纤维的直径 $d = 9 \sim 15\ \mu m$，$R_m = 2750 \sim 3140$ MPa，$E = 382600 \sim 392400$ MPa（为玻璃纤维的 5 倍），$\varepsilon = 0.7\% \sim 0.8\%$。硼纤维与基体的黏结性能一般都很好。硼纤维树脂复合材料的特点是，抗压强度（为碳纤维树脂复合材料的2 ~2.5 倍）和剪切强度很高，蠕变小，硬度和弹性模量高。力学性能与纤维含量的关系如图 10-5 所示；强度随温度的变化如图 10-6 所示。硼纤维树脂复合材料有很高的疲劳强度（达 340 ~390 MPa），耐辐射，对水、有机溶剂和燃料、润滑剂都很稳定。由于硼纤维是半导体，所以它的复合材料的导热性和导电性很好。

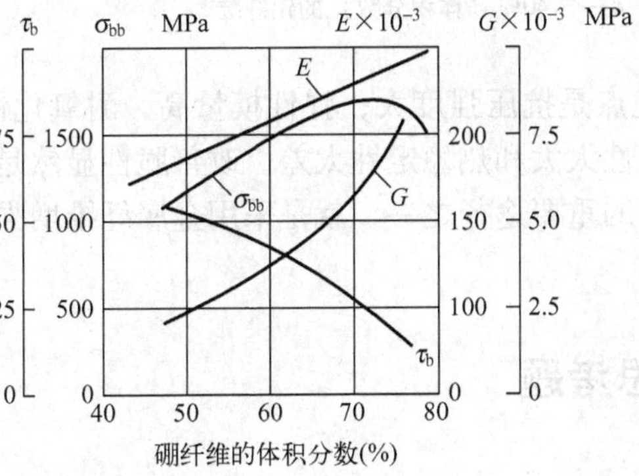

图 10-5　硼纤维环氧树脂复合材料的力学性能与纤维含量的关系

E—拉伸弹性模量　σ_{bb}—抗弯强度

G—切变弹性模量　τ_b—抗剪强度

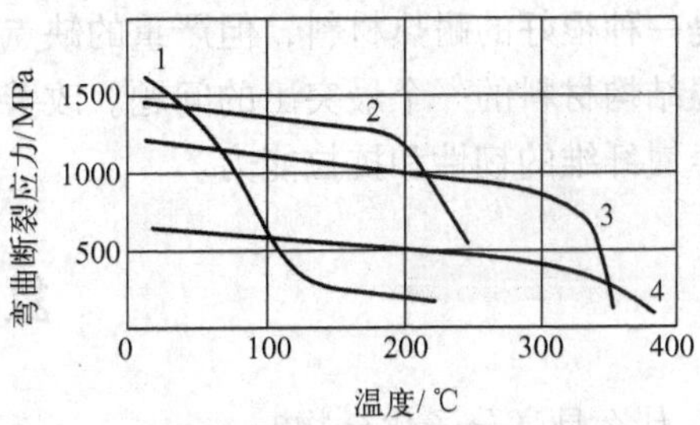

图 10-6　不同基体硼纤维复合材料的弯曲断裂应力与温度的关系

1、2—环氧树脂基体　3—聚酰亚胺基体

4—有机硅基体

硼纤维树脂材料主要应用于航空和宇航工业，制造翼面、仪表盘、转子、压气机叶片、直升机螺旋桨叶的传动轴等。

（2）硼纤维金属复合材料　常用的基体为铝、镁及其合金，还有钛及其合金等。硼纤维的体积分数为 30% ~50%。用高模量连续硼纤维增强的铝基复合材料的强度、弹性模量和疲劳极限，一直到 500℃都比高强铝合金和耐热铝合金的高。它在 400℃时的持久强度为烧结铝的 5 倍，它的比强度比钢和钛合金还高，所以在航空和火箭技术中很有发展前途。

4. 金属纤维复合材料

作为增强纤维的金属主要是强度较高的高熔点金属钨、钼、钢、不锈钢、钛、铍等，它们能被基体金属润湿，也能增强陶瓷。

（1）金属纤维金属复合材料　研究较多的增强剂为钨、钼丝，基体为镍合金和钛合金。这类材料的特点是，除了强度和高温强度较高外，主要是塑性和韧性较好，而且比较容易制造。但是，由于金属与金属润湿性好，在制造和使用中应避免或控制纤维与基体之间的相互扩散、沉淀析出和再结晶等过程的发展，防止材料强度和韧性的下降。

用钼纤维增强钛合金复合材料的高温强度和弹性模量，比未增强的高得多，如图 10-7 所示，可望用于飞机的许多构件。

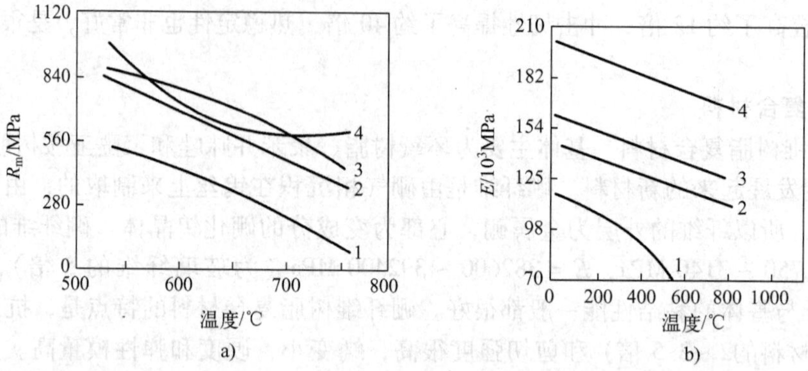

图 10-7　钼纤维增强钛合金的强度和弹性模量与温度的关系

a）抗拉强度　b）弹性模量

1—Ti-6Al-4V 合金　2—含 20%（体积分数）的钼纤维

3—含 30%（体积分数）的钼纤维　4—含 40%（体积分数）的钼纤维

（2）金属纤维陶瓷复合材料　陶瓷材料的优点是抗压强度大，弹性模量高，耐氧化性能强，因此是一种很好的耐热材料，但严重的缺点是脆性太大和热稳定性太差。改善脆性显然是陶瓷作为高温结构材料的一个最突出的问题。改善脆性的重要途径之一，就是采用金属纤维增强，充分利用金属纤维的韧性和抗拉能力。

复习思考题

1. 什么是高分子化合物？
2. 什么是高聚物的滞弹性，其产生的原因是什么？
3. 塑料成形工艺有哪些？
4. 什么叫陶瓷？
5. 为什么陶瓷具有较大的脆性？其防止措施有哪些？
6. 陶瓷材料最基本的制备工艺是什么？
7. 什么叫复合材料？
8. 金属纤维陶瓷材料与陶瓷材料相比，其在哪些性能上得到了改善？

第十一章　工程材料的选用

第一节　零件的失效分析

每种机械零件都有一定的功能，或完成规定的运动，或传递力、力矩及能量。零件由于某种原因丧失预定功能的现象称为失效。一个机械零件的失效，一般包括以下几种情况：

1）零件完全破坏，不能继续工作。

2）虽然能安全工作，但不能起到预期的作用。

3）零件严重损伤，继续工作不安全。

上述情况中的任何一种发生，都可以认为零件已经失效。零件的失效，特别是那些事先没有明显征兆的失效，往往会带来巨大的损失，甚至导致重大事故。因此，对零件的失效进行分析，找出失效的原因，并提出防止或推迟失效的措施，具有十分重要的意义。另外，失效分析，对于零件的设计、选材加工以及使用等也都是十分必要的，它为这些工作提供了实践基础。

一、失效的形式

工程上产品种类繁多，同类产品或零件可能以不同方式失效，而不同产品又会有相同或相似的失效特征。根据零件损坏的特点、所承受载荷的形式及外界条件，可将失效分为三种基本类型：

1. 变形失效

变形失效包括弹性变形失效、塑性变形失效和蠕变变形失效。其特点是非突发性失效，一般不会造成灾难性事故。但塑性变形失效和蠕变变形失效有时也可造成灾难性事故，应引起充分重视。

2. 断裂失效

断裂失效包括以下四类：

（1）塑性断裂失效　其特点是断裂前有一定程度的塑性变形，一般是非灾难性的，用电镜观察断口时，到处可见韧窝断裂形貌，观察断口附近金相组织，可见到有明显塑性变形层组织。

（2）脆性断裂失效　断裂前无明显的塑性变形，它是突发性的断裂。电镜下它的特征为河流花样或冰糖状形貌，如解理断裂和沿晶界断裂。

（3）疲劳断裂失效　疲劳的最终断裂是瞬时的，因此它的危害性较大，甚至会造成重大事故。电镜观察断口时，在疲劳扩展区可看到疲劳特征的条纹。工程上疲劳断裂占大多数，约占失效总数的80%以上。

（4）蠕变断裂失效　在高温缓慢变形过程中发生的断裂属于蠕变断裂失效。最终的断裂也是瞬时的。在工程中最常见的多属于高温低应力的沿晶蠕变断裂。

3. 表面损伤失效

零件在工作过程中，由于机械和化学的作用，使工件表面及表面附近的材料受到严重损伤以致失效，称为表面损伤失效。表面损伤失效大致可分为三类：

（1）腐蚀失效　金属与周围介质之间发生化学或电化学作用而造成的破坏，属于腐蚀失效。其中应力腐蚀、氢脆和腐蚀疲劳等是突发性失效，而点腐蚀、缝隙腐蚀等局部腐蚀和大部分均匀腐蚀失效不是突发性的，而是逐渐进展的。腐蚀失效的特点是失效形式众多，机理复杂，占金属材料失效事故中的比率较大。

（2）磨损失效　凡相互接触并做相对运动的物体，由于机械作用所造成的材料位移及分离的破坏形式称为磨损。磨损失效所造成的后果一般不像断裂失效和腐蚀失效那么严重，然而近年来却发现一些灾难性的事故来自磨损。磨损失效主要有黏着磨损、磨粒磨损等几种失效形式。

（3）表面疲劳失效　相互接触的两个运动表面在工作过程中承受交变接触应力的作用，使材料表层发生疲劳破坏而脱落，造成零件失效。

零件的表面损伤失效主要发生在零件的表面，因此采用各种表面强化处理是防止表面损伤失效的主要途径。

二、失效原因

机械产品失效的原因诸多，错综复杂，主要有设计、材料、加工、装配和使用等方面的问题。

1. 设计失误引起的失效

设计上导致失效的最常见原因是零件结构外形不合理，零件受力较大部位存在尖角、槽口、过渡圆角过小，在这些地方易产生较大的应力集中，而称为失效源。设计上引起失效的另一原因，是对零件的工作条件估计不当或对应力计算错误，从而使零件因过载而失效。

2. 材料引起的失效

适合的材料是零件安全工作基础。由于材料而导致的失效的原因，一是材料品种选择不当，这是主要原因；二是材料质量不合格，缺陷（如气孔、疏松、夹杂物、杂质元素含量等）超过了国家标准，在零件加工前进行材料质量检查即可避免。

3. 加工引起的失效

材料的生产一般要经过冶炼、铸造、锻造、轧制、焊接、热处理和机械加工等几个阶段，在这些工艺过程中所造成的缺陷往往会导致早期失效。如冶炼后含有较多的氧、氢、氮，并形成非金属夹杂物，这不仅使材料变脆，甚至还会成为疲劳源，导致产品的早期失效；冷加工中常出现的表面粗糙、较深的刀痕、磨削裂纹等缺陷；热加工中容易产生的过热、过烧和带状组织等缺陷；热处理中工序的遗漏缺陷，淬火冷却速度不够，表面脱碳，淬火变形、开裂等都是造成零件失效的重要原因。

4. 装配使用不当引起失效

工件装配时配合过紧、过松，对中不好，固定不紧；维护不良；不按工艺规程操作；过载使用等，均可导致零件在使用过程中失效。

以上只讨论了导致零件失效的四个主要方面，但实际的情况是很复杂的，还存在其他方面的原因。另外，失效往往不只是单一原因造成的，而可能是多种原因共同作用的结果。在这种情况下，必须逐一考查设计、选材、加工和安装使用等方面的问题，排除各种可能性，找出真正的原因，特别是起决定作用的主要原因。

零件失效类型和相应的失效抗力指标见表11–1。

表11–1　零件失效类型和相应的抗力指标

失效形式	相应的抗力指标
变形失效	E、G、R_p、$R_{p0.2}$、松弛稳定性等
一次断裂失效	R_m、KU、KV、a_K、K_{IC}、A、Z、脆性转变温度等
疲劳失效	S_{-1}，da/dn 等
应力腐蚀失效	$K_{I\,scc}$ 等
磨损失效	耐磨性、接触疲劳抗力等

三、失效分析的方法

现在失效分析已成为一门科学，它包括逻辑推理和实验研究两个方面，在实际应用中应把它们结合起来。这里主要谈实验研究方面。

失效的原因主要在设计、材料、工艺和安装使用几个方面，所以失效分析中的试验研究也应该主要集中在这些方面。要充分地利用各种宏观测试和微观观察手段，有系统、有步骤地试验和研究失效零件中的变化，以便从蛛丝马迹中找到零件失效的根源。影响失效的因素很多，其分析步骤简介如下：

1）收集失效零件的残体，观测并记录损坏的部位、尺寸变化和断口宏观特征；收集表面剥落物和腐蚀产物，必要时照相留据。

2）了解零件的工作环境和失效经过，观察相邻零件的损坏情况，判断损坏的顺序。

3）审查有关零件的设计、材料、加工、安装、使用和维护等方面的资料。

4）试验研究，取得数据，判断失效的原因，提出改进措施，写出分析报告。

失效分析时，一般根据需要选择以下项目试验：

1）化学分析。采用化学分析检验材料成分与设计要求是否相符。有时需要采用剥层法，查明化学热处理零件截面上的化学成分变化情况；必要时还应采用电子探针等方法，了解局部区域的化学成分。

2）断口分析。对断口做宏观（肉眼或立体显微镜）及微观（高倍光学显微镜或电子显微镜）观察，确定裂纹的发源地、扩展区和最终裂纹区的断裂性质。

3）宏观健全性检查。检查零件材料及其在加工过程中产生的缺陷，如与冶金质量有关的缩孔、缩松、气泡、白点、夹杂物等；与锻造有关的流线分布、锻造裂纹等；与热处理有关的氧化、脱碳、淬火裂纹等。为此，应对失效部位的表面和纵、横剖面做低倍检验。有时还要用无损探伤检测内部缺陷及其分布。对于表面强化零件，还应检查强化层厚度。

4）显微分析。采用显微分析判明显微组织，观察组织组成物的形状、大小、数量、分布及均匀性，鉴别各种组织缺陷，判断组织是否正常。特别注意失效源周围组织的变化，这对查清裂纹性质，找出失效的原因十分重要。

5）应力分析。采用试验应力分析方法，检查失效零件的应力分布，确定损坏部位是否为主应力最大的地方，找出产生裂纹的平面与最大主应力方向之间的关系，以便判定零件几何形状与结构受力位置的安排是否合理。

6）力学性能测试。根据硬度大致判定材料的力学性能；对于大截面零件，还应在适当部位取样，测定其他力学性能指标。

7）断裂力学分析。对于某些零件，要进行断裂韧度的测定。为此，用无损探伤测出失效部位的最大裂纹尺寸，按照最大工作应力，计算出断裂韧度值，由此判断发生低应力脆断的可能性。

第二节　选材的一般原则和步骤

机械设计不仅包括零件结构的设计，同时也包括所用材料和工艺的设计。正确选材是机械设计的一项重要任务，它必须使选用的材料保证零件在使用过程中具有良好的工作能力，保证零件便于加工制造，同时保证零件的总成本尽可能低。优异的使用性能、良好的加工工艺性和便宜的价格是机械零件选材的最基本原则。

一、使用性能原则

使用性能是保证零件完成规定功能的必要条件。在大多数情况下，它是选材首先要考虑的因素。使用性能主要是指零件在使用状态下材料应该具有的力学性能、物理性能和化学性能。材料的使用性能应满足使用要求。对大量机械零件和工程构件，则主要是力学性能。对一些特殊条件下工作的零件，则必须根据要求考虑到材料的物理、化学性能。

使用性能的要求，是在分析零件工作条件和失效形式的基础上提出来的。零件的工作条件包括三个方面：

1）受力状况。主要是载荷的类型（例如动载、静载、循环载荷或单调载荷等）和大小，载荷的形式（例如拉伸、压缩、弯曲或扭转等），以及载荷的特点（例如均布载荷或集中载荷）等。

2）环境状况。主要是温度特征（例如低温、常温、高温或变温），以及介质情况（例如有无腐蚀或摩擦作用）等。

3）特殊要求。主要是对导电性、磁性、热膨胀、密度、外观等的要求。

零件的失效形式则如前所述，主要包括过量变形、断裂和表面损伤三个方面。通过对零件工作条件和失效形式的全面分析，确定零件对使用性能的要求，然后利用使用性能与实验室性能的相应关系，将使用性能具体转化为实验室力学性能指标，例如强度、韧性或耐磨性等。这是选材最关键的步骤，也是最困难的一步。之后，根据零件的几何形状、尺寸及工作中所承受的载荷，计算出零件中的应力分布。再由工作应力、使用寿命或安全性与实验室性能指标的关系，确定对实验室性能指标要求的具体数值。

表 11–2 中列举了几种常用零件的工作条件、失效形式及要求的主要力学性能指标。在确定了具体力学性能指标和数值后，即可利用手册选材。但是，零件所要求的力学性能数据，不能简单地同手册、书本中所给出的完全等同对待，还必须注意以下情况：第一，材料的性能不仅与化学成分有关，也与加工、处理后的状态有关，金属材料尤其明显，所以要分析手册中的性能指标是在什么加工、处理条件下得到的；第二，材料的性能与加工处理时试样的尺寸有关，随截面尺寸的增大，力学性能一般是降低的，因此必须考虑零件尺寸与手册中试样尺寸的差别，并进行适当的修正；第三，材料的化学成分、加工处理的工艺参数本身都有一定的波动范围，一般手册中的性能，大多是波动范围的下限值，即在尺寸和处理条件相同时，手册数据是偏安全的。

表 11–2　几种常用零件的工作、失效形式及要求的力学性能指标

零　件	工作条件			常见的失效形式	要求的主要力学性能
	应力种类	载荷性质	受载状态		
紧固螺栓	拉、切应力	静载	—	过量变形，断裂	强度、塑性
传动轴	弯、扭应力	循环，冲击	轴颈摩擦，振动	疲劳断裂，过量变形，轴颈磨损	综合力学性能
传动齿轮	压、弯应力	循环，冲击	摩擦，振动	齿折断，磨损，疲劳断裂，接触疲劳（麻点）	表面高强度及疲劳强度，心部韧性，韧度
弹簧	扭、弯应力	交变，冲击	振动	弹性失稳，疲劳破坏	弹性强度，屈强比，疲劳强度
冷作模具	复杂应力	交变，冲击	强烈摩擦	磨损，脆断	硬度，足够的强度，韧度

由于硬度的测定方法比较简单，不破坏零件，并且在确定的条件下与某些力学性能指标有大致固定的关系，所以常作为设计中控制材料性能的指标。但它也有很大的局限性，例如，硬度对

材料的组织不够敏感，经不同处理的材料常可得到相同的硬度值，而其他力学性能却相差很大，因而不能确保零件的使用安全。所以，设计中在给出硬度值的同时，还必须对处理工艺（主要是热处理工艺）做出明确的规定。

对于复杂条件下工作的零件，必须采用特殊实验室性能指标作选材依据。例如采用高温强度、低周疲劳及热疲劳性能、疲劳裂纹扩展速率和断裂韧性、介质作用下的力学性能等。

二、工艺性能原则

机械零件都是由设计选用的工程材料，通过一定的加工方式制造出来的，金属材料有铸造、压力加工、焊接、机械加工、热处理等加工方式。陶瓷材料通过粉末压制烧结成形，有的还须进行磨削加工、热处理。高分子材料利用有机物原料，通过热压、注塑、热挤等方法成形，有的再进行切削加工、焊接等加工过程。

材料的工艺性能表示材料加工的难易程度。在选材中，同使用性能比较，工艺性能常处于次要地位。但在某些特殊情况下，工艺性能也可成为选材考虑的主要依据。另外，一种材料即使使用性能很好，但若加工很困难，或者加工费用太高，它也是不可取的。所以，材料的工艺性能应满足生产工艺的要求，这是选材必须考虑的问题。

金属材料的工艺性能主要包括下列几种：铸造性能，包括流动性、收缩、偏析、吸气性等；锻造性能，包括可锻性、抗氧化性、冷镦性、锻后冷却要求等；机械加工性，包括表面粗糙度、切削加工性等；焊接性能，包括形成冷裂或热裂的倾向、形成气孔的倾向等；热处理工艺性，包括淬透性、变形开裂倾向、过热敏感性、回火脆性倾向、氧化脱碳倾向、冷脆性等。

与金属材料相比，高分子材料的成形加工工艺比较简单，其主要工艺是成形加工，其工艺性能良好。高分子材料也易于切削加工，但因其导热性能较差，易使工件温度急剧升高，从而导致热固性树脂变焦，热塑性材料变软。少数高分子材料还可进行焊接和热处理，其工艺简单易行。

陶瓷材料成形后，除了可进行磨削（必须采用超硬材料的砂轮，如金刚石）外，几乎不能进行其他加工。

三、经济性原则

在满足使用性能和工艺性能的前提下，材料的经济性是选材的重要原则。采用便宜的材料，把总成本降至最低，取得最大的经济效益，使产品在市场上具有最强的竞争力，始终是设计工作的重要任务。

1. 材料的价格

零件材料的价格无疑应该尽量低。材料的价格在产品的总成本中占有较大的比重，据有关资料统计，在许多工业部门中可占产品价格的30%～70%，因此设计人员要十分关心材料的市场价格。

2. 零件的总成本

零件选用的材料必须保证其生产和使用的总成本最低。零件的总成本与其使用寿命、重量、加工费用、研究费用、维修费用和材料价格有关。

如果准确地知道了零件总成本与上述各因素之间的关系，则可以对选材的影响作精确分析，并选出使总成本最低的材料。但是，要找出这种关系，只有在大规模工业生产中进行详尽实验分析的条件下才有可能。对于一般情况，详尽的实验分析有困难，要利用一切可能得到的资料，逐项进行分析，以确保零件总成本降低，使选材和设计工作做得更合理些。

3. 国家的资源

随着工业的发展，资源和能源问题日益突出，选用材料时必须对此有所考虑，特别是对于大批量生产的零件，所用材料应该来源丰富并顾及我国资源情况。近年来，我国研制成功了一大批符合本国资源的新型合金钢种，为选用国产材料提供了更大的可能。此外，同一单位（企业）所选材料的种类、规格应尽量少而集中，以便于采购和管理，减少不必要的附加费用。另外，还要注意生产所用材料的能耗，尽量选用能耗低的材料。

四、选材的一般方法

具体选材方法不可能规定千篇一律的步骤。

1）对零件的工作特性和使用条件进行周密的分析。通过分析，找出主要损坏形式，从而恰当地提出主要抗力指标，见表 11-2。

2）根据工作条件需要进行分析，对该零件的设计制造提出必要的技术要求。

3）根据所提出的技术要求和在工艺性、经济性方面的考虑，对材料进行预选。材料的预选通常是凭借积累的经验，它可以通过与类似机器零件的比较和已有的实践经验判断，或者通过各种材料手册来进行选材。

4）对预选的材料进行计算，以确定是否满足上述工作条件要求。

5）材料的二次（或最终）选择。二次选择方案不一定只是一种方案，可以是若干种方案。

6）通过实验室试验、台架试验和工艺性能试验，最终确定合理选材方案。

7）最后，在试生产的基础上，接受生产考验，以检验选材是否合理。

第三节　典型零件选材及工艺分析

一、齿轮类

机床、汽车、拖拉机中，速度的调节和功率的传递主要靠齿轮，因此齿轮在机床、汽车和拖拉机中是一种十分重要、使用量大的零件。

齿轮工作时的一般受力情况如下：齿轮承受很大的交变弯曲应力；换档、起动或咬合不均匀时承受冲击力；齿面相互滚动、滑动，并承受接触压应力。

所以，齿轮的损坏主要是齿的折断和齿面的剥落及过度磨损。据此，要求齿轮材料具有以下主要性能：高的弯曲疲劳强度和接触疲劳强度；齿面有高的硬度和耐磨性；齿轮心部有足够高的强度和韧性。

此外，还要求有较好的热处理工艺性，如变形小，并要求变形有一定的规律等。

下面以机床和汽车、拖拉机两类齿轮为例进行分析。

1. 机床齿轮

机床中的齿轮担负着传递动力、改变运动速度和运动方向的任务。一般机床中的齿轮精度大部分是 7 级精度，只是在分度传动机构中要求较高的精度。

机床齿轮的工作条件比起矿床机械、动力机械中的齿轮来说还是属于运转平稳、负荷不大、条件较好的一类。实践证明，一般机床齿轮选用中碳钢和渗碳钢即可满足要求。

（1）中碳钢　最常用的是 45 钢和 40Cr。45 钢用于中小载荷齿轮。如主轴箱齿轮、溜板箱齿轮等，经高频淬火和回火后，硬度可达 52 ~ 58HRC。40Cr 钢用于中等载荷齿轮，如铣床工作台变速箱齿轮，经高频淬火和回火后，硬度可达 52 ~ 58HRC。

（2）渗碳钢　常用的有20Cr、20Mn2B和20CrMnTi等。20Cr和20Mn2B用于中等载荷、有冲击的齿轮，如六角车床变速箱齿轮。20CrMnTi用于重载荷和有较大冲击的齿轮，如机床给进箱摆移齿轮，经渗碳淬火后，硬度可达56～62HRC。

下面以40Cr生产CA6140机床中齿轮为例加以分析。

1）高频淬火齿轮的加工路线

下料→锻造→正火→粗加工→调质→精加工→高频淬火及回火——→精磨

推孔（花键孔或圆孔）

2）热处理工序的作用。正火处理对锻造齿轮毛坯是必需的热处理工序，它可以使同批坯料具有相同的硬度，便于切削加工，并使组织均匀，消除锻造应力。对于一般齿轮，正火处理也可作为高频淬火前的最后热处理工序。

调质处理可以使齿轮具有较高的综合力学性能，提高齿轮心部的强度和韧性，使齿轮能承受较大的弯曲应力和冲击力。调质后的齿轮由于组织为回火索氏体，在淬火时变形更小。

高频淬火及低温回火是赋予齿轮表面性能的关键工序，通过高频淬火提高了齿轮表面硬度和耐磨性，并使齿轮表面有压应力存在而增强了抗疲劳破坏能力。为了消除淬火应力，高频淬火后应进行低温回火（或自行回火），这对防止研磨裂纹的产生和提高抗冲击能力极为有力。经高频淬火并低温回火后，淬硬层应为中碳回火马氏体，而心部则为毛坯热处理（正火或调质）后的组织。

（3）齿轮高频淬火后的变形情况　齿轮高频淬火后，其变形一般表现为内孔缩小、外径不变或减小。齿轮外径与内径之比小于1.5时，内径略胀大；当齿轮有键槽时，内径向键槽方向胀大，形成椭圆形。齿间也稍有变形，齿形变化较小，一般表现为中间凹0.002～0.005 mm。这些微小的变形对生产影响不大，因此一般机床用的7级精度齿轮，淬火回火后，均要经过滚光和推孔才能成为成品。

2. 汽车、拖拉机齿轮

汽车、拖拉机齿轮主要分为两种，即装在变速器的齿轮和差速器中的齿轮。在变速器中，通过它改变发动机、曲轴和主轴齿轮的速比；在差速器中，通过齿轮来增加扭转力矩并调节左右两车轮的转速，通过齿轮将发动机的动力传到主动轮，驱动汽车、拖拉机运行。汽车、拖拉机齿轮的工作条件比机床齿轮要繁重得多，因此在耐磨性、疲劳强度、心部强度和冲击韧性等方面的要求均比机床齿轮的高。实践证明，汽车、拖拉机齿轮选用渗碳钢制造并经渗碳处理后使用是较为合适的。

汽车、拖拉机齿轮的生产特点是批量大、产量高，因此在选择用钢时，在满足力学性能的前提下，对工艺性能必须给予足够的重视。

以20CrMnTi钢制造JN－150型载重汽车（载重量为8000 kg）变速器中第二轴的二、三档齿轮（图11-1）为例进行分析。

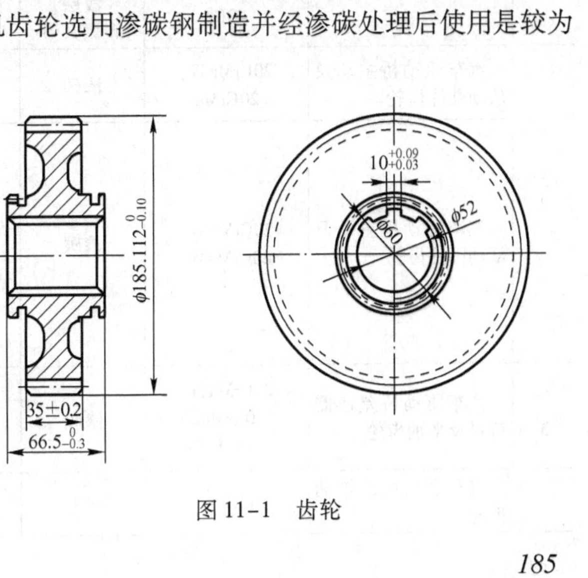

图11-1　齿轮

（1）选择用钢　20CrMnTi钢具有较高的力学性能。该钢经渗碳、淬火、低温回火后，表面硬度为58～62HRC，心部硬度为30～45HRC。20CrMnTi的工艺性能尚好，锻造后一般以正火来改善其切削加工性。

20CrMnTi 钢的热处理工艺性较好，有较好的淬透性。由于合金元素钛的影响，对过热不敏感，故在渗碳后可直接降温淬火。此外尚有渗碳速度较快、过渡层较均匀、渗碳淬火后变形小等优点，这对制造形状复杂、要求变形小的齿轮零件来说是十分有利的。

20CrMnTi 钢可制造截面在 30 mm 以下，承受高速中等载荷以及冲击、摩擦的重要零件，如齿轮、齿轮轴等各种渗碳零件。当含碳量在上限时，可用于制造截面在 40 mm 以下，模数大于 10 mm 的齿轮等。

根据 JN－150 型载重汽车变速器中第二轴的二、三档齿轮的规格和工作条件，选用 20CrMnTi 钢制造是比较合适的。

(2) 二轴齿轮的工艺路线

下料→锻造→正火→机械加工→渗碳、淬火及低温回火→喷丸→磨内孔及换档槽→装配

(3) 热处理工序的作用　在第七章的“渗碳钢的热处理特点”实例中对此已有叙述，这里不再重复。

根据变形规律，生产上进一步采用冷热加工配合的方法，使变形控制在要求的技术条件范围之内。

除高频淬火齿轮与渗碳齿轮外，尚有碳氮共渗齿轮；根据受力情况和性能要求不同，齿轮可采用中碳合金钢进行调质并经渗氮处理后使用；以及采用铸铁、铸钢制造齿轮。

汽车、拖拉机齿轮常用材料及热处理技术要求见表 11–3。

表 11–3　汽车、拖拉机齿轮常用材料及热处理技术要求

<table>
<tr><th rowspan="2">序号</th><th rowspan="2">齿轮类型</th><th rowspan="2">常用钢种</th><th colspan="2">热处理</th></tr>
<tr><th>工艺</th><th>技术要求</th></tr>
<tr><td rowspan="2">1</td><td rowspan="2">汽车变速器和差速器齿轮</td><td>20CrMnTi、20CrMo 等</td><td>渗碳</td><td>层深：
m_n[①] <3 mm 时，0.6～1.0 mm
3 mm < m_n <5 mm 时，0.9～1.3 mm
m_n >5 mm 时，0.9～1.3 mm
齿面硬度：58～64HRC
心部硬度：m_n ≤5 mm 时，32～45HRC
m_n >5 mm 时，29～45HRC</td></tr>
<tr><td>40Cr</td><td>(浅层)碳氮共渗</td><td>层深：>0.2 mm
表面硬度：51～61HRC</td></tr>
<tr><td rowspan="2">2</td><td>汽车驱动桥主动及从动圆柱齿轮</td><td>20CrMnTi、20CrMo</td><td>渗碳</td><td>渗碳深度按图样要求，硬度要求同序号 1 中的渗碳工艺</td></tr>
<tr><td>汽车驱动桥主动及从动圆柱齿轮</td><td>20CrMnTi、20CrMnMo</td><td>渗碳</td><td>层深：
m_s[②] ≤5 mm 时，0.9～1.3 mm
5mm < m_s <8 mm 时，1.0～1.4 mm
m_s >8 mm 时，1.2～1.6 mm
齿面硬度：58～64HRC
心部硬度：m_s ≤8 mm 时，32～45HRC
m_s >8 mm 时，29～45HRC</td></tr>
<tr><td>3</td><td>汽车驱动桥差速器行星及半轴齿轮</td><td>20CrMnTi、20CrMo、20CrMnMo</td><td>渗碳</td><td>同序号 1 中的渗碳工艺</td></tr>
<tr><td>4</td><td>汽车发动机凸轮轴齿轮</td><td>HT200</td><td></td><td>170～229HBW</td></tr>
</table>

（续）

序号	齿轮类型	常用钢种	热处理	
			工艺	技术要求
5	汽车曲轴正时齿轮	35、40、45、40Cr	正火	149～179HBW
			调质	207～241HBW
6	汽车起动电动机齿轮	15Cr、20Cr、20CrMo、15CrMnMo、20CrMnTi	渗碳	层深：0.7～1.1mm 表面硬度：58～63HRC 心部硬度：33～43HRC
7	汽车里程表齿轮	20	（浅层）碳氮共渗	层深：0.2～0.35mm
8	拖拉机传动齿轮，动力传动装置中的圆柱齿轮及轴齿轮	20Cr、20CrMo、20CrMnMo、20CrMnTi、30CrMnTi	渗碳	层深：不小于模数的0.18倍（mm），但不大于2.1mm 各种齿轮渗层深度的上下限差不大于0.5mm，硬度要求同序号1、2
9	拖拉机曲轴正时齿轮，凸轮轴齿轮，喷油泵驱动齿轮	45	正火	156～217HBW
			调质	217～255HW
		HT200		170～229HBW
10	汽车、拖拉机油泵齿轮	40、45	调质	28～35HRC

① m_n——法向模数。

② m_s——端面模数。

二、轴类

在机床、汽车、拖拉机等制造工业中，轴类零件是另一类用量很大，且占有相当重要地位的结构件。

轴类零件的主要作用是支承传动零件并传递运动和动力，它们在工作时受多种应力的作用，因此从选材角度看，材料应有较高的综合力学性能。局部承受摩擦的部分如机床主轴的花键、曲轴轴颈等处，要求有一定的硬度，以提高其抗磨损能力。

要求以综合力学性能为主的一类结构零件的选材，还需根据其应力状态和负载种类考虑材料的淬透性和抗疲劳性能。实践证明，受交变应力的轴类零件、连杆螺栓等结构件，其损坏形式不少是由于疲劳裂纹引起的。

下面以机床主轴、汽车半轴和内燃机曲轴等典型零件为例进行分析。

1. 机床主轴

在选用机床主轴的材料和热处理工艺时，必须考虑以下几点：

1）受力的大小。不同类型的机床，工作条件有很大的差别，如高速机床和精密机床主轴的工作条件与重型机床主轴的工作条件相比，无论在弯曲或扭转疲劳特性方面差别都很大。

2）轴承类型。如在滑动轴承上工作时，轴颈需要有高的耐磨性。

3）主轴的形状及其可能引起的热处理缺陷。结构形状复杂的主轴在热处理时易变形甚至开裂，因此在选材上应给予重视。

主轴是机床中主要零件之一，其质量好坏直接影响机床的精度和寿命。因此必须根据主轴的工作条件和性能要求，选择用钢和制订合理的冷热加工工艺。

常用机床主轴的工作条件、选材、热处理工艺及应用举例见表11-4。

表 11-4 常用机床主轴的工作条件、选材、热处理工艺及应用举例

序号	工作条件	选用钢号	热处理工艺	硬度要求	应用举例
1	（1）滚动轴承内运转 （2）低速，轻或中等载荷 （3）精度要求不高 （4）稍有冲击载荷	45	调质	220～250HBW	一般简易机床主轴
2	（1）滚动轴承内运转 （2）转速稍高，轻或中等载荷 （3）精度要求不太高 （4）冲击、交变载荷不大	45	整体淬硬	40～45HRC	龙门铣床、立式铣床、小型立式车床的主轴
			正火或调质后局部淬火	≤229HBW 正火 220～250HBW 调质 46～51HRC 局部	
3	（1）滚动或滑动轴承内运转 （2）低速，轻或中等载荷 （3）精度要求不很高 （4）有一定冲击、交变载荷	45	正火或调质后轴颈局部表面淬火	≤229HBW 正火 220～250HBW 调质 46～57HRC 表面	CB3463、CA6140、C61200 等重型车床主轴
4	（1）滚动轴承内运转 （2）中等载荷，转速略高 （3）精度要求较高 （4）冲击、交变载荷较小	40Cr 40MnB 40MnVB	整体淬硬	40～45HRC	滚齿机，组合机床的主轴
			调质后局部淬硬	220～250HBW 调质 46～51HRC 局部	
5	（1）滑动轴承内运转 （2）中或重载荷，转速略高 （3）精度要求较高 （4）冲击、交变载荷较高	40Cr 40MnB 40MnVB	调质后轴颈表面淬火	220～280HBW 调质 46～55HRC 表面	铣床、M7475B 磨床砂轮主轴
6	（1）滚动或滑动轴承内运转 （2）轻、中载荷，转速较低	50Mn2	正火	≤241HBW	重型机床主轴
7	（1）滑动轴承内运转 （2）中等或重载荷 （3）轴颈部分高的耐磨性 （4）精度要求高 （5）交变应力较大、冲击载荷较小	65Mn	调质后轴颈和头部局部淬火	250～280HBW 调质 56～61HRC 轴颈 50～55HRC 头部	M1450 磨床主轴
8	工作条件同序号 7，但表面硬度要求更高	GCr15 9Mn2V	调质后轴颈和头部局部淬火	250～280HBW 调质 ≥59HRC 局部	MQ1420、MB1432A 磨床砂轮主轴
9	（1）滑动轴承内运转 （2）重载荷，转速很高 （3）精度要求极高 （4）很高的交变、冲击载荷	38CrMoAl	调质后渗氮	≤260HBW 调质 ≥850HV 表面	高精度磨床砂轮主轴、T68 镗杆、T4240A 坐标镗床主轴、C2150 多轴自动车床中心轴
10	（1）滑动轴承内运转 （2）重载荷，转速很高 （3）高的冲击载荷 （4）很高的交变应力	20CrMnTi	渗碳淬火	≥59HRC 表面	Y7163 齿轮磨床、CG1107 车床、SG8630 精密车床主轴

2. 汽车半轴

汽车半轴是驱动车轮转动的直接驱动件。汽车半轴是传递转矩的一个重要部件。汽车运行时，发动机输出的转矩，经过多级变速和主动器传递给半轴，再由半轴传递给车轮。在上坡或起动时，转矩很大，特别在紧急制动或行驶在不平坦的道路上，工作条件更为繁重，因此半轴在工作时承受冲击、反复弯曲疲劳和扭转应力的作用。

在通常情况下，半轴的寿命主要取决于花键齿的抗压陷和耐磨损性能，但断裂现象也有发生。载重汽车半轴最容易损伤的部位在轴的杆部和凸缘的连接处、花键端以及花键与杆部相连的部位，这些地方发生损坏时，一般为疲劳破坏。根据半轴的工作条件，要求半轴材料有足够的抗弯强度、疲劳强度和较好的韧性。

半轴材料与其工作条件有关，中、小型载重汽车目前选用 40Cr、40MnB 钢，而重型载重汽车则选用性能更高的 40CrMnMo、40CrNiMo 钢。

以跃进－130 型载重汽车（载重量为 2500 kg）的半轴为例。半轴如图 11－2 所示。

根据 QC/T 294—1999《汽车半轴技术条件》规定，半轴材料可选用 40Cr、42CrMo、40CrMnMo 钢等。同时规定调质后的半轴其金相组织淬透层应呈回火索氏体或回火托氏体，心部（从中心到花键底半径四分之三范围内）允许有铁素体的存在。

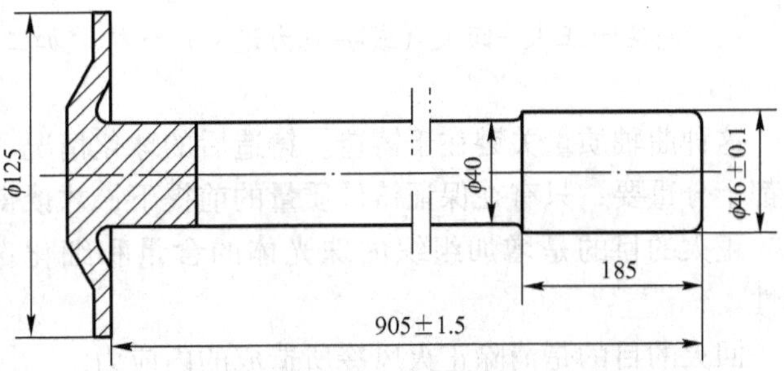

图 11-2　汽车半轴

根据上述技术条件，选用 40Cr 钢能满足要求。同时应指出，从汽车的整体性能来看，设计半轴所采用的安全系数是比较小的。这是考虑到汽车超载运行而发生事故时，半轴首先破坏对保护后桥内的主动齿轮不受损坏是有利的。从这一点出发，半轴又是一个易损件。

半轴的工艺路线：

下料→锻造→正火→机械加工→调质→盘部钻孔→磨花键

锻造后正火，硬度为 187～241HBW。调质处理是使半轴具有高的综合力学性能。

淬火后的回火温度，根据杆部要求硬度 37～44HRC，选用 420±10℃回火。回火后在水中冷却，以防止产生回火脆性。同时水冷有利于增加半轴表面的压应力，提高其疲劳强度。

性能要求较高的汽车半轴，可采用调质处理和局部感应热处理相结合的方式保证零件各部分的性能要求。

半轴加工中常用喷丸处理和滚压凸缘根部圆角等强化方法。

3. 内燃机曲轴

曲轴是内燃机中形状复杂而又重要的零件之一。它在工作时受到内燃机周期性变化着的气体压力、曲轴连杆机构的惯性力、扭转和弯曲应力以及冲击力等的作用。在高速内燃机中曲轴还受到扭转振动的影响，会造成很大的应力。

因此，对曲轴的性能要求是保证有高的强度，一定的冲击韧性和弯曲、扭转疲劳强度，在轴颈处要求有高的硬度和耐磨性。

内燃机曲轴材料的选择主要取决于内燃机的使用情况、功率大小、转速高低以及轴瓦材料等。一般按下列情况进行选择：

低速内燃机曲轴采用正火状态的碳素钢或球墨铸铁。

中速内燃机曲轴采用调质状态的碳素钢和合金钢，如 45、40Cr、45Mn2、50Mn2 等，或球墨铸铁。

高速内燃机曲轴采用高强度的合金钢，如 35CrMo、42CrMo、18Cr2Ni4WA 等。

长期以来，人们认为曲轴在动载荷下工作，要求材料有较高的冲击韧性更为安全。实践证明，这种想法是不够全面的。我国早就用球墨铸铁成功地代替锻钢来制造一般内燃机曲轴。而且球墨铸铁的工艺性如铸造性能、切削加工性等都比较好，使生产过程大为简化，其成本也比锻钢低。

以 110 型柴油机球墨铸铁曲轴（图 11-3）为例加以说明。

材料：QT600－3 球墨铸铁。

技术条件：$R_m \geqslant 650$ MPa；$a_K \geqslant 12 J/cm^2$；轴体硬度 240～300HBW，轴颈硬度 ≥55HRC；珠光体数量：试棒 ≥75%，曲轴 ≥70%。

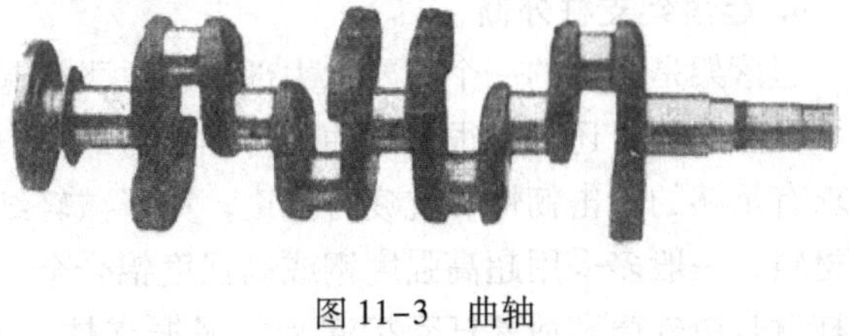

图 11-3　曲轴

工艺路线：

浇注→正火+回火（或去应力退火）→机械加工 → 装配
　　　　　　　　　　　　　　　　　　　　 → 高频淬火（或氮碳共渗）→装配

这种曲轴质量关键在于铸造。铸造后的球化情况、有无铸造缺陷、成分及金相组织是否合格等都十分重要，只有在保证铸件质量的前提下，才谈得上热处理。

正火的目的是增加组织内珠光体的含量和细化珠光体片，以提高其抗拉强度、硬度和耐磨性。

回火的目的是消除正火风冷所造成的内应力。

在有高频设备的条件下，通过对轴颈处的表面淬火可进一步提高其硬度和耐磨性。氮碳共渗的效果更好，同时还可提高疲劳强度60%左右。

曲轴还可采用喷丸、滚压强化等途径提高其疲劳强度。

三、典型飞机零件

1. 蒙皮

蒙皮的作用是维持飞机外形，使之具有良好的空气动力特性。蒙皮承受空气动力后将作用力传递到相连的机身机翼骨架上，加上蒙皮直接与外界接触，所以不仅要求蒙皮材料强度高、塑性好，还要求表面光滑，有较高的耐蚀能力。常用的材料有2A12。

2. 主梁

飞机主梁是机翼和机身连接的主要承力零件。机翼上的载荷通过主梁而传到机身。其主要负荷有：飞行时空气的动力（升力、阻力），机动飞行时产生的惯性力，着陆时起落架的冲击力等。这些巨大的负荷使主梁承受弯曲和切应力，同时由于机翼振动产生交变应力还能引起主梁的疲劳。常用的材料有30CrMnSiNi2A。

3. 对接螺栓

对接螺栓是飞机上广泛使用的连接构件，特别是连接机翼和机身的对接螺栓更是十分重要的。对接螺栓承受拉应力、切应力和一定的冲击载荷，因此对材质的综合性能，特别是对塑性、韧性有很高的要求。常用的材料有40CrNiMoA。

4. 压气机叶片

压气机叶片前几级温度低，后几级温度高。压气机部件中以转子叶片受力最大、最复杂，脉动疲劳应力是压气机叶片破坏的主要原因。压气机叶片承受本身高转速产生的离心力，要求有较高的比强度，还需能承受空气动力所产生的扭力、弯曲应力和脉动疲劳应力；此外，叶片还要有高的抗应力疲劳和热疲劳能力，良好的抗氧化性、耐大气腐蚀和应力腐蚀的能力。常用材料有13Cr11Ni2W2MoV（1Cr11Ni2W2MoV）马氏体耐热钢和一些高温钛合金。

5. 航空发动机齿轮

一般受压小、转速低的可用20钢；工作条件较严酷的可采用20Cr、12CrNi3A、20CrMnTi；尺寸大且工作条件十分严酷的可采用12Cr2Ni4A、18Cr2Ni4WA等渗碳钢来制造。

6. 起落架支柱外筒

起落架是飞机的一个主要承力部件，供飞机起飞、着陆，在陆上滑跑、滑行和停放等。它不仅承受静载荷，还承受很大的冲击力和疲劳载荷，因此对材料不仅要求具有较高的抗拉强度，还要求有足够的冲击韧性和抗疲劳强度。为了减轻结构的质量，采用比强度高、抗裂纹扩张能力强的材料，一般多采用超高强度钢或高强度铝合金。起落架主要有支柱式和摇臂式两类，支柱式的支柱就是由外筒和活塞杆套接起来的减振支柱。支柱式起落架的支柱外筒主要承受压应力、弯矩、滑行过程中的阻力以及部分扭力，由于支柱与减振器合一，起落架外筒就是减振器的一个组件，因此着陆时，因充气使外筒承受较大的内应力。常用的材料有 30CrMnSiNi2A。

7. 分油活门

分油活门与套筒组成液压式放大元件，用于直接接收各类传感器发出的信号并将其放大，用以操纵液压执行元件。分油活门常起分流作用。常用的材料有 95Cr18。

航空航天材料受其使用条件和环境的制约，对材料提出了严格的要求，对结构材料而言，其中最关键的要求是轻质高强和高温耐蚀。高温钛合金以其优良的热强性和高的比强度而在航空发动机上获得了广泛的应用。

以 Ti65 钛合金制造压片机叶片的半轴为例加以分析。

Ti65 钛合金是我国自主研制的一种近 α 型高温钛合金，其名义成分为 Ti－6Al－4Sn－4Zr－0.5Mo－0.4Nb－2.5Ta－0.4Si－0.06C。合金含有 α 稳定元素 Al 和 C，中性元素 Sn 和 Zr，β 稳定元素 Mo、Nb、Ta 和 Si。它的 Al 当量为 8.6%，Mo 当量为 1.1%，合金元素总质量分数接近 18%，属于高合金化钛合金。合金通过固溶强化而获得高蠕变抗力，最大淬透尺寸可达 80 mm，并具有良好的可锻性、焊接性和抗氧化性。为获得热稳定性、蠕变和疲劳性能的最佳匹配，要求其显微组织控制为双态组织。该合金可用于制造航空发动机压气机后段的叶片、盘件和整体叶盘等零件（图 11-4）。Ti65 钛合金长期使用的最高温度可达 650℃，短时使用温度可达 750℃以上。

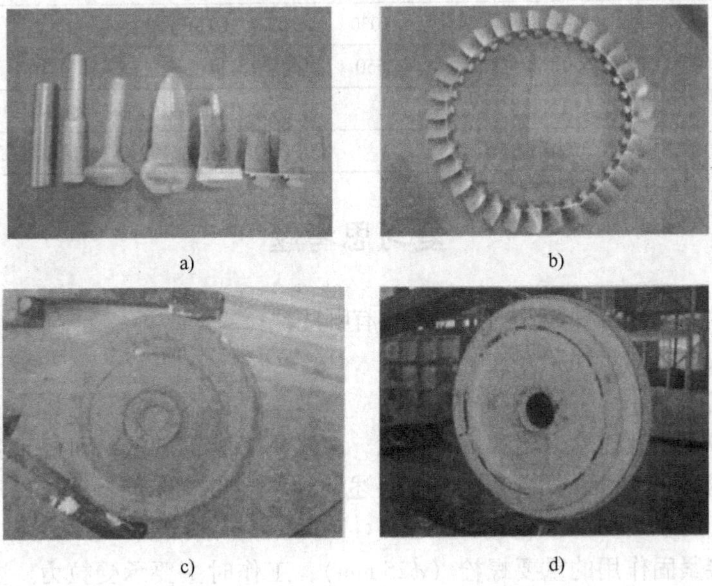

图 11-4　Ti65 钛合金叶片和盘锻件

a）叶片各工序样件　b）叶片零件　c）第 4 级盘锻件　d）第 5 级盘锻件

（1）成形工艺　Ti65 钛合金无论是在闭式或开式模锻时均表现出良好的加工性能，可采用两相区或 β 区进行锻造。两相区锻造的材料通常具有较好的强度和塑性匹配。Ti65 钛合金热变形工艺见表 11-5。

表 11-5　Ti65 钛合金热变形工艺

热变形类型	加热温度/℃	终锻温度/℃	一火变形量（%）
铸锭开坯	1150～1200	≥950	30～50
（α+β）区模锻	990～1020	≥850	30～50
β 区模锻	1070～1090	≥850	30～50

（2）热处理

1）固溶处理。固溶温度为（1000 ~ 1040）℃ ±10℃，保温 2 h，油淬，截面尺寸小于 15 mm 的可采用空冷。

2）时效。时效温度 700℃，保温 2h，空冷。

3）去应力退火。一般在不高于时效温度的 480 ~ 650℃温度下加热，保温 1 ~ 4 h，空冷或炉冷。典型的去应力退火是 550℃，保温 4 h，空冷。去应力退火可在空气炉或真空炉中进行。

（3）表面处理　零件可采用喷丸强化、激光冲击强化、化铣和电化学加工等技术进行表面处理。表面喷丸强化是目前国内外使用最广泛的表面抗疲劳强化技术，成本低、效率高、普适性强，能有效提高合金的抗疲劳性能。喷丸强化用的喷丸可采用铸钢丸，也可采用陶瓷弹丸。陶瓷弹丸是一种新型的喷丸材料，相对于传统的铸钢丸，陶瓷弹丸的硬度高，冲击能量传递性好，且不易破碎。

（4）机械加工　采用常规钛合金机械加工方法进行零件机加工。

技术标准规定的 Ti65 钛合金力学性能见表 11-6。

表 11-6　技术标准规定的 Ti65 钛合金力学性能

品　种	状　态	性　能	R_m/MPa	$R_{P0.2}$/MPa	A（%）	Z（%）
			小于			
棒材锻件	固溶时效	室温拉伸	1030	930	8	15
		650℃拉伸	550	450	10	20
		650℃持久	220 MPa 应力下的持续时间≥100 h			
		650℃蠕变	100 MPa 应力下经 100 h 后的塑性应变 A_f≤0.2%			

复习思考题

1. 什么叫失效？一般机械零件的失效形式有哪些？

2. 请简述失效分析的步骤和方法。

3. 选择材料的一般原则有哪些？

4. 汽车、拖拉机的变速箱齿轮和后桥齿轮，多半用渗碳钢制造，而机床变速箱齿轮又多半用中碳（合金）钢来制造，请分析其原因。上述三种不同齿轮在选材、热处理工艺方面，可能采取哪些不同措施？

5. 一个起连接紧固作用的重要螺栓（ϕ25 mm），工作时主要承受拉力。要求整个截面有足够的强度、屈服强度、疲劳强度和一定的冲击韧性。

（1）选用何种材料，选用该材料的理由是什么？

（2）试制订该零件的加工工艺路线。

（3）说明每项热处理工艺的作用和最终热处理后的组织。

6. 某齿轮要求具有良好的综合力学性能，表面硬度 50 ~ 55HRC，用 45 钢制造。加工工艺路线：下料→锻造→热处理→机械粗加工→热处理→机械精加工→热处理→精磨。试说明工艺路线中各个热处理工序的名称、目的。

7. 已知一轴尺寸为 ϕ30 mm × 200 mm，要求摩擦部分表面硬度为 50 ~ 55HRC，先用 30 钢制作，经高频淬火（水冷）和低温回火，使用过程中发现摩擦部分严重磨损，试分析失效原因，如何解决？

第十二章　铸　　造

将液态合金浇注到与零件的形状、尺寸相适应的铸型空腔中，待其冷却凝固后获得毛坯或零件的生产方法，叫作铸造。这种方法能够制成形状复杂，特别是具有复杂内腔的毛坯；而且铸件的大小几乎不受限制，质量可从几克到几百吨。铸造常用的原材料来源广泛，价格低廉，所以铸件的成本也较低。因此，铸件在机器制造业中应用极其广泛，现代各种类型的机器设备中铸件所占比重很大。例如，在机床、内燃机中，铸件占机器总重的70% ~80%，农业机械占40% ~70%。

但是铸造工序多、工艺复杂、劳动条件差，铸件易出现组织疏松、晶粒粗大、缩孔、缩松和气孔等缺陷，这些缺陷会导致铸件的冲击韧性降低。除铸件工艺外，铸型材料、模具、铸造合金、合金的熔炼与浇注等因素都会影响铸件质量，铸件的废品率一般较高。

砂型铸造具有适应性强、生产准备简单等优点，是目前最主要的铸造方法。此外，还有许多特种铸造方法，如熔模铸造、金属型铸造、压力铸造、低压铸造、离心铸造、陶瓷型铸造等，被广泛用于某些特定领域。

第一节　铸造基本原理

铸件在液态成形过程中将经历金属液的充填、凝固、收缩、吸气、偏析和形成非金属夹杂等一系列过程，这些过程极大地影响着铸件质量和铸造工艺。合金在铸造生产中所表现出来的工艺性能，即铸造性能对能否生产出合格铸件起着决定性的影响。它是合金的流动性、收缩性、偏析和吸气性等性能的综合体现，其中流动性和收缩性对铸件的质量影响最大。

一、液态合金的充型

液态合金填充铸型的过程，简称充型。液态合金充满铸型型腔，获得形状完整、轮廓清晰铸件的能力，称为液态合金的充型能力。在液态合金的充型过程中，有时伴随着结晶现象，若充型能力不足，在型腔被填满之前，形成的晶粒将充型的通道阻塞、液态金属被迫停止流动，于是铸型将产生浇不足或冷隔等缺陷。浇不足使铸件未能获得完整的形状；冷隔时，铸件虽可获得完整的外形，但因存在未完全熔化的垂直接缝，铸件的力学性能严重受损。

影响充型能力的主要因素有：

1. 合金的流动性

液态合金本身的流动能力，称为合金的流动性，是合金主要铸造性能之一。合金的流动性越好，充型能力越强，越便于浇注出轮廓清晰、薄而复杂的铸件。同时，有利于非金属夹杂物和气体的上浮与排出，还有利于对合金冷凝过程所产生的收缩进行补缩。因此，在铸件设计、选择合金和制订铸造工艺时，需考虑合金的流动性。

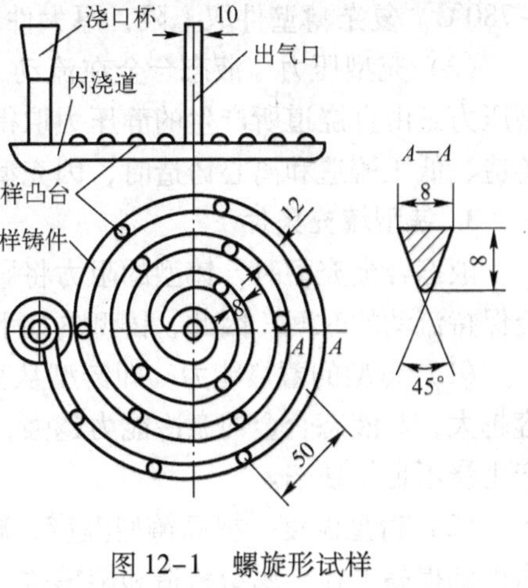

图 12-1　螺旋形试样

液态合金的流动性通常以“螺旋形试样”（图 12-1）长度来衡量。将金属液浇入螺旋形试样铸型中，在相同的浇注条件下，合金的流动性越好，所浇出的试样越长。试验得知，在常用铸造合金中，灰铸铁、硅黄铜的流动性最好，铸钢的流动性最差。

流动性是合金本身的属性，其影响因素包括合金的种类、成分、结晶特征及其他物理性能，但以化学成分的影响最为显著。纯金属和共晶成分合金的结晶是在恒温下进行的，此时，液态合金从表层逐层向中心凝固，由于已结晶的固体层内表面比较光滑（图 12-2a），对金属液的阻力较小。同时，共晶成分合金的凝固温度最低，相对来说，合金的过热度大，推迟了合金的凝固，故流动性最好。除纯金属和共晶成分合金外，其他成分合金是在一定温度范围内逐步凝固的，即经过液、固并存的两相区。此时，结晶是在界面上一定宽度的凝固区内同时进行的，由于初生的树枝状晶体使已结晶固体层内表面粗糙（图 12-2b），所以，合金的流动性变差。合金成分越远离共晶，合金温度范围越宽，对金属流动的阻力越大，流动性越差。

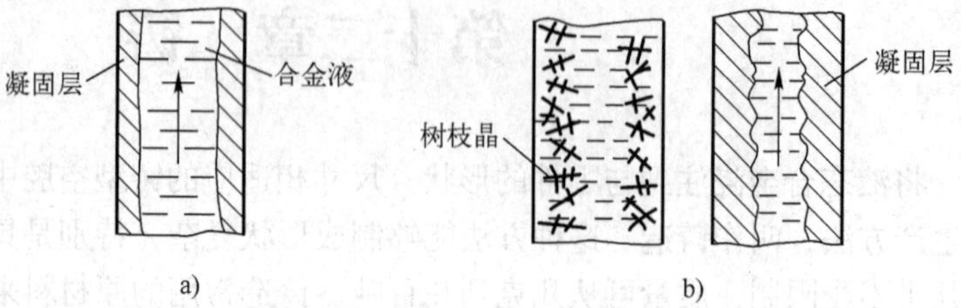

图 12-2　不同结晶特征的合金的流动性

a）纯金属　b）结晶温度范围宽的合金

图 12-3 所示为 Fe－C 合金的流动性与含碳量的关系。由图可见，碳钢随结晶温度范围的增加而流动性变差。亚共晶铸铁随含碳量增加，结晶间隔减小，流动性提高。越接近共晶成分，越容易铸造。

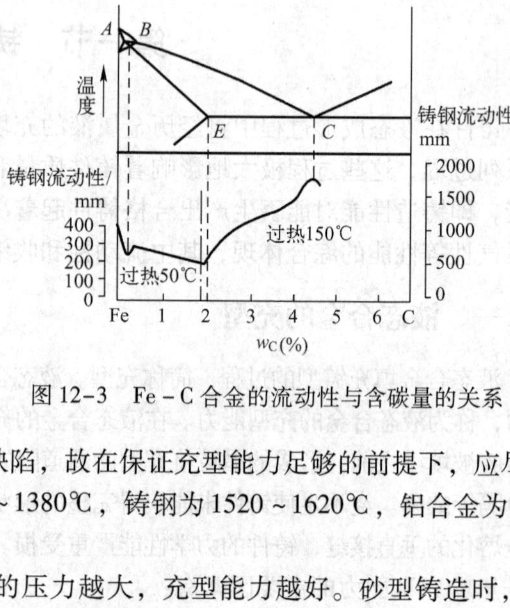

图 12-3　Fe－C 合金的流动性与含碳量的关系

2. 浇注条件

（1）浇注温度　浇注温度越高，合金的黏度下降，且因过热度高，合金在铸型中保持流动的时间长，故充型能力强。因此，对薄壁铸件或流动性较差的合金可适当提高浇注温度，以防浇注不足和冷隔缺陷。但浇注温度过高，铸件容易产生缩孔、缩松、粘砂、气孔、粗晶等缺陷，故在保证充型能力足够的前提下，应尽量降低浇注温度。通常，灰铸铁的浇注温度为 1200～1380℃，铸钢为 1520～1620℃，铝合金为 680～780℃。复杂薄壁件取上限，厚大件取下限。

（2）充型压力　液态合金在流动方向上所受的压力越大，充型能力越好。砂型铸造时，充型压力是由直浇道所产生的静压力取得的，故增加直浇道的高度可有效地提高充型能力。在压力铸造、低压铸造和离心铸造时，因充型压力得到提高，所以充型能力较强。

3. 铸型填充条件

液态合金充型时，铸型的阻力将影响合金的流动速度，而铸型与合金间的热交换又将影响合金保持流动的时间。因此，铸型的如下因素对充型能力均有显著影响：

（1）铸型的蓄热能力　即铸型从金属中吸收和存储热量的能力。铸型材料热导率和质量热容越大，对液态合金的激冷能力越强，合金的充型能力就越差。如金属型铸造较砂型铸造更容易产生浇不足等缺陷。

（2）铸型温度　提高铸型温度，减少铸型和金属液间的温差，减缓冷却速度，可使充型能力得到提高。在金属型铸造和熔模铸造时，常将铸型预热数百摄氏度。

（3）铸型中气体　在金属液的热作用下，型腔中的气体膨胀、型砂中的水分汽化、煤粉和其他有机物燃烧，将产生大量气体。如果铸型的排气能力差，则型腔中气体压力增大，以致阻碍液态合金的充型，充型能力下降。为减小气体的压力，除应设法减少气体来源外，应使砂型具有良好的透气性，并在远离浇口的最高部位开设出气口。

此外，铸件的结构对充型能力也有相当的影响，壁薄、结构复杂的铸件充型能力会降低。详见本章第四节“铸件结构设计”。

二、铸件的凝固与收缩

浇入铸型的金属液在冷凝至室温过程中，体积将会缩减，若其液态收缩和凝固收缩得不到补充，铸件将产生缩孔或缩松缺陷。为防止上述缺陷，必须合理地控制铸件的凝固过程。

1. 铸件的凝固方式及影响因素

（1）铸件的凝固方式　在铸件凝固过程中，其断面上一般存在三个区域，即已凝固的固相区、液固相并存的凝固区和未开始凝固的液相区。其中，对铸件质量影响较大的主要是液相和固相并存的凝固区的宽窄。铸件的“凝固方式”就是依据凝固区的宽窄（图 12-4b 中 S）来划分的。

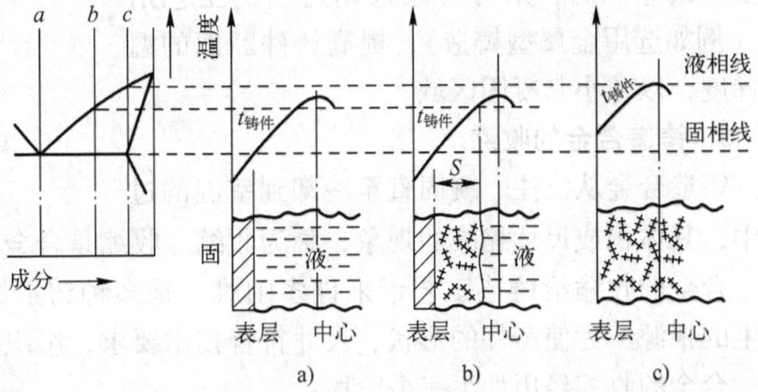

图 12-4　铸件的凝固方式

1）逐层凝固。纯金属或共晶成分合金在凝固时铸件断面上因不存在液固并存的凝固区（图 12-4a），故外层的固体和内层的液体之间的界限（凝固前沿）清晰。随着温度的下降，固体层不断加厚、液体层不断减少，直达铸件的中心，这种凝固方式称为逐层凝固。当铸件断面上的凝固区域很窄时，也属于逐层凝固方式。

常见合金如灰铸铁、低碳钢、工业纯铜、共晶铝硅合金及某些黄铜都属于逐层凝固的合金。

2）糊状凝固。如果合金的结晶温度范围很宽，且铸件的温度分布较为平坦，则在凝固的某段时间内，铸件表面不能形成坚固的固体层，而液固并存的凝固区贯穿整个断面，如图 12-4c 所示。由于这种凝固方式与水泥类似，即先成糊状而后整体固化，故称为糊状凝固。

球墨铸铁、高碳钢、锡青铜和某些黄铜等都是糊状凝固的合金。

3）中间凝固。大多数合金的凝固介于逐层凝固和糊状凝固之间（图 12-4b），称为中间凝固方式。中碳钢、高锰钢、白口铸铁等具有中间凝固方式。

铸件质量与其凝固方式密切相关。一般来说，逐层凝固时，合金的充型能力强，便于防止缩孔和缩松出现；糊状凝固时，难以获得结晶紧实的铸件。

（2）凝固方式的影响因素　影响铸件凝固方式的主要因素是合金的结晶温度范围和铸件的温度梯度。

1）合金的结晶温度范围。如前所述，合金的结晶温度范围越小，凝固区域越窄，越倾向于逐层凝固。如砂型铸造时，低碳钢为逐层凝固；高碳钢因结晶温度范围甚宽，为糊状凝固。

2）铸件的温度梯度。在合金温度范围已定的前提下，凝固区域的宽窄取决于铸件内外层温度梯度，如图 12-5 所示。若铸件的温度梯度由小变大（图中 $T_1 \rightarrow T_2$），则其对应的凝固区由宽变窄。铸件的温度梯度主要取决于：

① 合金的性质。合金的凝固温度越低、热导率越高、结晶潜热越大，铸件内部温度均匀化

能力越大，而铸件的激冷作用越小，故温度梯度越小（如多数铝合金）。

② 铸型的蓄热能力。铸型蓄热能力越强，激冷能力越强，铸件温度梯度越大。

③ 浇注温度。浇注温度越高，因带入铸型中热量增加，铸件的温度梯度减小。

通过以上讨论可以得出：倾向于逐层凝固的合金（如灰铸铁、铝硅合金等）便于铸造，容易生产出优质铸件，故应尽量采用。当必须采用倾向于糊状凝固的合金（如锡青铜、铝铜合金、球墨铸铁等）时，则可考虑采用适当的工艺措施（例如选用金属型铸造），提高铸件断面的温度梯度，以减小其凝固区域。

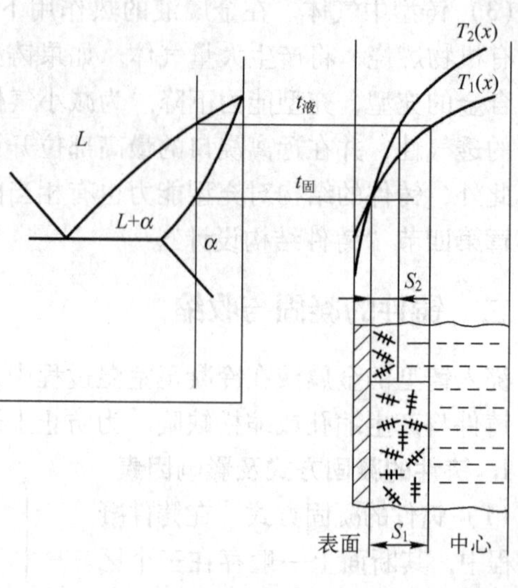

图 12–5　温度梯度对凝固区域的影响

2. 铸造合金的收缩

铸造合金从浇注、凝固直至冷却到室温的过程中，其体积或尺寸缩减的现象，称为收缩。收缩是合金的物理本性。

合金的收缩给铸造工艺带来许多困难，是多种铸造缺陷（如缩孔、缩松、裂纹和变形等）产生的根源。为使铸件的形状、尺寸符合技术要求，组织致密，必须研究收缩的规律性。

合金的收缩经历如下三个阶段：

① 液态收缩。从浇注温度到凝固开始温度（即液相线温度）间的收缩。表现为型腔内液面下降。合金液的过热度越大，则液态收缩也越大。为减小合金的液态收缩及吸气，兼顾充型能力，铸造合金的浇注温度一般控制在高于液相线 50 ~ 150℃。

② 凝固收缩。从凝固开始温度到凝固终止温度（即固相线温度）间的收缩。纯金属和共晶成分合金在恒温下凝固，所以收缩较小。

③ 固态收缩。从凝固终止温度到室温间的收缩。

所以，合金的收缩率为上述三种收缩的总和。合金的液态收缩和凝固收缩表现为体积的缩减，常用单位体积收缩量（即体收缩率）来表示。液态收缩和凝固收缩是铸件产生缩孔和缩松的基本原因。合金的固态收缩不仅引起合金体积上的收缩，同时，还使铸件在各方向尺寸减小，因此常用单位长度上的收缩量（即线收缩率）来表示。固态收缩是铸件产生应力和裂纹的基本原因。

不同合金的收缩率不同。在常用合金中，铸钢的收缩最大，灰铸铁最小。灰铸铁收缩很小是由于其中大部分碳是以石墨状态存在的，石墨的比体积大，在结晶过程中石墨析出所产生的体积膨胀，抵消了合金的部分收缩。表 12–1 所示为几种铁碳合金的体积收缩率。

表 12–1　几种铁碳合金的体积收缩率

合金种类	碳质量分数（%）	浇注温度/℃	液态收缩率（%）	凝固收缩率（%）	固态收缩率（%）	总体积收缩率（%）
铸造碳钢	0.35	1610	1.6	3	7.86	12.46
白口铸铁	3.00	1400	2.4	4.2	5.4 ~ 6.3	12 ~ 12.9
灰铸铁	3.50	1400	3.5	0.1	3.3 ~ 4.2	6.9 ~ 7.8

铸件的实际收缩率与其化学成分、浇注温度、铸件结构和铸型条件有关。

3. 缩孔与缩松

液态合金在冷凝过程中，若其液态收缩和凝固收缩所缩减的容积得不到补足，则在铸件最后凝固的部位形成一些孔洞。容积较大的称为缩孔，容积细小且分散的称为缩松。

（1）缩孔　缩孔产生在铸件最后凝固的部位，如壁的上部或中心，多呈倒圆锥形，内表面粗糙，一般隐藏在铸件的内部。

当合金在恒温下或窄温度范围内凝固时，铸件壁断面呈逐层凝固方式时易形成缩孔。其形成过程如图 12-6 所示。液态合金填满铸型型腔（图 12-6a）后，由于型壁的散热作用，表层金属液很快凝结成一层外壳，而内部仍然是高于凝固温度的液体（图 12-6b）。温度继续下降、外壳加厚，但内部液体因液态收缩和补充凝固层的凝固收缩，体积缩小、液面下降，使铸件内部出现了空隙（图 12-6c）。直到内部完全凝固，在铸件上部形成了缩孔（图 12-6d）。已经产生缩孔的铸件继续冷却到室温时，因固态收缩使铸件的外形略有缩小，如图 12-6e 所示。

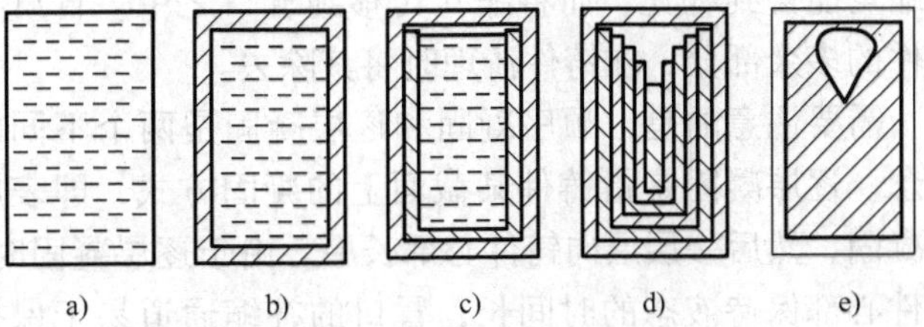

图 12-6　缩孔形成过程示意图

总之，合金的液态收缩和凝固收缩越大、浇注温度越高、铸件越厚，缩孔的容积越大。

（2）缩松　缩松是分散在铸件某区域内的微小孔洞，它一般出现在铸件壁的轴线区域、热节处、冒口根部和内浇口附近，也常分布在集中缩孔的下方。

缩松主要产生在结晶温度范围较宽的合金和断面温度梯度小的铸件中。液态金属表层因散热快而凝固结壳后，因铸件内部呈糊状凝固，被树枝状晶体分隔开的小液体区难以得到补缩，最终形成许多小而分散的孔洞。

缩松分为宏观缩松和微观缩松两种，如图 12-7 所示。宏观缩松是用肉眼或放大镜可以看出的小孔洞，多分布在铸件中心轴线处或缩孔下方。微观缩松是分布在晶粒之间的微小孔洞，要用显微镜才能观察出来，这种缩松分布面积更为广泛，有时遍及整个截面。微观缩松难以完全避免，对于一般铸件多不作为缺陷对待，但对气密性、力学性能、物理性能或化学性能要求很高的铸件，则必须设法减少。

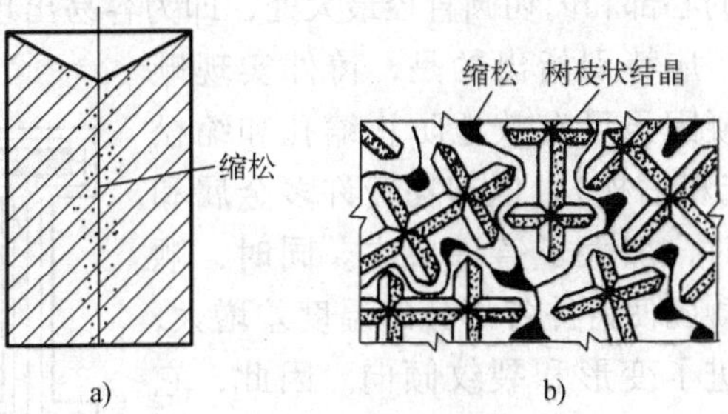

图 12-7　缩松示意图

a）宏观缩松　b）微观缩松

不同铸造合金的缩孔和缩松倾向不同。逐层凝固合金（纯金属、共晶合金或窄结晶温度范围合金）的缩孔倾向大、缩松倾向小；反之，糊状凝固合金的缩孔倾向虽小，但极易产生缩松。由于采用一些工艺措施可以控制铸件的凝固方式，因此，缩孔和缩松可在一定范围内使其互相转化。

（3）缩孔和缩松的防止　缩孔和缩松都使铸件的力学性能下降，缩松还可使铸件因渗漏而报废。因此，缩孔和缩松都属于铸件的重要缺陷，必须根据技术要求，采取适当的工艺措施予以防止。实践证明，只要能使铸件实现“顺序凝固”，尽管合金的收缩较大，也可获得没有缩孔的致密铸件。

所谓顺序凝固，是采用各种工艺措施，使铸件各部分按规定方向从一部分到另一部分逐渐凝固（通常是向冒口方向凝固）。如图 12-8 所示阶梯形铸件，金属液从内浇道通过冒口从厚部Ⅲ

进入，此处温度最高，从而在铸件纵断面上建立一个从薄部到厚部逐渐递增的温度梯度，实现由Ⅰ→Ⅱ→Ⅲ→冒口方向的凝固。按照这样的凝固顺序，先凝固部位的收缩，由后凝固部位的金属液来补充；后凝固部位的收缩，由冒口中的金属液来补充，从而使铸件各个部位的收缩均能得到补充，而将缩孔转移到冒口之中。冒口为铸件的多余部分，在铸件清理时将其除去。

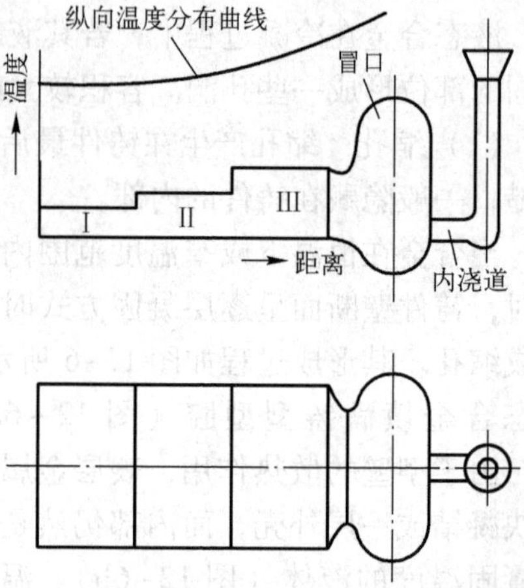

图 12-8　顺序凝固原则示意图

需要注意的是，顺序凝固和逐层凝固是两个不同的概念。逐层凝固是指铸件某截面上的凝固方式，即表层先凝固，然后一层层向铸件心部长厚。由于逐层凝固时，铸件心部保持液态的时间长，冒口的补缩通道易于保持畅通，故能充分发挥补缩效果。

除安放冒口外，还可在铸件上某些易产生缩孔的厚大部位（即热节）增设冷铁，以实现顺序凝固。图 12-9 所示铸件的热节不止一个，若仅靠顶部冒口，难以向底部凸台补缩，为此，在该凸台的型壁上安放了两个外冷铁，使铸件实现自下而上的顺序凝固，从而防止了凸台处缩孔、缩松的产生。冷铁通常用钢或铸铁制成。可以看出，冷铁仅是加快某些部位的冷却速度，以控制铸件的凝固顺序，但本身并不起补缩作用。

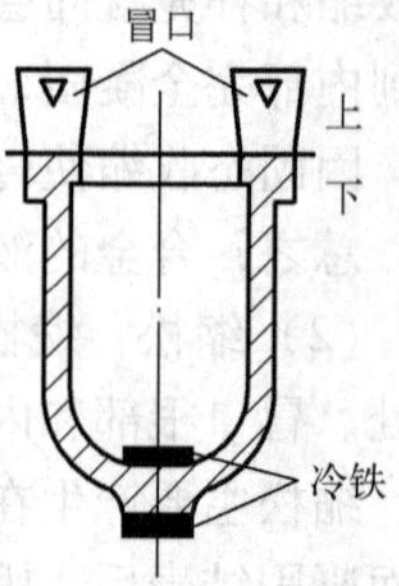

图 12-9　冷铁的应用

因此，正确的估计铸件上缩孔或缩松可能产生的部位是合理安设冒口和冷铁的重要依据。在实际生产中，常以画“凝固等温线法”和“内切圆法”近似地找出缩孔的部位，如图 12-10 所示。图中等温线未曾通过的心部和内切圆直径最大处，即为容易出现缩孔的热节。

应特别指出的是，铸件实现顺序凝固虽可有效地防止缩孔和缩松（宏观缩松），但却耗费许多金属和工时，加大了铸件成本。同时，顺序凝固使铸件各部分的温度差增大，促进了变形和裂纹倾向。因此，它主要用于必须补缩的场合，如铝青铜、铝硅合金和铸钢件等。而结晶温度范围宽的合金倾向于糊状凝固，发达的枝晶布满整个截面使冒口的补缩通道严重受阻，即使采用顺序凝固也很难避免微观缩松的产生。所以应尽量选用接近共晶成分或结晶温度范围较窄的合金生产铸件。

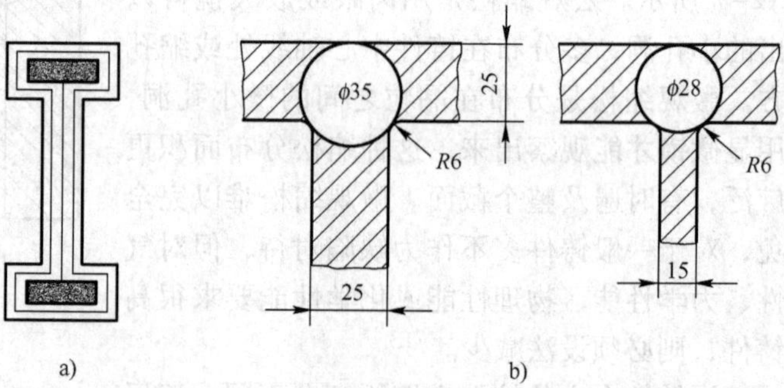

图 12-10　缩孔位置的确定

a）凝固等温线法　b）内切圆法

4. 铸造内应力、变形和裂纹

铸件在凝固以及之后的冷却过程中，其固态收缩若受到阻碍，铸件内部所产生的内应力即铸造内应力。这些内应力有时是在冷却过程中暂存的，有时则一直保留到室温，后者称为残余内应力。铸造内应力是铸件产生变形和裂纹的基本原因，这种缺陷将严重影响铸件的质量。

（1）铸造应力　按照内应力的产生原因，可分为热应力、机械应力和固态相变应力三种。

1）热应力。它是由于铸件上壁厚不均匀的各部分冷却速度和线收缩不同，相互阻碍收缩而产生的应力。

为了分析热应力的形成，首先必须了解金属自高温冷却到室温时应力状态的改变。固态金属在再结晶温度以上的较高温度时（钢和铸铁为620～650℃以上），处于塑性状态。此时，在较小的应力下就可发生塑性变形（即永久变形），变形之后应力可自行消除。在再结晶温度以下，金属呈弹性状态，此时，在应力作用下将发生弹性变形，而变形之后应力继续存在。

下面用图12-11a所示的框型铸件来分析热应力的形成。该铸件由杆Ⅰ和杆Ⅱ两部分组成，杆Ⅰ较粗、杆Ⅱ较细。当铸件处于高温阶段（图中 $t_0 \sim t_1$ 间），两杆均处于塑性状态，尽管两杆的冷却速度不同、收缩不一致，但瞬时的应力均可通过塑性变形而自行消失。继续冷却后，冷却速度较快的杆Ⅱ已进入弹性状态，而粗杆Ⅰ仍处于塑性状态（图中 $t_1 \sim t_2$ 间）。由于细杆Ⅱ冷却快，收缩大于粗杆Ⅰ，所以细杆Ⅱ受拉伸、粗杆Ⅰ受压缩（图12-11b），形成了暂时内应力，但这个内应力随之通过粗杆Ⅰ的微量塑性变形（压短）而消失（图12-11c）。当进一步冷却得到更低温度时（图中 $t_2 \sim t_3$），已被塑性压短的粗杆Ⅰ也处于弹性状态，此时，尽管两杆长度相同，但所处的温度不同。粗杆Ⅰ的温度较高，还会进行较大的收缩；细杆Ⅱ的温度较低，收缩已趋停止。因此，粗杆Ⅰ的收缩必然受到细杆Ⅱ的强烈阻碍，于是，杆Ⅱ受压缩，杆Ⅰ受拉伸，直到室温，形成了残余内应力（图12-11d）。

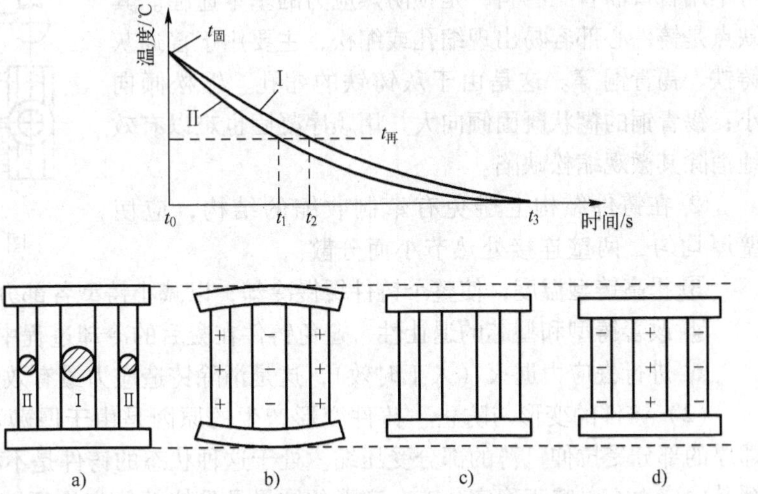

图12-11　框形铸件热应力的形成过程

注：+表示拉应力；-表示压应力。

由此可见，热应力使铸件的厚壁或心部受拉伸，薄壁或表层受压缩。铸件的壁厚差别越大，合金的收缩率越高，弹性模量越大，热应力越大。

2）机械应力。它是合金的线收缩受到铸型或型芯机械阻碍而形成的内应力，如图12-12所示。机械应力使铸件产生拉伸或切应力，并且是临时的，在铸件落砂，打断浇、冒口之后，这种内应力便可自行消除。但机械应力在铸型中可与热应力共同起作用，增大了某些部位的拉伸应力，促进了铸件的裂纹倾向。

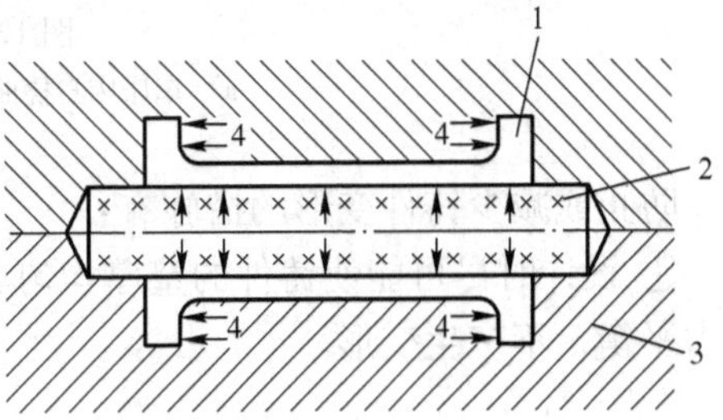

图12-12　机械应力

1—铸件　2—型芯　3—铸型　4—阻力

3）固态相变应力。它是由于铸件固态相变，各部分体积发生不均衡变化而引起的应力。铸件在凝固以后的冷却过程中如果有固态相变（如钢和铸铁的共析转变），则晶体的体积就会发生变化。若此时铸件各部分温度均匀一致，则相变同时发生，可能不产生应力；若铸件壁厚不均，冷却过程中存在温度差，则各部分的相变不同时发生，其体积变化不均衡而导致产生相变应力。

减小和消除铸造应力的方法有：

① 按同时凝固原则设计铸造工艺（设置冷铁、布置浇口位置等），以尽量减少铸件各部位间的温度差，使其均匀地冷却。如图 12-13 所示，浇口开在薄壁处，厚壁处安放冷铁，从而实现同时凝固。坚持同时凝固原则可减少铸造内应力、防止铸件的变形和裂纹缺陷，又可不用冒口而省工省料，是预防热应力的基本途径。其缺点是铸件心部容易出现缩孔或缩松，主要用于普通灰铸铁、锡青铜等。这是由于灰铸铁的缩孔、缩松倾向小；锡青铜的糊状凝固倾向大，用顺序凝固也难以有效地消除其微观缩松缺陷。

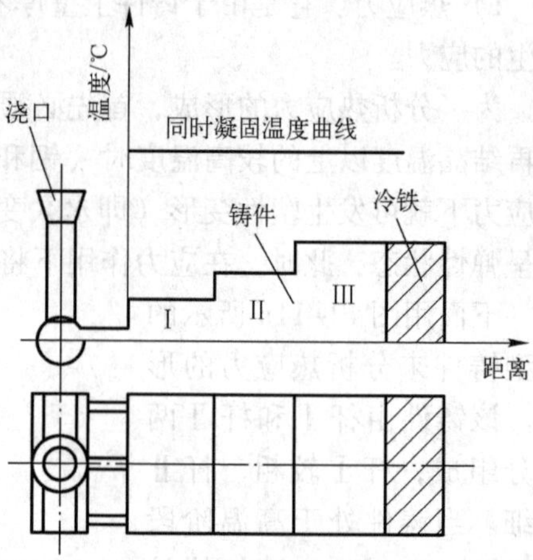

图 12-13　铸件的同时凝固原则

② 在铸件结构上避免有牵制收缩的结构，应使壁厚均匀，两壁连接处热节小而分散。

③ 提高铸型温度，使整个铸件缓慢冷却，以减小铸型各部分的温度差。

④ 改善铸型和型芯的退让性，避免铸件在凝后的冷却过程中受到阻碍。

⑤ 进行去应力退火（人工时效），这是消除铸造应力最有效的方法。

（2）铸件的变形与防止　铸件变形产生的原因是由于厚薄不均的铸件内部有残余内应力，即厚的部分受拉伸、薄的部分受压缩。处于这种状态的铸件是不稳定的，将自发地通过变形来减缓其内应力，以趋于稳定状态。变形的结果是受拉部位产生压缩变形、受压部分产生拉伸变形。图 12-14a 所示车床床身，其导轨部分因较厚而受拉应力，床壁部分较薄而受压应力，于是朝着导轨方向发生弯曲变形，使导轨呈内凹。图 12-14b 所示为一平板铸件，尽管其壁厚均匀，但其中心部分因比边缘散热慢而受拉应力，其边缘处则受压应力。由于铸型上面比下面冷却快，于是该平板发生如图所示方向变形。

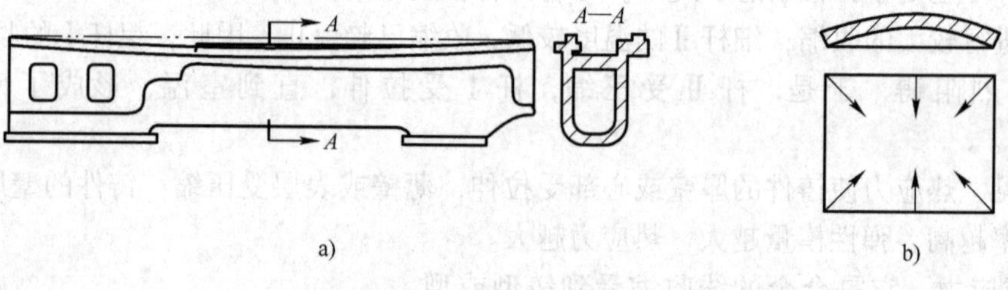

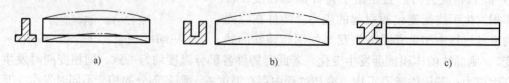

图 12-14　铸件变形示意图

a）车床床身挠曲区变形示意图　b）平板铸件的变形

防止或减少铸件变形的措施有：

① 设计时尽可能使铸件的壁厚均匀、形状对称。如图 12-15c 所示，由于其截面对称、铸造应力平衡，不产生变形。

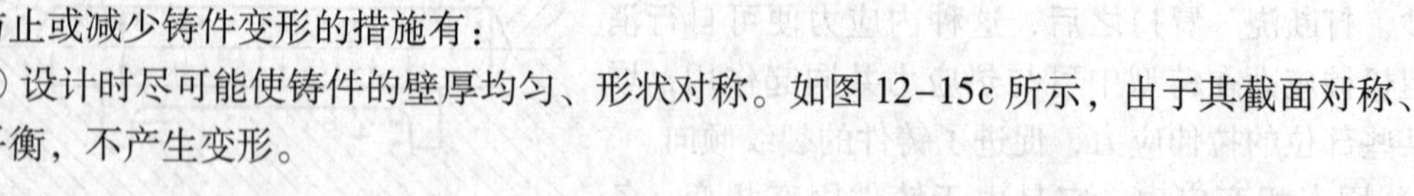

图 12-15　不同截面件的变形

② 在铸造工艺上采用同时凝固办法，以便冷却均匀。

③ 对于长而易变形的铸件，可采用“反变形”工艺，即将模样制成与变形方向正好相反的形状以抵消铸件的变形。

④ 对于不允许发生变形的重要机件（如机床床身、变速箱、刀架等）必须进行时效处理以消除内应力。自然时效是将铸件置于露天场地半年以上，使其缓慢地发生变形，从而使内应力消除。人工时效是将铸件加热到550～650℃进行去应力退火，它比自然时效快、内应力去除较为彻底，故应用广泛。时效处理宜在铸后或粗加工之后进行。

（3）铸件的裂纹与防止　当铸件内应力超过金属的强度极限时便会产生裂纹。裂纹是铸件的严重缺陷，多使铸件报废。裂纹按形成温度不同可分热裂和冷裂两种：

1）热裂。热裂是在凝固末期高温下产生的裂纹。热裂纹一般沿晶界产生，其形状特征是裂纹短、缝隙宽、形状曲折、缝内呈氧化色。铸件凝固末期，固态合金已形成了完整的骨架，但晶粒之间还存有少量液体，故强度、塑性较低。当铸件的收缩受到铸型、型芯或浇注系统阻碍时，若铸造应力超过了该温度下合金的强度极限，即发生热裂。热裂一般出现在铸件上的应力集中部位（如尖角、截面突变处）或热节处等。

影响热裂形成的主要因素是合金性质和铸型阻力。防止热裂的措施有：

① 选择结晶温度范围窄、热裂收缩小的合金生产铸件，因为其热裂倾向小。在常用合金中，灰铸铁和球墨铸铁热裂倾向小，而铸钢、铸铝、可锻铸铁（白口铸铁）的热裂倾向较大。

② 减少铸造合金中的有害杂质的含量以提高其高温强度。钢铁中的磷、硫，因可形成低熔点的共晶体，扩大了结晶温度范围，使热裂倾向增大，故应尽量减少其含量。

③ 改善铸型和型芯的退让性。铸型的退让性与造型材料中黏结剂种类密切相关。退让性越好，机械应力越小，形成热裂的可能性也越小。当采用有机黏结剂（如植物油、合成树脂、糊精等）配置型砂或芯砂时，因高温强度低，退让性好。为提高黏土砂的退让性，可在混合料中掺入少量锯木屑。

④ 尽可能避免浇口、冒口对铸件收缩的阻碍，如内浇口的布置应符合同时凝固原则。

2）冷裂。冷裂是在低温下即处于弹性状态时形成的裂纹。冷裂纹是穿晶而裂，其形状特征是裂纹细小，呈连续直线状，有时缝内呈轻微氧化色。

冷裂常出现在铸件受拉伸部位，特别是应力集中处（如尖角、缩孔、气孔、夹杂等缺陷附近）。脆性大、塑性差的合金（如白口铸铁、高碳钢、合金钢）和大型复杂铸件最易产生冷裂纹。这些冷裂纹在落砂时并未形成，而是在铸件清理、搬运或机械加工时受到震击才出现的。

图12-16所示为带轮铸件的冷裂现象。带轮的轮缘、轮辐比轮毂薄，冷却速度较快，比轮毂先收缩。当整个铸件进入弹性状态时，轮毂的收缩受到轮缘的阻碍，轮辐内产生拉应力，当其大于材料的强度极限时，轮辐即断裂。

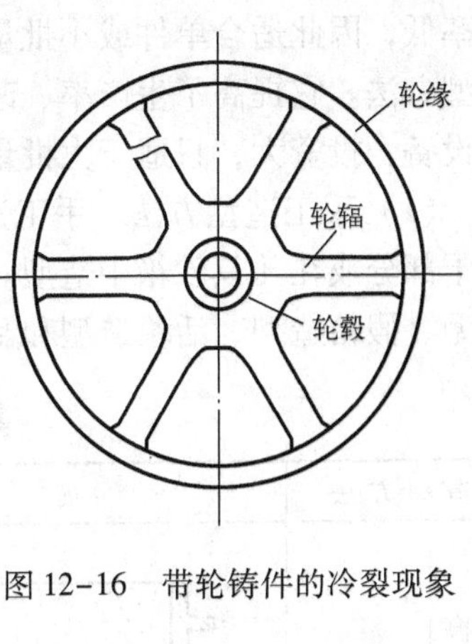

图12-16　带轮铸件的冷裂现象

铸件的冷裂倾向与铸件内应力的大小密切相关。为防止铸件的冷裂，除应设法减小铸造内应力外，还应在合金熔炼时严格控制钢、铁的含磷量。此外，浇注之后，勿过早打箱。

第二节　砂型铸造

砂型铸造是利用具有一定性能的原砂作为主要造型材料的铸造方法。其适应性强，几乎不受铸件材质、形状尺寸、质量及生产批量的限制，因此，它是目前最基本、应用最普遍的铸造方法。

一、砂型铸造的工艺过程及特点

砂型铸造的主要工序包括：制造模样、制备造型材料、造型、造芯、合型、熔炼、浇注、落砂、清理和检验等。如图 12–17 所示，砂型铸造首先是根据零件图设计出铸件图或模样图，制出模样及其他工装设备，并用模样、砂箱等和配制好的型砂制成相应的砂型，然后把熔炼好的合金液浇入型腔。等合金液在型腔内凝固冷却后，破坏铸型，取出铸件。最后清除铸件上附着的型砂及浇冒系统，经过检验即可获得所需铸件。

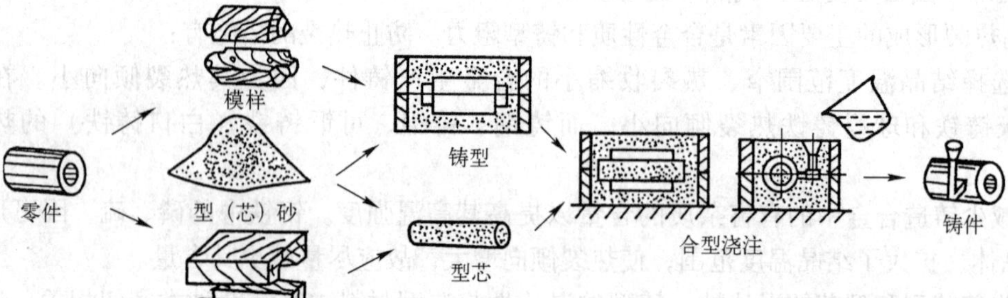

图 12–17　砂型铸造工艺过程

1. 造型

造型是指用型砂及模样等工艺装备制造铸型的过程。可采用手工操作和机器来完成。手工造型操作灵活，不需要复杂的造型设备，只需简单的造型平板、砂箱和一些手工造型工具，但生产效率低，因此适合单件或小批量生产。机器造型指用机器完成全部或至少完成紧砂和起模操作的造型方法。它提高了生产率、改善了劳动条件，便于组织生产流水线，且铸件质量高，但需要造型设备，投资大，只适于大批量生产。

（1）手工造型方法　手工造型的关键是起模问题。对于形状较复杂的铸件，需将模样分成若干部分或在几只砂箱中造型。根据模样特征，手工造型方法可分为整模造型、分模造型、挖砂造型、假箱造型、活块造型和刮板造型等。常用手工造型方法的特点和应用见表 12–2。

表 12–2　常用手工造型方法的特点和应用

造型方法		简　图	主要特点	适用范围
按模样特征分	整模造型	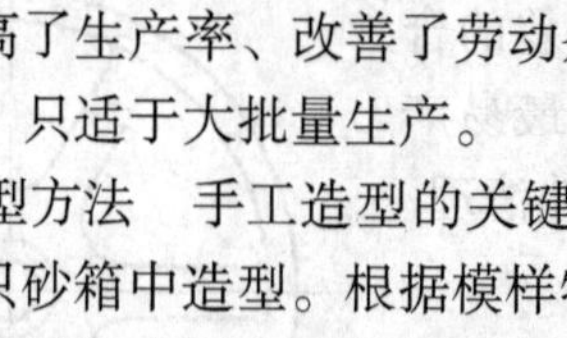	模样是整体的，分型面是平面，型腔全在半个铸型内，造型简单，不会产生错型	适用于铸件最大截面靠一端且为平面的铸件

（续）

造型方法		简图	主要特点	适用范围
按模样特征分	分模造型	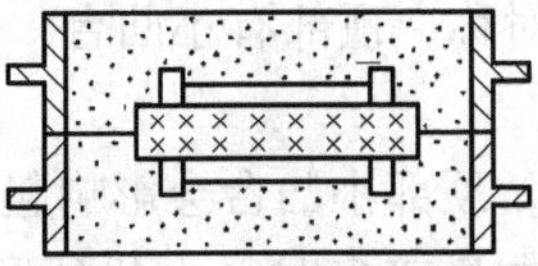	模样沿最大截面处分为两半，型腔位于上、下砂箱内。模样制造较为复杂，造型方便	最大截面在中部（或圆形）的铸件
	挖砂造型	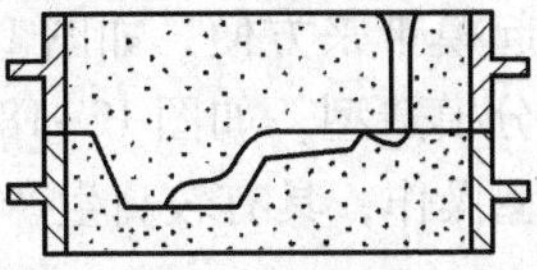	模样是整体的，但铸件的分型面为曲面，造型时需挖出妨碍起模的型砂，其造型费工，生产率低	用于分型面不是平面的单件、小批铸件的生产
	假箱造型	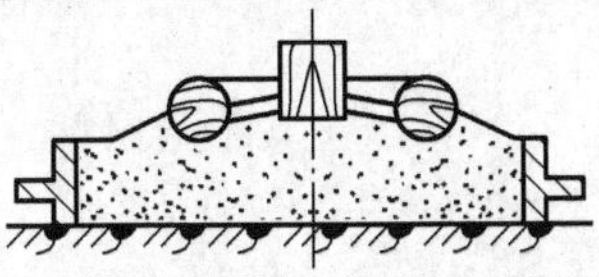	造型前先做个假箱，再在假箱上造下箱，假箱不参加浇注，它比挖砂操作简便，且分型面整齐	用于成批生产需要挖砂的铸件
	活块造型	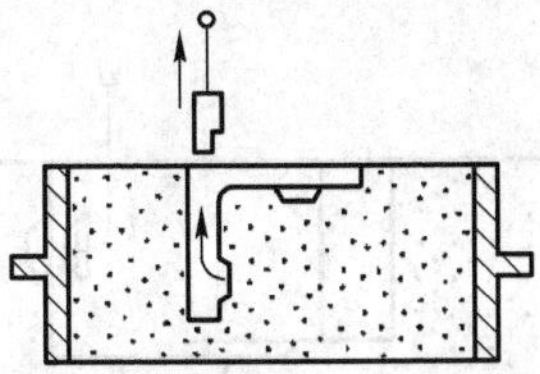	制模时将妨碍起模的小凸台、筋条做成活动部分，起模时先起出主体模样，然后再取出活块	主要用于生产带有突出部分且难以起模的单件、小批铸件的生产
	刮板造型	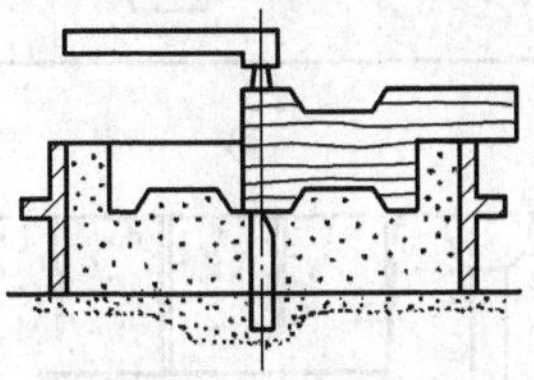	用刮板代替实体模造型，降低模样成本，缩短生产周期，但生产率低、要求操作工人技术水平高	用于等截面或回转体的大、中型铸件的单件、小批量生产，如带轮、飞轮、铸管、弯头等
按砂型特征分	两箱造型	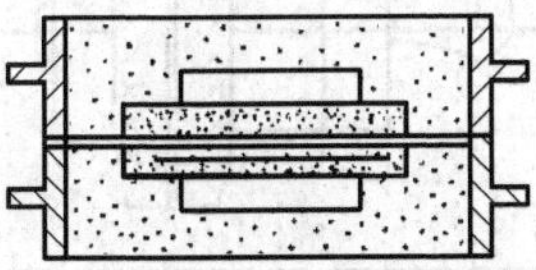	铸型由上、下砂箱组成，便于操作	适用于各种批量和各种尺寸的铸件
	三箱造型	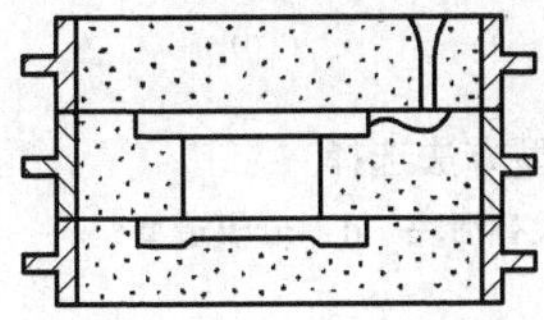	上、中、下三个砂箱组成铸型，中箱高度与两个分型面间的距离适应。造型费工时	主要用于手工造型，生产有两个分型面的铸件
	地坑造型	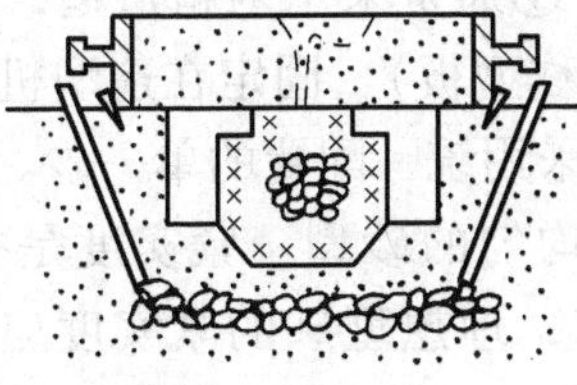	用地面砂床作为下砂箱，大铸件还需在砂床下铺焦炭、埋出气管，以便浇注时引气	常用于砂箱不足的条件下或制造批量不大的大、中型铸件
	组芯造型	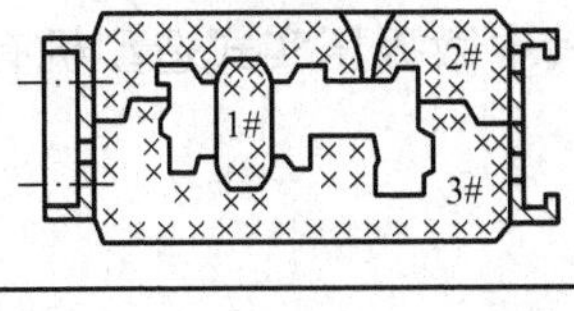	用多块砂芯组合成铸型，而无需砂箱。可提高铸件精度，但成本高	适用于大批量生产形状复杂的铸件

造型方法的选择具有较大的灵活性。某个铸件往往有多种造型方法可供选择，应根据铸件结构特点、形状及尺寸、生产批量和车间具体条件等，进行分析比较，以确定最佳方案。如图 12-18 所示为轴承座铸件的造型方法选择。该轴承座形状左右对称，顶部有小凸台，供钻出加注润滑油的孔。

从俯视图看，铸件的一端为平面，若采用整模造型，顶部小凸台会影响起模。故在单件小批生产时，可采用活块造型，如图 12-18b 所示。在生产数量较多时，小凸台形状可用型芯做出，这样会增加造芯和下芯的工作量，但不必采用活块，给起模带来方便，如图 12-18c 所示。在大批量生产条件下，应把模样沿铸件最大截面分开，进行分模造型，如图 12-18d 所示。该造型方法的模样制造稍复杂，容易产生错型缺陷，但简化了造型操作，具有较高生产率。

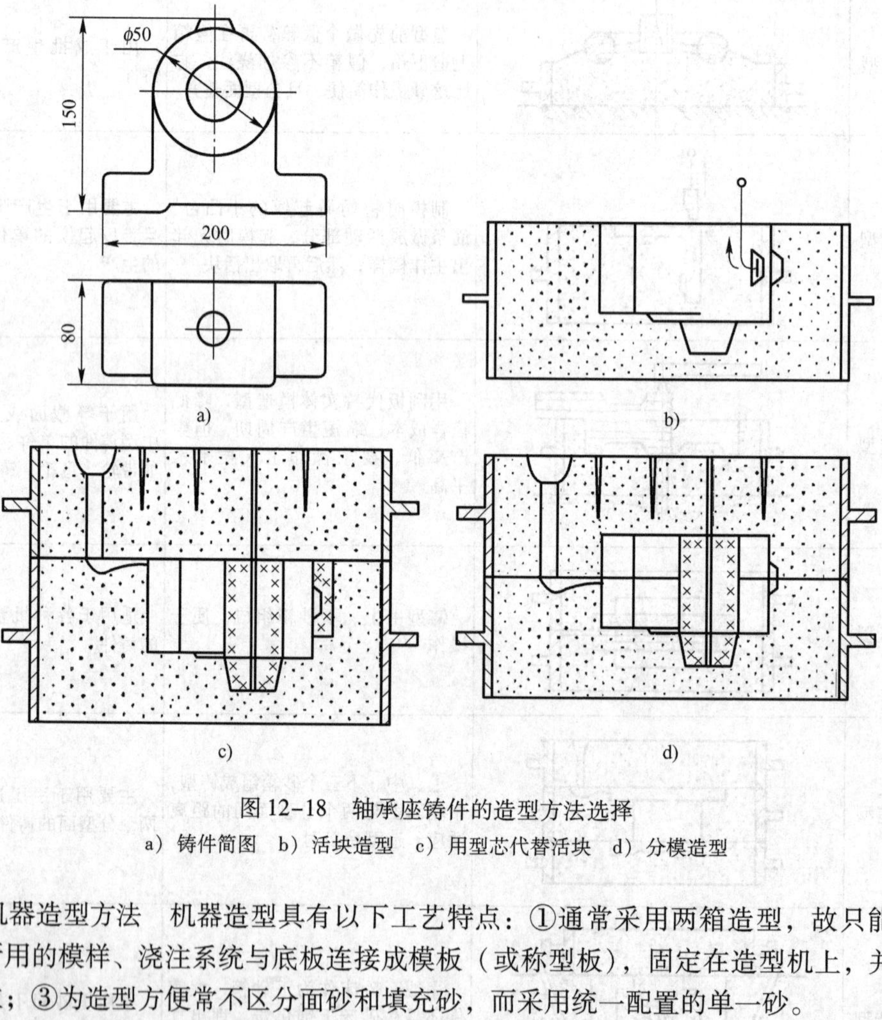

图 12-18　轴承座铸件的造型方法选择

a）铸件简图　b）活块造型　c）用型芯代替活块　d）分模造型

（2）机器造型方法　机器造型具有以下工艺特点：①通常采用两箱造型，故只能有一个分型面；②所用的模样、浇注系统与底板连接成模板（或称型板），固定在造型机上，并与砂箱用定位销定位；③为造型方便常不区分面砂和填充砂，而采用统一配置的单一砂。

机器造型的关键是获得具有足够紧实度而且分布均匀的砂型。紧实度是指单位体积型砂的重量。松散型砂的紧实度一般为 0.006 ~ 0.01 N/cm^3，理想型砂的紧实度应保持在 0.014 ~ 0.018 N/cm^3。

各种机器造型方法的特点和适用范围见表 12-3。其中微振压实式造型机有淘汰振压式造型机的趋势。

表 12–3　各种机器造型方法的特点和适用范围

种类	简　　图	主 要 特 点	适用范围
压实造型	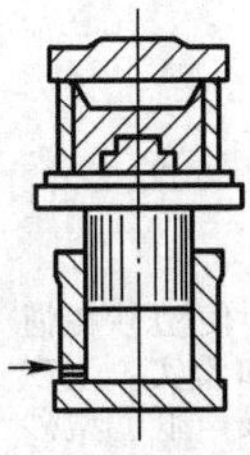	单纯借助压力紧实砂型。机器结构简单、噪声小，生产率高，消耗动力少。型砂的紧实度沿砂箱高度方向分布不均匀，上下紧实度相差很大	适用于成批生产高度小于 200 mm 薄而小的铸件
高压造型	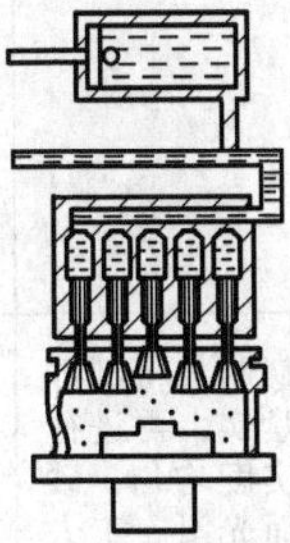	用较高压实比压（一般在 0.7 ~ 1.5 MPa）压实砂型。砂型紧实度高，铸件尺寸精度高，表面粗糙度小，废品率低，生产率高、噪声小、灰尘小，易于机械化、自动化，但机器结构复杂、制造成本高	适用于大量生产中、小型铸件，如汽车、机车车辆，缝纫机等产品较为单一的制造业
震击造型	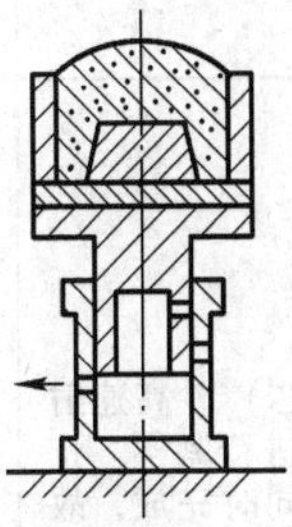	依靠震击力紧实砂型。机器结构简单，制造成本低，但噪声大、生产率低，要求厂房基础好。砂型紧实度沿砂箱高度方向越往下越大	成批生产中、小型铸件
震压造型	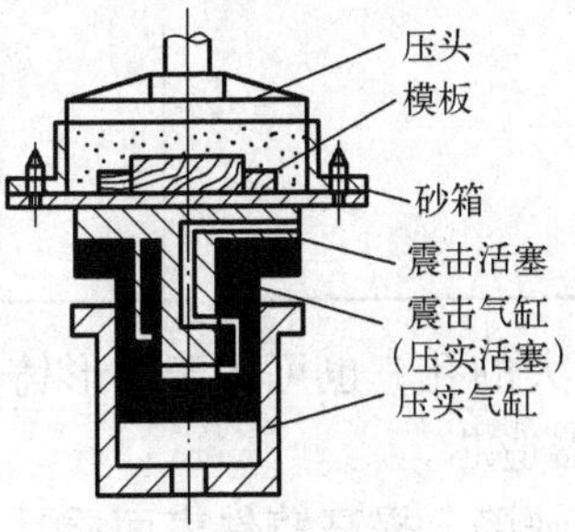	经过多次震击后再压实砂型。生产率高，能量消耗少，机器磨损少，砂型紧实度较均匀，但噪声大	广泛用于成批生产中、小型铸件
微振压实造型	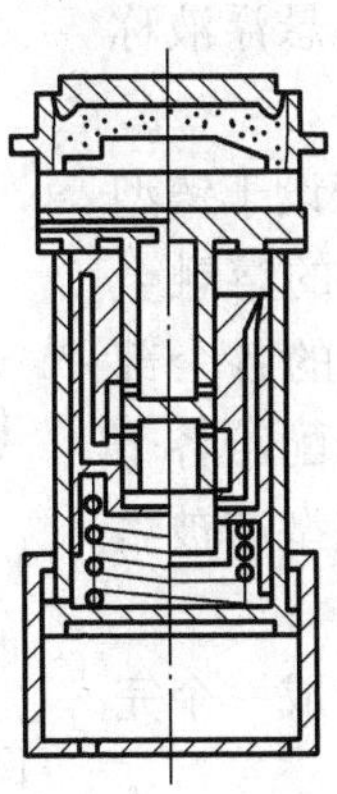	在加压紧实型砂的同时，砂箱和模板做高频率、小振幅振动。生产率高、紧实度均匀、噪声小	广泛用于成批生产中、小型铸件

（续）

种类	简　图	主要特点	适用范围
抛砂造型	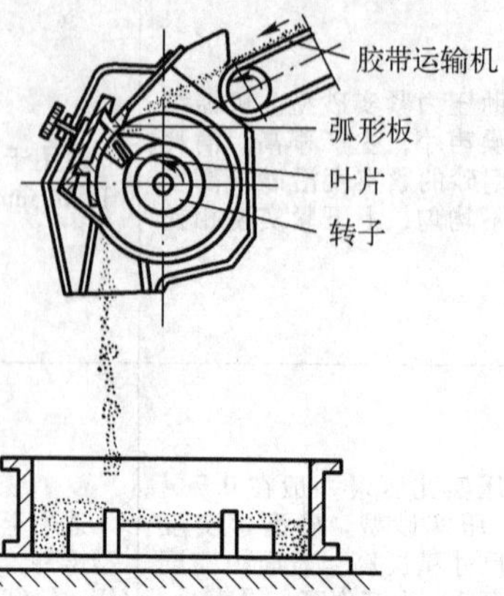	用离心力抛出型砂，使型砂在惯性力作用下完成填砂和紧实。生产率高，能量消耗少、噪声低、型砂紧实度均匀、适用性广	单件、小批、成批大量生产中、大型铸件或大型芯
射压造型	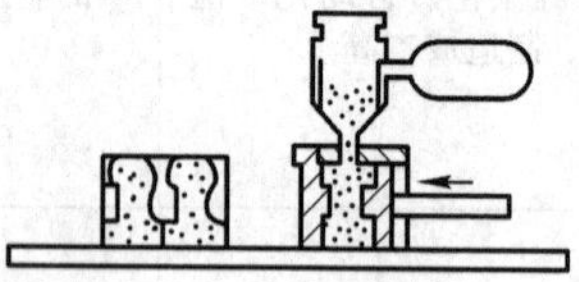	由于压缩空气骤然膨胀，将型砂射入砂箱进行填砂和紧实，再进行压实。生产率高，紧实度均匀，砂型型腔尺寸精确、表面光滑，工人劳动强度低，易于自动化，但造型机调整维修复杂	大批、大量生产形状简单的中、小型铸件
射砂紧实	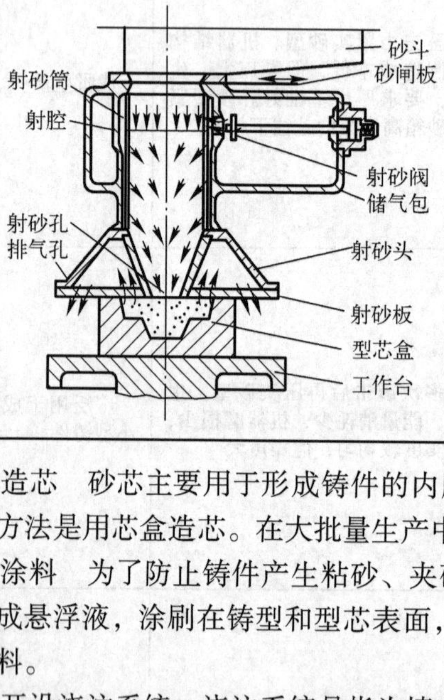	用压缩空气将型（芯）砂高速射入砂箱（或芯盒）而进行紧实。将填砂、紧实两个工序同时完成，故生产率高，但紧实度不高，需进行辅助压实	广泛用于制芯，并开始造型

（3）造芯　砂芯主要用于形成铸件的内腔及尺寸较大的孔，也可用于成形铸件外形。最常用的造芯方法是用芯盒造芯。在大批量生产中应采用机器造芯。

（4）涂料　为了防止铸件产生粘砂、夹砂及砂眼等缺陷，提高铸件表面质量，将一些防粘砂材料制成悬浮液，涂刷在铸型和型芯表面，这种防粘砂材料悬浮液称为铸造涂料。

（5）开设浇注系统　浇注系统是指为填充型腔和冒口而开设于铸型中的一系列通道。其组成如图 12-19 所示。浇口杯承接浇注的熔融金属；直浇道是以其高度产生的静压力，使熔融金属充满型腔的各个部分，并能调节熔融金属流入型腔的速度；横浇道将熔融金属分配给各个内浇道；内浇道的方向不应对着型腔壁和砂芯，以免型腔壁或型芯被熔融金属充坏。

（6）合型　将铸件的各个组元如上型、下型、砂芯等组合成一个完整铸型的操作过程。合型后即可准备浇注。

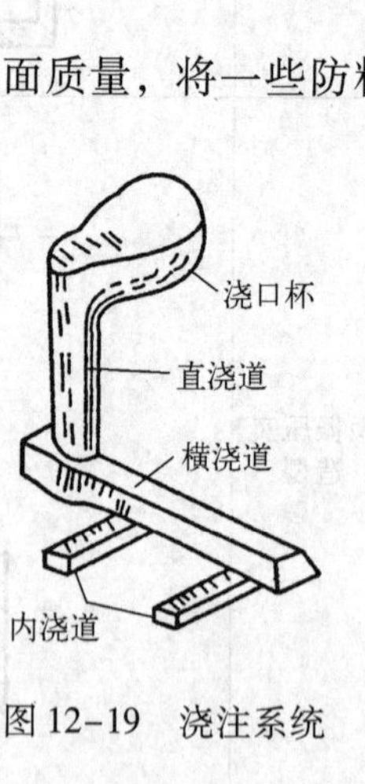

图 12-19　浇注系统

2. 熔炼和浇注

熔炼的任务是提供化学成分和温度都合格的熔融金属。浇注指将熔融金属从浇包注入铸型的操作。要注意熔融金属的出炉温度和浇注温度。

3. 落砂和清理

落砂是指用手工或机械使铸件与型砂、砂箱分开的操作。浇注后应及时落砂，避免由于收缩应力过大而使铸件产生裂纹。落砂后要及时从铸件上清除表面粘砂、型砂和多余金属（包括浇冒口、氧化皮）等。清理后的铸件应根据其技术要求仔细检查，判断铸件是否合格。技术条件允许补焊的铸造缺陷应进行补焊。合格的铸件应进行去应力退火或自然时效。变形的铸件应加以矫正。

二、铸造生产流水线概念

在大批量生产的铸造车间，机械化程度高，有条件把造型、浇注和落砂等主要工序组成流水线，进行有节奏的高效率生产。

图 12-20 所示为铸造生产流水线示意图。造型机配置在输送带旁边，合型后的砂型放在输送带上，沿箭头方向运送到浇注平台前。浇包沿单轨被浇注工人推至浇注平台上进行浇注。浇注后的砂型经冷却室到达落砂机旁边，用推杆或吊车把砂型放在落砂机上落砂。落砂后的旧型砂被送至型砂处理工段，铸件被送至清理工段，空砂箱被送回造型机旁，以供继续造型。

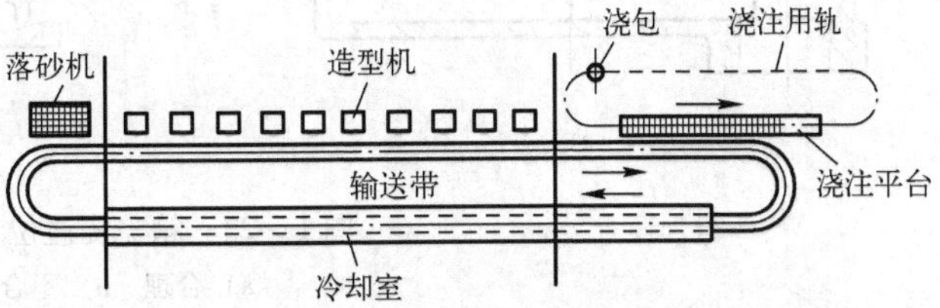

图 12-20　铸造生产流水线示意图

三、铸造工艺的制订

进行铸造生产时，应根据零件的结构特点、技术要求、生产批量和本车间的生产条件确定铸造工艺，绘制铸造工艺图，以指导生产准备和工艺操作，并作为铸件验收的依据。

1. 铸造工艺的一般原则

在接受生产任务前，必须对零件图进行工艺性审查，分析该零件结构是否符合铸造工艺要求，并提出必要的工艺措施。在确定铸造工艺时，应着重考虑以下几方面的问题：

（1）浇注位置　浇注位置是指浇注时铸件在铸型内所处的空间位置。浇注位置的确定应遵循以下原则：

1）铸件的重要加工面应朝下或侧立。因为气体、夹杂物总是漂浮在金属液上面，朝下的面及侧立的面处金属液质量纯净、组织致密。图 12-21 所示为车床床身的浇注位置，导轨面是关键部分，应朝下。

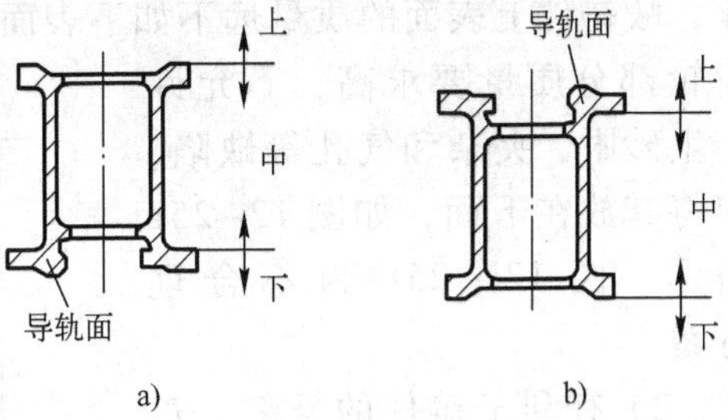

图 12-21　车床床身的浇注位置

a）合理　b）不合理

2）铸件的宽大面应朝下。因为浇注时型腔顶面烘烤严重，型砂易开裂形成夹砂、结疤等缺陷，如图 12-22 所示。

3）铸件的薄壁部分应放在铸型的下部或侧立，以保证金属液能充满，避免产生浇不足、冷隔等缺陷，如图 12-23 所示的箱盖浇注位置。

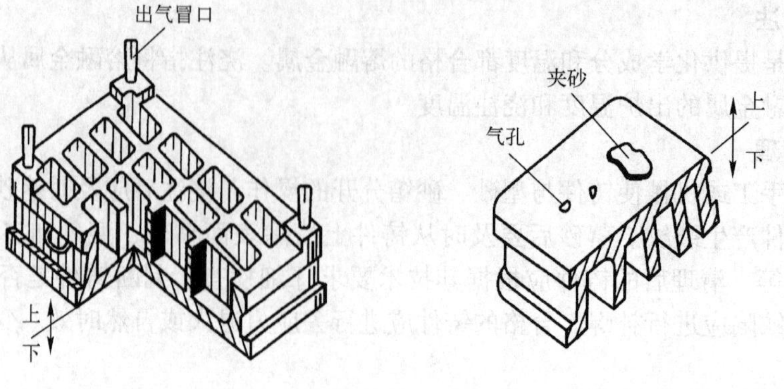

a)　　　　b)

图 12-22　大平面的浇注位置

a）合理　b）不合理

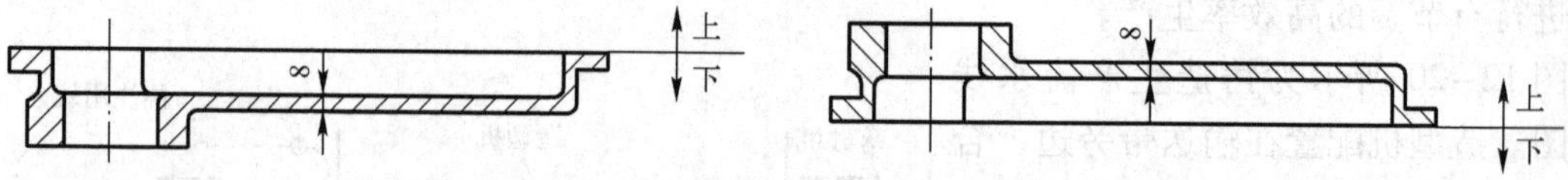

a)　　　　b)

图 12-23　箱盖浇注位置的比较

a）合理　b）不合理

4）铸件的厚大部分应放在上部或侧面，以便安置冒口补缩。如图 12-24 中的卷扬筒，其厚端位于顶部是合理的。

（2）分型面　分型面为铸型组元间的接合面，它决定了铸件在铸型中的位置，关系到模样结构、型芯数量和造型工艺等。通常情况下，合型后不再翻动铸型就进行浇注，所以分型面也决定了铸件的浇注位置，对铸件质量的影响很大。

选择分型面时应注意以下原则：

1）铸件的重要加工面应朝下或在侧面。铸件凝固过程中，气体、非金属夹杂物容易上浮，故铸件上表面的质量远不如下表面或侧面。图 12-25 表示圆锥齿轮的两种分型面方案，齿轮部分质量要求高，不允许产生砂眼、夹杂和气孔等缺陷，应将其放在下面，如图 12-25a 所示；图 12-25b 为不合理方案。

2）有利于铸件的补缩。对收缩大的铸件，应把铸件的厚实部分放在上面，以便放置补缩冒口，如图 12-26a 所示；对收缩小的铸件，则应将厚实部分放在下面，依靠上面金属液体进行补缩，如图 12-26b 所示。

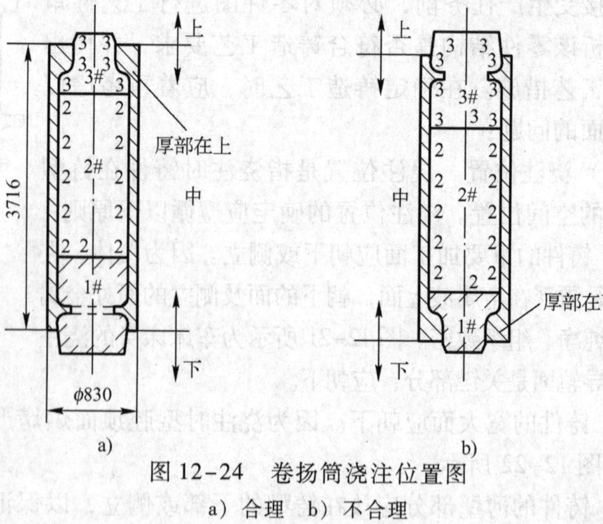

a)　　　　b)

图 12-24　卷扬筒浇注位置图

a）合理　b）不合理

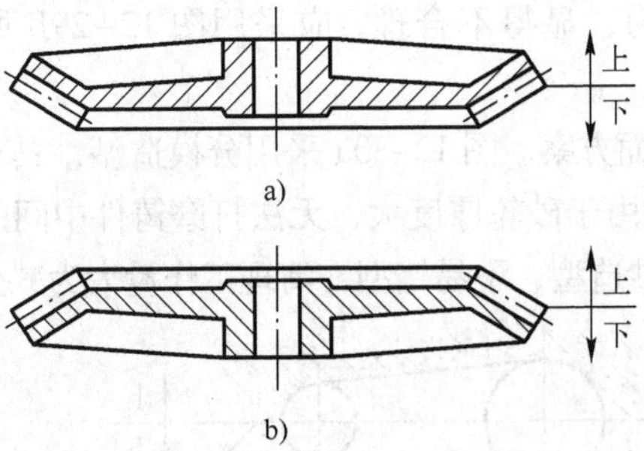

图 12-25　圆锥齿轮的分型面

a）合理　b）不合理

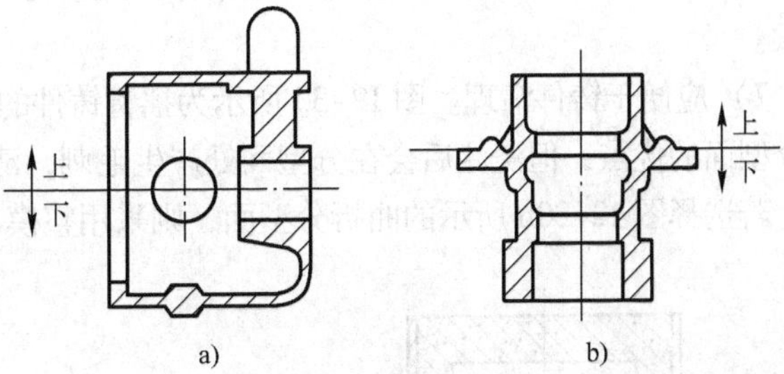

图 12-26　有利于铸件补缩

a）收缩大的铸件　b）收缩小的铸件

3）应尽量使铸件全部或大部分放在同一砂型内，特别是重要加工面和定位基准面应放在同一砂型内。以避免产生错型等缺陷，保证铸件尺寸精度。如图 12-27 所示，床身铸件的顶部为加工基准面，导轨部分属于重要加工面。若采用图 12-27b 所示的方案，错型会影响铸件精度。图 12-27a 所示方案在凸台处增加一外型芯，可使加工面和基准面处于同一砂箱内，以保证铸件精度。

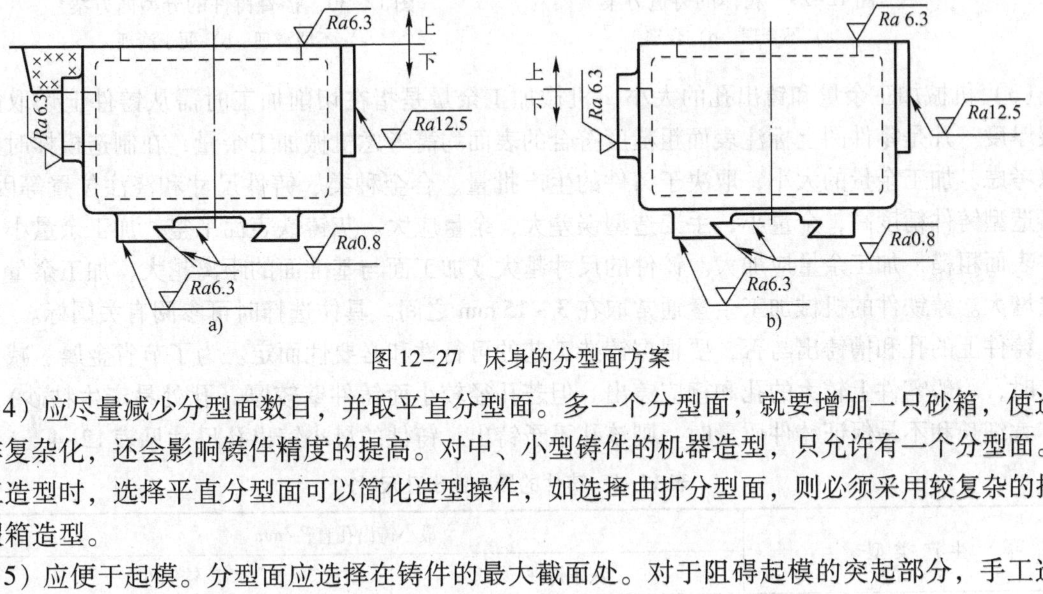

图 12-27　床身的分型面方案

4）应尽量减少分型面数目，并取平直分型面。多一个分型面，就要增加一只砂箱，使造型工作复杂化，还会影响铸件精度的提高。对中、小型铸件的机器造型，只允许有一个分型面。在手工造型时，选择平直分型面可以简化造型操作，如选择曲折分型面，则必须采用较复杂的挖砂或假箱造型。

5）应便于起模。分型面应选择在铸件的最大截面处。对于阻碍起模的突起部分，手工造型时可采用活块，机器造型时用型芯代替活块。

6）应尽量减少型芯数目，并使型芯固定可靠，合型前容易检验型芯的位置。

图 12-28 所示为接头铸件的分型面方案。按图 12-28a 所示的方案，接头内孔的形成需用型芯；如改成图 12-28b 所示的方案，上型用吊砂，下型用砂垛，可省掉型芯，而且铸件外形整齐、容易清理。

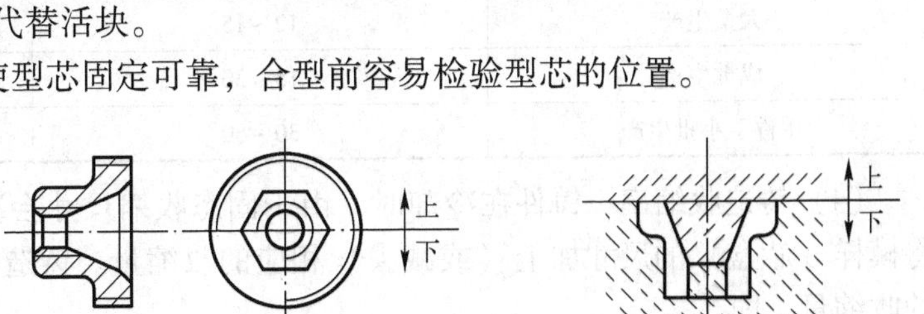

图 12-28　接头铸件的分型面方案

a）用型芯　b）不用型芯

图 12-29 所示为箱体的铸造方案。按图 12-29a 所示方案，分型面取在箱体开口处，将整个铸件置于上型中，下芯方便，但

合型时无法检验型芯位置，容易产生箱体四周壁厚不均匀，显得不合理，应采用图 12-29b 所示方案。

7）应便于铸件清理。图 12-30 所示为摇臂铸件的分型面方案。图 12-30a 采用分模造型，具有平直分型面的优点，但浇注后会在分型面处产生毛刺，清理时由于砂轮厚度大，无法打磨铸件中间的毛刺。若选择图 12-30b 所示的曲折分型面，则采用整模、挖砂造型，不易错型，清理工作量大为减少。

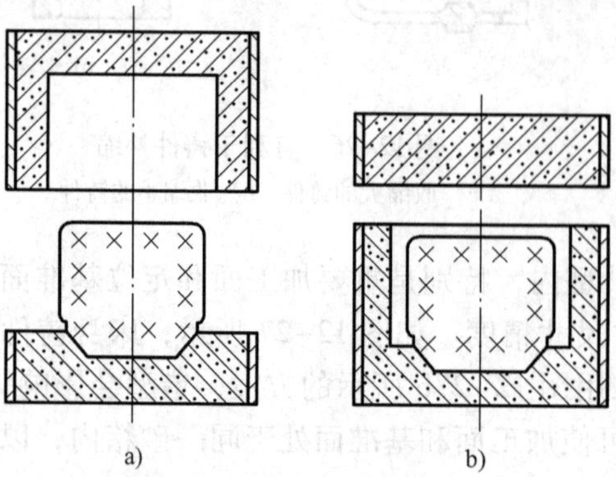

图 12-29　箱体的铸造方案
a）不合理　b）合理

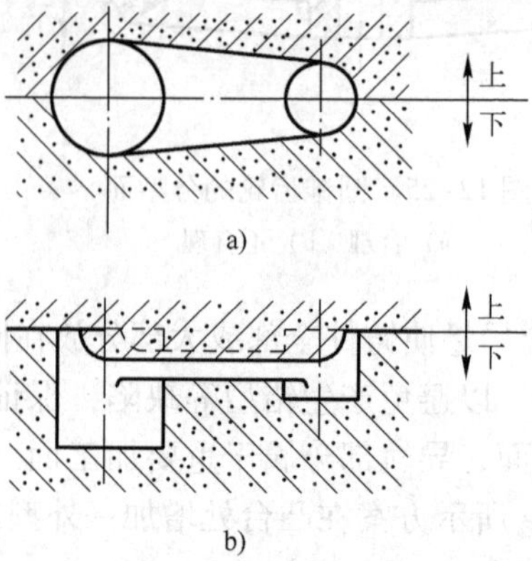

图 12-30　摇臂铸件的分型面方案
a）不便清理　b）便于清理

（3）机械加工余量和铸出孔的大小　机械加工余量是指在切削加工时需从铸件上切取的金属层厚度。凡是零件图上标注表面粗糙度符合的表面均需考虑机械加工余量，在制造模样时必须予以考虑。加工余量的大小，取决于铸件的生产批量、合金种类、铸件尺寸和浇注位置等因素。机器造型铸件精度高，余量小；手工造型误差大，余量应大。灰铸铁表面平整，加工余量小；铸钢件表面粗糙，加工余量应加大。铸件的尺寸越大或加工面与基准面的距离越大，加工余量也应随之增大。铸铁件的机械加工余量通常取在 3 ~ 15 mm 之间。具体选择时可参阅有关国标。

铸件上的孔和槽铸出与否，要根据铸造工艺的可行性和必要性而定。为了节省金属、减少切削工时，一般零件上较大的孔和槽应铸出。但若孔径较小而铸件壁较厚（孔处易产生粘砂），或型芯太细长和不易保证铸件质量时，则该孔不予铸出。铸件的最小铸出孔尺寸见表 12-4。

表 12-4　铸件的最小铸出孔尺寸

生产类型	最小铸出孔直径/mm	
	灰铸铁件	铸钢件
大量生产	12 ~ 15	
成批生产	15 ~ 30	30 ~ 50
单件、小批生产	30 ~ 50	50

（4）铸造收缩率　铸件在冷却时，由于固态收缩尺寸会减少，为保证铸件尺寸的要求，需将模样（芯盒）的尺寸加上（或减去）相应的收缩量。铸造收缩率（K）定义为单位铸件尺寸的收缩量，即

$$K=\frac{L-L_1}{L_1}\times 100\%$$

式中　L_1——铸件尺寸；

L——模样尺寸。

铸造收缩率取决于合金的种类和铸件固态收缩受阻的情况。表 12-5 给出了几种合金砂型铸

造时铸造收缩率的一般数据。

表 12-5　几种合金砂型的铸造收缩率

合金种类		铸造收缩率（%）	
		自由收缩	受阻收缩
灰铸铁	中小型铸件 中大型铸件	1.0 0.9	0.9 0.8
球墨铸铁		0.8~1.1	0.4~0.8
碳钢和低合金钢		1.6~2.0	1.3~1.7
铝硅合金		1.0~1.2	0.8~1.0
锡青铜		1.4	1.2
无锡青铜		2.0~2.2	1.6~1.8
硅黄铜		1.7~1.8	1.6~1.7

制造模样时，常用“缩尺”来测量尺寸。缩尺的刻度已按铸造收缩率予以放大。例如，选用1%的缩尺，刻度上标为100 mm，实际距离为101 mm。

（5）起模斜度　为便于把模样从铸型中或把芯子从芯盒中取出，而在模样或芯盒的起模方向上做出一定的斜度，称为起模斜度。起模斜度一般用角度 α 或宽度 a 表示，其标注方法如图 12-31所示。起模斜度的大小，取决于模样的种类、垂直壁的高度、造型材料的特点和造型方法等。垂直壁越高，则起模斜度越小。例如，木模外壁高度 $H>40\sim100$ mm 时，起模斜度 $\alpha\leqslant0°40'$；而 $H>100\sim160$ mm 时，$\alpha\leqslant0°30'$。金属模比较光洁，起模斜度可比木模小些。此外，机器造型的起模斜度较手工造型的小；外壁的起模斜度小于内壁。

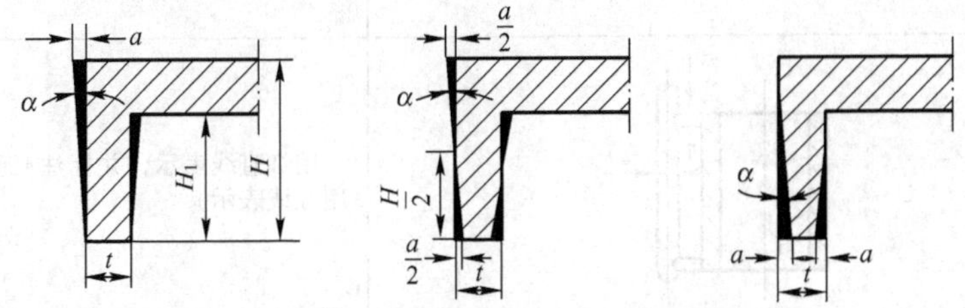

图 12-31　起模斜度示意图

a）增加铸件厚度　b）加减铸件厚度　c）减小铸件厚度

（6）型芯头　指伸出铸件以外不与金属接触的砂芯部分。型芯在铸型中的定位、固定和排气，主要依靠型芯头。按型芯在铸型中固定的方法不同，型芯头可分为垂直型芯头和水平型芯头两种，分别如图 12-32 所示。

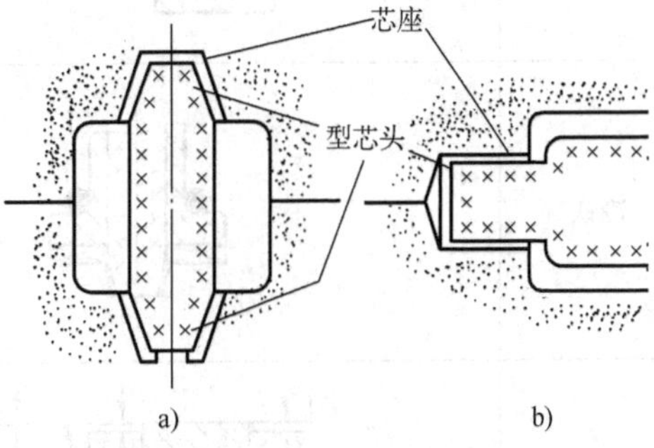

图 12-32　型芯头

a）垂直型芯头　b）水平型芯头

垂直型芯头一般都有上、下型芯头，短而粗的型芯可不留上型芯头。芯头高度主要取决于芯头直径。为增加芯头的稳定性和可靠性，下型芯头的斜度应小些（5°~10°），高度应大些；为便于合型，上型芯头的斜度应大些（6°~15°），高度应小些。

水平型芯头的两端一般都有型芯头。其长度主要取决于芯头的直径和型芯的长度。为便于下芯及合型，铸型上的芯座（铸型中专为放置芯头的空腔）端部也应有一定的斜度。若水平型芯头只能呈悬臂式，一端固定，则型芯头的长度和直径应适当大些，以防止型芯下垂或被金属液的浮力抬起。

为便于铸型的装配，型芯头与铸型芯座之间应留 1 ~ 4 mm 的间隙。

2. 铸造工艺符号及表示方法

铸造工艺图通常是在零件蓝图上加注红、蓝颜色的各种工艺符号，把分型面、加工余量、起模斜度、型芯头和浇冒口系统等表示出来，铸造收缩率可用文字说明。

对大批量生产的定型产品或重要的试制产品，铸造工艺图可以制定得更加详细，按规定的工艺符号用墨线绘出，并进一步画出铸件图、模样（或模板）图、型芯盒图、砂箱图和铸型装配图等。

表 12–6 为常用的铸造工艺符号及表示方法。

表 12–6 常用的铸造工艺符号及表示方法

符号名称	符 号	表 示 方 法
分型面	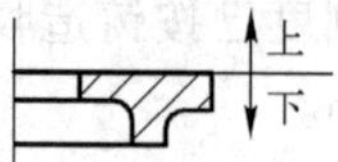	用细实线条和箭头表示，并写出“上、下”字样（在蓝图上用红线表示）
加工余量	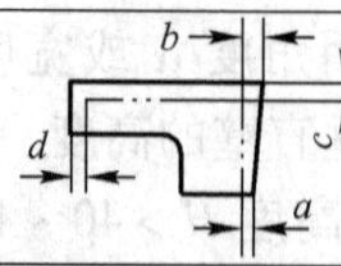	粗实线表示毛坯轮廓，双点划线表示零件形状，并注明加工余量数值（在蓝图上用红线表示）
模样上的活块	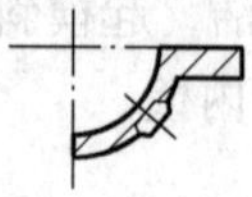	用细直线表示，并在此线上画出两条平行短线（在蓝图上用红线表示）
浇口	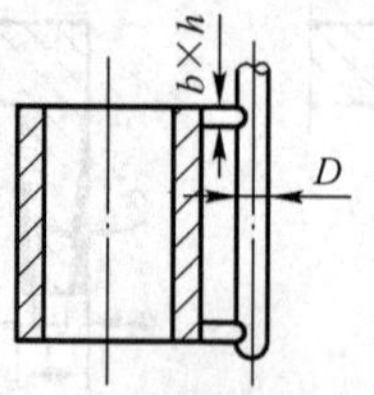	用细直线表示，并标注必要的尺寸（在蓝图上用红线表示）
冒口	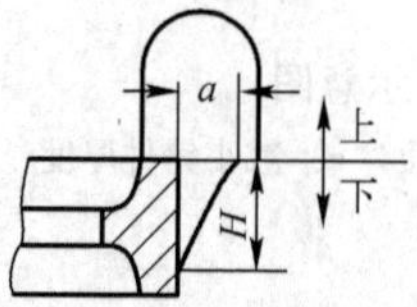	用细直线表示，并标注必要的尺寸（在蓝图上用红线表示）
冷铁	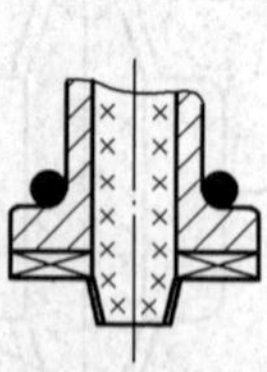	用细直线表示，圆钢冷铁涂黑，成形冷铁打叉（在蓝图上用蓝线表示）
型芯	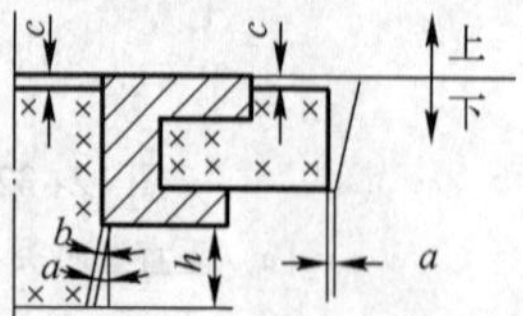	用细直线和边界符号表示，并分别编号，注明型芯头的高度、斜度和间隙（在蓝图上用蓝线表示）

第三节　特种铸造

砂型铸造是当前铸造生产中应用最普遍的一种方法。它具有实用性广、生产准备简单等优点，但有铸件精度低、表面粗糙度差、内部质量不理想、生产过程不易实现机械化等缺点。对于一些特殊要求的铸件，不用砂型铸造铸出，而采用特种铸造，如熔模铸造、离心铸造、壳型铸造、压力铸造、低压铸造、金属型铸造、陶瓷型铸造和磁型铸造等。这些铸造方法在提高铸件精度和表面质量、改善合金性能、提高劳动生产率、改善劳动条件和降低铸造成本等方面，各有其优越之处。近些年来，特种铸造在我国发展相当迅速，其地位和作用日益提高。

下面介绍几种常用的特种铸造方法。

一、熔模铸造

熔模铸造也称“失蜡铸造”或“精密铸造”，是指用易熔材料（通常用蜡料）制成模样，然后在模样上涂挂耐火涂料，经硬化后，再将模样熔化、排出型外，从而获得无起模斜度、无分型面、带浇注系统的整体铸型进行铸造的方法。

1. 熔模铸造的工艺过程

熔模铸造的工艺过程如图 12-33 所示，主要包括：

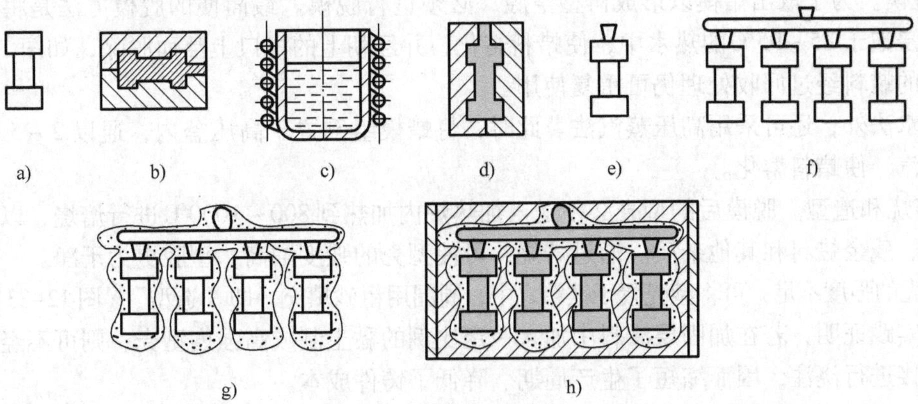

图 12-33　熔模铸造的工艺过程

a）母模　b）压型　c）熔蜡　d）充满压型　e）一个蜡模　f）蜡模组

g）结壳、倒出熔蜡　h）填砂浇注

（1）蜡模制造　为制出蜡模要经过如下步骤：

1）压型制造。压型是用来制造蜡模的专用模具。为了保证蜡模质量，压型必须有高的精度和低的表面粗糙度，而且型腔尺寸必须包括蜡料和铸造合金的双重收缩率。当铸件精度高或大批量生产时，压型常用钢或铝合金经切削加工而成；小批量生产时，可采用易熔合金（Sn、Pb、Bi 等组成的合金）、塑料或石膏直接在模样（母模）上浇注而成。

2）蜡模的压制。制造蜡模的材料有石蜡、蜂蜡、硬脂酸、松香等，常采用 50% 石蜡和 50% 硬脂酸的混合料。

压制时，将蜡料加热至糊状后，在 2 ~ 3 个大气压力下，将蜡料压入压型内（图 12-33b），待蜡料冷却凝固后取出，然后修去分型面上的毛刺，即得单个蜡模，如图 12-33c 所示。

3）蜡模组装。熔模铸件一般均较小，为提高生产率，降低铸件成本，通常将若干个蜡模焊在一个预先制好的直浇口棒上构成蜡模组（图 12-33f），从而实现一箱多铸。

（2）结壳　它是在蜡模组上涂挂耐火材料，以制成一定强度的耐火型壳过程。由于型壳质量对铸件的精度和表面粗糙度有着决定性的影响，因此，结壳是熔模铸造的关键环节。结壳要经过几次浸挂涂料、撒砂、硬化和干燥等工序。

1）浸挂涂料。将蜡模组置于涂料中浸渍，使涂料均匀地覆盖在模组表层。涂料是由耐火材料（如石英粉）、黏结剂（如水玻璃、硅酸乙酯）组成的糊状混合物，这种涂料可使型腔获得光洁的表面。

2）撒砂。它是使浸渍涂料的蜡模组均匀地粘附一层较粗的石英砂，其主要目的是迅速增厚型壳。小批生产时采用手工撒砂，而大批量生产时在专门的撒砂设备上进行。

3）硬化。为使耐火材料层结成坚固的型壳，撒砂之后，应进行化学硬化和干燥。

当以水玻璃为黏结剂时，在空气中干燥一段时间后，将蜡模组浸在饱和浓度（约 25%）的 NH_4Cl 溶液中 1 ~ 3 min。由于氯化铵与水玻璃发生化学反应，使分解出来的 SiO_2 迅速以胶态析出，将石英砂粘得十分牢固。此后，在空气中干燥 7 ~ 10 min，形成 1 ~ 2 mm 厚的薄壳。

为了使型壳具有较高的强度，上述结壳过程要重复进行 4 ~ 6 次，最后制成 5 ~ 12 mm 厚的耐火型壳。在上述各层中，面层所用的石英粉和石英砂均较以后的各加固层细小，以获得高质量的型腔表面。

（3）脱模、焙烧和造型

1）脱模。为了取出蜡模以形成铸型空腔，必须进行脱模。最简便的脱模方法是将附有型壳的蜡模组浸泡于 85 ~ 95℃的热水中，使蜡料熔化，并经朝上的浇口上浮而脱除，如图 12-33 g 所示。脱出的蜡料经过回收处理仍可重复使用。

除热水法外，还可采用高压蒸汽法。此时，将蜡模组倒置于高压釜内，通以 2 ~ 5 个大气压的高压蒸汽，使蜡料熔化。

2）焙烧和造型。脱模后的型壳必须送入加热炉内加热到 800 ~ 1000℃进行焙烧，以去除型壳中的水分、残余蜡料和其他杂质。通过焙烧，可使型壳的强度增高，型腔更为干净。

若型壳的强度不足，可将型壳置于铁箱之中，周围用粗砂填充，即“造型”（图 12-33 h），然后再浇注。实践证明，若在加固层涂料中加入一定比例的黏土制成高强度型壳，则可不经过造型填砂便可直接进行浇注，因而缩短了生产周期、降低了铸件成本。

（4）浇注、落砂和清理　为提高合金的充型能力，防止浇不足、冷隔等缺陷，常在焙烧出炉后趁热（600 ~ 700℃）进行浇注。待铸件冷却之后，将型壳破坏，取出铸件，然后，去掉浇口、清理毛刺。

对于铸钢件还需进行退火和正火处理，以便获得所需的力学性能。

2. 熔模铸造的特点和使用范围

熔模铸造有如下优点：

1）铸件的精度及表面质量高。如熔模铸造获得的涡轮发动机叶片，无需机加工便可直接使用。

2）由于型壳用高级耐火材料制成，故能适应各种合金的铸造。这对于那些高熔点合金及难切削加工合金（如高锰钢、磁钢、耐热合金）的铸造尤为可贵。

3）可铸出形状复杂的薄壁铸件以及不便分型的铸件。其最小壁厚可达 0.3 mm，铸出的最小孔径为 0.5 mm。

4）生产批量不受限制，除适于成批、大量生产外，也可用于单件生产。

熔模造型的主要缺点是材料昂贵、工艺过程复杂、生产周期长（4 ~ 15 天），铸件成本比砂型铸造高数倍。此外，难以实现全盘机械化和自动化生产，且铸件不能太大（或太长），一般为几十克到几千克重，最大不超过25 kg。

熔模铸造是少、无屑加工工艺的方法之一，最适于高熔点合金精密铸件的成批、大量生产。它主要适用于形状复杂、难以切削加工的小零件。目前，熔模铸造已在汽车、拖拉机、机床、刀具、汽轮机、仪表和兵器等制造行业得到了广泛的应用。

二、金属型铸造

金属型铸造是在重力作用下将液态合金浇入金属铸型，以获得铸件的铸造方法。由于金属铸型可反复使用多次（几百次到几千次），故有永久型铸造之称。

1. 金属型的构造

金属型的材料一般采用铸铁，要求较高时可用碳钢或低合金钢。铸件的内腔可用金属型芯或砂芯形成，薄壁复杂件或铸铁、铸钢件多采用砂芯，而形状简单或有色金属件多采用金属型芯。

按照分型面的方位，金属型可分为整体式、垂直分型式、水平分型式和复合分型式。其中，垂直分型式便于开设浇口和取出铸型，也易于实现机械化生产，所以应用最广。金属型的排气依靠出气口及分布在分型面上的许多通气槽。为了使铸件能在高温下从铸型中取出，大部分金属型设有推杆机构。为便于取芯，金属型芯往往由几块拼合而成，浇注后依次逐块取出。

图12-34所示为铸造铝活塞金属型典型结构简图，由图可见，它是垂直和水平分型相结合的复合结构，其左、右半型用铰链相连接，以开、合铸型。由于铝活塞内腔存有凸台，整体型芯无法抽出，故而采用组合金属型芯。浇注后，先抽出5，然后再取出4和6。

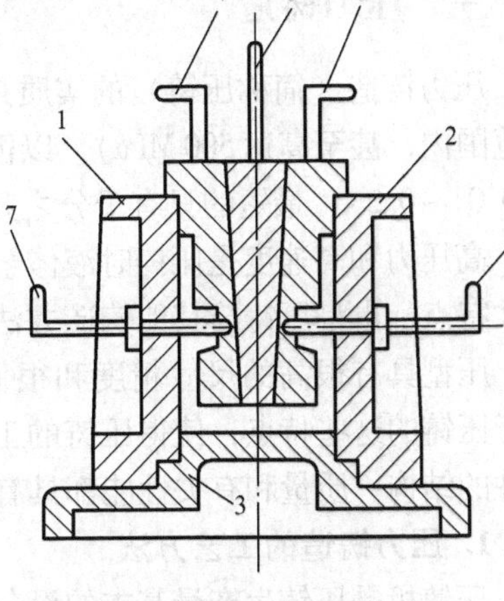

图12-34　铸造铝活塞金属型典型结构简图

1、2—左右半型　3—底型
4、5、6—分块金属型芯
7、8—销孔金属型芯

2. 金属型的铸造工艺

由于金属型导热快，且没有退让性和透气性，为获得优质铸件和延长金属型的使用寿命，必须严格控制其工艺。

（1）喷刷涂料　金属型型腔和型芯表面必须喷刷涂料，其作用是：减缓铸件的冷却速度；防止高温金属液流对型壁的直接冲刷；有蓄气、排气能力，防止气孔。

（2）预热金属型　其目的是减缓铸型对金属的激冷作用，以减少冷隔、夹杂和气孔等铸件缺陷。同时，因减少了铸型与金属的温差，铸型的寿命得以提高。通常生产铸铁件金属型的工作温度为250～350℃，有色金属件为100～250℃。

（3）稍高的浇注温度　由于金属型的导热能力强，因此浇注温度应比砂型铸造高20～30℃。如铝合金为680～740℃，铸铁为1300～1370℃，锡青铜为1100～1150℃。

（4）适合的出型时间　浇注之后，铸件在金属型内停留的时间不能太长，否则由于收缩量增大，铸件的出型及抽芯困难，铸件的内应力和裂纹倾向加大。为此，应使铸件尽早从铸型中取出。通常，小型铸铁件的出型时间为10～60 s，铸件温度为780～950℃。

为防止铸铁件产生白口，壁厚不宜过薄（一般大于15 mm），铁液中的碳、硅总质量分数应高于6%，同时，涂料中应加些硅铁粉。此外，若采用孕育处理的铁液对预防白口也有显著效果。对于已经产生白口的铸铁，要利用出型时的自身余热及时退火。

3. 金属型铸造的特点和适用范围

与砂型铸造相比，金属型铸造具有许多优越性：

1）实现了“一型多铸”，便于实现机械化和自动化生产，从而大大提高了生产率。

2）铸件精度和表面质量提高，从而节省了金属和减少了切削加工工作量。

3）由于冷却快，结晶组织致密，铸件的力学性能得到提高。如铸铝件的屈服强度平均提高20%。

4）浇冒口尺寸较小，金属耗量减少，一般可节约金属15% ~30%。

金属型铸造的主要缺点是金属型不透气，无退让性，铸件冷却速度大，容易出现浇不足、冷隔和裂纹等缺陷，而铸铁件又难以完全避免白口缺陷，因此铸造工艺要求严格，对铸件的形状和尺寸有着一定的限制。此外，制造金属型的成本高、周期长。

金属型铸造主要适用于有色合金铸件的大批量生产，如铝活塞、气缸盖、油泵壳体、铜瓦、衬套和轻工业品等。对黑色金属铸件，只限于形状简单的中、小件。

三、压力铸造

压力铸造（简称压铸）的实质是使液态或半液态合金在高压下（压射比压在几兆帕至几十兆帕范围内，甚至高达500 MPa），以极高的速度充填压型（充填速度为0.5 ~120 m/s；充填时间一般为0.01 ~0.2 s，最短的只有千分之几秒），并在压力作用下凝固而获得铸件的一种方法。

高压力和高速度是压铸时液体金属充填成形过程的两大特点，也是压铸与其他铸造方法最根本的区别。此外，压型具有很高的尺寸精度和很低的表面粗糙度值。由于压铸的这些特点，使得压铸的工艺和生产过程，压铸件的结构、质量和有关性能都具有自己的特征。

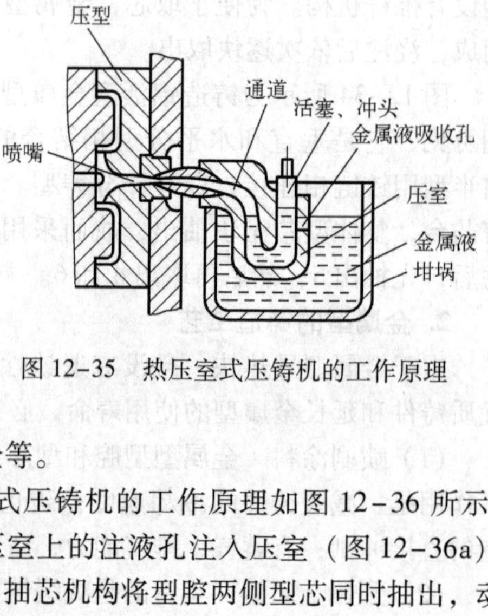

图 12-35 热压室式压铸机的工作原理

1. 压力铸造的工艺方法

压铸机是压铸生产最基本的设备，它所用的铸型称为压型。压铸机分为热压室式和冷压室式两类。

热压室式压铸机的工作原理如图12-35所示。其特点是压室和熔化合金的坩埚连成一体，压室浸在液体金属中，大多只能用于低熔点合金，如铅、锡、锌合金等。

冷压室式压铸机分为立式和卧式两类。卧式冷压室式压铸机的工作原理如图12-36所示。其工作过程如下：先闭合压型，用定量勺将金属液通过压室上的注液孔注入压室（图12-36a）；活塞左行，将金属液压入铸型（图12-36b）；稍停片刻，抽芯机构将型腔两侧型芯同时抽出，动型左移开型（图12-36c）；活塞退回，铸件被推杆推出（图12-36d）。

为了制出高质量铸件，压型型腔的精度和表面质量必须很高。压型要采用专门的合金工具钢（如3Cr2W8V）来制造，并需严格的热处理。压铸时，压型应保持120 ~280℃的工作温度，并喷刷涂料。

2. 压力铸造的特点和适用范围

（1）压力铸造的优点

1）铸件的精度及表面质量较其他铸造方法均高（尺寸精度为IT11 ~IT13，表面粗糙度为*Ra*3.2 ~0.8 μm）。因此，压铸件不经机械加工或仅个别部位加工即可使用。

2）铸件的强度和硬度都较高。如抗拉强度比砂型铸造提高了25% ~30%。因压型的激冷作用，且在压力下结晶，所以表层结晶细密。

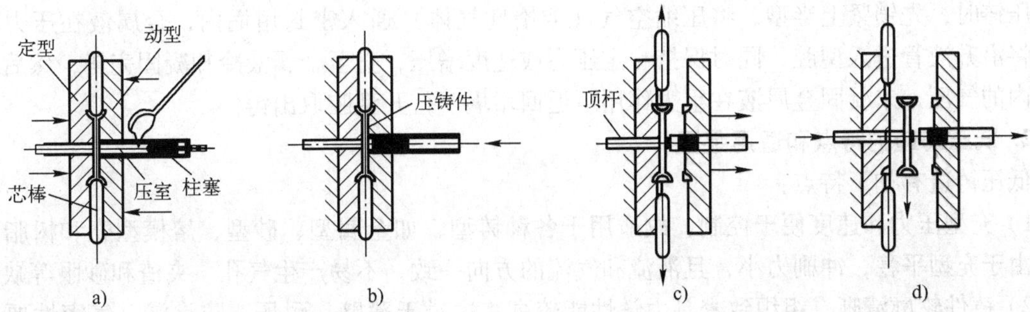

图 12-36　卧式冷压室式压铸机的工作原理

a）合型，向压室注入液态金属　b）将液态金属压入铸型　c）芯棒退出，压型分开　d）柱塞退回，推出铸件

3）可压铸出形状复杂的薄壁件或镶嵌件。这是由于压型精密，在高压下浇注，极大地提高了合金充型能力。可铸出极薄件，或直接铸出细小的螺纹、孔、齿槽及文字等。铸件的最小壁厚，锌合金为0.3mm，铝合金为0.5mm；最小铸孔直径锌合金为1mm，铝合金为2.5mm；可铸螺纹最小螺距锌合金为0.75mm，铝合金为1.0mm。此外压铸可实现嵌铸，即压铸前先将其他材质的零件嵌放在铸型内，经压铸可将其与另外一种金属合铸为一体。

4）生产率极高。在所有铸造方法中，压铸生产率最高，且随着生产工艺过程机械化、自动化程度进一步发展而提高。如我国生产的压铸机生产能力为50～150次/h，最高可达500次/h。

（2）压力铸造的缺点　压铸虽是实现少、无屑加工非常有效的途径，但也存在许多不足。主要是：

1）由于压铸型加工周期长、成本高，且压铸机生产效率高，故压铸只适用于大批量生产。

2）由于压铸的速度极高，型腔内气体很难完全排除，常以气孔形式存留在铸件中。在热处理加热时，孔内气体膨胀将导致铸件表面起泡，因此，压铸件一般不能进行热处理，也不宜在高温条件下工作。同样，也不宜进行较大余量的机械加工，以防孔洞的外露。

3）由于黑色金属熔点高，压型寿命短，故目前黑色金属压铸在实际生产中应用不多。

压铸主要用于有色金属的中、小铸件的大量生产，以铝合金压铸件比例最高（30%～35%），锌合金次之。在国外，锌合金铸件绝大部分为压铸件。铜合金（黄铜）比例仅占压铸件总量的1%～2%。镁合金铸件易产生裂纹，且工艺复杂，过去使用较少。我国镁资源十分丰富，随着汽车等工业的发展，预计镁合金的压铸件将会逐渐增多。

目前用压铸生产的最大铝合金铸件质量达50kg，而最小的只有几克。压铸件最大直径可达2m。

压力铸造应用的工业部门有汽车、仪表、电工与电子仪器、农业机械、航空、兵器、电子计算机、照相机及医疗器械等，如气缸体、箱体、化油器和支架等。

四、低压铸造

低压铸造是采用较低的压力（0.02～0.06MPa），使金属液自下而上填充铸型，并在压力下结晶获得铸件的方法。

1. 低压铸造的基本原理

低压铸造的工作原理如图12-37所示。将熔好的金属液放入密封的电阻坩埚炉内保温。铸型（一般为金属型）安置在密封盖上，垂直的升液管使金属液与朝下的浇口相通。铸型为水平分型，金属型在浇注前必须预热，并喷刷涂料。

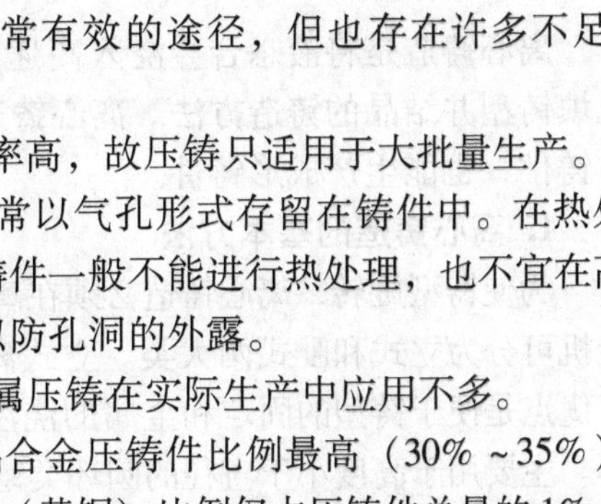

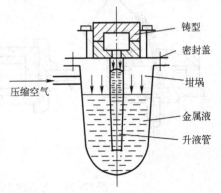

图 12-37　低压铸造的工作原理

压铸时，先锁紧上半型，将压缩空气（或惰性气体）通入密封坩埚内，金属液在压力的作用下将沿升液管进入型腔，同时保持一定压力或适度增压，直至金属液冷却凝固完毕，然后释放坩埚内的气压，未凝固金属液在重力作用下返回坩埚。打开型腔取出铸件。

2. 低压铸造的特点和适用范围

低压铸造有如下特点：

1）充型压力和速度便于控制，故适用于各种铸型，如金属型、砂型、熔模型壳和树脂型壳等。由于充型平稳，冲刷力小，且液流和气流的方向一致，不易产生气孔、夹渣和砂眼等缺陷。

2）铸件轮廓清晰、组织致密，力学性能较高。这对于薄壁、耐压、防渗漏、气密性要求高的铸件尤为有利。

3）浇注系统简单，浇口可兼冒口，金属利用率高，通常可达90%以上。

4）设备简单、劳动条件好，容易实现机械化、自动化生产。

低压铸造的主要缺点是升液管寿命短，且保温过程中金属液易氧化。

低压铸造主要用于生产质量要求高的铝、镁合金铸件，如气缸体、缸盖、活塞和曲轴等，已成功地铸造了重达200 kg的铝活塞、30 t的铜螺旋桨及大型球墨铸铁曲轴铸件。从20世纪70年代起出现了侧铸式、组合式等高效低压铸造机，开展了定向凝固及大型铸件的生产等研究，提高了铸件质量，扩大了低压铸造的应用范围。

五、离心铸造

离心铸造是将液态合金浇入高速旋转（250～1500 r/min）的铸型中，使其在离心力作用下充填铸型并结晶的铸造方法。离心铸造可以用金属型，也可以用砂型、熔模壳型；既适合制造中空铸件，也能生产成形铸件。

1. 离心铸造的基本方法

为使铸型旋转，离心铸造必须在离心铸造机上进行。根据铸型旋转轴空间位置的不同，离心铸造机可分为立式和卧式两大类。立式离心铸造机上的铸型是绕垂直轴旋转的，如图12-38a所示。其优点是便于铸型的固定和金属的浇注，但其自由表面（即内表面）呈抛物线状，使铸件上薄下厚。主要用于高度小于直径的圆环类铸件，如活塞环。

卧式离心铸造机上的铸型绕水平轴旋转（图12-38b），铸件各部分的冷却条件相近，铸件沿轴向和径向的壁厚均匀，因此适于生产长度大于直径的套筒、管类铸件（如铸铁水管、煤气管），是最常用的离心铸造方法。

离心铸造也可用于生产成形铸件，此时，多在立式离心铸造机上进行，如图12-39所示。

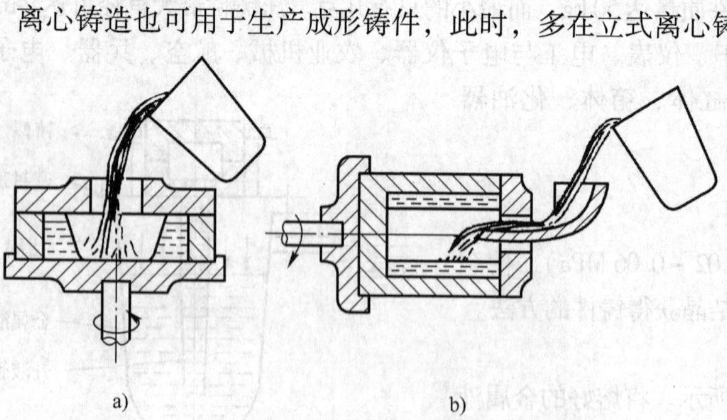

图12-38　离心铸造示意图

a）立式离心铸造机　b）卧式离心铸造机

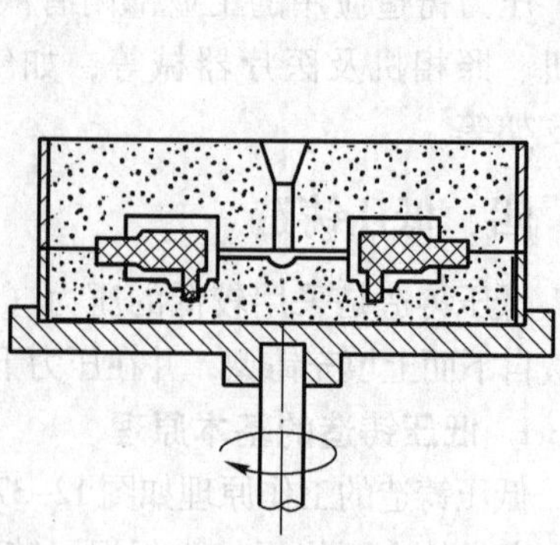

图12-39　成形铸件的离心铸造

铸型紧固于旋转工作台上，浇注时金属液填满型腔，故不形成自由表面。成形铸件的离心铸造虽未省去型芯，但在离心力的作用下，提高了金属液的充型能力，便于薄壁铸件的形成，而且浇口可起补缩作用，使铸件组织致密。

2. 离心铸造的特点和适用范围

由于金属液是在旋转状态下由离心力的作用完成充填、成形和凝固过程的，所以离心铸造具有如下一些优点：

1）铸型中的金属液能形成中空圆柱形自由表面，可省去型芯和浇注系统，因而省工、省料，降低了铸件成本。

2）合金的充型能力强，可用于浇注流动性较差的合金和薄壁件的生产。

3）铸件自外向内定向凝固，补缩条件好。液体金属中的气体和夹杂物因密度小，易向内腔（自由表面）移动而排除。因此，离心铸件的组织致密，缩松及夹杂等缺陷较少，力学性能好。

4）可生产双金属中间圆柱形铸件，如铜套镶铜轴承、复合轧辊等，从而降低成本。

离心铸造的缺点是：

1）对于某些合金（如铅青铜、铝合金、镁合金等）容易产生重度偏析。

2）在浇注中空铸件时，其内表面较粗糙，尺寸难以准确控制。

3）因需要较多的设备投资，故不适宜单件、小批生产。

离心铸造发展至今已有几十年的历史。我国20世纪30年代开始采用离心铸造生产铸铁管。现在离心铸造已是一种应用广泛的铸造方法，常用于生产铸管、铜套、缸套、双金属钢背铜套等。对于像双金属轧辊、加热炉滚道、造纸机干燥滚筒及异形铸件（如叶轮等），采用离心铸造也十分有效。目前已有高度机械化、自动化的离心铸造机，有年产量达数十万吨的机械化离心铸管厂。

六、其他特种铸造

1. 陶瓷型铸造

陶瓷型铸造是在砂型铸造和熔模铸造的基础上发展起来的一种精密铸造方法。它是将金属液浇注到陶瓷铸型中得到铸件的方法。

（1）基本工艺过程　陶瓷型铸造有不同的工艺方法，较为普遍的如图12-40所示。

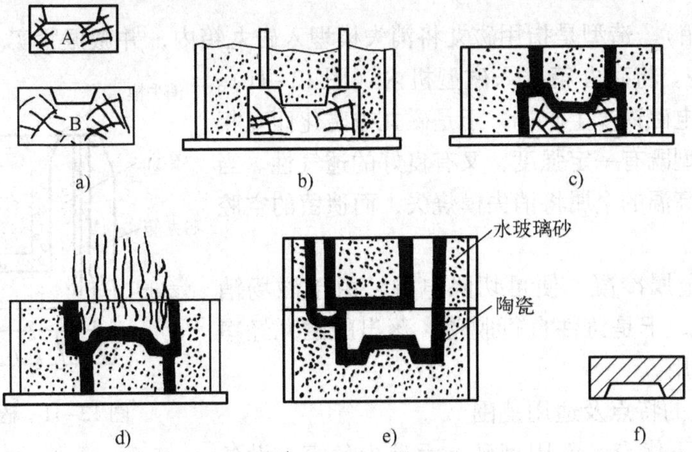

图12-40　陶瓷型铸造工艺过程

a）模样　b）砂套造型　c）灌浆　d）喷烧　e）合型　f）铸件

1）砂套造型。为了节省昂贵的陶瓷材料和提高铸型的透气性，通常先用水玻璃砂制出砂套（相当于砂型铸造的背砂）。制造砂套的木模 B 比铸件的木模 A 应增大一个陶瓷料厚度（图 12-40a）。砂套的制造方法与砂型铸造类似（图 12-40b）。

2）灌浆与胶结。即制造陶瓷面层，其过程是将铸件木模固定于平板上，刷上分型剂，扣上砂套，将配置好的陶瓷浆由浇注口注满（图 12-40c），经数分钟后，陶瓷浆便开始胶结。

陶瓷浆由耐火材料（如刚玉粉、铝矾土等）、黏结剂（硅酸乙酯水解液）、催化剂［如 $Ca(OH)_2$、MgO］、透气剂（过氧化氢）等组成。

3）起模与喷烧。灌浆 5 ~ 15 min 后，趁浆料尚有一定弹性便可起出模样。为加速固化过程，必须用明火均匀地喷烧整个型腔。

4）焙烧与合型。陶瓷型要在浇注前加热到 350 ~ 550℃，焙烧 2 ~ 5 h，以烧去残存的乙醇、水分等，并使铸型的强度进一步提高。

5）浇注。浇注温度可略高，以便获得轮廓清晰的铸件。

（2）陶瓷型铸造的特点及适用范围

1）陶瓷型铸造获得的铸件尺寸精度高、表面粗糙度低，约与熔模铸造相近。此外，陶瓷材料耐高温，故也可浇注高熔点合金。

2）铸件的大小几乎不受限制，能铸造重达几十吨的大型精密铸件，而熔模铸件最大仅几十公斤。

3）在单件、小批量生产条件下，需要的投资少、生产周期短，在一般铸造车间较易实现。

4）由于灌浆工序繁琐，陶瓷型铸造不适于批量大、重量轻和形状复杂的铸件，且生产过程难以实现机械化和自动化。

目前陶瓷型铸造主要用于生产厚大的精密铸件，广泛用于铸造冲模、锻模、玻璃器皿模、压铸模和模板等，也可用于生产中型铸钢件。

2. 磁型铸造

磁型铸造是 20 世纪 60 年代发展起来的一种新工艺，70 年代传入我国后得到了一定的发展。磁型铸造是一种以磁丸代替型砂，以磁场应力代替型砂黏结剂，用消失模代替普通模样的铸造方法。

磁型铸造采用聚苯乙烯塑料制成的消失模来造型，这种模样不需要从铸型中取出，留待浇注时自行汽化消失。消失模应涂挂涂料，并装配上浇冒口。磁丸为 ϕ0.5 ~ 1.5 mm 的铁丸或钢丸。

（1）工艺流程

1）造型（埋箱）。造型是指用磁丸将消失模埋入磁丸箱内，并微振紧实。

2）激磁、浇注。将磁丸箱推入磁型机内（图 12-41）。接通电源，马蹄形电磁铁产生磁场，于是磁丸被磁化而互相结合成形，这种铸型既有一定强度，又有良好的透气性。当金属液浇入磁型，高温的金属将消失模烧失，而遗留的空腔被金属液所取代。

3）落丸。当金属冷凝，便可切除电源，由于磁场消失，磁丸随之松散，于是铸件自行脱落。落出的磁丸经净化处理后可重复使用。

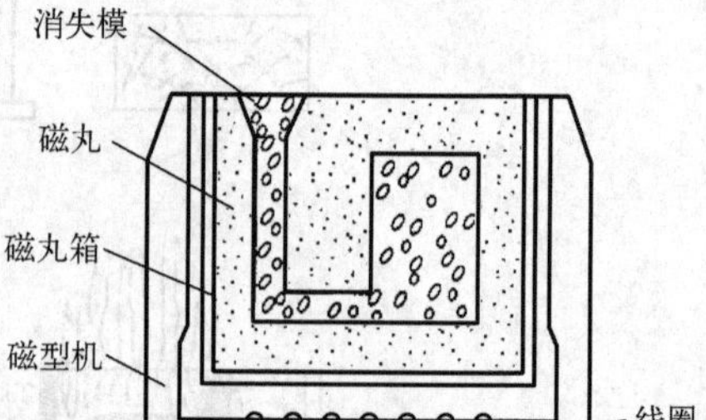

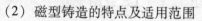

图 12-41　磁型铸造示意图

（2）磁型铸造的特点及适用范围

磁型铸造有以下优点：不用型砂，无硅尘危害；设备简单，占地面积小；造型、清理简单；不需起模，故铸件精度及表面质量高（精度 IT12 ~ IT14，表面粗糙度 Ra25 ~ 6.3 μm），加工余量小。

磁型铸造有如下不足：不适用于厚大复杂件；消失模燃烧时放出许多烟气，使空气污染；易使铸钢件表层增碳。

磁型铸造已在机车车辆、拖拉机、兵器、农业机械和化工机械等制造业得到了成功的应用。它主要适用于中、小型铸钢件的大批量生产。其质量范围为0.25~150kg，铸件的最大壁厚可达80mm。

七、各种铸造方法的比较

各种铸造方法均有其特点和各自的适用范围，因此，必须结合铸件结构形状、质量要求、合金种类、生产批量及生产条件等具体情况认真进行综合分析，从中确定最佳铸造方法。表12-7对几种常用铸造方法进行了全面比较，可为合理选择铸造方法提供参考。

表12-7 几种常用铸造方法的比较

铸造方法 比较项目	砂型铸造	熔模铸造	金属型铸造	压力铸造	低压铸造	离心铸造
适用金属	各种合金	各种合金，以铸钢为主	各种合金，以非铁金属为主	铝、镁、锌等低熔点合金	以非铁合金为主	铸钢、铸铁、铜合金
适用铸件大小	不限制	中、小型复杂铸件	中、小铸件	小铸件为主，也可用于中型铸件	中、小铸件，有时达数百千克	大、中、小铸件
批量	各种批量	一般成批、大量，也可小批量	成批、大量	大批量	成批、大量	成批、大量
铸件最小壁厚/mm	铸铁大于3~4	0.5~0.7 孔 $\phi0.5\sim\phi2.0$	铸铁大于3 铸钢大于5	铝合金0.5 锌合金0.3 铜合金2	一般2.0	优于同类铸型的常压铸件
表面粗糙度 $Ra/\mu m$	50~12.5	12.5~1.6	12.5~6.3	3.2~0.8	12.5~3.2	取决于铸型材料
铸件尺寸公差/mm	CT11~CT7	CT7~CT4	CT9~CT6	CT8~CT4	CT9~CT6	取决于铸型材料
铸件内部质量	晶粒粗大	晶粒粗大	晶粒细小	晶向细小	晶粒细小	晶粒细小
设备费用	较高（机械造型）	较高	较低	较高	中等	中等
铸件加工余量	最大	较小	较大	最小	较大	内孔大
毛坯利用率（%）	70	90	70	95	90~95	70~90
生产率	低中	低中	中高	最高	中	中高
应用举例	各类铸件，如床身、箱体、支座、曲轴、缸体、缸盖等	刀具、叶片、机床零件、汽车及拖拉机零件、电信设备等	铝活塞、水暖器材、水轮机叶片、一般非铁合金铸件等	汽车化油器、缸体、仪表、照相机壳体和支架等	发动机缸体、缸盖、壳体、箱体、纺织机零件等	各种铸管、套筒、环、叶轮、滑动轴承等

第四节 铸件结构设计

进行铸件设计时，不仅要保证零件的工作性能和力学性能的要求，还必须考虑铸造工艺和合金铸造性能对铸件结构的要求。铸件的结构工艺性是否良好对铸件的质量、生产率及成本有很大的影响。若某些铸件需要采用金属型铸造、压力铸造或熔模铸造等特种铸造方法时，还必须考虑这些方法对铸件结构的特殊要求。

一、铸造工艺对铸件结构的要求

铸造工艺对铸件结构的要求主要是从便于造型、制芯、清理，以减少铸造缺陷的考虑出发的，包括对铸件外形的要求、对铸件内腔的要求和铸件结构斜度的要求等方面。

1. 铸件的外形设计

（1）凸台、筋条的设计　设计凸台、筋条等突起部分时尽量不要妨碍起模。铸件的凸台有时会影响起模，增加造型操作的困难。如前面列举的实例（参见图 12-18），因为轴承座的顶部凸台阻碍起模，只能做成活块模、分模或用型芯制出，均使工艺复杂化。若把凸台设计成图 12-42 所示的形式，就不再影响起模，可进行整模造型。

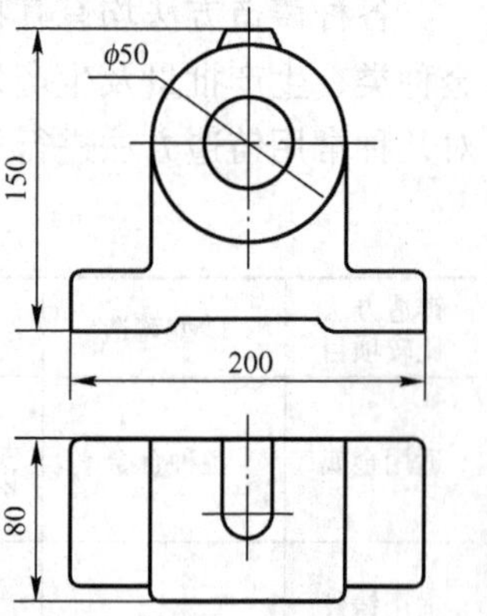

图 12-42　轴承座凸台的改进设计

又如图 12-43 所示的发动机油箱的筋条分布。图 12-43a 所示结构中筋条垂直于与其连接的铸件表面，致使部分筋条与分型面倾斜，阻碍了起模；若改为图 12-43b 所示的结构，使筋条相互平行，并与分型面垂直，则可顺利起模。

（2）尽量减少分型面数目　图 12-44 所示为底座铸件。图 12-44a 所示结构需要两个分型面，采用三箱造型。若改为图 12-44b 所示的结构，只要一个分型面，采用两箱造型即可，这样不仅节省砂箱，简化工艺造型，有可能进行机器造型，而且不容易错型，铸件毛刺少，便于清理。

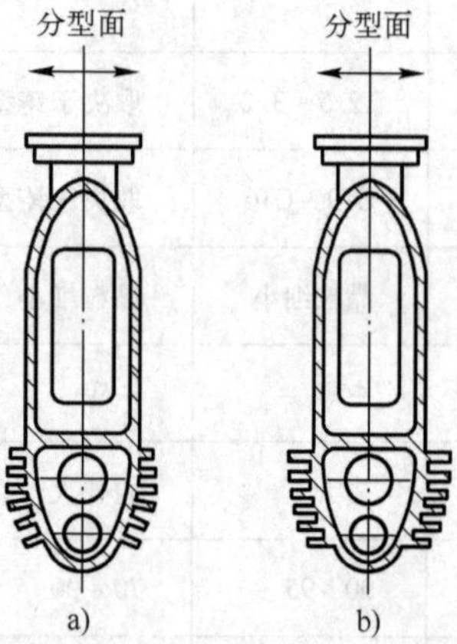

图 12-43　发动机油箱的筋条分布

a）不合理　b）合理

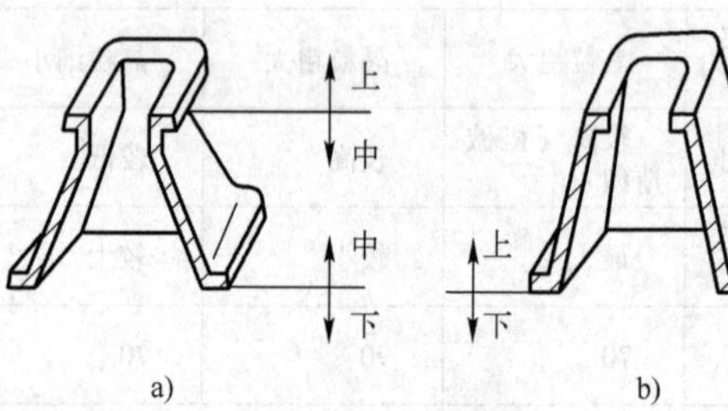

图 12-44　底座铸件

a）两个分型面　b）一个分型面

（3）避免外形侧凹　铸件在起模方向上若有侧凹，如图 12-45a 所示的机床铸件结构设计，就必须在造型时增加较大的外壁型芯才能起模。若将其改图 12-45b 所示结构，将凹坑一直扩展到底部，则可省去外型芯。

（4）应尽量使分型面平直　平直的分型面可避免操作时的挖砂造型或假箱造型，同时铸件的毛刺少，便于清理，因此应尽量避免弯曲的分型面。如图 12-46 所示杠杆铸件，在造型时只能采用不平分型面（图 12-46a）或采用型芯（图 12-46b），若改成图 12-46c 所示的形状，则铸型的分型面为一简单的平面。

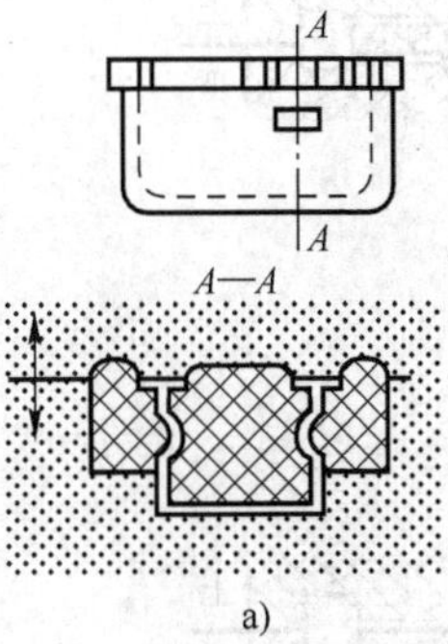

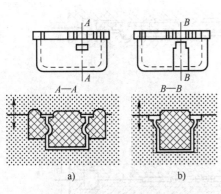

图 12-45 机床铸件结构的设计

a）不合理 b）合理

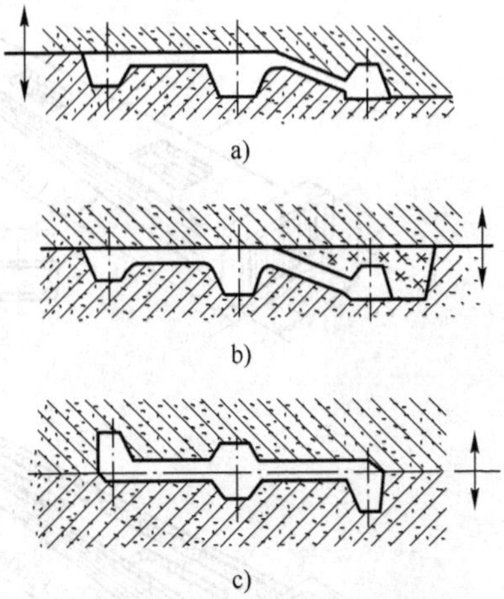

图 12-46 杠杆铸件结构

(5) 应有结构斜度 所有垂直于分型面的非加工表面都应具有结构斜度，以便起模和简化铸造工艺。铸件结构斜度大小随垂直壁的高度而不同，高度越小则斜度越大；内侧斜度应大于外侧。在铸件凸台和壁厚过渡处，其斜度可大至30°~45°。

图 12-47 所示为家用缝纫机边角示意图，在垂直于分型面的非加工表面设有30°左右的结构斜度，故沟槽部分不需要型芯，起模容易，铸件光洁、美观。

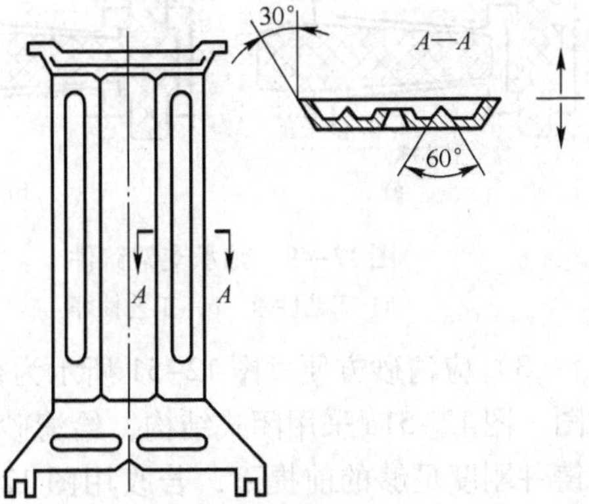

图 12-47 家用缝纫机边角的设计

铸件的结构斜度和起模斜度都利于起模，但两者不同。结构斜度是设置在非加工表面上，由零件设计人员给出且斜度较大。而起模斜度是设置在垂直于分型面的加工表面上，由铸造工艺人员绘制铸造工艺图时确定且斜度较小，一般为0.5°~3.0°。

2. 铸件内腔设计

铸件内腔设计得好，不仅可以减少型芯的数量，降低工装费用，还有利于型芯的稳固、排气和清理，以防偏芯和气孔缺陷。

(1) 尽量不用或少用型芯 图 12-48 所示为立柱铸件。图 12-48a 所示结构的立柱具有框形界面，而底部为减少加工面做成内凹形，这样需采用两个型芯。若改为图 12-48b 所示的结构，无需采用型芯，同样能满足使用要求。

(2) 应有利于型芯的固定和排气 在铸型中支承型芯主要依靠型芯头，必要时可采用型芯撑。型芯撑是用钢铁等金属材料制成，浇注后就夹杂在铸件中，会影响铸件内在质量和气密性，故型芯撑只适用于非工作表面或不承受液压或气压的铸件。

图 12-49 所示为轴承支架铸件内腔设计方案。图 12-49a 所示的方案需用两个型芯，且其中一个较大的、呈悬臂状的型芯须用型芯撑作辅助支承。若改为图 12-49b 所示的方案，只需要一个型芯，可大大提高型芯的稳固性，而且型芯排气顺畅、容易清理。

图 12-50 所示为弯管铸件，不允许用型芯撑作辅助支承，可在管上设计孔 *A*，以形成型芯头。这种专门为工艺需要而设计的孔，称为工艺孔。如果在使用要求上不允许工艺孔存在，可在切削加工时用螺钉、柱塞或其他方法堵住。

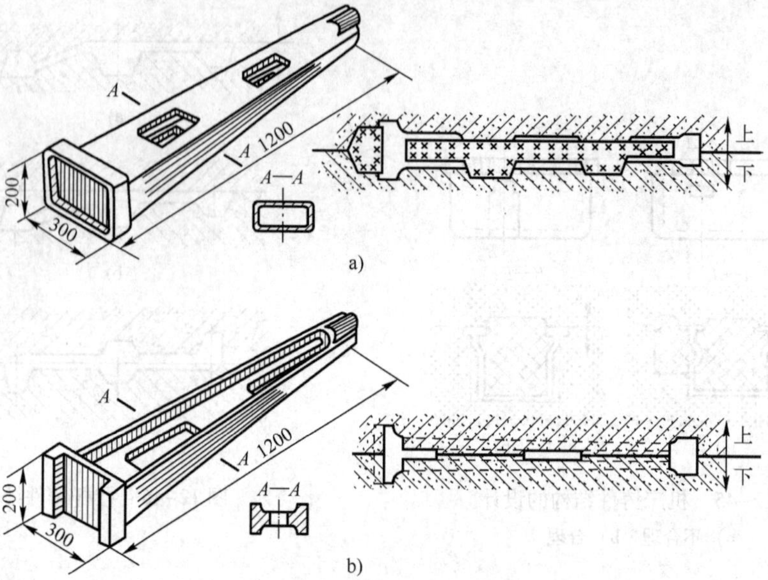

图 12-48　立柱铸件及其铸造工艺

a）需用两个型芯　b）不用型芯

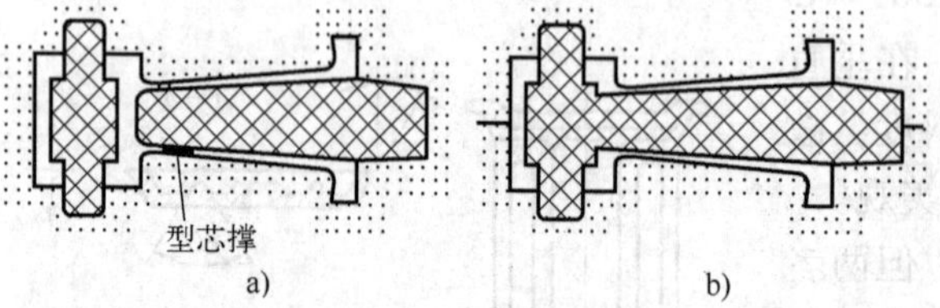

图 12-49　轴承支架铸件

a）工艺性差　b）工艺性好

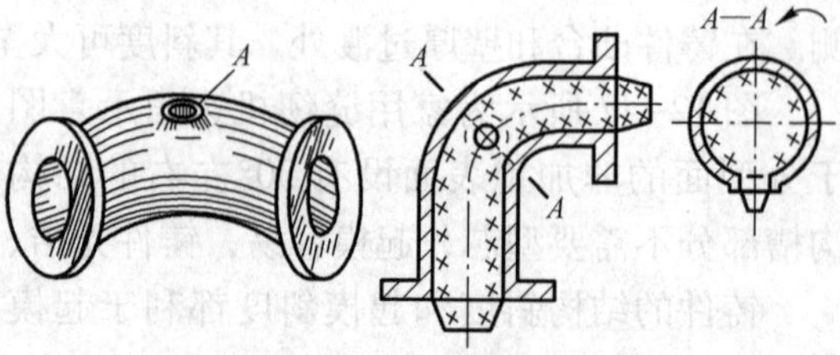

图 12-50　弯管铸件上的工艺孔

（3）应清砂方便　图 12-51 所示为机床床身结构示意图。图 12-51a 采用闭式结构，给清砂带来一定困难。在铸件刚度足够的前提下，若改用图 12-51b 所示的开式结构，清砂就方便。

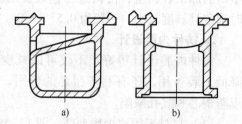

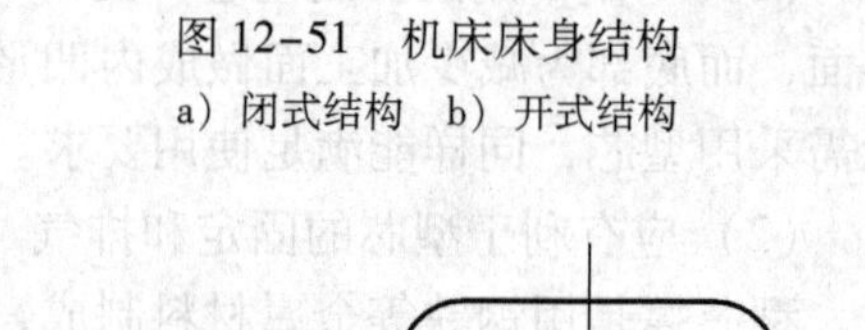

图 12-51　机床床身结构

a）闭式结构　b）开式结构

二、合金的铸造性能对铸件结构的要求

铸件结构还应考虑合金的充型能力、收缩特性和吸气性等铸造性能对铸件质量的影响，以避免各类缺陷产生。

1. 合理设计铸件壁厚

（1）铸件壁厚应适当　铸件壁不能太薄，否则会引起冷隔和浇不足等缺陷。图 12-52所示为某厂采用石膏型（指用石膏作为造型材料制造的铸型）浇注的铝合金管接头简图。原设计管壁厚度（δ）为 1 mm，废品率高达 80%；将 δ 增加到 1.5 mm，废品率降为 35%；最后将 δ 增加到 2 mm，废品率稳定在 10% 左右。

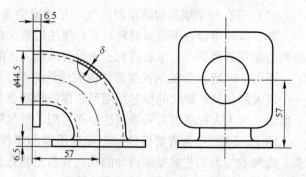

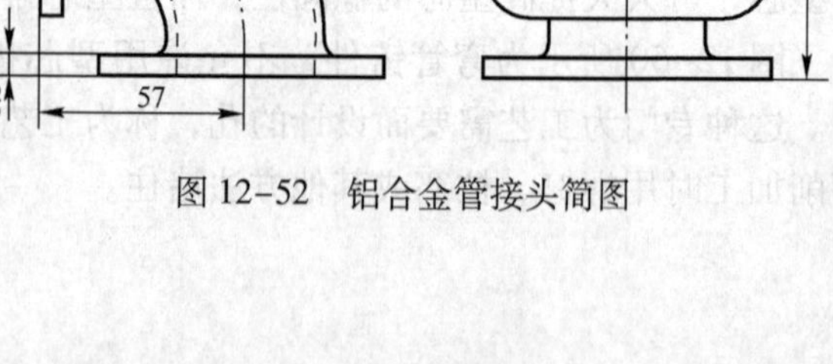

图 12-52　铝合金管接头简图

铸件的最小壁厚主要取决于合金的种类、铸造方法和铸件尺寸等因素。表 12-8 为铸件允许的最小壁厚。

表 12-8　铸件允许的最小壁厚　（单位：mm）

铸型种类	铸件尺寸	灰铸铁	可锻铸铁	球墨铸铁	铸钢	铝合金	铜合金
砂型	<200×200 200×200~500×500 >500×500	5~6 6~10 15~25	4~5 5~8	6 12	6~8 10~12 15~20	3 4 5~7	3~5 6~8
金属型	<70×70 70×70~150×150 >150×150	4 5 6	2.5~3.5 3.5~4.5		5 10	2~3 4 5	3 4~5 6~8

另外，铸件壁也不宜过厚，因为铸件的承载能力并不随壁厚的增加而成比例增加。过厚的截面将会导致晶粒粗大甚至产生缩孔、缩松等缺陷，反而恶化其性能。每种铸造合金都存在一个临界壁厚，铸件的临界壁厚大致按其最小壁厚的 3 倍来计算。

因此，为了增加铸件的承载能力和刚度，不能单纯地增加壁厚，而应改选高强度的材料或选择合理的截面形状（如槽形、箱形、工字形等）以及增设加强筋等方法，如图 12-53 所示。

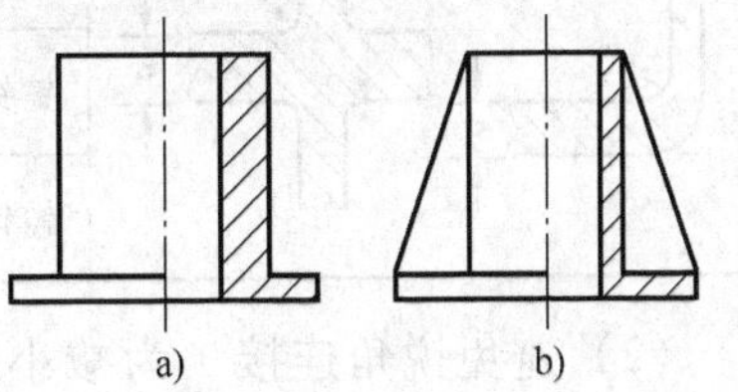

图 12-53　采用加强筋减小铸件壁厚
a）不合理结构　b）合理结构

（2）铸件壁厚要均匀　壁厚不均的铸件易在厚壁处形成金属积聚的热节，导致缩孔、缩松等缺陷产生。而且铸件各部分由于冷却速度不同会形成热应力，严重时会导致铸件厚薄连接处产生变形和开裂。图 12-54 所示为顶盖铸件的设计，图 12-54a 所示的设计壁厚相差悬殊，在图示位置会产生缩孔和裂纹；经改进成图 12-54b 所示的结构，在厚壁处改设加强筋，防止了铸造缺陷的产生。

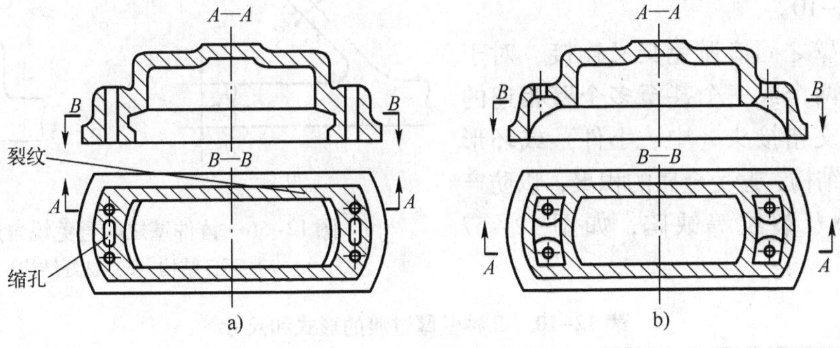

图 12-54　顶盖铸件的设计

必须指出，所谓壁厚的均匀是指铸件各壁的冷却速度相近，并非要求所有的壁厚完全相同。例如，铸件的内壁因散热慢，应比外壁薄些。图 12-55 所示为阀体铸件的设计。图 12-55b 所示的设计内壁较薄，可使阀体各部分均匀冷却。

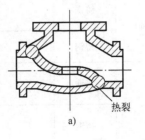

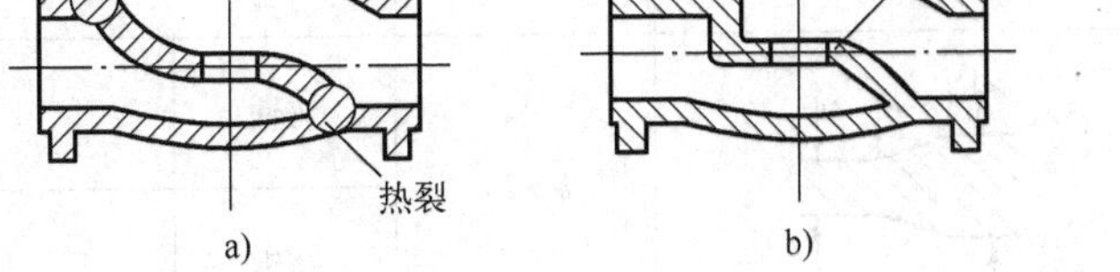

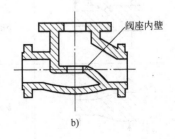

图 12-55　阀体铸件的设计

对于某些难以做到壁厚均匀的铸件，若合金的缩孔倾向大，则应使其结构便于实现顺序凝固，以便于安装冒口、进行补缩。

2. 铸件壁的连接

设计铸件壁的连接或转角时，也应尽力避免金属的积聚和内应力的产生。

（1）设计结构圆角　铸件壁间的转角处容易产生缩孔和缩松，易产生应力集中，是铸件的薄弱环节，较易产生裂纹。故铸件壁的连接应尽可能设计成结构圆角，以避免形成热节。铸造内圆角的大小应与铸件的壁厚相适应，通常应使转角处内接圆直径小于相邻壁厚的 1.5 倍，过大则增加了缩孔倾向。铸造内圆角半径的具体数值可参阅表 12-9。

表 12-9　铸造内圆角半径 *R* 值　（单位：mm）

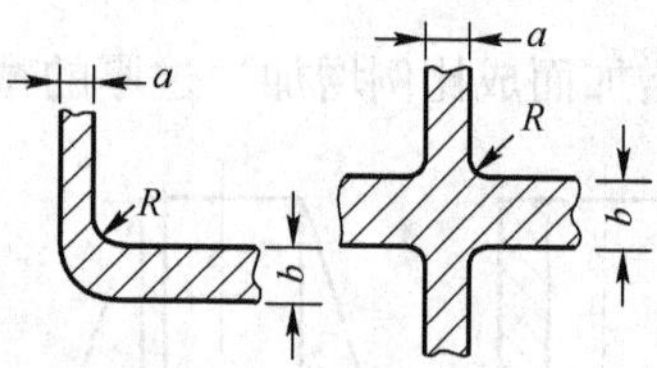	$\frac{a+b}{2}$	≤8	8~12	12~16	16~20	20~27	27~35	35~45	45~60
	铸铁	4	6	6	8	10	12	16	20
	铸钢	6	6	8	10	12	16	20	25

（2）避免锐角连接　为减小热节和内应力，应避免铸件壁间的锐角连接。若两壁间的夹角是锐角时，则应考虑图 12-56b 所示的过渡形式。

（3）厚壁与薄壁间的连接要逐步过渡　当铸件各部分的壁厚不一致，甚至相差较大时，应采用逐步过渡的方法，防止壁厚的突变，以减小应力集中。几种壁厚过渡的形式和尺寸见表 12-10。

（4）壁与壁之间应避免交叉连接　对于铸件结构中有两个或三个甚至多个壁相连的情况，可采用交错接头（中、小件）或环形接头（大件）结构，避免金属的积聚，以防产生缩孔、缩松及裂纹等缺陷，如图 12-57 所示。

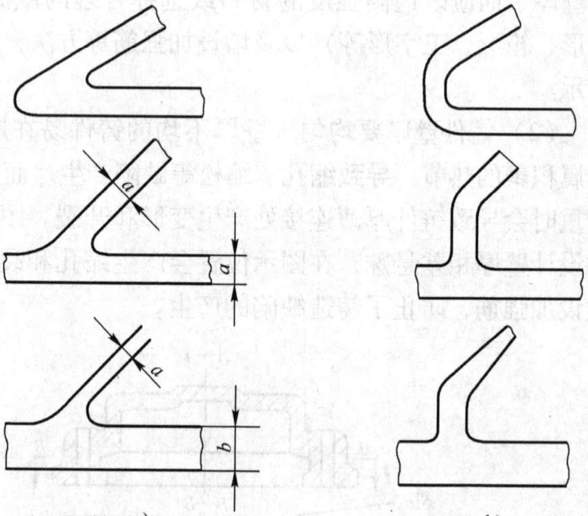

a)　　b)

图 12-56　铸件壁之间避免锐角连接

a）不良结构　b）良好结构

表 12-10　几种壁厚过渡的形式和尺寸

			尺寸/mm
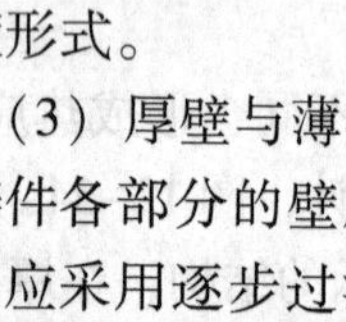	$b \leqslant 2a$	铸铁	$R \geqslant \left(\frac{1}{6} \sim \frac{1}{3}\right)\left(\frac{a+b}{2}\right)$
		铸钢	$R = \frac{a+b}{4}$
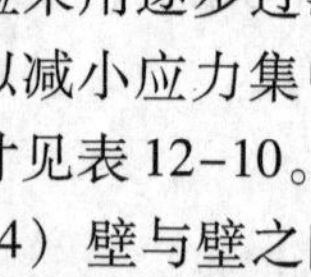	$b > 2a$	铸铁	$L > 4(b-a)$
		铸钢	$L \geqslant 5(b-a)$

(续)

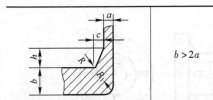

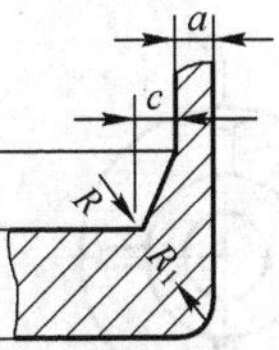	$b>2a$		$R\geqslant\left(\frac{1}{6}\sim\frac{1}{3}\right)\left(\frac{a+b}{2}\right)$ $R_1\geqslant R+\left(\frac{a+b}{2}\right)$ $c\approx 3\sqrt{b-a}, h\geqslant(4\sim5)c$

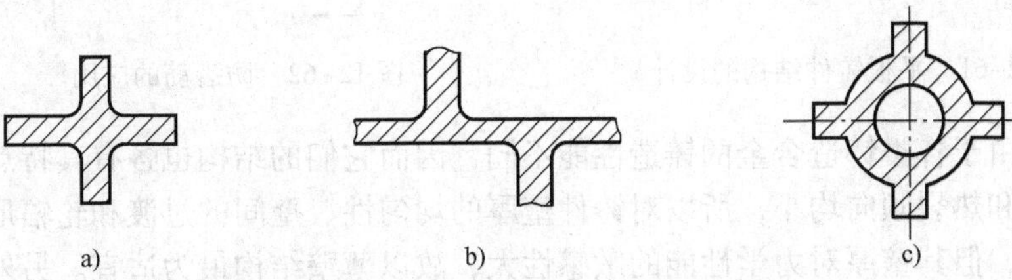

图 12-57　铸件壁或筋的几种布置

a）交叉接头　b）交错接头　c）环形接头

3. 应避免过大的水平面

浇注时铸件的水平面容易产生气孔、夹渣和夹砂等缺陷。因此，在设计铸件结构时，尽量用倾斜面来代替过大的水平面。图 12-58 所示为薄壁罩壳铸件的设计，图 12-58a 所示的结构废品率较高，若改成图 12-58b 所示的结构，浇注后金属液沿斜面上升，便于气体和非金属夹杂物上浮，容易保证铸件质量。

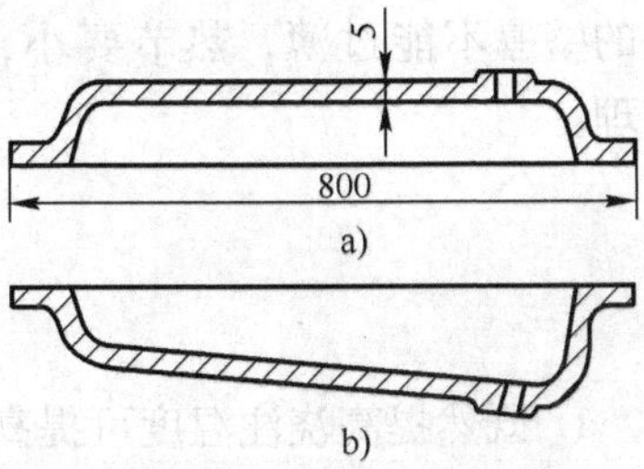

图 12-58　薄壁罩壳铸件的设计

a）薄壁水平面　b）薄壁倾斜面

4. 避免易变形和裂纹的结构

（1）避免冷却收缩受阻碍　设计铸件的筋、辐时，应尽量使其得以自由收缩，以免产生裂纹。图 12-59a 所示为轮辐的设计，图 12-59a 所示方案的轮辐数为偶数，这种轮辐易于造型，但每条轮辐与另一条成直线排列，收缩时相互牵制、彼此受阻，内应力过大，易产生裂纹。而改用图 12-59b 所示的弯曲轮辐或图 12-59c 所示的奇数轮辐设计，则可借轮辐或轮缘的微量变形减缓内应力，从而减小开裂的危险。

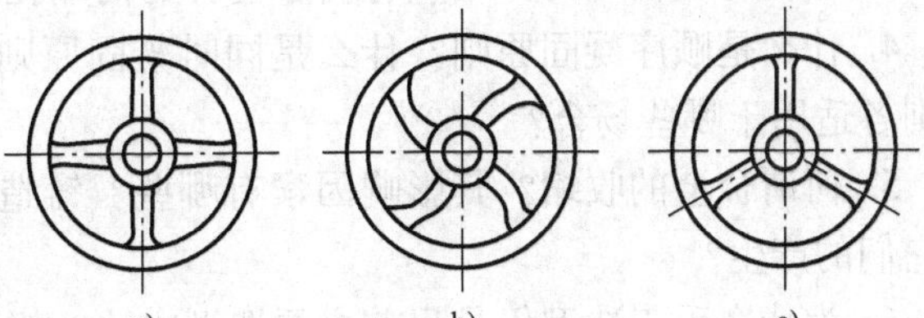

图 12-59　轮辐的设计

a）偶数轮辐　b）弯曲轮辐　c）奇数轮辐

（2）细长易绕曲的铸件应设计成对称截面　因为对称截面的相互抵消作用使变形大大减少，所以图 12-60 所示为梁形铸件的设计，图 12-60b 所示方案比图 12-60a 所示方案合理。

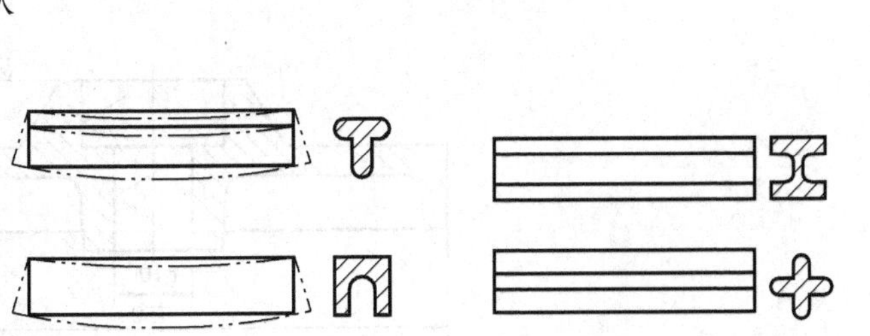

图 12-60　梁形铸件的设计

（3）设计防裂筋　应在铸件易产生变形或裂纹处增设防裂筋，以防止变形或热裂。图 12-61 所示的平板铸件应设有加强筋。图 12-62 所示的圆柱和法兰处也应设计防裂筋。由于防裂筋很薄，故在冷却过程中迅速凝固而具有较高的强度，从而增大了壁间的连接力。

防裂筋常用于铸钢、铸铝等易热裂合金中。

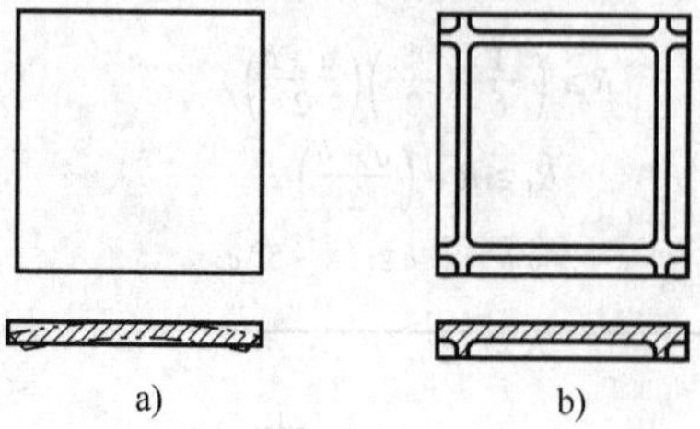

图 12-61　平板铸件结构的设计

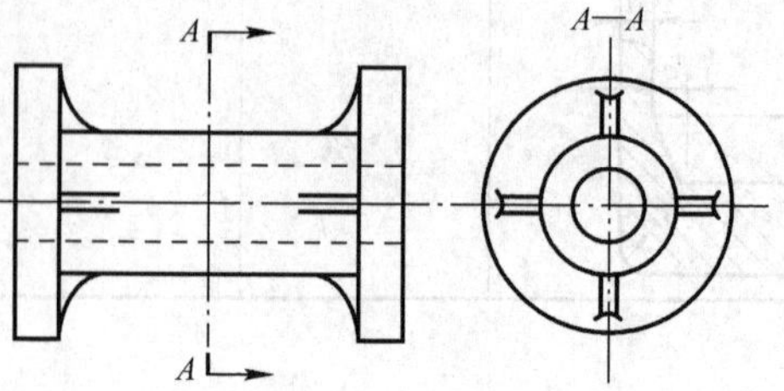

图 12-62　防裂筋的应用

必须指出，由于各类铸造合金的铸造性能不同，因而它们的结构也各有其特点。普通灰铸铁因其缩孔、缩松和热裂倾向均小，所以对铸件壁厚的均匀性、壁间的过渡和轮辐形式等要求均不像铸钢那样严格，但其壁厚对力学性能的敏感性大，故以薄壁结构最为适宜。另外，也要防止极薄截面，以防出现硬脆的白口组织。灰铸铁的牌号越高，因铸造性能随之变差，故对铸件结构的要求也越高，但孕育铸铁可设计成较厚铸件。

钢的铸造性能差，应严格注意铸钢件的结构工艺性。由于其流动性差、收缩又大，因此，铸件的壁厚不能过薄，热节要小，并便于通过顺序凝固来补缩。为防止热裂，筋、辐的布置要合理。

复习思考题

1. 既然提高浇注温度可提高液态合金的充型能力，但为什么又要防止浇注温度过高？

2. 什么是液态合金的充型能力？它与合金的流动性有何关系？试述提高液态金属充型能力的方法。

3. 缩孔与缩松对铸件质量有何影响？为何缩孔比缩松较容易防止？

4. 什么是顺序凝固原则？什么是同时凝固原则？各需采取什么措施来实现？上述两种凝固原则各适用于哪些场合？

5. 何谓合金的收缩？其影响因素有哪些？铸造内应力、变形和裂纹是怎样形成的？怎样防止它们的产生？

6. 为什么手工造型仍是目前主要造型方法？机器造型有哪些优越性，适用条件是什么？

7. 分模造型、挖砂造型、活块造型、三箱造型各适用于哪些场合？

8. 试分析图 12-63 所示铸件的分型面和浇注位置，并说明理由。

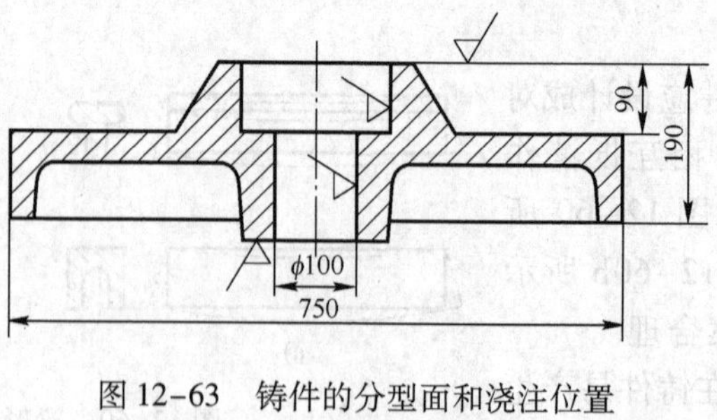

图 12-63　铸件的分型面和浇注位置

9. 简述熔模铸造工艺过程、生产特点和适用范围。

10. 金属型铸造和砂型铸造相比，在生产方法、造型工艺和铸件结构方面有何特点？适用于何种铸件？为什么金属型铸造未能广泛取代砂型铸造？

11. 什么是离心铸造？它在圆筒形铸件铸造中有哪些优越性？成形铸件采用离心铸造的目的是什么？

12. 试比较熔模铸造与陶瓷型铸造。为何在模具制造中陶瓷型铸造更为重要？

13. 压力铸造能否适用于钢铁材料，压铸件能否用热处理来提高其性能？

14. 低压铸造的工作原理与压铸有何不同？为什么低压铸造发展较为迅速？为何铝合金较常采用低压铸造？

15. 磁型铸造的本质是什么？它有什么优缺点？适用于哪些场合？

16. 下列铸件在大批量生产时采用什么铸造方法为宜：

铝合金活塞、ϕ50 mm 高速钢麻花钻、缝纫机头、汽轮机叶片、铸铁污水管、水暖气片、汽车喇叭、台式电风扇底座、发动机钢管铜套、摩托车气缸体、气缸套、客车车门扶手

17. 铸件结构和铸造工艺关系如何？铸造工艺对铸件结构的要求有哪些？

18. 在设计铸件外形结构时应考虑哪些问题？为什么？

19. 在设计铸件内腔时应考虑哪些问题？为什么？

20. 为什么要规定铸件的最小壁厚？不同铸造合金要求一样吗？为什么？

21. 分析图 12-64 所示铸件的结构工艺性，若不合理请改进。

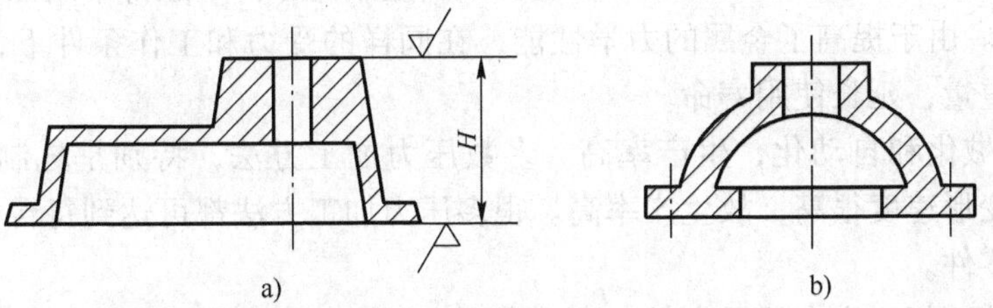

图 12-64　铸件的结构

22. 某厂铸造一个 ϕ1500 mm 的铸铁顶盖，有如图 12-65 所示两种设计方案，试分析哪种方案易于生产，并简述其理由。

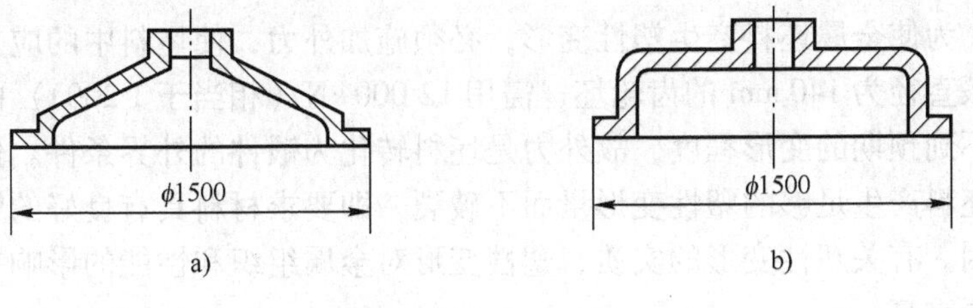

图 12-65　铸铁顶盖

第十三章 压力加工

压力加工是使金属坯料在外力作用下产生塑性变形，以获得所需形状、尺寸及力学性能的原材料、毛坯或零件的加工方法。凡具有一定塑性的金属，如钢和大多数有色金属及其合金等，都可以进行压力加工。

压力加工方法主要有轧制、挤压、拉拔、自由锻造、模型锻造和冲压等。前三种方法以生产金属原料为主，如金属型材、板材、管材和线材。后三种方法以生产毛坯或零件为主。

压力加工在机械制造中占有重要的地位。各类机械中受力复杂的重要零件，如传动轴、机床主轴、重要齿轮、起重机吊钩等，大都采用锻件作毛坯。对于飞机，锻压件制成的零件约占各类零件质量的85%，而汽车、拖拉机、机车占60%～80%。各类仪器、仪表、电器以及生活用品中的金属制件绝大多数都是冲压件。

压力加工之所以能获得广泛应用，在于其具有以下优点：

1）力学性能高。金属铸锭经塑性变形后其内部缺陷（如微裂纹、气孔等）得到焊合，并可获得较致密的细晶组织，因而改善了力学性能。承受重载的零件一般都采用锻件作毛坯。

2）节省金属。由于提高了金属的力学性能，在同样的受力和工作条件下，可以缩小零件的截面尺寸，减轻重量，延长使用寿命。

3）易实现机械化和自动化，生产率高。多数压力加工方法，特别是轧制、挤压、拉拔等，金属连续变形，变形速度很高，故生产率高。很多压力加工方法都可达到每台机器每分钟生产几十个甚至上百个零件。

压力加工与铸造相比也有不足之处，由于在固态下成形，对制造形状复杂零件，特别是具有复杂内腔的零件较困难。另外，压力加工设备投资大，成本比铸造高。

第一节 压力加工基本原理

压力加工时，为使金属坯料产生塑性变形，必须施加外力，使坯料中的应力超过材料的屈服强度。例如，模锻直径为140 mm的齿轮坯，需用12 000 kN（相当于1 200 t）的热模锻压机，设备吨位不足就达不到预期的变形程度，故外力是坯料转化为锻件的外界条件。然而，在锻造过程中，还必须保证坯料产生足够的塑性变形量而不破裂，即要求材料具有良好的塑性。塑性是坯料转化为锻件的内因。有关塑性变形的实质、塑性变形对金属组织和性能的影响在第五章已作了详细叙述，这里不再重复。

一、冷变形、热变形、温变形

按照变形后金属有无硬化现象，塑性变形可分为以下三种：变形后有明显加工硬化现象，称为冷变形；变形后无加工硬化痕迹，称为热变形；介于冷、热变形之间，加工硬化与再结晶同时并存，但加工硬化占优势，称为温变形。

1. 冷变形

冷变形指在再结晶温度以下的变形，如冷轧、冷拉、冷挤压、冷冲压等。对于钢材和多数金属材料来说，冷变形是在室温下进行的，可以避免金属加热缺陷，获得较高的精度和表面质量，并能提高工件的强度和硬度。但冷变形时变形抗力大，需使用较大吨位的设备，在多次变形中需增加再结晶退火和其他辅助工序。目前冷变形主要局限于低碳钢、有色金属及合金的薄件和小件加工。

2. 热变形

热变形指在再结晶温度以上的变形，如热锻、热轧、热挤压等。在变形过程中加工硬化和再结晶软化同时存在。为了使加工硬化随时为再结晶所克服，热变形温度常比再结晶温度高得多。如钢的最低再结晶温度为480～600℃，热锻温度为1250～800℃；工业纯铜的最低再结晶温度为200～270℃，热锻温度为800～600℃。

图13-1所示为钢锭在热轧时组织变化示意图。钢锭热轧时，由于变形速度极高，会出现短暂的加工硬化现象，晶粒明显被拉长，但立即进行再结晶，最终获得细小的再结晶晶粒。钢锭中分布在晶界上的杂质，随着晶粒的变形被拉长，在再结晶时金属晶粒形状改变，而杂质沿着被拉长的方向保留下来，形成了纤维组织，或称流线。它使金属呈现各向异性，45钢力学性能与纤维方向的关系见表13-1。

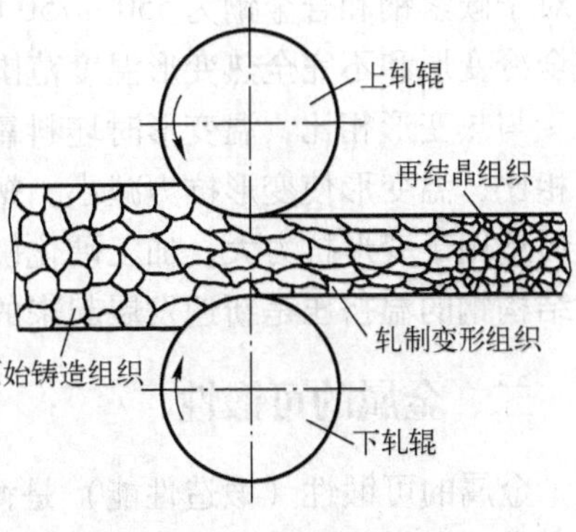

图13-1　钢锭在热轧时组织变化示意图

表13-1　45钢力学性能与纤维方向的关系

纤维方向	$R_{p0.2}$/MPa	R_m/MPa	A(%)	Z(%)	a_K/J·cm^{-2}
纵向	470	715	17.5	62.8	62
横向	440	672	10.0	31.0	30

纤维组织的明显程度与锻造比有关。变形程度越大，纤维组织越明显。压力加工过程中，常用锻造比（y）来表示变形程度。

拔长时的锻造比为

$$y_{拔}=A_0/A_1=L_1/L_0$$

镦粗时的锻造比为

$$y_{镦}=A_1/A_0=H_0/H_1$$

式中　A_0、L_0、H_0——分别为坯料变形前的横截面积、长度和高度；

A_1、L_1、H_1——分别为坯料变形后的横截面积、长度和高度。

一般地，当$y<2$时，随着金属内部组织的致密化，锻件纵向（平行于纤维方向）和横向（垂直于纤维方向）的力学性能均显著提高；当y为2～5时，纤维组织开始形成，力学性能出现各向异性，纵向性能虽略提高，但横向性能开始下降；当$y>5$时，纤维组织已非常明显，纵向性能不再提高，而横向的塑性、韧性却逐渐下降。因此，选择合适的锻造比非常重要。一般，碳素结构钢取$y=2\sim3$，合金结构钢取$y=3\sim4$。对于某些高合金工具钢和特殊性能钢，常采用较大的锻造比，如高速钢取5～12，不锈钢取4～6。

纤维组织的稳定性很高，热处理或其他方法都无法消除它，只能在热变形过程中改变它的分布方向和形状。因此，在设计和制造零件时，应充分发挥纤维组织纵向性能高的优势，限制横向性能差的劣势，具体应遵循以下原则：使零件工作时的最大正应力与纤维方向重合，最大切应力与纤维方向垂直，并使纤维沿零件轮廓分布而不被切断。如图13-2a所示的曲轴，其拐颈直接锻出，纤维组织分布合理，提高了曲轴的使用寿命，并降低了材料的消耗。而图13-2b是用气

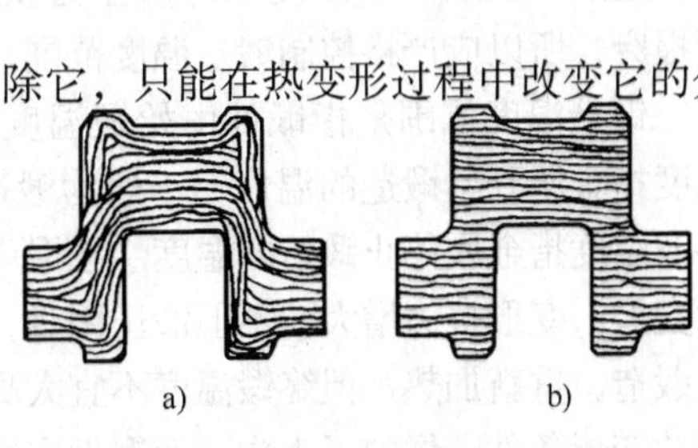

a)　　b)

图13-2　曲轴中的纤维组织分布

a）流线分布合理　b）流线分布不合理

割或切削加工出拐颈，纤维组织被切断，使用时容易沿轴肩断裂。

3. 温变形

温变形指在高于室温和低于再结晶温度范围内进行的变形，如温锻、温挤压等。温变形的温度对于碳素钢和合金钢为550~750℃，对于不锈钢为250~350℃。这表明温变形是处于金属不完全冷变形和不完全热变形温度范围内。

与热变形相比，温变形时坯料氧化和脱碳较少，有利于提高工件的精度和表面质量。与冷变形相比，温变形使变形抗力减小，塑性增加，一般不需要预先退火、表面处理和工序间退火。温变形适用于变形抗力大，加工硬化敏感的高碳钢、中高合金钢、轴承钢和不锈钢等。中碳钢和合金结构钢的温挤压是新近发展起来的新工艺。

二、金属的可锻性

金属的可锻性（锻造性能）是衡量材料经受压力加工难易程度的工艺性能。其优劣常用塑性和变形抗力综合衡量。变形抗力是指塑性成形时，变形金属施加于工模具单位面积上的反作用力。塑性反映金属塑性变形的能力，变形抗力则反映塑性变形的难易程度。因此，材料的塑性高，变形抗力小，则可锻性好。

金属的可锻性取决于金属的本质和变形条件。

1. 金属的本质

（1）化学成分的影响　纯金属一般都具有良好的可锻性。加入合金元素后，可锻性变差。合金元素的种类、含量越多，特别是加入钨、钼、钛等提高高温强度的元素，可锻性越差。碳素钢的可锻性比合金钢好，低合金钢的可锻性比高合金钢好。

（2）组织结构的影响　金属在单相状态下的可锻性比多相状态的好，因为多相状态下各相的塑性不同，变形不均匀会引起内应力，甚至开裂。因此，一般金属锻造时最好使其处于单相固溶体状态，而化合物的数量越多越难以进行塑性加工。例如，碳钢锻造时要加热到单相的奥氏体区域。此外，铸态组织和粗晶组织由于其塑性较差，不如锻轧组织和细晶组织的可锻性好。

2. 变形条件

变形条件是指变形时的温度、速度、应力状态和坯料表面状况等。

（1）变形温度的影响　在一定的变形温度范围内，随着温度的升高，原子动能增加，原子间的结合力削弱，使塑性提高、变形抗力减小，改善了金属的可锻性。热变形的变形抗力通常只有冷变形的1/15~1/10，故在生产中得到了广泛的应用。

金属的加热应控制在一定的温度范围内。温度过高会产生氧化、过热等缺陷，甚至使锻件产生过烧（晶界发生氧化或熔化）而报废，所以应严格控制锻造温度范围。

锻造温度范围是指锻件由始锻温度到终锻温度的区间。始锻温度指金属开始锻造的温度，一般为锻造所允许的最高加热温度。终锻温度指金属停止锻造的温度。在锻压过程中，随温度下降，塑性变差，变形抗力增大，不但锻压困难，而且容易开裂，故必须停止锻造，重新加热。但终锻温度不宜太高，否则，没有充分利用有利的变形条件，增加了火次，使锻件在冷却后得到粗晶组织。

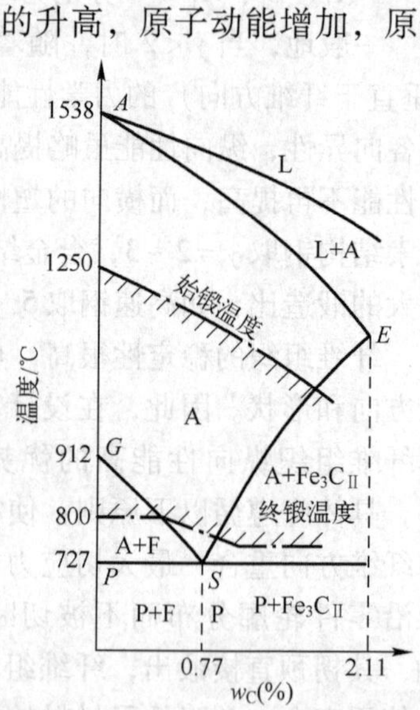

图 13-3　碳素钢的锻造温度范围

确定锻造温度范围的理论依据是合金状态图。对于碳素钢来说，始锻温度应在固相线 AE 以下 150~250℃，如图 13-3 所示。

终锻温度为800℃左右，因为亚共析钢在此温度虽处于两相区，但仍具有足够的塑性，变形抗力也不大，对于过共析钢，为了击碎沿晶界分布的网状渗碳体，在此温度仍应锻击。

常用金属材料的锻造温度范围见表13–2。

表13–2　常用金属材料的锻造温度范围

金属种类	始锻温度/℃	终锻温度/℃
w_C 在0.3%以下的碳钢	1200～1250	800～700
w_C 为0.3%～0.5%的碳钢	1150～1200	800
w_C 为0.5%～0.9%的碳钢	1100～1150	800
w_C 为0.9%～1.4%的碳钢	1055～1150	800
合金结构钢	1150～1200	860
低合金工具钢	1100～1150	860
高速钢	1000～1150	900
不锈钢	1200	850
锻铝（2A50）	480	380
黄铜（H68、H90）	830、900	700、750

（2）变形速度的影响　变形速度指单位时间内的变形程度。它对金属锻造性能的影响是矛盾的。如图13–4所示，一方面由于变形速度的增大，回复和再结晶不能及时克服加工硬化现象，金属表现出塑性下降、变形抗力增大（图13–4中 ω_k 以左），可锻性变差；另一方面，金属在变形过程中，消耗于塑性变形的能量有一部分转化为热能，使金属温度升高（称为热效应现象），变形速度越大，热效应现象越明显，则金属的塑性提高、变形抗力下降（图13–4中 ω_k 以右），可锻性变好。ω_k 即临界变形速度。但是除高速锤锻造和高能成形外，在普通锻压设备上都不可能超过临界变形速度，故一般塑性较差的材料（如高合金钢、高碳钢等）或大型锻件，宜采用较小的变形速度，在压力机而不在锻锤上加工，以防锻裂。

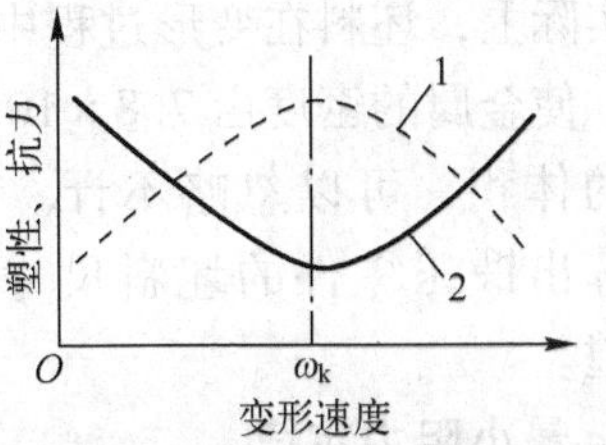

图13–4　变形速度对金属可锻性的影响

1—变形抗力曲线　2—塑性变化曲线

（3）应力状态的影响　采用不同的变形方法，在金属中产生的应力状态是不同的，因而表现出不同的可锻性。例如，金属在挤压时三向受压（图13–5a），表现出较高的塑性和较大的变形抗力；拉拔时两向受压、一向受拉（图13–5b），表现出较低的塑性和较小的变形抗力。

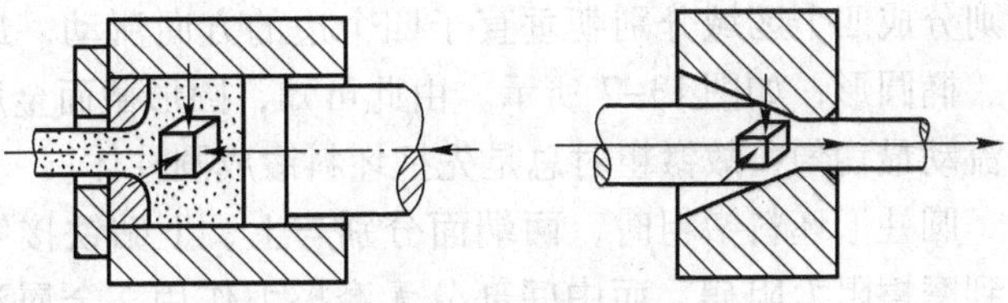

图13–5　不同变形方法时金属的应力状态

a）挤压　b）拉拔

应力状态对塑性的影响为：压应力数目越多，塑性越好；拉应力数目越多，塑性越差。这是因为金属材料内存在的气孔、微裂纹等缺陷在拉应力作用下产生应力集中，促使缺陷扩展，表现为塑性下降；而压应力使内部原子间距减小，阻碍了缺陷的扩展，塑性提高。有些合金不易拉拔成丝，而用挤压则容易加工成丝，就是这个道理。

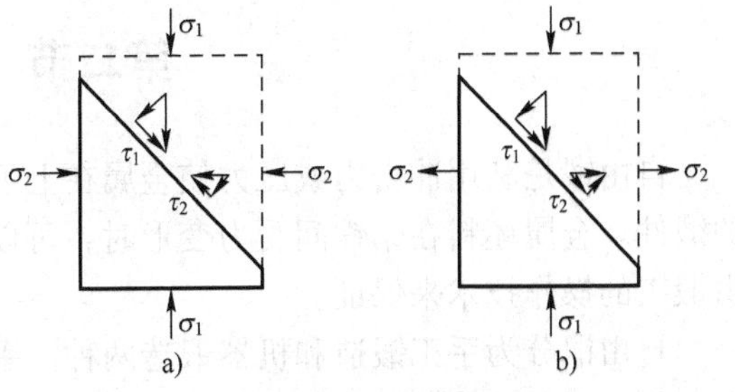

图13–6　应力状态对变形抗力的影响

a）同号应力　b）异号应力

应力状态对变形抗力的影响为：同号应力状态下的变形抗力大于异号应力状态下的变形抗力，可用图13–6进行示意说明。金属处于同号应力状态时（图13-6a），其滑移面上的切应力 τ_1、τ_2 方向相反而互减，难以滑移；异号应力时（图13-6b），其滑移面上的切应力 τ_1、τ_2 方向相同而叠加，容易滑移。因此在选择变形方法时，对于塑性高的金属，变形时出现拉应力是有利的，可以减少变形能量的消耗；对于塑性低的金属，应尽可能采用三向压应力状态下变形，以免开裂，但此时变形抗力增大，需相应增加设备的吨位。

（4）坯料表面状况的影响　坯料的表面状况对塑性有密切影响，特别在冷变形时尤为显著。坯料表面粗糙或有刻痕、微裂纹和粗大夹杂物等，都会在变形过程中产生应力集中而引起开裂。故压力加工前应对坯料表面进行清理和消除缺陷。

三、金属的变形规律

压力加工是依靠金属的塑性变形，只有掌握了变形规律，才能合理制订工艺规程，正确使用工具和掌握操作技术，达到预期的变形效果。

1. 体积不变定律

由于塑性变形时金属密度的变化很小，可认为坯料变形前后的体积相等。

实际上，坯料在变形过程中体积略有减小。例如，钢锭锻造时，消除了内部微裂纹、疏松等缺陷，使金属的密度由 $7.8\times10^3kg/m^3$ 提高到 $7.85\times10^3kg/m^3$，但这些极小的体积变化相对于坯料的体积，可以忽略不计。应用体积不变定律能计算出锻压零件的坯料尺寸、工序间尺寸及锻模模膛。

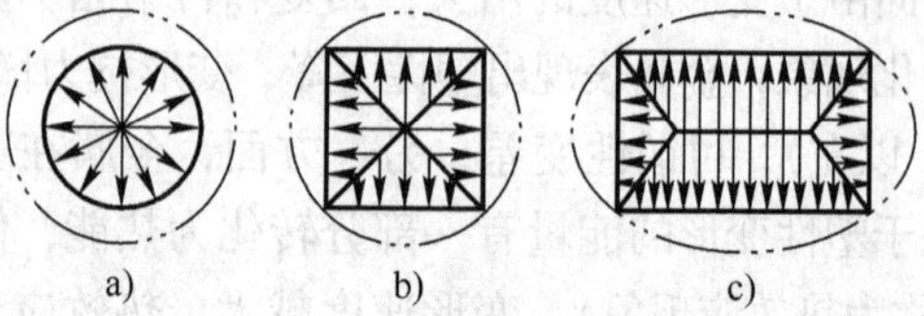

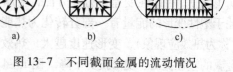

图13-7　不同截面金属的流动情况
a）圆形截面　b）方形截面　c）长方形截面

2. 最小阻力定律

最小阻力定律指金属变形时首先向阻力最小的方向流动。

一般地说，金属内某一质点流动阻力最小的方向是通过该质点向金属变形部分周边所作的法线方向，因为质点沿此方向移动的距离最短，所需的变形功最小。例如，圆形截面的金属朝径向流动，方形、长方形截面则分成四个区域分别朝垂直于四个边的方向流动，最后逐渐变成圆形、椭圆形，如图13-7所示。由此可知，圆形截面金属在各个方向上的流动最均匀，故镦粗时总是先把坯料锻成圆柱体。

圆柱形坯料镦粗时，两端面分别与上、下砧铁接触，金属的流动受到摩擦阻力阻碍，而中间部分无摩擦力作用，金属流动较快，变形后呈腰鼓形，如图13-8所示。如镦粗后仍要得到圆柱形，则需进行滚圆的修整工序。

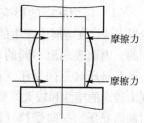

图13-8　金属镦粗变形

第二节　自　由　锻

自由锻是利用冲击力或压力使金属在上下两个砧铁之间产生变形，从而得到所需形状及尺寸的锻件。金属坯料在砧铁间受力变形时，可以朝各个方向自由流动，不受限制。锻件形状和尺寸由锻工的操作技术来保证。

自由锻分为手工锻造和机器锻造两种。手工锻造只能生产小型锻件，生产率也较低。机器锻造则是自由锻的主要生产方法。由于自由锻工具简单、通用性强、灵活性大，因而自由锻的应用较为广泛，锻件可从数十克到二三百吨。对于大型锻件，自由锻是唯一的锻造方式。所以，自由锻在重型机械制造中具有特别重要的作用。

自由锻所用的设备根据它对坯料作用力的性质，分为锻锤和压力机两大类。锻锤产生冲击力使金属坯料变形。生产中使用的锻锤是空气锤和蒸汽－空气锤。空气锤的吨位（落下部分的质量）较小，故只用来锻造小型件。蒸汽－空气锤的吨位稍大（最大吨位可达50 kN），可用来生产质量小于1500 kg的锻件。液压机产生压力使金属坯料变形。生产中使用的液压机主要是水压机，它的吨位（产生的最大压力）较大，可以锻造质量达500 t的锻件。液压机在使金属变形的过程中没有振动，并能很容易达到较大的锻透深度，所以水压机是巨型锻件的唯一成形设备。

自由锻生产中能进行的工序很多，可分为基本工序、辅助工序及精整工序三大类。

自由锻的基本工序是使金属坯料产生一定程度的塑性变形，以达到所需形状和尺寸的工艺过程。如镦粗、拔长、弯曲、冲孔、切割、扭转和错移等。实际生产中最常采用的是镦粗、拔长和冲孔三个工序。

辅助工序是为基本工序操作方便而进行的预先变形工序。如压钳口、压钢锭棱边、切肩等。

精整工序是用以减少锻件表面缺陷而进行的工序。如清除锻件表面凹凸不平及整形等，一般在终锻温度下进行。

一、自由锻工艺规程的制订

制订工艺规程、编写工艺卡片是进行自由锻生产必不可少的技术准备工作，是组织生产过程、规定操作规范、控制和检查产品质量的依据。自由锻工艺规程包括以下几个内容：

1. 绘制锻件图

锻件图是在零件图的基础上结合自由锻工艺特点绘制而成的。绘制锻件图应考虑以下几个因素：

（1）余块（敷料）　它是为了简化锻件形状、便于进行锻造而增加的一部分金属。当零件上带有难以直接锻出的凹槽、台阶、凸肩和小孔时，均需添加余块，如图13-9a所示。

（2）锻件余量　由于自由锻锻件的尺寸精度低、表面质量差，所以，应在零件的加工表面上增加供切削加工用的金属，该金属称为锻件余量。锻件余量的大小与零件的尺寸、形状等因素有关。零件越大，形状越复杂，则余量越大。具体数值结合生产的实际条件查表确定。

（3）锻件公差　指锻件的实际尺寸与公称尺寸之间所允许的偏差。公差值的大小根据锻件形状、尺寸并考虑到生产的具体情况加以选取。

确定了余块、锻件余量和公差后便可绘出锻件图，如图13-9b所示。锻件图的外形用粗实线表示，零件外形用双点画线画出。锻件的公称尺寸与公差标注在尺寸线上面，下面用括弧标注出零件尺寸。

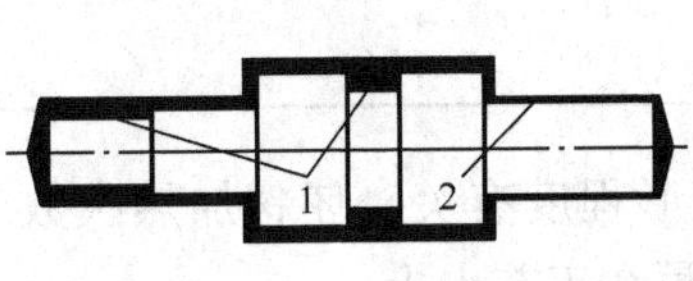

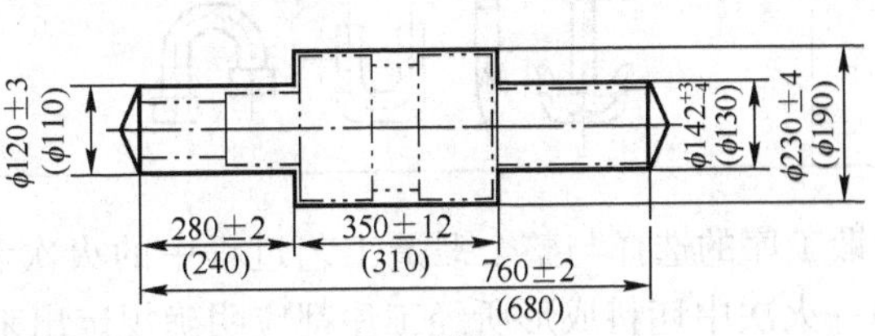

图13-9　典型锻件图

a）锻件的余量及余块　b）锻件图

1—余块　2—余量

2. 坯料的质量及尺寸计算

坯料质量可按下式计算：

$$m_{坯料} = m_{锻件} + m_{烧损} + m_{料头}$$

式中 $m_{坯料}$——坯料质量；

$m_{锻件}$——锻件质量；

$m_{烧损}$——加热时坯料表面氧化而烧损的质量。第一次加热取被加热金属的 2% ~3%，以后各次加热取 1.5% ~2.0%；

$m_{料头}$——在锻造过程中冲掉或被切掉的那部分金属的质量。如冲孔时坯料中部的料芯，修切端部产生的料头等。

当锻造大型锻件采用钢锭作坯料时，还要同时考虑切掉的钢锭头部和钢锭尾部的质量。

确定坯料尺寸时，应考虑到坯料在锻造过程中锻造比的问题。对于以碳素钢锭作为坯料并采用拔长方法锻制的锻件，锻造比一般不小于 2.5 ~3；如果采用轧材作坯料，则锻造比可取 1.3 ~1.5。

根据计算所得的坯料质量和截面大小，可确定坯料的长度和尺寸或选择适当尺寸的钢锭。

3. 选择锻造工序

自由锻锻造的工序，是根据工序特点和锻件形状来确定的。对一般锻件的大致分类及所采用的工序见表 13-3。

表 13-3 锻件分类及所需锻造工序

锻件类型	图 例	锻 造 工 序
盘类锻件	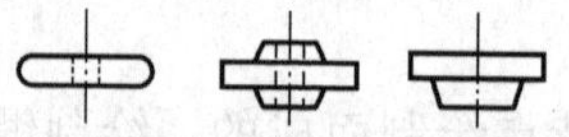	镦粗（或拔长及镦粗），冲孔
轴类锻件	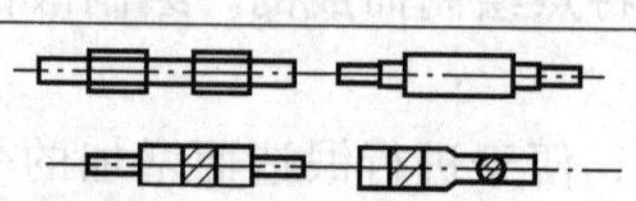	拔长（或镦粗及拔长），切肩和锻台阶
筒类锻件	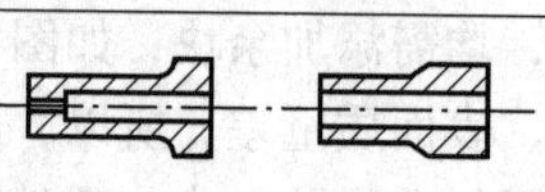	镦粗（或拔长及镦粗），冲孔，在芯轴上拔长
环类锻件	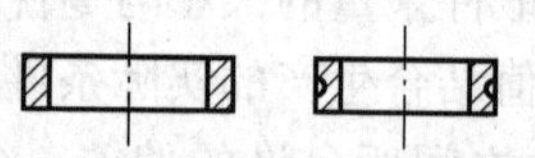	镦粗（或拔长及镦粗），冲孔，在芯轴上扩孔
曲轴类锻件	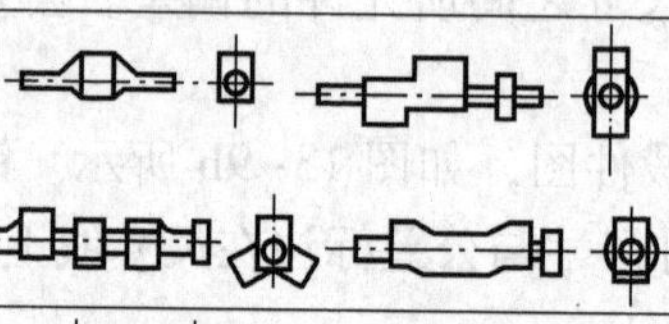	拔长（或镦粗及拔长），错移，锻台阶，扭转
弯曲类锻件	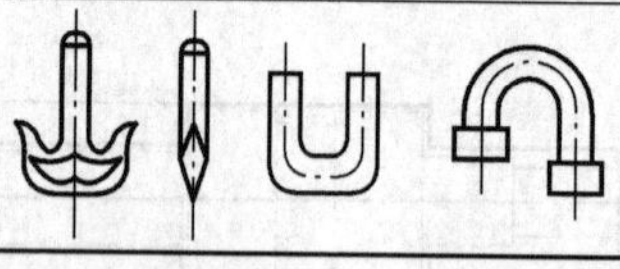	拔长，弯曲

自由锻工序的选择与整个锻造工艺过程中的火次和变形程度有关。坯料加热次数（即火次数）与每一火次中坯料成形所经工序都应明确规定出来，写在工艺卡上。

4. 选择锻造设备

根据坯料的种类及质量、锻造基本工序、设备锻造能力等因素，结合工厂具体条件来确定锻造设备。设备吨位太小，锻件内部锻不透，质量不好，生产率低；吨位太大，不仅浪费设备和动力，而且操作不便，也不安全。实际中吨位选择可查有关手册。

现以某减速器中的中间齿轮为例，说明自由锻造工艺规程的制订。图 13-10 所示为该齿轮零件图，材料为 45 钢，生产数量为 50 件。由于批量小，采用自由锻造，制订工艺规程如下：

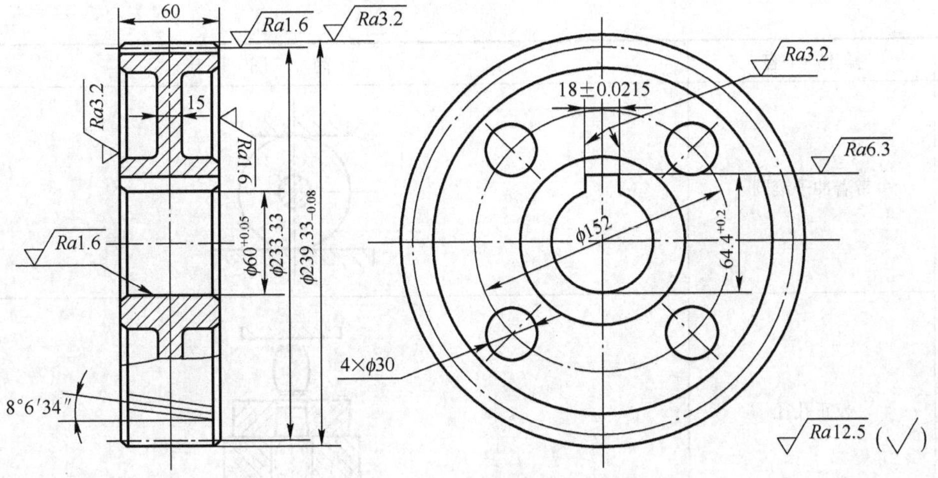

图 13-10　齿轮零件图

(1) 绘制锻件图　齿轮的齿形、端面凹槽、4孔 $\phi30$ mm 以及键槽都不锻出，添加余块，以简化锻件外形。

从有关手册中查得锻件余量和公差。画出该齿轮的锻件图如图 13-11 所示。

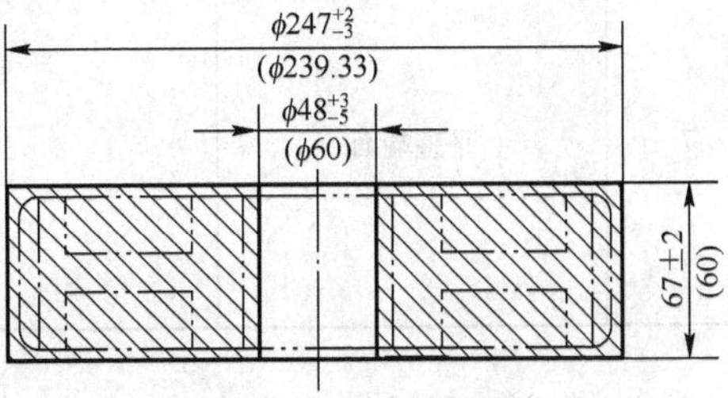

图 13-11　齿轮锻件图

(2) 选择锻造工序　齿轮坯的自由锻造工艺过程见表 13-4。

表 13-4　齿轮坯的自由锻造工艺过程

序号	操 作 内 容	简　图
1	加热毛坯	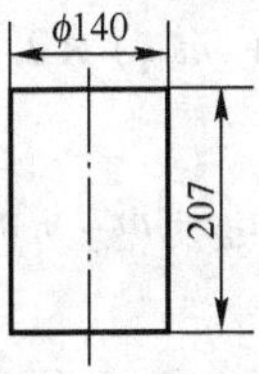
2	镦粗至锻件高度	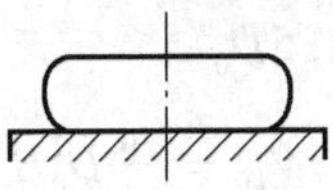
3	滚圆	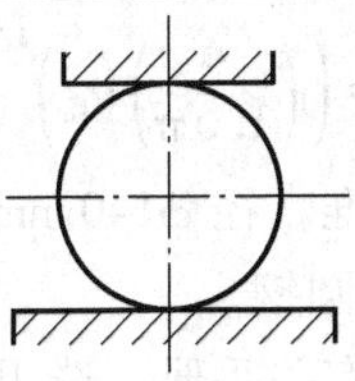
4	用冲子两面冲孔	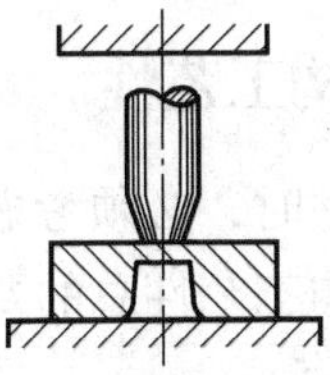

（续）

序号	操作内容	简图
5	带着冲子滚圆	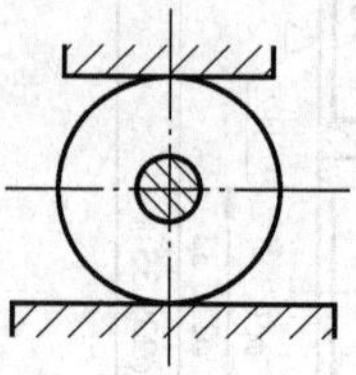
6	校正孔径	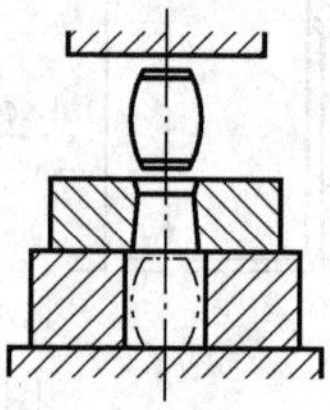
7	平整端面	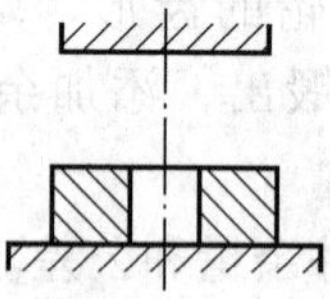

（3）确定坯料质量和尺寸

$$m_{锻}=V_{锻}\rho=\frac{\pi}{4}(24.7^2-4.8^2)\times6.7\times7.85\times10^{-3}\text{kg}\approx24.25\text{ kg}$$

$$m_{芯}=(1.18\sim1.57)d^2H\approx1.40\times4.8^2\times6.7\times10^{-3}\text{kg}\approx0.22\text{ kg}$$

$$m_{烧}=(m_{锻}+m_{芯})\times2.5\%=(24.25+0.22)\times2.5\%\text{kg}\approx0.61\text{ kg}$$

坯料的质量为

$$m_{坯}=m_{锻}+m_{芯}+m_{烧}=(24.25+0.22+0.61)\text{kg}\approx25\text{ kg}$$

坯料的体积为

$$V_{坯}=m_{坯}/\rho=25\times1000/7.85\text{ cm}^3\approx3185\text{ cm}^3$$

因采用镦粗成形，取 $H_0=1.5D_0$

$$V_{坯}=\frac{\pi}{4}D_0^2H_0=\frac{\pi}{4}D_0^2(1.5D_0)=1.5\pi/4D_0^3$$

$$D_0=\left(\left(\frac{4}{1.5\pi}\right)V_{坯}\right)^{1/3}=\left(\frac{4}{1.5\pi}\times3185\right)^{1/3}\text{cm}\approx13.93\text{ cm}$$

按国家标准宜选用标准直径 $\phi140$ mm，经计算得 $H_0=207$ mm，故确定该齿轮锻件的坯料尺寸为 $\phi140$ mm × 207 mm 的圆钢。

根据锻件最大尺寸查有关手册，选用 0.5t 空气锤。

二、自由锻锻件结构工艺性

设计自由锻成形的零件时，必须考虑自由锻设备和工具的特点，零件结构要符合自由锻的工艺性要求。对自由锻件结构工艺性总的要求是，在满足使用要求的前提下，锻件形状应尽量简单和规则。具体要求见表 13-5。

表 13–5　自由锻锻件的结构工艺性

要　求	举　例		说　明
	不合理	合理	
避免锥体和斜面结构	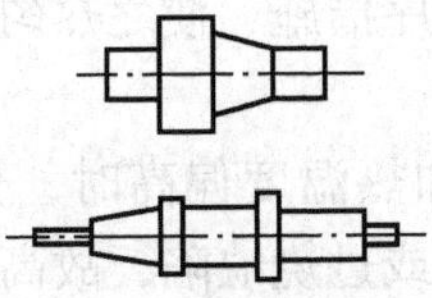	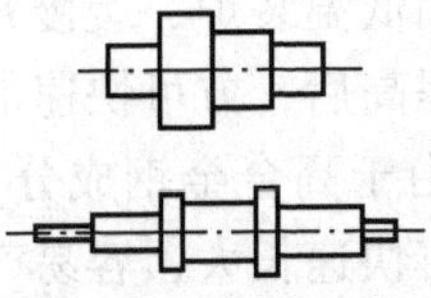	圆锥体的锻造须用专门工具，锻造比较困难，工艺过程复杂，应尽量避免
避免椭圆形、工字形等复杂形状的截面，特别要避免曲面相交的空间曲线	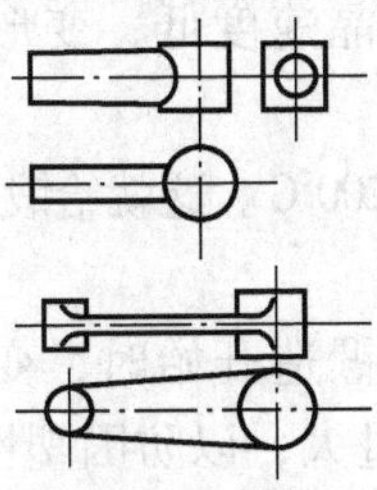	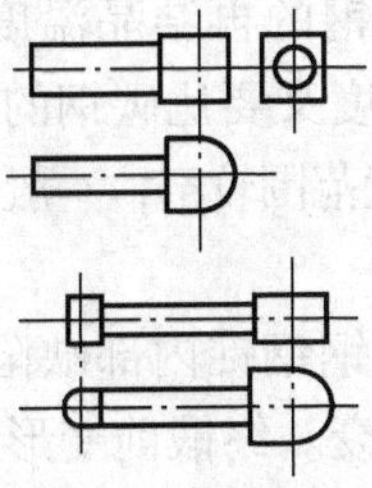	圆柱体与圆柱体交接处的锻造很困难，应改成平面与圆柱体交接，或平面与平面交接，消除空间曲线
避免凸台、加强筋等	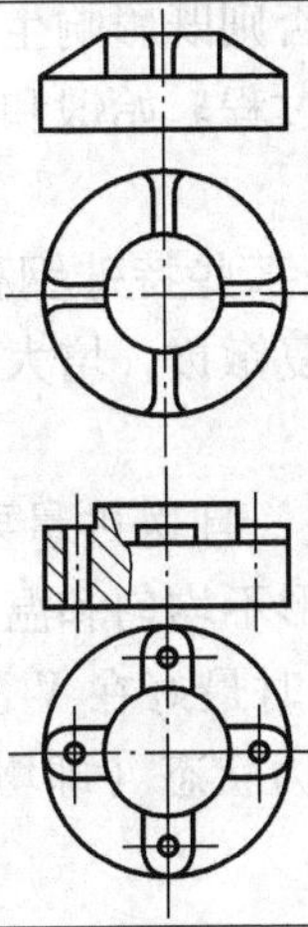	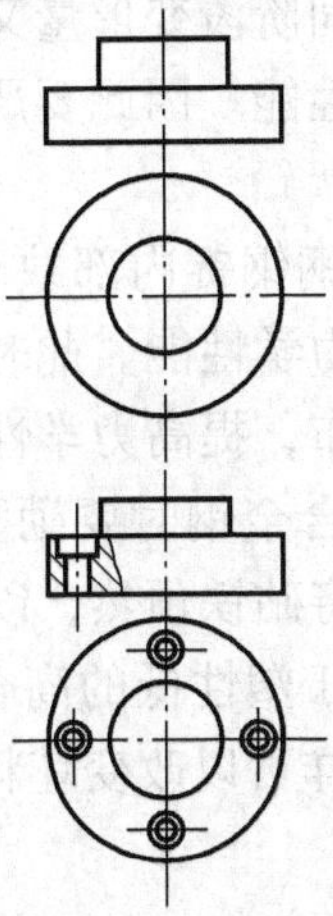	加强筋与表面凸台等结构难以用自由锻方法获得，应避免这种设计
尽量避免横截面急剧变化或形状复杂的情况	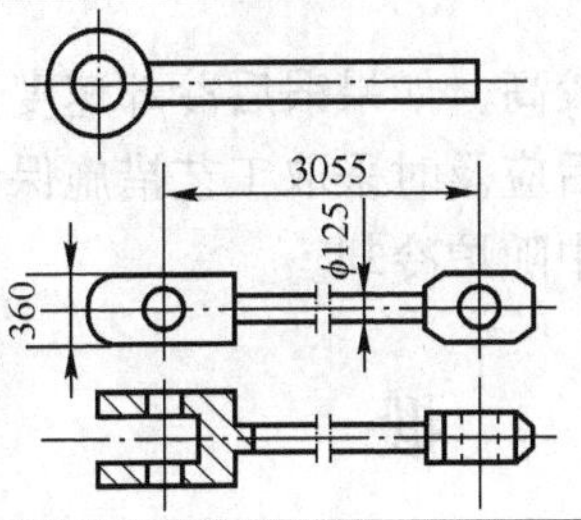	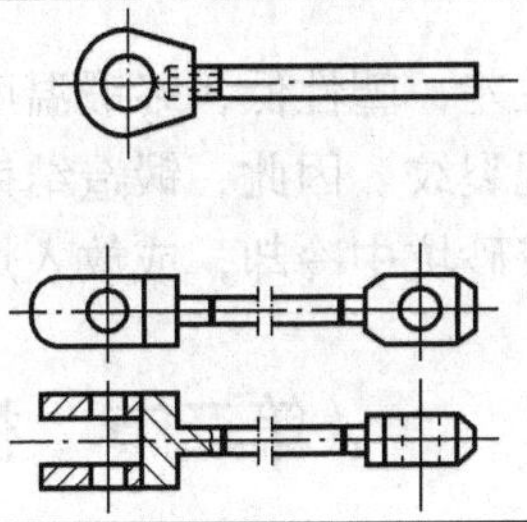	横截面积急剧变化或形状复杂的零件，应分成几个易锻造的简单部分，再用焊接或机械连接方式组合成整体

三、高合金钢锻造的特点

随着现代科学技术的发展，对零件性能要求越来越高，因此高合金钢的应用越来越广泛，许多重要零件都选用高合金钢锻制。高合金钢中合金元素含量很高，内部组织复杂，缺陷多，塑性差，锻造时难度较大，因此必须严格控制工艺过程，以保证锻件成品率高。

1. 备料特点

高合金钢坯料不允许存在表面裂纹等缺陷，以防加热或锻造过程中裂纹扩展，造成废品。对某些要求较高的锻件，经常采用预切削方法去掉坯料的表层金属。为消除坯料的残余内应力和均匀内部组织，需要进行锻前退火。

2. 加热特点和锻造温度范围

（1）低温装炉、缓慢升温　高合金钢的导热性比碳钢低得多。例如 18－8 型不锈钢的热导率只有 45 钢的 1/3。如果高温装炉、快速加热，则必然产生较大的热应力，导致金属坯料开裂，因此，高合金钢加热时均采用低温装炉、缓慢升温的工序措施，使之热匀热透。待坯料达到高温阶段时，其导热能力和塑性提高后，方可快速加热。

（2）锻造温度范围窄　由于高合金钢成分复杂，加热温度偏高时，分布在晶界的低熔点物质即可熔化，金属基体晶粒将快速长大，容易产生过热或过烧缺陷，故高合金钢的始锻温度要比碳钢的低。另外，由于高合金钢的再结晶温度高、再结晶速度低、变形抗力大、塑性差、易断裂，因此，高合金钢的终锻温度又要比碳钢的高。

因此，高合金钢的锻造温度范围较窄，一般只有 100～200℃。这就给锻造过程带来了许多困难。

3. 锻造特点

（1）控制变形量　高合金钢钢锭内部缺陷很多，在锻造开始时，变形量不宜过大，否则会使缺陷扩展，造成锻件开裂报废。终锻前变形量也不宜过大，以防因塑性降低，变形抗力升高导致锻件报废。而在锻造过程中间阶段变形量又不宜过小，否则既影响生产率，又不能改善锻件的组织结构，得不到良好的力学性能。因此要严格控制锻造过程。始锻和终锻时变形量要小，即要轻打，锻造过程中则要重打。

（2）增大锻造比　高合金钢钢锭内部缺陷多，尤其是某些特殊钢种，碳化物较多，且聚集在晶粒周围，严重影响锻件的力学性能。此时只有通过反复镦拔，增大锻造比，才能消除钢中缺陷，细化碳化物并使之均匀分布，提高力学性能。

（3）变形要均匀　锻造高合金钢时要勤翻转、勤送进，且送进量要均匀，不要在一个地方连续锤击数次。开始锻造时要将砧铁预热，以防止由于变形不均匀和温度不均匀产生锻裂现象。

（4）避免出现拉应力　对于塑性低的高合金钢，拔长时最好在 V 型砧铁中进行，或者是上面用平砧下面用 V 型砧铁。这样可以改变坯料变形中的应力状态（即增加压应力），从而提高塑性，避免产生裂纹。

4. 锻后冷却

由于高合金钢的导热性差，塑性低，终锻温度较高，如果锻后冷却速度快，会因热应力和组织应力过大而导致锻件出现裂纹。因此，锻造结束后应及时采取工艺措施保证锻件缓慢冷却。例如，锻后将工件放入灰坑或砂坑中冷却，或放入炉中随炉冷却。

第三节　模　　锻

模锻是在高强度金属锻模上预先制出与锻件形状一致的模膛，使坯料在模膛内受压变形，锻造终了得到和模膛形状相符的锻件。

模锻与自由锻相比较有如下优点：

1）生产率高，且劳动强度小，操作简便，易实现机械化和自动化，适于大批量的中、小锻件生产。

2）模锻件尺寸精度高，加工余量和公差小，可节约材料和加工工时。

3）由于有模膛引导和限制金属流动，可以锻造出形状比较复杂的锻件（图 13－12）。如用自由锻来生

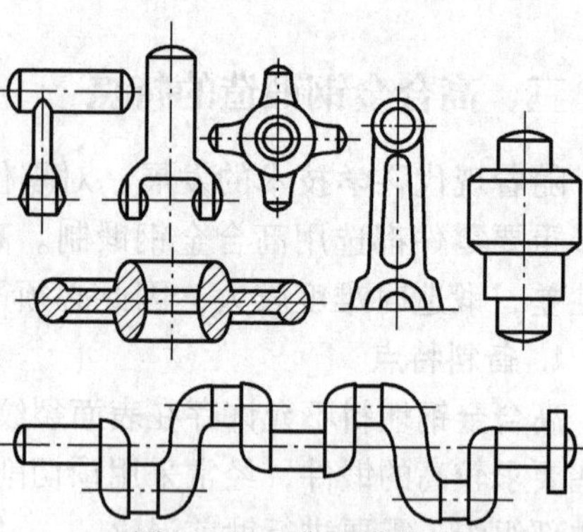

图 13－12　典型模锻件

产，则必须加大量余块来简化形状。

4）锻件内部流线较完整，从而提高了零件的力学性能和使用寿命。

但是，模锻生产由于受模锻设备吨位的限制，模锻件不能太大（一般小于150 kg）。又由于制造锻模成本高、周期长，所以模锻不适合于小批和单件生产，批量一般都在数千件以上。

由于现代化大生产的要求，模锻生产越来越广泛地应用在国防工业和机械制造业中，如飞机制造厂、坦克厂、汽车厂、拖拉机厂和轴承厂等。按质量计算，飞机上的锻件中模锻件占85%，坦克上占70%，汽车上占80%，机车上占60%。

模锻按使用的设备不同分为锤上模锻、胎模锻和压力机上模锻等。其中锤上模锻是目前我国应用最多的一种模锻方法。

一、锤上模锻

锤上模锻所用设备有蒸汽－空气锤、无砧座锤和高速锤等。一般工厂中主要使用蒸汽－空气锤，如图13-13所示。

模锻生产所用蒸汽－空气锤的工作原理与蒸汽－空气自由锻锤基本相同。但由于模锻生产要求精度较高，故模锻锤的锤头与导轨之间的间隙比自由锻锤的小，且机架直接与砧座连接，这样使锤头运动精确，保证上下模对得准。其次，模锻锤一般均由一名模锻工人操作，操作工除了掌钳之外，还同时踩踏板带动操纵系统控制锤头行程及打击力的大小。

模锻锤的吨位（落下部分的质量）为1～16 t，能锻造0.5～150 kg的模锻件。

1. 锻模结构

锤上模锻用的锻模（图13-14）是由带有燕尾的上模2和下模4两部分组成的。下模用紧固锲铁7固定在模垫5上。上模2靠锲铁10紧固在锤头1上，随锤头一起做上下往复运动。上、下模合在一起，其中部形成完整的模膛9，8为分型面，3为飞边槽。

模膛根据其功用不同可分为制坯模膛和模锻模膛两大类，其分类、特点及用途见表13-6。

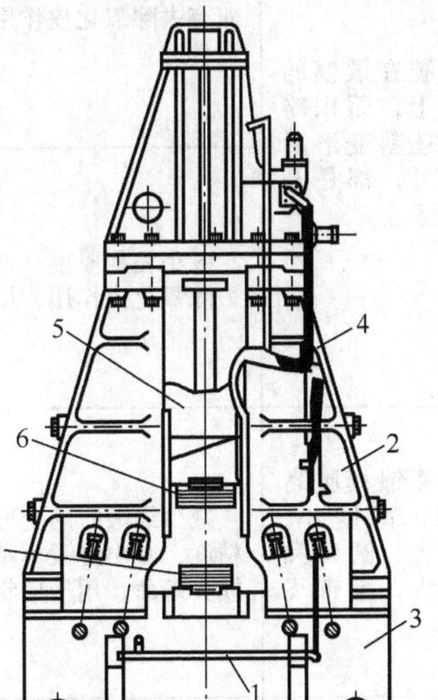

图13-13　蒸汽－空气模锻锤

1—踏板　2—机架　3—砧座　4—操纵杆

5—锤头　6—上模　7—下模

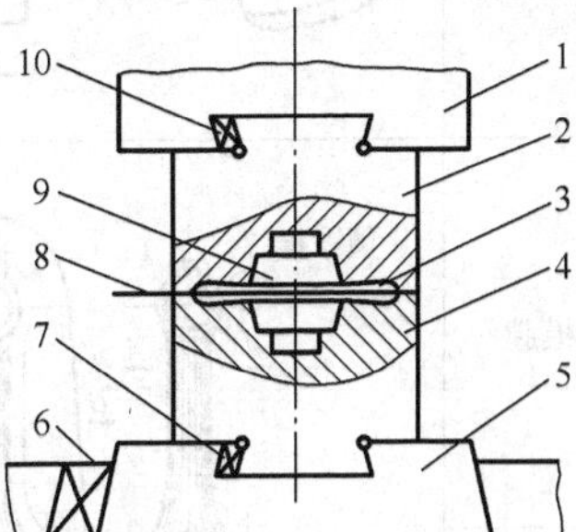

图13-14　锤上锻模

1—锤头　2—上模　3—飞边槽　4—下模　5—模垫

6、7、10—紧固锲铁　8—分型面　9—模膛

表 13-6　模膛的分类、特点及用途

类别	模膛名称	简　图	特　点	用　途
制坯模膛	拔长模膛	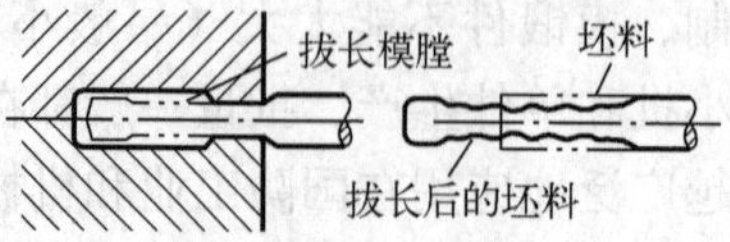	操作时边轻击边将坯料送进	减小坯料横截面积，增大长度，兼有去除氧化皮作用，用于长轴类锻件
	滚挤模膛	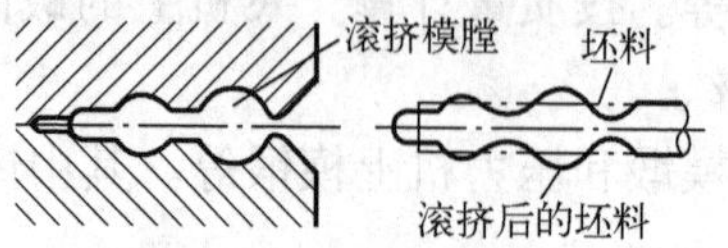	操作时边轻击边不断翻转坯料，不作轴向送进	减小坯料某部分的横截面积，以增大另一部分的横截面积，使坯料沿轴线的形状更接近锻件。主要用于某些变截面长轴类锻件的制坯
	弯曲模膛	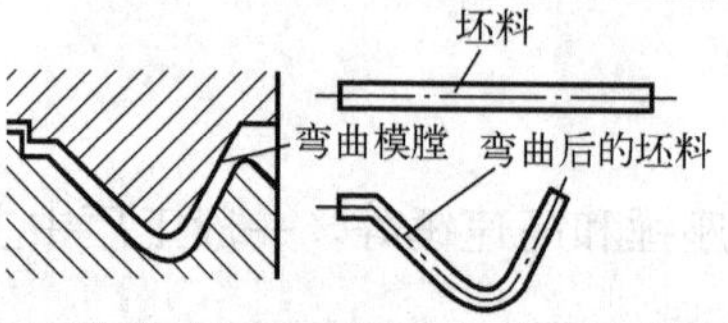	模膛的纵截面形状与终锻时坯料的水平投影相一致，弯曲或成形后坯料需翻转90°再放入模锻模膛成形	改变坯料轴线形状，使之更接近锻件的空间形状，用于具有弯曲轴线的锻件
	成形模膛	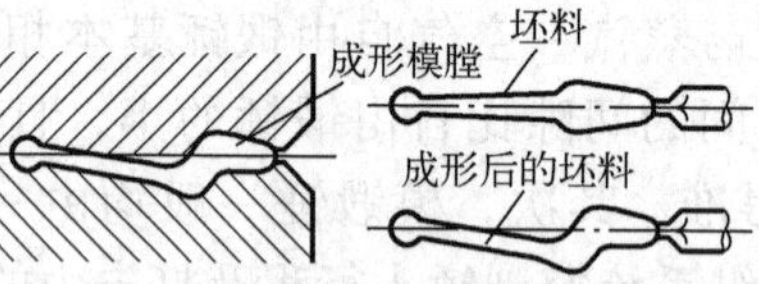		作用同弯曲工步，并有一定聚料作用，用于形状复杂和具有弯曲轴线的锻件
	切断模膛	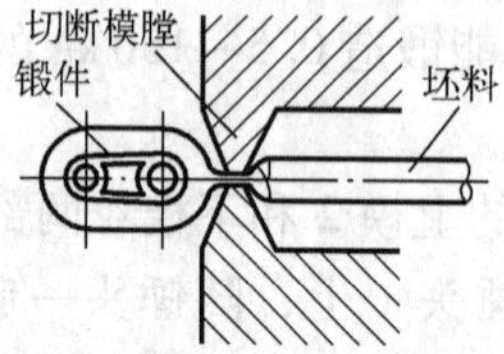	模膛位于锻模的边角上，有刃口	将锻好的锻件从坯料上切下
	镦粗模膛	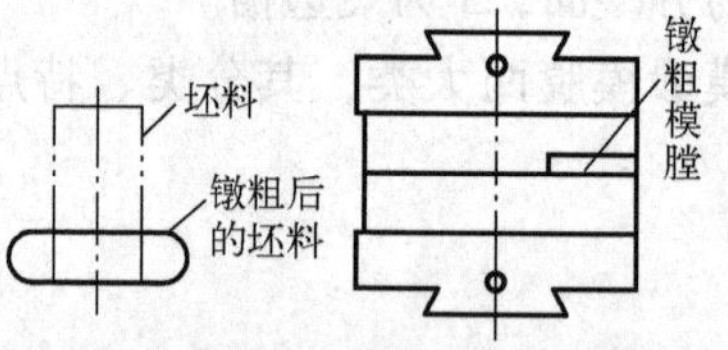	模膛在锻模的边角上，面积略大于坯料变形后的尺寸，都是开式模膛	减小坯料高度，增大横截面积，兼有去除氧化皮作用，用于短轴类锻件
	压扁模膛	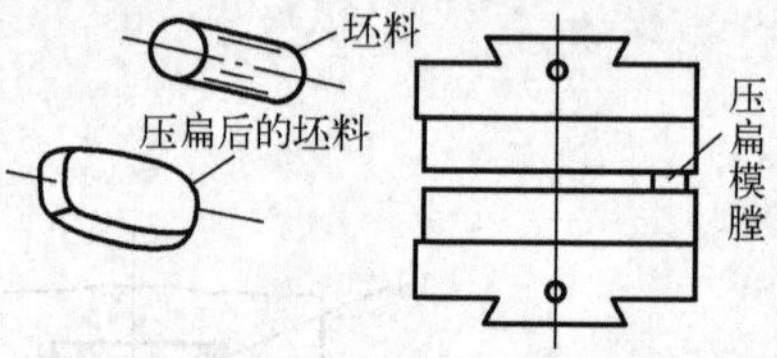		减小坯料厚度，增大宽度，兼有去除氧化皮作用，用于短轴类锻件
模锻模膛	预锻模膛	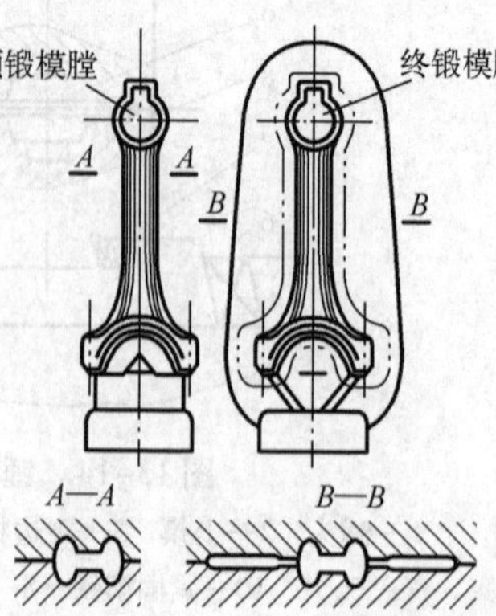	比终锻模膛高度大、宽度小、容积大、圆角和斜度大，不带飞边槽	减少终锻时的变形量，提高锻件精度，减小终锻模膛的磨损，延长模具寿命，用于形状复杂的锻件
	终锻模膛		模膛形状、尺寸与锻件相同，位于锻模中央部位，周围有飞边槽	用于锻件的最终成形

对于形状较复杂的锻件，为使坯料形状逐步接近锻件形状，使金属能合理分布和顺利充满模膛，就必须预先在制坯模膛内制坯。坯料在制坯模膛内锻成接近锻件的形状，再放入模锻模膛终锻。模锻模膛分为终锻模膛和预锻模膛两种。对于形状简单或批量不大的模锻件可不设置预锻模膛。

终锻模膛四周设有飞边槽，锻件终锻成形后还需在切边压力机上切去飞边。飞边槽的形状如图 13-15 所示，宽度为 30 ~ 100 mm。槽的桥部较窄，可以限制金属流出，使之首先充满模膛，仓部用以容纳多余金属。对于具有通孔的锻件，由于不可能靠上、下模的突起部分把金属完全挤压掉，故终锻后在孔内留下一薄层金属，称为冲孔连皮（图 13-16）。把冲孔连皮和飞边冲掉后，才能得到有通孔的锻件。

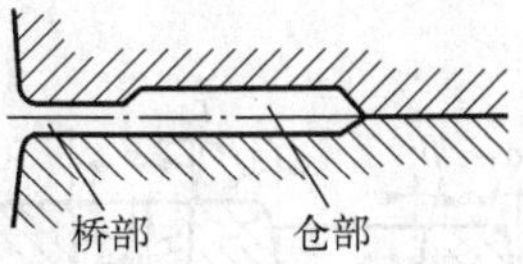

图 13-15　飞边槽

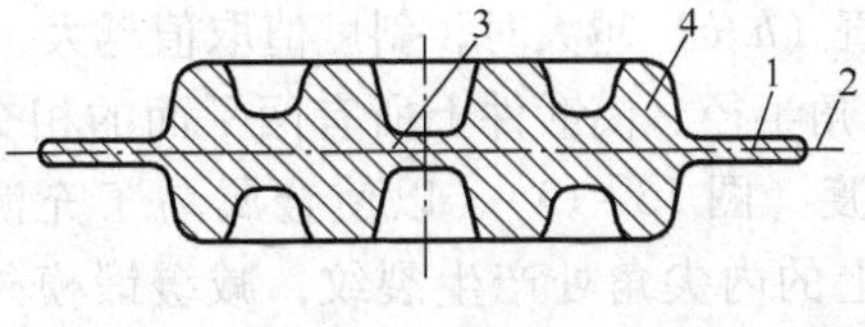

图 13-16　带有冲孔连皮及飞边的模锻件

1—飞边　2—分型面　3—冲孔连皮　4—锻件

根据模锻件的复杂程度不同，所需变形的模膛数量不等，可将锻模设计成单膛锻模或多膛锻模。单膛锻模是在一副锻模上只具有终锻模膛一个模膛。如齿轮坯模锻件就可将截下的圆柱形坯料，直接放入单膛锻模中成形。多膛锻模是在一副锻模上具有两个以上模膛的锻模。如弯曲连杆模锻件即为多膛锻模，如图 13-17 所示。

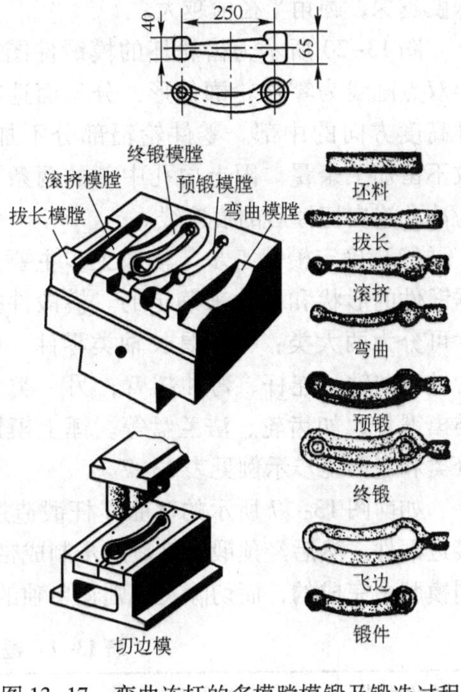

图 13-17　弯曲连杆的多模膛模锻及锻造过程

2. 制订模锻工艺规程

模锻生产的工艺规程包括制订锻件图、计算坯料尺寸、确定模锻工步（模膛）、选择设备及安排修整工序等。

（1）制订模锻锻件图　锻件图是设计和制造锻模、计算坯料以及检查锻件的依据。制订模锻锻件图时应考虑如下几个问题。

1）分型面。分型面是上、下锻模在模锻件上的分界面。应按以下原则确定分型面位置：

① 要保证模锻件能从模膛中顺利取出，故分型面一般选在模锻件最大尺寸的截面上。

② 应使分型面处上、下模膛外形一致，以便及时发现错模，调整锻模位置。

③ 应使模膛浅而宽，以利于金属充满模膛。

④ 应使锻件所加余料最少。

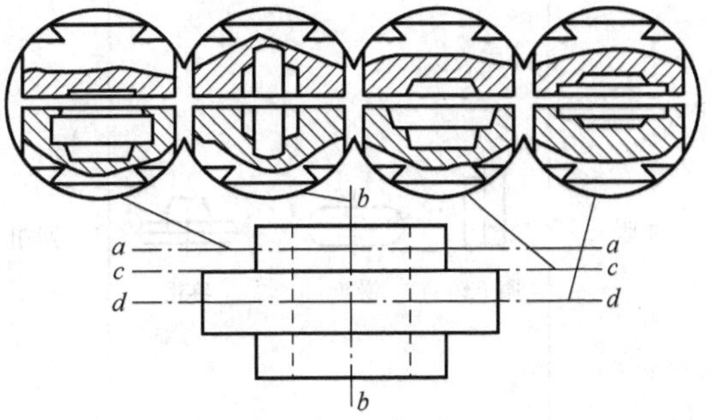

图 13-18　分型面的选择比较图

如图 13-18 所示零件，若选 *a*—*a* 面为分型面，则无法从模膛中取出锻件；若选 *b*—*b* 面为分型面，不仅模膛加工较麻烦，而且由于模膛窄而深，坯料难以充满，另外锻件上的孔无法锻出，相应部位要加余块，既浪费金属，又增加切削加工工时，这是最不好的方案；若选 $c—c$ 面为分型面，则当上、下模发生错型时，难以从锻件的外观上及时发现，易造成废品。按上述原则综合分析，$d—d$ 面是最合理的分型面。

2）余量、公差、余块和连皮。模锻件的尺寸精确，其公差和余量比自由锻小得多。余量一般为 1 ~ 4 mm，公差一般取在 ±(0.3 ~ 3) mm 之间。对于孔径 $d<30$ mm 的孔可不锻出，而较大孔应锻出，其冲孔连皮的厚度与孔径 d 有关，当孔径为 30 ~ 80 mm 时，其厚度为 4 ~ 8 mm。

3）模锻斜度。模锻件上垂直于分型面的表面必须具有一定的斜度（图 13-19），以便从模膛中取出锻件。外壁斜度 α（锻件外壁上的斜度）一般取 5° ~ 10°，内壁斜度 β（锻件内壁上的斜度）比外壁斜度 α 大 1 ~ 2 级，一般取 7° ~ 15°。模锻斜度与模膛深度和宽度有关。当模膛深度与宽度的比值（h/b）越大时，斜度值取值越大。

4）模锻圆角半径。模锻件上所有两平面的相交处均须以圆角过渡（图 13-19），以使金属易于充满模膛，避免锻模上的内尖角处产生裂纹，减缓锻模外尖角处的磨损，从而提高锻模的使用寿命。一般外圆角半径 r 取 1.5 ~ 12 mm，内圆角半径 $R=(2\sim3)r$。模膛深度越深，圆角半径值越大。

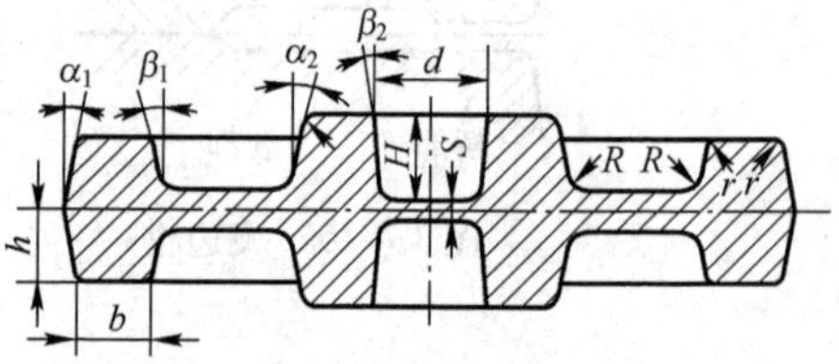

图 13-19　模锻斜度、圆角半径

图 13-20 所示为齿轮坯的模锻件图。图中双点画线为零件轮廓外形，分型面选在锻件高度方向的中部。零件轮辐部分不加工，故不留加工余量。图上内孔中部的两条直线为冲孔连皮切掉后的痕迹线。

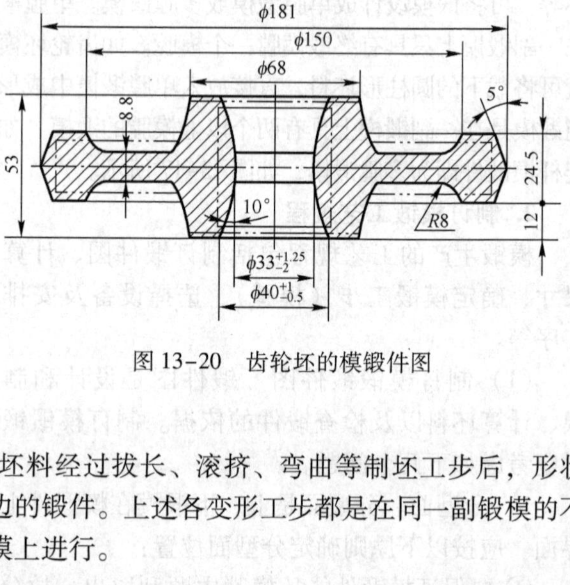

图 13-20　齿轮坯的模锻件图

（2）确定模锻工步　模锻工步主要是根据锻件的形状和尺寸来确定的。模锻件按形状可分为两大类：一类是长轴类零件，如台阶轴、曲轴、连杆、弯曲摇臂；另一类为盘类模锻件，如齿轮、法兰盘等。锤上模锻件分类和变形工步示例见表 13-7。

如前图 13-17 所示的弯曲连杆锻造过程，坯料经过拔长、滚挤、弯曲等制坯工步后，形状接近锻件，然后经预锻及终锻工步制成带有飞边的锻件。上述各变形工步都是在同一副锻模的不同模膛中完成的，而切除飞边则在单独的切边模上进行。

表 13-7　锤上模锻件分类和变形工步示例

模锻件分类	变形工步示例	主要变形工步	特　　点
盘类	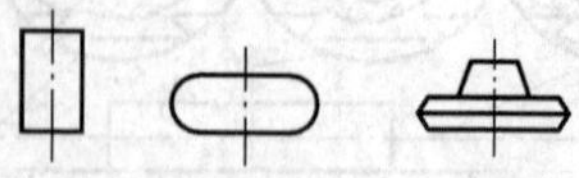 原毛坯　镦粗　终锻	镦粗（预锻）、终锻	在分型面上的投影为圆形或长度接近于宽度的锻件。锻造过程中锤击方向与坯料轴线方向相同，终锻时金属沿高度、宽度及长度方向均产生流动 对于形状简单的盘类锻件，可只用终锻工步成形。对于形状复杂、有深孔或高筋的锻件，则应增加镦粗工步

（续）

模锻件分类		变形工步示例	主要变形工步	特　　点
长轴类	直轴类	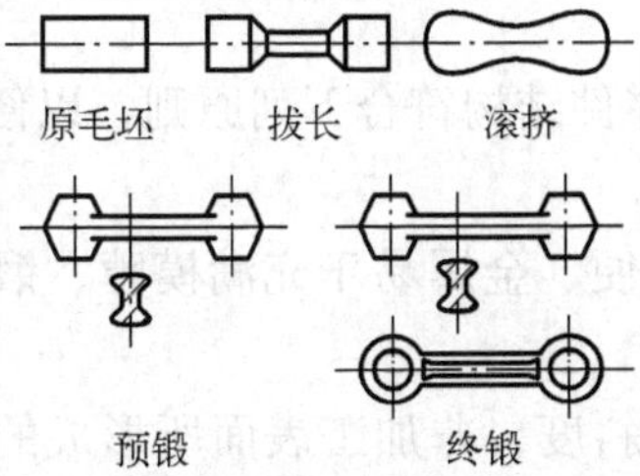	拔长、滚压（预锻）、终锻	锻件的长度与宽度之比较大，锻造过程中锤击方向垂直于锻件的轴线。终锻时，金属沿高度与宽度方向流动，而长度方向流动不显著 锻件的轴线为曲线时，应选用弯曲工步 拔长和滚压时，坯料沿轴线方向流动，金属体积重新分配，使坯料的各横截面积与锻件相应的横截面积近似相等。坯料的横截面积大于锻件最大横截面积时，可选用拔长工步。而当坯料的横截面积小于锻件的最大横截面积时，采用拔长和滚压工步
	弯轴类	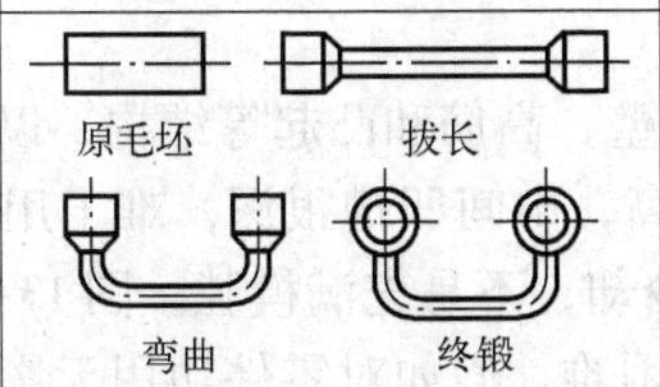	拔长、滚压、弯曲（预锻）、终锻	
	叉类	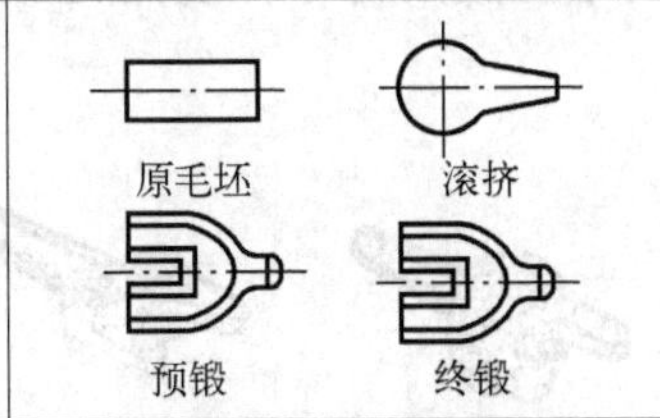	拔长、滚压、预锻、终锻	
	枝芽类	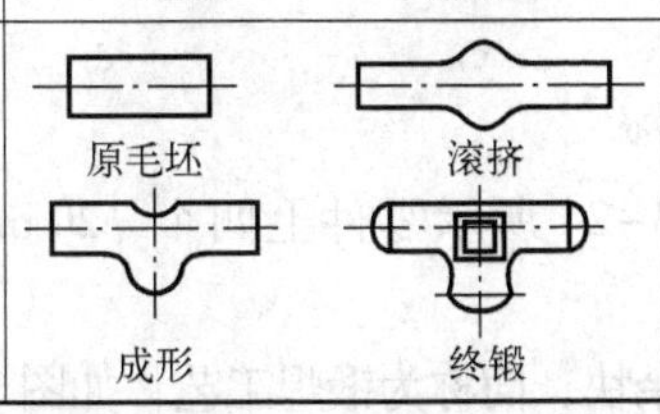	拔长、滚压、成形（预锻）、终锻	

（3）修整工序　终锻并不是模锻过程的终结，还需经切边、冲孔、校正和清理等一系列修整工序，才能获得合格锻件。对于要求精度高和表面粗糙度低的锻件，还要进行精压。

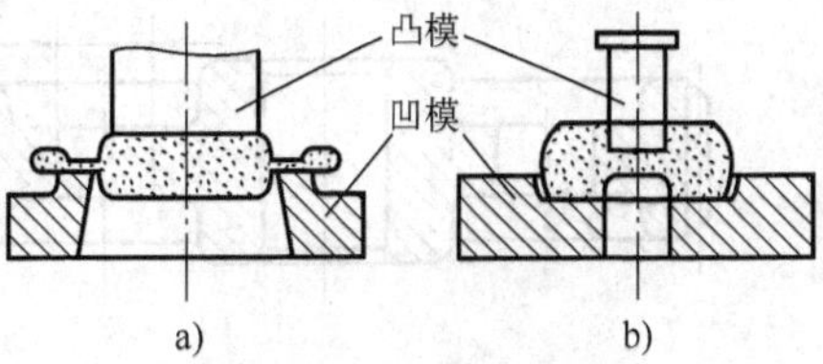

图 13-21　切边模及冲孔模
a）切边模　b）冲孔模

1）切边和冲孔　切边是切除锻件分型面周围的飞边，冲孔是冲除冲孔连皮。切边模和冲孔模如图 13-21 所示。切边和冲孔在压力机上进行，可进行热切或冷切。较大的锻件和高碳钢、高合金钢锻件常利用模锻后的余热立即进行切边和冲孔。而中碳钢、低合金钢的小型锻件或精度要求较高的锻件常采用冷切，其特点是切断后锻件表面较整齐，不易变形，但所需的切断力较大。

2）校正　许多锻件，特别是对形状复杂的锻件在切边（冲连皮）之后还需进行校正，校正可在锻模的终锻模膛或专门的校正模内进行。

3）清理　为了提高模锻件的表面质量，改善模锻件的切削加工性能，需要进行表面处理，以去除在生产过程中形成的氧化皮、油污及其他表面缺陷（残余飞边）等。

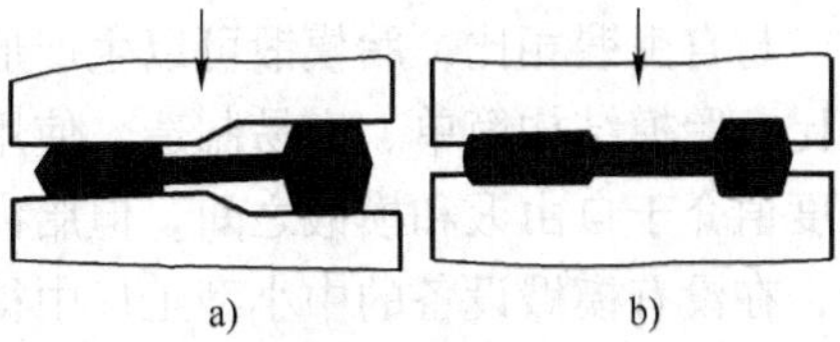

图 13-22　精压
a）平面精压　b）体积精压

4）精压　精压分为平面精压和体积精压两种。平面精压（图 13-22a）用来获得模锻件某些平行平面间的精确尺寸。体积精压（图 13-22b）主要用来提高模锻件所有尺寸的精度、减少模锻件质量差别。

模锻件的热处理一般是正火或退火，以消除过热组织或加工硬化组织，使模锻件具有所需的力学性能。

3. 模锻零件结构工艺性

设计模锻零件时，应根据模锻特点和工艺要求，使零件结构符合下列原则，以便于模锻生产和降低成本：

1）模锻零件必须具有合理的分型面，以满足制模方便、金属易于充满模膛、锻件便于出模及减少余块的要求。

2）锻件上与分模面垂直的非加工表面应设计出结构斜度，非加工表面所形成的角都应按模锻圆角设计。

3）零件外形力求简单、平直和对称，尤其应避免薄壁、高筋和凸起等结构，以使金属容易充满模膛和减少工序。图 13-23a 所示锻件的凸缘薄而高，中间凹槽很深，难于用模锻方法锻制。图 13-23b 所示锻件扁而薄，锻造时薄的部分很快冷却，不易充满模膛。图 13-23c 所示零件有一个高而薄的凸缘，使锻模的制造和取出锻件都很困难。假如对零件功用无影响，改为图 13-23d 所示的形状，锻制成形就很容易了。

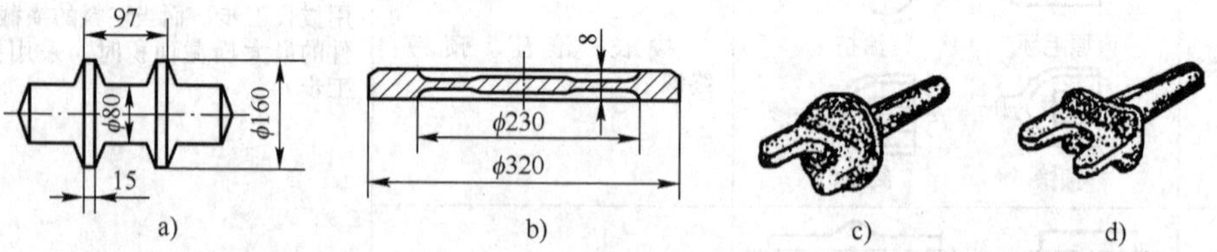

图 13-23　模锻零件形状

4）设计时应尽量避免深孔、深槽或多孔结构。图 13-24 所示零件上四个 ϕ20 mm 的孔就不能锻出，只能用机械加工成形。

5）在可能的条件下，应采用锻－焊组合工艺，以减少余块，简称为锻焊工艺，如图 13-25 所示。

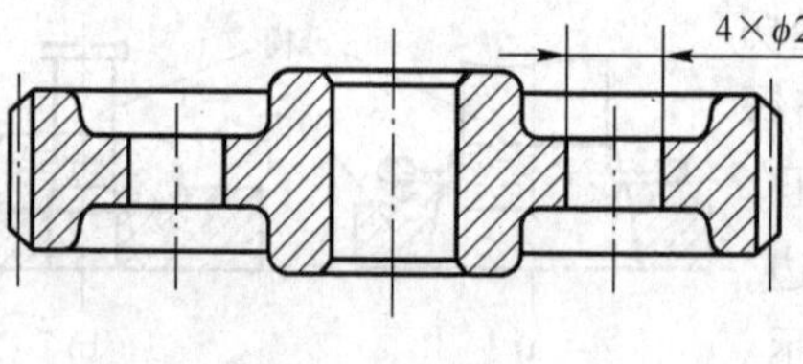

图 13-24　多孔齿轮

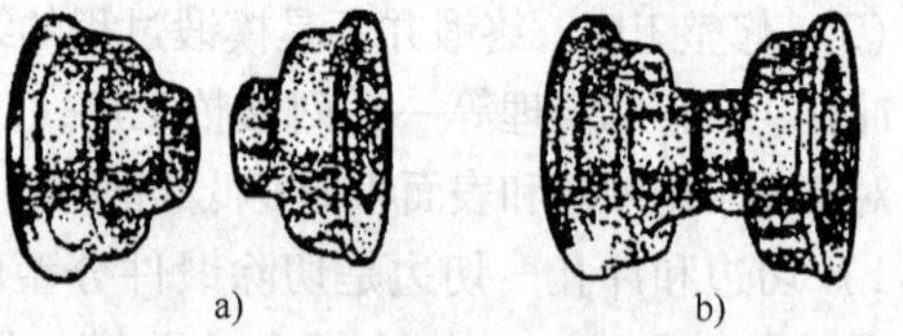

图 13-25　锻焊结构模锻零件

a）模锻件　b）焊合件

二、胎模锻

胎模锻是在自由锻设备上使用胎模生产模锻件的工艺方法。通常采用自由锻方法制坯，然后在胎模中成形。胎模锻兼有自由锻和模锻的特点。胎模锻可采用多个模具，每个模具都能完成模锻工艺中的一个工序。因此胎模锻能锻制出不同外形、不同复杂程度的模锻件。

与自由锻相比，胎模锻可以生产形状较复杂的锻件，节约金属、生产率高、余块少；与模锻相比，胎模结构简单、容易制造、使用方便，不需贵重的模锻设备。胎模锻的尺寸精度和表面粗糙度值介于自由锻和模锻之间。但胎模寿命较低，工人劳动强度大。胎模锻造适合于中小批量生产，在没有模锻设备的中小型工厂中得到广泛应用。

胎模种类较多，主要有扣模、筒模及合模三种。扣模（图 13-26）主要用于非回转体锻件的局部或整体成形，锻造时坯料不转动。

筒模呈圆筒形，主要用于锻造齿轮、法兰盘等回转体盘类锻件。组合筒模（图 13-27）由于有两个半模（即增加一个分型面）的结构，可锻出形状更复杂的胎模锻件。

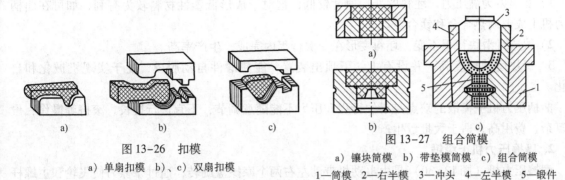

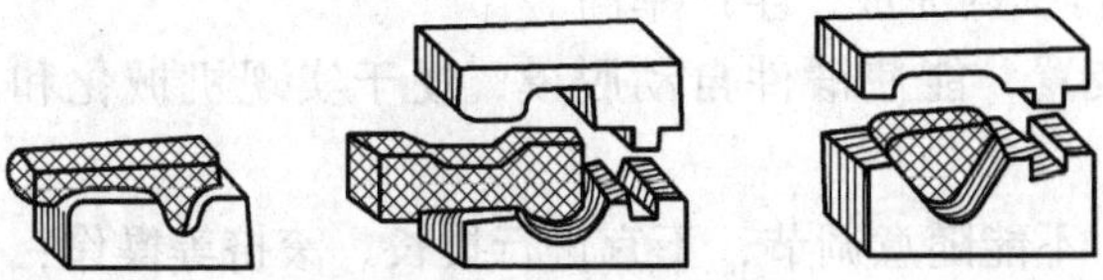

a)　　　　b)　　　　c)

图 13-26　扣模

a）单扇扣模　b）、c）双扇扣模

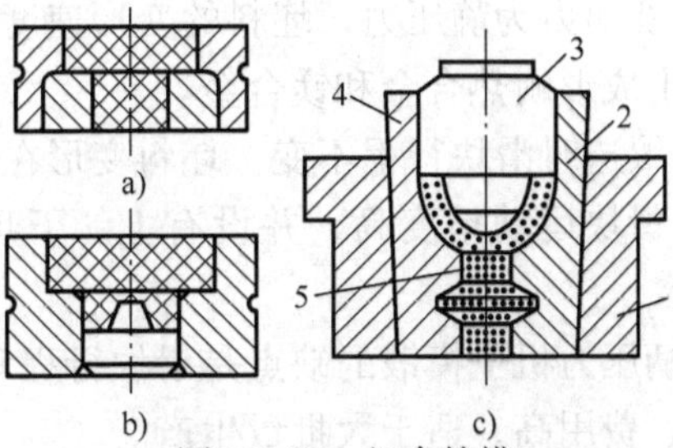

图 13-27　组合筒模

a）镶块筒模　b）带垫模筒模　c）组合筒模

1—筒模　2—右半模　3—冲头　4—左半模　5—锻件

合模（图 13-28）由上模和下模两部分组成，常用导柱和导锁定位以使上下模吻合，多用于生产形状较复杂的非回转体锻件，如连杆、叉形件等。

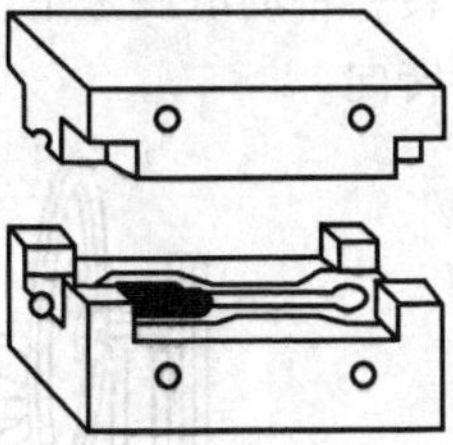

图 13-28　合模

三、压力机上模锻

锤上模锻具有工艺适应性广的特点，目前在锻压生产中得到广泛应用。但是，模锻锤在工作中存在振动和噪声大、劳动条件差、蒸汽效率低、能源消耗多等难以克服的缺点。因此近年来大吨位模锻锤逐步被压力机所取代。

压力机上模锻对金属主要施加静压力，有利于对变形速度敏感的低塑性材料的成形。用于模锻生产的压力机有曲柄压力机、摩擦压力机和平锻机等。

1. 曲柄压力机上模锻

曲柄压力机结构如图 13-29 所示。电动机通过带轮和齿轮副的传动，带动曲柄连杆机构运动，从而使滑块上下往复运动。锻模分别安装在滑块下端和工作台上。

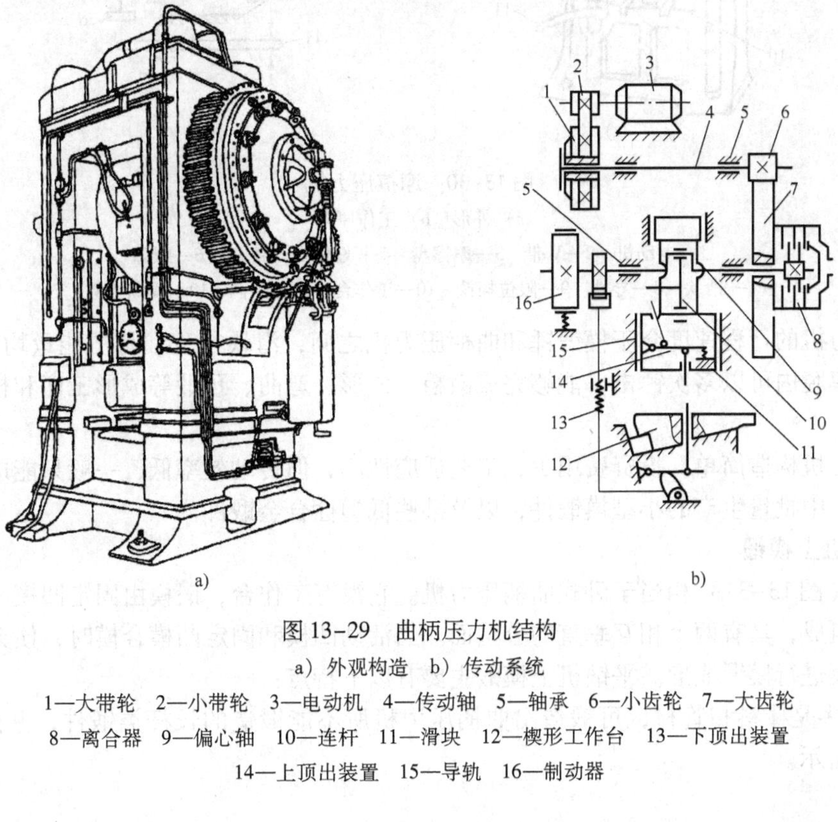

图 13-29　曲柄压力机结构

a）外观构造　b）传动系统

1—大带轮　2—小带轮　3—电动机　4—传动轴　5—轴承　6—小齿轮　7—大齿轮　8—离合器　9—偏心轴　10—连杆　11—滑块　12—楔形工作台　13—下顶出装置　14—上顶出装置　15—导轨　16—制动器

与锤上模锻相比，曲柄压力机上模锻主要有以下优点：

1）变形力为静压力，坯料的变形速度较低，这对于成形低塑性材料较为有利，如可在曲柄压力机上成形耐热合金和镁合金。

2）锻造时滑块行程不变，坯料变形在一次行程内完成，生产率高。

3）滑块运动精度高，并设有上、下顶出装置，能使锻件自动脱模，便于实现机械化和自动化。

曲柄压力机上模锻的缺点是滑块行程和压力不能随意调节，不宜进行拔长、滚挤等操作；设备复杂、费用高，适于大批量生产。

2. 摩擦压力机上模锻

摩擦压力机（图13-30）是由电动机带动左右两个摩擦盘旋转，通过摩擦力使飞轮和主螺杆旋转，带动滑块上下进行打击。操纵机构控制左、右摩擦盘分别与飞轮接触，利用摩擦力改变飞轮转向。

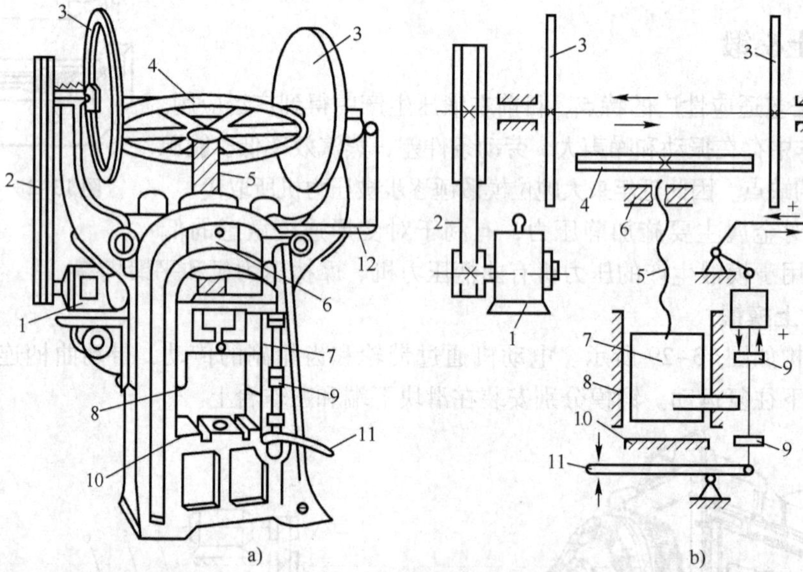

图13-30　摩擦压力机

a）外形　b）工作原理

1—电动机　2—V带　3—摩擦盘　4—飞轮　5—螺杆　6—螺母

7—滑块　8—导轨　9—限位挡铁　10—工作台　11—手柄　12—操纵机构

摩擦压力机的行程速度介于模锻锤和曲柄压力机之间，滑块行程和打击能量均可自由调节，坯料在一个模膛内可以多次锤击，能够完成镦粗、成形、弯曲、预锻等成形工序和校正、精整等后续工序。

摩擦压力机构造简单，投资费用少，工艺适应性广，但传动效率低，一般只能进行单模膛模锻，广泛用于中批量生产的小型模锻件，以及某些低塑性合金锻件。

3. 平锻机上模锻

平锻机（图13-31）相当于卧式曲柄压力机。它没有工作台，锻模由固定凹模、活动凹模和凸模三部分组成，具有两个相互垂直的分型面。当活动凹模和固定凸模合模时，便夹紧坯料，主滑块带动凸模进行模锻成形。平锻机上模锻主要有以下特点：

1）坯料多是棒料和管材，可锻造出曲柄压力机所不能锻造的长杆类锻件，并能锻出通孔，如图13-32所示。

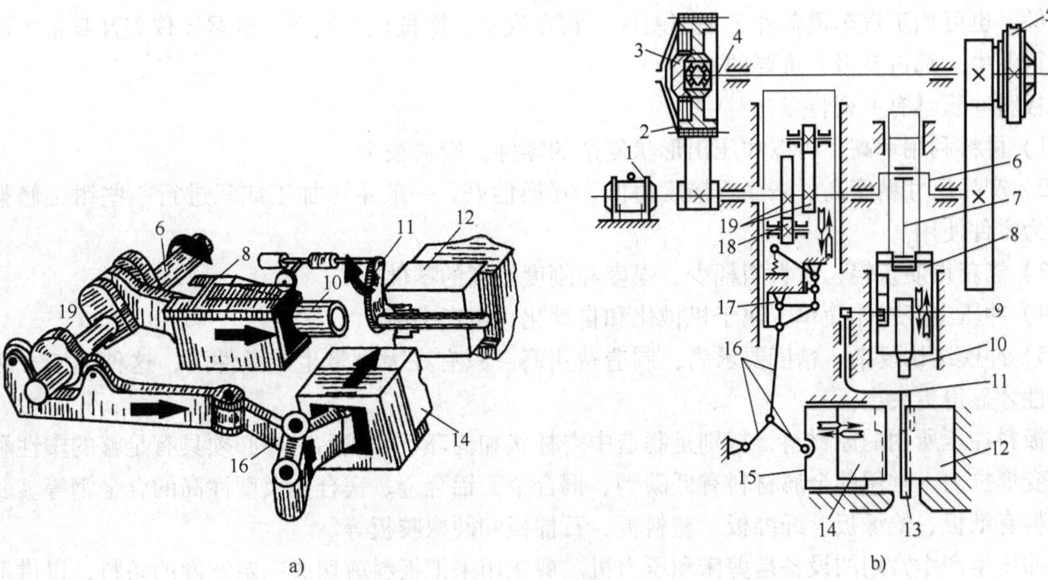

图 13-31　平锻机的工作情况和传动系统

a）工作情况　b）传动系统

1—电动机　2—飞轮　3—离合器　4—传动轴　5—制动器　6—曲轴　7—连杆　8—主滑块　9—滚轮　10—凸模　11—挡板　12—固定凹模　13—坯料　14—活动凹模　15—横滑块　16—杠杆系统　17—侧滑块　18—滚轮　19—凸轮

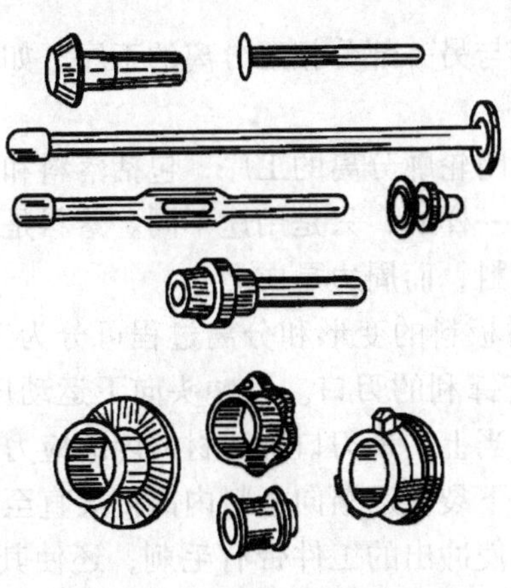

图 13-32　平锻机上锻造的零件

2）锻模有两个分型面，可以锻出其他设备上无法成形的侧面带有凸台和凹槽的锻件。锻件无飞边，精度高。

平锻机上模锻也是一种高效率、高质量、容易实现机械化和自动化的模锻方法。但平锻机造价高，投资大，仅适用于大批量生产。

第四节　板 料 冲 压

板料冲压是利用冲模使板料产生分离或变形的加工方法。这种加工方法通常是在冷态下进行的，所以又称冷冲压。只有当板料厚度超过 10 mm 时，才采用热冲压。

冲压加工的应用范围广泛，既适用于金属材料，也适用于非金属材料；既可加工仪表上的小型制件，也可加工汽车覆盖件等大型制件。它在汽车、拖拉机、航空、电器、仪表及日常生活用品等行业中，都占有极其重要的地位。

板料冲压具有下列特点：

1）材料利用率高，可以冲压出形状复杂的零件，废料较少。

2）产品尺寸精度高、表面粗糙度值低，互换性好。一般不再加工或只进行一些钳工修整即可作为零件使用。

3）能获得质量轻、材料消耗少、强度和刚度较高的零件。

4）冲压生产操作简单，便于机械化和自动化，生产率高。

5）冲模结构复杂、精度要求高，制造费用高。只有在大批量生产条件下，这种加工方法的优越性才显得更突出。

板料冲压所用的原材料，特别是制造中空杯状和钩环状等成品时，必须具有足够的塑性和较低的变形抗力。常用的金属材料有低碳钢、铜合金、铝合金、镁合金及塑性高的合金钢等。非金属板料有纸板、绝缘板、纤维板、塑料板、石棉板和硬橡胶板等。

冲压生产中常用的设备是剪床和压力机。剪床用来把板料剪切成一定宽度的条料，以供下一步的冲压工序用。压力机用来实现冲压工序，制成所需形状和尺寸的成品零件供使用。压力机最大吨位已达 40 000 kN。

冲压生产可以进行很多种工序，其基本工序有分离工序和变形工序两大类。

一、分离工序

分离工序是使坯料的一部分与另一部分相互分离的工序，如落料、冲孔、修整、切断等。

1. 冲裁

冲裁是利用冲模使坯料按封闭轮廓分离的工序，包括落料和冲孔两个工序。二者的坯料变形过程、分离过程和模具结构都是一样的，只是用途不同。落料是被分离的部分为成品，而周边是废料；冲孔是被分离的部分为废料，而周边是成品。

（1）冲裁变形过程　冲裁时板料的变形和分离过程可分为三个阶段，如图 13-33 所示。凸模（冲头）和凹模的边缘都带有锋利的刃口。当冲头向下运动压住板料时，板料受挤压产生弹性变形，并进而产生塑性变形，当上、下刃口附近材料内的应力值超过一定限度后，即开始出现裂纹，随着冲头继续下压，上、下裂纹逐渐向板料内部扩展直至汇合，板料即被切离。

由于冲裁变形的特点，不仅使冲出的工件带有毛刺，还使其断面具有三个特征区，即塌角、光亮带和剪裂带，如图 13-34 所示。塌角是由于坯料被弯曲拉伸断裂时形成的，软材料比硬材料的塌角大；光亮带是塑性变形过程中，由冲头挤压切入所形成的光滑表面；剪裂带是材料在剪断分离时所形成的较粗糙的断裂表面。

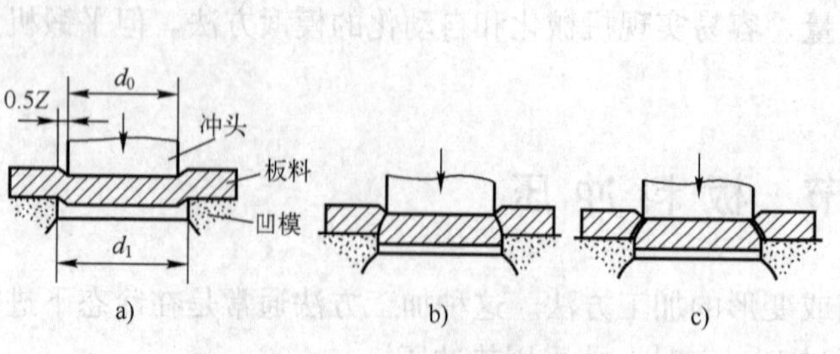

图 13-33　冲裁过程

a）弹性变形　b）塑性变形，并出现裂纹　c）裂纹扩展、汇合，工件切离

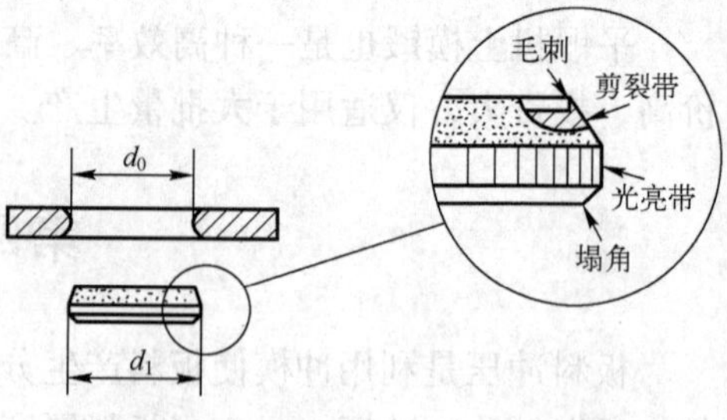

图 13-34　冲裁切口的尺寸和形状

（2）凸凹模间隙　凸凹模间隙 Z 对冲裁件断面质量和模具寿命有重大影响，是冲裁的重要工艺参数。间隙适合时，上下裂纹自然汇合，光亮带占板厚的1/3左右，断口平整、毛刺小，且冲裁力小；间隙过大，上下裂纹不重合，断口呈现撕裂现象，光亮带窄，塌角及毛刺增大，断口粗糙；间隙过小裂纹也不能自然汇合，断口上存在上、下两个光亮带，它们之间呈撕裂的层片状，并且冲模刃口很快磨钝，不仅破坏冲裁质量，而且大大缩短模具寿命，极为不利。

因此，正确选择合理间隙对冲裁生产是至关重要的。选用时主要考虑冲裁件断面质量和模具寿命这两个因素。当冲裁件断面质量要求高时，应选取较小的间隙值。对冲裁件断面质量无严格要求时，应尽量加大间隙，以利于提高冲模寿命。

合理间隙 Z 值可按下述经验公式计算出：

$$Z = mt$$

式中　t——材料厚度（mm）；

m——与材料性能及厚度有关的系数。实用中板料较薄时，低碳钢、铜、铝合金取0.06～0.1，高碳钢取0.08～0.12；当板厚 $t>3$ mm时，由于冲裁力较大，m 应适当放大。

（3）凸、凹模刃口尺寸的确定　设计落料模时，应先按落料件确定凹模刃口尺寸，取凹模作设计基准件，然后根据间隙确定凸模尺寸（即用缩小凸模刃口尺寸来保证间隙值）；设计冲孔模时，先按冲孔件确定凸模刃口尺寸，取凸模作设计基准件，然后根据间隙 Z 确定凹模尺寸（即用扩大凹模刃口尺寸来保证间隙值）。

冲模在工作过程中必然有磨损，落料件尺寸会随凹模刃口的磨损而增大，而冲孔件尺寸则随凸模的磨损而减小。为了保证零件的尺寸要求，并提高模具的使用寿命，落料时取凹模刃口的尺寸应靠近落料件公差范围内的最小尺寸。而冲孔时，选取凸模刃口的尺寸靠近孔的公差范围内的最大尺寸。

（4）冲裁力的计算　冲裁力是选用压力机吨位和检验模具强度的重要依据。平刃冲模的冲裁力按下式计算：

$$F = kLt\tau$$

式中　F——冲裁力（N）；

L——冲裁周边长度（mm）；

t——坯料厚度（mm）；

τ——材料的抗剪强度（MPa）；

k——系数。与模具间隙、刃口钝化、板料力学性能和厚度的变化有关。根据经验一般可取 $k=1.3$。

抗剪强度 τ 可根据冲裁件在手册或有关资料中查取。为便于估算，可取抗剪强度 τ 等于该材料抗拉强度 R_m 的80%，即取 $R_m \approx 1.3\tau$。

2. 修整

修整是利用修整模沿冲裁件外缘或内孔刮削一薄层金属，以去除塌角、剪裂带和毛刺等，从而提高冲裁件的尺寸精度、降低表面粗糙度值。只有对冲裁件的质量要求较高时才需要增加修整工序。修整机理与冲裁完全不同，与切削加工相似。

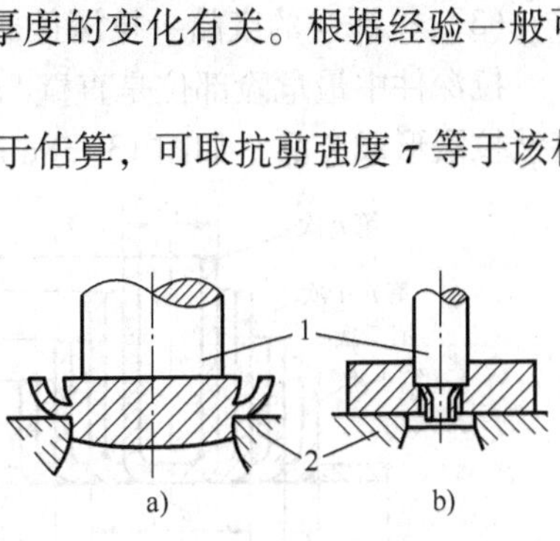

图13-35　修整工序简图
a）外缘修整　b）内孔修整
1—凸模　2—凹模

修整工序在专用的修整模上进行，如图13-35所示。修整冲裁件的外形称外缘修整，修整冲裁件的内孔称内孔修整。模具的单边间隙取0.006～0.01 mm。修整时的单边切除量为0.05～0.2 mm，修整后冲裁件的尺寸精度可达IT6～IT7，表面粗糙度 Ra 可达0.25～0.63 μm。

3. 切断

切断是指用剪刃或冲模将板料沿不封闭轮廓进行分离的工序。

剪刃安装在剪床上，把大板料剪成一定宽度的条料，供下一步冲压工序用。而冲模是安装在压力机上，用以制取形状简单、精度要求不高的平板零件。

二、变形工序

变形工序是使坯料的一部分相对于另一部分产生位移而不破裂的工序，如拉深、弯曲、翻边、成形等。

1. 拉深

拉深是将板料变形为筒形、锥形、球形、方盒形等中空形状零件的工序，又称拉延。

（1）拉深过程　如图 13－36 所示，把直径 D 的平板坯料放在凹模上，在凸模作用下，板料被拉入凸模和凹模的间隙中，形成空心零件。拉深件的底部一般不变形，只起传递拉力的作用，厚度基本不变。零件直壁由坯料外径 D 减去内径 d 的环形部分所形成，主要受拉力作用，厚度有所减小。而直壁与底部之间的过渡圆角处被拉薄得最严重。拉深件的凸缘部分，圆周切向受压应力作用，厚度有所增大。

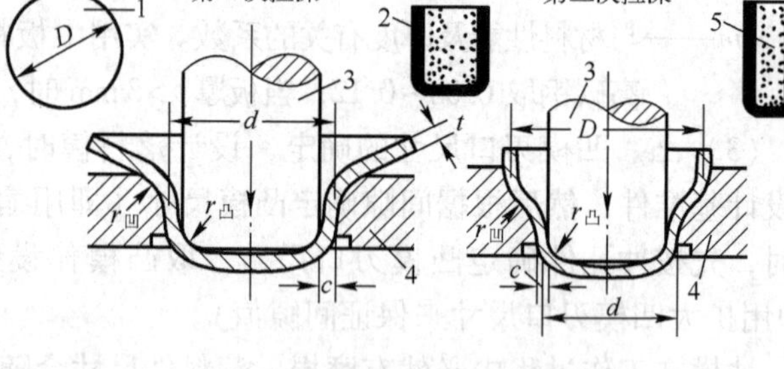

图 13－36　拉深工序

1—坯料　2—第一次拉深产品，即第二次拉深的坯料

3—凸模　4—凹模　5—产品

（2）拉深系数　拉深件直径与坯料直径的比值为拉深系数，用 m 表示，即 $m = d/D$。它是衡量拉深变形程度的指标。拉深系数越小，表明拉深件直径越小，变形程度越大，坯料被拉入凹模越困难。一般情况下，拉深系数 m 不小于 0.5。坯料塑性差按上限选取，塑性好可选下限值。

当拉深深度较大，不能一次拉深成形时，则可采用多次拉深工艺，如图 13－37 所示。拉深系数应一次比一次略大，总拉深系数等于每次拉深系数的乘积。

多次拉深过程中，必然产生加工硬化现象。此时应安排工序间的再结晶退火处理，以恢复塑性。

（3）拉深中的废品　拉深件成形过程中最常见的质量问题是破裂和起皱。

拉深件中最危险部位是直壁与底部的过渡圆角处，当拉应力值超过材料的抗拉强度时，坯料将被拉裂形成废品，如图 13－38a 所示。

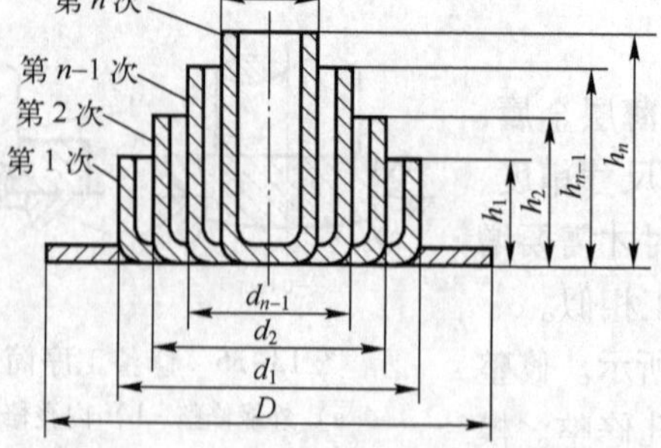

图 13－37　多次拉深时圆筒直径的变化

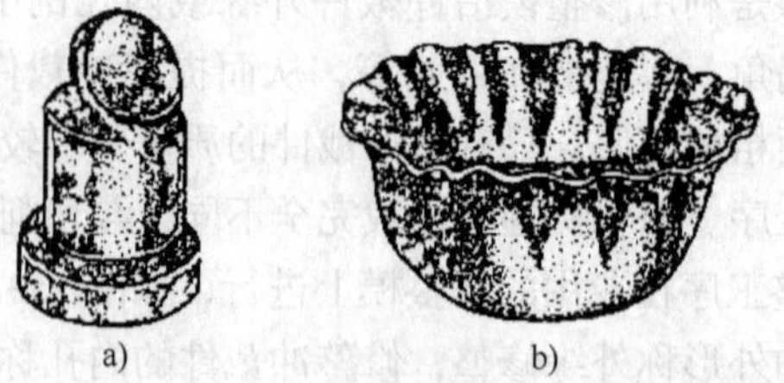

图 13－38　拉深废品

a）底拉裂　b）起皱

为防止拉裂，应注意：拉深模具的凸、凹模必须具有一定圆角，保证 $r_{凸} \leqslant r_{凹} = (5 \sim 10)S$；控制凸凹模间隙 Z 应稍大于板厚 t，一般 $Z = (1.1 \sim 1.2)S$；限制拉深系数不能过小；拉深时加润滑剂，以减小摩擦，降低拉深件壁部的拉应力，减少模具的磨损。

拉深过程中另一种常见缺陷是起皱（图 13-38b），它是凸缘部分在切向压应力过大时而发生的现象。拉深过程中不允许出现起皱现象，它严重影响了产品质量。可采用设置压边圈的方法解决（图 13-39）。起皱与板料的相对厚度（t/D）和拉深系数有关，相对厚度越小或拉深系数越小则越容易起皱。

（4）旋压　有些拉深件还可以用旋压方法来制造。旋压方法是在专用旋压机上进行的。图 13-40 所示为旋压工作简图。工作时先将预先切好的坯料 1 用顶柱 2 压在胎模 4 的端部，通常用木制的胎模固定在旋转卡盘上。推动旋棒 3，使坯料在压力作用下变形，最后获得与胎模形状一样的成品，这种方法的优点是不需要复杂的冲模，变形力较小，但生产率较低，故一般用于中小批生产。

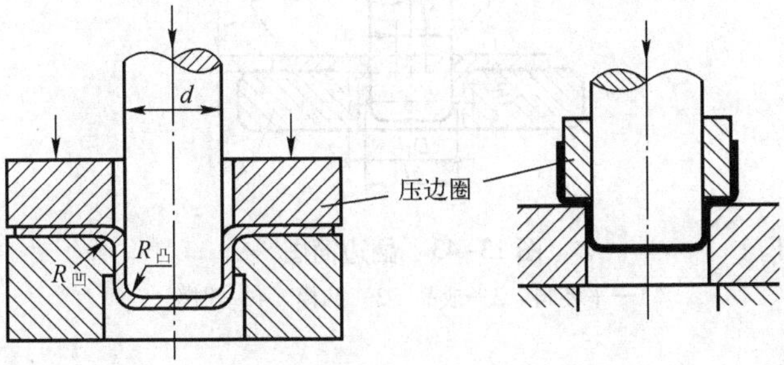

图 13-39　有压边圈的拉深

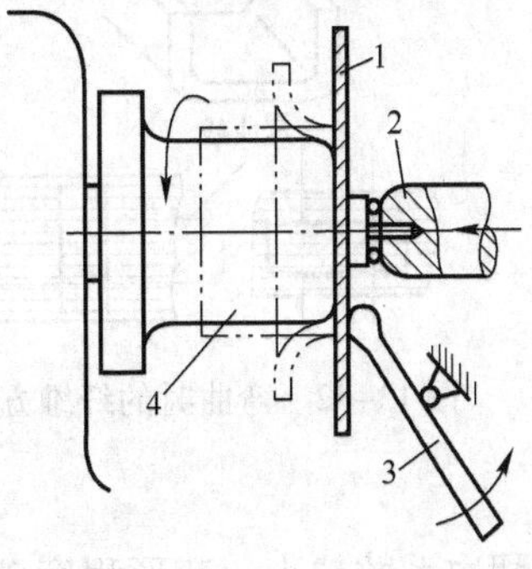

图 13-40　旋压工作简图

1—坯料　2—顶柱　3—旋棒　4—胎模

2. 弯曲

弯曲是将板料、型材或管材弯成一定角度或圆弧的工序，如图 13-41 所示。弯曲时板料内侧受压，外侧受拉。当外侧拉应力超过坯料的抗拉强度时，即会造成金属破裂。坯料越厚、内弯曲半径越小，则应力越大，越容易弯裂。因此必须控制弯曲的最小半径，通常取 $r_{min} = (0.25 \sim 1)t$。t 为金属板料的厚度。材料塑性好，则弯曲半径可小些。

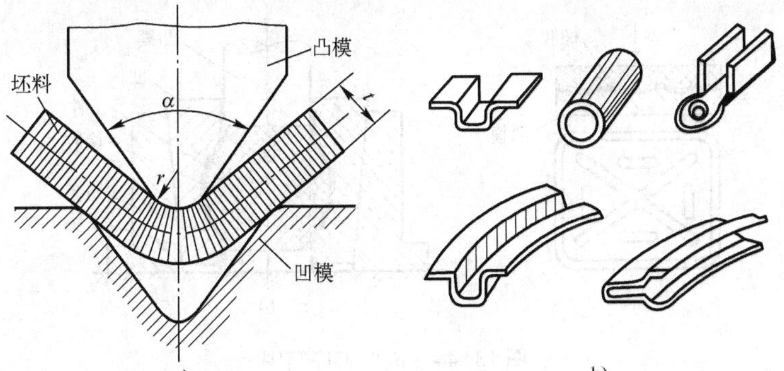

a)　　b)

图 13-41　弯曲过程中金属变形简图

a）弯曲过程　b）弯曲产品

弯曲时还应尽可能使弯曲线与坯料纤维方向垂直，如图 13-42 所示，即使板料所受的拉应力与纤维方向一致，否则易产生破裂。此时可用增大最小弯曲半径来避免。

在弯曲结束后，由于弹性变形的回复，坯料略微弹回一点，使弯曲的角度增大。此现象称为回弹现象。一般回弹角为0°～10°。因此在设计弯曲模时必须使模具的角度比成品件角度小一个回弹角，以便在弯曲后得到准确的弯曲角度。

3. 翻边

翻边是在板料或半成品上沿一定的曲线翻起竖直边缘的成形工序。翻边的种类较多，其中圆孔翻边（又称翻孔）在生产中得到广泛应用。

翻孔是在带孔的坯料上用扩孔的方法获得凸缘，如图13-43所示。其变形区是冲头之下的圆环部分。翻边的变形程度以翻边系数 K_0 表示，其数值为翻边前坯料的孔径 d_0 与翻边后所得竖边直径 d 的比值，即

$$K_0 = d_0/d$$

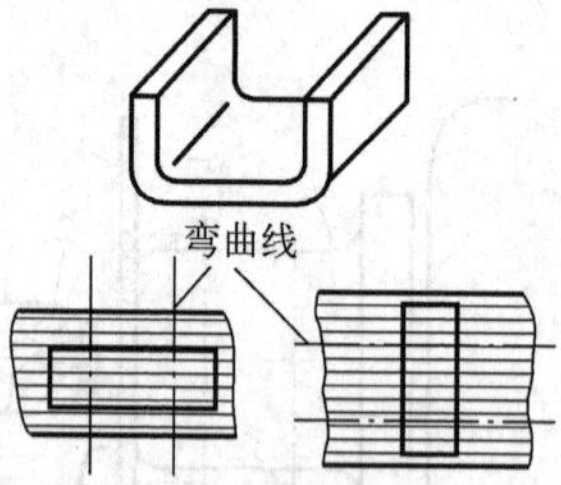

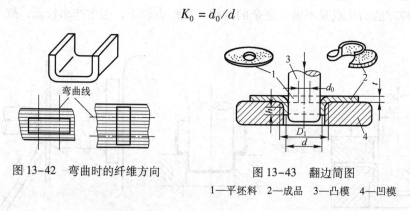

图13-42　弯曲时的纤维方向

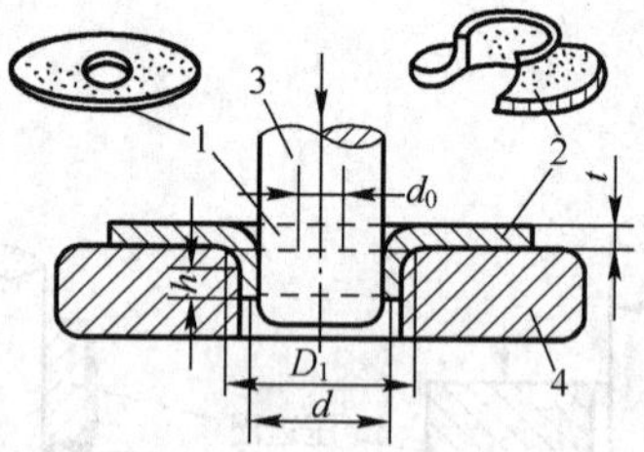

图13-43　翻边简图

1—平坯料　2—成品　3—凸模　4—凹模

显然，翻边系数越小，变形程度越大，工件越易破裂。对于低碳钢板料厚度在2mm以下时，K_0 不小于0.72；厚度为3～6mm时，K_0 不小于0.78；铜、铝等有色金属及奥氏体不锈钢的 K_0 应不小于0.65～0.70。

4. 成形

成形是利用局部变形使坯料或半成品改变形状的工序。主要用于制造刚性的筋条，或增大半成品的部分内径等。采用软模（用橡胶等柔性物体代替一半模具）成形，可简化模具制造过程，冲制形状复杂的零件。图13-44a是用软模压筋；图13-44b是用橡胶来增大半成品中间部分的直径，即胀形。

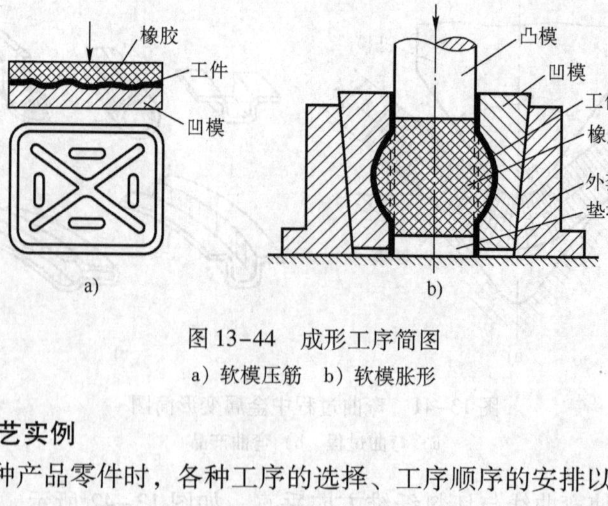

图13-44　成形工序简图

a）软模压筋　b）软模胀形

5. 典型冲压件工艺实例

利用板料制造各种产品零件时，各种工序的选择、工序顺序的安排以及各工序应用次数的确

定，都以产品零件的形状和尺寸、每道工序中所允许的变形程度为依据。图 13-45 所示为采用闭角弯曲模制夹角小于 90°的双角弯曲件的实例；图 13-46 所示为汽车消声器零件的冲压过程。

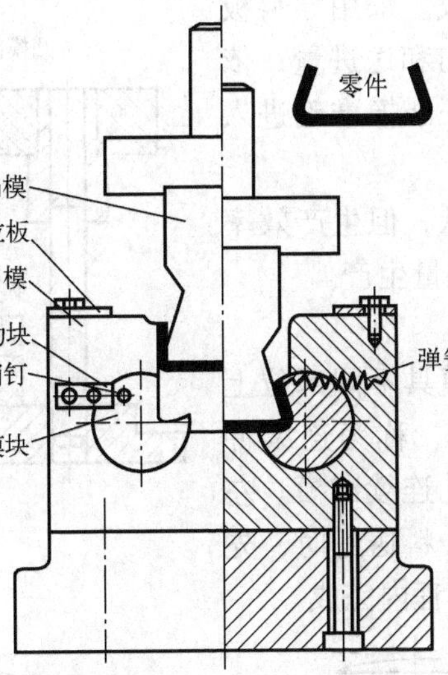

图 13-45 闭角弯曲模制夹角小于 90°的双角弯曲件

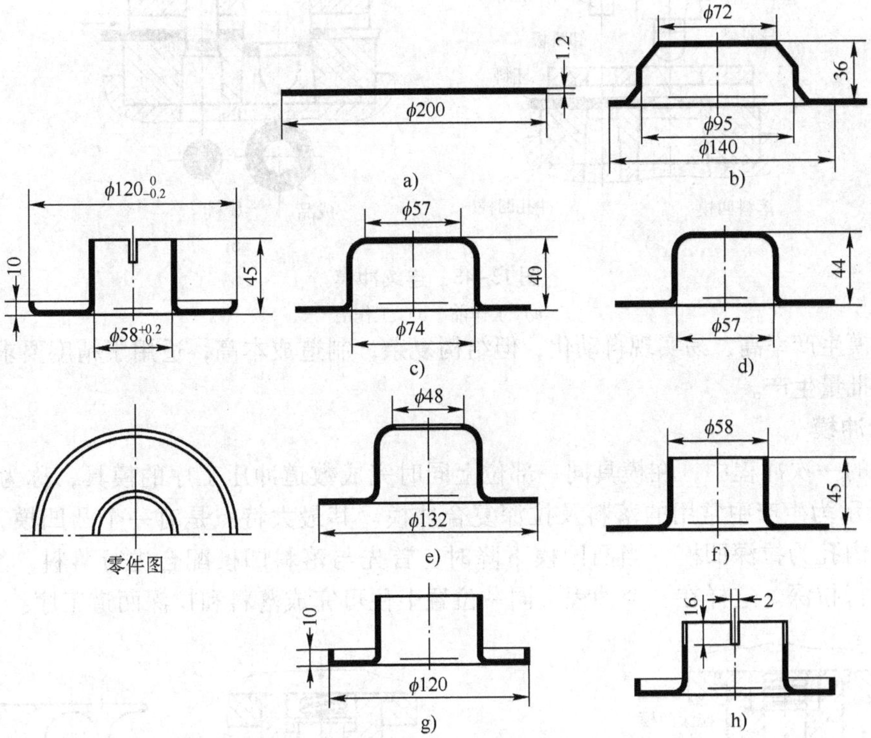

图 13-46 汽车消声器零件的冲压工序

a）坯料 b）一次拉深 c）二次拉深 d）三次拉深 e）冲孔 f）翻边 1 g）翻边 2 h）切槽

三、冲模的分类和构造

冲模是冲压生产中必不可少的模具。冲模结构合理与否对冲压件质量、冲压生产的效率及模具等都有很大的影响。冲模基本上可分为简单冲模、连续冲模和复合冲模三种。

1. 简单冲模

简单冲模在压力机的一次冲程中只完成一个工序。如图 13-47 所示为落料用的简单冲模。其工作部分由凸模和凹模所组成。采用导料板和限位销来控制板料的送进方向和送进量；依靠导柱与导套的精密配合来保证凸模准确进入凹模，进行冲裁工作。

简单冲模结构简单，成本低，但生产效率低，主要用于简单冲裁件的小批量生产。

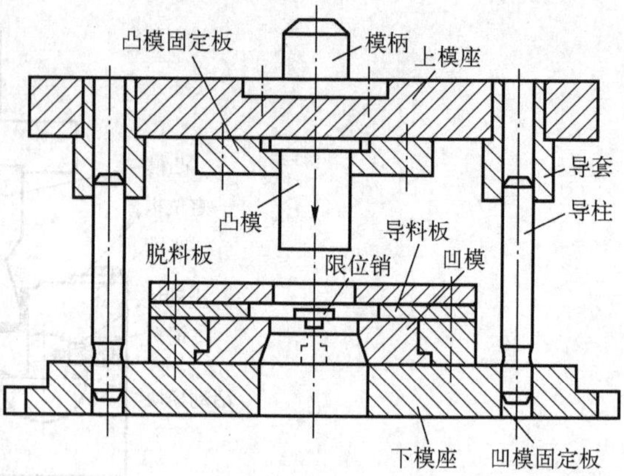

图 13-47　简单冲模

2. 连续冲模

压力机的一次冲程中，在模具不同部位上同时完成数道冲压工序的模具，称为连续冲模。图 13-48 所示为落料及冲孔连续冲模。左侧为落料模，右侧为冲孔模。条料送进时，先冲孔，后落料，而且是在同一冲程内完成。

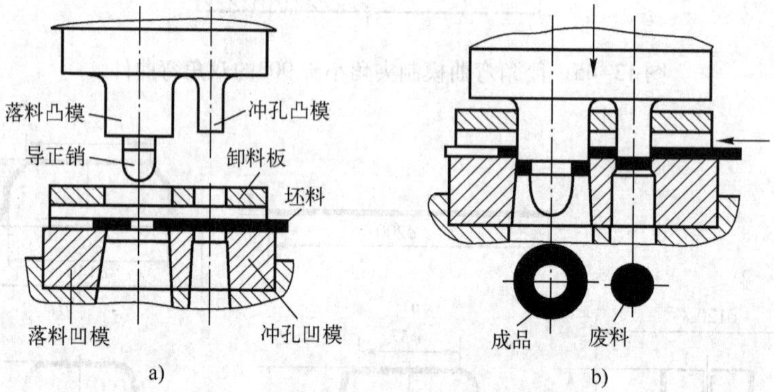

图 13-48　连续冲模

a）工作前　b）工作后

连续冲模生产率高，易实现自动化，但结构复杂，制造成本高，适用于精度要求不高的中、小零件的大批量生产。

3. 复合冲模

压力机的一次冲程中，在模具同一部位上同时完成数道冲压工序的模具，称为复合冲模。图 13-49 所示为生产中常用的落料及拉深复合冲模。其最大特点是有一个凸凹模，其外圆为落料凸模，内孔为拉深凹模。当凸凹模下降时，首先与落料凹模配合进行落料，然后与拉深凸模配合进行拉深。这样在一个冲程、同一位置上便可完成落料和拉深两道工序。

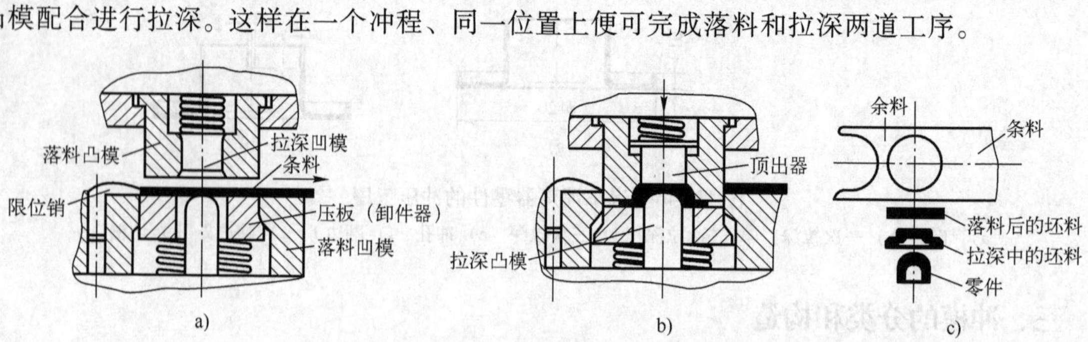

图 13-49　落料及拉深复合冲模

a）工作前　b）工作后　c）工序示意图

复合冲模生产率高，适合于产量大、精度高的冲压件。

四、板料冲压件结构工艺性

冲压件的设计不仅应保证它具有良好的使用性能，而且也应具有良好的工艺性能，以减小材料的消耗、延长模具寿命、提高生产率、降低成本及保证冲压件质量等。

冲压件的结构设计应注意以下几点：

1. 冲压件的形状与尺寸

(1) 冲裁件

1）落料件的外形和冲孔件的孔形应力求简单、对称，尽可能采用圆形、矩形等规则形状。同时应避免窄条、长槽及细长悬臂结构。否则制造模具困难、模具寿命低。图 13-50 所示零件为工艺性很差的落料件。

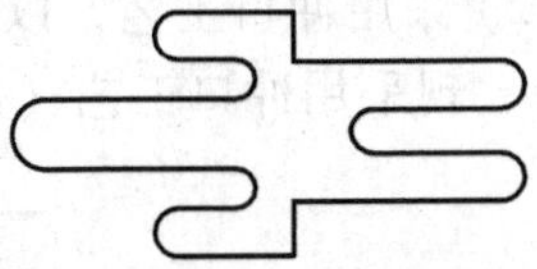

图 13-50 不合理的落料件外形

2）孔径、孔距不宜太大，其尺寸应满足图 13-51 的要求。

3）冲孔件或落料件上直线与直线、曲线与直线的交接处，均应用圆弧连接，以避免尖角处因应力集中而被冲模冲裂。

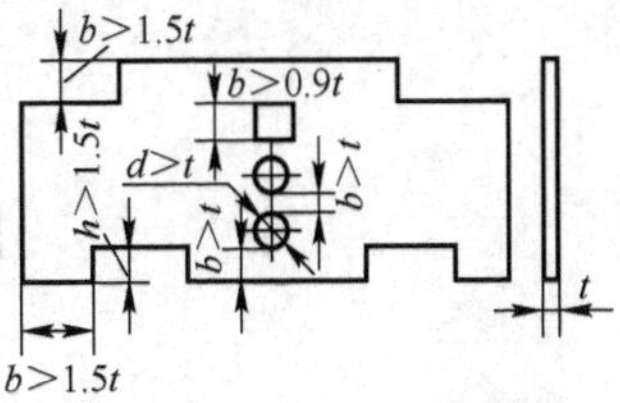

图 13-51 冲孔件尺寸与厚度的关系

4）冲裁件的排样。排样是指落料件在条料、带料或板料上进行合理布置的方法。排样合理可使废料最少，材料利用率大为提高。图 13-52 所示为同一个冲裁件采用四种不同的排样方式材料消耗对比。

落料件的排样有两种类型：无搭边排样和有搭边排样。无搭边排样是用落料件形状的一个边作为另一个落料件的边缘，如图 13-52d 所示。这种排样，材料利用率高，但毛刺不在同一个平面上，而且尺寸不容易准确。因此只有在对冲裁件质量要求不高时才采用。有搭边排样即是在各个落料之间均留有一定尺寸的搭边。其优点是毛刺小，而且在同一个平面上，冲裁件尺寸准确，质量较高，但材料消耗多。

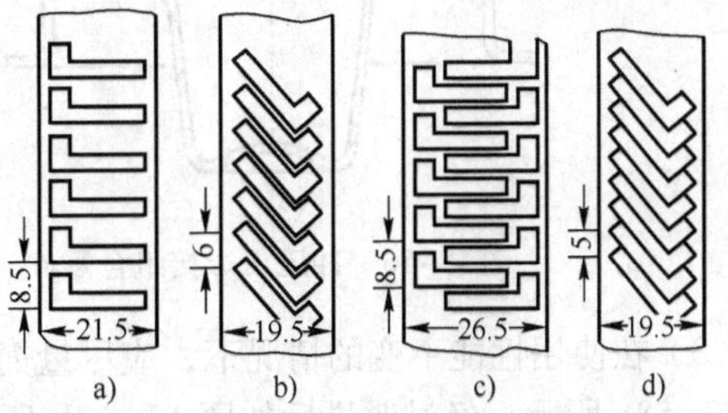

图 13-52 不同排样方式材料消耗对比

a）182.7 mm² b）117 mm² c）112.63 mm² d）97.5 mm²

(2) 弯曲件

1）形状应尽量对称，弯曲半径不能小于材料允许的最小弯曲半径，并应考虑坯料的纤维方向，以免弯裂。

2）应使弯曲件的直边长 $H>2t$（图 13-53），以免弯曲边过短不易弯成形。如果要求 H 很小，则需先留出适当的余量以增大 H，弯好后再切去多余材料。

3）弯曲带孔件时，为避免孔的变形，孔的位置应在圆角的圆弧之外（图 13-54），且先弯曲再打孔。图中 L 应大于 $(1.5\sim2)t$。

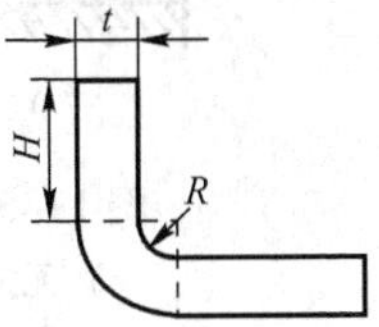

图 13-53 弯曲边高

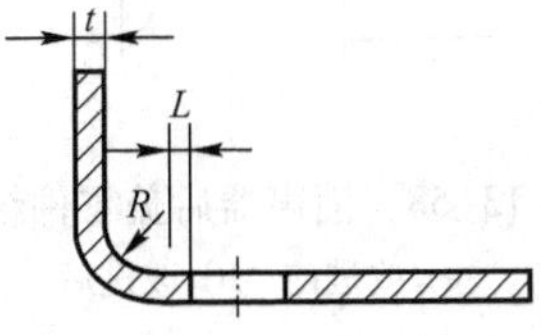

图 13-54 带孔的弯曲件

（3）拉深件

1）外形力求简单、对称，且不宜太深，以减少拉深次数，并容易成形。

2）圆角半径不宜太小。在不增加工艺的情况下，圆角半径的最小许可值如图 13–55 所示。

2. 简化工艺及节省材料的设计

1）采用冲焊结构。对于形状复杂的冲压件，可先分别冲制若干个简单件，然后再焊成整体件，如图 13–56 所示。

2）采用冲口工艺，以减少组合件数量。如图 13–57 所示，原设计用三个件铆接或焊接组合，现采用冲口工艺（冲口、弯曲）制成整体零件，可以节省材料，简化工艺过程。

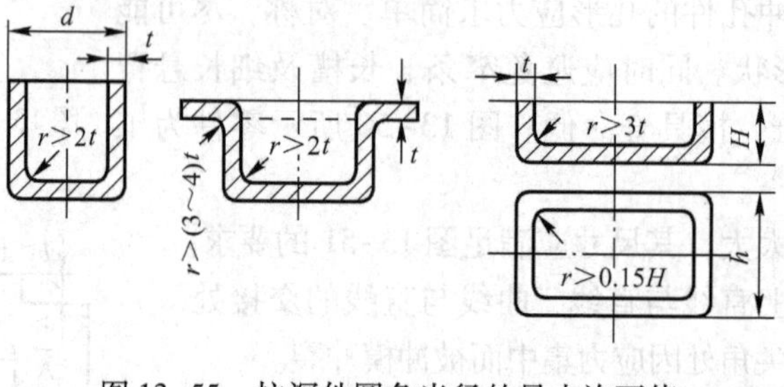

图 13–55　拉深件圆角半径的最小许可值

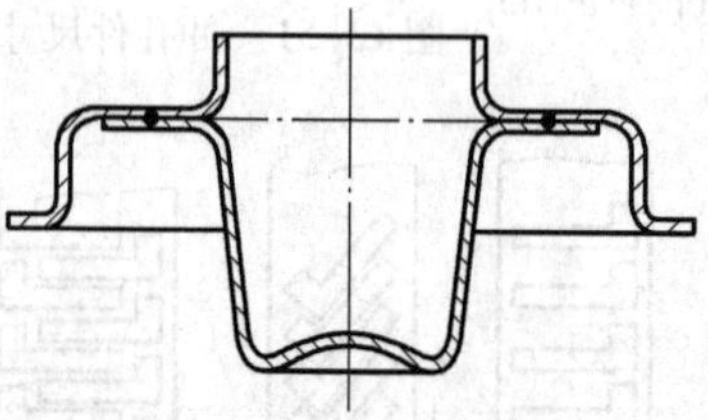

图 13–56　冲压－焊接组合零件

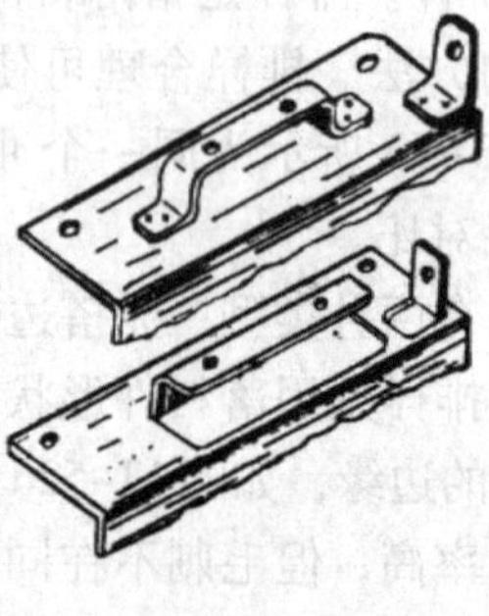

图 13–57　冲口工艺的应用

3）在使用性能不变的情况下，应尽量简化拉深件结构。如消声器后盖零件结构，原设计如图 13–58a 所示，经过改进后如图 13–58b 所示。结果冲压加工由八道工序降为两道工序，材料消耗减少 50%。

3. 冲压件的厚度

在强度、刚度允许的条件下，应尽可能采用较薄的材料来制作零件，以减少金属的消耗。对局部刚度不够的地方，可采用加强筋措施，以实现薄材料代替厚材料，如图 13–59 所示。

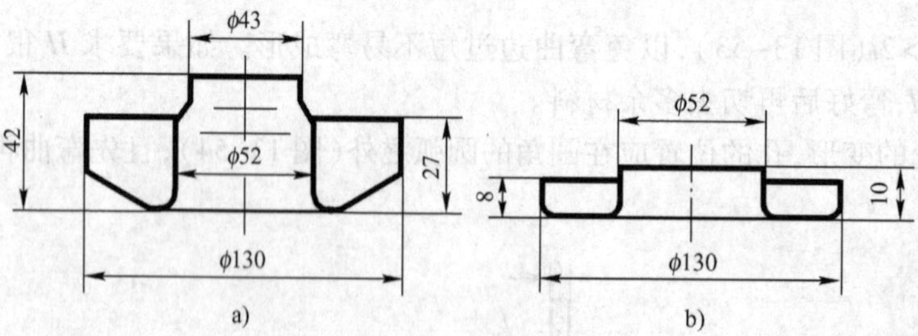

图 13–58　消声器后盖零件结构

a）改进前　b）改进后

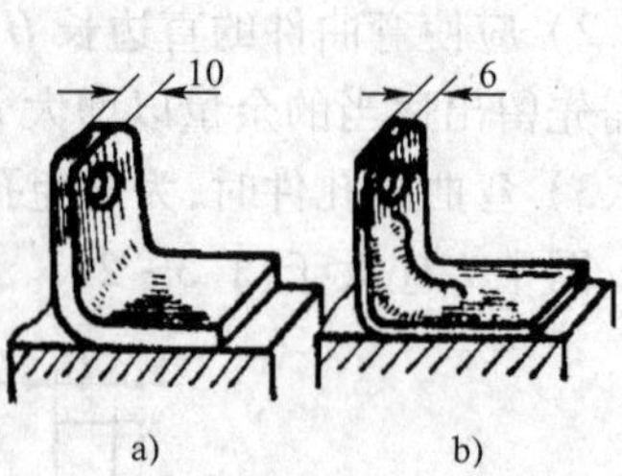

图 13–59　使用加强筋举例

a）无加强筋　b）有加强筋

第五节　少无屑锻压工艺简介

锻压件通常作为毛坯，经切削加工才能成为零件。若采用特种锻造、挤压、轧制等少、无屑锻压加工方法，则可提高锻压件的尺寸精度，降低表面粗糙度值，从而减少切削加工工时，节省原材料和能源消耗，有利于降低生产成本和提高生产率。

一、特种锻造

1. 精密模锻

精密模锻是锻制高精度锻件的一种工艺。精密模锻件表面光滑，尺寸精度高（公差、余量为普通锻件的1/3左右，表面粗糙度 *Ra* 值在3.2～0.8 μm之间，尺寸精度为IT15～IT12，因此一般不需切削加工或只需少量的切削加工。精密模锻多用于中小型零件的大批量生产。如汽车、拖拉机中的直齿锥齿轮，发动机连杆，汽轮机叶片，飞机操纵杆，自行车、缝纫机零件，医疗器具以及日用品等。

精密模锻时应注意以下几点：

1）设计和制造必须精确，采用少氧化和无氧化加热以及良好的润滑条件等，才能达到精锻的要求。

2）为提高锻件的尺寸精度，应选择精度高和刚度大的模锻设备，如曲柄压力机、摩擦压力机、高速锤或精锻机等。

3）一般模膛尺寸比锻件精度高三级，模具必须具有精确的导向机构，以保证合模准确，为排除模膛中的气体，凹模上应开设排气孔。

例如精密模锻直齿锥齿轮，其齿形部分可直接锻出而不必再经切削加工，如图13-60所示，图13-61所示为该齿轮所用精密模锻结构示意图。

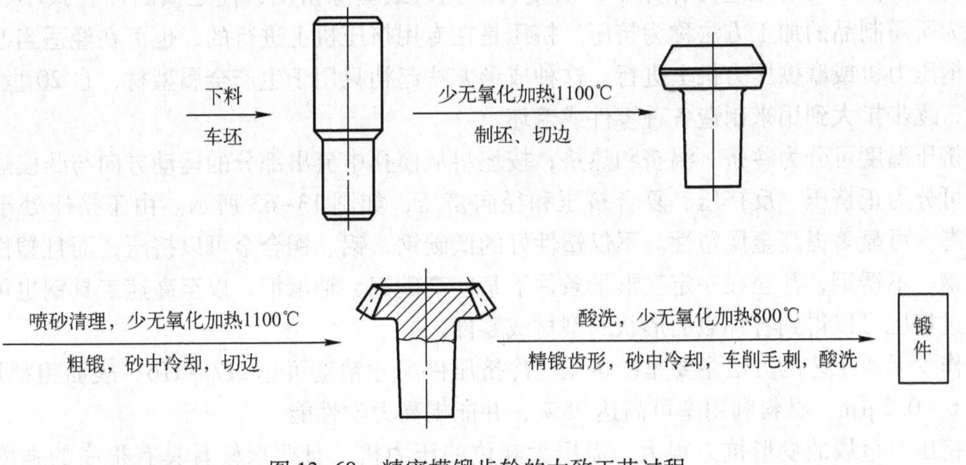

图13-60　精密模锻齿轮的大致工艺过程

2. 高速锤锻造

高速锤的动作原理是利用高压气体（通常采用压力为14 MPa的空气或氮气）的突然膨胀，推动锤头系统和框架系统做高速相对运动而锤击工件。图13-62所示高速锤结构，锤杆、锤头和凸模组成向下锤击部分，高压缸、凹模等组成向上锤击部分。

高速锤的锤头速度高（约20 m/s），变形速度为一般模锻锤的三倍左右，坯料变形时间极短，为0.001~0.002 s，因此变形热效应大，金属在模膛中的流动速度快，充填性好。因而对形状复杂、薄壁、高筋的零件和高强度钢、耐热钢以及钼、钨、钽、锆等高熔点难变形合金，都能锻造。其使用范围从叶片、齿轮的挤压和模锻，扩大到一般模锻、整形、剪切以及高速工具钢刀具锻造等。

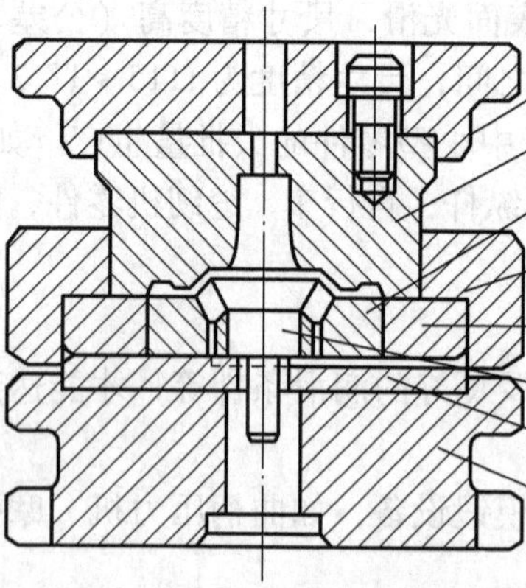

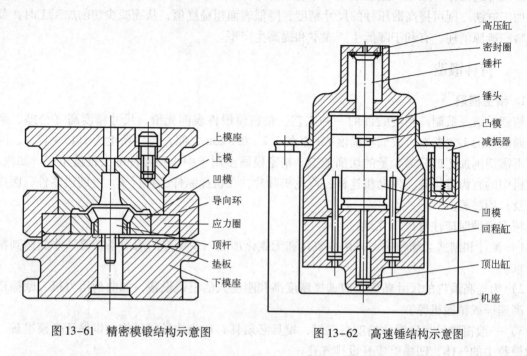

图 13-61　精密模锻结构示意图

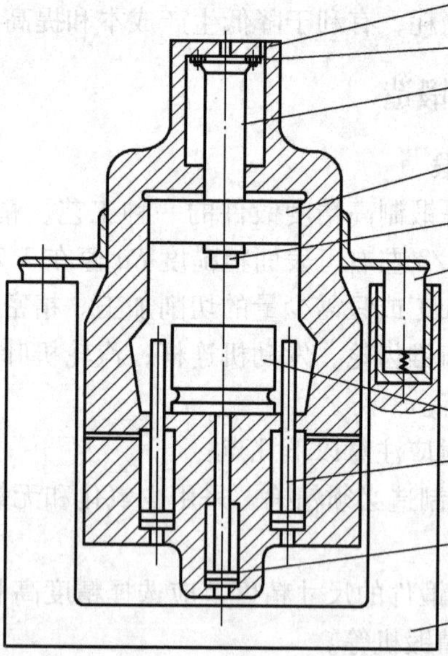

图 13-62　高速锤结构示意图

二、挤压

坯料在三向不均匀压应力作用下，从模具的孔口或缝隙挤出，使之横断面积减小、长度增加，成为所需制品的加工方法称为挤压。挤压是在专用挤压机上进行的，也可在经适当改进后的通用曲柄压力机或摩擦压力机上进行。这种成形方法起初只用于生产金属型材，自20世纪50年代以来，逐步扩大到用来制造各种零件或毛坯。

按挤压温度可分为冷挤、温挤和热挤；按坯料从模孔中流出部分的运动方向与凸模运动方向的关系可分为正挤压、反挤压、复合挤压和径向挤压，如图13-63所示。由于挤压处于三向压应力状态，可显著提高金属塑性。不仅塑性好的低碳钢，铝、铜合金可以挤压，而且塑性差的合金结构钢、不锈钢，甚至在一定变形量条件下某些高碳钢、轴承钢，以至高速工具钢也可挤压成形。通过挤压可以得到各种截面形状的型材或零件。

用作少无屑工艺的方法主要是冷挤压，冷挤压件尺寸精度可达IT7~IT6，表面粗糙度 *Ra* 值可达1.6~0.2 μm，材料利用率可高达95%，并能提高力学性能。

冷挤压时金属的变形抗力很大，需用大吨位的压力机，且要求模具具有很高的强度和耐磨性，要用高速工具钢或高铬工具钢制造，故成本高，一般只适用于大批量生产。图13-64所示为几种典型的冷挤压零件。

为了减小坯料与模具间的摩擦，降低变形抗力，挤压前需对坯料进行软化退火、磷化（钢件）或氧化（有色金属件）处理，在坯料表面形成一层多孔的磷酸铁或氧化物薄膜，然后进行润滑处理，使润滑剂吸附在多孔的磷化膜或氧化膜内，挤压时起润滑作用。

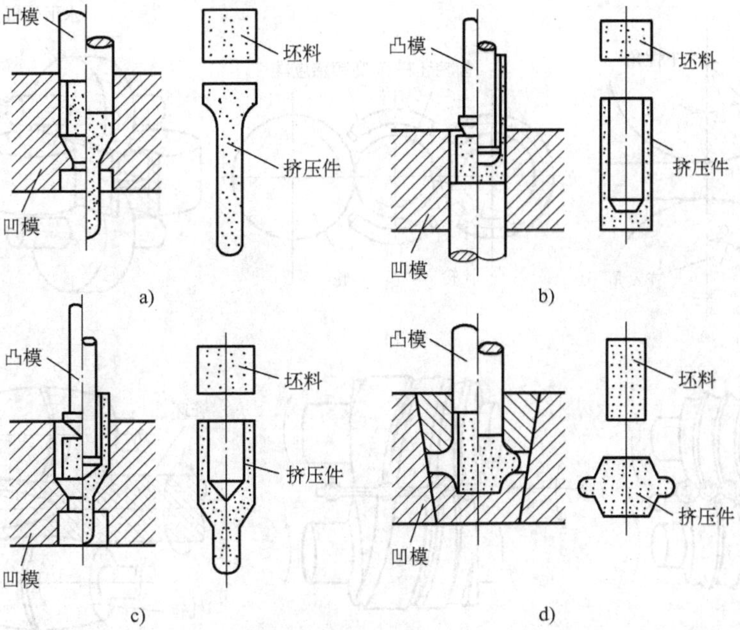

图 13-63　挤压方式

a）正挤压　b）反挤压　c）复合挤压　d）径向挤压

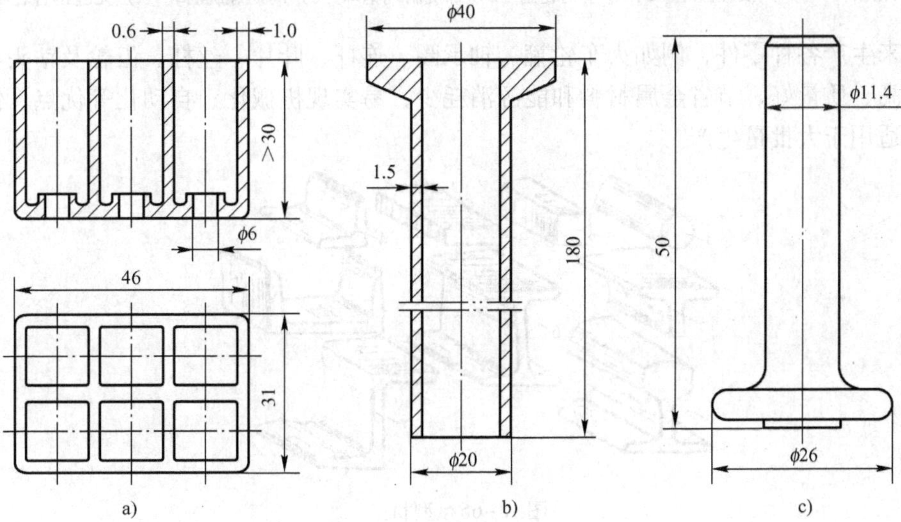

图 13-64　冷挤压零件实例

a）多隔层屏蔽罩（纯铝 1050A）　b）接线螺杆（纯铜 T2）　c）发动机挺杆（合金钢 15Cr）

三、轧制

金属坯料在旋转轧辊的碾压作用下产生连续的塑性变形，使横截面积减小、长度增加，以获得所要求截面形状制件的加工方法称为轧制。

按轧辊的转向关系和轧辊轴线与轧制件轴线之间关系的不同，轧制可分为纵轧、横轧和斜轧等，如图 13-65 所示。纵轧主要轧制非圆截面的杆类轧件；横轧主要轧制轴类轧件及齿轮、链轮等；斜轧主要轧制横截面呈周期性变化的轧件。

轧制成形和挤压成形一样，除了生产各种型材（图 13-66）、板材和无缝钢管等原材料外，

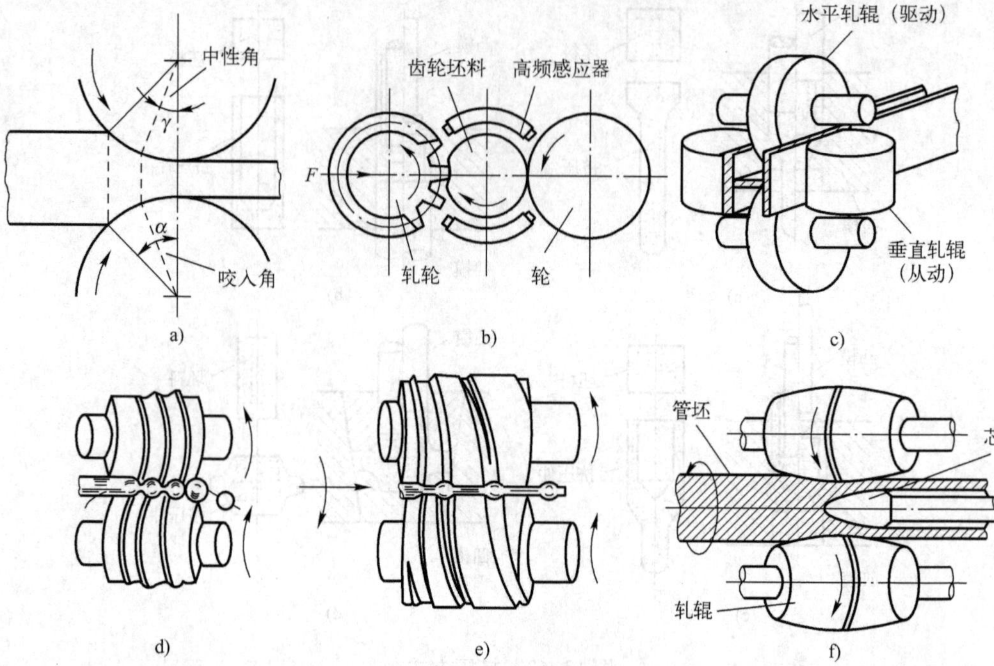

图 13-65　轧制种类示例

a）纵轧板材　b）热横轧齿轮　c）H 型钢轧制　d）螺旋斜轧钢球　e）周期螺旋斜轧　f）无缝钢管轧制

现已广泛用来生产各种零件，例如火车轮箍、轴承圈、连杆、叶片、丝杠、齿轮及钻头等。它具有生产效率高、质量好、节省金属材料和能源消耗少，易实现机械化、自动化等优点，但通用性差，一般只适用于大批量生产。

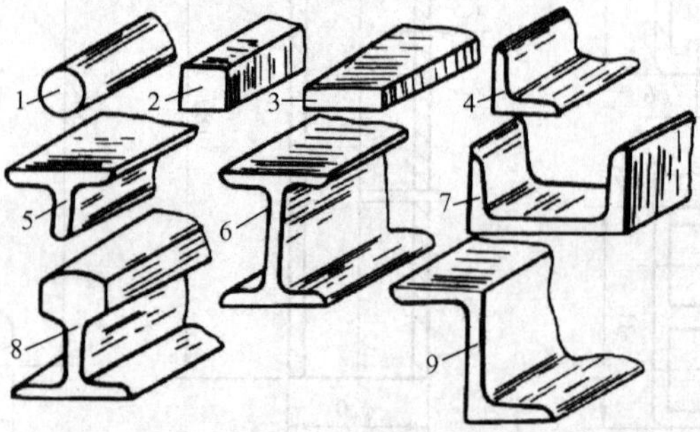

图 13-66　型材

1—圆钢　2—方钢　3—扁钢　4—角钢　5—T 字钢　6—工字钢　7—槽钢　8—钢轨　9—Z 字钢

四、拉拔

坯料在牵引力作用通过模孔拉出，使之产生塑性变形而得到截面缩小、长度增加的制品的工艺称为拉拔，如图 13-67 所示。

目前拉拔制品主要有线材、棒材、型材和管材。线材拉拔主要用于各种金属导线、工业用金属线以及电器中常用的漆包线的拉制成形。此时的拉拔也称为“拉丝”。拉拔生产的最细的金属丝直径可达 0.01 mm 以下。线材拉拔一般要经过多次成形，且每次拉拔的变形程度不能过大，必要时要进行中间退火，否则将使线材拉断。

拉拔生产的棒料可有多种截面形状，如圆形、方形、矩形和六角形等。

型材拉拔多用于特殊截面或复杂截面形状的异形型材（图 13-68）生产。

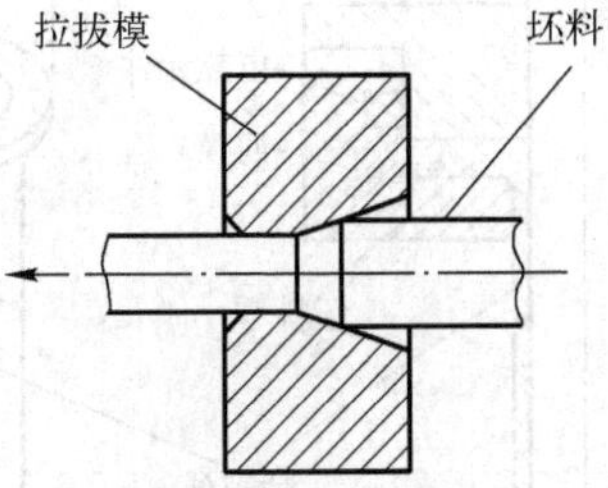

图 13-67　拉拔示意图

图 13-68　拉拔型材截面形状

管材拉拔以圆管为主，拉拔后管壁将增厚，此时可加芯棒来控制管壁的厚度，如图 13-69 所示。

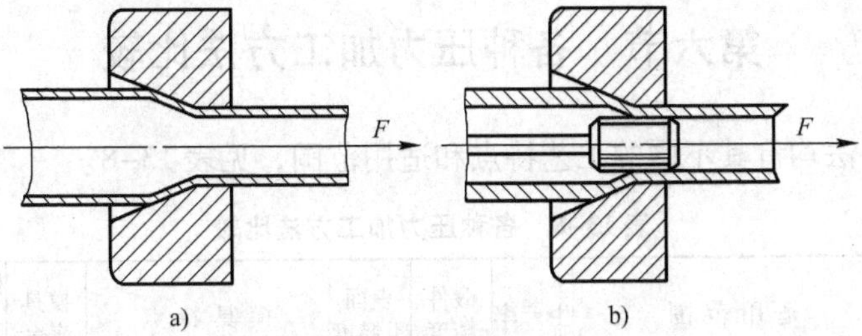

图 13-69　管材拉拔

a）不加芯棒　b）加芯棒

拉拔模在拉拔过程中会受到强烈的摩擦，生产中常采用耐磨的硬质合金（有时甚至用金刚石）来做，以确保其精度和使用寿命。

五、超塑性成形

超塑性是指金属或合金在特定条件下，伸长率超过 100% 以上的特性。特定条件是指低的形变速率（$10^{-2} \sim 10^{-4}$/s）、一定的变形温度和均匀的细晶粒度，晶粒平均直径为 0.2 ~ 5 μm。在特定条件下，钢的伸长率超过 500%、纯钛超过 300%、锌铝合金超过 1000%。

利用金属的超塑性，可使金属在挤压、模锻、拉深等多种工艺方法下成形出复杂形状和高精度的零件，如叶片、蜗轮等。目前常用的超塑性成形材料主要有锌铝合金、铝基合金、钛合金及高温合金。

超塑性模锻为少、无屑加工和精密成形开辟了一条新途径，其工艺特点如下：

1）扩大了可锻金属材料的种类。例如，过去只能采用锻造成形的镍基合金，也可以进行超塑性模锻成形。

2）填充模膛的性能好，可锻出尺寸精度高、机械加工余量小甚至不用加工的零件。

3）能获得均匀细小的晶粒组织，零件力学性能均匀一致。

4）金属的变形抗力小，可充分发挥中、小设备的作用。

图 13-70 所示为钛合金涡轮盘锻件采用两种模锻方法的比较。采用超塑性模锻时材料利用率大大提高，模锻工步由 4 步减为 1 步。图 13-71 所示为室温下利用径向辅助压力模具进行薄板超塑性拉深成形。在拉深过程中，由高压油产生的径向压力将板料推向凹模中心，对引导材料进入凹模起辅助作用。超塑性拉深的单次深冲比（H/d_0）可达 11，比普通拉深约大 15 倍。

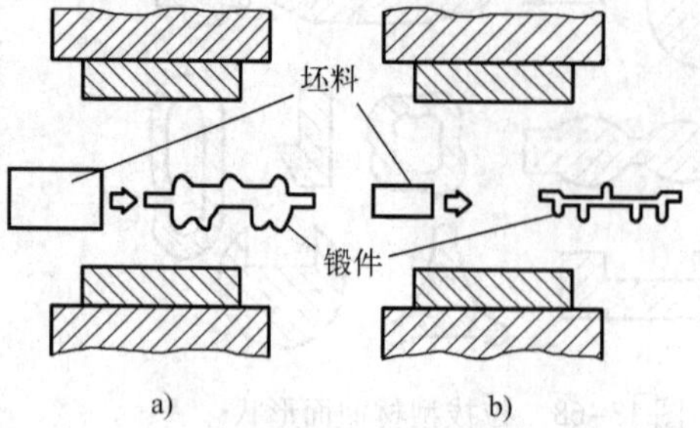

图 13-70　钛合金涡轮盘两种模锻方法的比较
a）普通模锻　b）超塑性模锻

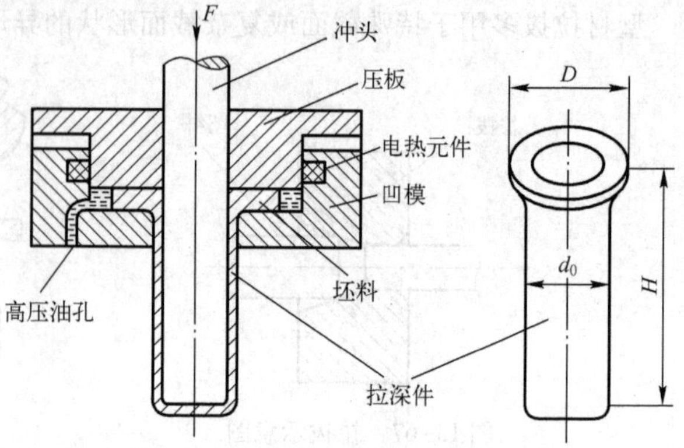

图 13-71　薄板超塑性拉深成形

第六节　各种压力加工方法比较

每种压力加工方法均有其不同的工艺特点和适用范围，见表 13-8。

表 13-8　各种压力加工方法比较

加工方法		使用设备	适用范围	生产率	锻件精度	表面粗糙度	模具特点	模具寿命	机械化与自动化	劳动条件	对环境影响
自由锻		空气锤 蒸汽-空气锤 水压机	小型锻件，单件小批生产 中型锻件，单件小批生产 大型锻件，单件小批生产	低	低	高	无模具	—	难	差	振动和噪声大
胎模锻		空气锤 蒸汽-空气锤	中小型锻件，中小批量生产	较高	中	中	模具简单，且不固定在设备上，取换方便	较低	较易	差	振动和噪声大
模锻	锤上模锻	蒸汽-空气锤 无砧座锤	中小型锻件，大批量生产；适合锻造各种类型模锻件	高	中	中	锻模固定在锤头和砧座上，模膛复杂，造价高	中	较难	差	振动和噪声大
	曲柄压力机上模锻	热模锻曲柄压力机	中小型锻件，大批量生产；不易进行拔长和滚压工序	很高	高	低	组合模，有导柱导套和顶出装置	较高	易	好	较小
	平锻机上模锻	平锻机	中小型锻件，大批量生产；适合锻造法兰轴和带孔的模锻件	高	较高	较低	三块模组成，有两个分模面，可锻出侧面带凹槽的锻件	较高	较易	较好	较小
	摩擦压力机上模锻	摩擦压力机	小型锻件，中批量生产；可进行精密模锻	较高	较高	较低	一般为单膛模锻	中	较易	好	较小
挤压	热挤压	液压挤压机 机械压力机	适合各种等截面型材，大批大量生产	高	较高	较低	由于变形力较大，所以凸凹模都要求有很高的强度、硬度和很低的表面粗糙度值	较高	较易	好	无
	冷挤压	机械压力机	适合钢和有色金属及合金的小型锻件的大批大量生产	高	高	低	变形力很大，凸凹模强度、硬度和表面粗糙度等都要求很高	较高	较易	好	无

（续）

加工方法		使用设备	适用范围	生产率	锻件精度	表面粗糙度	模具特点	模具寿命	机械化与自动化	劳动条件	对环境影响
轧制	纵轧	辊锻机	适合连杆、扳手、叶片等零件的大批大量生产，也可为曲柄压力机模锻制坯	高	高	低	在轧辊上固定有两个半圆弧形的模具	高	易	好	无
		扩孔机	适合大小环类件大批大量生产	高	高	低	金属在具有一定孔形的驱动辊和芯辊之间变形	高	易	好	无
	横轧	齿轮轧机	适合各种模数较小齿轮零件的大批大量生产	高	高	低	模具为一模数和零件相同的带齿形轧轮	高	易	好	无
	斜轧	斜轧机	适合钢球、丝杠等零件的大批大量生产，也可为曲柄压力机模锻制坯	高	高	低	两个轧辊即为模具，轧辊上带有螺旋形槽	高	易	好	无
冲压		压力机	各种板类件大批大量生产	高	高	低	复合冲模较复杂，有导柱导套装置，产品质量取决于凸凹模精度和间隙大小	高	易	好	无

复习思考题

1. 何谓塑性变形，其实质是什么？

2. 铅在 20℃、钨在 1100℃ 时变形，各属于哪种变形？（铅的熔点为 327℃，钨的熔点为 3380℃）

3. 如何提高金属的塑性？最常用的措施是什么？

4. “趁热打铁”的含义何在？

5. 分析在如图 13-72 所示的两种砧铁上拔长时，效果有何不同？

6. 为什么重要的巨型锻件必须采用自由锻的方法制造？

7. 原始坯料长 150 mm，若拔长到 450 mm，锻造比是多少？

8. 自由锻有哪些主要工序？试拟定图 13-73 所示偏心轴锻件的自由锻工艺过程。

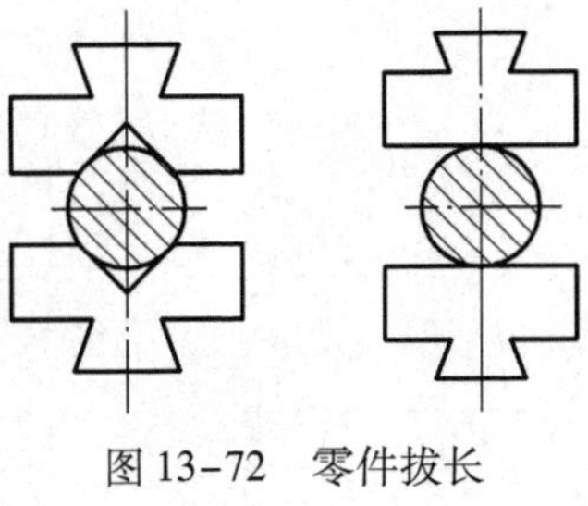

图 13-72　零件拔长

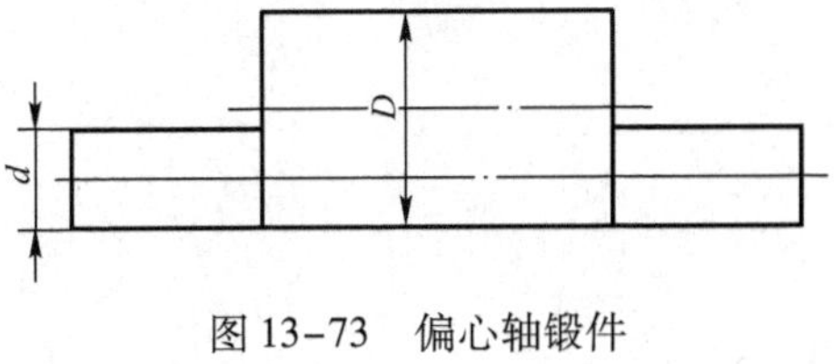

图 13-73　偏心轴锻件

9. 图 13-74 所示零件，采用自由锻制坯，试改进零件结构不合理之处。

10. 高合金钢锻造时应注意哪些问题？

11. 如何确定分型面的位置？为什么模锻生产中不能直接锻出通孔？

12. 分析图 13-75 中两种分型面的优缺点。

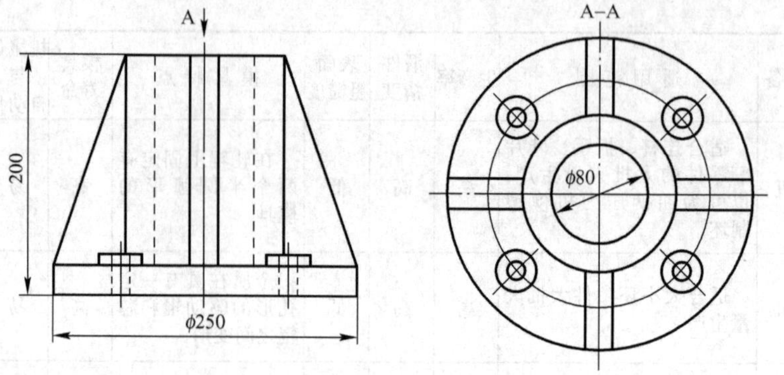

图 13–74　自由锻零件

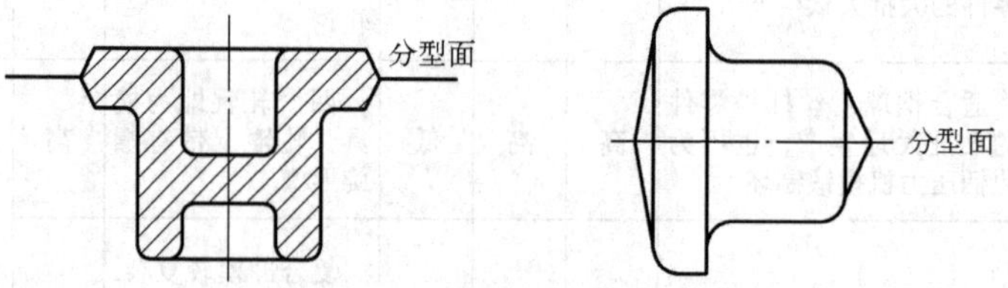

图 13–75　两种分型面

13. 与自由锻相比，为什么胎模锻可以锻造出形状较为复杂的模锻件？
14. 为什么高速锤模锻可以改善金属的锻造性能？
15. 摩擦压力机上模锻有何特点？为什么？
16. 板料冲压生产有何特点？应用范围如何？
17. 用 $\phi50$ mm 冲孔模具来生产 $\phi50$ mm 落料件能否保证落料件的精度？为什么？
18. 翻边件的凸缘高度尺寸较大而一次翻边实现不了时，应采取什么措施？
19. 材料的回弹现象对冲压生产有何影响？
20. 比较落料和拉深件所用凸凹模结构及间隙有什么不同。
21. 精密模锻需要哪些工艺措施才能保证产品的精度？
22. 挤压零件的生产特点是什么？
23. 轧制零件的方法有哪几种？各有何特点？

第十四章 焊　　接

焊接是利用局部加热或加压等手段，使分离的两部分金属，通过原子的扩散与结合而形成永久性连接的工艺方法。

焊接方法具有以下优点：

1）成形方便。焊接方法灵活多样，工艺简便，能在较短的时间内生产出复杂的焊接结构。在制造大型、复杂结构和零件时，可结合采用铸件、锻件和冲压件，化大为小，化复杂为简单，再逐次装配焊接而成。例如万吨水压机的横梁和立柱的生产便是如此。

2）适应性强。采用相应的焊接方法，既能生产微型、大型和复杂的金属构件，也能生产气密性好的高温、高压设备和化工设备；既适应单件小批量生产，也适应于大批量生产。同时，采用焊接方法，还能连接异类金属和非金属。例如核反应堆中金属与石墨的焊接、硬质合金刀片与车刀刀杆的焊接。现代船体、车辆底盘、各种桁架、锅炉、容器等，都广泛采用了焊接结构。

3）生产成本低。与铆接相比，焊接结构可节省材料10%～20%，并可减少划线、钻孔、装配等工序。另外，采用焊接结构能够按使用要求选用材料。在结构的不同部位，按强度、耐磨性、耐蚀性、耐高温等要求选用不同材料，具有更好的经济性。

随着焊接技术的迅速发展、计算机在焊接领域的应用、各种先进焊接工艺方法的普及和应用，以及焊接生产机械化、自动化程度的提高，焊接质量和生产率也不断提高。我国已成功地焊制了万吨水压机横梁、立柱，30 万 kW 电站锅炉，120 t 大型水轮机工作轮，直径 15.7 m 的球形容器，核反应堆以及火箭、飞船等。

但是，目前的焊接技术尚存在一些问题：生产自动化程度较低，结构不可拆，更换修理不方便；焊接接头组织性能不稳定；存在焊接应力，容易产生焊接变形、焊接缺陷等。焊接接头往往是锅炉压力容器等重要容器的薄弱环节，实际生产中应特别注意。焊接生产过程的质量只能靠焊后无损检测，甚至破坏性的定时定量抽查来加以检验。

第一节 焊接方法

焊接方法的种类很多，根据实现金属原子间结合的方式不同，可分为熔焊、压焊和钎焊三大类，如图 14–1 所示。

熔焊是利用外加热源使焊件局部加热至熔化状态，一般还同时熔入填充金属，然后冷却结晶成一体的焊接方法。熔焊的加热温度较高，焊件容易变形。但接头表面的清洁程度要求不高，操作方便，适用于各种常用金属材料的焊接，应用较广。

压焊是对焊件加热（或不加热）并施压，使其接头处紧密接触并产生塑性变形，从而形成原子间结合的焊接方法。压焊只适用于塑性较好的金属材料的焊接。

钎焊是将低熔点的钎料熔化，填充到接头间隙，并与固态母材（焊件）相互扩散实现连接的焊接方法。钎焊不仅适用于同种或异种金属的焊接，还广泛用于金属与玻璃、陶瓷等非金属材料的连接。

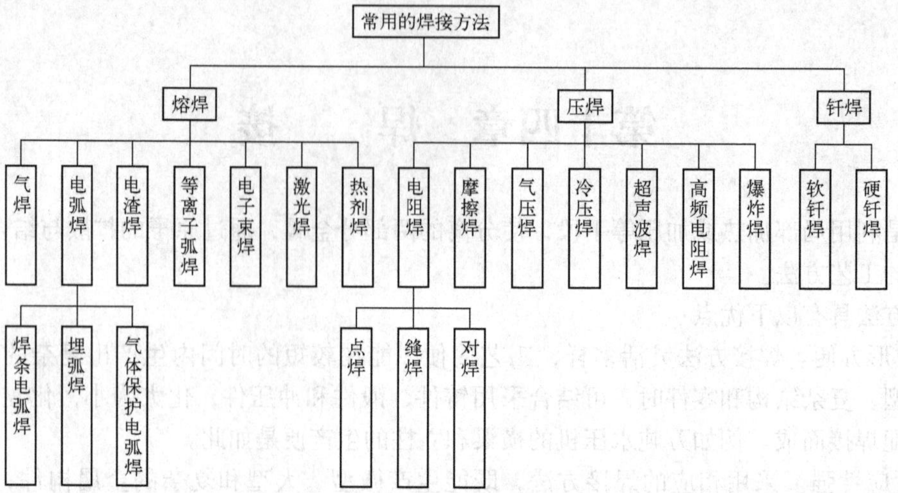

图 14-1　主要焊接方法分类方框图

一、焊条电弧焊

焊条电弧焊是以电弧的热量熔化金属，并通过手工进行操作的方法。

1. 焊接电弧

焊接电弧是指发生在电极与焊件之间的强烈、持久的气体放电现象。

（1）电弧的引燃　常态下的气体由中性分子或原子组成，不含带电粒子。要使气体导电，首先要有一个使其产生带电粒子的过程。生产中一般采用接触引弧。先将电极（炭棒、钨极或焊条）和焊件接触形成短路（图 14-2a），此时在某些接触点上产生很大的短路电流，温度迅速升高，为电子的逸出和气体电离提供能量条件；而后将电极提起一定距离（小于 5 mm，图 14-2b），在电场力的作用下，被加热的阴极有电子高速逸出，撞击空气中的中性分子和原子，使空气电离成阳离子、阴离子和自由电子。这些带电粒子在外电场作用下定向运动，阳离子奔向阴极，阴离子和自由电子奔向阳极。在它们的运动过程中，不断碰撞和复合，产生大量的光和热，形成电弧，如图 14-2c所示。电弧的热量与焊接电流和电压的乘积成正比，电流越大，电弧产生的总热量就越多。

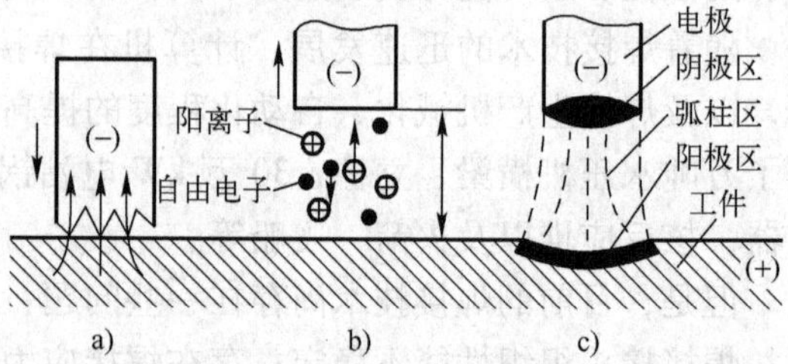

图 14-2　电弧的点燃

（2）电弧的组成　焊接电弧由阴极区、阳极区和弧柱区三部分组成（图 14-2c）。阴极区因发射大量电子而消耗一定能量，产生的热量较少，约占电弧热的 36%。阳极表面受高速电子的撞击，传入较多的能量，因此阳极区产生的热量较多，占电弧热的 43%。其余 21% 左右的热量是在弧柱区产生的。

电弧中阳极区和阴极区的温度因电极材料（主要是电极熔点）不同而有所不同。用钢焊条焊接材料时，阳极区温度约为 2600 K，阴极区温度约为 2400 K，电弧中心区温度最高，可达 6000 ~ 8000 K。

2. 焊接电源

（1）常用焊接电源的类型　焊条电弧焊设备简称电焊机，实质上是焊接电源，其类型主要有交流弧焊机、直流弧焊机和交、直流两用弧焊机。

由于阳极区的温度高于阴极区，所以当采用直流弧焊机焊接时，有两种接线方法：正接或反接。正接是将焊件接阳极，焊条接阴极。这时电弧热量主要集中在焊件上，有利于加快焊件熔化，保证足够的熔深，适用于焊接较厚的焊件。反接是将焊件接阴极，焊条（或电极）接阳极，适用于焊接有色金属及薄钢板，以避免烧穿焊件。当采用交流弧焊机焊接时，由于两极极性不断变化，两极温度都在 2500 K 左右，所以不存在正接和反接问题。

（2）弧焊机的选用　使用酸性焊条焊接低碳钢等一般构件时，应优先考虑选用价格低廉、维修方便的交流弧焊机；使用碱性焊条焊接高压容器、高压管道等重要钢结构，或焊接合金钢、有色金属、铸铁时，则应选用直流弧焊机。

3. 焊接冶金过程与焊条

（1）焊接冶金特点　在进行电弧焊时，被熔化的金属、熔渣和气体三者之间进行着一系列物理化学反应，如金属的氧化与还原、气体的溶解与析出、杂质的去除等。主要有以下特点：

1）冶金温度高。在焊接碳素结构钢和普通低合金钢时，熔滴的平均温度约为 2300℃，熔池在 1600℃以上，高于普通冶金温度，容易造成合金元素的烧损与蒸发。

2）冶金过程短。焊接时，由于焊接熔池体积小（一般为 0.2 ~ 0.3 cm^3），冷却速度快（熔池周围是冷金属），液态停留时间短（熔池从形成到凝固约 10 s），使各种化学反应无法达到平衡状态，在焊缝中会出现化学成分不均匀的偏析现象。

3）冶金条件差。焊接熔池一般暴露在空气中，熔池周围的气体、铁锈和油污等在电弧的高温下，将分解成原子态的氧、氮等，极易同金属元素产生化学反应。反应生成的氧化物、氮化物混入焊缝中，使焊缝的力学性能下降；液态金属氧化结果，生成的 FeO 溶解于钢液中，冷凝时因溶解度减小而析出，杂质则滞留在焊缝里；FeO 与钢中的 C 起作用，化合成 CO，易在焊缝中产生气孔；液态金属氮化，生成 Fe_4N，冷凝时呈针状夹杂物分布在晶粒内，显著降低焊缝塑性和韧性；空气中水分分解成氢原子，在焊缝中产生气孔、裂缝等缺陷，会出现“氢脆”现象。

上述情况将严重影响焊接质量，因此，必须采取有效的措施来保护焊接区，防止周围有害气体侵入金属熔池；同时要控制焊缝金属的化学成分，向金属熔池中补充易烧损的合金元素；此外，还要进行脱氧和脱硫、磷，以减少焊接缺陷，获得优质焊接接头。

（2）焊条

1）焊条的组成及作用。焊条是由金属焊芯和药皮两部分组成的。

焊芯的主要作用是作为电极和填充金属，其化学成分直接影响焊缝质量。焊芯通常用碳、硫、磷含量较低的专用钢丝制成。

药皮的作用主要是稳弧、保护、脱氧、渗合金及改善焊接工艺性。由于焊条药皮中含有钾、钠等元素，能在较低电压下电离，容易引弧并使之稳定燃烧以改善焊条的工艺性能，如能减少焊接飞溅、使焊缝成形美观；药皮在高温下熔化，可产生保护熔渣及隔离气体，减少氧和氮侵入金属熔池；药皮中含有锰铁、硅铁等铁合金，在焊接冶金过程中起脱氧、去硫、渗合金等作用。

根据熔渣性质的不同，结构钢焊条可以分为酸性焊条和碱性焊条两大类。药皮熔渣中酸性氧化物（如 SiO_2、TiO_2、Fe_2O_3）比碱性氧化物（如 CaO、FeO、MnO、Na_2O）多的焊条为酸性焊条。此类焊条适合各类电源，操作性较好，电弧稳定，成本低，但焊缝塑性、韧性差，渗合金作用弱，故不宜焊接承受动载荷和要求高强度的重要结构件。熔渣中碱性氧化物比酸性氧化物多的焊条为碱性焊条。此类焊条一般要求采用直流电源，焊缝塑性、韧性好，抗冲击能力强，但操作性差，电弧不稳定，价格较高，故只适合焊接重要结构件。

2）焊条的分类与型号。国家标准将焊条按化学成分分为八大类，原机械工业部《焊接材料产品样本》(1987 年)则将焊条按用途分为十大类型，其对应关系见表 14-1。

表 14-1　两种焊条标准分类的对应关系

国标型号（按化学成分分类）			行标牌号（按用途分类）			
国家标准号	名　称	代　号	类　别	名　称	代　号	
					字　母	汉　字
GB/T 5117—2012	非合金钢及细晶粒钢焊条	E	一	结构钢焊条	J	结
			二	低温钢焊条	W	温
GB/T 5118—2012	热强钢焊条	E	三	钼和铬钼耐热钢焊条	R	热
GB/T 983—2012	不锈钢焊条	E	四	不锈钢焊条	G	铬
					A	奥
GB/T 984—2001	堆焊焊条	ED	五	堆焊焊条	D	堆
GB/T 10044—2006	铸铁焊条	EZ	六	铸铁焊条	Z	铸
GB/T 13814—2008	镍及镍合金焊条	ENi	七	镍及镍合金焊条	Ni	镍
GB/T 3670—1995	铜及铜合金焊条	ECu	八	铜及铜合金焊条	T	铜
GB/T 3669—2001	铝及铝合金焊条	E	九	铝及铝合金焊条	L	铝
—	—		十	特殊用途焊条	TS	特

焊条型号是国家标准中的焊条代号。以非合金钢和细晶粒钢焊条为例，具体编制方法是：字母 E 表示焊条；E 后面的两位数字表示熔敷金属的最小抗拉强度值，单位为 10 MPa；第三和第四位数字组合表示药皮类型、焊接位置和电流类型。例如 E4303，“E”表示焊条，“43”表示熔敷金属抗拉强度最小值为 430 MPa；“03”表示药皮类型为钛型，适用于全位置焊接，采用交流或直流正反接。

焊条牌号是焊条行业统一的焊条代号，其发布较早，目前仍有使用。其表示方法为：以大写拼音字母或汉字表示焊条类别；后面跟三位数字，前两位表示焊缝金属的性能，第三位数字表示焊条药皮类型和焊接电源。例如 J422（结 422），“J”表示结构钢焊条；“42”表示熔敷金属抗拉强度不低于 420 MPa；“2”表示药皮为氧化钛钙型，适用于直流或交流电源。

3）焊条的选用原则。

① 等强度原则。焊接低碳钢和低合金钢时，一般应使焊缝金属与母材等强度，即选用与母材同强度等级的焊条。

② 同成分原则。焊接耐热钢、不锈钢等金属材料时，应使焊缝金属的化学成分与母材的化学成分相同或相近，即按母材化学成分选用相应成分的焊条。

③ 抗裂纹原则。焊接刚度大、形状复杂、使用中承受动载荷的焊接结构时，应选用抗裂性好的碱性焊条，以免在焊接和使用过程中接头产生裂纹。

④ 抗气孔原则。受焊接工艺条件的限制，如对焊件接头部位的油污、铁锈等清理不便，应选用抗气孔能力强的酸性焊条，以免焊接过程中气体滞留于焊缝中，形成气孔。

⑤ 低成本原则。在满足使用要求的前提下，尽量选用工艺性能好、成本低和效率高的焊条。

此外，应根据焊件的厚度、焊缝的位置等条件，选用不同直径的焊条。一般焊件越厚，选用的焊条直径越大。

4. 焊接接头的金属组织与性能

焊接接头包括焊缝金属和热影响区，低碳钢焊接接头组织与性能变化关系图 14-3 所示。

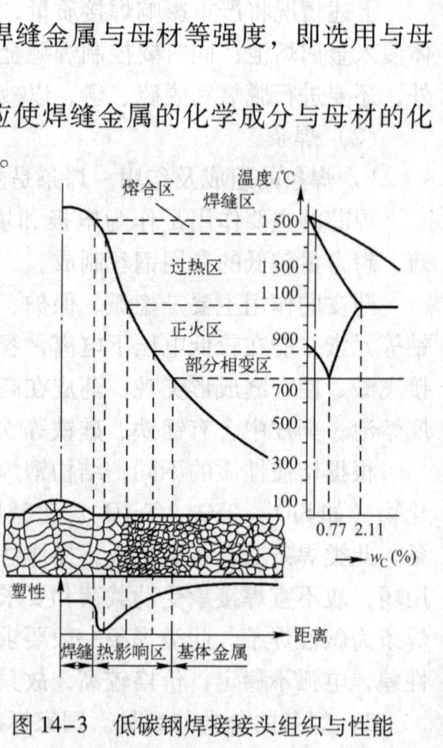

图 14-3　低碳钢焊接接头组织与性能关系变化图

（1）焊缝金属　焊接加热时，焊缝处的温度在液相线以上，母材与填充金属形成共同熔池，冷凝后成为铸态组织。焊缝金属的化学成分主要取决于焊芯金属的成分，但也受熔化母材的影响。由于焊条药皮在焊接过程中具有合金化作用，使焊缝金属的化学成分往往优于母材，故只要合理选择焊条和焊接工艺，焊缝金属的强度一般不低于母材强度。

（2）热影响区　在焊接过程中，焊缝两侧金属因焊接热作用而产生组织和性能变化的区域。低碳钢的热影响区分为熔合区、过热区、正火区和部分相变区。

熔合区位于焊缝与基体金属之间，部分金属熔化部分未熔，也称半熔化区。加热温度为1490～1530℃，此区成分及组织极不均匀，强度下降，塑性很差，是产生裂纹及局部脆性破坏的发源地。

过热区紧靠着熔合区，加热温度为1100～1490℃。由于温度大大超过 Ac_3，奥氏体晶粒急剧长大，形成过热组织，使塑性大大降低，冲击韧度值下降25%～75%。

正火区的加热温度为850～1100℃，属于正常的正火加热温度范围。冷却后得到均匀细小的铁素体和珠光体组织，其力学性能优于母材。

部分相变区加热温度为727～850℃。只有部分组织发生转变，冷却后组织不均匀，力学性能较差。

从图14-3所示的性能变化曲线可以看出，在焊接热影响区中，熔合区和过热区的性能最差，产生裂纹和局部破坏的倾向也最大。热影响区宽度增加会使焊缝金属的冷却速度减慢，晶粒变粗，并使焊接变形增大。因此，热影响区越窄越好。

热影响区的宽度主要取决于焊接方法和焊接规范。凡温度高、热量集中的焊接方法，热影响区则小。

合理选用不同的焊接方法和焊接规范（如保证焊透的条件下提高焊速、减小焊接电流），可以缩小热影响区，但在焊接过程中无法消除热影响区。对于重要的焊接件，常在焊后进行正火处理，以减弱热影响区的危害。在焊接含碳量和合金元素含量较高的钢时，可采用焊前预热、焊后热处理等措施，以避免焊接接头的脆性断裂。

二、埋弧焊

埋弧焊因电弧埋在焊剂下，看不见弧光而得名。其引弧、焊丝送进、移动电弧、收弧等动作由机械自动完成。埋弧焊机由焊接电源、焊车和控制箱三部分组成。焊接电源可以配交流弧焊电源和整流弧焊电源。

1. 埋弧焊焊接过程

埋弧焊以连续送进的焊丝代替焊条电弧焊的焊条，以颗粒状焊剂代替焊条药皮。焊接时，电弧产生在焊丝和焊剂之间，并在40～60 mm厚的焊剂下燃烧。在电弧高温作用下，焊件、焊丝和焊剂熔化形成熔池与熔渣，熔池与熔滴受熔渣和焊剂蒸气的保护与空气隔绝。随着电弧向前移动，熔池在熔渣覆盖层下凝固成焊缝。埋弧焊焊缝的形成如图14-4所示。

埋弧焊焊前与焊条电弧焊一样，焊前应将焊缝两侧50～60 mm内的一切污垢及铁锈清除干净，以避免产生气孔，保证焊缝质量。焊接时，由于引弧处与断弧处质量不易保证，需采用引弧板及引出板（图14-5），焊后再去除。

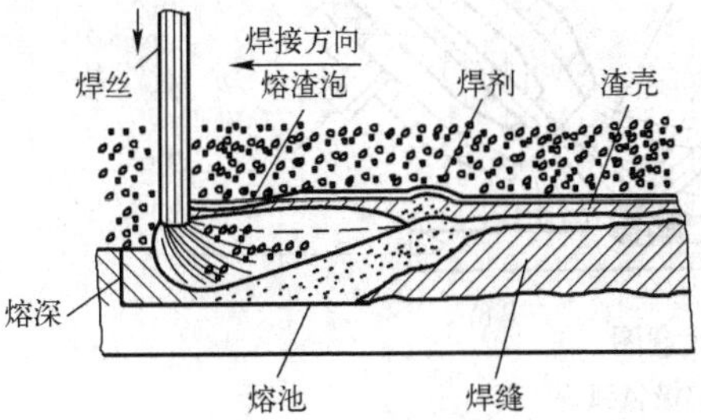

图14-4　埋弧焊焊缝的形成

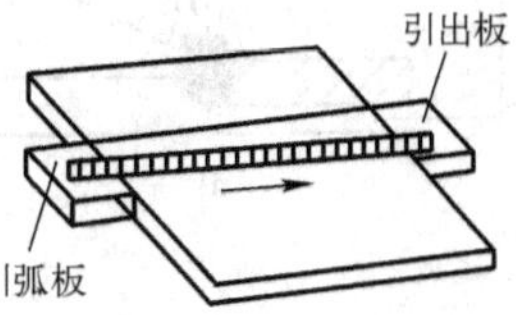

图14-5　埋弧焊的引弧板及引出板

2. 埋弧焊焊接材料

埋弧焊的焊丝是直径为1.6～6 mm的实芯焊丝，它除了作为电极和填充金属外，还有脱氧、去硫、渗合金等冶金处理作用。焊丝牌号用字母“H”加钢材牌号表示，如H08、H08A、H08E。

埋弧焊的焊剂有熔炼焊剂和陶质焊剂两大类。我国目前使用的绝大多数焊剂是熔炼焊剂。其牌号为“焊剂”或“HJ”加三个数字表示，如焊剂431或HJ431。第一位数字表示焊剂中锰含量，第二位数字表示 SiO_2、CaF_2 的含量，第三位数字表示同一类型焊剂的不同牌号，按0，1，2，…，9顺序排列。

3. 埋弧焊的特点和应用

埋弧焊具有以下优点：

1）生产效率高。埋弧焊电流比焊条电弧焊高6～8倍，不需更换焊条，没有飞溅，生产率提高5～10倍。

2）焊缝质量好。电弧和熔池被封闭在液态熔渣下，保护效果好，焊接规范自动控制，故焊接质量稳定，焊缝形成稳定。

3）节省材料。由于埋弧焊熔深大，焊件可不开或少开坡口，因此降低了填充金属损耗，同时没有焊条电弧焊时的焊条头损失，熔滴飞溅很少，因此能节省大量金属材料。

4）劳动条件好。埋弧焊没有弧光，焊接烟尘少，机械化操作减轻了劳动强度。

埋弧焊的缺点是设备结构较复杂，投资大，调整等准备工作量较大。

埋弧焊适用于成批生产中长直焊缝和较大直径环缝的平焊。对于狭窄位置的焊缝以及薄板焊接，则受到一定限制。因此，埋弧焊广泛用于大型容器和钢结构焊接生产中。

三、气体保护焊

气体保护焊是用外加气体作为电弧介质并保护电弧和焊接区的电弧焊。保护气体通常有两种，即惰性气体（氩气和氦气）和活性气体（二氧化碳）。

1. 氩弧焊

氩弧焊是以氩气作为保护气体的电弧焊。氩气是惰性气体，在高温下不和金属起化学反应，也不溶于金属。可以保护电弧区的熔池、焊缝和电极不受空气的有害作用，是一种较理想的保护气体。氩气电离势高，引弧较困难，但一旦引燃就很稳定，氩气纯度要求达到99.9%。

按使用电极不同，氩弧焊可分为熔化极氩弧焊和不熔化极氩弧焊。

（1）熔化极氩弧焊　熔化极氩弧焊是以连续送进的金属焊丝作为电极和填充金属，可采用较大的焊接电流。为使电弧稳定，通常采用直流反接。该方法适合焊接25 mm以下的中厚板，如图14-6a所示。

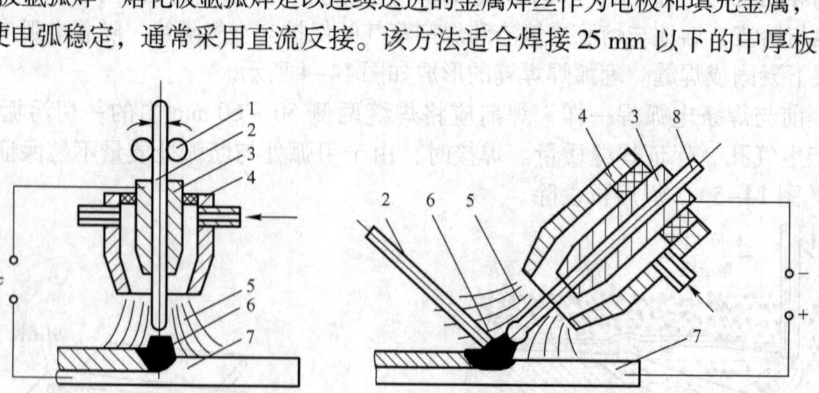

图14-6　氩弧焊示意图

a）熔化极氩弧焊　b）钨极氩弧焊

1—送丝滚轮　2—焊丝　3—导电嘴　4—喷嘴　5—保护气体　6—电弧及熔滴　7—母材　8—钨极

（2）不熔化极氩弧焊　不熔化极氩弧焊采用高熔点的纯钨（或钨合金）棒作为电极，焊接时，钨极不熔化，仅起引弧和维持电弧的作用，需另加焊丝作为填充金属。在电弧高温作用下，填充金属与焊件熔融在一起形成焊接接头。整个焊接过程是在氩气保护下进行的，如图 14-6b 所示。

（3）氩弧焊的特点及应用

1）焊缝质量好、成形美观。氩气是惰性气体，不与金属反应，又不溶于液体金属中，因此对熔池保护作用好。

2）焊接热影响区和变形小。由于氩弧焊电弧在气流压缩下燃烧，热量集中，熔池较小，焊接速度快，因此焊接热影响区小，焊后焊件变形小。

3）操作性能好。由于明弧可见，便于观察、操作，可进行全位置焊接，并易实现机械化、自动化。工业中应用的焊接机器人，一般采用 Ar + He 或 Ar + CO_2混合气体保护焊。

4）电弧稳定，特别是小电流时也很稳定。因此，熔池温度容易控制，容易做到单面焊双面成形。为了更容易保证焊件背面均匀熔透和焊缝成形，现在较为普遍的采用了如图 14-7所示的脉冲电流来焊接。该方法称为脉冲氩弧焊。

氩弧焊的主要不足是氩气成本高，氩弧焊设备贵，因此焊接成本高。

目前氩弧焊主要用于焊接铝、镁、铜、钛等化学性质活泼的有色金属和合金，不锈钢、耐热钢，以及部分重要的低合金钢和稀有金属。氩弧焊适用于单面焊双面成形，如打底焊和压力管道焊接；钨极氩弧焊，尤其是脉冲钨极氩弧焊，还适用于薄板焊接。

2. CO_2气体保护焊

用 CO_2气体作为保护气体的电弧焊称为 CO_2气体保护焊。它以焊丝作为电极，靠焊丝和焊件之间产生的电弧熔化金属与焊丝，以自动或半自动方式进行焊接（图14-8）。目前常用的是半自动焊，即焊丝送进是靠机械自动进行并保持弧长，由操作人员手持焊枪进行焊接。CO_2气体在电弧高温下能分解，有氧化性，会烧损合金元素。因此，不能用来焊接有色金属和合金钢。焊接低碳钢和普通低合金钢时，通过含有合金元素的焊丝来脱氧和渗合金等冶金处理。现在常用的 CO_2气体保护焊焊丝是 H08Mn2SiA，适用于焊接低碳钢和抗拉强度在600 MPa以下的普通低合金钢。

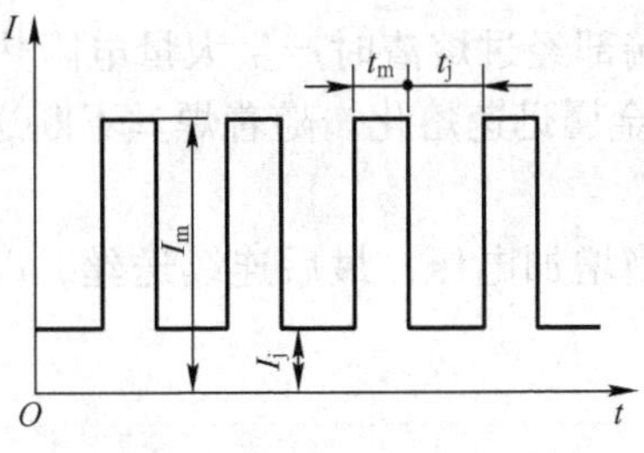

图 14-7　脉冲电流波形示意图

I_m—脉冲电流　I_j—基本电流

t_m—脉冲电流持续时间　t_j—基本电流持续时间

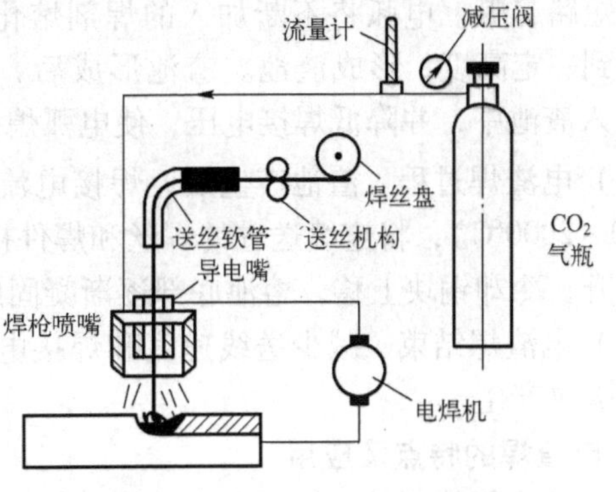

图 14-8　CO_2气体保护焊示意图

（1）焊接过程　CO_2气体保护焊时，焊丝由送丝机构通过软管经过导电嘴自动送进 CO_2气体，气体以一定流量从喷嘴中喷出，电弧引燃后，焊丝末端、电弧及熔池被 CO_2气体所包围，从而使高温金属受到保护，免于空气的有害影响。

（2）CO_2气体保护焊的特点

1）生产率高。由于焊丝自动送进，焊接速度快，电流密度大，熔深大，焊后没有熔渣，不需清渣。因此生产效率比焊条电弧焊提高 1 ~ 3 倍。

2）焊接质量好。由于 CO_2 气体的保护，焊缝氢含量低，焊丝中锰含量高，脱硫好，电弧在气流压缩下燃烧，热量集中，熔池较小，焊接速度快，电弧在气流压缩下燃烧，热量集中，热影响区较小，变形和开裂倾向也小。

3）成本低。CO_2 气体价格低，而且节省了熔化焊剂或焊条药皮的电能。因此，CO_2 气体保护焊成本仅是埋弧焊和焊条电弧焊的40%左右。

4）操作性能好。由于 CO_2 气体保护焊是明弧焊，便于观察，易于发现问题并及时处理。

CO_2 气体保护焊的缺点是焊接熔滴飞溅大，烟雾大，弧光强烈，如果操作或控制不当易产生气孔；设备使用和维修不便；送丝机构容易出故障，需要经常维修。

因此，CO_2 气体保护焊适用于低碳钢和强度级别不高的普通低合金钢焊接，主要焊接薄板。对单件小批生产和不规则焊缝采用半自动 CO_2 气体保护焊，大批生产和长直焊缝可用 $CO_2 + O_2$ 等混合气体保护焊。

四、电渣焊

电渣焊是利用电流通过液体熔渣所产生的电阻热熔化母材与电极（填充金属）进行焊接的方法。根据焊接时使用电极的形状，可分为丝极电渣焊、板极电渣焊、熔嘴电渣焊和管极电渣焊等。

1. 电渣焊的焊接过程

电渣焊的焊接过程，可分为以下几个步骤（图 14-9）：

(1) 形成封闭的焊接空间　电渣焊前，先将焊件垂直放置（呈立焊缝），在接触连接面之间预留 20 ~ 40 mm 的间隙。连接面两侧装有水冷铜块（用水冷却，使焊缝成形），在焊件的底部加装引弧板，在顶部加装引出板。这样，在焊接前先在焊接部位形成一个封闭的空间，以建立渣池和焊接熔池。

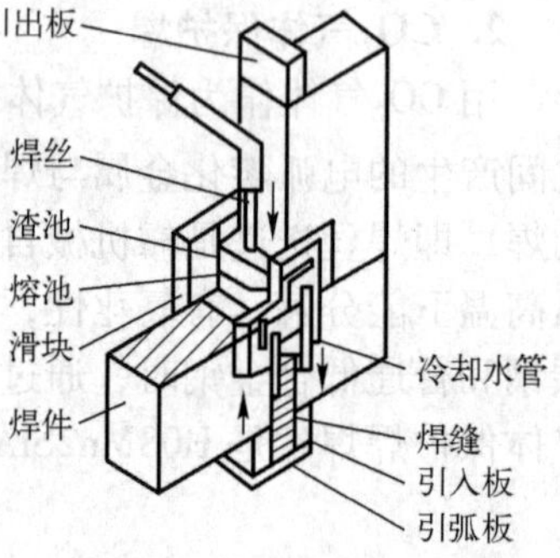

图 14-9　电渣焊过程示意图

(2) 建立渣池　焊接时，先将部分颗粒状焊剂放入焊接接头间隙中（引弧板上也需加上少量焊剂），然后送进焊丝，并与引弧板短路起弧。电弧将不断加入的焊剂熔化成熔渣，当熔渣液面升到一定高度，形成渣池。渣池形成后，迅速将电极（焊丝）埋入渣池中，并降低焊接电压，使电弧熄火，电渣焊开始。

(3) 电渣焊过程　渣池产生后，焊接电流从焊丝端部经过熔渣时产生大量电阻热（温度可达 1600 ~ 2000℃），将连续送进的焊丝和焊件接头边缘金属迅速熔化。随着焊丝不断送进，熔池逐渐上升，冷却铜块上移，熔池底部逐渐凝固成焊缝。

(4) 电渣焊结束　减少送线速度和焊接电流，适当增加电压，最后连续送丝，以填满尾部和防止裂纹产生。

2. 电渣焊的特点及应用

(1) 适合焊接厚件，生产率高，成本低　可用铸－焊、锻－焊结构拼成大件，以代替巨大的铸造或锻造整体结构，改变了重型机器制造工艺过程，节省了大量的金属材料和设备投资。同时，40 mm 以上厚度的焊件可不开坡口，节省了加工工时和焊接材料。

(2) 焊接质量好　由于渣池覆盖在熔池上，保护作用良好，同时熔池保持液态的时间较长，冶金过程进行比较完善，气体和杂质有较多时间浮出，因此出现气孔、夹渣等缺陷的可能性小，焊缝成分较均匀，焊接质量好。

电渣焊由于熔池在高温下停留时间较长，因此焊接热影响区大（可达 25 mm 左右），接头处晶粒粗大，以致电渣焊后都要进行热处理（一般是正火处理），或在焊丝、焊剂中配入钼、钛等元素，以细化焊缝组织。

电渣焊广泛应用在重型机械制造业中，它是制造大型铸－焊或锻－焊联合结构的重要工艺方法。例如制造大吨位压力机、重型机床的机底、水轮机转子和轴、高压锅炉等。

电渣焊适用于板厚 40 mm 以上焊件的焊接。单丝摆动焊件厚度为 60 ~ 150 mm；三丝摆动可焊接厚度达 450 mm。一般用于直缝焊接，也可用于环缝焊接。

五、电阻焊

电阻焊是利用电流通过接触处及焊件产生的电阻热，将焊件加热到塑性或局部熔化状态，再施加压力形成焊接接头的焊接方法。

电阻焊焊接电流较大（几千至几万安），但焊接电压很低（几伏至十几伏），因此焊接时间极短，一般为 0.01 s 至几十秒，生产率高，焊接变形小。另外，电阻焊不需要填充金属和焊剂，焊接成本较低，而且操作简单，易实现机械化和自动化，在自动化生产线上（如汽车制造）应用较多，甚至可采用机器人焊接。焊接过程中无弧光、烟尘，有害气体少，噪声小，劳动条件较好。但是，由于影响电阻大小和引起电流波动的因素均导致电阻热的改变，因此，电阻焊接头质量不稳，从而限制了在某些受力构件上的应用。此外，电阻焊设备复杂，价格昂贵，耗电量大，接头形式和焊件厚度受到一定限制。电阻焊按结合工艺分为点焊、缝焊和对焊三种形式。

1. 点焊

点焊是焊件装配成搭接或对接接头，并压紧在两电极之间（图 14-10），利用电阻热熔化固态金属，形成焊点的电阻焊方法。

（1）焊点的形成过程　点焊前先将表面清理好的两焊件紧紧接触（预压夹紧），然后接通电流，使接触处产生电阻。电极与焊件接触处所产生的电阻热很快被导热性能好的铜（或铜合金）电极和冷却水传走，因此接触处的温度升高有限，不会熔化，而两焊件相互接触处则由于电阻热很大，温度迅速升高，因此，接触处金属熔化，形成液态熔核。断电后，继续保持或加大压力，使熔核在压力下凝固结晶，形成组织致密的焊点。焊点形成后，移动焊件，依次形成其他焊点。

（2）分流现象　点焊第二个焊点时，有一部分电流可能流经已焊好的焊点，这种现象称为分流现象，如图 14-11所示。分流现象导致焊接处电流减少，影响焊接热量。因此，两焊点之间应有一定距离，其距离大小与焊件材料和厚度有关。一般材料电导性越强，厚度越大，分流现象越严重。

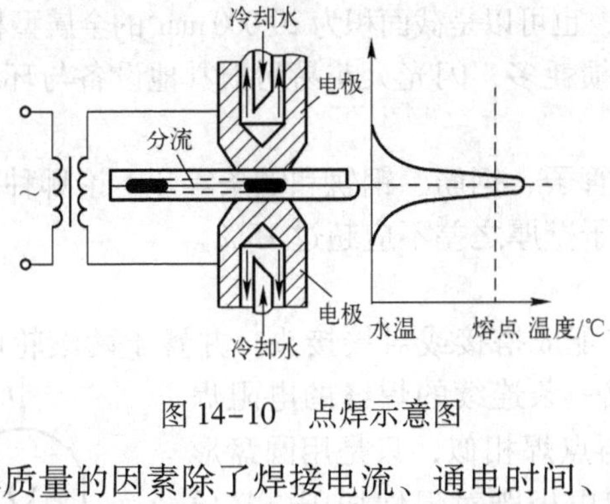

图 14-10　点焊示意图

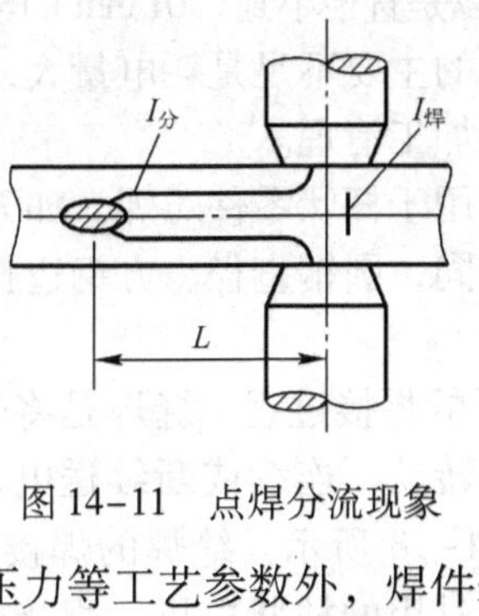

图 14-11　点焊分流现象

影响点焊质量的因素除了焊接电流、通电时间、电极压力等工艺参数外，焊件表面状态影响也很大。因此，点焊前必须清理焊件表面氧化物和油污等。

点焊主要用于厚度在 4 mm 以下薄板冲压壳体结构及钢筋的焊接，尤其是汽车和飞机制造。

目前，点焊厚度可从 10 μm（精密电子器件）增加至 30 mm（钢梁框架）。每次焊一个点或一次焊多个点。

2. 对焊

对焊是将焊件装配成对接的接头，使其端面紧密接触，利用电阻热加热至塑性状态，然后迅速施加顶锻力完成焊接的方法。按工艺过程特点，对焊又分为电阻对焊和闪光对焊。

（1）电阻对焊　电阻对焊是焊件以对接的形式利用电阻热在整个接触面上被焊接起来的电阻焊，如图14-12a所示。

1）电阻对焊的焊接过程。电阻对焊时，将两个焊件装夹在对焊机的电极钳口当中，先施加预压力使两焊件端面压紧，然后通电。电流通过焊件和接触端面时产生电阻热，使接触面及其邻近地区加热至塑性状态，随后向焊件施加较大的顶锻压力并同时断电。这样，处于高温状态的两焊件端面便产生一定的塑性变形而焊接起来，焊件在处于顶锻力的作用下逐渐冷却，可促使金属原子间的溶解与扩散作用并获得致密的金属组织。

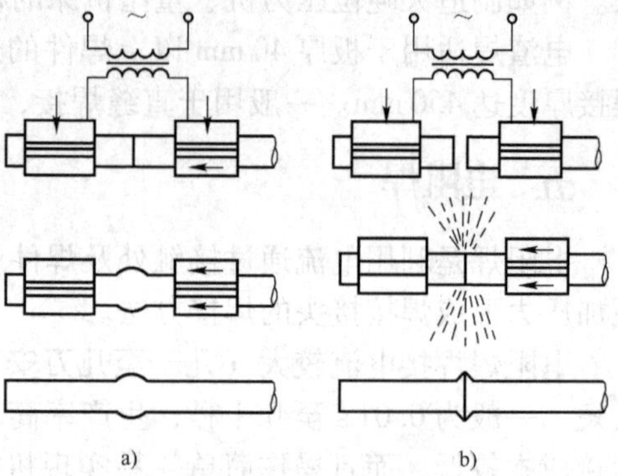

图14-12　对焊示意图

a）电阻对焊　b）闪光电焊

2）电阻对焊的特点及应用。电阻对焊操作简便，生产率高，接头较光滑，但是焊前应对焊件的端面进行很好的加工和清理，否则易造成加热不均匀。另外，焊接时接合面易受空气侵袭，高温端面易发生氧化夹渣，质量不易保证。因此，电阻对焊一般用于接头强度和质量要求不太高，断面简单，直径（或边长）小于20 mm的焊件。

（2）闪光对焊

1）闪光对焊的焊接过程。闪光对焊的焊接过程如图14-12b所示，对焊时将焊件装配成对接接头，接通电流并使两焊件的端面逐渐移近达到局部接触，局部接触点产生电阻热（发出闪光），使金属迅速熔化，直至端部在一定深度范围内达到预定温度时，迅速施加顶锻力，使整个端面在顶锻力下完成焊接。

2）闪光对焊的特点及应用如下：

① 接头质量好，强度高。闪光对焊的焊件端面加热均匀，焊件端面的氧化物及杂质一部分随闪光火花带出，一部分在最后顶锻压力下随液态金属挤出，即使焊前焊件端面质量不高，但焊接时接头中的夹渣仍较少。因此焊接接头质量好，强度高。

② 焊接适应性强。闪光对焊可用于相同金属或异种金属（如铜-钢，铝-钢，铝-铜等）的焊接。被焊件可以是直径小到0.01 mm的金属丝，也可以是截面积为20 000 mm^2的金属型材或钢坯。

闪光对焊的主要不足是耗电量大，金属损耗多，闪光火花易污损其他设备与环境。接头处焊后有长刺需要加工清理。

闪光对焊用于杆状零件对焊，如刀具、管子、钢筋、钢轨和链条等。不论哪种对焊，焊接断面要求尽量相同，圆钢直径、方钢边长、管子壁厚之差不应超过15%。

3. 缝焊

（1）缝焊的焊接过程　缝焊是将焊件装配成搭接或对接接头，并置于两滚轮电极之间，滚轮加压焊件并转动，连续或断续送电，形成一条连续的焊缝的电阻焊方法，如图14-13所示。缝焊的焊接过程与点焊相似，只是用圆盘形电极代替点焊时用的柱状电极。焊接时盘状电极既对焊件加压，又导电，同时还旋转并带动焊件移动，最终在焊件上焊出一道由许多相互重叠的焊点组成的焊缝。

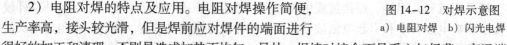

（2）缝焊的特点及应用　缝焊由于焊缝中的焊点相互重叠约50%以上，因此密封性好。但缝焊分流现象严重，只适用于3 mm以下的薄板结构。缝焊主要用于制造要求密封性好的薄壁结构，如油箱、小型容器和管道等。

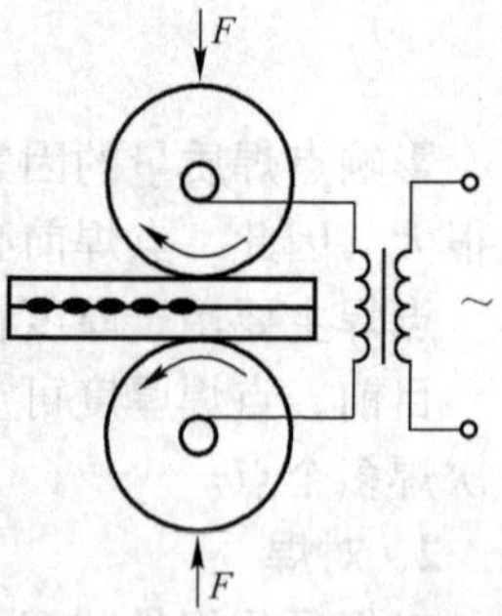

图14-13　缝焊示意图

六、摩擦焊

摩擦焊是利用焊件表面相互摩擦所产生的热，使端面达到热塑性状态，然后迅速施加顶锻力，在压力作用下完成焊接的压焊方法。

1. 摩擦焊的焊接过程

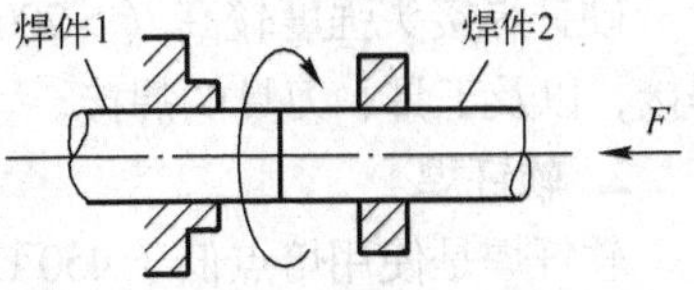

图 14-14　摩擦焊的焊接过程

摩擦焊的焊接过程如图 14-14 所示，先把两焊件同心地安装在焊机夹紧装置中，回转夹具做高速旋转，非回转夹具做轴向移动，使两焊件端面相互接触，并施加一定的轴向压力，依靠接触面强烈摩擦产生的热量把该表面金属迅速加热到塑性状态。当达到要求的变形量后，利用制动装置使焊件停止旋转，同时对接头施加较大的轴向压力进行顶锻，使两焊件产生塑性变形而焊接起来。

2. 摩擦焊的特点及应用

（1）接头质量好且稳定　摩擦焊温度一般都低于焊件金属的熔点，热影响区很小；接头在顶锻压力下产生塑性变形和再结晶，因此组织致密；同时摩擦表面层的杂质（如氧化膜、吸附层等）随变形层和高温区金属一起被破碎清除，接头不易产生气孔、夹渣等缺陷。另外，摩擦面紧密接触，能避免金属氧化，不需外加保护措施。所以，摩擦焊接头质量好，且质量稳定。

（2）焊接生产率高　由于摩擦焊操作简单，焊接时不需添加其余焊接材料，因此，操作容易实现自动控制，生产率高。如我国蛇形管接头摩擦焊为 120 件/h，而闪光对焊只有 20 件/h。

（3）可焊材料种类广泛　摩擦焊可焊接的金属范围较广，除用于焊接普通黑色金属和有色金属材料外，还适于焊接在常温下力学性能和物理性能差别很大，不适合熔焊的特种材料和异种材料。如碳钢、不锈钢、高速工具钢、镍基合金间焊接，铜与不锈钢焊接，铝与钢焊接等。

（4）成本低、效益好　摩擦焊设备简单（可用车床改装）；电能消耗少（只有闪光对焊的 1/15 ~ 1/10）；焊前对焊件不需做特殊清理；焊接时不需外加填充材料进行保护。因此，经济效益好。

（5）焊件尺寸精度高　由于摩擦焊焊接过程及焊接参数容易实现自动控制，因此焊件尺寸精度高。但要求对制动和加压控制装置灵敏。

（6）生产条件好　摩擦焊无火花、弧光及尘毒，工作场地卫生，操作方便，降低了工人的劳动强度。

摩擦焊已广泛用于圆形工件、棒料及管类件的焊接。目前，摩擦焊方法已由传统的几种发展到二十多种，被焊零件的形状由典型的圆截面扩展到非圆截面（线性摩擦焊）和板材（搅拌摩擦焊），极大地扩展了摩擦焊的应用领域，尤其是航空航天和汽车工业。如美国生产的大功率 T55 涡轮喷气发动机的前盘与前轴、后轴的连接都是采用盘 + 轴一体的摩擦焊接结构。在飞机起落架、汽车排气阀和涡轮增压器等零部件的制造过程中均可利用摩擦焊简化工艺、降低生产成本。

七、钎焊

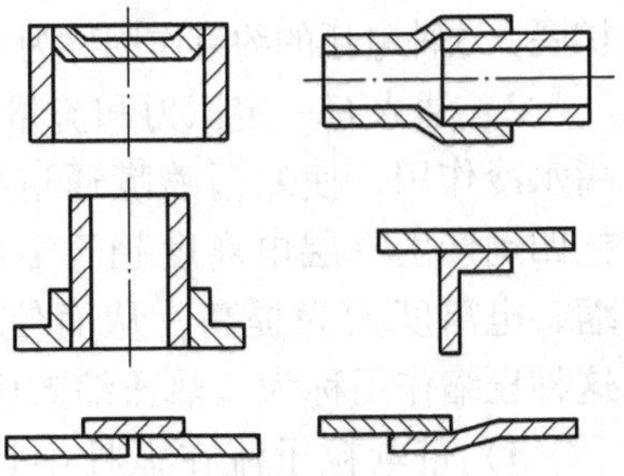
图 14-15　钎焊的接头形式

钎焊是采用比母材熔点低的金属材料作钎料，将焊件和钎料加热到高于钎料熔点，但低于母材熔化的温度，利用液态钎料润湿母材、填充间隙，并与母材相互扩散实现连接焊件的方法。

钎焊接头的质量在很大程度上取决于钎剂。钎剂是钎焊时使用的熔剂，钎剂应具有合适的熔点和良好的润湿性，母材接触面要求很干净，焊接时使用钎焊钎剂。钎剂能去除氧化膜和油污等杂质，保护接触面，并改善钎料的润湿性和毛细流动性。

钎焊的接头形式都采用板料搭接和套件镶接，如图 14-15 所示。

钎焊根据所用钎料的熔点不同，可分为硬钎焊和软钎焊两大类。

1. 硬钎焊

硬钎焊是使用熔点高于450℃的钎料（称为硬钎料）进行的钎焊。常用的硬钎料有铜基、银基和铝基合金。硬钎焊钎剂主要有硼砂、硼酸、氟化物和氯化物等。

硬钎焊接头强度较高（>200 MPa），工作温度也较高，主要用于受力较大的钢铁及铜合金构件的焊接，以及工具、刀具的焊接。

2. 软钎焊

软钎焊是使用熔点低于450℃的钎料（称为软钎料）进行的钎焊。常用的软钎料有锡－铅合金和锌－铝合金。软钎焊钎剂主要有松香、氯化锌溶液等。

软钎焊接头强度低（60～180MPa），工作温度在100℃以下。软钎焊广泛应用于受力不大的电子、电器仪表等工业部门。

3. 钎焊的特点及应用

钎焊加热温度低，接头组织和性能变化小，焊件变形小，焊缝平整美观，尺寸精确，焊件不需加工。钎焊可以焊接异种材料和一些其他方法难以焊接的特殊结构（如蜂窝结构等）。钎焊可以整体加热，一次焊成整个结构的全部焊缝，因此生产率高，并且易于实现机械化和自动化。但钎焊前期准备工作（加工、清洗、装配等）要求高，且接头强度较低，工作温度不能太高。另外，钎料价格高，因此钎焊的成本较高。

钎焊适宜于小而薄，且精度要求高的零件，广泛应用于机械、仪表、电机、航空、航天等部门中的精密电仪表、电气零部件、异种金属构件、复杂薄板结构及硬质合金刀具等的焊接。

八、焊接技术发展简介

随着焊接技术和工艺的迅速发展，很多新的焊接技术已成为普遍应用的焊接方法，如氩弧焊、脉冲焊接等。当前一个时期焊接新工艺发展有三个方面：一是随着核能、航空航天等技术的发展，新的焊接材料和结构出现，需要新的焊接工艺方法，如真空电子束焊、激光焊和真空扩散焊等；二是改进常用的普通焊接方法的工艺，使焊接质量和生产率大大提高，如脉冲氩弧焊、窄间隙焊和三丝埋弧焊等；三是采用电子计算机控制焊接过程和焊接机器人等。现对部分焊接技术作简单介绍。

1. 等离子弧焊

（1）等离子弧产生原理　等离子弧焊是借助水冷喷嘴对电弧的拘束作用，获得较高能量密度的等离子弧进行焊接的方法(图 14-16)。

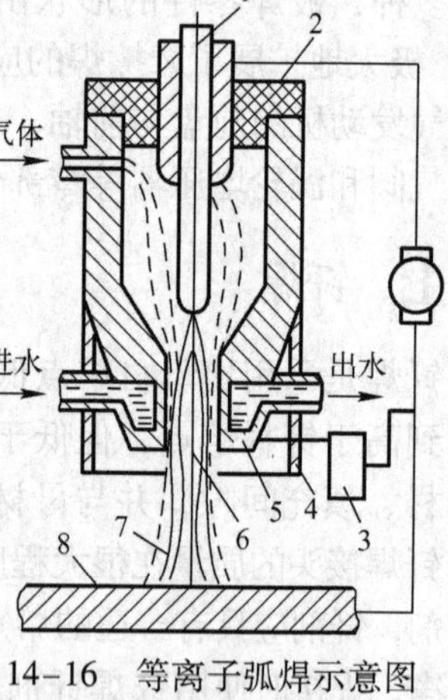

图 14-16　等离子弧焊示意图

1—电极　2—陶瓷垫圈　3—高频振荡器　4—同轴喷嘴　5—水冷喷嘴　6—等离子体　7—保护气体　8—焊件

利用某种装置使自由电弧的弧柱受到压缩（压缩效应），使弧柱中气体完全电离，则可产生温度更高、能量更加集中的电弧，即等离子电弧。等离子电弧的产生要经过三种形式的压缩效应：

1）电弧通过经水冷的细孔喷嘴时被强迫缩小，不能自由扩展，这种电弧的约束作用称为“机械压缩效应”。

2）通入有一定压力和流量的氮气或氮气流时，由于喷嘴水冷作用，使靠近喷嘴通道壁的气体被强烈冷却，在弧柱四周产生一层电离度趋于零的冷气膜，使弧柱进一步压缩，电离度大为提高，从而使弧柱温度和能量密度增大。这种压缩作用称为“热压缩效应”。

3）带电粒子流在弧柱中运动好像电流在一束平行的“导线”中移动一样，其自身磁场所产生的电磁力，使这些

"导线"相互吸引靠近，弧柱又进一步被压缩，这种压缩作用称为"电磁收缩效应"。

在上述三个效应作用下形成等离子弧，弧柱能量高度集中，能量密度可达$10^5 \sim 10^6$ W/cm²，温度可达20 000～50 000 K（一般自由状态的钨极氩弧最高温度为10 000～20 000 K，能量密度在10^4 W/cm²以下）。因此，它能迅速熔化金属材料，用来焊接和切割。等离子弧焊分为大电流等离子弧焊和微束等离子弧焊两类。

（2）等离子弧焊的特点及应用　等离子弧焊实质上是一种电弧具有压缩效应的钨极气体保护焊，因此，它不仅具有氩弧焊的优点，同时还具有自己的特点：

1）生产率高，焊缝质量好，焊接变形小。等离子弧能量密度大，弧柱温度高，穿透能力强。厚度为12 mm 的焊件可不开坡口，不需填充金属能一次焊透，双面成形，因此生产率高，同时焊接速度快，热影响区小，焊接变形小，焊缝质量好。

2）可焊超薄焊件。当焊接电流小到0.1 A 时，等离子弧仍能保持稳定燃烧，因此等离子弧焊可焊超薄板（0.1～2 mm），如箔材、热电偶等。

等离子弧焊的主要不足是设备复杂、昂贵、气体消耗大，而且只适于室内焊接。

目前等离子弧焊主要焊接难熔、易氧化及热敏感性强的材料，如钨、合金钢、铜合金、钛合金、钼、钴等金属的焊接，以及钛合金导弹壳体、波纹管及膜盒、微型继电器、飞机上的薄壁容器等。现在民用工业也开始采用等离子弧焊，如锅炉管的焊接等。

2. 高真空电子束焊

随着核能和航空航天技术的发展，锆、钛、铌、钽、钼、镍等合金得到大量应用。这些稀有的难熔、活性金属，用一般的焊接技术难以得到满意的效果。直到1956 年真空电子束焊接技术研制成功，才为这些难熔的活性金属的焊接开辟了一条有效途径。

高真空电子束焊是利用加速和聚焦的电子束，轰击置于真空或非真空中的焊件所产生的热能进行焊接的方法。电子束轰击焊件时99%以上的电子动能会转变为热能，因此，焊件被电子束轰击的部位可被加热至很高温度。

（1）焊接原理　在真空中，电子枪的阳极被通电加热至高温，发射出大量电子，这些热发射电子在强电场的阴极和阳极之间受高电压作用而加快至很高速度。高速运动的电子经过聚束装置，阳极和聚焦线圈形成高能量密度的电子束。电子束以极大速度（约16 000 km/s）射向焊件，电子的动能转化为热能使焊件轰击部位迅速熔化，即可进行焊接。图14-17 是目前应用最广泛的高真空电子束焊。

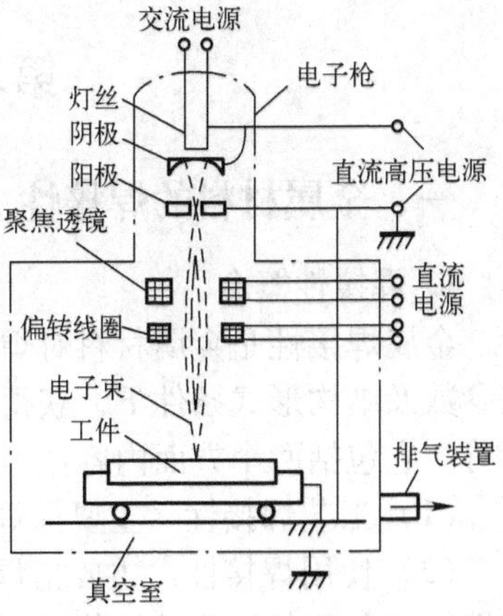

图14-17　高真空电子束焊示意图

（2）高真空电子束焊的特点和应用

1）在真空环境中施焊，保护效果极佳，焊接质量好。焊缝金属不会被氧化、氮化，且无金属电极玷污。没有弧坑或其他表面缺陷，内部熔合得好，无气孔夹渣。特别适合于焊接化学活性强、纯度高和极易被大气污染的金属。

2）焊接变形小，可进行装配焊接，如齿轮组合件等。由于焊接时热量高度集中，焊接热影响区小。

3）焊接适应性强，电子束焊工艺参数可在较广的范围内进行调节，且控制灵活，因此既可焊接0.1 mm 的薄板，又可焊200～300 mm 的厚板，还可焊形状复杂的焊件。对焊接材料而言，可焊普通的合金钢，也可以焊难熔金属、活性金属以及复合材料、异种金属，如铜－镍、铜－钨等，还能焊接一般焊接方法难以施焊的复杂形状的焊件。

4）生产率高、成本低，易实现自动化。

高真空电子束焊的主要不足是设备复杂、造价高，焊件尺寸受真空室限制。

但是，由于高真空电子束焊接是在压强低于10^{-2} Pa的真空中进行的，因此，易蒸发的金属和含气量比较多的材料，在采用高真空电子束焊接时易于发弧，妨碍焊接过程的连续进行。所以，含锌较高铝合金（如铝-锌-镁）和铜合金（黄铜）及未脱氧处理的低碳钢，不能用高真空电子束焊。

3. 激光焊

激光焊是利用聚集的激光束作为能源轰击焊件所产生的热量进行焊接的方法。

（1）激光焊的原理　激光焊过程如图14-18所示。激光是利用原子受激辐射原理，使物质受激而产生波长均一、方向一致和强度非常高的光束。激光具有单色性好、方向性强、能量密度高的特点，在极短时间内，激光能转变成热能，其温度可达万摄氏度以上。激光焊接时，激光器受激产生激光束，通过聚焦系统聚焦成十分微小的焦点，其能量进一步集中。当把激光束调焦到焊件的接缝处时，光能被焊件材料吸收后转换成热能，在焦点附近产生高温使金属瞬间熔化，冷凝后形成焊接接头。

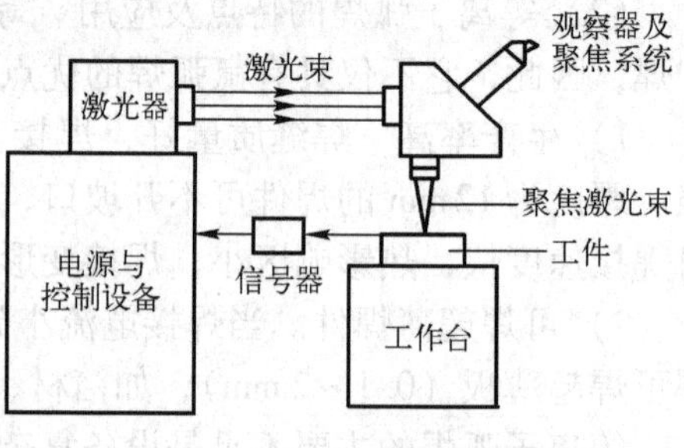

图14-18　激光焊示意图

（2）激光焊的特点和应用

1）能量密度大，热影响区小，焊接变形小，焊件尺寸精度高。

2）激光焊接装置不需要与被焊件接触。激光束可用反射镜或偏转棱镜将其在任何方向上弯折或聚焦，还可用光导纤维将其引到难以接近的部位进行焊接。激光还可以穿过透明材料进行聚焦，因此可以焊接一般方法难以接近的接头或无法安置的接焊点，如真空管中电极的焊接。此外，还可直接焊接绝缘材料。

3）可实现异种金属的焊接，甚至能实现金属与非金属的焊接。

激光焊的主要不足是焊接设备复杂，价格昂贵，焊机功率较小，焊件厚度受到一定限制。

激光焊接已广泛用于电子工业和仪表工业中，主要适于焊接微型、精密、排列密集和热敏感的焊件。如集成电路内外引线、微型继电器以及仪表游丝等。

第二节　常用金属材料的焊接

一、金属材料的焊接性

1. 焊接性概念

金属焊接性是金属材料对焊接加工的适应性。它是指金属在一定的焊接方法、焊接材料、工艺参数及结构形式条件下，获得优质焊接接头的难易程度以及该焊接接头能否在使用条件下可靠运行。它包括两个方面内容：

（1）工艺焊接性　主要指焊接接头产生工艺缺陷的倾向，尤其是出现各种裂纹的可能性。

（2）使用焊接性　主要指焊接接头在使用中的可靠性，包括焊接接头的力学性能及其他特殊性能（如耐热、耐蚀性能等）。

金属焊接是金属的一种加工性能。它取决于金属材料的本身性质和加工条件。就目前的焊接技术水平而言，工业上应用的绝大多数金属材料都是可以焊接的，只是焊接的难易程度不同而已。

金属的焊接性与母材的化学成分、金属厚度、焊接方法及其他工艺条件密切相关。同一金属材料的焊接性，随所采用的焊接方法、焊接材料、焊接工艺的改变而可能产生很大差异。例如铝及铝合金采用焊条电弧焊和气焊焊接时，难以获得优质焊接接头，此时，该类金属的焊接性差；但假如改用氩弧焊焊接，则焊接接头质量良好，此时的焊接性好。化学活性极强的钛的焊接也是如此。由于等离子弧、真空电子束、激光等新能源在焊接中的应用，使钨、铜、钼、铁等高熔点金属及其合金的焊接都成为可能。

2. 焊接性的评定

影响金属材料焊接性的因素很多，焊接性的评定一般是通过估算或试验方法确定。下面简单介绍两种常用的焊接性评定方法。

（1）碳当量法　实际焊接结构所用的金属材料绝大多数是钢材，影响钢材焊接性的主要因素是化学成分。各种化学元素加入钢中以后，对焊缝组织性能、夹杂物的分布以及对焊接热影响区的淬硬程度等影响不同，产生裂缝的倾向也不同。在各种元素中，碳的影响最明显，其他元素的影响可以换算成碳的相当含量来计算它们对焊接性的影响，换算后的总和称为碳当量。碳当量用符号 C_{ea} 表示，它可作为评定钢材焊接性的一种参考指标。

国际焊接学会（IIW）推荐的碳素结构钢和低合金结构钢的碳当量公式为

$$C_{ea}=\left(C+\frac{Mn}{6}+\frac{Cr+Mo+V}{5}+\frac{Ni+Cu}{15}\right)(\%)$$

式中化学元素符号都表示该元素在钢材中的质量分数，各元素含量取其成分范围的上限。

由于钢材焊接时的冷裂倾向和热影响区的淬硬程度主要取决于化学成分，碳是引起钢材淬硬、冷裂的主要元素，而其他合金元素也有一定影响，因此，换算成碳当量后，则碳当量越高，焊接性越差。

当 $C_{ea}<0.4\%$ 时，钢材塑性良好，淬硬、冷裂倾向不明显，焊接性良好。在一般的焊接工艺条件下，焊件不会产生裂缝，但厚大焊件或低温下焊接时应考虑预热。

$C_{ea}=0.4\%\sim0.6\%$ 时，钢材塑性下降，淬硬、冷裂倾向明显，焊接性较差。焊前焊件需要适当预热，焊后应注意缓冷，要采取一定的焊接工艺措施才能防止裂缝。

当 $C_{ea}>0.6\%$ 时，钢材塑性较低，淬硬、冷裂倾向很强，焊接性很差。焊前焊件必须预热到较高温度，焊接时要采取减少焊接应力和防止开裂的工艺措施，焊后要进行适当的热处理，才能保证焊接接头的质量。

（2）冷裂纹敏感系数法　影响冷裂纹的因素主要有三个方面：一是焊缝及热影响区的含氢量；二是热影响区的淬硬程度；三是焊接接头的应力大小。由于碳当量法仅考虑了钢材的化学成分，忽略了焊件板厚、焊缝含氢量等其他影响焊接性的因素。因此，无法直接判断冷裂纹产生的可能性大小。采用焊接冷裂纹敏感系数指标进行判断，则可弥补这一方面的不足。显然，冷裂纹敏感系数越大，则产生冷裂纹的可能性越大，焊接性越差。

冷裂纹敏感系数以符号“P_c”表示，其计算公式为

$$P_c=\left(C+\frac{Si}{30}+\frac{Mn}{20}+\frac{Cu}{20}+\frac{Cr}{20}+\frac{Ni}{60}+\frac{Mo}{15}+\frac{V}{10}+\frac{h}{600}+\frac{[H]}{60}+5B\right)(\%)$$

式中　h——板厚（mm）；

[H]——焊缝金属中扩散氢含量（mL/100g）。

P_c 值中各项含量均有一定范围。通过斜 V 形坡口对接裂纹试验还得出了防止裂纹的最低预热温度 T_p 公式：

$$T_p=1440P_c-392(℃)$$

用 P_c 值判断冷裂纹敏感性比碳当量法更好。根据 T_p 得出的防止裂纹的预热温度，在多数情况下是比较安全的。

在实际生产中，金属材料的焊接性除了按碳当量法、冷裂纹敏感系数法等评定方法估算外，为确定材料的焊接性，应根据具体情况进行焊接性试验。工艺焊接性试验方法有“平板刚性固定对接试验”“Y 形坡口对接试验”“插销试验”“十字接头试验”等。使用性能试验有“焊接接头常规力学性能试验”“焊接接头低温脆性试验”“压力容器爆破试验”等。碳当量法由于使用方便，目前是评定焊接性能应用最广的方法。

二、黑色金属材料的焊接

1. 钢的焊接

（1）低碳钢的焊接　低碳钢的 $w_C \leqslant 0.25\%$，具有良好的塑性和冲击韧性，一般没有淬硬倾向，对焊接过程不敏感，焊接性好。焊这类钢时不需要采取特殊的工艺措施，通常在焊后也不需进行热处理（电渣焊除外）。

厚度大于 50 mm 的低碳钢结构，常用大电流多层焊，焊后应进行去应力退火。低温环境下焊接刚度较大的结构时，由于焊件各部分温差较大，变形又受到限制，焊接过程容易产生较大内应力，有可能导致结构件开裂，因此应进行焊前预热。

低碳钢可以用各种焊接方法进行焊接，应用最广泛的是焊条电弧焊、埋弧焊、电渣焊、气体保护焊和电阻焊等。

采用熔焊法焊接结构钢时，焊接材料及工艺的选择主要应保证焊接接头与焊件材料等强度。

焊条电弧焊焊接一般低碳钢结构，可选用 E4313（J421）、E4303（J422）或 E4320（J424）焊条。焊接动载荷结构、复杂结构或厚板结构时，应选用 E4316（J426）、E4315（J427）或 E5015（J507）焊条。埋弧焊时一般采用 H08A 或 H08MnA 焊丝配焊剂 431 进行焊接。CO_2焊选用 H08Mn2SiA 焊丝焊接。若焊接结构为钢板拼接的长直焊缝或大直径环焊缝，则可选用埋弧焊焊接，配合的焊接材料可以采用 H08A 焊丝和 431 焊剂。若焊接薄板（3 mm 以下）不密封结构件，可选用电阻点焊，而有密封要求的结构则可选用电阻缝焊或钨极氩弧焊，型材焊接件可选用闪光对焊等。

（2）中碳钢的焊接　中碳钢 w_C 在 0.25% ~0.6%之间。随着含碳量的增加，淬硬倾向越加明显，焊接性逐渐变差。实际生产中，主要是焊接各种中碳钢的铸件与锻件。中碳钢焊接存在以下问题：

1）热影响区易产生淬硬组织和冷裂纹。中碳钢属淬火钢，热影响区金属被加热超过淬火温度时，受焊件低温部分的迅速冷却作用，势必出现马氏体等淬硬组织。当焊件刚性较大或工艺不当时，就会在淬火区产生冷裂纹，即焊接接头焊后冷却到相变温度以下或冷却到室温后产生裂纹。

2）焊缝金属产生热裂纹倾向较大。焊接中碳钢时，因焊件基体材料的含碳量与硫、磷杂质含量远远高于焊芯，基体材料熔化后进入熔池，使焊缝金属含碳量增加、塑性下降，加上硫、磷低熔点杂质存在，焊缝及熔合区在相变前可能因内应力而产生裂纹。

为了保证中碳钢焊件的焊接质量，一般采取以下措施进行保护：

① 采用焊前预热、焊后缓冷措施。这种保护措施的主要目的是减小焊件焊接前后的温差，降低冷却速度，减小焊接应力，从而有效防止焊接裂纹的产生。一般情况下，35 钢和 45 钢的预热温度可选为 150 ~250℃。结构刚度较大或钢材含碳量较高时预热温度应再提高些。

② 尽量选用碱性低氢型焊条。由于碱性低氢型焊条药皮成分有还原性，合金元素烧蚀少，有较多的 CaO，脱硫、脱磷能力强，同时含氢量低，因此，具有高的抗裂性能，能有效防止焊接裂纹的产生。

③ 采用细焊丝、小电流焊接，焊件开坡口，采用多层焊等措施。这些措施是尽量减少含碳量高的母材金属过多地熔入焊缝，从而使焊缝的碳当量低于母材，达到改善焊接性的目的。

④ 选用合适的焊接方法和焊接规范，降低焊件冷却速度，减少裂纹的产生。

（3）高碳钢的焊接　高碳钢的 $w_C > 0.6\%$，因此塑性差、导热性差，淬硬及冷裂倾向比中碳钢更严重。由于碳当量高，焊接性很差，因此，高碳钢并不用来制造焊接结构，主要是用来补焊一些损坏的机件，而且焊接时应采取更高的预热温度及更严格的工艺措施。

（4）低合金高强度钢的焊接　低合金高强度钢广泛应用于制造压力容器、桥梁、船舶和其他各种金属焊接构件。低合金高强度钢的含碳量很低，但因其他合金元素种类和含量不同，所以性能上的差异较大，焊接性的差别也比较明显。强度级别较低的钢，合金元素含量较少，碳当量低，焊接性能接近于低碳钢，具有良好的焊接性。一般屈服强度 <400 MPa 的低合金高强度钢（如 Q345），在常温下焊接时，不用采取复杂的工艺措施，便可获得优质的焊接接头。

强度级别较高的钢，由于合金元素含量较多，碳当量较高，不仅热影响区的淬硬倾向增大，而且产生冷裂纹倾向也加剧。因此，焊接性较差，焊接时应采取以下严格的工艺措施：

1）焊前预热，焊接时调整焊接规范以控制热影响区的冷却速度。有淬硬倾向时，可适当加大焊接电流和减小焊速，以减缓冷却速度，防止冷裂纹的产生。

2）焊后及时进行热处理，以消除焊件内应力。如果生产中因故不能立即进行焊后热处理的焊件，则应先进行消氢处理将焊件加热至 200 ~ 350℃，保温 2 ~ 6 h，使氢逸出，从而减少冷裂纹产生的可能性。

（5）高合金不锈钢的焊接　奥氏体不锈钢是应用最广的不锈钢材料。常见牌号有 12Cr18Ni9、07Cr19Ni11Ti。其焊接性良好，适用于焊条电弧焊、氩弧焊和埋弧焊。焊条电弧焊选用化学成分相同的奥氏体不锈钢焊条；氩弧焊和埋弧焊所用的焊丝化学成分应与母材相同。

奥氏体不锈钢的主要问题是焊接参数不合理时，容易产生晶间腐蚀和热裂纹。

1）晶间腐蚀的防止。晶间腐蚀是不锈钢焊接过程中，在 500 ~ 800℃范围内长时间停留，晶界处将析出碳化铬，引起晶界附近铬含量下降，形成贫铬区，使焊接接头失去耐蚀能力的现象。为此，不锈钢焊接时必须合理选择母材和焊接材料，焊接时用小电流、快速焊、强制冷却等措施来防止晶间腐蚀的产生。

2）热裂纹的防止。高合金不锈钢由于本身热导率小、线胀系数大，焊接条件下会形成较大的拉应力，同时晶界处可能形成低熔点共晶，导致焊接时容易出现热裂纹。为此，不锈钢焊接时，需严格控制磷、硫等杂质的含量，减少热裂纹产生的可能性。

马氏体不锈钢焊接性较差，焊接接头易出现冷裂纹和淬硬脆化。焊前要预热，焊后进行消除残余应力的处理。

铁素体不锈钢焊接时，过热区晶粒较容易长大引起脆化和裂纹。通常在 150℃以下预热，减少高温停留时间，并采用小热输入焊接工艺，以减少晶粒长大倾向，防止过热脆化。

2. 铸铁的补焊

铸铁含碳量高（$w_C > 2.11\%$），组织不均匀，塑性很低，属于焊接性很差的材料，因此不应采用铸铁设计、制造焊接构件。但铸铁件生产中常出现铸造缺陷，铸铁零件在使用过程中有时会发生局部损坏断裂，用焊接手段将其修复，经济效益是很大的，所以铸铁的焊接主要是焊补工作。

（1）铸铁的焊接性特点

1）熔合区易产生白口组织。铸铁焊接时，由于碳、硅等石墨化元素的烧损，再加上铸铁补焊属局部加热，焊后铸铁补焊区冷却速度比铸造时的冷却速度快得多，因此不利于石墨的析出，以致补焊熔合区极易产生硬脆的白口组织，造成焊后难以进行机械加工。

2）焊缝易产生裂纹、气孔。铸铁抗拉强度低，塑性差，因此焊接应力极容易超过其抗拉强度极限而产生裂纹，特别是接头存在白口组织时，裂纹产生的倾向更严重，甚至可使整个焊缝沿熔合线从母材上剥落下来。此外，因铸铁中碳及硫、磷杂质含量高，如母材过多熔入焊缝中，则容易产生热裂纹。铸铁含碳量高，易生成 CO 与 CO_2。由于铸铁凝固时间短，熔池中的气体往往来不及逸出，以致在焊缝中出现气孔。

3）熔池金属容易流失。铸铁的流动性好，立焊时熔池金属很容易流失，因此，只适用于平焊。

（2）铸铁的补焊方法　铸铁的补焊，一般采用气焊、焊条电弧焊（个别大件可采用电渣焊）来进行。对焊接接头强度要求不高时，也可采用钎焊。铸铁的补焊工艺根据焊前是否预热，可分为热焊与冷焊两大类。

1）热焊。铸铁的热焊是焊前将焊件整体或局部预热到 600 ~ 700℃，补焊过程中温度不低于

400℃，焊后缓冷的焊接方法。热焊可防止焊件产生白口组织和裂纹，补焊质量较好，焊后可进行机械加工。但其工艺复杂，生产率低，成本高，劳动条件差，一般仅用于形状复杂、焊后要求切削加工的重要铸件，如气缸体、主轴箱等。

2）冷焊。补焊前焊件不预热或只进行400℃以下的低温预热。补焊时主要依靠焊条来调整焊缝的化学成分以防止或减少白口组织和避免裂纹产生。冷焊法方便、灵活、生产率高、成本低、劳动条件好，但焊接处切削加工性能较差，生产中多用于补焊要求不高的铸件以及不允许高温预热引起变形的铸件；焊接时，应尽量采用小电流、短弧、窄焊缝、短焊道（每段不大于50 mm），并在焊后及时锤击焊缝以松弛应力，防止焊后开裂。

三、铝、铜及其合金的焊接

1. 铜及铜合金的焊接

（1）焊接特点　铜及铜合金属于焊接性很差的金属，其焊接特点如下：

1）难熔合。铜及铜合金的导热性很强，焊接时热量很快从加热区传导出去，导致焊件温度难以升高，金属难以熔化，因此，填充金属与母材不能良好熔合。

2）易变形开裂。铜及铜合金的线胀系数及收缩率都较大，并且由于导热性好，而使焊接热影响区变宽，导致焊件易产生变形。另外，铜及铜合金在高温液态下极易氧化，生成的氧化铜与铜形成低熔点的共晶体（Cu_2O-Cu）。低熔点共晶体沿晶界分布，使焊缝的塑性和韧性显著下降，易引起热裂纹。

3）易形成气孔和产生氢脆现象。铜在液态时能溶解大量氢，而凝固时，溶解度急剧下降，焊接熔池中的氢气来不及析出，在焊缝中形成气孔。同时，以溶解状态残留在固态金属中的氢与氧化亚铜发生反应，析出水蒸气，水蒸气不溶于铜，但以很高的压力状态分布在微观空隙中，导致裂缝产生氢脆现象。

4）铜的电阻极小，不适于电阻焊。

5）某些铜合金比纯铜更容易氧化，使焊接的困难增大。例如，黄铜（铜锌合金）中的锌沸点很低，极易烧蚀蒸发并生成氧化锌（ZnO）。锌的烧损不但改变了接头的化学成分，降低了接头性能，而且所形成的氧化锌烟雾易引起焊工中毒。铝青铜中的铝，在焊接中易生成难熔的氧化铝，增大熔渣黏度，生成气孔和夹渣。

（2）焊接工艺措施　根据铜及铜合金的焊接特点，焊接过程中必须采取以下工艺措施，以保证焊接质量：

1）选择焊接热源强且集中的焊接方法，并采取焊前预热措施。

2）选择适当的焊接顺序，并在焊后锤击焊接接头，以减小应力，防止变形、开裂。

3）焊后进行退火热处理，以细化晶粒并减轻晶界上低熔点共晶的不利影响。

4）焊前彻底消除焊接部位的氧化物、水分和油污，以减少铜的氧化和吸氢，同时有利于避免出现未焊透和未熔合等焊接缺陷。

5）焊接过程中使用熔剂对熔池脱氢，在焊条药皮中加入适量萤石，以增强去氢作用。降低熔池冷却速度，以利于氢的析出。

（3）焊接方法　铜和铜合金的焊接可用氩弧焊、气焊、电弧焊和钎焊等方法进行。焊接纯铜和青铜时，采用氩弧焊能有效地保证质量。因为氩弧焊能保护熔池不被氧化，不溶于气体，而且热源热量集中，能减少变形，并保证焊透。焊接时，可用特制的含硅、锰等脱氧元素的纯铜焊丝直接进行焊接，也可用一般的纯铜丝或从焊件上剪料作焊丝，但此时必须使用熔剂来溶解铜的氧化物，以保证焊接质量。

黄铜焊接最常用的方法是气焊，因为气焊火焰温度较低，焊接过程中锌的蒸发减弱（锌的熔点为907℃）。由于锌蒸发将引起焊缝强度和耐蚀性的下降，且锌蒸气为有毒气体将造成环境污染，因此气焊黄铜时，一般用轻微氧化焰，利用含硅的焊丝，使焊接时在熔池表面形成一层致密的氧化硅薄膜，以阻碍锌的蒸发和防止氢的溶入。

2. 铝及铝合金的焊接

（1）焊接特点　铝及铝合金的焊接性能较差，工业上用于焊接的主要有纯铝（熔点658℃）、铝锰合金、铝镁合金及铸铝。其焊接特点如下：

1）容易氧化。铝容易氧化成 Al_2O_3（熔点为2050℃），Al_2O_3 易在焊缝形成夹渣，而且组织致密，易覆盖于金属表面，阻碍金属熔合。

2）易形成气孔。铝及铝合金液态时能吸收大量的氢气，但在凝固点附近氢的溶解度下降为原来的1/20，所以易形成气孔。

3）易变形、开裂。由于铝高温强度低，塑性差，而线胀系数大，焊接应力大，故极易使焊件变形开裂。焊接时会引起金属的塌陷或下漏。除纯铝外，各种铝合金由于易熔共晶的存在，极易产生热裂纹。

4）操作困难。铝及铝合金从固态转变为液态时，无塑性过程及颜色的改变，因此，焊接操作时，很容易造成温度过高、焊缝塌陷、烧穿等缺陷。

（2）焊接工艺措施　根据铝及铝合金的焊接特点，焊接过程中主要采取以下工艺措施，以保证焊缝质量：

1）焊前清理。焊前清理除去焊口表面的氧化膜和油污、水分，便于熔焊及防止产生气孔、夹渣等缺陷。

2）焊前预热。厚度超过5 mm的焊件应进行焊前预热，以减小应力，避免裂纹，并有利于氢的逸出，防止气孔的产生。

3）焊接时在焊件下放置垫板。为了保证焊件焊透而不致烧穿或塌陷，焊前可在焊口下面放置垫板加以防护。

（3）焊接方法　由于铝的导热性好，因此焊接时需用大功率加热，且加热速度要快，能去除氧化膜，所以焊缝质量高，成形美观，焊件变形小。在铝及铝合金焊接中，氩弧焊应用较广，常用于焊接质量要求高的构件。

气焊灵活方便，成本低，但生产率也低，且焊件变形大，焊接接头耐蚀性差。气焊主要用于焊接质量要求不高的纯铝和非热处理强化的铝合金构件。气焊时一般采用中性焰。

电阻焊时，应采用大电流，短时间通电，焊前必须彻底清除焊件焊接部位和焊丝表面的氧化膜与油污。

铝及铝合金的焊接无论采用哪种焊接方法，焊接前都必须进行氧化膜和油污的清理。清理质量的好坏将直接影响焊缝质量。

四、焊接质量

金属构件在焊接以后，总要发生变形和产生焊接应力，且二者是彼此伴生的。

焊接应力的存在，对结构质量、使用性能和焊后机械加工精度都有很大影响，甚至导致整个构件断裂；焊接变形不仅给装配工作带来很大困难，还会影响结构的工作性能。变形量超过允许数值时必须进行矫正，矫正无效时只能报废。因此，在设计和制造焊接结构时，应尽量减小焊接应力与变形。

1. 焊接应力与变形的产生原因

焊接过程中，对焊件进行不均匀加热和冷却，是产生焊接应力和变形的根本原因。现以金属杆受热膨胀和冷却为例对其原因进行说明。

首先观察一根金属杆件，在如图 14-19 所示的三种状态下整体均匀加热及随后冷却时的应力变形状况：图 14-19a 所示状态为杆件整体均匀受热，加热膨胀和冷却收缩均不受拘束，故杆件不会留下任何变形和应力；图 14-19b 所示状态为一端刚性固定，另一端可自由收缩，加热时，因伸长受阻而形成较大的压应力，并产生压缩塑性变形，冷却时可自由收缩，最终杆件无残余应力，但将缩短变粗即留下残余变形；图 14-19c 所示状态为杆件两端均为刚性固定，加热时杆件产生压缩塑性变形，冷却时的收缩又会使杆件内产生拉应力和拉伸塑性变形，最终冷却到室温后，杆件长度不变，但将留下较大的残余拉应力。

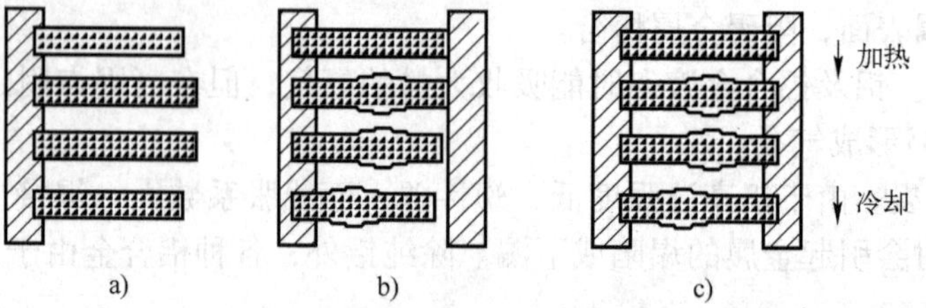

图 14-19　金属杆件变形示意图

上述杆件加热和冷却时，自由变形受阻产生残余应力或变形的现象实际上就是焊接残余应力和变形产生的根本原因。由于大多数焊接过程总是对焊件局部进行加热和冷却，故可以把一条焊缝看作被一侧、两侧或周围母材拘束着的杆件。它既不能在加热过程中自由伸长，也不能在冷却过程中自由缩短，最终势必会产生残余应力与变形。此外，由于温度随时间和空间的急剧变化、材料热物理性质随温度而改变以及焊接结构的复杂性，焊缝受到的拘束条件实际上比图示情况要复杂得多。因此焊接应力与变形问题是一个十分复杂的热弹塑性空间三维力学问题，至今人们只掌握了它的一部分规律。

由上述分析可知，焊件冷却后同时存在焊接应力与变形。当材料塑性较好，结构刚度较小时，焊件能自由收缩，焊接变形较大，焊接应力较小，此时应主要采取预防和矫正变形的措施，使焊件获得所需的形状和尺寸；当材料塑性较差，结构刚度较大时，焊接变形较小，焊接应力较大，此时应主要采取减小或消除应力的措施，以避免裂缝的产生。

2. 焊接变形的基本形式

常见的焊接变形有收缩变形、角变形、弯曲变形、波浪变形和扭曲变形等五种形式，如图 14-20所示。

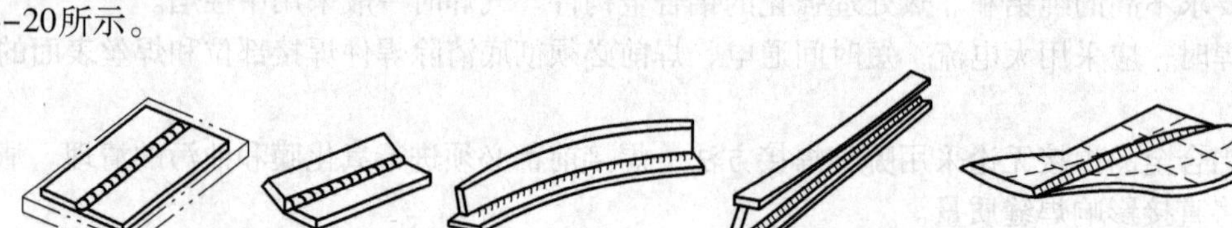

图 14-20　焊接变形的基本形式

a）纵向和横向收缩变形　b）角变形　c）弯曲变形　d）扭曲变形　e）波浪变形

（1）收缩变形　由于焊缝的纵向（沿焊缝方向）和横向（垂直于焊缝方向）收缩，引起焊缝的纵向收缩变形和横向收缩变形，焊件尺寸减小。

（2）角变形　V 形坡口对接焊，由于焊缝截面形状上下不对称，造成焊缝上下横向收缩量不均匀而引起角变形。

（3）弯曲变形　T 形梁焊接后，由于焊缝布置不对称，焊缝多的一面收缩量大，引起弯曲变形。

（4）扭曲变形　工字梁焊接时，由于焊接顺序和焊接方向不合理引起扭曲变形，又称螺旋形变形。

(5) 波浪变形　这种变形容易发生在薄板焊接中。由于焊缝收缩使薄板局部引起较大的压应力而失去稳定，焊后使构件呈波浪形。

3. 减少焊接应力和变形的措施

(1) 预留收缩变形量　根据理论值和经验值，在焊件备料及加工时预先考虑收缩余量，以便焊后焊件达到所要求的形状、尺寸。根据经验在焊件下料尺寸上加一定的余量，通常为 0.1%～0.2%，以弥补焊后的收缩变形。

(2) 反变形法　与防止铸件变形的反变形法原理相同。根据理论计算和经验，预先估计结构焊接变形的大小和方向，然后在焊接装配时给予一个方向相反、大小相等的人为变形，以抵消焊后产生的变形，使结构构件得到正确形状，如图 14-21 所示。

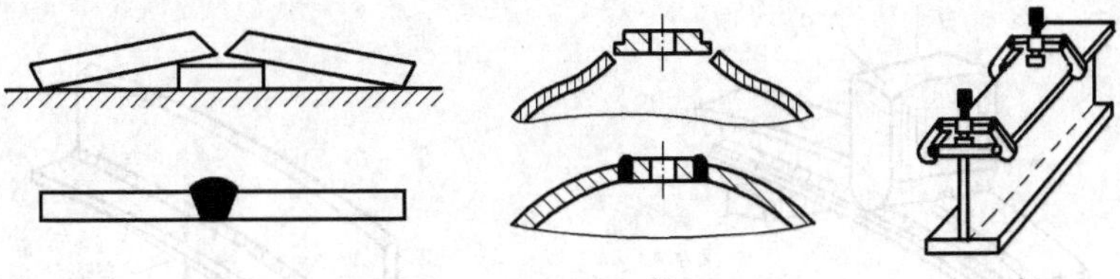

图 14-21　几种反变形措施

(3) 刚性固定法　焊接时将焊件加以固定，焊后待焊件冷却到室温后再去掉刚性固定，可有效防止角变形和波浪变形。但会增大焊接应力，只适用于塑性较好的低碳钢结构，不能用于铸铁和淬硬倾向大的钢材，以免焊后断裂。图 14-22 和图 14-23 所示分别为刚性固定法拼焊薄板和焊接法兰的例子。

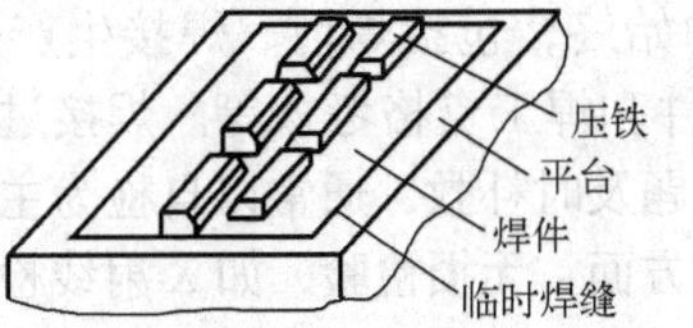

图 14-22　拼焊薄板的刚性固定法

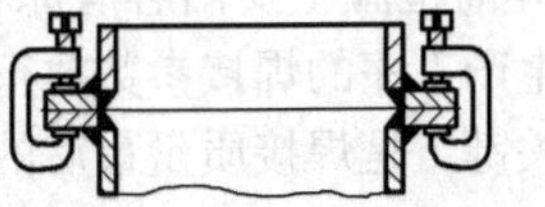

图 14-23　法兰盘的刚性夹固

(4) 选择合理的焊接顺序，尽量使焊缝自由收缩　拼焊图 14-24 所示的钢板时，应先焊错开的短焊缝，再焊直长焊缝，以防在焊缝交接处产生裂纹。如焊缝较长，可采用图 14-25所示的逐步退焊法和跳焊法，使温度分布较均匀，从而减少了焊接应力和变形。

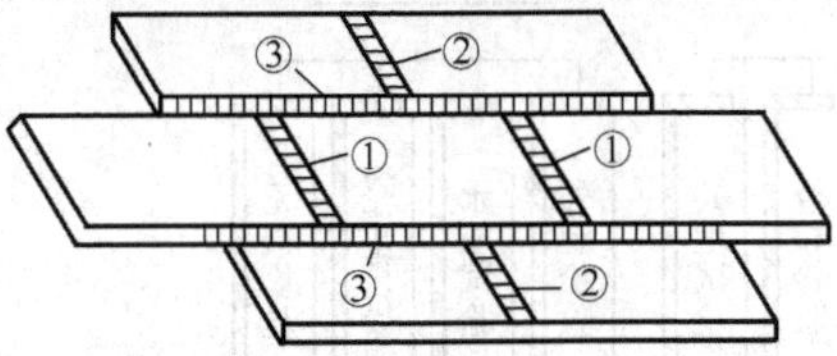

图 14-24　拼焊钢板的焊接顺序

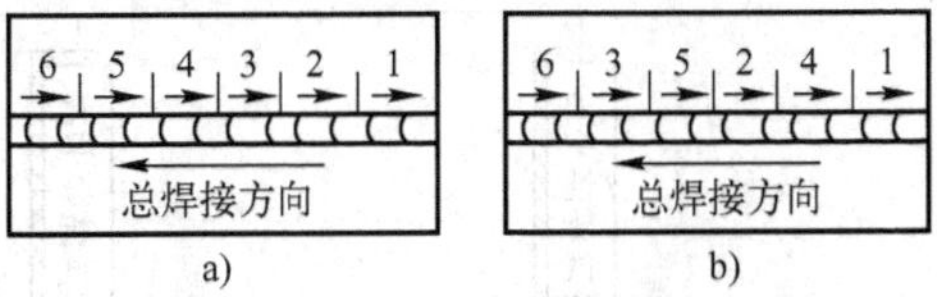

图 14-25　长焊缝的分段焊法

a) 逐步退焊法　b) 跳焊法

(5) 焊前预热和焊后缓冷　预热的目的是减少焊缝区与焊件其他部分的温差，降低焊缝区的冷却速度，使焊件能较均匀地冷却下来，从而减少焊接应力与变形。预热焊件可以局部加热或整体加热，预热温度一般为 100～600℃。在允许的条件下，焊后进行去应力退火或用锤子均匀迅速地敲击焊缝，使之得到延伸，均可有效地减小残余应力，从而减小焊接变形。焊后缓冷也能起到同样的作用，但这种方法使工艺复杂化，只适用于塑性差、容易产生裂缝的材料，如高、中碳钢，铸铁和合金钢等。

4. 焊接变形的矫正

在焊接过程中，即使采用了上述措施，有时也会产生超过允许值的焊接变形，因此，需要对变形进行矫正。其实质是使焊接结构产生新的变形，以抵消原有的焊接变形。

（1）机械矫正　焊后通过压力机、矫直机、辗压或锤击等方法矫正焊接变形，如图 14-26 所示。这种方法适用于矫正刚性较小、塑性较好的低碳钢和普通低合金钢和厚度不大的焊件。

（2）火焰加热矫正　利用火焰加热时产生的局部压缩塑性变形，来抵消构件在该部分已产生的伸长变形。加热火焰通常选用氧－乙炔火焰，加热方式有点状加热、三角加热和条状加热（图 14-27），加热温度一般为 600 ~ 800℃。不需专用设备，简便，机动，适用面广。但加热位置、加热面积和加热温度的选择，需要有一定的经验和焊接变形力学知识，否则不仅达不到目的，还会增大原有的变形。火焰矫正法适用于低碳钢和没有淬硬倾向的普通低合金钢。

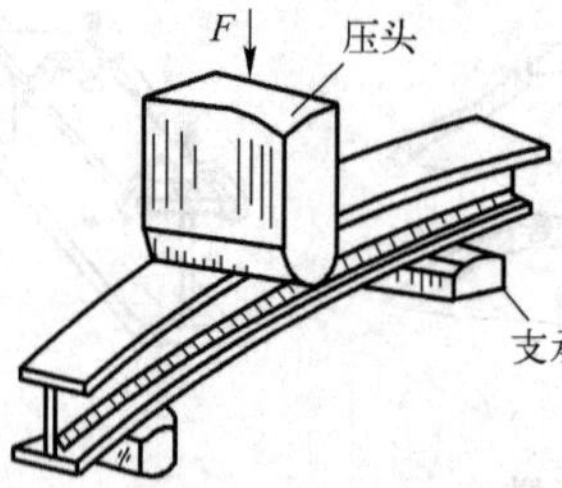

图 14-26　机械矫正法

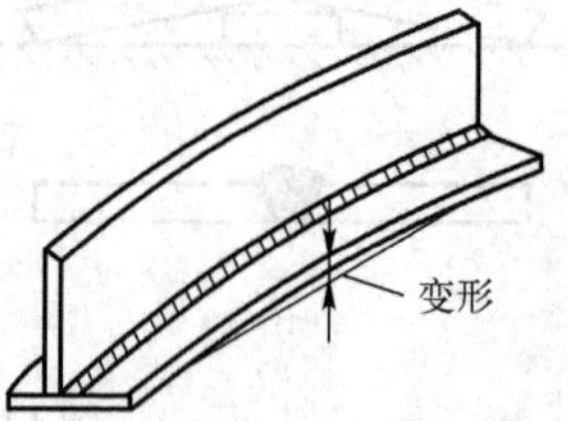

图 14-27　火焰矫正法

5. 焊接检验

焊接检验包括焊前检验、焊接过程检验和成品检验。焊接质量检验的方法很多，常用检验方法如图 14-28 所示。

（1）焊接检验过程　焊接检验过程贯穿于焊接生产的始终，包括焊前、焊接生产过程中和焊后成品检验。焊前检验主要内容有原材料检验、技术文件和焊工资格考核等。焊接过程中的检验主要是检查各生产工序的焊接参数执行情况，以便发现问题及时补救，通常以自检为主。焊后成品检验是检验的关键，是焊接质量最后的评定。通常包括三方面：无损检验，如 X 射线检验、超声波检验等；成品强度试验，如水压试验气压试验等；致密性试验，如煤油试验、吹气试验等。

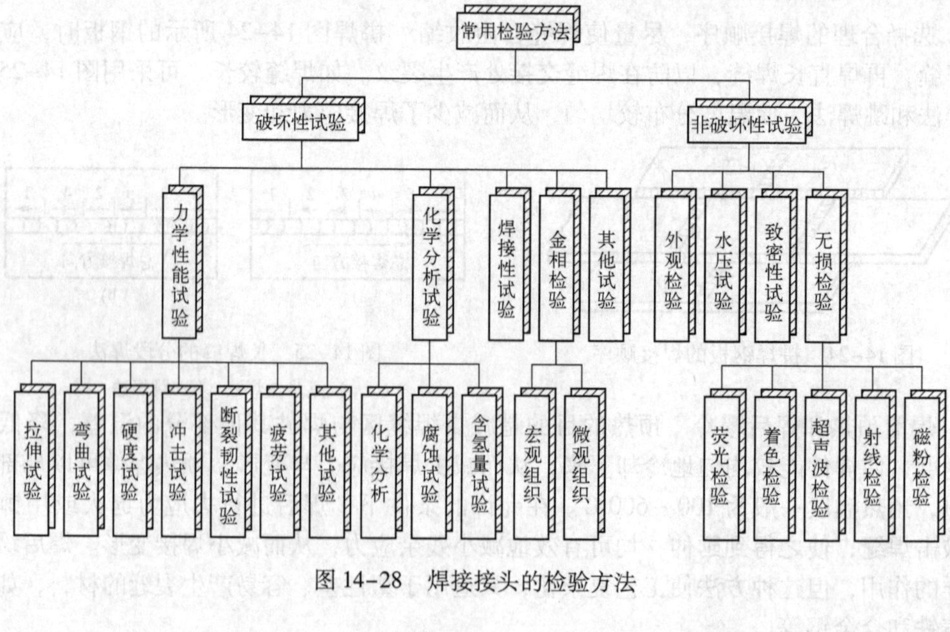

图 14-28　焊接接头的检验方法

（2）焊接检验方法　焊接检验的主要目的是检查焊接缺陷。焊接缺陷包括外部缺陷（如外形尺寸不合格、弧坑、焊瘤、咬边、飞溅等）和内部缺陷（如气孔、夹渣、未焊透、裂纹等）。针对不同类型的缺陷通常采用破坏性试验和非破坏性试验（无损检验）。破坏性试验主要有力学性能试验、化学成分分析、金相组织检验和焊接工艺评定；非破坏性试验是检验重点，主要方法有：

1）外观检验。用肉眼或放大镜（小于 20 倍）检查外部缺陷。外观检验合格后，方可进行下一步检验。

2）无损检验，包括射线检验、超声波检验、磁粉检验和着色检验。

① 射线检验。借助射线（X 射线、γ 射线或高能射线等）等的穿透作用检查焊缝内部缺陷，通常用照相法。

② 超声波检验。利用频率在 20 000 Hz 以上的超声波的反射，探测焊缝内部缺陷的位置、种类和大小。

③ 磁粉检验。利用漏磁场吸附磁粉检查焊缝表面或近表面缺陷。

④ 着色检验。借助渗透性强的渗透剂和毛细作用检查焊缝表面缺陷。

3）焊后成品强度检验。主要是水压试验和气压试验。用于检查锅炉、压力容器、压力管道等焊接接头的强度。

4）致密性检验，包括煤油检验和吹气检验。

① 煤油检验。在被检焊缝的一侧刷上石灰水，另一侧涂煤油，借助煤油的穿透能力，若有裂缝等穿透性缺陷，石灰粉上呈现出煤油的黑色斑痕，据此发现焊接缺陷。

② 吹气检验。在焊缝一侧吹压缩空气，另一侧刷肥皂水，若有穿透性缺陷，该部位便出现气泡，即可发现焊接缺陷。

上述各种检验方法均可依照有关产品技术条件、有关检验标准及产品合同的要求进行。

第三节　焊接结构设计

合理的结构设计，应该是保证产品质量的前提下，尽量降低生产成本，提高经济效益。因此，设计焊接结构时，除了应考虑焊件的使用性能外，还应依据各种焊接方法的工艺过程特点，考虑结构的材料、使用的焊接方法、选用接头形式及结构工艺性等方面的内容，达到焊接工艺简单，焊接质量优良的目的。

一、焊接结构件材料的选择

焊接结构件在选材时，总的原则是在满足使用性能的前提下，选用焊接性好的材料。根据焊接性的概念，可知碳的质量分数小于 0.25% 的碳钢和碳质量分数小于 0.2% 的低合金高强度钢由于碳当量低，因而具有良好的焊接性。所以，焊接结构件应尽量选用这一类材料制造。碳质量分数大于 0.5% 的碳钢和碳质量分数大于 0.4% 的合金钢，由于碳当量高，焊接性不好，一般不宜作为焊接结构构件材料。

对于不同部位选用不同强度和性能的钢材拼焊而成的复合构件，应充分注意不同材料焊接性的差异，一般要求焊接接头强度不低于被焊钢材中的强度较低者，因此设计时，应对焊接材料提出要求。而焊接工艺则按焊接性较差的钢种采取措施（如预热或焊后热处理等）。

表 14-2 为各种常用金属材料的焊接性能表，可供设计焊接结构件选用材料时参考。对于焊接结构中需采用焊接性不确定的新材料时，则必须预先进行焊接性试验，以便保证设计方案及工艺措施的正确性。焊接结构应尽量采用工字钢、槽钢、角钢和钢管等成形材料构成，这样可以减少焊缝数量，简化焊接工艺，增加结构件的强度和刚性。对于形状比较复杂的部分，甚至可采用

铸钢件、锻件或冲压件焊接而成。

表 14-2　各种常用金属材料的焊接性能

金属材料＼焊接方法	气焊	焊条电弧焊	埋弧焊	CO_2气体保护焊	氩弧焊	电子束焊	电渣焊	点焊、缝焊	对焊	摩擦焊	钎焊
低碳钢	A	A	A	A	A	A	A	A	A	A	A
中碳钢	A	A	B	B	A	A	A	B	A	A	A
低合金钢	B	A	A	A	A	A	A	A	A	A	A
不锈钢	A	A	B	B	A	A	B	A	A	A	A
耐热钢	B	A	B	C	A	A	D	B	C	D	A
铸钢	A	A	A	A	A	A	A	(—)	B	B	B
铸铁	B	B	C	C	B	(—)	B	(—)	D	D	B
铜及其合金	B	B	C	C	A	B	D	D	D	A	A
铝及其合金	B	C	C	D	A	A	D	A	A	B	C
钛及其合金	D	D	D	D	A	A	D	B~C	C	D	B

注：A—焊接性良好；B—焊接性较好；C—焊接性较差；D—焊接性不好；(—)— 很少采用。

二、焊接方法的选择

焊接方法必须根据被焊材料的焊接性、接头的类型、焊件厚度、焊缝空间位置、焊件结构特点及工作条件等方面综合考虑后予以选择。选择原则是在保证产品质量的条件下优先选择常用的方法。若生产批量较大，还必须考虑提高生产率和降低生产成本。例如，低碳钢材料制造的中等厚度（10~20 mm）焊件，由于材料的焊接性能优良，任何焊接方法均可保证焊件的质量。但考虑到生产成本及生产率等条件，则应具体情况具体分析。当焊件为长直焊缝或圆周焊缝，生产批量也较大时，则应采用埋弧焊；当焊件为单件生产或焊缝短且处于不利焊接的空间位置时，则应采用焊条电弧焊；当焊件是薄板轻型结构，且无密封要求时，则采用点焊可提高生产率，如果有密封要求，则可选用缝焊。对于低碳钢焊件一般不应选用氩弧焊等高成本的焊接方法。然而，如果是焊接合金钢、不锈钢等重要焊件，则应采用氩弧焊等保护条件较好的焊接方法，对于稀有金属或高熔点合金的特殊构件，焊接时可考虑采用等离子弧焊、真空电子束焊、脉冲氩弧焊焊接，以确保焊件质量。对于微型箔件，则应选用微束等离子弧焊或脉冲激光点焊。

表 14-3 为常用焊接方法的比较，可供选择焊接方法时参考。

表 14-3　各种焊接方法特点比较

焊接方法	热影响区大小	变形大小	生产率	可焊空间位置	适用板厚①/mm	设备费用
气焊	大	大	低	全	0.5 ~ 3	低
焊条电焊弧	较小	较小	较低	全	可焊 1 以上　常用 3 ~ 20	较低
埋弧焊	小	小	高	平	可焊 3 以上　常用 6 ~ 60	较高
氩弧焊	小	小	较高	全	0.5 ~ 25	较高
CO_2气体保护焊	小	小	较高	全	0.8 ~ 30	较低~较高
电渣焊	大	大	高	立	可焊 25~1000 以上常用 35~450	较高
等离子弧焊	小	小	高	全	可焊 0.025 以上　常用 1~12	高
电子束焊	极小	极小	高	平	5~60	高
点焊	小	小	高	全	可焊 10 以上　常用 0.5~3	较低~较高
缝焊	小	小	高	平	3 以下	较高

① 主要指一般钢材。

三、焊接接头工艺设计

1. 焊接接头形式和坡口选择

焊接接头，根据被焊件的相互位置，有图 14-29 所示的四种基本形式：对接接头、T 形接头、搭接接头和角接接头。坡口是根据设计或工艺需要，在焊件的待焊部位加工的具有一定几何形状的沟槽，其主要形式如图 14-29 所示。开坡口的目的是使整个截面都能焊透，使焊接接头与母材具有相同的强度。

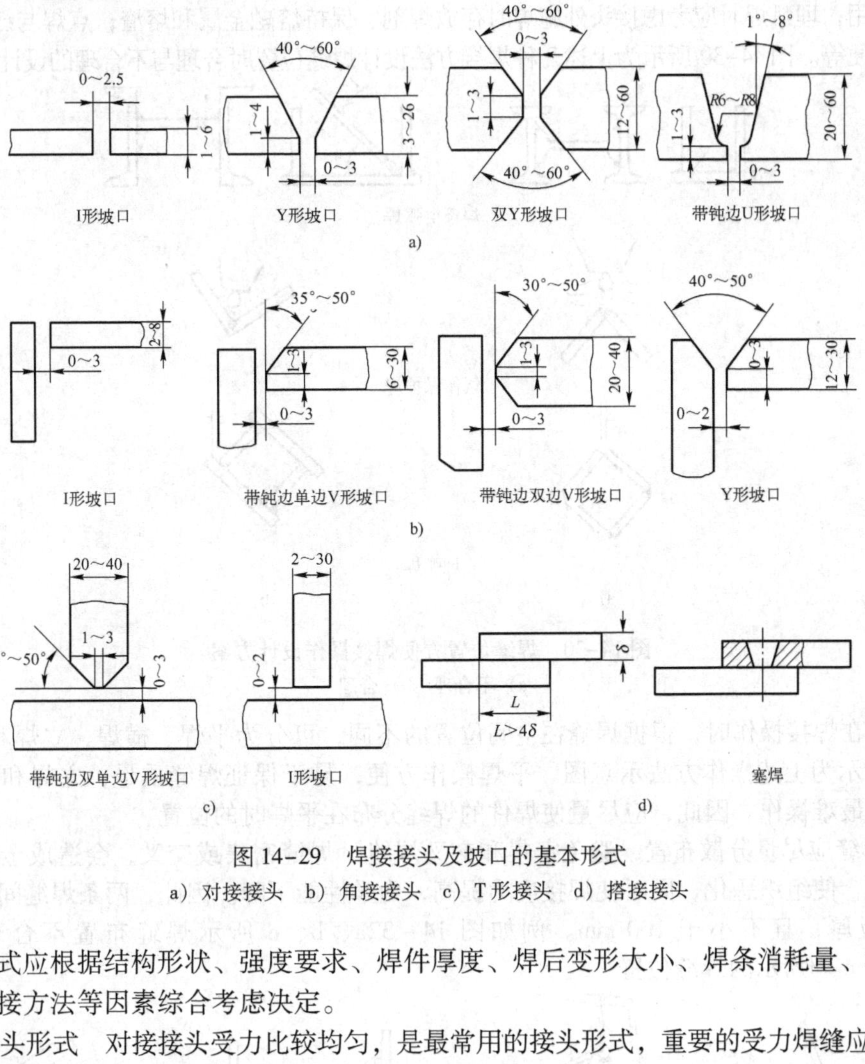

图 14-29　焊接接头及坡口的基本形式

a）对接接头　b）角接接头　c）T 形接头　d）搭接接头

接头形式应根据结构形状、强度要求、焊件厚度、焊后变形大小、焊条消耗量、坡口加工难易程度及焊接方法等因素综合考虑决定。

（1）接头形式　对接接头受力比较均匀，是最常用的接头形式，重要的受力焊缝应尽量选用。

搭接接头因两焊件不在同一平面内，受力时会产生附加弯矩，而且金属消耗量也大，一般应避免采用。但搭接接头不需开坡口，装配时尺寸要求不高，对于某些受力不大的平面连接与空间构架，采用搭接接头可节省工时。

角接接头与 T 形接头受力情况都较对接接头复杂，但接头成一定角度或直角用这种接头形式。

（2）坡口形式　焊条电弧焊对板厚在 6 mm 以下的对接接头施焊时，一般可不开坡口（即 I 形坡口）直接焊成。但当板厚增大时，为了保证焊透，接头处应根据焊件厚度预制出各种形式的坡口。坡口角度和装配尺寸应按标准选用。Y 形坡口和 U 形坡口用于单面焊，其焊接性较好，但焊后角度变形较大，焊条消耗量也大些。双 Y 形坡口双面施焊、受热均匀，变形较小，焊条消耗量较少，但有时受结构形状限制。U 形坡口根部较宽，允许焊条深入，容易焊透，而且坡口角度小，焊条消耗量较小。但因坡口形状复杂，一般只在重要的受动载的厚板结构中采用。双单边 V 形坡口主要用于 T 形接头和角接接头的焊接结构中。

2. 焊缝的布置

焊接结构设计中焊缝位置是否合理，将影响焊接接头的质量和生产率，其工艺设计时要考虑以下因素。

（1）焊缝位置应方便焊接操作　焊缝布置应考虑焊接操作时有足够的空间，以满足焊接时的需要。例如，焊条电弧焊时需考虑留有一定焊接空间，以保证焊条的运动自如；气体保护焊时应考虑气体的保护作用；埋弧焊时应考虑接头处施焊时存放焊剂、保持熔融金属和熔渣；点焊与缝焊时应考虑电极伸入方便等。图 14-30 所示为上述几种焊接方法设计焊缝位置时合理与不合理的设计方案示例。

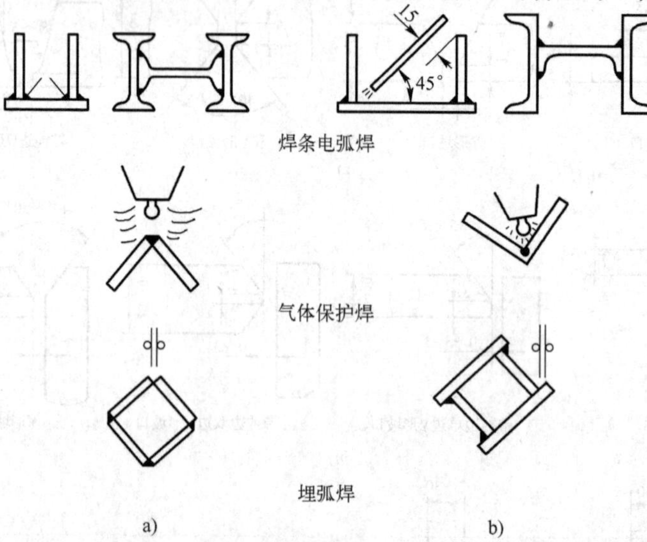

图 14-30　焊缝位置方便焊接操作设计方案

a）不合理　b）合理

另外，在焊接操作时，根据焊缝在空间位置的不同，可分为平焊、横焊、立焊和仰焊操作。图 14-31 所示为上述操作方法示意图。平焊操作方便，易于保证焊缝质量，立焊和横焊操作较难，而仰焊最难操作。因此，应尽量使焊件的焊缝分布在平焊时的位置。

（2）焊缝应尽量分散布置，避免密集和交叉焊缝　焊缝密集或交叉，会造成金属过热，加大热影响区，使组织恶化，同时使焊接应力提高，力学性能下降。因此，两条焊缝间距一般要求大于 3 倍板厚，且不小于 100 mm。例如图 14-32a、b、c 所示焊缝布置不合理，应改为图 14-32d、e、f所示的焊缝位置。

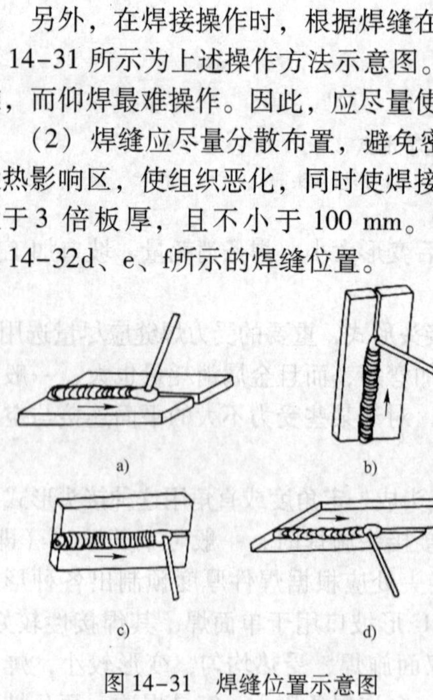

图 14-31　焊缝位置示意图

a）平焊　b）立焊　c）横焊　d）仰焊

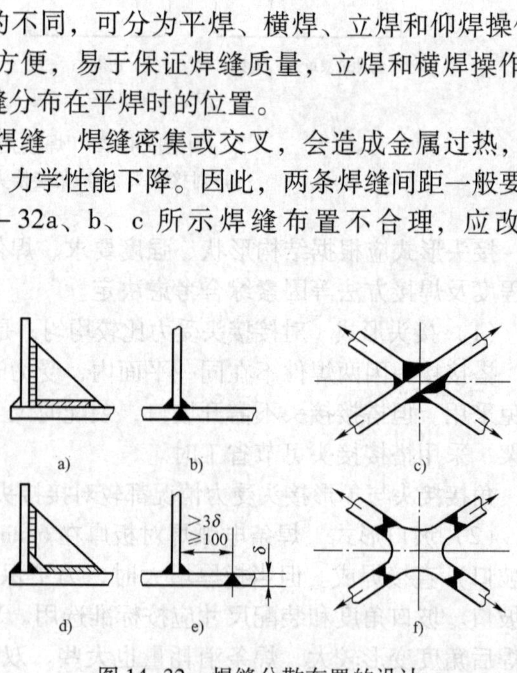

图 14-32　焊缝分散布置的设计

a）、b）、c）不合理　d）、e）、f）合理

（3）焊缝布置应尽量对称　对称的焊缝布置，可使焊接变形互相约束、抵消而减轻变形程度。例如图 14-33 所示的焊件，如果采用图 14-33a、b 所示的焊缝布置方案，使焊缝处于截面重心的一侧，那么当焊缝冷却收缩时，就会造成较大的弯曲应力而形成大的弯曲变形。如果采用图 14-33c、d、e 所示的焊缝布置方案，使焊缝对称布置于重心，由于焊缝冷却收缩时造成的弯曲应力可以在最大程度上相互抵消，因此焊接变形不明显。

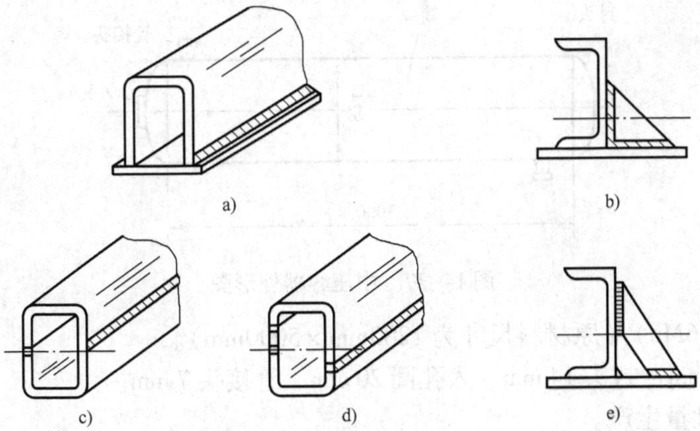

图 14-33　焊缝对称布置的设计

a）、b）不合理　c）、d）、e）合理

（4）焊缝布置应避开最大应力和应力集中位置　对于受力较大、结构较复杂的焊接构件，在最大应力断面和应力集中位置不应该布置焊缝。例如对于图 14-34 所示的压力容器，焊接时焊缝应避开应力集中的转角位置（图 14-34a），而应布置在距封头留有一直段（一般不小于 25 mm）的区段内（图 14-34b），从而改善焊缝受力状况。同理，在构件截面有急剧变化的位置或尖锐棱角部位由于易产生应力集中，不应布置焊缝。如图 14-35a 所示的焊缝布置应改为图 14-35b 所示的位置。

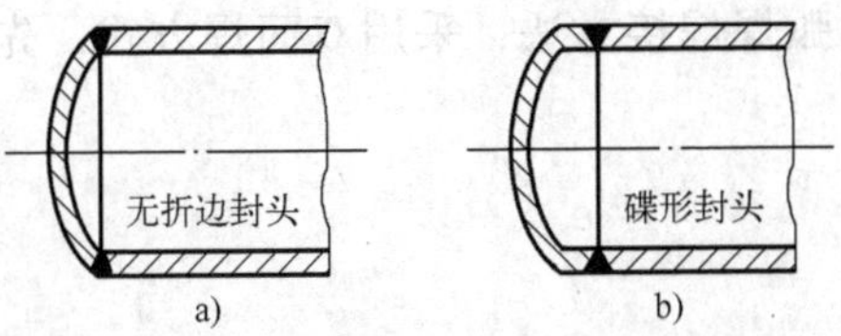

图 14-34　压力容器凸形封头的焊缝位置

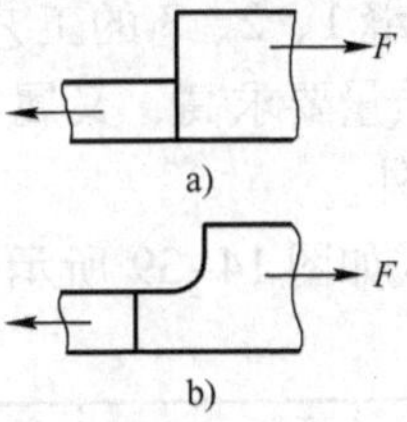

图 14-35　构件截面有急剧变化的焊缝布置

（5）焊缝布置应避开机械加工表面　有些焊接结构，只是某些零件需要进行机械加工，如焊接管配件、焊接支架等。焊缝位置的设计应尽可能距离已加工表面远一些，以避免焊接应力和变形对已加工表面精度的影响，如图 14-36 所示。

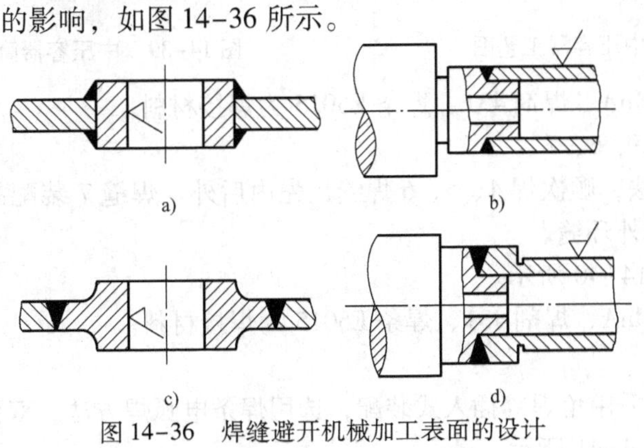

图 14-36　焊缝避开机械加工表面的设计

a）、b）不合理　c）、d）合理

此外，良好的焊接结构设计，还应尽量使全部焊接部件，至少是主要部件能在焊接前一次装配点固，以简化装配焊接过程，节省场地面积，减少焊接变形，提高生产效率。

四、焊接结构工艺设计举例

结构名称：中压容器（图 14-37）。

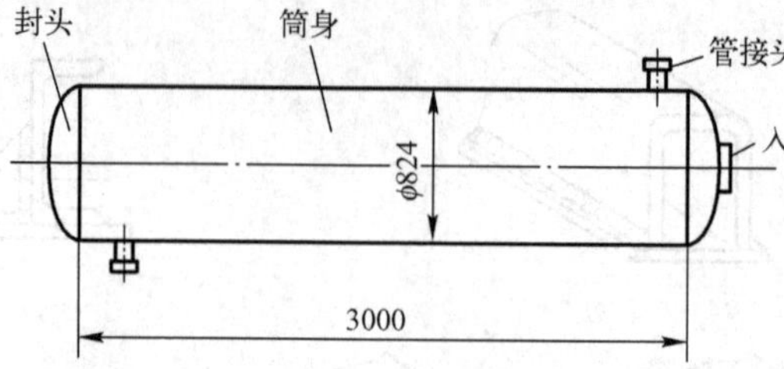

图 14-37　中压容器外形图

材料：Q345（16Mn）（原材料尺寸为 1200mm × 5000mm）。

件厚：筒身 12 mm、封头 14 mm、入孔圈 20 mm、管接头 7 mm。

生产数量：小批量生产。

1. 工艺设计要点

1）筒身由三块钢板冷卷焊接而成。为避免焊缝密集，筒身纵焊缝应相互错开 180°。

2）封头采用热压成形，为使焊缝避开转角应力集中位置，封头与筒身连接处应有 30 ~ 50 mm的直段。

工艺如图 14-38 所示。

2. 焊接方法、接头形式、焊接材料与工艺的设计

根据各条焊缝的具体情况，做出以下设计方案：

（1）筒身纵缝 1、2、3 的工艺设计

1）因容器质量要求高，又属小批生产，故选择埋弧焊焊接方法，采用双面焊方式，先焊容器内，再焊容器外。

2）接头形式如图 14-39 所示。

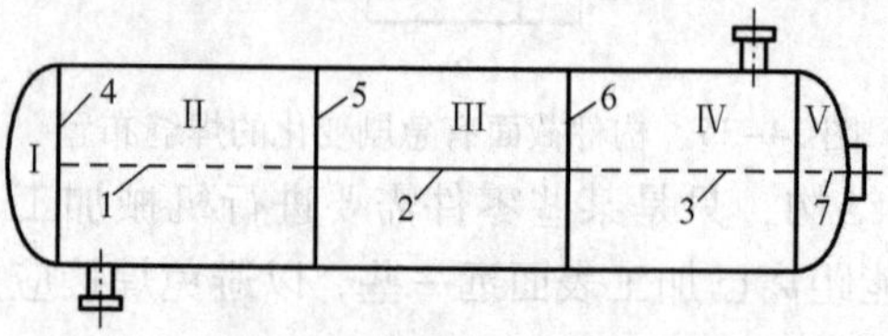

图 14-38　中压容器工艺图

图 14-39　中压容器筒身纵缝接头形式

3）选用焊丝 H08MnA、焊剂 431、焊条 E5015 为焊接材料。

（2）筒身环缝 4、5、6、7

1）采用埋弧焊方法，顺次焊 4、5、6 焊缝，先内后外。焊缝 7 装配前先在内部用焊条电弧焊封底，再用埋弧焊焊外环缝。

2）接头形式如图 14-40 所示。

3）选用焊丝 H08MnA、焊剂 431、焊条 E5015 为焊接材料。

（3）管接头焊接

1）管壁为 7 mm，采用角焊缝插入式装配，选用焊条电弧焊方法，双面焊。

2）接头形式如图 14-41 所示。

3）焊接材料选用 E5015 焊条。

图 14–40　中压容器筒身环缝接头形式

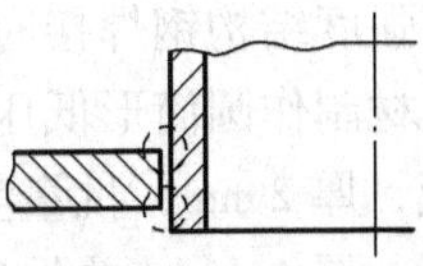

图 14–41　管接头焊缝接头形式

（4）入孔圈纵缝

1）板厚 20 mm，焊缝 100 mm，故采用焊条电弧焊（平焊位置，接头开 V 形坡口）。

2）接头形式如图 14–42 所示。

3）焊接材料选用 E5015 焊条。

（5）入孔圈焊接

1）入孔圈圆周角焊缝处于立焊位置，选用焊条电弧焊（单面坡口，双面焊，焊透）。

2）接头形式如图 14–43 所示。

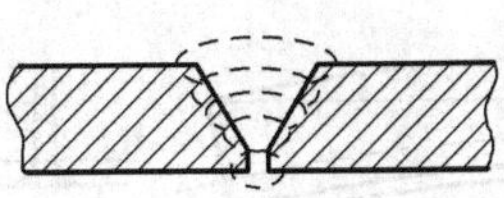

图 14–42　入孔圈纵缝接头形式

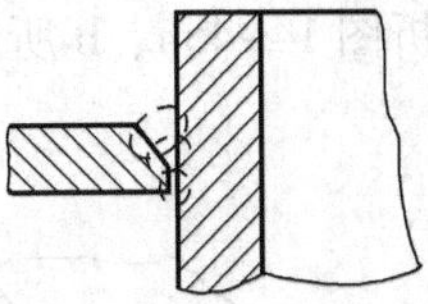

图 14–43　入孔圈焊缝接头形式

熔焊使焊缝及附近的母材经历了一个加热和冷却的热过程。由于温度分布不均匀，焊缝受到一次复杂的冶金过程，焊缝附近金属受到一次不同规范的热处理，因而会发生相应的组织和性能的变化，直接影响焊接质量。

复习思考题

1. 熔焊、压焊和钎焊各是如何实现原子间结合，以达到焊接的目的？
2. 比较气焊、埋弧焊、CO_2气体保护焊、氩弧焊、电阻焊和钎焊的特点及应用。
3. 埋弧焊和电渣焊的焊接过程有何区别？各适用什么场合？
4. 说明气焊、电阻焊、电渣焊和摩擦焊所用的热源，并分析它们的加热特点。
5. 分析低碳钢焊接接头的组织及性能。
6. 为下列产品选择合理的焊接方法。

序　号	焊 接 产 品	合理的焊接方法
1	壁厚小于 3 mm 锅炉筒体，成批生产	
2	汽车燃油箱，大量生产	
3	减速器箱体，单件小批生产（低碳钢）	
4	硬质合金刀片与 45 钢刀柄的焊接	
5	自行车车圈，大批量生产	
6	铝合金板焊接容器，成批生产	
7	直径 3 mm 的铅 – 铜接头，成批生产	

7. 比较下列几种钢的焊接性。

（1）20 钢；（2）45Mn 钢；（3）T10 钢；（4）Q345A。

8. 低合金高强度结构钢焊接时，应采用哪些措施防止冷裂纹的产生？

9. 用下列板材制作圆筒形低压容器，请选择焊接方法和焊接材料。

（1）20 钢板，厚 2 mm，批量生产；

（2）45 钢板，厚 6 mm，单件生产；

（3）纯铜板，厚 4 mm，单件生产；

（4）铝合金板，厚 20 mm，单件生产；

（5）镍不锈钢，厚 10 mm，小批量生产；

（6）Q235A 钢板，厚 20 mm，批量生产。

10. 举例说明焊接应力与变形的产生过程。试分析五种基本焊接变形的特征，并分别说明防止变形的措施。

11. 常用的焊缝质量检验方法有哪几种，它们的基本原理是什么？

12. 试分析图 14-44 所示焊接结构将产生何种变形。防止或减少变形的措施是什么？

13. 试分析图 14-45a、b 所示焊接结构引起变形的原因。如何矫正？

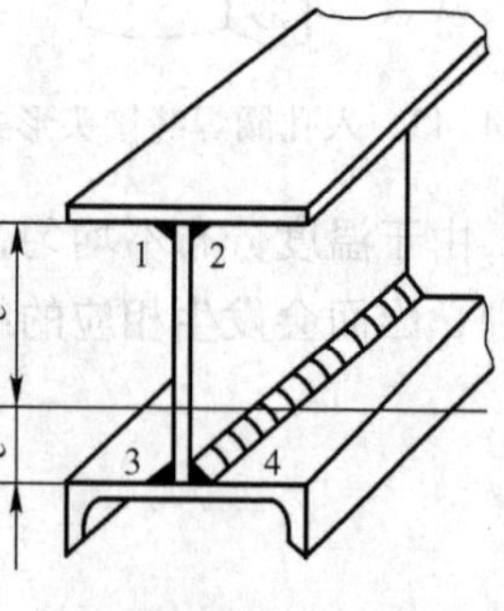

图 14-44　工字焊件

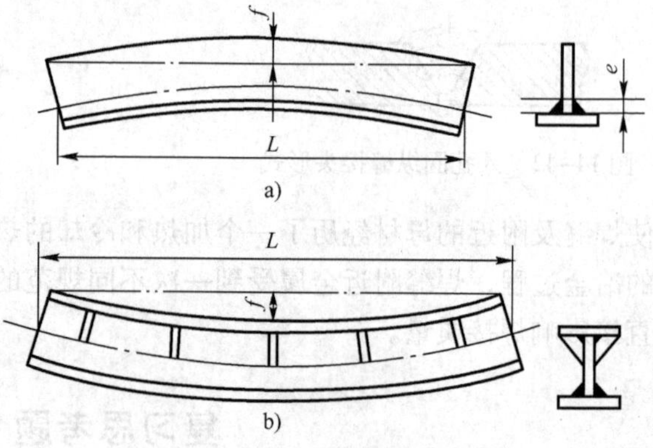

图 14-45　焊接结构的变形

14. 图 14-46 所示火车油罐由低碳钢板焊成。钢板厚度：上部罐体为 8 mm，下部罐体 10 mm，封头厚度 10 mm。试问：

（1）焊缝布置是否合理？

（2）说明各焊缝的焊接方法和接头形式。

（3）说明焊接所用的焊接材料。

（4）试述从钢板到制成油罐的工艺过程。

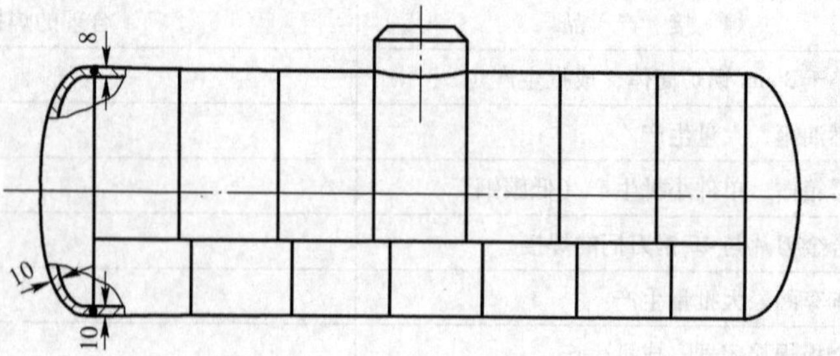

图 14-46　火车油罐

15. 分析图 14-47 所示三种焊件的焊缝合理性，如不合理，如何改正？

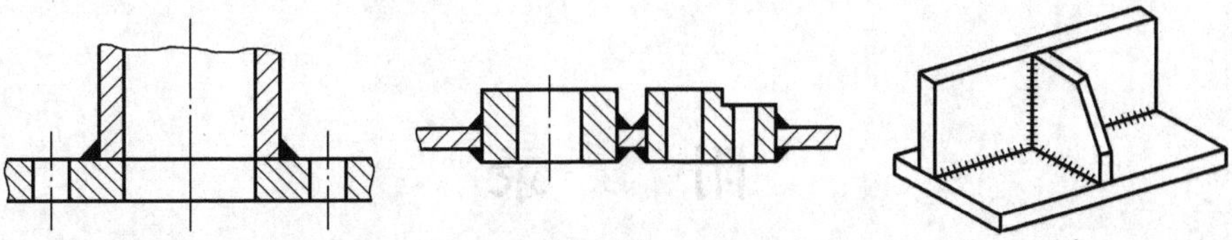

图 14-47　各焊件的焊缝

16. 如图 14-48 所示，焊接梁的材料为 15 钢，现有钢板最长长度为 2500 mm。要求：决定腹板与上下翼板的焊缝位置，选择焊接方法，画出各焊缝的焊接次序。

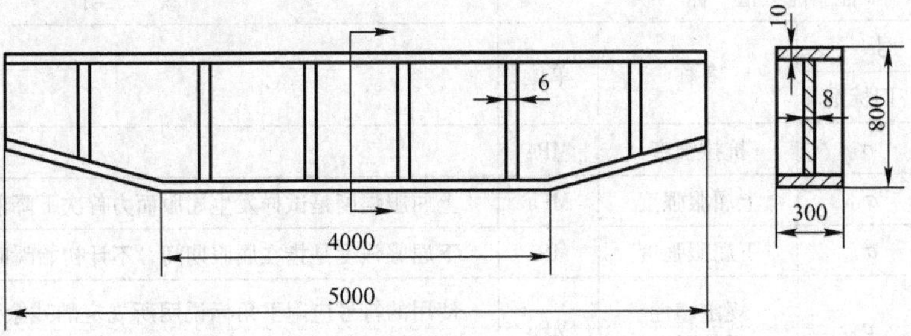

图 14-48　焊接梁

17. 比较图 14-49 所示各种焊接结构的工艺性。

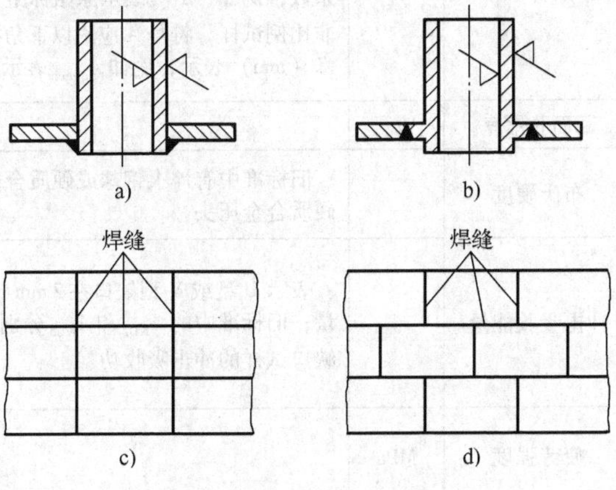

图 14-49　各种焊接结构

附录

附表 A 常用力学性能指标符号的新旧标准对照

力学性能	性能指标				说明
	符号		名称	单位	
	新标准	旧标准			
强度	R_m	σ_b	抗拉强度	MPa	
	R_{eH}	σ_{sU}	上屈服强度	MPa	上屈服强度是试样发生屈服而力首次下降前的最高应力
	R_{eL}	σ_{sL}	下屈服强度	MPa	下屈服强度是指在屈服期间，不计初始瞬时效应时的最低应力
	R_p	σ_p	规定塑性延伸强度	MPa	使用的符号应附下角标说明所规定的残余延伸率，例如 $R_{p0.2}$，表示规定残余延伸率为 0.2% 时的应力
塑性	A	δ	断后伸长率	%	对于比例试样，若原始标距（L_0）不为 $5.65\sqrt{S_0}$（S_0 是平行部分的原始横截面积），符号 A 应附以下角标说明所使用的比例系数，例如，$A_{11.3}$ 表示原始标距为 $11.3\sqrt{S_0}$ 的断后伸长率。对于非比例试样，符号 A 应附以下角标说明所使用的原始标距，以毫米（mm）表示，例如 A_{80mm} 表示原始标距为 80 mm 的断后伸长率
	Z	ψ	断面收缩率	%	
硬度	HBW	HBS HBW	布氏硬度		旧标准中有淬火钢球或硬质合金球两种压头，而新标准中只有硬质合金压头
冲击韧度	KU_2 KV_2 KU_8 KV_8	A_{KU2} A_{KU5} A_{KV}	冲击吸收能量	J	表示 U 型或 V 型缺口在 2 mm 或 8 mm 摆锤刀刃下的冲击吸收能量；旧标准中的 A_{KU2} 和 A_{KU5} 分别表示深度为 2 mm 和 5 mm 的 U 型缺口试样的冲击吸收功
抗疲劳性能	S_{-1}	σ_{-1}	疲劳强度	MPa	
蠕变性能	R_u	σ_τ^t	蠕变断裂强度（持久强度）	MPa	指在规定试验温度 T 下经一定试验时间（蠕变断裂时间 t_u）所引起断裂的应力，并以最大塑性应变量 x(%)作为第二角标，达到应变量的时间为第三角标，试验温度 T（℃）为第四角标的符号来表示。例如，$R_{u\ 100\ 000/550}$ 表示材料在 550℃ 下，经 100 000 h 所引起断裂的应力
	R_p	$\sigma_{\varepsilon/\tau}^t$	规定塑性应变强度	MPa	指在规定试验温度 T 下经过一定的试验时间（达到规定塑性应变的时间，t_{px}）所能产生预计塑性应变的应力，并以蠕变断裂时间 t_u(h) 作为第二角标，试验温度 T（℃）为第三角标的符号来表示。例如，$R_{p0.2,1\ 000/650}$ 表示材料在 650℃ 下，经 1 000 h 产生 0.2% 塑性变形量的应力

附表 B　国内外常用钢号对照表

分类	中国 GB	美国 ASTM	日本 JIS	德国 DIN	英国 BS	法国 NF	俄罗斯 ГОСТ
碳素结构钢和低合金结构钢	Q235A Q235B Q235C Q235D	Grade D Grade D Grade D —	SS440		S235JR S235JO S235J2 S235JR		$\mathrm{C_T}$3КП $\mathrm{C_T}$3КП $\mathrm{C_T}$3СП $\mathrm{C_T}$3СП
	Q345A Q345B Q345C Q345D Q345E	Grade 50 [345]	SPFC590		E335 S355JR S355JO S355J2 S355NL		15ХСНД，С345
	Q420A ~ E	Grade 60 [415]	SEV295		S420NL S420ML		16Г2АфД，С440
	Q460C Q460D Q460E	Grade 65 [450]	SM570 SMA570W SMA570P		S460NL S460ML		С440
优质碳素结构钢	08F	1008	SPHD，SPHE		DC01		08КП
	15F	1015	S15C		C15E		15КП
	10	1010	S10C		DC01，C10E		10
	15	1015	S15C		C15E		15
	20	1020	S20C		C22E，C20C		20
	25	1025	S25C		—		25
	30	1030	S30C		—		30
	35	1035	S35C		C35		35
	40	1040	S40C		C40		40
	45	1045	S45C		C45		45
	50	1050	S50C		C50E		50
	55	1055	S55C		C55		55
	60	1060	S58C		C60		60
	65	1065	SWRH67B		C66D		65
	70	1070	SWRH72A，SWRH72B		C70D		70
	85	1084	SWRH82A，SWRH82B		C86D		85
	15Mn 15MnA 15MnE	1016	SWRCH16K		C16E		15Г 15ГА 15ГШ
	40Mn 40MnA 40MnE	1039	SWRCH40K		C40		40Г 40ГА 40ГШ
	65Mn 65MnA 65MnE	1566	SWRH67B		—		65Г 65ГА —

（续）

分类	中国	美国	日本	德国	英国	法国	俄罗斯
	GB	ASTM	JIS	DIN	BS	NF	ГОСТ
合金结构钢	20Mn2 20Mn2A 20Mn2E	1524	SMn420		— — P355GH		—
	45Mn2 45Mn2A 45Mn2E	1345	SMnC443		—		45Г2 45Г2А 45Г2Ш
	15Cr 15CrA 15CrE	5115	SCr415		17Cr3		15Х 15ХА 15ХШ
	20Cr 20CrA 20CrE	5120	SCr420		17Cr3		20Х 20ХА 20ХШ
	40Cr 40CrA 40CrE	5140	SCr440		41Cr4		40Х 40ХА 40ХШ
	40CrNi 40CrNiA 40CrNiE	3140	SNC236		—		40ХН 40ХНА 40ХНШ
	40MnB	1541	—		37MnB5		—
	15CrMo 15CrMoA 15CrMoE	—	SCM415		18CrMo4		15ХМ 15ХМА 15ХМШ
	42CrMo 42CrMoA 42CrMoE	4142	SCM440		42CrMo4		38ХМ
	12Cr1MoV	—	—		—		12Х1МФ
	40CrVA	6140	—		—		40ХФА
	50CrVA 50CrV 50CrVE	6150	SUP10		51CrV4		50ХФА — —
	20CrMnTi	—	—		—		18ХГТ
	38CrMoAlA	A 级	SACM645		41CrAlMo 7 - 10		38Х2МЮА
	20Cr2Ni4 20Cr2Ni4A	3316	SNC815		15NiCr13		— 20Х2Н4А
	20CrNi3 20CrNi3A	3415	—		15NiCr13		— 20ХН3А
	20CrMnMo	4121	SCM421		—		25ХГМ
	30CrMnSi	—	—		—		30ХГС
	40CrNiMoA	4340，E4340	SNCM439		41CrNiMo4		40ХН2МА
	25Cr2Ni4WA	—	—		—		25Х2Н4МА

（续）

分类	中国	美国	日本	德国	英国	法国	俄罗斯
	GB	ASTM	JIS	DIN	BS	NF	ГОСТ
合金弹簧钢	55SiCrA	—	—	54SiCr6			60C2XA
	60Si2Mn	9260	SUP 6、SUP 7	61SiCr7			60C2
	50CrVA	6150	SUP10	51CrV4			50XГФА
	60Si2CrA	—	—	54SiCr6			60C2XA
轴承钢	GCr4	5090M	SK4 − CSP	—			ЩХ4
	GCr15	52100	SUJ2	100Cr6			ЩХ15
	GCr15SiMn	100CrMnSi6 − 4	SUJ3	100CrMnSi6 − 4			ЩХ15СГ
	GCr15SiMo GCr18Mo	100CrMo7	SUJ4	100CrMo7			—
碳素工具钢	T7（A）	—	SK70	C70U			У7 − 1
	T8（A）	W1A − 8	SK80	C80U			У8 − 1
	T8Mn（A）	W1C − 8	SK85	—			У8Г − 1
	T10（A）	W1A − $9^{1/2}$	SK105	C105U			У10 − 1
	T12（A）	W1A − $11^{1/2}$	SK120	C120U			У12 − 1
	T13（A）	W2C − 13	SK140	C120U			У13 − 1
高速工具钢	W18Cr4V	T1	SKH2	HS 18 − 0 − 1			P18
	W6Mo5Cr4V2	M2（标准 C）	SKH51	HS 6 − 5 − 2			P6M5
	CW6Mo5Cr4V2	M2（高 C）	SKH51	HS 6 − 5 − 2C			—
	W6Mo5Cr4V3	M3（2 级）	SKH53	HS 6 − 5 − 3			P6M5Ф3
	W2Mo9Cr4VCo8	M42	SKH59	HS 2 − 9 − 1 − 8			—
合金工具钢	9SiCr	—	—	—			9XC
	8MnSi	—	SKS95	—			—
	Cr06	—	SKS8	—			13X
	Cr2	L3	SUJ2	102Cr6			X
	9Cr2	L3	—	—			9X1
	W	F1	SKS21	—			—
	CrWMn	—	SKS31	—			XBГ
	9Mn2V	O2	—	90MnCrV8			—
	Cr12	D3	SKD1	X210Cr12			X12
	Cr12Mo1V1	D2	SKD11	X153CrMoV12			—
	Cr12MoV	—	SKD11	—			X12MФ
	5Cr08MnMo	—	—	—			5XГM
	5Cr06NiMo	L6	SKT4	55NiCrMoV7			5XHM
	4Cr5MoSiV1	H13	SKD61	X40CrMoV5 − 1			4X5MФ1C
	3Cr2W8V	H21	SKD5	X30WCrV9 − 3			3X2B8Ф

（续）

分类	中国 GB	美国 ASTM	日本 JIS	德国 DIN	英国 BS	法国 NF	俄罗斯 ГОСТ
不锈钢和耐热钢	12Cr13	S41000，410	SUS410	X12Cr13			12X13
	20Cr13	S42000，420	SUS420J1	X20Cr13			20X13
	30Cr13	S42000，420	SUS420J2	X30Cr13			30X13
	40Cr13	—	—	X39Cr13			40X13
	06Cr13Al	S40500，405	SUS405	X6CrAl13			—
	10Cr17	S43000	SUS430	X6Cr17			12X17
	95Cr18	—	—				95X18
	06Cr19Ni10	S30400，304	SUS304	X5CrNi18 - 10			08X18H10
	12Cr18Ni9	S30200，302	SUS302	X10CrNi18 - 8			12X18H9
	Y12Cr18Ni9	S30300，303	SUS303	X8CrNiS18 - 9			
	06Cr18Ni11Ti	S32100，321	SUS321	X6CrNiTi 18 - 10			08X18H10T
	07Cr17Ni7Al	S17700，631	SUS631	X7CrNiAl 17 - 7			09X17H7Ю
	022Cr22Ni5Mo3N	S31803	SUS329J3L	X2CrNiMoN22 - 5 - 3			—
	05Cr17Ni4Cu4Nb	S17400，630	SUS630	X5CrNiCuNb 16 - 4			—
	15Cr12WMoV	—	—	—			15X12BHMФ
	45Cr14Ni14W2Mo	—	—	—			45X14H14B2M
	16Cr25N	S44600，446	（SUH446）	—			—
	20Cr25Ni20	S31000，310	SUH310	X15CrNiSi25 - 21			20X25H20C2
	06Cr18Ni11Nb	S34700，347	SUS347	X6CrNiNb 18 - 10			08X18H12Б
	42Cr9Si2	—	—				40X9C2

参 考 文 献

[1] 史美堂．金属材料及热处理［M］．上海：上海科学技术出版社，2003.
[2] 周凤云，杨可传．工程材料及应用［M］. 3 版．武汉：华中科技大学出版社，2014.
[3] 齐乐华，朱明，王俊勃．工程材料及成形工艺基础［M］．西安：西北工业大学出版社，2002.
[4] 张宝昌．有色金属及其热处理［M］．西安：西北工业大学出版社，1993.
[5] 相瑜才，孙维连．工程材料及机械制造基础Ⅰ［M］．北京：机械工业出版社，2004.
[6] 徐自立，陈慧敏，吴修德．工程材料［M］．武汉：华中科技大学出版社，2012.
[7] 朱张校，姚可夫．工程材料学［M］. 5 版．北京：清华大学出版社，2011.
[8] 丁厚福，王立人．工程材料［M］．武汉：武汉理工大学出版社，2001.
[9] 殷风仕，姜学波，等．非金属材料学［M］．北京：机械工业出版社，1998.
[10] 李克友，等．高分子合成原理及工艺学［M］．北京：科学出版社，1999.
[11] 李家驹．陶瓷工艺学［M］．北京：中国轻工业出版社，2001.
[12] 高瑞平，等．先进陶瓷物理与化学原理及技术［M］．北京：科学出版社，2001.
[13] 陆佩文．无机材料科学基础（硅酸盐物理化学）［M］．武汉：武汉理工大学出版社，2002.
[14] 关振铎，张中太，焦金生．无机材料物理性能［M］. 2 版．北京：清华大学出版社，2011.
[15] 吕广庶，张远明．工程材料及成形技术基础［M］. 2 版．北京：高等教育出版社，2011.
[16] 邓文英，郭晓鹏．金属工艺学：上册［M］. 5 版．北京：高等教育出版社，2008.
[17] 李荣久．陶瓷－金属复合材料［M］．北京：冶金工业出版社，1995.
[18] 周玉．陶瓷材料学［M］．哈尔滨：哈尔滨工业大学出版社，1995.
[19] M V 斯温．陶瓷的结构与性能［M］．郭景坤，等译．北京：科学出版社，1998.
[20] 韩桂芳，等．氧化物陶瓷基复合材料研究进展［J］．宇航材料工艺，2003，33（5）：8－11.
[21] 范志国，等．金属基陶瓷复合材料的制备方法及其新进展［J］．昆明理工大学学报，2003，28（4）：49－52.
[22] 郝元恺．高性能复合材料学［M］．北京：化学工业出版社，2004.
[23] 倪礼忠，陈麒．复合材料科学与工程［M］．北京：科学出版社，2002.
[24] 束德林．工程材料力学性能［M］. 2 版．北京：机械工业出版社，2008.
[25] 王俊昌，王荣声．工程材料及机械制造基础Ⅱ［M］．北京：机械工业出版社，2002.
[26] 朱征．机械工程材料［M］. 2 版．北京：国防工业出版社，2011.
[27] 王爱珍．工程材料及成形技术［M］．北京：机械工业出版社，2003.
[28] 王运炎，朱莉．机械工程材料［M］. 3 版．北京：机械工业出版社，2009.
[29] 严绍华．热加工工艺基础［M］. 2 版．北京：高等教育出版社，2005.
[30] 何少平．热加工工艺基础［M］．北京：中国铁道出版社，1998.
[31] 刘新佳，姜世航，姜银方．工程材料［M］. 2 版．北京：化学工业出版社，2012.
[32] 荣烈润．新世纪材料成形加工技术的发展趋势［J］．金属加工，2012，（23）：36－38.
[33] 张文华．不锈钢及其热处理［M］．沈阳：辽宁科学技术出版社，2010.
[34] 朱中平．中外钢号对照手册［M］．北京：化学工业出版社，2011.
[35] 王忠．机械工程材料［M］. 2 版．北京：清华大学出版社，2009.
[36] 王周让．航空工程材料［M］．北京：北京航空航天大学出版社，2010.
[37] 包耳，田绍洁．真空热处理［M］．沈阳：辽宁科学技术出版社，2009.
[38] 阎承沛．真空与可控气氛热处理［M］．北京：化学工业出版社，2006.
[39] 刘智恩．材料科学基础［M］. 4 版．西安：西北工业大学出版社，2013.
[40] 潘邻．表面改性热处理技术与应用［M］．北京：机械工业出版社，2006.
[41] 戴圣龙，张坤，杨守杰，等．先进航空铝合金材料与应用［M］．北京：国防工业出版社，2012.
[42] 黄旭，朱知寿，王红红．先进航空钛合金材料与应用［M］．北京：国防工业出版社，2012.